普通高等教育“十四五”规划教材

中国石油和石化工程教材出版基金资助项目

石油化学

（第二版）

李柏林　陈彦广　牛瑞霞　王园园　李　杰　编

中国石化出版社

·北京·

内 容 提 要

本书在分析原油组成的基础上，阐述了各类石油产品的组成特点和性能要求，讨论产品组成和应用性能的关系；讲述了油品添加剂的作用原理和石油化工产品加工过程的工艺原理，力求体现石油化学工业油品清洁化、重油轻质化、炼化一体化的发展实际。主要内容包括石油的化学组成，原油及油品的物理性质，石油燃料的组成和性能，润滑油和润滑脂，蜡、沥青和石油焦，化工原料和溶剂油，催化裂化和催化裂解，加氢裂化和渣油加氢，烷基化和异构化，天然气和低碳烯烃转化等。

本书可作为高等院校“石油化学”课程的教科书，并可供石油化工行业的科研、生产及管理人员参阅。

图书在版编目(CIP)数据

石油化学 / 李柏林等编．—2版．—北京：中国石化出版社，2023.12
ISBN 978-7-5114-7363-9

Ⅰ.①石… Ⅱ.①李… Ⅲ.①石油化学-高等学校-教材 Ⅳ.①TE621

中国国家版本馆 CIP 数据核字(2023)第 253727 号

中国石化出版社出版发行

地址：北京市东城区安定门外大街 58 号
邮编：100011　电话：(010)57512500
发行部电话：(010)57512575
http://www.sinopec-press.com
E-mail:press@sinopec.com
北京艾普海德印刷有限公司印刷
全国各地新华书店经销

*

787 毫米×1092 毫米 16 开本 21.75 印张 541 千字
2024 年 1 月第 2 版　2024 年 1 月第 1 次印刷
定价：68.00 元

前言

本书第一版于2015年出版，已在东北石油大学应用化学、化学等专业“石油化学”课程教学实践中使用8年，并作为宁波大学等其他院校相关专业的教材和参考教材。此次再版，获得“中国石油和石化工程教材出版基金”资助，结合东北石油大学“石油化学”课程重点建设成果，并参阅大量国内外相关文献，重新修订补充而成。本次修订注重融入科研前沿内容，突出环保理念和技术进步。力求体现石油化学工业油品清洁化、重油轻质化、炼化一体化的发展实际。

修订过程与时俱进，引入更多的石油化学技术进步和前沿性内容，注重理论和实际应用相结合。以培养学生分析解决实际问题的能力为主线，内容贴近生产实际，淡化繁杂理论，体现了注重实用、突出能力培养的特色。本书在内容编排上遵循学生认知规律，基于物理化学、有机化学、胶体化学、化工原理知识框架体系，在分析原油组成的基础上，阐述了石油产品组成和应用性能的关系；讲述了油品添加剂的作用原理和石油化工产品加工过程的工艺原理，重点补充了提高资源利用率和燃油清洁生产等内容。

本次修订工作主要有：

(1) 删除了一些过时的内容，对石油产品的质量标准和技术要求进行了更新，适应炼化技术的进步和石油产品的更新换代。

(2) 补充了石油沥青质缔合、重油催化裂化、渣油加氢等内容，加强对重油组成特点和重油加工工艺的认识，适应全球原油重质化和劣质化的趋势。

(3) 补充了烷基化和异构化内容，学习低硫、低烯、低芳及高辛烷值汽油的加工原理，适应环保要求和清洁生产的趋势。

(4) 补充了重油催化裂解、天然气和低碳烯烃转化等内容，适应石油加工企业由“燃油型”向“化工型”转型升级的趋势。

(5) 补充了非常规天然气和船用燃料油内容，适应中国天然气在油气产量当量中占比过半的趋势以及国际航运燃油的环保和质量要求。

本书由李柏林统筹执笔，陈彦广参编了第七章、第九章，王园园参编了第三章、第五章，李杰参编了第四章、第八章，衢州职业技术学院牛瑞霞参编了第六章、第十章。

本书较多借鉴和引用了前人的研究成果，谨向原作者表示衷心感谢。鉴于石油化学涉及内容甚广，其理论和技术进步迅速，加之作者水平所限，书中内容难免有谬误和不妥之处，敬请读者批评指正。

目　录

第一章 石油的化学组成

第一节 石油的基本组成及分类

一、石油的一般性质

石油是存在于地下岩石孔隙中的可燃有机矿产，外观为淡黄色至黑色的黏稠流体，是气态、液态和固态的多相混合物。原油主要由烃类和非烃类组成，其沸点范围从常温到500℃以上，相对分子质量范围从十几至数千。

表 1-1-1 至表 1-1-3 列出了国内外几种原油的一般性质。

表 1-1-1 中国主要原油的一般性质

项目	原油名称						
	长庆	渤海	大庆	塔里木	胜利	南海东部	延长
密度(20℃)/(g/cm^3)	0.8483	0.9589	0.8554	0.8453	0.9005	0.8247	0.8404
运动黏度(50℃)/(mm^2/s)	27.04	543.0	20.19	8.78	83.36	9.9	5.17
凝点/℃	20	−2	30	−3	28	24	2
蜡含量/%	12.86	2.78	26.2	1.74	14.6	21.67	9.15
庚烷沥青质/%	0.6	1.95	0	1.40	<1	—	—
残炭/%	2.88	8.98	2.9	3.66	6.4	2.21	1.80
硫含量/%	0.12	0.34	0.10	0.60	0.80	0.07	0.07
氮含量/%	0.21	0.42	0.16	0.28	0.41	0.12	0.14

表 1-1-2 国外几种原油的一般性质

项目	原油名称					
	伊朗（轻质）	伊朗（重质）	沙特阿拉伯（轻质）	沙特阿拉伯（重质）	伊拉克	科威特
密度(15.6℃)/(g/cm^3)	0.8554	0.8707	0.8575	0.8871	0.8559	0.8680
运动黏度(37.8℃)/(mm^2/s)	6.41	9.40	6.25	19.00	6.50	9.78
倾点/℃	−29	−15	−34	−29	−15	−15
庚烷沥青质/%	0.64	1.90	—	—	1.10	1.40
残炭/%	3.5	5.3	3.6	7.9	4.2	5.3
硫含量/%	1.35	1.73	1.79	2.85	1.95	2.52
氮含量/%	0.17	0.2	0.10	0.17	0.10	0.12

由表 1-1-1 数据可见，中国原油的凝点以及蜡含量均较高，这也是中国原油的特点之一。大庆原油即为典型的“三高”(高蜡含量、高凝点、高黏度)原油。

表 1-1-2 为国外若干原油的一般性质，世界绝大多数原油的相对密度介于 0.80~0.95 之间；中国主要油田原油的相对密度大多在 0.85~0.95 之间，属偏重的常规原油。相对密度小于 0.86 的为轻质石油，该类原油轻油收率高，渣油含量少。

由于常规石油的资源逐渐减少，国内外相继开采致密油、页岩油、油砂(沥青)和重油(超重油)等储量丰富的非常规油气资源。非常规石油也是烃类和非烃类的复杂混合物，是常规石油的重要接替资源。

重油(又称黏稠原油或稠油)是石油资源的重要组成部分，但开采和加工的难度很大。重质原油的特性有所谓的六高和两低，即密度高、黏度高、酸值高、胶质含量高、沥青质含量高、重金属含量高和轻馏分含量低、蜡含量低。表 1-1-3 所列的重质原油的相对密度均在 0.93 以上，有的还大于 1。

表 1-1-3 国内外几种重质原油的一般性质

项目	原油名称					
	单家寺	欢喜岭	新疆九区	委内瑞拉博斯坎	加拿大冷湖	加拿大阿萨巴斯卡
密度(20℃)/(g/cm^3)	0.9731	0.9434	0.9273	0.9991	1.0013	1.030
运动黏度(50℃)/(mm^2/s)	8108	287	381.3	1832(60℃)	670(100℃)	—
凝点/℃	5	-20	-18	—	15.6	10
蜡含量/%	3.4	2.2	7.4	—	—	—
庚烷沥青质/%	1.2	0	0	15.2	15.0	16.9
残炭/%	9.7	4.8	5.4	15.0	13.1	18.5
硫含量/%	0.82	0.26	0.15	5.7	4.4	4.9
氮含量/%	0.72	0.41	0.35	0.44	0.64	0.40

二、石油的元素组成

1. *石油的 C、H 元素含量*

石油外观性质的差异是其化学组成不同的反映。世界各油田原油的物性差别很大，但其元素组成大致相同。主要是由 C、H、S、N、O 五种元素组成，而且主要是 C 和 H 两种元素，C、H 两种元素合计在原油中一般占 95%以上。表 1-1-4 是统计的原油中碳、氢、硫、氮、氧元素含量范围。

表 1-1-4 石油的 C、H 元素含量范围

元素	含量/%	元素	含量/%
C	83.0~87.0	S	0.05~8.00
H	11.0~14.0	N	0.02~2.00
C、H 合计为 95%~99%		O	0.05~2.00

2. *石油的 H/C 原子比*

从 C、H 两种元素绝对含量的角度看不出明显差别，而各原油的 H/C 原子比则有相当差别。不同原油 H/C 原子比存在差别的主要原因是原油化学组成的差异，H/C 原子比含有结构信息，可以作为反映原油化学组成的一个重要参数。对于烃类而言，H/C 原子比是表征它们的化学组成结构的一个重要参数，现分别说明如下：

烷烃(C_nH_{2n+2})　　$H/C=2+2/n$

六元单环环烷烃(C_nH_{2n})　　$H/C=2.0$　　$n\geqslant6$

六元双环环烷烃(C_nH_{2n-2})　　$H/C=2.0-2/n$　　$n\geqslant10$

单环芳香烃(C_nH_{2n-6})　　$H/C=2.0-6/n$　　$n\geqslant6$

双环芳香烃(C_nH_{2n-12})　　$H/C=2.0-12/n$　　$n\geqslant10$

表 1-1-5 是一些国内外原油的元素组成及 H/C 原子比。不同的原油其 H/C 原子比有明显的差异，大庆原油的 H/C 原子比为 1.90，显著高于辽河欢喜岭原油，这主要是由于二者的化学结构组成有显著差异所致。

表 1-1-5　石油的元素组成及 H/C 原子比

原油名称	元素组成/%				H/C 原子比
	C	H	S	N	
大庆	85.87	13.73	0.10	0.16	1.90
胜利	86.26	12.20	0.80	0.44	1.68
孤岛	85.12	11.61	2.09	0.43	1.62
辽河	85.86	12.65	0.18	0.31	1.75
新疆	86.13	13.30	0.05	0.13	1.84
大港	85.67	13.40	0.12	0.23	1.86
欢喜岭	86.36	11.13	0.26	0.40	1.53
井楼	85.06	12.10	0.32	0.74	1.69
江汉	83.00	12.81	2.09	0.47	1.84
伊朗，轻质	85.14	13.13	1.35	0.17	1.84
印尼，米纳斯	86.24	13.61	0.10	0.10	1.88
加拿大，阿萨巴斯卡	83.44	10.45	4.19	0.48	1.49
美国，加州文图拉	84.00	12.7	0.40	1.70	1.80
美国，堪萨斯	84.20	13.00	1.90	0.45	1.84
车臣，格罗兹尼	85.59	13.00	0.14	0.07	1.81
俄罗斯，杜依玛兹	83.9	12.3	2.67	0.33	1.75

表 1-1-6 是同为 C_{16} 不同类型烃类的 H/C 原子比，可以看出：H/C 原子比包含了相当有价值的结构信息。同一系列的烃类，其 H/C 原子比随着相对分子质量的增加而降低；不同结构的烃类，碳数相同时，烷烃的 H/C 原子比最大，而芳烃最小；对于环状烃而言，相同碳数时，环数增加，其 H/C 原子比降低。

随着石油及其产品中环结构的增加，其 H/C 原子比降低，尤其是随芳香环结构的增加，其 H/C 原子比显著降低。

表 1-1-6 相对分子质量不同的烷烃及结构不同的 C_{16} 烃的 H/C 原子比

分子式	H/C	分子式	H/C
C_5H_{12}	2.40	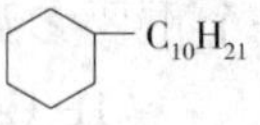	2.00
C_6H_{14}	2.33	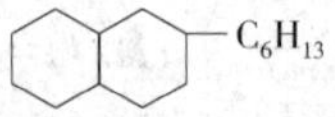	1.88
C_8H_{18}	2.25	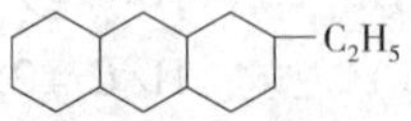	1.75
$C_{12}H_{26}$	2.17	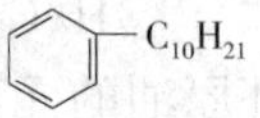	1.63
$C_{16}H_{34}$	2.13	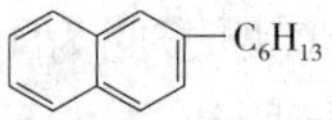	1.25
$C_{32}H_{66}$	2.06	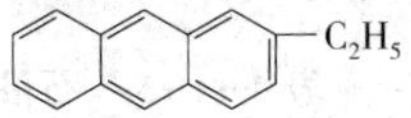	0.88

很明显，如无外加的氢进入，原油在转化过程中，其产物的总的碳含量及氢含量是和原料的碳含量及氢含量相等的。也就是说，当转化后有些产物的 H/C 原子比高于原料时，则另一些产物 H/C 原子比必然会低于原料。虽然转化后碳、氢在各产物中的分配发生了变化，但是总的 H/C 原子比是守恒的。这种不外加氢，通过富集 H/C 原子比低的产物来获取部分 H/C 原子比高的产物的方法，即所谓“脱碳”的加工方法。而用加氢方法进行加工时，显然产物的 H/C 原子比会高于原料。总之，H/C 原子比是研究石油化学组成、结构及评价分析石油加工过程的一个重要参数。

3. 石油中的 S、N、O

S、N、O 为石油中的非烃组成元素，也称为杂原子，它们组成了石油中的非烃化合物。虽然这 3 种元素在原油中的含量并不高，只有百分之几，但是含这些杂原子的非烃化合物在原油中的含量则相当可观，可占原油的百分之几十。

这些元素的存在，对石油的性质和石油加工过程有很大影响，因此对原油中的杂原子必须给予充分的重视。

从表 1-1-5 中可以看出，中国大部分原油的硫含量与国外相比并不高，多数低于 1%。即使是中国含硫较高的原油(孤岛和江汉原油)，和世界各地高硫原油相比较，其硫含量也不算很高。中国大部分原油氮含量高于 0.3%，氮含量相对较高，因此含硫少而含氮多是中国原油的主要特点之一。

4. 石油中的微量元素

在原油中，除了 C、H、S、N、O 五种主要元素外，还含有微量的金属与非金属元素，其含量一般为 10^{-6}或 10^{-9}数量级，原油中含量较多的微量金属元素为 Ni、V、Fe、Cu。除此之外，还含有 Ca、Ti、Mg、Na、Co、Zn 等微量金属元素和 Si、As 等微量非金属元素共 30 余种。

原油中主要的微量元素以 Ni、V 最为重要，虽然这些元素的含量甚微，但对石油加工过程中的催化剂有很大的影响，甚至会使之丧失活性，因此，必须加以重视，并设法予以脱除。中国大多数原油的 Ni 含量都大大超过 V 的含量，其 Ni/V 比较高。

由上述元素组成可以看出，组成石油的化合物主要是烃类。石油中的烃类主要是烷烃

(链烷烃)、环烷烃、芳香烃这三族烃类。而S、N、O这些元素则以键合的形式存在于各种化合物中，构成石油中烃类以外的物质。

石油中的含硫、含氮、含氧化合物和胶状沥青状物质统称非烃类。石油中的非烃类物质包括含氧化合物(环烷酸、酚、脂肪酸等)、含氮化合物(吡啶、喹啉、卟啉等)、含硫化合物(如硫醇、硫醚、噻吩等)以及少量含有金属元素的其他有机化合物。石油中的非烃类一般在25%以下，一些轻质石油几乎完全不含非烃类，但特殊原油中的非烃类含量可达60%以上。

三、原油的馏分组成

原油是多组分的复杂的混合物，在对原油进行研究和加工利用之前，常采用分馏的方法将其按沸点的高低“切割”成若干部分，即所谓馏分。每个馏分还是一个混合物，只不过所包含的组分数目比原油减少了。每个馏分的沸点范围简称为馏程或沸程。从原油直接分馏得到的馏分称为直馏馏分，它们基本上保留着原油化学组成的本来面目，例如基本上不含不饱和烃。原油直馏馏分经过二次加工(如催化裂化等)后，二次加工产物的化学组成发生很大的变化。

常压蒸馏从初馏点~200℃(或180℃)为汽油馏分(Gasoline fraction)或低沸点馏分，也称轻油或石脑油(Naphtha)。

常压蒸馏200℃(或180℃)~350℃为柴油馏分(Diesel oil fraction)或中间馏分，也称常压瓦斯油(Atmospheric Gas Oil，AGO)。

大于350℃的则称为常压渣油或常压重油(Atmospheric Residue，AR)。

由于一般原油从350℃开始即有明显的分解现象，所以对于沸点高于350℃的馏分必须在减压下馏出。一般情况下，减压蒸馏只能蒸出相当于常压下小于500℃的馏分。

减压蒸馏蒸出相当于常压为350~500℃的馏分为减压馏分或高沸点馏分，也称润滑油馏分或减压瓦斯油(Vacuum Gas Oil，VGO)。

减压蒸馏残余的油相当于大于500℃的部分为减压渣油(Vacuum Residue，VR)。

表1-1-7列出了常用的几个原油馏分。

表1-1-7　原油的馏分划分

沸点范围/℃	馏分名称
初馏点~200(或180)	汽油馏分、低沸点馏分、轻油或石脑油
200(或180)~350	柴油馏分、中间馏分、常压瓦斯油(AGO)
350~500	减压馏分、高沸点馏分、润滑油馏分、减压瓦斯油(VGO)
>350	常压渣油(AR)
>500	减压渣油(VR)

馏分常冠以汽油、柴油和润滑油等油品的名称。需要指出的是，馏分并不等于石油产品，只是从沸程上看有可能作为生产汽油、柴油和润滑油的原料，石油产品必须符合油品的质量标准，馏分必须经过进一步加工才能成为合格的石油产品。石油馏分只是中间产品或半成品，例如，减压馏分即可加工成润滑油产品，也可作为催化裂化的原料油。

将原油经常减压蒸馏得到的一系列沸点范围不同的馏分的百分含量就是该原油的馏分组成。

表 1-1-8 是国内外几种原油的馏分组成。表中数据表明，不同原油其馏分组成是不同的。从中国主要原油的馏分组成来看，大于 500℃的减压渣油含量较高，多数原油的减压渣油含量高于 40%。减压渣油含量高也是中国原油的主要特点之一。

表 1-1-8　原油的馏分组成　　%

原油名称	IBP～200℃	200～350℃	350～500℃	>500℃
大庆	11.5	19.7	26.0	42.8
胜利	7.5	17.6	27.5	47.4
孤岛	6.1	14.9	27.2	51.8
辽河	12.3	24.3	29.9	33.5
华北	7.3	21.1	32.4	39.2
中原	19.4	25.1	23.2	32.3
新疆	15.4	26.0	28.9	29.7
单家寺	1.7	11.5	21.2	65.6
欢喜岭	3.7	20.6	35.4	40.3
新疆九区	1.7	18.3	28.7	51.3
井楼	0.3	9.1	33.2	57.4
印尼，米纳斯	11.9	30.2	24.8	33.1
伊朗，轻质	24.9	25.7	24.6	24.8
加拿大，阿萨巴斯卡	0	16.0	28.0	56.0

注：IBP—Initial Boiling Point，初馏点。

四、原油的分类

世界上各种石油的性质千差万别，究其根源在于其化学组成和馏分组成存在差异，即组成原油的分子大小和类型的分布不同。

如何对原油进行分类是一个复杂的问题，虽然分类方法很多，但还没有一种公认的标准分类方法。

1. 关键馏分特性分类法

这是美国矿务局(U. S. Bureau of Mines)于 1935 年提出的一种原油化学分类法，是目前在世界上使用最多的一种原油分类方法，这种分类方法也能反映中国原油化学组成的特性。它是以原油中具有特定馏程的轻、重两个馏分的相对密度为依据进行分类的。其中第一关键馏分(轻关键馏分)，是常压下原油在 250～275℃的馏分；而第二关键馏分(重关键馏分)，是 5.33kPa(40mmHg)残压下蒸馏出的 275～300℃馏分。因为中国大部分原油偏重，为避免裂化，所以改为在较低残压即 1.33kPa(10mmHg)下蒸馏出的 240～265℃馏分。两种条件下蒸馏的馏分沸程，换算到常压是相同的，均相当于常压下 395～425℃的馏分。

测定上述两个关键馏分的相对密度，并对照关键馏分的分类表 1-1-9 即可决定两个组分的类别属性。由于轻、重两个关键馏分的基属不同，组合起来能得到 9 种可能的类别，但实际上并不存在石蜡-环烷基和环烷-石蜡基原油，故只有 7 种不同基属的原油，见表 1-1-10。

表 1-1-9　美国矿务局原油分类指标

关键馏分	指标	石蜡基	中间基	环烷基
轻关键馏分	API 度	≥40	33.1~39.9	≤33
	$d_{15.6}^{15.6}$	≤0.8251	0.8256~0.8597	≥0.8602
	d_4^{20}	≤0.8212	0.8217~0.8559	≥0.8564
重关键馏分	API 度	≥30	20.1~29.9	≤20
	$d_{15.6}^{15.6}$	≤0.8762	0.8767~0.9334	≥0.9340
	d_4^{20}	≤0.8715	0.8730~0.9299	≥0.9306

表 1-1-10　按美国矿务局划分的原油类别

原油类别	轻关键馏分	重关键馏分	原油类别	轻关键馏分	重关键馏分
石蜡基	石蜡基	石蜡基	中间-环烷基	中间基	环烷基
石蜡-中间基	石蜡基	中间基	环烷-中间基	环烷基	中间基
中间-石蜡基	中间基	石蜡基	环烷基	环烷基	环烷基
中间基	中间基	中间基			

这种分类方法大体能够反映原油的化学组成的类型，但它并不一定能够反映减压渣油的组成特征，因此对于较重的原油此分类法还有一定的局限性。

2. 按原油的个别性质分类

这种按照原油的某一种性质分类的方法，只是在商业上采用，一般作为辅助的手段，现介绍其中的几种。

(1) 按密度分类

密度是反映原油品质的一个重要指标，欧美在商业上习惯用 API 度来表示原油的轻重，它与相对密度的关系是：

$$\text{API 度} = \frac{141.5}{d_{15.6}^{15.6}} - 131.5$$

由上式可见，相对密度越小其相应的 API 度越大，而越重的原油其 API 度越小。

按照相对密度分类，迄今也没有公认的标准。国际上常根据相对密度把原油分成如下 4 种类别，具体见表 1-1-11。

表 1-1-11　按密度划分的原油类别

相对密度	原油归属			
	轻质原油	中质原油	重质原油	特重原油
API 度	≥32	20~32	10~20	≤10
$d_{15.6}^{15.6}$	≤0.8654	0.8654~0.9340	0.9340~1.000	≥1.000

按密度的分类虽然比较粗略，但也能反映原油的共性。对于轻质原油，一般含汽、煤、柴油等轻质馏分较多，含硫、含胶质较少。重质原油一般含轻馏分和蜡较少，而氧、氮、硫及胶质、沥青质含量较高。

(2) 按硫含量分类

鉴于原油的硫含量和芳香度关联，硫对原油的加工及应用有不利影响，所以往往需要按硫含量的高低进行分类，一般把硫质量分数低于 0.5%的称为低硫原油，硫质量分数在 0.5%~2.0%之间的称为含硫原油，硫质量分数高于 2.0%的则称为高硫原油。

（3）按蜡含量分类

原油中蜡含量的高低对于开采、储运的影响也很大，蜡含量高的原油会在生产中带来许多问题；同时蜡又是重要的资源，可以制成一系列的产品。因此也有按照蜡含量进行分类的。一般把蜡质量分数低于 2.5%的原油称为低蜡原油，蜡质量分数在 2.5%~10.0%之间的称为含蜡原油，蜡质量分数高于 10.0%的原油称为高蜡原油。

3. 中国原油分类法

中国目前主要采用美国矿务局原油分类法，同时还附加硫含量指标。硫质量分数低于 0.5%的称为“低硫”，硫质量分数等于或大于 0.5%的称为“含硫”。如表 1-1-12 所示，按照这个方法将中国的几种原油进行了分类。

表 1-1-12　中国若干原油的分类

原油名称	硫含量/%	轻关键馏分 $d_{15.6}^{15.6}$	重关键馏分 $d_{15.6}^{15.6}$	类别
大庆	0.10	0.814	0.850	低硫石蜡基
中原	0.52	0.811	0.852	含硫石蜡基
长庆	0.08	0.823	0.866	低硫中间-石蜡基
胜利	0.80	0.832	0.881	含硫中间基
辽河	0.18	0.837	0.875	低硫中间基
孤岛	2.09	0.879	0.930	含硫环烷-中间基
羊三木	0.33	0.883	0.941	低硫环烷基

第二节　石油的单体组成和族组成

一、石油化学组成表示法

石油是由数目众多的烃类与非烃类所组成的复杂的混合物，其物理化学性质与其化学组成密切相关。人们对石油的组成进行了大量的研究工作，但是由于石油组成的复杂性，迄今为止，人们还只是基本搞清石油轻馏分的化学组成，对于较重馏分尤其是减压渣油的化学组成的认识还只是初步的。

要了解石油的化学组成，首先要了解其元素组成，前已述及，石油中最重要的组成元素是 C 和 H，其次是 S、N、O。石油的元素组成是反映它的化学本质最基本的数据，H/C 原子比是表征石油平均化学结构的一个重要参数，但是仅靠这些还远远不能了解石油的本质面貌，因此还需要从单体化合物组成、族组成和结构族组成的角度来了解石油。

1. 单体化合物组成

单体化合物组成是指石油由多少种单体化合物组成的，它们各自的含量是多少。如果对石油的了解能够达到如此程度那当然理想，但是由于组成石油的单体化合物的数目实在是太多，因此全部搞清石油中的单体化合物的组成几乎是不可能的。目前，仅能对气体和汽油馏分的单体化合物组成有比较明确的了解，而对于柴油及其以上的较重馏分无法从单体化合物的层面上进行分析。

2. 烃族组成

元素组成表示法太简单，而单体烃组成表示法又过于细繁。介于这两者之间的烃类组成表示法即为族组成，所谓族是指化学结构相似的一类化合物。族组成表示法简单实用，至于要分成哪些族则取决于分析方法与实际需要。如果对汽油馏分分析要求更细致些，则可将烷烃再分成正构烷烃和异构烷烃，将环烷烃再分为环已烷系和环戊烷系等。一般对直馏汽油馏分的族组成分析，以烷烃(正构烷烃和异构烷烃)、环烷烃(五元环和六元环系，包括单环至六环环烷烃)、芳香烃(单环至六环的芳香烃)含量来表示。迄今在天然石油中尚未发现有不饱和烃，如果要分析裂化汽油的族组成，则再增加一项不饱和烃的含量。

对于煤油、柴油和减压馏分，由于所用分析方法不同，其分析项目也不同。若采用液相色谱法，族组成通常是以饱和烃(烷烃和环烷烃)、轻芳烃(单环芳烃)、中芳烃(双环芳烃)、重芳烃(多环芳烃)及非烃组分等项目来表示。若采用质谱法，则族组成可用烷烃(正构烷烃、异构烷烃)、环烷烃(一环、二环、多环环烷烃)、芳香烃(一环、二环及多环芳香烃)和非烃组分胶质等项目来表示。

至于减压渣油，一般还是采用溶剂处理和硅胶柱色谱法，分成饱和分、芳香分、胶质、沥青质四个组分。如有需要还可将芳香分或胶质分别再进一步分离为轻、中、重三个亚组分，得到减压渣油的六组分或八组分组成。

值得注意，按照族组成的分析方法，凡分子结构中有一个芳香环者即归属为单环芳烃，两个芳香环者即为双环芳烃，依此类推。实际上，这些芳香烃分子中除有芳香环外，还会含有环烷环和烷基链。而所谓的环烷烃分子中除有环烷环外往往还有烷基侧链。因此石油中的烃类分子大多是混合结构，即在一个分子中既有芳香环，也有环烷环，还有烷基侧链。

3. 结构族组成

在较高沸点的石油馏分中，有的烃类分子结构中同时含有芳香环、环烷环及烷基链三种基团。

如对于 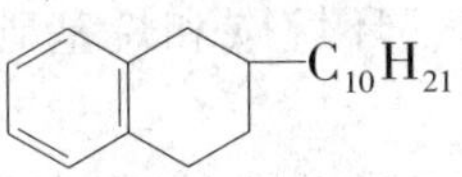 与 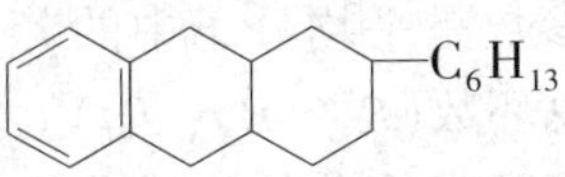 这两个化合物，它们的相对分子质量接近，也只有一个芳香环，如按照族组成分类它们都属于单环芳烃。由于所含的环烷环和烷基侧链不同，因而它们二者的物理与化学性质是不同的。为此人们又提出了用结构族组成的概念来描述这种混合类型化合物的结构。按照结构族组成概念，任何烃类化合物，不论其结构如何复杂，都可以看成是由烷基、环烷基和芳香基三种结构单元所构成的。结构族组成分析的数据只表示在分子中这三种结构单元的含量，而并不涉及它们在分子中的结合方式。

根据结构族组成的观点，可以将 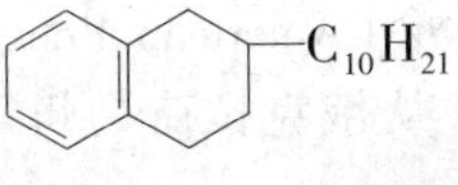 这个化合物分解成 、、—$C_{10}H_{21}$这三个结构单元。这三种结构单元在整个分子中所占的份额一般用 C_A(芳香碳数占总碳数的百分数)、C_P(烷基碳数占总碳数的百分数)、C_N(环烷碳数占总碳数的百分数)来表示。

就上述化合物而言，其各种结构单元在分子中所占份额为：

$$C_A = 6/20 \times 100 = 30\%$$

$$C_N = 4/20 \times 100 = 20\%$$

$$C_P = 10/20 \times 100 = 50\%$$

此外，对于分子结构中的环数还可以用下列三个结构参数来表示：

芳香环数 $R_A = 1$

环烷环数 $R_N = 1$

总环数 $R_T = R_A + R_N = 2$

因此可以用 C_A、C_P、C_N、R_A、R_N、R_T 这六个结构参数来表征一个复杂烃分子的结构特征。在上述六个结构参数中只有四个是独立的。

对于石油馏分而言，也可以用结构族组成来表示，只是在此处将整个馏分(各种烃类分子组成的复杂混合物)用一种能代表其平均结构组成的“平均分子”来表示。

例如：某混合物是由 40%的 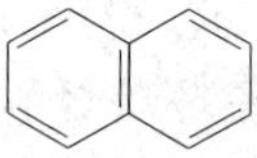、40%的 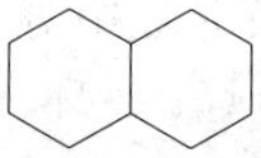 及 20%的 $C_{10}H_{22}$ 所组成，那么这个混合物的结构族组成可以用下面的结构参数来表示：

$$C_A = (40\% \times 10)/(40\% \times 10 + 40\% \times 10 + 20\% \times 10) = 40\%$$

$$C_N = (40\% \times 10)/(40\% \times 10 + 40\% \times 10 + 20\% \times 10) = 40\%$$

$$C_P = (20\% \times 10)/(40\% \times 10 + 40\% \times 10 + 20\% \times 10) = 20\%$$

$$R_A = 2 \times 40\% = 0.8$$

$$R_N = 2 \times 40\% = 0.8$$

$$R_T = 0.8 + 0.8 = 1.6$$

石油馏分的结构族组成通常是根据其折射率、密度、相对分子质量(又称 n-d-M 法)来进行计算或通过查图表求得。

渣油的结构族组成一般不用上述物理性质进行关联，而是以核磁共振波谱为基础进行平均结构参数的计算。主要的结构参数是平均分子中的芳香碳、环烷碳和烷基碳的分率(f_A、f_N、f_P)及芳香环数、环烷环数及总环数(R_A、R_N、R_T)。

结构族组成广泛应用于石油高沸点馏分的组成分析，可以借此比较不同原料的化学特征，并考察润滑油馏分(或减压瓦斯油)及渣油在加工过程中(例如溶剂抽提、溶剂脱蜡)平均化学结构的变化规律。

二、石油馏分的单体烃组成

1. 直馏汽油馏分的单体烃组成

1927~1952 年，美国石油学会(American Petroleum Institute，API)的第六号课题组对原油中单体烃组成进行分析研究，从俄克拉荷马州帮卡原油中分离并鉴定出 230 种单体烃化合物。

汽油馏分中的单体烃组成与其使用和加工性能都有直接的关系，它是重要的基础数据。表 1-2-1 是国内几种主要原油轻馏分中部分含量较高的单体烃组成，表 1-2-2 为汽油馏分中环烷烃及异构烷烃的分布。

表 1-2-1　汽油馏分中主要的单体烃含量　%

原油名称		大庆	胜利	新疆	大港
沸程/℃		IBP～130	IBP～130	IBP～150	IBP～165
正构烷烃	正戊烷	7.69	2.89	8.3	3.53
	正己烷	10.15	6.37	4.7	4.47
	正庚烷	12.12	8.77	5.5	4.41
	正辛烷	11.07	5.40	5.2	4.63
	正壬烷	—	—	0.4	4.24
	五种正构烷合计	41.03	23.43	24.1	21.28
异构烷烃	2-甲基戊烷	2.46	3.67	4.9	2.32
	3-甲基戊烷	1.48	2.68	0.8	1.50
	2-甲基己烷	1.46	2.73	1.3	1.32
	3-甲基己烷	1.91	3.06	1.8	1.53
	2-甲基庚烷	2.28	3.04	6.0	1.80
	五种异构烷合计	9.59	15.18	14.8	8.47
环烷烃	甲基环戊烷	3.91	6.21	1.4	2.56
	环己烷	5.29	4.35	3.1	3.13
	甲基环己烷	9.61	9.12	5.2	7.18
	二甲基环戊烷	3.28	2.60	2.5	2.90
	二甲基环己烷	0.87	1.02	5.7	1.36
	五种环烷烃合计	22.96	23.30	17.9	17.13
芳香烃	苯	—	0.80	0.2	0.85
	甲苯	0.78	4.98	1.3	2.67
	对-二甲苯	0.49	0.96	0.5	—
	间-二甲苯	2.27	0.31	1.8	2.10
	邻-二甲苯	0.27	0.38	0.8	1.20
	五种芳香烃合计	3.81	7.43	4.6	6.82

表 1-2-2　汽油馏分中环烷烃及异构烷烃的分布

项目	原油名称			
	大庆	胜利	新疆	大港
沸程/℃	60～145	60～145	60～130	60～153
环己烷类/环戊烷类	2.3	1.9	1.9	3.1
仅有一个甲基支链的异构烷烃占总异构烷烃的分率	0.56	0.50	0.60	0.49

由表 1-2-1 可见，各种单体烃的质量分数相差悬殊，所列二十种单体烃含量大体占轻馏分的 60%以上，表明轻馏分中相当大的部分是由为数不多的烃类化合物所组成。

由表 1-2-1 和表 1-2-2 可见，正构烷烃和只带一个甲基的异构烷烃是直馏汽油馏分的主要成分，而带两个或三个甲基链的异构烷烃含量较低。同碳数的烷烃，其含量随异构化程度的增加而减少。仅带一个甲基支链的异构烷烃占整个异构烷烃的一半以上，同时甲基大多在主链的一端(2-位或3-位)。

直馏汽油中的环烷烃只有环戊烷系和环己烷系两类化合物，在环戊烷系中主要是甲基环戊烷和二甲基环戊烷的异构体，在环己烷系中主要是环己烷和甲基环己烷，其中甲基环己烷的含量最高，中国直馏汽油馏分中环己烷系烃类的含量高于环戊烷系。

至于芳香烃，苯在直馏汽油中含量是很低的，甲苯和二甲苯的含量相对较高。在二甲苯中，间-二甲苯的含量较高，对-二甲苯及邻-二甲苯的含量显著较少。

2. *直馏柴油馏分及减压馏分中的环烷烃与芳香烃化合物*

和在汽油馏分中一样，石油的中间及高沸点馏分中除含有烷烃外，还有相对分子质量较大的环烷烃和芳香烃。就环烷烃而言，在汽油馏分中只有单环的，而在更重的馏分中除含有带较长侧链的单环环烷烃外，还有双环以及三环到六环的多环环烷烃，它们的环烷环大多是通过两个公用的碳原子而缩合在一起。双环环烷烃有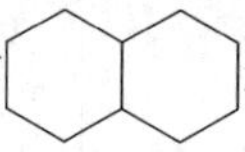和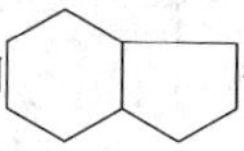等类型。已鉴定出的三环环烷烃有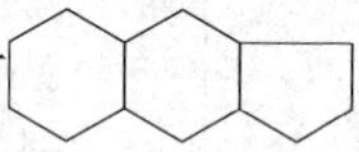、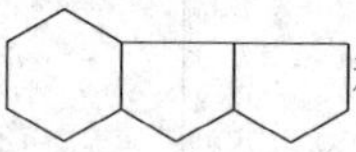和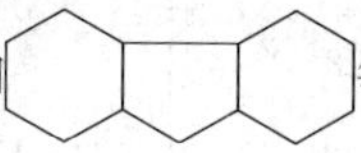等类型，并有具有特殊立体结构的金刚烷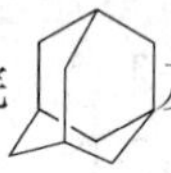及其衍生物；四环环烷烃有下列结构的胆甾烷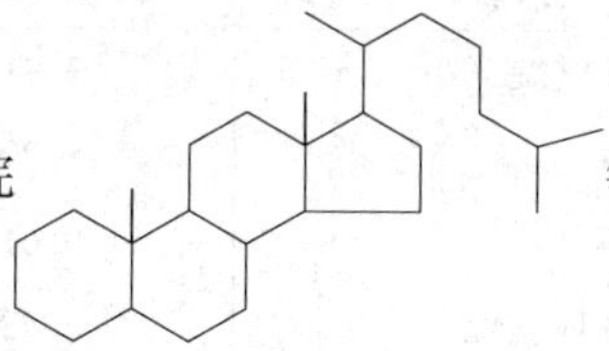等。

至于芳香烃，在较重的馏分中除有带更多更长侧链的单环芳烃外，还含有双环及多环芳香烃。双环芳香烃中萘类及联苯类都有，但以萘类结构为主，而萘的含量一般要比其甲基衍生物少得多。此外，在更重的馏分中还发现有三环、四环直到八环的稠环芳烃。这些芳香烃的稠合方式可以是渺位缩合的，如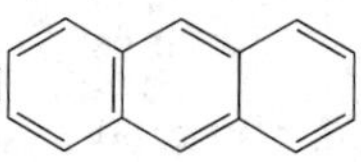、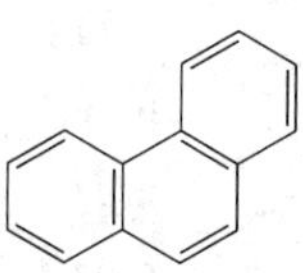、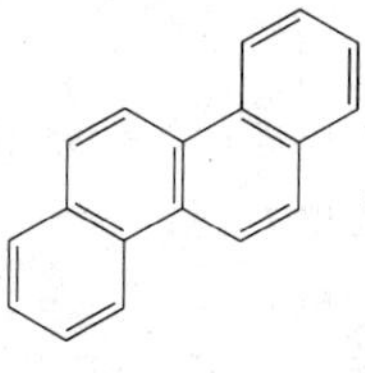，也有结构更为紧凑的迫位缩合的多环芳烃，如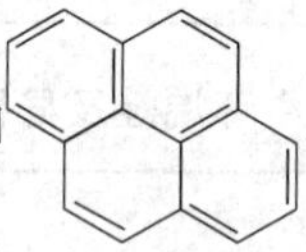、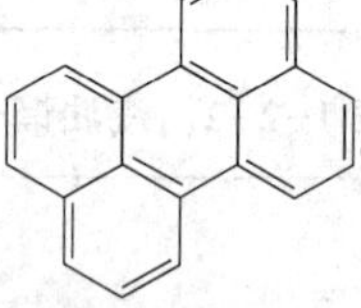。

石油中所含的芳烃以单环、双环、三环的较多。有研究结果表明，各种类型的芳香烃占总芳香烃的平均含量的质量百分数为：苯类67，萘类18，蒽及菲类9，屈及芘类5，其他芳烃1。

此外，在石油中尚有大量兼有环烷环及芳香环的环烷-芳香烃类化合物，在柴油馏分中它们的结构如：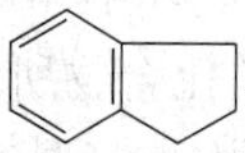、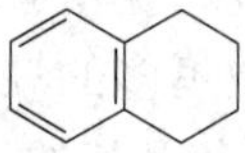、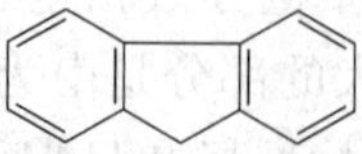、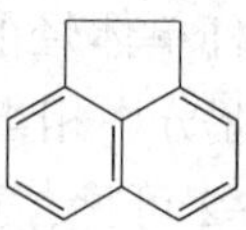、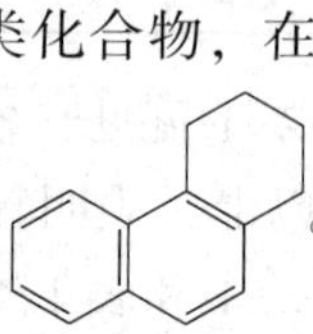。

在高沸点馏分中还有环数更多环烷-芳香混合烃。

三、石油馏分的烃族组成

1. 汽油馏分的烃族组成

汽油馏分可以用单体烃组成来表示，但有时并不需要了解汽油馏分的单体烃组成。汽油馏分的烃族组成是一种比较常用而又简单的表示汽油烃族组成的方法。

汽油馏分烃族组成可用气相色谱、液相色谱及苯胺点法测定。其典型数据见表 1-2-3。

表 1-2-3　汽油馏分的族组成

原油名称	沸程/℃	烃族组成/%		
		烷烃	环烷烃	芳香烃
大庆	IBP～180	57.0	40.0	3.0
胜利	60～180	48.4	42.1	9.5
孤岛	IBP～180	29.4	63.0	7.6
辽河	IBP～180	44.0	42.4	13.6
伊朗，轻质	40～200	57.9	25.8	16.3
美国，宾夕法尼亚	60～180	70	22	8

由表 1-2-3 可见，汽油馏分中烷烃质量分数范围在 30%～70%；环烷烃质量分数范围在 20%～60%；芳烃质量分数相对较低，一般在 20%以下。

一般石蜡基原油的汽油馏分中烷烃含量较高，环烷基原油中的环烷烃含量较高，而中间基原油中的烷烃与环烷烃的含量差不多。

2. 煤油、柴油馏分及减压馏分的烃族组成

石油中煤油、柴油馏分及减压馏分的烃族组成可用质谱法或液相色谱法得到。

表 1-2-4 是用液相色谱法得到的减压馏分的烃族组成。

表 1-2-4　减压馏分的族组成(液相色谱法)

原油名称	馏分(沸程)/℃	族组成/%				
		饱和烃	轻芳烃	中芳烃	重芳烃	胶质
大庆	350～400	86.5	7.5	2.1	2.4	0.7
	400～450	84.0	8.6	2.1	2.7	1.6
	450～500	76.2	9.9	3.8	3.2	3.7
羊三木	350～400	56.0	24.4	8.9	3.2	4.0
	400～450	57.8	19.4	8.9	5.4	4.9
	450～500	61.4	8.6	8.6	6.6	7.2
欢喜岭	350～400	54.2	22.7	10.5	4.9	3.0
	400～450	57.3	17.3	9.4	7.4	5.0
	450～500	59.0	12.4	9.1	8.8	9.0

从表 1-2-4 中可以看出，减压馏分中，饱和烃(烷烃和环烷烃)的质量分数显著高于芳烃及非烃含量，轻芳烃质量分数比较高，并含有少量的重芳烃和胶质。石蜡基的大庆减压馏分的饱和烃质量分数明显高于环烷基的羊三木和欢喜岭减压馏分，而环烷基的原油中的芳烃

和胶质质量分数则高于石蜡基原油。

用液相色谱法得到的族组成数据还不够细致，它把烷烃和环烷烃归并为饱和烃，而且轻、中、重芳烃也并非完全对应于单环、双环和多环芳烃。用质谱法可以得到更为细致的化学组成信息。表 1-2-5 是用质谱法得到的大庆原油 200~500℃馏分的烃族组成。

表 1-2-5 大庆原油 200~500℃馏分的烃族组成

烃族组成/%	沸点范围/℃					
	200~250	250~300	300~350	350~400	400~450	450~500
烷烃	55.7	62.0	64.5	63.1	52.8	44.7
正构烷烃	32.6	40.2	45.1	41.1	23.7	15.7
异构烷烃	23.1	21.8	19.4	22.0	29.1	29.0
环烷烃	36.6	27.6	25.6	24.8	33.2	39.0
一环环烷	25.6	18.2	17.1	11.8	13.6	17.4
二环环烷	9.7	6.9	5.7	6.8	8.4	10.6
三环环烷	1.3	2.5	2.8	2.6	5.3	7.3
四环环烷	0	0	—	2.9	3.3	3.1
五环环烷	0	0	0	0.7	1.8	0.6
六环环烷	0	0	0	0	0.8	—
芳香烃	7.7	10.4	9.9	11.8	13.8	15.9
单环芳烃	5.2	6.6	6.8	6.5	7.8	9.0
双环芳烃	2.5	3.6	2.5	3.2	3.3	3.8
三环芳烃	0	0.2	0.6	1.5	1.4	1.6
四环芳烃	0	0	0	0.5	0.8	0.8
五环芳烃	0	0	0	0	0.1	0.3
未鉴定芳烃	0	0	0	0.1	0.4	0.4
噻吩类	0	0	0	0.3	0.2	0.4

从表 1-2-5 中可以看出，随着馏分沸点的升高，大庆原油 200~500℃馏分中的烷烃尤其是正构烷烃的质量分数趋于减少，而芳烃的质量分数趋于增加。

表 1-2-6 是用质谱法得到的中国 5 种原油 400~450℃馏分的烃族组成。

表 1-2-6 不同原油 400~450℃馏分的烃族组成

烃族组成/%	原油名称				
	大庆	胜利	华北	中原	羊三木
烷烃	52.8	27.5	38.8	49.1	0.8
正构烷烃	23.7	13.9	31.4	30.2	0
异构烷烃	29.1	13.6	7.4	18.9	0.8
环烷烃	33.2	45.6	43.8	31.5	51.9
一环环烷	13.6	7.4	5.6	9.9	1.6
二环环烷	8.4	7.5	5.3	5.4	10.9
三环环烷	5.3	8.8	6.9	3.6	17.1
四环环烷	3.3	19.4	23.5	12.4	18.7

续表

烃族组成/%	原油名称				
	大庆	胜利	华北	中原	羊三木
五环环烷	1.8	1.9	1.7	0.2	3.3
六环环烷	0.8	0.6	0.8	0	0.3
芳香烃	13.8	20.6	15.4	15.8	42.2
单环芳烃	7.8	9.5	6.8	8.3	14.6
双环芳烃	3.3	6.2	4.7	4.3	12.1
三环芳烃	1.4	2.8	2.2	1.8	6.5
四环芳烃	0.8	0.8	0.9	0.90	4.8
五环芳烃	0.1	0	0	0	0.7
未鉴定芳烃	0.4	1.3	0.8	0.5	3.5
非烃	0.2	6.3	2.0	3.6	5.1
噻吩	0.2	0.4	0.3	0.2	1.0
胶质	—	5.9	1.7	3.4	4.1

从表1-2-6中可以看出，不同原油相同馏分的烃族组成有相当的差别，石蜡基如大庆和中原原油烷烃质量分数高达50%左右，而芳烃质量分数仅15%左右；环烷基如羊三木原油几乎不含烷烃，而芳烃质量分数高达42.2%；中间基如胜利和华北原油烃族组成介于石蜡基与环烷基之间。

3. 减压渣油的族组成

减压渣油是原油中沸点最高、相对分子质量最大、非烃化合物含量最高的部分。

目前比较常用的方法是四组分法，即将减压渣油分成饱和分(Saturate)、芳香分(Aromatics)、胶质(Resin)、沥青质(Asphaltene)四个组分，称为减压渣油的四组分(SARA)组成。表1-2-7是国内外几种原油的减压渣油四组分组成。

表1-2-7　减压渣油的四组分组成

原油名称	烃族组成/%			
	饱和分	芳香分	胶质	庚烷沥青质
大庆	40.8	32.2	26.9	<0.1
胜利	19.5	32.4	47.9	0.2
孤岛	15.7	33.0	48.5	2.8
中原	23.6	31.6	44.6	0.2
印尼米纳斯	46.8	28.8	22.6	1.8
科威特	15.7	55.6	22.6	6.1
沙特哈夫奇	13.3	50.8	22.3	13.6

从表1-2-7中可以看到，中国减压渣油中胶质质量分数比较高，大多数减压渣油在40%以上，庚烷沥青质质量分数较少，基本都低于1%，芳香分质量分数约占30%，除大庆减压渣油的饱和分质量分数在40%以上外，大部分减压渣油的饱和分质量分数在20%左右。

表中几种国外减压渣油的胶质质量分数只有20%左右，庚烷沥青质质量分数差别较大，一般都超过1%，有的高达13%以上，芳香分质量分数普遍较高，大多在50%以上，饱和分质量分数(除米纳斯原油外)也在20%左右。

将芳香分和胶质进一步分成轻、中、重芳烃和轻、中、重胶质，这样可以得到减压渣油的八组分组成，表1-2-8是中国5种主要原油的减压渣油的八组分组成。

表1-2-8 减压渣油的八组分组成

八组分组成/%	原油名称				
	大庆	胜利	孤岛	华北	中原
饱和分	40.8	19.5	15.7	19.5	23.6
轻芳烃	8.9	7.8	6.2	5.4	6.1
中芳烃	6.5	6.9	6.1	5.3	6.0
重芳烃	17.4	18.3	22.8	18.9	14.3
轻胶质	11.1	14.2	16.0	14.1	12.1
中胶质	6.1	7.7	8.2	8.9	7.4
重胶质	8.8	11.9	13.7	17.7	15.0
戊烷沥青质	0.4	13.7	11.3	10.1	15.5

如表1-2-8所示，中国减压渣油中戊烷沥青质质量分数除大庆减渣外均高于10%。在三种芳烃中，重芳烃质量分数显著高于轻芳烃和中芳烃含量之和。在三种胶质中，轻胶质和重胶质含量较高，中胶质含量明显低于轻胶质、重胶质的含量。

四、石油馏分的结构族组成

对于石油中较重的馏分和减压渣油，由于其相对分子质量大，分子结构复杂，所含的单体化合物的数量数不胜数，无法测定其单体烃组成，而烃族组成又无法描述其结构特征。结构族组成就是将某一馏分看成一个平均分子，不管其组成和结构的复杂性，将该平均分子的碳氢结构部分用很少几个平均结构参数(C_A、C_P、C_N、R_A、R_N、R_T)来加以定量描述。

此方法简单，应用范围广泛，可以借此来比较不同原油在平均结构上的差异，也可用来考察在石油加工过程中平均结构的变化。

表1-2-9中列出了胜利原油200~500℃范围内各50℃馏分及减压渣油的结构族组成。

表1-2-9 胜利原油200~500℃各50℃馏分及减压渣油的结构族组成

结构族组成	馏分(沸程)/℃						
	200~250	250~300	300~350	350~400	400~450	450~500	>500(^{1}H-NMR)
C_P/%	55.4	62.1	64.7	62.2	59.7	58.6	61
C_N/%	33.6	25.4	24.6	26.4	27.1	27.8	17
C_A/%	11.0	12.5	10.7	11.4	13.2	13.6	22
R_N	0.77	0.62	0.71	0.99	1.62	1.89	3.1
R_A	0.24	0.31	0.31	0.38	0.58	0.68	3.2

从表1-2-9中可以看出，虽然沸点相差很多，但是200~500℃各馏分的C_A、C_P、C_N的分布情况差别不大，C_P在60%左右，C_N在25%左右，C_A在12%左右，这表明同一原油的

化学属性是相似的；表中所列的大于500℃减压渣油数据是用核磁共振氢谱法求得的，与前面的馏分相比，渣油中的C_A较高，C_N较低，而C_P接近。从平均结构中的R_A和R_N来看，则都是随着沸点的升高而增加。

表1-2-10列出中国几种原油相同馏分(350~500℃)的结构族组成数据，从表中可以看出，石蜡基原油(大庆原油和中原原油)的C_P显著较高(约70%)，而C_N和C_A较低；R_A和R_N也较低。环烷-中间基原油(如孤岛原油)的C_P较低(约50%)，而C_N和C_A较高；R_A和R_N也较高。中间基原油(如胜利、华北、辽河原油)的C_P、C_N、C_A、R_A、R_N介于石蜡基原油和环烷基原油之间。

表1-2-10　不同原油350~500℃馏分的结构族组成

原油名称	结构族组成				
	C_P/%	C_N/%	C_A/%	R_N	R_A
大庆	70.1	20.2	9.7	1.02	0.40
胜利	62.4	25.1	12.5	1.50	0.56
孤岛	50.5	32.0	17.5	2.20	0.80
华北	66.5	22.3	11.2	1.24	0.47
中原	74.5	15.9	9.6	0.80	0.43
辽河	62.5	23.5	14.0	1.41	0.62
新疆	64.0	29.4	6.6	1.80	0.32

表1-2-11为用^{1}H-NMR法得到的关于减压渣油的结构族组成。

表1-2-11　减压渣油的平均结构参数

原油名称	结构族组成				
	f_A	f_N	f_P	R_N	R_A
大庆	0.16	0.11	0.73	2.3	3.0
胜利	0.22	0.17	0.61	3.1	3.2
孤岛	0.29	0.23	0.48	4.3	4.9
科威特	0.33	0.15	0.52	3.0	5.0
加拿大，阿萨巴斯卡	0.30	0.24	0.46	2.5	2.0

对于渣油中各种类型碳的分布，习惯上用芳碳率f_A、环烷碳率f_N、烷基碳率f_P来表示。

从表中数据可以看出，国内大庆减压渣油的f_A、f_N、R_A、R_N最小，f_P最大，而孤岛减压渣油的f_A、f_N、R_A、R_N最大，f_P最小；胜利减压渣油的结构参数介于前两者之间。国外2种重质原油的减压渣油的结构参数与孤岛减压渣油具有相似的分布规律。用这些结构参数表征减压渣油的平均化学属性，指导它们的合理加工和利用。

第三节　石油中的含硫化合物

虽然石油中的杂原子含量只有百分之几，但其中非烃化合物的含量却相当可观，而且它们的分布一般是随着沸点的升高而增加的，减压渣油中非烃化合物的含量高达50%以上。

一、原油及其馏分中硫的分布

所有的原油中都含有一定量的硫，硫含量是原油及其产品的质量指标。不同原油的硫含量相差较大，含量从万分之几到百分之几。中国原油大多数属于低硫原油，大庆原油为低硫原油(含硫 0.1%)，胜利原油为含硫原油(含硫 0.8%)，孤岛原油为高硫原油(含硫 2.09%)，江汉油田王场潜一段原油硫含量 11.8%，美国犹他州罗塞角原油硫含量高达 14.0%，这是迄今为止发现的原油中硫含量最高的一种原油。统计资料表明，全世界已开采的 9347 种原油的平均硫含量为 0.65%，大部分原油(约 7500 种)的硫含量低于 1.0%。从目前世界石油产量来看，含硫和高硫原油已达 75%左右，其中半数以上来自中东地区，石油储量极为丰富的中东地区原油的硫含量均比较高。

由表 1-3-1 可见，石油中硫的分布很不均匀，石油中的硫含量基本上是随沸程的升高而增加的，汽油馏分中的硫含量较低，减压渣油中的硫含量最高，中国原油中将近 70%的硫集中在减压渣油中。

表 1-3-1　原油各馏分中硫的分布

馏分(沸程/℃)	硫含量/(μg/g)							
	大庆	胜利	孤岛	辽河	中原	江汉	伊朗轻质	阿曼
原油	1000	8000	20900	1800	5200	18300	14800	9500
<200	108	200	1600	60	200	600	800	300
200~250	142	1900	5200	130	1300	4400	4300	1400
250~300	208	3900	8800	460	2200	5900	9300	2900
300~350	457	4600	12300	880	2800	6300	14400	6200
350~400	537	4600	14200	1190	3400	10400	17000	7400
400~450	627	6300	11020	1100	3400	15400	17000	9200
450~500	802	5700	13300	1460	4300	16000	20000	11600
>500	1700	13500	29300	3600	9400	23500	34000	21700
$\frac{渣油中硫}{原油中硫}$%	74.7	73.3	75.0	70.0	68.0	72.2	55.9	66.1

尚需指出，由于含硫化合物对热不稳定，在蒸馏过程中易分解，因而测得各馏分的硫含量并不能完全代表原油中硫分布的原始状态，中间馏分中的硫含量可能偏高，而重馏分中的硫含量可能偏低。

二、石油中含硫化合物的组成

原油中硫的存在形式有单质硫、硫化氢以及硫醇、硫醚、二硫化物、噻吩等类型的有机含硫化合物，此外尚有既含硫又含氧的亚砜和砜类化合物。表 1-3-2 所列为国外几种原油中含硫化合物类型的分布，其中“残余硫”可认为主要是噻吩硫。

表 1-3-2　原油中含硫化合物类型的分布

原油产地	原油硫含量/%	硫类型分布/%			
		硫醇硫	硫醚硫	二硫化物硫	残余硫
美国，威逊	1.85	15.3	24.6	7.4	52.6

续表

原油产地	原油硫含量/%	硫类型分布/%			
		硫醇硫	硫醚硫	二硫化物硫	残余硫
美国，盖杰里堡	3.75	0	19.5	0.2	80.3
美国，吉普-里维拉	0.58	45.9	3.0	22.5	28.6
俄罗斯，阿尔兰	3.05	0.23	23.6	0	76.2
俄罗斯，萨莫特洛尔	1.02	0	30.0	0	70.0
伊朗，阿加贾里	1.36	8.5	22.4	3.4	65.7
伊朗，克利考克	1.93	7.9	45.6	5.5	41.0

表 1-3-2 中数据表明，原油中的含硫化合物一般以硫醚类和噻吩类为主，二者合计质量分数在 75%以上。

有的原油中含有单质硫，但其含量极少，通常是在 0.001%以下。原油中溶入硫化氢的含量也是极低的，而且并不一定是原油中原有的，可能是含硫化合物分解产生的硫化氢，而硫化氢又被氧化生成了单质硫，单质硫、硫化氢以及具有弱酸性的硫醇对金属均具有较强的腐蚀作用，因而称它们为活性硫。

表 1-3-3 为沙特阿拉伯原油中间馏分中各种类型的含硫化合物的分布。表中数据表明，随着沸点的升高，馏分中硫醇硫和二硫化物硫在整个硫含量中的份额急剧下降，硫醚硫的份额先增后减，在沸点为 200℃左右时硫醚硫的含量最高，残余硫(主要是噻吩硫)的份额则是一直增加的。

表 1-3-3　沙特阿拉伯原油常压馏分中含硫化合物类型分布

原油	馏分(沸程)/℃	馏分中硫含量/%	硫类型分布(占馏分中硫的质量分数)/%			
			硫醇硫	硫醚硫	二硫化物硫	残余硫
沙特轻质	20~100	0.031	52.36	21.90	20.00	2.59
	100~150	0.035	29.71	30.80	16.29	14.35
	150~200	0.095	11.16	33.50	5.05	48.14
	200~250	0.25	1.91	40.80	0.69	56.75
	250~300	0.72	0.50	29.30	0.08	70.06
	300~350	0.96	0.41	24.60	0.0	74.99
沙特重质	20~100	0.010	3.00	43.00	1.70	52.30
	100~150	0.029	0.69	41.38	0.30	57.63
	150~200	0.157	0.13	56.69	0.05	43.13
	200~250	0.68	0.06	37.06	0.01	62.87
	250~300	0.945	0.11	34.92	0.0	64.96
	300~350	1.10	0.22	35.45	0.0	64.32

美国 API 第 48 号课题组自 1947 年至 1966 年对石油中的含硫化合物进行了长期系统的研究，从石油中分离并鉴定出 176 种含硫化合物。

1. 硫醇

原油中的硫醇一般集中在较轻的馏分中，在轻馏分中硫醇硫占其中硫含量的40%~50%，甚至达70%~75%。随着沸点的升高，硫醇的含量急剧下降，在300℃以上的馏分中基本不含硫醇。

在已鉴定出来的50种含碳数为1~8的单体硫醇中，有40种是烷基硫醇，6种是环烷基硫醇，4种是硫酚。烷基硫醇的—SH基大多连在仲碳和叔碳上，而连在伯碳上较少。

硫醇尤其是低碳硫醇具有强烈的恶臭，当空气中含有0.02ng/g的甲硫醇时人就能察觉。硫醇还具有腐蚀性，硫醇能直接与铁作用生成硫醇铁而腐蚀设备。

$$2RSH+Fe \longrightarrow (RS)_2Fe+H_2$$

硫醇对热不稳定，相对分子质量较大的硫醇甚至在100℃以下即可分解，相对分子质量较小的硫醇如丙硫醇在300℃分解生成硫醚和硫化氢，温度再高则生成相应的烯烃和硫化氢。

$$2C_3H_7SH \xrightarrow{300℃} C_3H_7-S-C_3H_7+H_2S$$

$$C_3H_7SH \xrightarrow{400℃} C_3H_6+H_2S$$

硫醇与NaOH反应生成硫醇钠。

$$C_3H_7SH+NaOH \longrightarrow C_3H_7SNa+H_2O$$

但随着硫醇相对分子质量的增大其酸性减弱，相应硫醇钠更容易发生水解，从而使碱洗脱硫醇变得困难。

硫醇还可以在碱性条件和催化剂的存在下氧化生成二硫化物，从而脱除臭味。

$$2RSH+1/2O_2 \xrightarrow{NaOH} RSSR+H_2O$$

2. 硫醚及二硫化物

原油中的硫大约有20%~30%是硫醚硫。硫醚比较集中在中间馏分中，一般在200~350℃的馏分中含量最高，最高可达含硫化合物的一半。表1-3-4为原油各馏分中硫醚硫的分布。

表1-3-4 俄罗斯萨莫脱洛尔原油各馏分中硫醚硫的分布

馏分(沸程)/℃	收率/%	硫含量/%	馏分中硫占总硫比/%	硫醚硫/%	馏分中硫醚硫占总硫醚硫比/%
IBP~190	17.9	0.08	1.3	0.02	0.01
190~360	38.2	0.70	25.7	0.33	38.2
360~410	9.7	1.70	15.0	0.80	23.6
410~450	9.5	2.02	17.5	0.50	14.4
>450	20.7	1.93	36.3	0.32	20.1
原　油	100.0	1.02	100.0	0.30	100.0

石油中的硫醚可分为开链硫醚和环状硫醚两大类，开链硫醚主要包括烷基、环烷基、芳香基硫醚，环状硫醚主要是硫杂环的五元环和六元环的环硫醚和环状萜类硫化物。

在汽油馏分中，主要是二烷基硫醚，其含量随着沸点的升高而降低，在300℃以上的馏分中已不存在二烷基硫醚，三个碳以上的烷基硫醚大多是异构的。表1-3-5为原油馏分中硫醚的结构组成。

表 1-3-5　俄罗斯西苏尔古特原油中硫醚的结构组成(馏分中的含量/%)

结构	馏分(沸程)/℃		结构	馏分(沸程)/℃	
	190~360	360~410		190~360	360~410
RSR	0.56	0.37	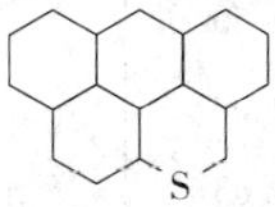	—	1.43
	4.11	4.26	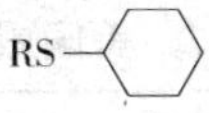	0.62	—
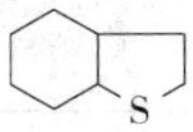	1.63	3.28	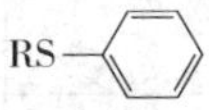	0.11	—
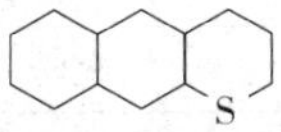	0.46	2.88	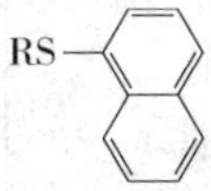	0.22	—
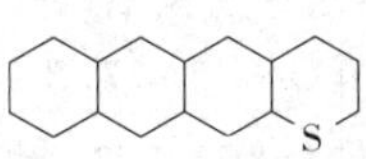	0.11	1.97			

由表 1-3-5 可见，在柴油馏分及减压馏分中主要是环硫醚，其中单环和双环环硫醚占很大部分，环数最多可达 8 个。其硫杂环中五元环占 60%~70%，六元环占 30%~40%。与之相连的环烷环可能是五元环也可能是六元环。此外在石油中还有桥式结构的环硫醚，如：

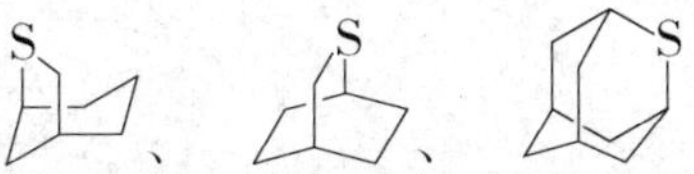

随着馏分沸点的升高，环硫醚的环数逐渐增加，但侧链长度变化不大。

硫醚对热比较稳定，但加热到 400℃也会发生分解反应。

$$C_3H_7—S—C_4H_9 \xrightarrow{400℃} C_3H_6+C_4H_8+H_2S$$

环硫醚和芳香基硫醚对热更稳定，要加热到 400~500℃时才会分解。

硫醚还能在一定条件下氧化成亚砜和砜。

$$R—S—R' \xrightarrow{[O]} R—\overset{\overset{\large O}{\|}}{S}—R' \xrightarrow{[O]} R—\underset{\underset{\large O}{\|}}{\overset{\overset{\large O}{\|}}{S}}—R'$$

石油中的二硫化物的含量显著低于硫醚的含量，一般不会超过整个含硫化合物的 10%，它主要集中在较轻的馏分中，其性质与硫醚相似。

3. 噻吩

从表 1-3-6 和表 1-3-7 中可知，原油中噻吩类化合物占其含硫化合物的 50%以上，主要存在于沸点较高的馏分尤其是减压渣油中。

表 1-3-6　俄罗斯高含硫原油轻馏分中噻吩硫含量

原油名称	200~250℃馏分			250~300℃馏分		
	总硫/%	噻吩硫/%	噻吩硫占总硫比/%	总硫/%	噻吩硫/%	噻吩硫占总硫比/%
巴什基尔	1.12	0.22	19.6	2.58	1.43	55.4
鞑靼	1.98	1.00	50.5	2.94	1.87	63.6

续表

原油名称	200~250℃馏分			250~300℃馏分		
	总硫/%	噻吩硫/%	噻吩硫占总硫比/%	总硫/%	噻吩硫/%	噻吩硫占总硫比/%
古比雪夫	1.25	0.50	40.0	2.55	1.50	58.8
别尔明	1.56	0.60	38.5	2.59	1.19	45.9
奥伦堡	1.08	0.63	58.3	2.40	1.76	73.3

表 1-3-7 美国威逊原油馏分中噻吩类化合物的分布

馏分(沸程)/℃	硫含量/%	硫分布/%		
		硫醇及二硫化物	硫醚	噻吩
50~119	0.11	53	46	1
119~226	0.44	13	80	7
226~263	0.90	3	54	43
263~319	1.51	2	39	59
380~436	2.15	1	35	64
>436	3.36	—	37	63

现已鉴定出来的噻吩有：

（1）单烷基取代噻吩

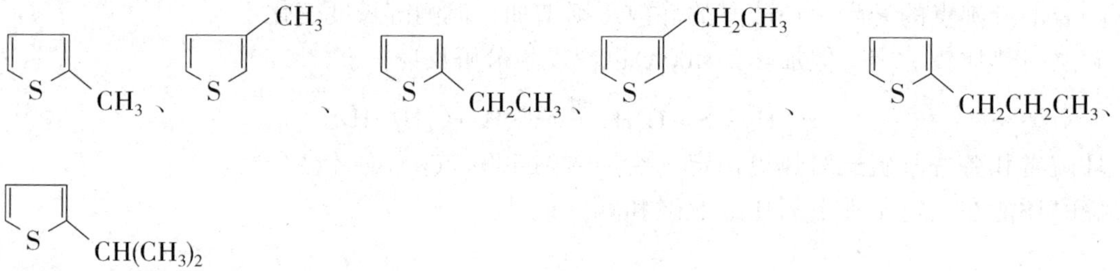

（2）双烷基取代噻吩

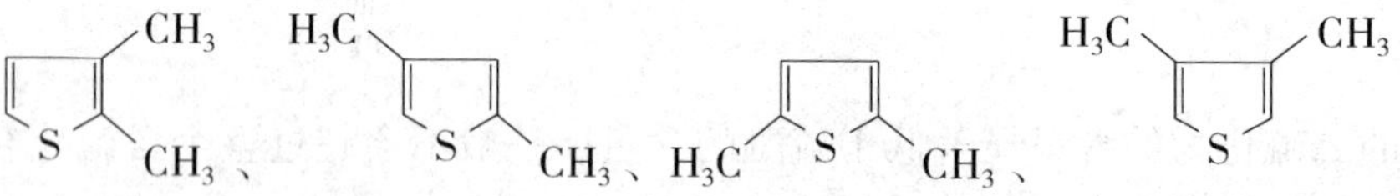

此外还有甲基及乙基三取代和四取代的噻吩，与环烷基并合的噻吩含量很少。

（3）与芳香环并合的噻吩

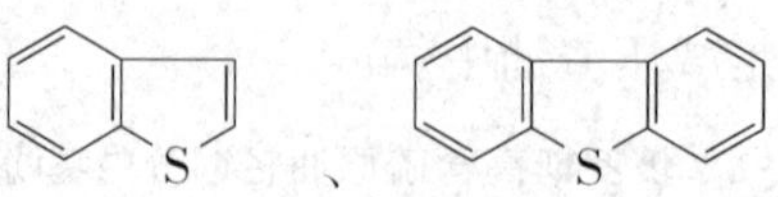

在重质馏分和渣油中还有四环和五环(含噻吩环)的芳香环并合噻吩。这类化合物中还可能含有环烷环和烷基侧链。

噻吩类化合物属于芳香杂环化合物，其环结构相当稳定，即使加热到450℃也不会分解，所以石油中的噻吩硫比硫醇硫和硫醚硫更难脱除。

除上述含硫化合物外，原油中的硫还有一部分存在于其胶状、沥青状物质中。

第四节　石油中的含氮化合物

从原油中的硫、氮绝对含量来看，氮比硫低，通常在0.05%~0.5%之间，很少有超过0.7%。表1-4-1统计世界上148种原油，其中96%的原油氮含量均小于0.5%。

表1-4-1　原油中氮含量的统计

原油中氮含量范围/%	原油的样品数	占样品总数的份额/%	原油中氮含量范围/%	原油的样品数	占样品总数的份额/%
<0.05	62	41.9	0.51~0.70	5	3.3
0.05~0.50	80	54.1	>0.70	1	0.7

中国原油的氮含量大多在0.1%~0.5%之间，氮含量偏高，辽河高升原油的氮含量为0.73%，为中国之最。世界原油氮含量最高的是阿尔及利亚的西齐-白拉奇原油，氮含量2.17%。

石油中的含氮化合物对石油加工和产品的使用都有不利影响，使催化剂中毒失活，还会导致石油产品的安定性变差，易生成胶状沉淀，故必须予以脱除。迄今为止，尚未找到可以利用石油中含氮化合物的有效途径。

一、原油及其馏分中氮的分布

表1-4-2为原油各馏分中氮的分布。由表1-4-2可见，氮含量随着沸程的升高而增加，其分布要比硫更加不均匀，约90%的含氮化合物分布在减压渣油中。

表1-4-2　原油各馏分中氮的分布

馏分(沸程)/℃	氮含量/(μg/g)					
	大庆	胜利	孤岛	中原	伊朗轻质	阿曼
原油	1600	4100	4300	1700	1200	1600
<200	0.1	0.3	0.2	0.3	0.7	0.3
200~250	0.3	0.7	0.5	0.9	1.0	0.2
250~300	0.9	6.1	2.4	3.4	7.8	0.9
300~350	5.5	12.1	13.3	9.4	49.40	7.3
350~400	13.2	25.1	59.3	23.5	76.1	13.0
400~450	38.1	96.8	112.4	33.4	90.6	79.2
450~500	65.2	162.4	174.4	47.5	154.5	94.3
>500	1227.3	3600.6	488.0	1711.9	903.9	1557.9
$\frac{\text{渣油中氮}}{\text{原油中氮}}\%$	90.9	92.2	92.5	93.5	70.4	88.9

由于分离与分析上的困难，对较重馏分中的含氮化合物的组成和结构目前尚不清楚。一般按照含氮化合物的酸碱性可分为：在1∶1(体积比)的冰醋酸和苯的溶液中能够被高氯酸滴定的氮化物定义为碱性氮化物；不能被高氯酸滴定的氮化物为非碱性氮化物。

表1-4-3为原油中碱氮与总氮含量的关系，表1-4-4为原油各馏分中碱氮占总氮的份额。

表 1-4-3 原油中碱氮与总氮含量的关系

原油名称	碱氮(N_B)含量/%	总氮(N_T)含量/%	(N_B/N_T)/%	原油名称	碱氮(N_B)含量/%	总氮(N_T)含量/%	(N_B/N_T)/%
杰克逊	0.01	0.04	25	堪萨斯	0.04	0.12	33
东得克萨斯	0.03	0.08	25	凯特曼	0.14	0.41	34
西得克萨斯	0.03	0.11	27	科威特	0.03	0.12	25
威明顿	0.14	0.50	28				

从表 1-4-3 可见，原油中的碱氮含量(碱性氮化物中的氮含量)占总氮的 25%~35%。

表 1-4-4 原油各馏分中碱氮占总氮的份额

原油名称	馏分(沸程)/℃	碱氮(N_B)含量/(μg/g)	总氮(N_T)含量/(μg/g)	(N_B/N_T)/%
胜利	204~360	91	160	57
	360~480	336	785	43
	>480	2580	9200	28
加利福尼亚	204~360	299	450	66
	360~480	1351	3700	37

从表 1-4-4 可见，碱氮含量随着馏分沸点的升高而降低，因而在原油的较轻馏分中主要是碱氮，而在较重馏分及减压渣油中主要是非碱氮。

在研究中，也有根据高氯酸的滴定曲线对含氮化合物进行分类：pKa>2 为强碱性氮化物，如胺类和吡啶类；-2<pKa<2 为弱碱性氮化物，如酰胺类和吡咯类；pKa<-2 为非碱性氮化物，如咔唑类。

表 1-4-5 和表 1-4-6 就是根据高氯酸的滴定曲线按 pKa 值的大小对原油中的含氮化合物进行分类而得到的数据。

表 1-4-5 原油中的类型氮的分布

原油名称	类型氮的分布/%			原油名称	类型氮的分布/%		
	强碱氮	弱碱氮	非碱氮		强碱氮	弱碱氮	非碱氮
威明顿	31	14	55	特斯莱帕	27	51	22
萨波开克	30	15	55	威逊	30	30	40
杜马	29	28	43	里德沃克	43	17	40
庞德拉	21	79	0	哈恩伯利	29	28	43

表 1-4-6 威明顿原油各馏分中类型氮的分布

馏分(沸程)/℃	氮含量/%	类型氮分布/%		
		强碱氮	弱碱氮	非碱氮
原油	0.64	31	14	55
300~350	0.04	100	0	0
350~400	0.15	53	20	27
400~500	0.49	33	16	51
>500	1.03	34	10	56

表 1-4-5 和表 1-4-6 中的数据表明：不同类型的氮化物在不同原油中的分布是不同的，在同一种原油中强碱氮和弱碱氮的含量随着沸点的升高而减少，非碱氮含量则随着沸点的升高而增加。

二、石油中含氮化合物的组成

关于石油中的含氮化合物的系统研究是美国 API 第 20 号课题组于 1926 年开始进行的。由于碱性氮化物的分离比较容易，因而对它的研究也就比较多。

1. 吡啶系和喹啉系

吡啶系和喹啉系氮化物都属于强碱性氮化物。

目前从石油中分离出来 50 多种碱性氮化物，其中大部分是吡啶和喹啉的衍生物，而苯胺的衍生物极少。

吡啶类：

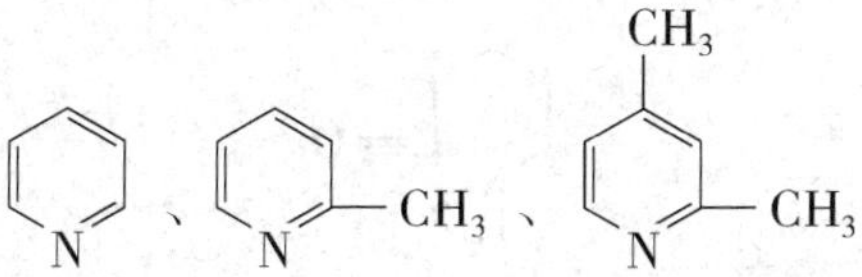

喹啉类：

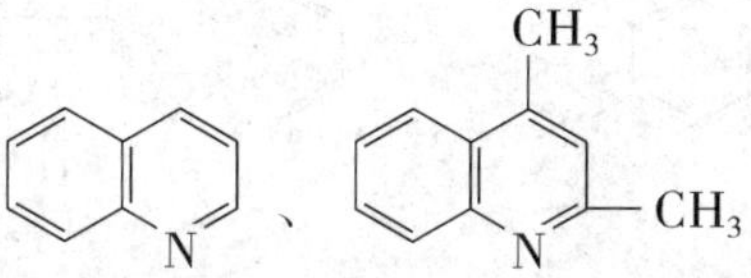

在更重的馏分中还发现了三环、四环的碱性氮化物，而单纯吖啶结构的很少。

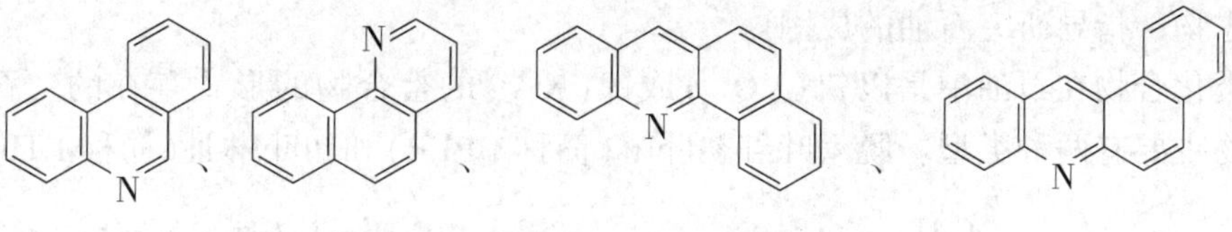

表 1-4-7 为威明顿原油常压馏分中碱氮化合物的组成。

表 1-4-7　威明顿原油常压馏分中碱氮化合物组成

碱氮化合物类型	各馏分中碱氮化合物类型分布/%		
	130~250℃	250~300℃	300~350℃
烷基吡啶	37	5	0
环己基吡啶	55	45	18
环戊基吡啶	0	19	5
烷基喹啉	8	31	60
环烷基喹啉	0	0	10
苯并喹啉	0	0	7

由表 1-4-7 可以看出，在较轻的馏分中主要是烷基吡啶和环烷基吡啶等吡啶的衍生物，随着馏分沸点的增加，吡啶衍生物的含量下降。在较重的馏分中主要是喹啉的衍生物。

吡啶类的含氮化合物具有芳香性，对热和氧化都比较稳定，不易破裂。

2. 吡咯系和酰胺系

吡咯系和酰胺系氮化物属于弱碱性或非碱性氮化物。

目前已分离并鉴定出来的吡咯系化合物有：

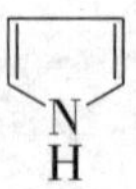
、
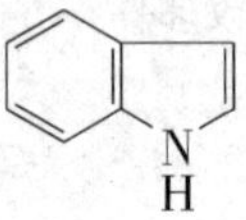
、
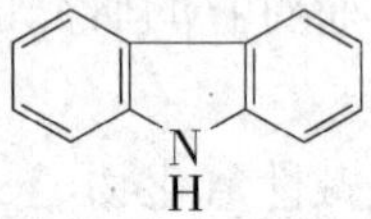
、
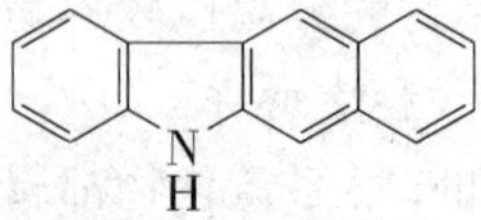

吡咯类和吲哚类氮化物不稳定，易于氧化和聚合生成棕褐色的胶状物质，石油产品中如果含有较多的吡咯类含氮化合物，其颜色很容易变深和产生沉淀。

酰胺类化合物主要是环状酰胺，如：

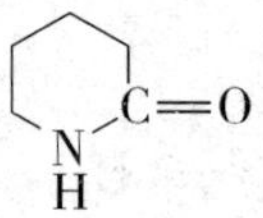

在石油重馏分中还发现了一个分子中含有两个氮原子的化合物，如：

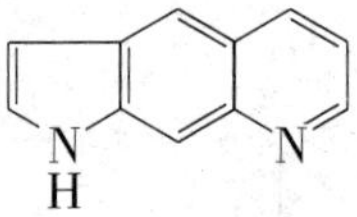
、
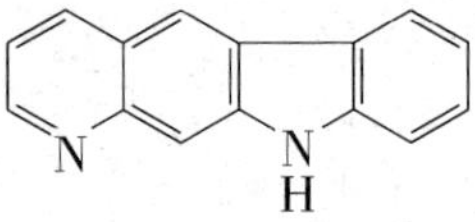

3. 卟啉类化合物

在石油中还发现了一类由四个吡咯环所组成的卟吩结构的卟啉类化合物，这是一类重要的生物标志物，指导研究石油的成因。

卟啉类化合物在石油中是以钒（VO^{2+}）或镍（Ni^{2+}）的螯合物的形式存在的。石油中的卟啉类化合物主要有两种类型：脱氧叶红初卟啉（简称 DPEP）和初卟啉Ⅲ（简称 ETIO）。

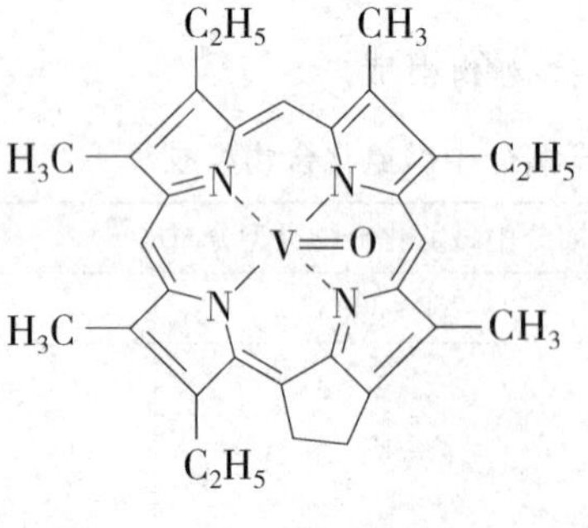

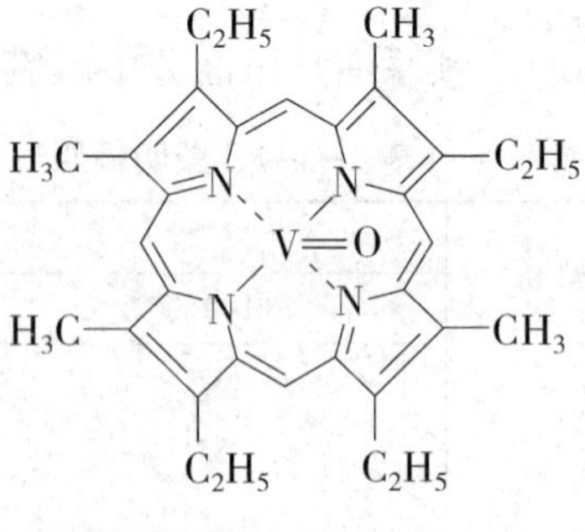

它们均来源于石油原生物质的叶绿素。由于 DPEP 随着石油埋藏深度的增加而逐渐转化成 ETIO，因而 DPEP/ETIO 是表征石油成熟度的重要地球化学标志。

由于氮主要存在于五元环的吡咯系和六元环的吡啶系，它们都具有芳香性，化学性质比较稳定，因此在石油的加工过程中脱氮比脱硫更困难。

第五节 石油中的含氧化合物

目前文献所报道的石油及其馏分中的氧含量绝大多数是减差法求得，其数据不够准确。大多数石油的氧含量在0.1%~1.0%之间。

石油中的含氧化合物可分为酸性和中性两大类。酸性含氧化物(石油酸)包括羧酸和酚类，而羧酸包括环烷酸、脂肪酸、芳香酸。中性氧化物有酯类、醚类和呋喃类。

一、原油中酸性氧化物的分布

原油中酸性氧化物的含量是利用非水滴定法测得的酸度(mgKOH/100mL，适用于轻质油品)或酸值(mgKOH/g，适用于重质油品)来间接表示。国内外一些原油的酸值见表1-5-1。

由表1-5-1可知，不同原油的酸值差别较大，环烷基原油的酸值较高，而石蜡基原油的酸值较低。

表1-5-1 国内外一些原油的酸值

原油产地		酸值/(mgKOH/g)	原油类别
大庆混合原油		0.04	低硫石蜡基
胜利	混合原油	0.93	含硫中间基
	孤岛原油	1.55	含硫环烷-中间基
	单家寺原油	7.40	含硫环烷基
辽河	欢喜岭	2.52	低硫环烷基
	高升	0.81	低硫环烷-中间基
	曙光	1.60	低硫中间基
	兴隆台	0.24	低硫中间-石蜡基
	大明屯	0.03	低硫石蜡基
新疆	克拉玛依0号	0.08	低硫中间基
	克拉玛依1号	1.02	低硫中间基
	克拉玛依2号	0.74	低硫中间基
	克拉玛依3号	1.3~1.8	低硫中间基
	克拉玛依九区	4.87	低硫环烷-中间基
河南井楼		3.28	低硫环烷-中间基
印尼米纳斯		0.06	低硫石蜡基
阿 曼		0.32	含硫石蜡基
伊朗(轻质)		0.11	含硫中间基

表1-5-2是中国3种原油的酸值分布。表1-5-2数据表明，原油中各馏分的酸值分布一般并不是随沸点的升高而增加的。如大庆与江汉等石蜡基原油在300~400℃馏分左右出现一个酸值的极大值，轻馏分和重馏分的酸值较低；而胜利中间基原油在300~400℃馏分和500℃馏分左右处出现两个酸值的极大值，呈现双峰形的分布模式。

表 1-5-2 原油各馏分的酸值分布

大庆原油(低硫石蜡基)		江汉原油(含硫石蜡基)		胜利原油(含硫中间基)	
馏程/℃	酸值/(mgKOH/g)	馏程/℃	酸值/(mgKOH/g)	馏程/℃	酸值/(mgKOH/g)
195~225	0.04	184~214	0.13	189~222	0.06
313~335	0.09	310~320	0.16	293~306	0.17
355~374	0.08	336~357	0.43	325~342	0.36
394~415	0.22	372~386	0.32	400~417	0.21
435~456	0.06	406~458	0.11	432~446	0.28
475~500	0.03	493~507	0.11	474~496	0.39

二、石油中含氧化合物的组成

1. 石油羧酸

石油羧酸包括脂肪酸、环烷酸及芳香酸，相对分子质量最小的环烷酸和芳香酸的沸点也超过 200℃，因此汽油馏分中只存在脂肪酸。

石油中的脂肪酸主要是正构的，也存在轻度异构化的脂肪酸，见表 1-5-3 和表 1-5-4。

表 1-5-3 辽河原油常减压馏分中酸性氧化物的含量

馏分	沸程/℃	酸值(mgKOH/g)	羧酸质量分数/%	羧酸中脂肪酸含量/%
常一线	143~242	0.046	0.02	3.73
常二线	207~366	0.84	0.35	3.27
常三线	221~416	2.33	1.08	4.32
常四线	269~474	2.03	1.16	3.99
减一线	244~422	1.63	0.77	3.58
减二线	265~454	2.56	1.17	4.89
减三线	287~485	2.00	1.02	4.75
减四线	296~497	1.76	1.16	3.62
减压渣油	>500	0.96	1.00	—

表 1-5-4 孤岛原油 250~400℃馏分中石油羧酸的组成

羧酸类型	各馏分中石油羧酸的组成/%		
	250~330℃	330~370℃	370~400℃
脂肪酸	4.4	5.6	11.5
环烷酸	45.5	52.0	33.7
含一个环烷环	7.5	9.0	5.9
含二个环烷环	21.3	22.0	14.0
含三个环烷环	13.6	15.3	9.5
含四个环烷环	3.1	5.7	4.3
芳香酸	41.1	36.8	48.8
含一个芳香环	33.2	29.7	35.5
含二个芳香环	6.3	5.2	8.5
含三个芳香环	1.3	1.1	3.3

由表 1-5-3 和表 1-5-4 中数据可知：辽河及孤岛原油的石油羧酸中脂肪酸的含量一般不超过 10%，在孤岛原油中环烷酸的含量较高。

石油环烷酸分子结构可表示为：

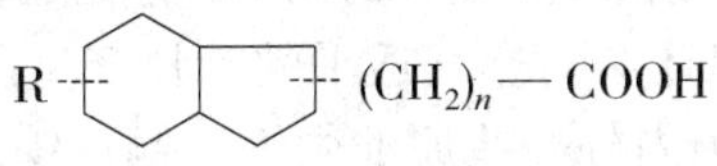

石油环烷酸的分子中一般只含有 1 个—COOH，多数在烷基链上。其环烷环数从 1 个到 5 个，而且多为稠合环系，孤岛原油的环烷酸的环数多为 2 环和 3 环。C_{12} 以上的环烷酸中既有五元环又有六元环，但以六元环为主，环系上还连有一个或几个烷基。其羧基有的直接连在环烷环上，有的与环烷环之间以若干个亚甲基相连。

石油中的芳香酸的含量也相当可观，芳香酸的芳香环数多为一个，有的还并有环烷环。

2. *石油酚*

石油中酚类的含量不少，但由于从石油中分离石油酚较困难，迄今很少研究。目前已从石油中鉴定出来的酚类有苯酚、甲酚、二甲酚、三甲酚和萘酚等。

石油中酚类的含量一般随沸点的升高而降低。由于低相对分子质量的酚类具有一定的水溶性，所以它们部分溶入油田水中。

对石油中的酮类和酯类等中性含氧化物研究得很少。

三、石油酸的性质及利用

原油中酸性氧化物对金属设备和管线具有腐蚀作用，尤其是低分子酸其腐蚀性更强。研究表明，原油的酸值大于 0.5mgKOH/g 时，腐蚀趋于严重。在低温下，石油酸对金属设备的腐蚀不严重，而腐蚀严重的温度范围是 230~400℃。

石油馏分中的酸性氧化物可借助于碱洗得以分离，所得的石油酸是一种重要的化工原料，它是石油中唯一得到广泛应用的非烃石油产品。目前已经在工业上应用的主要是从煤油、轻柴油馏分中脱出的石油酸。

作为产品的石油酸实际上是环烷酸、芳香酸、酚类的混合物。其相对密度为 0.99~1.02，随着相对分子质量的增加，其黏度增加、颜色加深、酸值降低，石油酸在水中的溶解度很小，而易溶于烃类和许多有机溶剂。

目前应用最为广泛的是石油酸的盐类。石油酸钠盐，是 O/W 型乳化剂、润滑脂的稠化剂和植物生长促进剂。石油酸的钙盐和镁盐是润滑脂的稠化剂和内燃机油添加剂。石油酸的铜盐和锌盐是木材防腐杀菌剂。石油酸的铝盐用于润滑脂的稠化剂、制取凝固汽油。

第六节　石油中的微量元素

石油中除 C、H、S、N、O 五种元素外还含有许多其他微量元素，虽然它们的含量只有百万分之几甚至十亿分之几，但对石油加工过程尤其是对某些催化剂的活性的影响相当大。

现已从石油中检测出 59 种微量元素，大体上分为 3 类：

① 变价元素：V、Ni、Fe、Mo、Co、W、Cr、Cu、Mn、Pb、Ga、Hg 等。

② 碱金属与碱土金属：Na、K、Ba、Ca、Mg 等。

③ 卤素和其他元素：Cl、Br、I、Si、Al、As 等。

一、石油中微量元素含量及其分布

原油中铁、镍、钒是催化裂化催化剂的毒物，砷是催化重整催化剂的毒物，钠和钙会使某些催化剂的活性降低，同时钒还会对燃气透平的叶片产生严重烧灼，所以对这几种元素的含量应更加重视。表 1-6-1 是国内外一些原油中铁、铜、镍、钒元素的含量。

表 1-6-1 国内外几种原油的主要微量元素组成

原油名称	元素含量/(μg/g)				Ni/V
	Ni	V	Fe	Cu	
大庆	3.1	0.04	0.7	0.25	78
胜利	26	1.0	3.5	0.1	26
孤岛	21.1	2.0	12.0	<0.2	11
辽河	32.5	0.6	9.3	0.3	54
华北	15.0	0.7	1.8	<0.3	21
中原	3.3	2.4	8.2	0.4	1.4
新疆	5.6	0.07	—	0.55	80
单家寺	42.3	3.4	17.6	—	12
欢喜岭	19.0	0.22	3.6	—	86
井楼	22.2	3.3	—	1.6	6.7
新疆九区	15.4	0.66	28.6	—	23
新疆吐哈	0.5	0.03	6.6	0.35	16
新疆轮南	6.0	64.0	3.5	0.6	0.09
南海惠州	0.33	0.11	0.58	0	3.0
美国，东得克萨斯	1.7	1.2	3.2	0.4	1.4
美国，西得克萨斯	4.8	7.9	5.1	0.4	0.61
美国，威明顿	46	4.1	28	0.6	11
美国，堪萨斯	5.8	20.8	5.8	0.4	0.28
俄罗斯，阿尔兰	70	180	13	1.7	0.27
科威特	6.0	22.5	0.7	0.1	0.27
伊朗(轻质)	12	53	1.4	0.03	0.23
印度尼西亚，米纳斯	8.8	0.14	5.4	0.35	63
委内瑞拉，博斯坎	117	1110	4.8	0.2	0.11

由表 1-6-1 可见，国外大部分原油的钒含量显著高于镍含量，即 Ni/V<1，而中国绝大多数原油的钒含量显著低于镍含量，即 Ni/V>1，镍高、钒低是中国大部分原油化学组成的特点之一。

有些地球化学工作者认为，Ni/V>1 是陆相成油的特征，而 Ni/V<1 是海相成油的特征。一般说来，在含硫石油中含钒较多，而在低硫高氮的石油中含镍较多。中国原油属于低硫陆相成油，因而 Ni/V>1。

表 1-6-2 所列为中国原油馏分中几种主要金属含量分布。

表 1-6-2　中国原油馏分中几种主要金属含量分布

产地	馏程/℃	含量/(μg/g)				
		Ni	V	Fe	Cu	As
大庆	原油	3.1	0.04	0.7	<0.2	0.900
	200~350	<0.1	<0.01	<0.4	<0.2	0.500
	350~500	<0.1	<0.01	<0.4	<0.2	0.700
	>500	7.2	0.1	2.4	<0.2	1.700
	$\frac{减渣中含量}{原油中含量}\%$	>98	—	—	—	—
胜利	原油	26	1.6	13	0.1	—
	200~350	0.05	0.03	0.5	<0.05	0.059
	350~500	0.08	0.03	2.5	0.08	0.026
	>500	75	4.1	—	0.4	0.054
	$\frac{减渣中含量}{原油中含量}\%$	99.9	99.1	—	—	—
辽河	原油	29.2	0.7	9.3	0.3	0.045
	350~500	0.2	0.01	1.2	0.1	—
	>500	64.7	2.2	36.8	0.3	—
	$\frac{减渣中含量}{原油中含量}\%$	99.7	99.6	—	—	—

从表 1-6-2 中可见，石油中的微量元素比氮更加集中在减压渣油中，有 95%以上的 Ni、V、Fe、Cu 集中在减压渣油中，因此对减压渣油进行催化加工时，需要脱钒和脱镍。As 在常压和减压馏分中的含量相对比较高，有 70%左右的 As 存在于减压渣油中，因此当用含砷较多的原油的轻油作催化重整原料时，必须进行预脱砷，如大庆石脑油馏分作重整原料时就必须进行预脱砷，而胜利原油因砷含量较低，其石脑油馏分作重整原料不必预脱砷。

二、石油中微量元素的存在形态

一般认为，石油中的微量元素可能有三个方面的来源：①以乳化状态分散于原油中的水中的盐类；②悬浮于原油中的极细的矿物质微粒；③结合在有机物或络合物中的金属。

目前对于石油中的微量元素研究得比较多的是钒卟啉和镍卟啉这些分子内的络合物。石油中的金属卟啉络合物主要是钒卟啉和镍卟啉，其中镍以 Ni^{2+} 形式存在，而钒则以 VO^{2+} 的形式存在。石油中的金属卟啉络合物沸点约为 565~650℃，相对分子质量为 500~800，是一种结晶状固体，极易溶于石油烃中，热安定性较高。

原油中所含的镍和钒仅有一部分是以金属卟啉络合物的形式存在的，约占 10%~50%。在 500~600℃的馏分中，镍和钒主要存在于金属卟啉络合物中，而在>600℃的馏分中镍和钒主要以非卟啉络合物的形式存在。

第七节 石油中的胶质和沥青质

石油中的S、N、O及微量元素等杂原子大部分都集中在减压渣油中，因而在石油的重组分中非烃化合物的含量相当可观。可以认为，石油中最重的部分基本上是由大分子的非烃化合物所组成的，这类大分子的非烃化合物统称为胶状、沥青状物质。根据它们的极性大小可再分为胶质与沥青质两部分。

目前对于胶质和沥青质尚无统一的定义。通常情况下，石油中不溶于非极性的低分子正构烷烃而溶于苯或甲苯的物质称为沥青质。它是石油中相对分子质量最大、极性最强的非烃组分。

分离沥青质常用的溶剂有正戊烷、正己烷、正庚烷及石油醚(脱除芳烃)等。用不同的溶剂分离出来的沥青质含量差别较大，因此列举沥青质含量的数据时，必须冠以所用溶剂的名称，如正戊烷沥青质、正庚烷沥青质。按照标准的四组分分离方法，应用正庚烷分离沥青质。重质油研究中有时也用低沸点的正戊烷，而在地质界则常用正己烷为溶剂。尚需指出的是，沉淀沥青质时，不仅与所用的溶剂有关，而且与溶剂用量和沉淀过滤条件有关。

胶质是石油中相对分子质量和极性仅次于沥青质的大分子非烃化合物，它在组成和结构上具有多分散性，与沥青质和芳香分之间没有截然的界限。胶质的含量随分析方法的不同有相当大的差别，中国以渣油四组分分析为准。

从外观看，胶质是深棕色至深褐色的、极为黏稠不易流动的液体或无定形固体，受热时熔融，其相对密度略小于1；而庚烷沥青质则是深褐色至黑色的无定形固体，受热时不熔化，性脆易碎裂成片，其相对密度稍大于1。

中国减压渣油中庚烷沥青质的含量较低，而胶质含量却高达40%~50%。由于胶质与沥青质的化学组成与结构十分复杂，迄今许多问题尚存争议。

表1-7-1所列为中国部分原油中胶质、沥青质的元素组成和平均相对分子质量。从表1-7-1中可以看出，胶质和沥青质元素组成的特点是其中杂原子的含量非常高，而沥青质则更高一些。有统计数据表明，减压渣油中80%左右的氮、60%左右的硫、95%以上的金属集中在胶质和沥青质中。

表1-7-1 胶质、沥青质的元素组成和平均相对分子质量

项目		C/%	H/%	S/%	N/%	H/C	相对分子质量
胶质	大庆	86.7	10.6	0.31	0.99	1.47	1780
	胜利	84.3	10.2	1.61	1.44	1.45	1730
	孤岛	85.8	10.0	3.31	1.49	1.40	1380
	华北	86.3	10.4	—	1.42	1.44	2260
	中原	85.4	10.0	—	1.07	1.39	2780
庚烷沥青质	胜利	84.0	9.0	2.27	1.73	1.28	3410
	孤岛	81.0	7.8	7.37	1.36	1.16	5620
	单家寺	85.1	9.0	1.53	1.86	1.27	9730
	欢喜岭	87.4	8.2	—	1.90	1.11	6660

一、胶质、沥青质的元素组成和平均相对分子质量

胶质和沥青质的H/C原子比较低，胶质在1.4~1.5之间，庚烷沥青质甚至要更低一些，在1.1~1.3之间。这是由于在胶质与沥青质的分子结构中具有较多的芳香结构。不同减压渣油的胶质或沥青质的H/C原子比较接近。

表中相对分子质量数据源自VPO法(45℃，苯)，胶质在1000~3000之间，而沥青质在3000~10000之间。

胶质和沥青质的分子中存在许多的杂原子，往往由于缔合等原因而形成不同层次的超分子结构，这样导致采用不同的方法测得的相对分子质量数据相差甚远，即使采用同样的方法，如果测定条件不同，得到的数据也不一样。所以对于胶质和沥青质的平均相对分子质量的数据必须注明所用的方法和测定条件。表1-7-2是减压渣油中胶质平均相对分子质量的分布。

表1-7-2　减压渣油中胶质的相对分子质量的分布(凝胶色谱法)

样品	组分编号	组分的平均相对分子质量	组分占胶质的量/%	样品	组分编号	组分的平均相对分子质量	组分占胶质的量/%
大庆渣油胶质	1	860	12.7	孤岛渣油胶质	1	1020	21.0
	2	1100	17.4		2	1070	12.2
	3	1160	18.8		3	1290	14.4
	4	1740	17.6		4	1350	19.5
	5	2840	15.6		5	1550	13.7
	6	5180	12.5		6	2340	10.0
	7	7460	5.4		7	3310	9.2
胜利渣油胶质	1	1050	14.0	任丘渣油胶质	1	1080	6.5
	2	1120	15.0		2	1160	22.5
	3	1200	10.6		3	1200	12.0
	4	1330	17.0		4	1470	10.8
	5	1620	13.4		5	1680	10.8
	6	1940	13.0		6	2030	11.0
	7	2890	11.4		7	2770	14.1
	8	4320	5.6		8	4630	12.3

胶质与沥青质的相对分子质量分布见图1-7-1。胶质和沥青质都是由相对分子质量不同的物质组成的很复杂的多分散体系，胶质的分散性更强。胶质的相对分子质量范围很宽，与沥青质相对分子质量分布之间还有部分的重叠，这也表明胶质与沥青质在组成结构上是连续的，二者之间没有明显的界线。

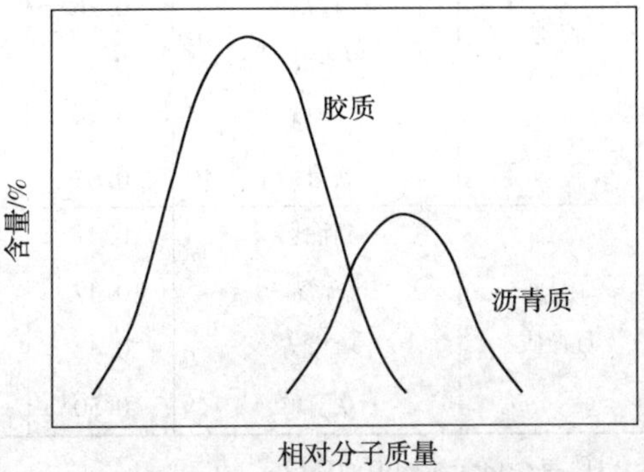

图1-7-1　胶质与沥青质的相对分子质量分布示意图

二、胶质、沥青质的结构特征

胶质和沥青质是由数目众多、结构各异的非烃化合物所组成的复杂的混合物。对于它们的认识不

可能从单体化合物的角度来开展，只能从平均分子结构的角度来加以研究。

1. 基本结构——单元薄片

胶质、沥青质的基本结构是以多个芳香环组成的稠合芳香环系为核心，周围连有若干个环烷环，芳香环和环烷环上连有若干个长度不一的正构或异构的烷基侧链，分子中还含有S、N、O等杂原子基团，同时还络合有Ni、V、Fe等金属。图1-7-2是这种分子结构模式的示意图。

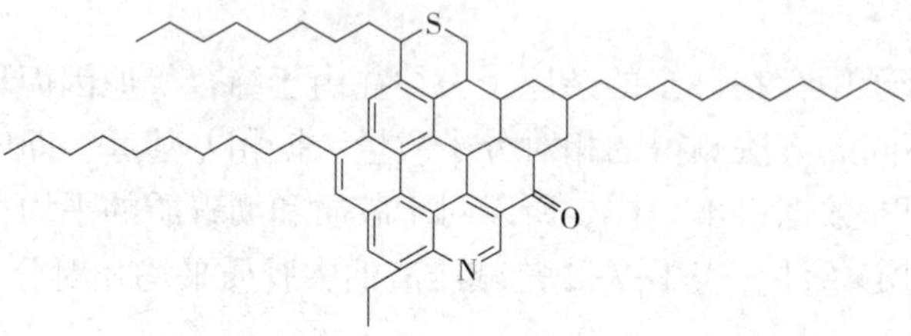

图1-7-2 胶状、沥青状物质的基本分子结构模式示意图

图1-7-2所示是以一个稠合芳香环系为核心的结构，它组成了胶质与沥青质的基本单元，亦称单元结构，由于缩合的芳香环系是由芳香碳组成的平面结构，故称单元薄片。

2. 平均分子结构

一个胶质或沥青质分子可由若干个单元结构所组成，单元结构的个数即为单元结构数。胶质的单元结构数约为2，沥青质的单元结构数约为5。

单元结构的平均相对分子质量即为单元结构重，各种原油的胶质、沥青质分子的单元结构重差别不大，大多在1000左右。

胶质、沥青质分子中的碳氢结构部分，可以借助NMR得到结构参数，用f_A、f_N、f_P、R_A、R_N、R_T来表征平均分子中碳氢结构部分的结构特征。表1-7-3是减压渣油中的胶质、沥青质的平均结构参数。

表1-7-3 胶质及沥青质的平均结构参数

项目		f_A	f_N	f_P	R_A①	R_N①	R_T①	n
胶质	大庆	0.31	0.15	0.54	5.1	3.0	8.1	2.1
	胜利	0.32	0.15	0.53	4.9	3.0	7.9	2.1
	孤岛	0.36	0.17	0.47	4.8	3.0	7.8	1.9
	华北	0.32	0.13	0.55	6.5	3.1	9.6	1.9
	中原	0.35	0.13	0.52	6.3	2.8	9.1	3.0
	欢喜岭	0.37	0.14	0.49	7.4	3.2	10.6	1.1
庚烷沥青质	胜利	0.41	0.17	0.42	7.1	3.4	10.5	3.9
	孤岛	0.47	0.18	0.35	9.5	4.0	13.5	5.8
	单家寺	0.42	0.16	0.42	7.9	3.4	11.3	10.5
	欢喜岭	0.50	0.12	0.38	14.0	4.5	18.5	5.3

① 每个单元结构中的环数。

由表1-7-3可知，沥青质的f_A大于胶质的，其f_P小于胶质的，两者各有一定的范围。

胶质的 $f_A=0.3\sim0.4$，$f_P=0.5$ 左右，$R_A=5\sim7$，$R_N=3.0$ 左右；沥青质的 $f_A=0.4\sim0.5$，$f_P=0.4$ 左右，$R_A=7\sim10$，$R_N=3\sim4$。

胶质和沥青质相比，不仅其平均相对分子质量较高，而且其芳香化程度也更高。至于其中杂原子的存在形式，涉及含氧的结构有醚键、羰基、羧基、酚羟基等，涉及含硫的有硫醚、噻吩类结构，涉及含氮有吡啶、吡咯结构，且各种基团在胶质、沥青质分子结构中的存在形式和数量具有不确定性。

3. 沥青质的似晶结构

石墨的结构是纯碳形成的六方晶体，由许多相叠合的碳原子网状层所组成；层内碳原子排列呈正六角形，层间距 0.335nm；XRD 谱图在 $2\theta=26°$ 处有尖锐的(002)峰，这表明碳原子间呈有序排列。

沥青质的 XRD 谱图在 $2\theta=26°$ 处也有(002)峰存在，表明沥青质具有类似石墨的有序排列结构，即以稠合芳香环为核心的单元薄片之间由于分子内或分子间 π 电子云的重叠而形成部分有序的似晶结构，层间距 0.357nm，略大于石墨，这是由于芳香环上连有非平面结构的环烷环和烷基侧链使得层间排列不如石墨有序。沥青质的似晶结构微粒示意图见图 1-7-3。

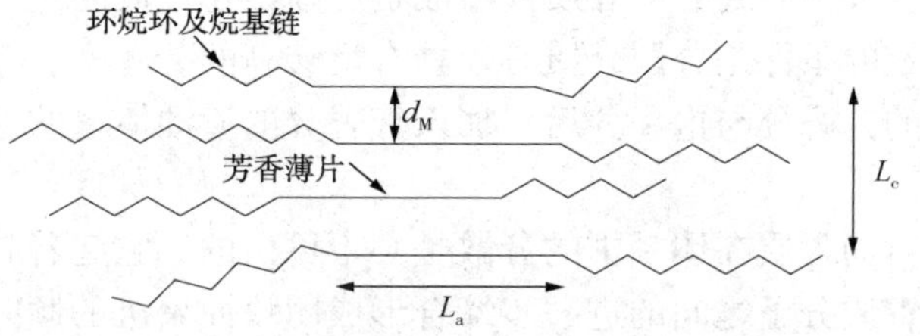

图 1-7-3　沥青质的似晶结构微粒示意图

X 射线衍射法测得的庚烷沥青质似晶体的晶胞参数见表 1-7-4。

表 1-7-4　庚烷沥青质似晶体的晶胞参数(XRD)

样　品	芳香片平均直径(L_a)/nm	晶胞高度(L_c)/nm	层间距(d_M)/nm	层数(N_c)
孤岛	1.19	2.08	0.357	5.8
单家寺	1.37	1.91	0.357	5.4
新疆天然沥青	1.54	1.84	0.357	5.2
阿萨巴斯卡	1.00	2.80	0.357	7.8
圣地亚哥	1.10	1.90	0.357	5.3
博斯坎	0.80	2.00	0.357	5.6
伯克洛夫	1.23	2.09	0.357	5.8

从表 1-7-4 可以看出，尽管沥青质的产地不同，但它们的晶胞参数却很接近。芳香片平均直径 L_a 在 0.8~1.5nm 之间，晶胞高度 L_c 为 2.0nm 左右，层间距 d_M 为 0.357nm，平均层数 N_c 为 5~6，若单元薄片重在 1000 左右，则每个似晶微粒重为数千。一般用 VPO 法测得的沥青质相对分子质量在此范围。

对于胶质而言，其 XRD 谱图中无明显的(002)峰，表明胶质没有沥青质那样的似晶结构。

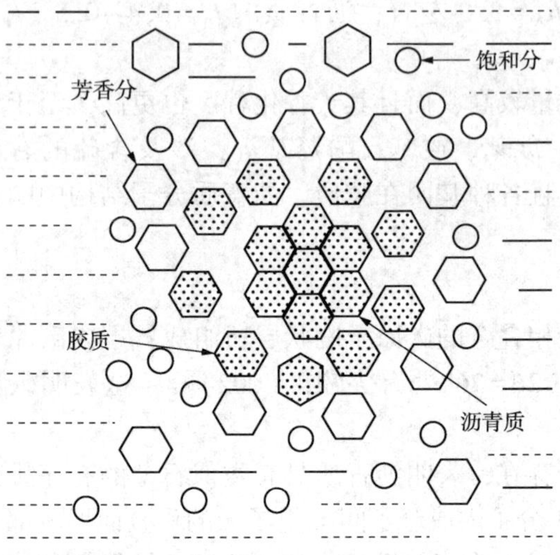

图 1-7-4　石油胶体分散体系示意图

三、石油胶体分散体系

研究证明，除极少数胶质、沥青质含量很低的石油是真溶液外，绝大多数石油在地层中经过长期演变后形成了一种比较稳定的胶体分散体系。该认识对石油的开采和加工十分重要，其示意图见图 1-7-4。

由图 1-7-4 可见，在石油的胶体分散体系中，其分散相就是以沥青质为核心，以吸附于它的胶质为溶剂化层而构成的胶束。其分散介质则主要是油分和部分胶质。这种胶束的大小从几十纳米到几百纳米，其胶束重从几万到几十万不等。胶束中的沥青质分子与胶质分子之间是以电子 π-π 给予-接受体络合或氢键等作用力进行缔合。从胶束中心到分散介质其组成是逐渐变化过渡的。

胶体分散体系稳定的条件是分散介质必须具有足够高的芳香度。有研究表明，在渣油体系中分别加入相同量的芳香分与饱和分后，加入芳香分的渣油体系的稳定性优于加入饱和分的渣油体系。

由此可见，胶质对沥青质在体系中的分散是必不可少的，它起着胶溶剂的作用，由于胶质的存在，阻止了沥青质分子之间的进一步缔合形成团块而聚沉的倾向。一般导致沥青质聚沉的因素有以下三个方面：①胶质含量低，形成的溶剂化层厚度不够；②胶质与沥青质的结构差别较大，二者之间的作用力较弱；③分散介质的芳香度低或黏度过低。

用大量低分子正构烷烃沉淀减压渣油中的沥青质就是利用了石油分散体系的这种性质。用降低分散介质的芳香度和黏度的手段来破坏胶束的溶剂化层，从而使沥青质相互缔合成更大的聚集体而沉淀分离成单独的一相。

四、胶质与沥青质的性质

胶质和沥青质的存在使原油和渣油的黏度大大增加，而当其含量较高时往往会使之具有非牛顿体系的流变学特征。其中胶质的黏度随温度的变化较大，其低温黏度很大，而在高温下其黏度显著变小。

胶质、沥青质能使原油形成油包水型乳状液，在油水界面上吸附能形成较牢固的乳化膜。

胶质对热很不稳定，它在受热尤其是有氧的存在下，很容易缩合而变成沥青质。沥青质加热到 350℃以上即发生明显的分解，产生气体、液体和石油焦。气体中含有 CO_2、CO、H_2S、H_2、CH_4 等，而沥青质经轻度加氢则可转化为胶质。这些化学性质说明，胶质和沥青质在组成和结构上是相似的，两者在一定条件下可以互相转化。

石油中的胶质和沥青质是两类既有许多共性又有各自特点的物质。就共性而言，都是由一系列大分子的非烃化合物组成的复杂混合物；分子中含 S、N、O 杂原子基团，还络合 Ni、V 等金属，都是石油中极性最强的组分；都存在以芳香环系为核心的基本结构单元；二者的

f_A 高，H/C 原子比低。而就特性而言，胶质能溶于低分子的正构烷烃，而沥青质则不能；胶质的 H/C 原子比高于沥青质，而其 f_A、R_A、R_N 低于沥青质；胶质的平均相对分子质量低于沥青质；胶质的极性小于沥青质；沥青质具有似晶结构，而胶质却没有；沥青质的杂原子含量高于胶质。

第八节　石油沥青质分子缔合体

石油沥青质为不溶于小分子正构烷烃而溶于芳烃的一类混合物，不同油源、不同溶剂、不同分离方法所得到的沥青质的结构和组成差异较大。沥青质的相对分子质量大、芳香度高、杂原子含量高、极性大，沥青质分子间存在 π-π 堆积作用、氢键作用、酸碱作用和金属配位等作用。体系温度、压力变化、体系组成变化和切变速率发生变化时，影响沥青质分子的缔合状态。

一、沥青质结构单元

鉴于石油沥青质组成的复杂性和结构的多样性，其分子结构尚不清楚，但其分子单元结构相似。目前比较一致的观点认为，沥青质分子的基本结构是以稠合芳环为核心，周围并合数个环烷环和杂环，外围连接若干个烷基侧链或含杂原子侧链，同时还络合有镍、钒等金属原子。

关于沥青质分子结构单元目前有 2 种模型，即“大陆型”（或“孤岛型”）和“群岛型”。“大陆型”认为沥青质分子结构单元中只含有一个稠合芳环，稠合芳环数平均为 7 个，杂原子主要存在于稠合芳环中，也有少部分在烷基侧链中，而金属元素则主要以卟啉的形式存在于稠合芳环体系中。“大陆型”结构模型见图 1-8-1。

时间分辨荧光去极化（TRFD）分析表明，沥青质分子结构单元中只含有一个稠合芳香系。沥青质分子结构单元的相对分子质量在 750 左右，大小在 500～1000 范围。联合使用原子力显微镜（AFM）和扫描隧道显微镜（STM）的超高分辨分子成像技术，确认了沥青质中孤岛型分子的主要地位以及沥青质分子结构的多样性和复杂性。

石油沥青质分子的原子力显微镜成像见图 1-8-2。

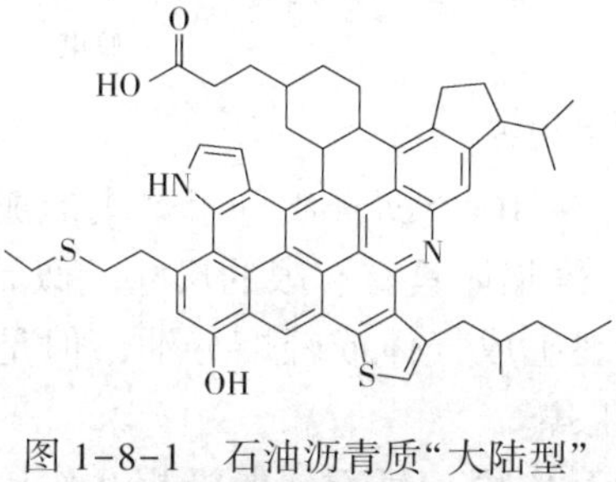

图 1-8-1　石油沥青质“大陆型”分子结构模型

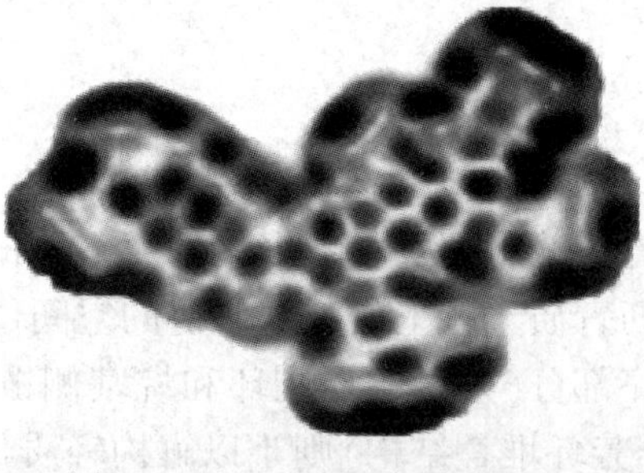

图 1-8-2　石油沥青质分子的原子力显微镜成像

“群岛型”则认为沥青质分子结构单元中含有若干个类似于“大陆型”的结构，只是稠合芳环数远小于 7 个，彼此之间通过含或不含杂原子的烷基链连接。“群岛型”结构模型见图 1-8-3。

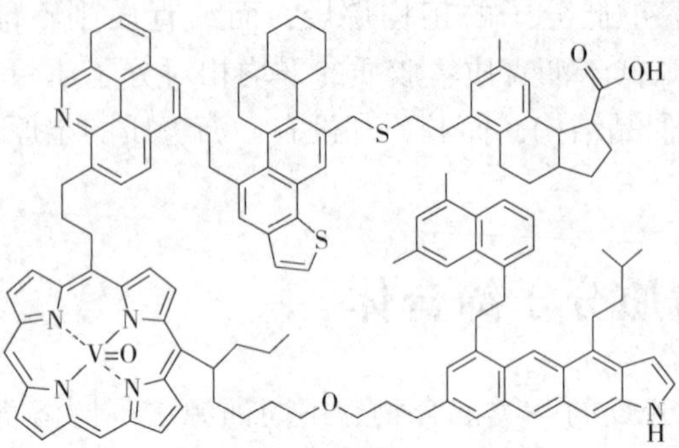

图 1-8-3 石油沥青质“群岛型”分子结构模型

沥青质钌离子选择性氧化降解试验表明，芳香核主要由 2~4 个芳香环组成，而高度缩合的芳环核心数量较少。选择性氧化的试验结果还表明，烷基桥链的长度可达 24 个碳原子，同时存在硫醚链、联苯链；沥青质缓和热降解产物只含 1~3 个芳香环的分子，而高度缩合的芳香环不会在缓和热解条件下分解。

物理仪器分析结果支持“大陆型”模型，而化学降解试验结果支持“群岛型”模型。另外还有“混合型”观点，认为沥青质分子结构中兼有“大陆型”和“群岛型”。傅里叶变换磁回旋共振质谱(FT-ICR MS)表征发现，在沥青质中同时存在“大陆型”和“群岛型”结构，沥青质中“大陆型”和“群岛型”结构的含量多少与沥青质的样品类型有关。

二、沥青质分子缔合

关于沥青质分子间相互作用，主要有两种观点，即 π-π 相互作用主导和多种相互作用的累积效应。Mullins 认为沥青质分子间相互作用主要是芳香结构所产生的 π-π 相互作用，而 Gray 则认为沥青质分子间的酸碱作用是驱动沥青质分子聚集的最强作用。

1. Yen-Mullins 模型

Yen-Mullins 模型认为，石油沥青质分子的片层结构是构成沥青质的基本结构，片层结构之间通过 π-π 作用、氢键、偶极等作用形成类石墨的似晶缔合体，似晶缔合体再进一步聚集成胶束甚至超胶束。Yen-Mullins 模型见图 1-8-4。

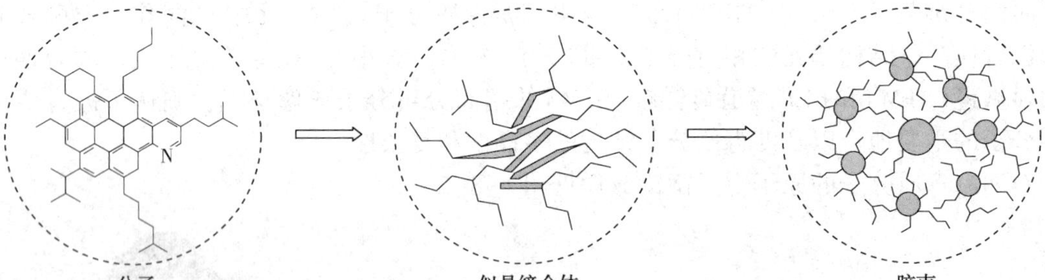

图 1-8-4 Yen-Mullins 模型

当沥青质浓度超过临界聚集浓度(0.7mg/L)时，5~10 个沥青质分子聚集形成似晶缔合体，由于沥青质芳核上的烷基侧链的空间位阻作用，聚集体具有有限的尺寸。似晶缔合体结构的非有序部分(外围的环烷环和烷基侧链)容易断裂生成气体或轻馏分油，但是类似有序部分(稠合芳环堆叠结构)则难以解构轻质化，容易生焦。

石油沥青质分子片层单元结构之间通过 π-π 相互作用、氢键、偶极相互作用等分子间作用力形成似晶缔合体。其中 π-π 相互作用是指稠合芳环结构大 π 键之间的作用。氢键是由于石油沥青质分子中杂原子的存在，导致与杂原子相连的氢原子的电子云偏向于杂原子，与带有孤对电子的杂原子之间发生相互吸引。偶极相互作用是石油沥青质分子之间靠近时，诱导偶极或永久偶极的相互吸引。

沥青质浓度较高(2~10g/L)时，5~10个似晶缔合体可进一步缔合形成胶束，分子簇的结合能要比沥青质似晶缔合体小得多。

似晶缔合体之间在范德华力、电荷转移、π-π相互作用、氢键、偶极相互作用等分子间作用力的共同作用下，可以发生聚集而形成胶束并分散在溶液或者重油体系中。而胶束的尺寸与沥青质的浓度及溶剂有关，一般来讲，沥青质浓度越大形成的胶束尺寸越大。目前对沥青质胶束结构的表征手段主要有小角X射线散射(SAXS)和小角中子散射(SANS)。Tanaka等利用SANS分析了3种5%的沥青质在不同溶剂中胶束的尺寸及形状发现，在常温下胶束以纵横比较大的长椭球形为主，但是随着温度的升高(25→300℃)，长椭球形逐渐向球形转变，且尺寸逐渐变小。

Yen-Mullins模型的沥青质分子是原油中的正庚烷沥青质，通过表征相对分子质量和单核结构并结合能量最低算法推测得到的沥青质分子，该模型适用于原油或甲苯中沥青质的聚集行为，与大量的实验及模拟研究结果一致。

2. Gray模型

Gray模型则认为石油中难以存在强的供体-受体相互作用，沥青质分子的聚集受多重作用驱动。沥青质分子之间的相互作用包括范德华力、电荷转移作用、静电作用、酸碱作用、氢键、金属配位络合作用、疏水腔作用以及π-π堆积作用。具体而言：①酸碱作用，质子酸(如含羧酸基团的沥青质分子)可以与碱(如吡啶类)直接作用形成盐，这种离子缔合作用被认为是驱动沥青质分子聚集的最强作用力；②氢键作用，带羟基或羧基等含氧基团的分子可以与含氮分子形成氢键连接；③金属配位络合作用，卟啉中的镍和钒可与吡啶等Lewis碱发生轴向配位作用；④疏水腔效应，疏水客体分子或分子中的疏水基团如环烷、链烷等会自发地进入疏水空腔进行聚集以使体系能量降低；⑤π-π堆积作用，平行芳环系之间的范德华力和诱导力作用。Gray模型见图1-8-5。

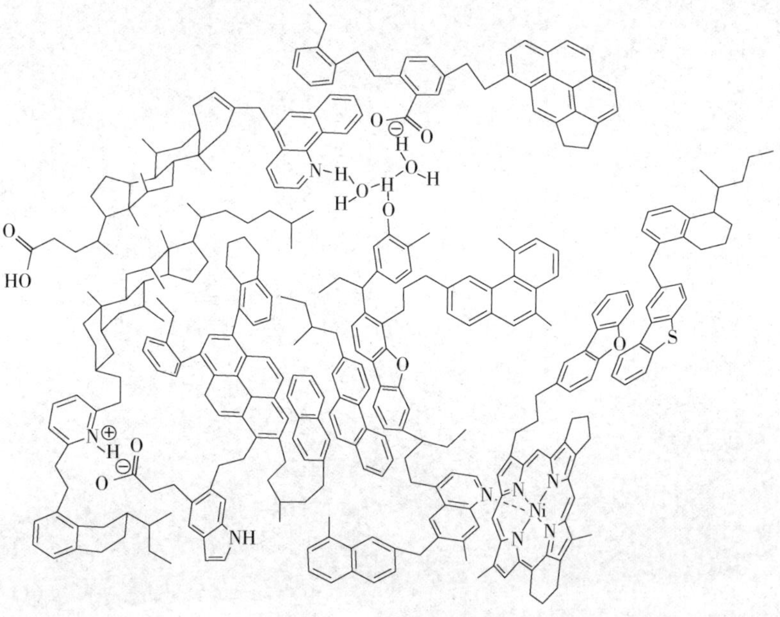

图1-8-5 Gray模型

Gray 模型认为每一种相互作用孤立存在时都较弱，而多种弱相互作用的累积效应可以得到强缔合结构。此模型是基于超分子化学，推测出的一种符合石油沥青质的所有重要属性的模型，这些属性可能并不同时存在于任何一种来源的沥青质，该模型适用于杂原子、金属含量较高的沥青质的聚集行为。

沥青质中噻吩环上的硫原子使沥青质分子缩合度上升，硫醚所形成的桥键结构也会导致沥青质分子尺寸的变大。但是含硫基团的极性较弱，对沥青质分子间的缔合作用贡献不大。而沥青质中含氧基团和含氮基团的极性较强，吡咯环、吡啶环、呋喃环、羧基、酚羟基等极性基是氢键作用中良好的供体和受体，容易参与沥青质分子间的缔合作用。存在于芳香环内的杂原子相较于侧链上的杂原子会产生更强的分子间相互作用力，因为环内的杂原子会影响整个环上电子云的分布。而沥青质中的金属卟啉络合物在沥青质缔合过程中也起着重要的作用。

对沥青质分子间相互作用描述的多样性一方面源于沥青质分子结构的复杂性和多样性，沥青质分子结构中含有大量可以发生较强分子间相互作用的活性位，同时不同来源、不同分离方法得到的沥青质的分子结构和组成也不相同；另一方面源于沥青质分子结构的未知性，现有的分离和表征技术并未得到真实的沥青质单分子结构，基于沥青质分子结构的共性，描述这种结构所能产生的分子间相互作用。

第二章　原油及油品的物理性质

第一节　蒸　发　性

原油及其产品是由分子大小不同的烃类与非烃类所组成的复杂混合物，其沸点没有恒定值，而是随汽化的过程在一定温度范围内逐步升高，这个沸点范围称为沸程。应当指出的是，原油及其产品的沸点范围及蒸馏曲线是随所用的蒸馏设备、条件和方法的不同而不同的，在实验室常用的蒸馏方法有 3 种，即：恩氏蒸馏、实沸点蒸馏和平衡汽化。

一、恩氏蒸馏

恩氏蒸馏是用石油产品馏程测定仪，按照 GB/T 6536—2010 规定的方法进行的简单蒸馏，国外将此方法称为 ASTM 蒸馏或恩氏(Engler)蒸馏。由于这种蒸馏属于渐次平衡汽化，由无数次平衡汽化构成，随汽化即导出，基本不具有精馏作用。随着温度的逐渐升高，不断汽化并馏出的组分是沸点范围较宽的混合物，因而这种馏程只是概略地表示该油品的沸点范围和一般蒸发性能。同时只有严格按照所规定的条件进行测定，其结果才能相互进行比较。

其测定过程如下：

将 100mL(20℃)油品放入标准的蒸馏瓶中，按规定的加热速度进行加热。馏出第一滴冷凝液的气相温度为初馏点(简称 IBP)。此后依次记下馏出液达 10mL、20mL……90mL 时的气相温度，称为 10%、20%……90%馏出温度。蒸馏过程气相温度所能达到的最高值，称为终馏点(或干点)。有时也以 98%的馏出温度表示蒸馏终点。

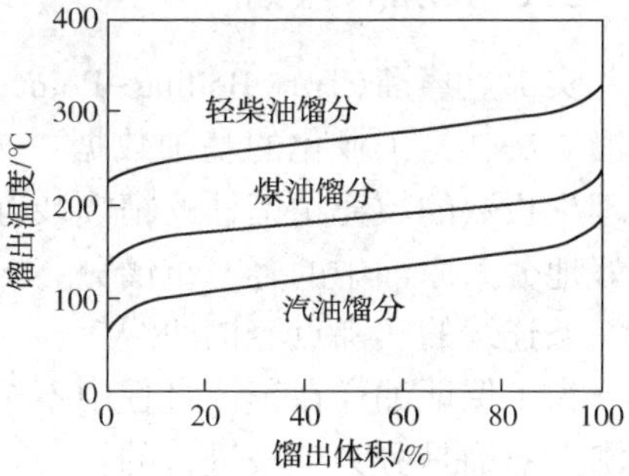

图 2-1-1　大庆汽油、煤油、轻柴油馏分的馏程

根据测得的馏程数据，以气相馏出温度为纵坐标，以馏出体积百分数为横坐标作图即可得到某一油品的蒸馏曲线。图 2-1-1 是大庆原油的汽油、煤油、轻柴油馏分的蒸馏曲线。从该曲线的形状看到，10%到 90%这一段很接近一条直线，因此可以用蒸馏曲线的斜率来表示该油品的沸程的宽窄。其斜率越小，表示沸程越窄。

$$斜率 = \frac{90\%馏出温度 - 10\%馏出温度}{90 - 10}$$

在求定油品的各种物理参数时，常用平均沸点来表征其汽化性能，油品的平均沸点的定义有如下五种：

1. 体积平均沸点 t_v(℃)

$$t_v=\frac{t_{10}+t_{30}+t_{50}+t_{70}+t_{90}}{5}$$

2. 质量平均沸点 t_w(℃)

$$t_w=\sum_{i=1}^{n} w_i t_i$$

3. 立方平均沸点 T_{cu}(K)

$$T_{cu}=\left(\sum_{i=1}^{n} v_i \sqrt[3]{T_i}\right)^3$$

4. 实分子平均沸点 t_m(℃)

$$t_m=\sum_{i=1}^{n} x_i t_i$$

5. 中平均沸点 t_{me}(℃)

$$t_{me}=\frac{t_m+t_{cu}}{2}$$

各式中的 w_i、v_i、x_i 相应表示组分 i 的质量分率、组分 i 的体积分率和组分 i 的摩尔分率；T_i 和 t_i 表示组分 i 的常压沸点(K)和沸点(℃)。

上述几种平均沸点只有体积平均沸点可由蒸馏曲线直接算出，其他几种平均沸点只能借助于体积平均沸点和蒸馏曲线斜率查平均沸点温度校正图而得到。这几种平均沸点各有其相应的应用场合。

二、实沸点蒸馏

实沸点蒸馏(True Boiling-Point Distillation，TBP)又称真沸点蒸馏，是一种评价原油的蒸馏方法，是工业化的基础数据。与测定馏程的方法不同，它是用带有一个相当于 14~18 块理论板数的填充精馏柱的精馏装置，在回流比为 5∶1 的条件下进行蒸馏的，因此可以比较好地分离原油中的轻、重馏分。即使这样也不能得到原油中各单体化合物的真实沸点，而是一条连续的实沸点蒸馏曲线。

为了保证油样在蒸馏过程中不至于发生分解，蒸馏釜的液相温度不能超过 350℃，为此实沸点蒸馏是分为三段进行的：

第一段：常压蒸馏，切取从初馏点到 200℃的各个馏分(馏分宽度视需要而定)；

第二段：在残压为 1.33kPa 左右进行的减压蒸馏，切取 200~395℃的各个馏分；

第三段：残压为 0.27kPa 下不用精馏柱的减压蒸馏(又称克氏蒸馏)，切取 395~500℃的各个馏分，釜底的残液为 500℃以上的减压渣油。

将蒸馏过程中的气相馏出温度与相应的馏出物累计质量收率(%)作图，即可得到实沸点蒸馏曲线，见图 2-1-2。减压下的馏出温度需查表换算为常压馏出温度。

原油由于其馏分组成不同，其实沸点蒸馏曲线也不同。由图 2-1-2 看出，就小于 200℃馏分而言，大庆原油多于胜利原油。

用气相色谱法可模拟实沸点蒸馏，省时省料，但是得不到窄馏分样品。

三、平衡汽化

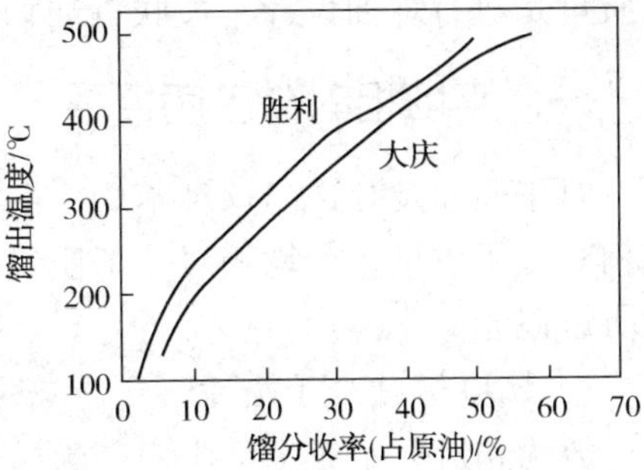

图 2-1-2　原油实沸点蒸馏曲线

平衡汽化又称一次汽化或平衡蒸馏，是指油品在一定的温度和压力下保持气液两相处于平衡状态下进行分离。对一种油品而言，当温度和压力固定时，其相应的平衡汽化率也是一定的，在恒压下，温度升高时，汽化率也相应增加，这样便可得到在该压力下汽化率与温度之间的曲线，即平衡汽化曲线。平衡汽化曲线的初馏点，即为该油品的泡点，而其终馏点即为该油品的露点，平衡汽化曲线是油品蒸馏装置设计的基本依据之一。

闪蒸即是平衡汽化，进料被加热至部分汽化，高温高压油气经过减压设施，引入一个容器(如闪蒸罐)的空间内，于一定的压力和温度下，气、液两相迅速分离，建立低压下的气液平衡，得到轻、重闪油。

三种蒸馏方式的气相温度曲线和液相温度曲线如图 2-1-3 和图 2-1-4 所示。

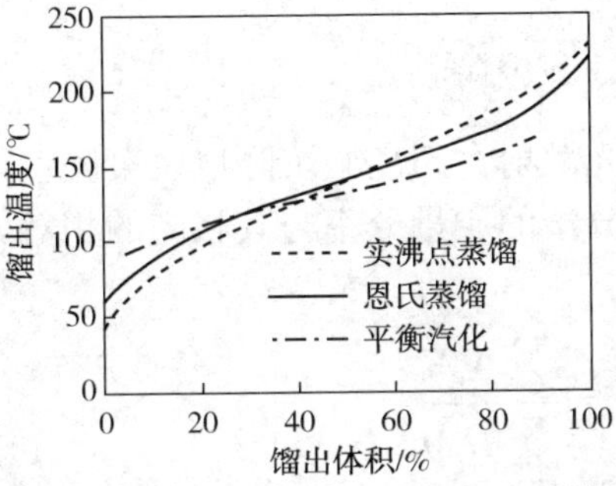

图 2-1-3　三种蒸馏方式的气相温度曲线

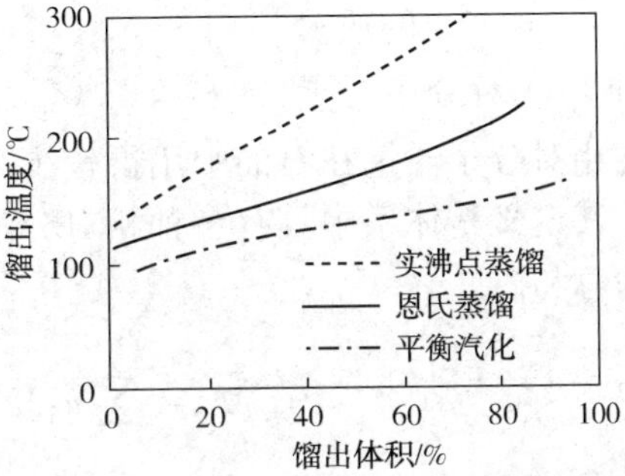

图 2-1-4　三种蒸馏方式的液相温度曲线

如图 2-1-3、图 2-1-4，同一油品的三种蒸馏曲线并不一样，比较三种曲线的斜率可知，平衡汽化曲线最平缓，实沸点蒸馏曲线最陡，恩氏蒸馏曲线介于二者之间，这表明实沸点蒸馏的分离精度最高，而平衡汽化最差。这是由于实沸点蒸馏具有精馏作用，而恩氏蒸馏属于渐次汽化，平衡汽化仅为一次汽化。同一样品，实沸点蒸馏的初馏点最低，而其终馏点最高，平衡汽化的初馏点最高，终馏点最低，三种蒸馏曲线的 50%点差别不大。一般可用 50%馏出温度来表示该油品的平均汽化性能。

从图 2-1-4 可见，要得到相同的汽化率，实沸点蒸馏达到的液相温度最高，平衡汽化的液相温度最低。原因在于实沸点蒸馏是精馏过程，精馏柱顶的气相馏出温度与蒸馏釜底的液相温度相差可达数十度到上百度，而恩氏蒸馏属于渐次汽化，产生少量的回流，多少有一些精馏作用，因而气、液两相之间也存在一定的温差，平衡汽化的气液两相温度是一样的。

第二节　平均相对分子质量

原油及其产品是由许多分子大小不同的化合物所组成的复杂混合物，而各种化合物的相对分子质量又各不相同，其范围也很宽，所以只能用平均相对分子质量来表示。平均相对分子质量是进行炼油设计、关联石油物性、研究石油的化学组成中所必不可少的基础数据。

一、平均相对分子质量

对于原油及其产品这种不均一的多分散体系，用不同的统计方法可以得到不同定义的平均相对分子质量。数均相对分子质量和重均相对分子质量是两种在石油中常用的平均相对分子质量概念。

1. 数均相对分子质量

数均相对分子质量是应用最为广泛的一种平均相对分子质量，它是依据溶液的依数性来进行测定的。其定义是体系中具有各种相对分子质量的分子的摩尔分率与其相应的相对分子质量的乘积的总和，即体系的质量除以其中所含各类分子的摩尔数总和的商。

$$\overline{M}_{\mathrm{n}} = \sum n_i M_i = \frac{\sum N_i M_i}{\sum N_i} = \frac{\sum W_i}{\sum N_i}$$

式中　n_i——组分 i 的摩尔分率；

M_i——组分 i 的相对分子质量；

N_i——组分 i 的摩尔数；

W_i——组分 i 的质量。

2. 重均相对分子质量

重均相对分子质量在石油中用得较少，它是用光散射、超离心沉降以及凝胶色谱等方法测定的，其定义是体系中具有各种相对分子质量的分子的质量分率与其相应的相对分子质量的乘积的总和。

$$\overline{M}_{\mathrm{w}} = \sum w_i M_i \frac{\sum W_i M_i}{\sum W_i} = \frac{\sum N_i M_i^2}{\sum N_i M_i}$$

式中　w_i——组分 i 的质量分率。

应当指出的是，对于一混合体系，M_{n} 与 M_{w} 是不相等的，这是由于混合物中低相对分子质量部分对 M_{n} 的影响较大，而 M_{w} 主要受其中的高相对分子质量部分的影响，这样对于同一体系，一般而言是 $M_{\mathrm{w}}>M_{\mathrm{n}}$。而 $M_{\mathrm{w}}/M_{\mathrm{n}}$ 的比值(多分散系数)大小可表明该分散体系的多分散程度，即当体系中相对分子质量的范围越宽，其 $M_{\mathrm{w}}/M_{\mathrm{n}}$ 也就越大。

二、数均相对分子质量的测定方法

数均相对分子质量的测定都是依据溶液的依数性，具体方法有冰点下降法、沸点上升法、蒸气压渗透法和渗透压法，其中在石油相对分子质量测定中最常用的是冰点下降法和蒸气压渗透法，而沸点上升法极少用于石油平均相对分子质量的测定，而渗透压法适用于相对分子质量几万到上百万的高分子体系。

1. 冰点下降法

在溶剂中加入少量的溶质后，其溶液的冰点要比纯溶剂低，冰点下降的数值除了与溶剂的性质有关外，还与溶液的浓度有关，关系式如下：

$$\Delta T_{\mathrm{f}} = K_{\mathrm{f}}\left(\frac{W_{\mathrm{B}}}{M_{\mathrm{B}}} \times \frac{1000}{W_{\mathrm{A}}}\right) = K_{\mathrm{f}} m_{\mathrm{B}}$$

式中　K_f——溶剂 A 的冰点降低常数；

W_B——溶质 B 的质量；

W_A——溶剂 A 的质量；

M_B——溶质 B 的相对分子质量；

m_B——溶质 B 的质量摩尔浓度(mol/kg 溶剂)。

通过测定冰点下降值 ΔT_f 来测定样品(溶质)的相对分子质量 M_B。

此法常用的溶剂是苯，其 K_f = 5.12℃/(mol/kg)。由于苯的冰点较低，为 5.5℃，所以此法仅适用于测定轻质油品的相对分子质量，对于较重的油品或含蜡的油品在低温下不仅溶解性差，而且还会有蜡结晶析出。

若用萘作溶剂，其冰点为 80.3℃，可应用于较重的油品，其 K_f = 7.0℃/(mol/kg)。

2. 蒸气压渗透法

蒸气压渗透法(Vapor Pressure Osmometry，VPO 法)又称气相渗透法，更确切地说应称为蒸气压平衡法，其基本原理与沸点升高法相似，也是利用了溶液的依数性，即利用不挥发性溶质的存在使溶液的蒸气压低于纯溶剂这个性质，它与沸点上升法不同之处在于 VPO 法并不是在沸腾状态下测定，而是在低于沸点的情况下测定的。由于较小的蒸气压下降值很难测定，为此在专门的仪器上将这个差值转化成电阻的差值进而度量由此产生的电位差。

VPO 法相对分子质量测定仪基本原理见图 2-2-1 和图 2-2-2。

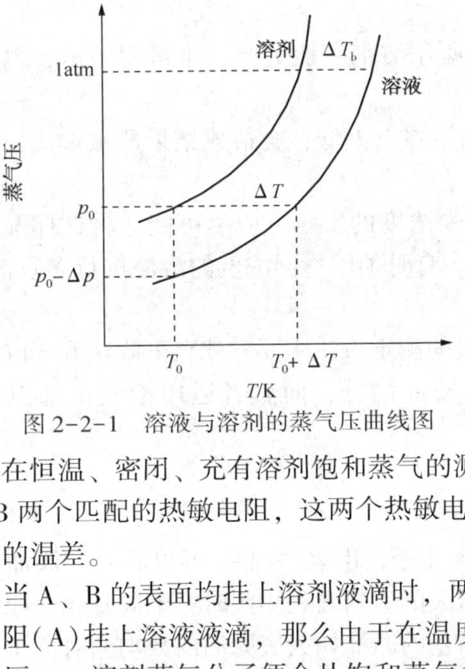

图 2-2-1　溶液与溶剂的蒸气压曲线图

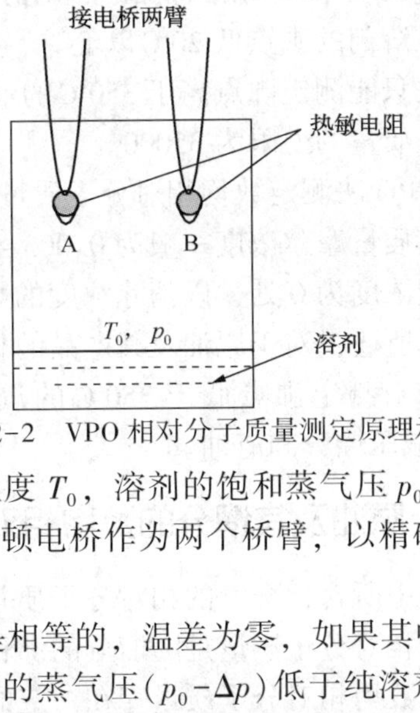

图 2-2-2　VPO 相对分子质量测定原理示意图

在恒温、密闭、充有溶剂饱和蒸气的测量室中(温度 T_0，溶剂的饱和蒸气压 p_0)，放入 A、B 两个匹配的热敏电阻，这两个热敏电阻连于惠斯顿电桥作为两个桥臂，以精确测量两者间的温差。

当 A、B 的表面均挂上溶剂液滴时，两者的温度是相等的，温差为零，如果其中一个热敏电阻(A)挂上溶液液滴，那么由于在温度 T_0 下溶液的蒸气压($p_0-\Delta p$)低于纯溶剂的饱和蒸气压 p_0，溶剂蒸气分子便会从饱和蒸气相扩散凝聚到 A 的溶液液滴上，这样溶剂蒸气凝聚时所放出的热量便会使溶液液滴的温度升高到 $T_0+\Delta T$，与此同时，溶液液滴的蒸气压也相应提高到 p_0，溶液的蒸气压即与 T_0 下溶剂的蒸气压相等，此时不再有溶剂蒸气在 A 上凝聚，温度不再上升。由此产生的 A、B 两者之间的温差 ΔT 是由溶液液滴的浓度决定的。在测定中，由于热传导、辐射和对流等，会导致实际 ΔT 稍低于理论值。

ΔT 与溶液浓度的关系如下：

$$\Delta T = Km \qquad m = \frac{n_2}{n_1 + n_2}$$

式中 K——仪器常数；

m——溶液中溶质的摩尔分率；

n_1，n_2——溶剂和溶质的摩尔数。

对于稀溶液，$n_1 >> n_2$，所以

$$m \approx \frac{n_2}{n_1} = \frac{W_2}{W_1} \times \frac{M_1}{M_2} = C\frac{M_1}{M_2}$$

式中 M_1，M_2——溶剂和溶质的相对分子质量；

W_1，W_2——溶剂和溶质的质量；

$C = W_2/W_1$——溶液的质量浓度，g/kg。

所以有：

$$\Delta T = K\frac{M_1}{M_2}C$$

仪器常数 K 可用已知相对分子质量的基准物测得，这样便可以算出溶质的相对分子质量 M_2。在实际的相对分子质量测定中，是将温差 ΔT 通过热敏电阻转化成电阻差 ΔR，最后通过电桥显示出电位差 ΔG。

$$\Delta G \propto \Delta R \propto \Delta T = K\frac{M_1}{M_2}C$$

用 VPO 法测定原油样品的相对分子质量时，所用溶剂一般为苯，也可用甲苯，测定温度须比纯溶剂的沸点低 20℃以上。

此法只能测定沸点高于 350℃的油品，如果油品沸点太低，会造成结果严重偏离，测定相对分子质量的上限为 35000。

用 VPO 法测定数均相对分子质量时，为了减少浓度的影响，应尽可能地将试样配成稀溶液，其质量摩尔浓度一般为 0.005～0.02mol/kg。有时须用不同浓度的溶液进行多点测定，并外推至浓度为 0 处，以消除浓度的影响。

综上所述，对于原油及其产品的相对分子质量的测定方法主要有冰点下降法和 VPO 法，前者适用于测定沸点低于 350℃ 的汽油、煤油、柴油馏分，而后者适用于测定沸点高于 350℃的减压馏分和渣油。

三、原油及其馏分的数均相对分子质量

石油中所含化合物的相对分子质量是从几十到几千，由表 2-2-1 可以看到，原油各馏分的数均相对分子质量是随馏分的沸程的上升而增大的。当沸程相同时，不同基属的原油相应馏分的数均相对分子质量存在一定的差别。石蜡基的原油如大庆原油的数均相对分子质量最大，中间基的原油如胜利原油次之，而环烷基的原油如辽河欢喜岭原油最小。

表 2-2-1 几种原油馏分的相对分子质量分布(数均相对分子质量)

沸点/℃	大庆原油	胜利原油	欢喜岭原油
200～250	193	180	185
250～300	240	205	190

续表

沸点/℃	大庆原油	胜利原油	欢喜岭原油
300~350	270	244	234
350~400	323	298	273
400~450	392	374	337
450~500	461	414	362
>500	1120	1080	1030
原油基属	石蜡基	中间基	环烷基

虽然不同原油的相同馏分的数均相对分子质量不尽相同，但是差别并不是很大，各馏分的相对分子质量和碳数还是有个大致的范围，如表 2-2-2 所示。

表 2-2-2 原油各馏分的平均相对分子质量范围及与碳数的关系

馏分	沸程/℃	碳数范围	平均碳数	平均相对分子质量
汽油馏分	<200	C_5~C_{11}	~8	100~120
轻柴油馏分	200~350	C_{11}~C_{20}	~16	220~240
减压馏分	350~500	C_{20}~C_{35}	~30	370~400
减压渣油	>500	>C_{35}	~70	900~1100

汽油馏分的碳数范围为 5~11，平均碳数为 8，平均相对分子质量为 100~120；轻柴油馏分的碳数范围为 11~20，平均碳数为 16，平均相对分子质量为 220~240；减压馏分的碳数范围为 20~35，平均碳数为 30，平均相对分子质量为 370~400；减压渣油的平均碳数为 70，平均相对分子质量为 900~1100。

第三节 密　　度

原油及油品的密度与其化学组成有密切的关系。原油及油品的密度在炼油装置设计、计量和储运等方面都是必不可少的指标，喷气燃料在其质量规格中对其密度有严格的要求。

一、原油及油品的密度

油品的密度是该油品单位体积的质量，其单位为 g/cm^3 或 kg/m^3。由于油品的体积随温度的升高而膨胀，其密度也随之变小，所以油品密度和温度相对应。我国规定油品在 20℃ 时的密度为其标准密度，表示为 ρ_{20}。

油品的相对密度是其密度与规定温度下水的密度之比值，它没有量纲。由于 4℃时水的密度为 $1.000g/cm^3$，为此将 4℃时水的密度作为基准，以 t℃时的油品密度与 4℃时水的密度之比值作为相对密度，常用 d_4^t 表示，在数值上等于 t℃时油品的密度。中国常用的相对密度为 d_4^{20}，欧美各国则常用 $d_{15.6}^{15.6}$(即 $d_{60℉}^{60℉}$)来表示。

在欧美各国还常用 API 度来表示油品尤其是原油的相对密度。它与相对密度之间的关系式为：

$$\text{API 度}=\frac{141.5}{d_{15.6}^{15.6}}-131.5$$

我国测定原油及其油品密度的方法有两种：

1. 密度计法

密度计放入油品中，被密度计排开液体的重量等于密度计本身的重量时，密度计处于平衡状态，稳定地漂浮在液体油品中，这样便可从密度计上的刻度读出油品的密度值。具体内容见 GB/T 1884—2000。用密度计测密度，方法简单，但误差较大，数据不够精确。

2. 比重瓶法

一般精确测定液体石油产品在 20℃的密度时，采用比重瓶法。

先测定比重瓶被水充满时水的质量(即比重瓶的水值)，然后测定它被油品充满相同体积时的质量，最后通过计算得到该油品在 20℃的密度(g/cm^3)。具体内容见 GB/T 13377—2010。

常用的比重瓶有三种：①磨口塞型：适用于较易挥发的石油产品如汽油等密度的测定，有膨胀室，可用于室温高于测定温度的情况。②毛细管塞型：适用于不易挥发的液体石油产品的密度测定，不适用于黏度较高的试样。③广口塞型：适用于黏度较高的试样和固体试样的密度测定。磨口塞与瓶口匹配，不可“张冠李戴”；毛细管塞盖紧后，多余的液体会顺着毛细管流出。

二、液体油品相对密度与温度、压力的关系

温度升高，油品的体积膨胀，密度和相对密度减小。当温度在 0~50℃范围内，不同温度下(t℃)的相对密度与 d_4^{20} 之间存在如下的关系：

$$d_4^t=d_4^{20}-\gamma(t-20)$$

式中　γ——油品的体积膨胀系数。

液体受压后，体积变化不是太大，因而通常压力对液体石油产品的密度的影响可以忽略不计，但在很高的压力下油品的密度要受到压力的影响。

三、混合油品的密度

当属性相近的两种或多种油品混合时，其体积具有可加性，因此混合油品的密度可按下式计算：

$$\rho_{混}=\sum_{i=1}^{n}v_i\rho_i=\frac{1}{\sum_{i=1}^{n}\frac{w_i}{\rho_i}}$$

性质相近的油品混合其体积基本是可加的，如果相混合的两种组分(如烷烃和芳烃)属性相差很远，体积可能增大；而密度相差悬殊的两个组分(如重油和轻油)相混合时，体积可能收缩，这样必须加以校正。

四、相对密度与化学组成的关系

从图 2-3-1 可以看出，各族烃类的相对密度是有相当差别的。碳数相同的不同结构的烃类相对密度大小顺序为芳香烃>环烷烃>烷烃；同族烃类随着碳数的增加，正构烷烃的相对密度增加，正烷基环己烷的相对密度增加，正烷基苯的相对密度减小。由此可见，烃类的

相对密度与其分子结构有关。芳香烃的 C—C 的键长最短，其结构最为紧凑。环烷烃的结构与芳烃相比，其分子结构相对松弛，烷烃分子的 C—C 键的键长最长，其分子结构最松弛。因而对于相同碳数的烃类而言，芳烃分子的体积最小，也就是说它的每个碳原子所占的体积最小，因而其相对密度最大，环烷烃的分子结构比烷烃也要紧凑些，因此其相对密度也比烷烃要大，烷烃分子的相对密度最小。

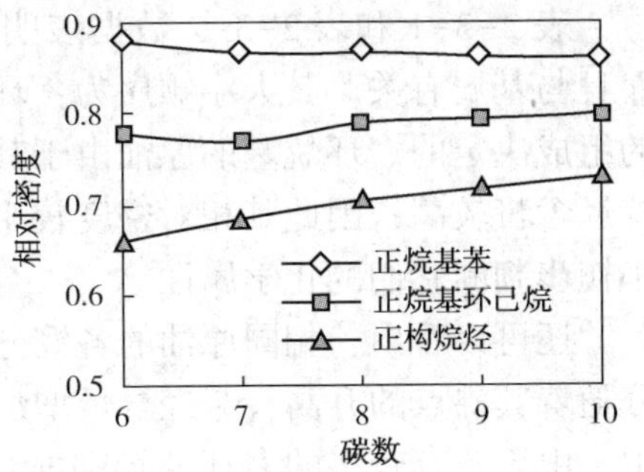

图 2-3-1　各族烃类的相对密度（d_4^{20}）

进一步研究表明，同族烃类的 d_4^{20} 与其碳数倒数的校正值$\left(\dfrac{1}{C+Z}\right)$有很好的线性关系。当$\dfrac{1}{C+Z}=0$时，所有直线的 d_4^{20} 都汇集于 0.8513 一点。也就是说，对于任何一种链烷烃或烷基取代的环状烃而言，当碳数无限大时，即碳链无限长时，即使分子中含有若干个芳香环或环烷环，这对它的密度的影响已微不足道。

这种线性关系可用下式表示：

$$d_4^{20}=0.8513-\frac{k}{C+Z}$$

对于不同族的烃类而言，其 k、Z 值不同。

五、原油及其馏分的相对密度

表 2-3-1 为原油及其馏分相对密度的一般范围，表 2-3-2 为大庆、胜利、孤岛和羊三木 4 种原油及其馏分的相对密度。

表 2-3-1　原油及其馏分相对密度（d_4^{20}）的一般范围

油　品	相对密度	油　品	相对密度
原　油	0.8～1.0	轻柴油	0.82～0.87
汽　油	0.74～0.77	减压馏分	0.85～0.94
航空煤油	0.78～0.83	减压渣油	0.92～1.0

表 2-3-2　不同原油各馏分的相对密度（d_4^{20}）

馏分/℃	大庆	胜利	孤岛	羊三木
IBP～200	0.7432	0.7446	—	0.7650
200～250	0.8039	0.8204	0.8652	0.8630
250～300	0.8167	0.8270	0.8804	0.8900
300～350	0.8283	0.8350	0.8994	0.9100
350～400	0.8368	0.8606	0.9149	0.9320
400～450	0.8574	0.8874	0.9349	0.9433
450～500	0.8723	0.9067	0.9390	0.9483
>500	0.9221	0.9698	1.0020	0.9820
原　油	0.8554	0.9005	0.9495	0.9492
原油属性	石蜡基	中间基	环烷-中间基	环烷基

表2-3-1和表2-3-2数据表明，不同原油的相同沸程的馏分的相对密度有很大差别，而且与基属有关。其大小顺序为：环烷基原油>中间基原油>石蜡基原油。此规律是由馏分的组成决定的。环烷基的原油由于其芳烃含量较高，因而其相对密度较大，而石蜡基原油因烷烃含量较高，因此其相对密度较小。因此对于沸点相同的馏分，可以根据其相对密度的大小初步判断它们的化学属性。

还可以看出，相同原油的各馏分其相对密度随沸点的升高而增加。原因是相同原油的馏分随着其沸点的升高，芳烃含量增加，而烷烃含量降低，因而其相对密度增加。在减压渣油中，由于含有较多的多环芳烃和非烃化合物——胶质和沥青质，因而减压渣油的相对密度最大。

第四节　折　射　率

光在介质中的传播速度与介质的化学组成和结构有关。因此在研究石油的组成与结构和产品质量的检验时，常用油品的光学性质如折射率等来关联其化学组成和结构。

一、折射率定义

折射率是光在真空中的速度与在介质中的速度之比值，其数值大于1。油品的折射率一方面取决于化学组成和结构，另一方面还取决于测定温度和入射光的波长。

常用的折射率测定仪是阿贝折光仪，其折射率刻度范围为1.3000~1.7000。所测得的是钠黄光的D线(波长为589.3nm)的折射率，用n_D表示。

折射率还受温度的影响，温度升高，折射率变小。一般来说，温度每升高1℃，其折射率就减小约0.0004。温度与折射率的关系可用下式表示：

$$n_D^t = n_D^{t_0} - 0.0004(t - t_0)$$

对于一般油品常在20℃下测定其折射率n_D^{20}，而对于含蜡较多、熔点较高的油品，常在70℃下测定其折射率n_D^{70}。

二、折射率与化学组成的关系

大体上可以认为，烃类的折射率是具有可加性的，假如混合时不发生体积的变化，那么混合物的折射率可以按其各组分的体积分率进行加和。

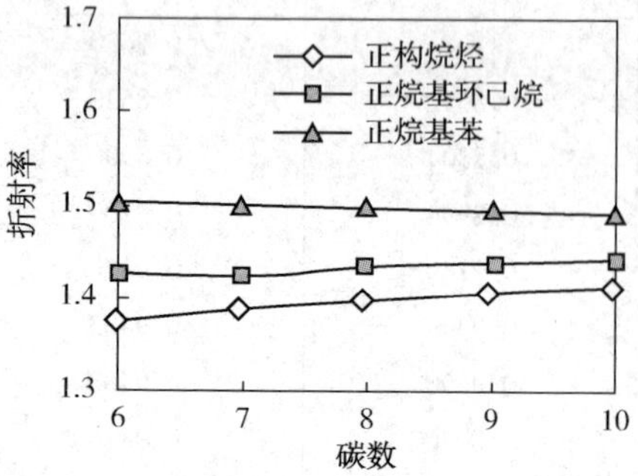

图2-4-1　各种烃类的折射率(n_D^{20})

从图2-4-1中各种烃类的折射率可以看出，烷烃的n_D^{20}最小，一般在1.3~1.4之间，芳香烃的n_D^{20}最大，为1.5，环烷烃介于二者之间。对于同族烃类，烷烃和环烷烃的n_D^{20}随着相对分子质量的增加而增加，而单环芳烃的n_D^{20}随着相对分子质量的增加而降低。

烃类的相对分子质量对折射率的影响远不如其分子结构对折射率的影响大。

烃类的折射率与其分子结构的关系和相对密度与

分子结构的关系是相似的。

烃类的 n_D^{20} 与其碳数的倒数校正值 $\frac{1}{C+Z}$ 之间也有很好的线性关系。当 $\frac{1}{C+Z}=0$ 时，$n_D^{20}=1.4752$。这种线性关系可用下式表示：

$$n_D^{20}=1.4752-\frac{k'}{C+Z'}$$

不同的烃类有不同的 k' 和 Z'。

三、原油馏分及其组分的折射率

表 2-4-1 为中国几种原油各馏分的折射率 n_D^{20}。

表 2-4-1 原油馏分的折射率(n_D^{20})

馏分/℃	大庆原油	胜利原油	孤岛原油	羊三木原油
200~250	1.4484	1.4580	1.4774	1.4714
250~300	1.4561	1.4630	1.4888	1.4894
300~350	1.4627	1.4670	1.5009	1.5053
350~400	1.4493	1.4583	1.5102	1.5190
原油属性	石蜡基	中间基	环烷-中间基	环烷基

由表 2-4-1 可以看出，对于沸程相同的馏分，石蜡基的大庆原油的折射率最小，而环烷基的羊三木原油折射率最大，中间基的胜利原油介于二者之间，这主要是环烷基原油中芳烃含量较高的缘故。对于同一种原油，馏分的折射率随着沸程的升高而增大。这也是因为随着馏分沸程的升高，其芳烃含量增加。

原油馏分经色谱分离后所得组分的折射率的差别见表 2-4-2。

表 2-4-2 几种原油减压馏分及其组分的折射率(n_D^{20})

馏分/℃	组分	大庆	羊三木	欢喜岭
350~400	全馏分	1.4790	1.5174	1.5192
	饱和分	1.4610	1.4829	1.4800
	轻芳烃	1.5208	1.5452	1.5454
	中芳烃	1.5870	1.6125	1.6112
	重芳烃	1.6550	1.6283	1.6559
400~450	全馏分	1.4875	1.5231	1.5268
	饱和分	1.4695	1.4908	1.4909
	轻芳烃	1.5187	1.5407	1.5411
	中芳烃	1.5797	1.6279	1.6279
	重芳烃	1.6568	1.6527	1.6519
450~500	全馏分	1.4999	1.5261	1.5345
	饱和分	1.4820	1.4972	1.4980
	轻芳烃	1.5141	1.5349	1.5402
	中芳烃	1.5622	1.5850	1.5589
	重芳烃	1.6254	—	—

从表 2-4-2 可以看出，尽管不同基属原油的相同馏分的折射率有差别，但其相应的色谱组分的折射率却相当接近。饱和分的 n_D^{20} 都在 1.50 以下，轻芳烃的 n_D^{20} 为 1.50~1.55，中芳烃的 n_D^{20} 为 1.55~1.63，重芳烃的 n_D^{20} 一般大于 1.63。这样可借助测定折射率来大体估计油品中的芳烃含量。

第五节 黏 度

黏度是评定油品流动性的质量指标，是油品特别是润滑油质量标准中的重要项目。任何真实的流体，当其内部分子作相对运动时，都会因流体分子之间的摩擦而产生内部阻力，黏度就是体现流体作相对运动时分子之间摩擦阻力大小的指标。

一、黏度的定义

1. 绝对黏度(η)

绝对黏度又称动力黏度，其牛顿方程式为：

$$\frac{F}{A}=\eta\frac{\mathrm{d}v}{\mathrm{d}l}$$

式中 F——作相对运动的两流层间的内摩擦力(剪切力)，N；

A——两流层间的接触面积，m^2；

$\mathrm{d}v$——两流层间的相对运动速度，m/s；

$\mathrm{d}l$——两流层间的距离，m；

η——流体内部摩擦系数即该流体的绝对黏度，Pa·s。

绝对黏度 η 不随流体的剪切速度$\frac{\mathrm{d}v}{\mathrm{d}l}$的变化而变化的流体称为牛顿流体，其 η 在一定温度下是定值，否则为非牛顿流体。

一般的液体油品均为牛顿流体，而当有蜡析出或含沥青质较多的油品为非牛顿流体。在 SI 单位制中，η 的单位为 Pa·s。在 CGS 制中，η 的单位为泊(P)，其百分之一为厘泊(cP)。1cP = 1mPa·s

2. 运动黏度

在油品的质量指标中，常用的黏度是运动黏度，它是绝对黏度 η 与相同温度和压力下的液体密度 ρ 之比值，即：$\nu=\frac{\eta}{\rho}$

在 SI 单位中，运动黏度的单位是 $\mathrm{mm^2/s}$。在 CGS 制中，运动黏度的单位是斯(或称沲，Stokes)，其百分之一是厘斯(或厘沲，cSt，centistokes)。两者之间的关系为：1cSt = $1\mathrm{mm^2/s}$。

3. 条件黏度

① 恩氏黏度(Engler Viscosity)

20℃时，油品从恩氏黏度计中流出 200mL 的时间与流出 200mL 的水所用的时间之比值(条件度，°E)。恩氏黏度源于德国，目前燃料油的规格仍用恩氏黏度指标。

② 赛氏黏度(Saybolt Viscosity)

即 60mL 的油品流出赛氏黏度计的时间(s)。美国习惯用赛氏通用黏度为润滑油指标。

③ 雷氏黏度(Redwood Viscosity)

以 50mL 的油品从雷氏黏度计中流出的时间(s)。英国采用的是雷氏黏度。

几种黏度的对应关系为：运动黏度(mm^2/s)：恩氏黏度(°E)：赛氏通用黏度(SUS)：雷氏黏度(RIS)= 1：0.132：4.62：4.05。

二、黏度的测定方法

常用的运动黏度测定方法是用毛细管黏度计法(GB/T 265—1988)。

当油品在层流状态下流经毛细管时，其流动状态符合 Poiseuille 定律：

$$\frac{Q}{t}=\frac{\Delta p\pi R^4}{8\eta l}$$

式中　Q/t——单位时间内的体积流量；

Δp——两端压差；

R——毛细管半径；

l——毛细管长度；

η——流体的绝对黏度。

由于在毛细管黏度计中油品的流动是靠自身的重力作用，其压力 $\Delta p=\rho gh$。则有：

$$\frac{Q}{t}=\frac{\rho gh\pi R^4}{8\eta l};\quad \frac{\eta}{\rho}=\frac{gh\pi R^4}{8Ql}\times t$$

令 $c=\frac{gh\pi R^4}{8Ql}$，则 $\nu=\frac{\eta}{\rho}=c\times t$。

c 为黏度计常数(mm^2/s^2)，每支黏度计均有其特定的黏度计常数，它是用已知黏度的标准油样标定出来的。

测定油品的运动黏度时，用已知黏度计常数 c 的毛细管黏度计在一定温度下，测定一定体积的试油流经毛细管的时间(s)，代入公式 $\nu=c\times t$ 中，即可得出该试油的运动黏度 ν (mm^2/s)。

毛细管黏度计只能用来测定牛顿流体的黏度，而非牛顿流体的黏度是剪切速率的函数，所以测定原油或重质油的流变特性时，须用旋转式黏度计。

三、黏度与化学组成的关系

既然黏度反映的是流体内部分子之间的摩擦力，那么它必然与流体的分子大小和分子结构有密切的关系。

由图 2-5-1 可以看出，同一系列的烃类，其黏度随着碳数的增大而增大。烃类分子的黏度除和相对分子质量有关外，还和分子的构象密切相关。

由表 2-5-1 可以看出，相对分子质量相近(碳数相同)的烃类，环状结构分子的黏度大于链状结构分子的黏度，而且环数越多，黏度越大。

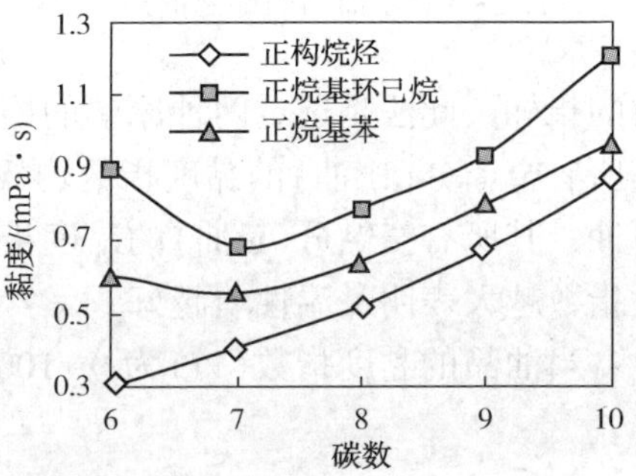

图 2-5-1　烃类的黏度(25℃)

表 2-5-1 烃类分子中环数对黏度的影响(98℃)

化合物	运动黏度/(mm^2/s)	化合物	运动黏度/(mm^2/s)
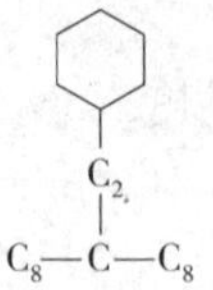	3.29	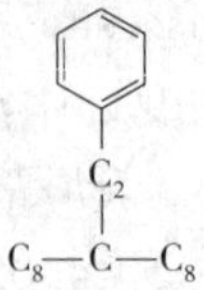	2.53
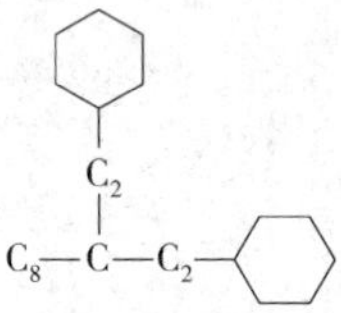	4.98	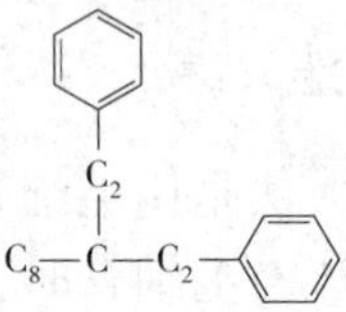	2.74
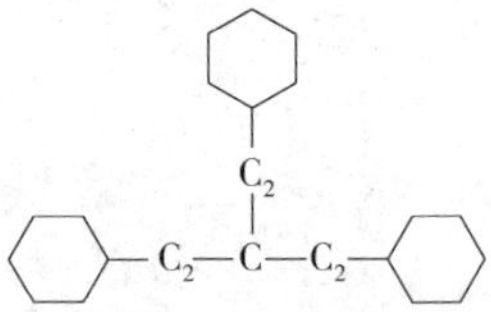	10.10	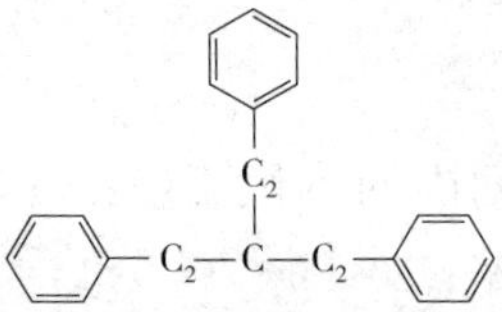	3.82

由表 2-5-2 可以看出，当分子中的环数相同时，侧链越长的烃类化合物的黏度越大。

表 2-5-2 环状烃类的侧链长度对于黏度的影响(100℃)

化合物	赛氏黏度/SUS	化合物	赛氏黏度/SUS
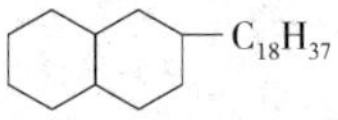	148.0	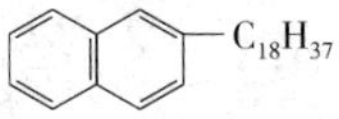	113.5
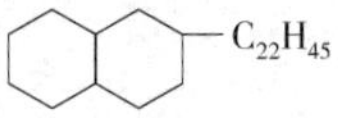	208.0	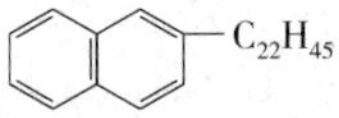	168.0

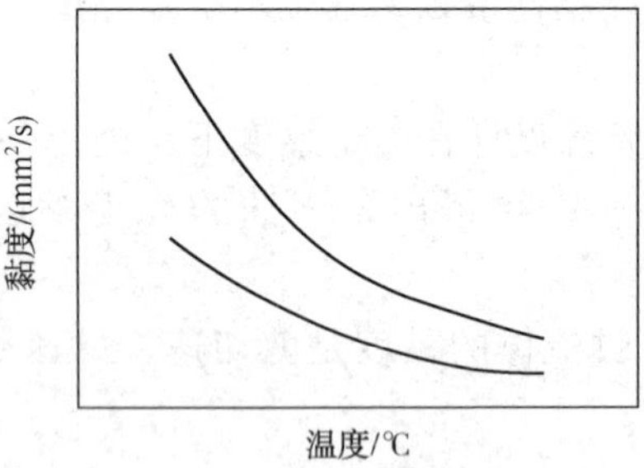

图 2-5-2 油品的黏温曲线

四、黏度与温度的关系

油品的黏度随温度的升高而降低。对于润滑油而言，黏度随温度的变化关系是衡量其性质的重要质量指标。期望润滑油的黏度随温度变化的幅度小，具有好的黏温性质，见图 2-5-2。常用的表征油品黏温性质的指标有黏度指数和黏度比两种。

1. 黏度指数(Viscosity Index，VI)

黏度指数是目前世界上最常用的表征油品黏温性质的指标。此法是选定两种原油的馏分作为标准，一种是黏温性质良好的宾夕法尼亚原油，其所有窄馏分(H 油)的黏度指数均规定为 100；另一种是黏温性质很差的得克萨斯海湾沿岸原油，其所有窄馏分(L 油)的黏度指数均规定为 0。一般油样的黏度指数介于两者之间，黏度指数越大表明黏温性质越好。

当油品的黏度指数(VI)为 0~100 时：

$$VI=\frac{L-U}{L-H}\times 100$$

当油品的黏度指数(VI)≥100 时：

$$VI=\frac{10^N-1}{0.00715}+100 \qquad N=\frac{\lg H-\lg U}{\lg Y}$$

式中 U——试样在 40℃时的运动黏度，mm^2/s；

Y——试样在 100℃时的运动黏度，mm^2/s；

H——与试样 100℃时运动黏度相同的 H 标准油在 40℃时的运动黏度，mm^2/s；

L——与试样 100℃时运动黏度相同的 L 标准油在 40℃时的运动黏度，mm^2/s。

精确的黏度指数 *VI* 可利用试样在 40℃和 100℃的运动黏度直接从石油产品黏度指数表（GB 2541—1981）中查得。也可以查图，但比较粗略。

黏度指数 *VI* 越大，表明油品的黏温性质越好。对于黏温性质较差的油品，其黏度指数可能是负数。

2. 黏度比

黏度比通常是指 50℃时的运动黏度与 100℃时的运动黏度的比值，即 ν_{50}/ν_{100}。对于黏度水平相当的油品，其 ν_{50}/ν_{100} 越小，表示该油品的黏温性质越好。但当黏度水平相差比较大时，则不能用黏度比来进行比较。

五、黏温性质与分子结构的关系

烃类的黏温性质与其分子结构有密切的关系，从表 2-5-3 中可以看出如下规律：

表 2-5-3 各种烃类的黏度指数（*VI*）

化合物	*VI*	化合物	*VI*
n-C_{26}	177	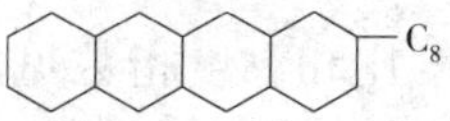	-70
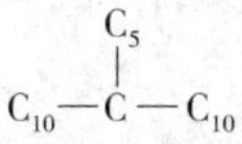	125	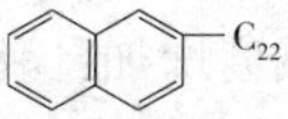	144
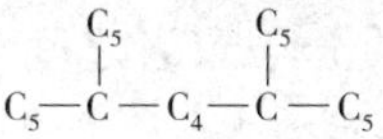	72	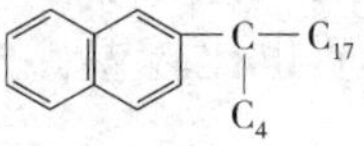	122
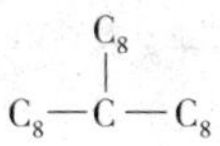	117	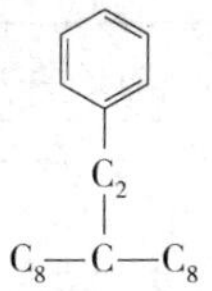	108
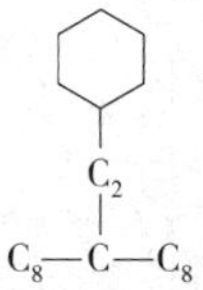	101	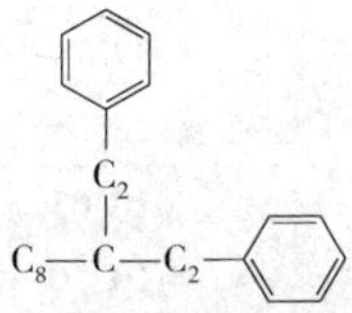	77
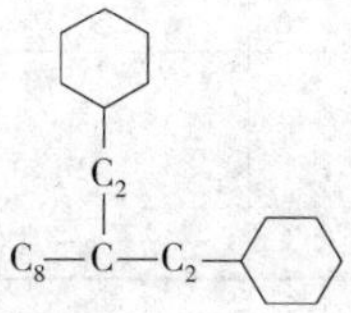	70	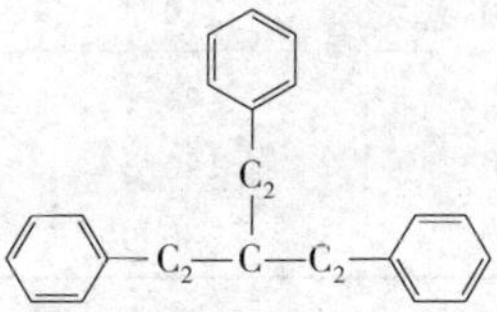	-15

续表

化合物	VI	化合物	VI
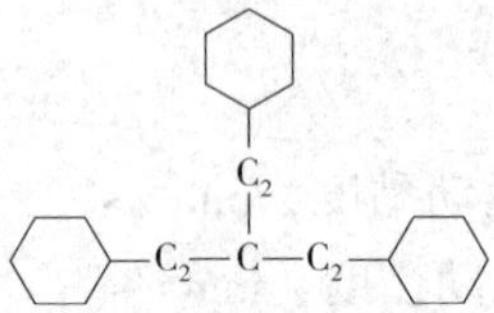	-6	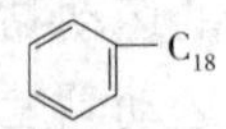	196
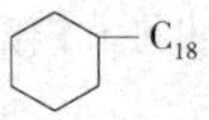	160	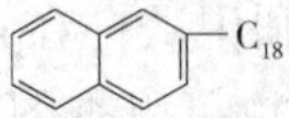	140
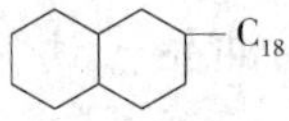	144	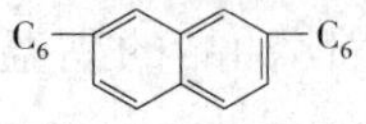	53
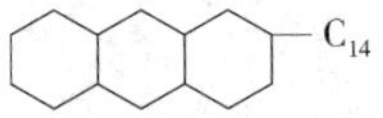	40	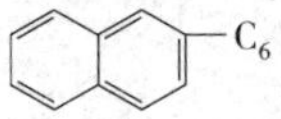	-66

正构烷烃的黏温性质好于异构烷烃，支化程度小的异构烷烃的黏温性质稍差，异构化程度越高，其黏温性质越差。

环状烃(环烷烃和芳香烃)的黏温性质比链状烃要差，若分子中只有一个环时，其黏温性质略差于链状烃，环数增加时，其黏温性质显著变差。

分子中环数相同时，侧链越长，其黏温性质越好。侧链异构也会使黏度指数下降。

综上所述，正构烷烃的黏温性质最好，带有少分支长烷基侧链的少环烃类和分支程度不高的异构烷烃的黏温性质比较好，多环短侧链的环状烃类的黏温性质很差。

六、原油馏分的黏度与黏温性质

原油减压馏分的黏度比和黏度指数见表 2-5-4。表 2-5-4 表明：

① 同一原油的各馏分，随着馏分沸点的升高，馏分平均相对分子质量增加，馏分中环状烃的含量增加，导致其黏度增加，黏温性质变差。

② 不同原油的相同沸程的馏分，石蜡基原油的黏度较小，黏温性质较好，而环烷基的原油的黏度较大，黏温性质也比较差，中间基的原油的黏度与黏温性质介于二者之间。

表 2-5-4　原油减压馏分的黏度比和黏度指数

原油	沸程	$\nu_{50}/(mm^2/s)$	$\nu_{100}/(mm^2/s)$	ν_{50}/ν_{100}	VI
大庆 (石蜡基)	350~400	6.91	2.66	2.60	200
	400~450	15.82	4.65	3.40	140
新疆 (中间基)	350~400	13.00	3.70	3.51	80
	400~450	39.74	7.45	5.33	70
	450~500	128.8	16.20	7.95	60
孤岛 (环烷-中间基)	350~400	16.03	16.03	4.02	40
	400~450	102.0	102.0	8.40	12
	450~500	219.3	219.3	11.41	0
羊三木 (环烷基)	350~400	23.27	4.72	4.93	0
	400~450	146.3	13.66	10.71	-35
	450~500	356.9	23.37	15.27	<-100

这是因为石蜡基的原油中含有较多的黏度较小、黏温性质较好的链烷烃、少分支的异构烷烃及少环长侧链的环状烃，而环烷基原油中则含有较多的黏度较大、黏温性质较差的多环短侧链的环状烃。

实践证明，黏度没有可加性。相混合的两油品的组成与性质相差越远，混合后的实测黏度与用可加性公式计算出来的黏度偏差越大。

第六节　热　性　质

一、燃烧热

石油产品大多是用作燃料的，所以其燃烧热(发热值或热值)是一个重要的质量指标。热值是单位质量的物质完全燃烧时所放出的热量，其单位为 kJ/kg。若燃烧产物中的水以液态计，所得的热值为高热值(或总热值)，若以气态计，所得的热值为低热值(或净热值)。

由于氢的燃烧热比炭的燃烧热高许多，烃类的热值与其 H/C 原子比有关，见表 2-6-1。表 2-6-1 中的数据表明，H/C 原子比较大的烷烃热值最高，而 H/C 原子比较小的芳烃热值最低。

表 2-6-1　烃类的热值

烃类	H/C 原子比	热值/(kJ/kg)	
		高热值	低热值
正己烷	2.33	48402	44793
正己烯	2.00	47941	44445
环己烷	2.00	46685	43457
苯	1.00	41870	40166

表 2-6-2 为原油及其馏分的热值范围。由该表可见，对于原油馏分而言，沸程越高，H/C 原子比越小，其热值越低。

表 2-6-2　原油及其馏分的热值范围

油品	高热值/(kJ/kg)	油品	高热值/(kJ/kg)
原油	43000~46000	煤油与柴油	44000~47000
汽油	46000~48000	燃料油	40000~43000

可以根据油品的元素组成，估算油品的高热值。

① 对于轻质油品，可以根据氢含量估算其高热值：

$$高热值=837H+34668,\ kJ/kg$$

② 对于重质油品，需要考虑其中杂原子的含量：

$$高热值=339C+1256H-109(O-S),\ kJ/kg$$

其中，C、H、O、S 为其质量分数。

二、浊点、结晶点、倾点

石油中烃类的熔点随相对分子质量及结构而异。各种烃类的熔点一般随着相对分子质量的增加而升高。相同碳数的烃类中以正构烷烃的熔点最高，正十六烷的熔点为 18.2℃。异构烷烃的熔点一般低于正构烷烃。环烷烃和芳香烃的熔点一般低于同碳数的烷烃。而环己烷和苯是例外，它们的熔点分别是 6.5℃和 5.5℃。

原油及其产品的质量指标中，与其组分的熔点有关的指标有浊点、结晶点、倾点和凝点。

1. 浊点

浊点是指轻质油品在测定条件下的降温过程中由透明变为浑浊时的最高温度。

轻质油品产生浑浊的原因是由于油品中含有的熔点较高的正构烷烃和溶解水在低温下形成微小晶粒，这些晶粒用肉眼是无法观察到的。浊点是喷气燃料重要的质量指标。

2. 结晶点

结晶点是指轻质油品在测定条件下的降温过程中，有肉眼可辨的结晶晶粒析出时的最高温度。

其形成的原因与产生浑浊的原因是一样的。它也是喷气燃料的重要质量指标。因为在高空低温下飞行的喷气发动机，如果所含的燃料的结晶点较高，则可能因为结晶的析出而堵塞滤网而导致发动机供油中断熄火。

3. 倾点和凝点

倾点是油品在规定的试管中不断冷却，直到将试管平放 5s 而试样并不流动时的最高温度再加上 3℃后得到的温度值。

凝点是将盛有油品的试管在一定条件下冷却到某一温度时，将试管倾斜 45°，并经过 60s 后液面不再移动的最高温度。

在中国的油品质量指标中以往都是采用凝点，现在基本上已改为使用倾点。

油品在低温下失去流动性与纯化合物的凝固是不同的，纯化合物的凝固具有恒定的结晶点，而油品在降温过程中并无恒定现象，所以只能根据人为规定的条件来确定其失去流动性的温度。油品在低温下失去流动性的原因有两种情况：一是含蜡较多的油品，随着温度的降低，其中的正构烷烃等高熔点的烃类结晶析出，长大并连接成网状结晶，同时将处于液态的油品吸附，包围在网状骨架中，从而使整个油品失去流动性，即所谓的构造凝固；二是含蜡较少，虽然在降温过程中没有蜡结晶析出，但是由于含有较多的环状烃类，在低温下其黏度较高，形成了均匀的玻璃状物质而使油品丧失流动性，这就是所谓的黏温凝固。

油品的凝固除了与其蜡含量有关外，还与其中的胶质、沥青质的含量有关，胶质和沥青质能够阻止蜡结晶的析出，从而使原油的凝点降低。

三、闪点、燃点、自燃点

石油产品大多数是作为燃料，与燃料的爆炸、着火、燃烧有关的性质如闪点、燃点、自燃点等都是极其重要的质量指标，它们对于油品的生产、储存、运输及使用过程的安全有着重要的意义。

1. 闪点

闪点是石油产品在规定的条件下，加热到它的蒸气与火焰接触时发生闪火现象的最低温度。在闪点温度下，液体油品的蒸发速度较慢，还不足以维持油品的燃烧，燃烧的只是积存的可燃混合气，所以一闪即灭。

闪火现象的实质就是爆炸，其必要条件就是混合气中燃料蒸气的浓度要在一定的范围内，这个浓度范围就是该燃料的爆炸极限，浓度在爆炸极限之内的混合气为可燃性混合气，此混合气一旦遇到明火即会发生爆炸，如果燃料蒸气的浓度不在该爆炸极限内，则不会发生爆炸，因为燃料的燃烧过程的化学反应速度或释放出的热能的速度取决于燃料和空气二者的浓度，其中任何一种物质的浓度过低，均会使反应速度减小并使释放出来的热能不足以补偿热量的损失，而使混合气不能点燃。

通常把混合气能够点燃时燃料的最低浓度称为爆炸下限，最高浓度称为爆炸上限。烃类和液体燃料的爆炸极限见表 2-6-3。

表 2-6-3　烃类和液体燃料的爆炸极限

燃料	爆炸极限/%(v)		燃料	爆炸极限/%(v)	
	下限	上限		下限	上限
氢气	4.0	75	苯	1.4	7.1
甲烷	12.5	74	正庚烷	1.2	6.7
乙烷	5.3	14	甲苯	1.4	6.7
乙烯	3.1	36	二甲苯	1.6	6.0
乙炔	2.5	81	丙酮	3.0	11
丙烷	2.2	9.5	甲醇	7.3	36
正丁烷	1.9	8.5	乙醇	4.3	19
正戊烷	1.5	7.8	环已烷	1.3	8.0
正已烷	1.2	7.5	97#汽油	1.7	7.1

由表 2-6-3 可知，各种烃类中，乙炔和乙烯的爆炸极限最宽，而芳烃的爆炸极限较窄，烃类的爆炸下限差不多，而爆炸上限差别较大。

测定油品闪点的方法有两种：一是闭口杯闪点测定法，即油品的蒸发是在密闭的容器中进行的，对于轻质油品和重质油品都能测定；二是开口杯闪点测定法，即油品的蒸发是在敞开的容器中进行的，油品蒸气可自由扩散到空气中去，一般用于测定重质油料的闪点。

同一油品的开口杯闪点比闭口杯要高，而且油品的闪点越高，二者的差别越大。

油品的闪点与其馏分组成有关，油品的闪点高低取决于轻组分的含量。原油闪点很低，是易燃品，因为其轻组分含量较高。重油混入少量轻油，其闪点显著降低。一般馏分沸程越高，闪点也就越高。原油馏分的闪点范围见表 2-6-4。

表 2-6-4　原油馏分的闪点范围

馏分	闪点范围/℃	相应的爆炸限
汽油馏分	-40~-30(闭杯)	爆炸上限
煤油馏分	26~50(闭杯)	爆炸下限
柴油馏分	50~70(闭杯)	爆炸下限
减压馏分	200~300(开杯)	爆炸下限
减压渣油	>300(开杯)	爆炸下限

除汽油馏分的闪点相应于其爆炸上限外，其余馏分的闪点都相应于它们的爆炸下限，因为汽油在常温下的蒸发速度极快，与空气形成的混合气中的燃料浓度已超过其爆炸上限，需要冷却降温以降低混合气中燃料的浓度才能闪火，故汽油馏分的闪点相应于其爆炸上限。

2. 燃点与自燃点

燃点为石油产品在规定条件下，加热到接触火焰能点燃燃烧不少于 5s 的最低温度。油品越轻则其燃点也就越低，燃点是判定油品在储存和使用时火灾危险程度的一个指标。

自燃点是在无外界火源的情况下，油品能被空气剧烈氧化而导致自行燃烧的最低温度。油品沸程越低，其相对分子质量越小，其自燃点越高。烃类及燃料在空气中的自燃点见表 2-6-5。

表 2-6-5 烃类及燃料在空气中的自燃点

燃料	自燃点/℃	燃料	自燃点/℃
正丁烷	405	正十六烷	205
正戊烷	287	环已烷	200
正已烷	234	苯	562
正庚烷	223	甲苯	536
正辛烷	220	间二甲苯	528
正壬烷	206	萘	526
异辛烷	418	α-甲基萘	528
正癸烷	208	蒽	540

从表 2-6-5 可知，正构烷烃的自燃点较低，而芳香烃和异构烷烃的自燃点较高。同族烃类随着相对分子质量的增加，其自燃点降低，因此油品的自燃点在很大程度上取决于其化学组成。烃类易氧化顺序：正构烷烃>环烷烃>烯烃>异构烷烃>芳烃。

自燃点是油品的一个重要性质，柴油在柴油机中的燃烧是靠它在一定条件下能够发生自燃。对于高温下的油品尤其是重质油品，一定要防止它的泄漏，以免因与空气接触而自燃引起火灾。因为重油中含有大分子的正构烷烃，容易发生氧化链式反应，自由基数量增加，氧化反应速度增加。又因为重油黏度大，不易汽化，容易积聚热量。反应热生成速率大于散热速率，温度上升，反应速度增加。烷烃的链反应和热量积聚因素导致重油容易自燃。

汽油馏分的自燃点最高，通常在 400℃以上，而减压渣油的自燃点最低，通常在 200℃左右，这就是在实验室中做克氏减压蒸馏实验时，一定要先将渣油的液相温度降低到 200℃以下后，方可将真空泵放空的原因。

第三章　石油燃料的组成和性能

第一节　汽　　油

汽油的主要成分为$C_5 \sim C_{11}$脂肪烃、环烷烃类及含少量芳香烃。汽油具有优良的抗爆性，用作高压缩比的点燃式汽油发动机的燃料；具有良好的蒸发性和燃烧性，能保证汽油机运转平稳、燃烧完全、积炭少；具有较好的安定性，在储运和使用过程中生成胶质的倾向小，对发动机部件及储油容器无腐蚀性。

一、汽油的蒸发性

蒸发性是汽油最重要的特性之一，要求汽油能迅速汽化并与空气形成可燃性混合气。除了汽油机的构造和操作条件外，要想使汽油在几十毫秒内与空气形成均匀的可燃性混合气，汽油的蒸发性好坏是决定性的因素。只有当汽油具有良好的蒸发性，与空气形成均匀的可燃混合气，发动机才能正常运转。如果汽油的蒸发性太差，汽油汽化不完全，导致汽油机的功率降低，启动和加速都较困难(尤其是冬季)。如果汽油的蒸发性太强，汽油在输油管中因汽化而产生气阻，造成供油不足，(尤其是夏季)。

反映汽油蒸发性能的质量指标是馏程和饱和蒸气压。

1. 馏程

汽油进行恩氏蒸馏，可得到馏出温度和馏出体积百分数之间关系，也就是馏程。馏程在一定程度上能大体反映汽油的沸点范围和蒸发性能。其10%、50%、90%各馏出温度和干点的意义如下：

(1) 10%的馏出温度

表示汽油中低沸点组分含量的多少，对汽油机的启动性能具有关键性的影响，另一方面与产生气阻的倾向有密切的关系。汽油10%馏出温度与发动机能迅速启动的最低温度的关系见表3-1-1。汽油10%馏出温度与开始产生气阻温度的关系见表3-1-2。

表3-1-1　汽油10%馏出温度与发动机能迅速启动的最低温度的关系

10%馏出温度/℃	54	60	66	71	77	82
最低启动温度/℃	-21	-17	-13	-9	-6	-2

表3-1-2　汽油10%馏出温度与开始产生气阻温度的关系

10%馏出温度/℃	40	50	60	70	80
开始产生气阻温度/℃	-13	7	27	47	67

由表3-1-1和表3-1-2可见，10%馏出温度越低，表明汽油中所含低沸点组分越多，

蒸发性越强，汽油机能迅速启动的温度越低，但开始产生气阻的温度也越低。因而在冬季有利于启动，而在炎热的夏季却容易产生气阻。反之，汽油10%馏出温度越高，汽油机冬季启动越困难，但夏季不易产生气阻。

中国车用汽油质量标准中要求10%的馏出温度不高于70℃。

(2) 50%的馏出温度

表示汽油的平均蒸发性能，与汽油机启动后升温时间的长短(指发动机预热或暖车)以及加速是否及时有密切关系。

汽油的50%馏出温度低，在正常温度下能较多地蒸发，启动后燃烧充分，发出的热量较多，可缩短汽油机的升温时间，即发动机预热较快。同时，汽油机加速性能良好，运转平稳柔和，同时耗油量也降低。

如果50%馏出温度过高，汽油机在加速过程中，当供油量急剧增加时，大部分汽油不能汽化，导致燃烧不完全，严重时还会突然熄火。

中国车用汽油质量标准中要求50%的馏出温度不高于110℃。

(3) 90%馏出温度和终馏点(或干点)

表示汽油中重组分含量的多少，与汽油的燃烧是否完全和发动机磨损有一定关系。

90%馏出温度和终馏点过高，说明汽油中重组分含量较多，正常使用条件下不能保证汽油完全蒸发和燃烧。容易形成积炭，排气冒黑烟，油耗增加，燃料的使用效率降低；同时没有蒸发的汽油重组分流入曲轴箱，稀释润滑油而加大汽油机活塞的磨损。表3-1-3为汽油的干点与发动机活塞磨损及汽油消耗量的关系。

表3-1-3 汽油干点与发动机活塞磨损及汽油消耗量的关系

汽油干点/℃	发动机活塞相对磨损/%	汽油相对消耗量/%
175	97	98
200	100	100
225	200	107
250	500	140

由表3-1-3可见，汽油的干点越高，发动机活塞的磨损越大，油耗越高。

中国车用汽油质量标准中要求90%馏出温度不高于190℃，干点不高于205℃。因而车用汽油中不能混有煤油或柴油等较重的馏分。

值得注意：终馏点和干点有区别，终馏点是指馏程试验过程中气相的最高温度，而干点是馏程试验后期烧瓶底部最后一滴液体汽化瞬间的气相温度(GB/T 6536—2010)。一般情况下终馏点高于干点。

2. 饱和蒸气压

汽油的饱和蒸气压又称雷德蒸气压(Reid vapor pressure，RVP)。

其定义如下：气、液两相的体积比为4∶1时，在38℃(100 °F)下两相达到平衡时燃料蒸气的最大压力。

饱和蒸气压表示汽油的蒸发性能，蒸气压越大，汽油的蒸发性越好，汽油机易于冷启动。

由于用雷德法测得的蒸气压主要是由汽油中的轻质组分所产生的，蒸气压高，表明汽油中含有较多的低分子组分，容易在发动机供油系统中产生气阻，在储存和运输过程中较易产生蒸发损失，着火的危险性也较大，因而蒸气压可以作为衡量汽油机燃料供给系统是否产生气阻倾向的指标，也可相对衡量汽油在储存和运输过程中的损耗倾向和安全性。

中国车用汽油质量标准中分别规定了冬用型和夏用型汽油的饱和蒸气压。

二、汽油的安定性

汽油在常温和液相条件下抵抗氧化的能力称为汽油的氧化安定性。安定性差的汽油，在储运过程中易发生氧化反应，生成胶质，使油品颜色变深，并产生胶状沉淀。在油箱、滤网形成黏稠胶状物，影响供油；沉积在火花塞上的胶质在高温下形成积炭而短路；沉积在进、排气阀上会结焦，导致阀门关闭不严；沉积在气缸盖、活塞上的积炭，造成气缸散热不良，温度升高，以致增大爆震燃烧的倾向。由此可见，汽油的安定性差会严重影响发动机的正常工作。

1. 烃类的液相氧化机理

由于汽油的氧化安定性涉及烃类的液相氧化机理，为此需要加以阐明。巴赫-恩格勒的过氧化物理论和谢苗诺夫的自由基链反应的理论是烃类液相氧化过程机理的基础。

烃类液相氧化是指在低于烃类沸点的温度下烃类自身进行的氧化反应，通常是在常温下进行，因而也称自动氧化。

研究表明，烃类的液相氧化遵循自由基链反应机理。

(1) 链引发

烃类分子受氧分子攻击后产生烃自由基和过氧化氢自由基。

$$RH+O_2 \longrightarrow R\cdot + HOO\cdot$$

光、热等外界能量可助于自由基的产生。当有变价金属(锰、钴、铁)的化合物时，也会与烃类作用产生自由基。在整个氧化反应中，链引发是最困难的一步。

$$RH+Mn^{3+} \longrightarrow R\cdot + Mn^{2+} + H^+$$

(2) 链增长

自由基一旦产生便可进行链的延续。

$$R\cdot + O_2 \longrightarrow ROO\cdot$$

$$ROO\cdot + RH \longrightarrow ROOH + R\cdot$$

自由基 R · 与氧分子的加成反应很快，其反应活化能接近于 0，而 ROO · 与烃分子的反应很慢，两者速度相差 $10^4 \sim 10^6$ 倍。随着反应产物的积累，ROO · 不仅与原始物质反应，而且更容易与氧化产物进行反应，使氧化反应不断深化。

(3) 链的退化分支

研究表明，烃类氧化并不是简单的链反应，也不是正常的分支反应，而是一种具有退化分支的链反应，即所生成的过氧化物 ROOH 还会继续分解。

$$ROOH \longrightarrow RO\cdot + \cdot OH$$

$$ROOH + RH \longrightarrow RO\cdot + R\cdot + H_2O$$

分解产生的自由基如 RO · 和 R · 还可以引发新的链反应。但是过氧化物 ROOH 的反应活性大大低于自由基，因而还可以部分转化成稳定产物如醛、酮、醇等。

$$RCH_2OOH \longrightarrow RCHO + H_2O$$

这样使得分支链反应的速度比较缓和，故称之为退化分支链反应。

(4) 链的终止

自由基之间相互结合，自由基消失。

$$\left.\begin{array}{l}R\cdot+R\cdot \\ R\cdot+ROO\cdot \\ ROO\cdot+ROO\cdot\end{array}\right\}\longrightarrow \text{稳定产物}$$

动力学研究表明，烃类液相氧化反应速率、产物产率与反应时间的关系如图 3-1-1 和图 3-1-2 所示。

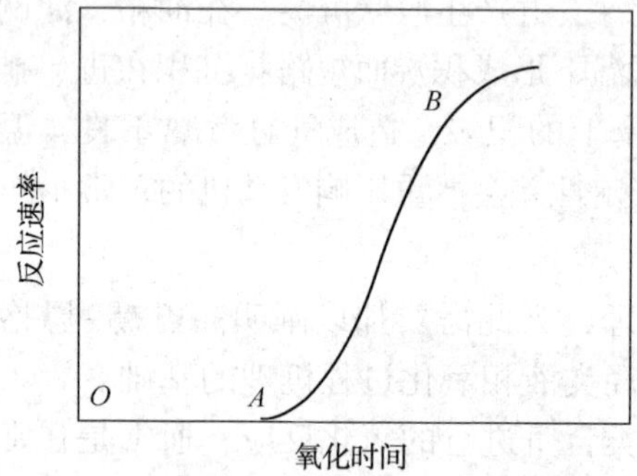

图 3-1-1　烃类液相氧化反应速率曲线

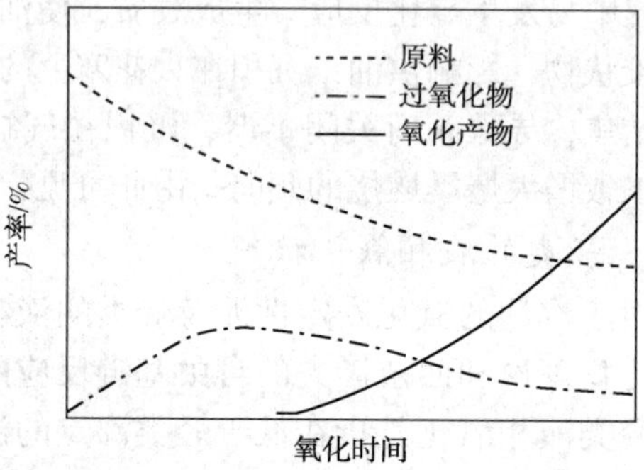

图 3-1-2　烃类液相氧化产率曲线

烃类液相氧化的动力学曲线呈 S 形，分为三个阶段：第一阶段为诱导期(*OA* 段)，就是燃料与氧气接触后没有发生明显变化的一段时间，在诱导期氧化反应速度很慢，氧化产物生成较少；第二阶段为加速期(*AB* 段)，氧化反应加速进行，氧化产物迅速增加；第三阶段为平缓期，氧化反应速度减缓或趋于停止。

诱导期的氧化反应，只是由于最初产生自由基较少，氧化中间产物 ROOH 浓度较低，氧化的退化分支反应链不多，所以氧化反应进行缓慢。在加速期，自由基和过氧化物浓度逐渐增大，退化分支链迅速发展，氧化反应加速进行，氧化产物的浓度急剧增加。在平缓期，由于反应物的消耗和过氧化物浓度降低，氧化反应速度减缓或趋于停止。

燃料氧化存在诱导期，因为原始烃分子受到氧分子的攻击产生最初的自由基，需要足以破坏 C—H 键的活化能，所以最初产生的自由基较少，开始氧化的反应链也就不多，氧化反应速度缓慢。另一方面液体燃料中存在微量的天然抗氧剂，它们能与最初形成的自由基作用，起到破坏链反应的作用，直到抗氧剂消耗完毕烃类才开始出现明显的氧化反应。

2. 汽油的化学组成与其安定性的关系

影响汽油安定性最根本的原因在于其化学组成。研究表明，在常温及液相条件下，汽油中的烷烃、环烷烃、芳香烃均不易发生氧化反应。而其中的各种不饱和烃容易发生氧化和缩合反应生成胶质，汽油中的各种不饱和烃是导致汽油不安定的主要根源。

各种不饱和烃，由于结构差异，氧化的难易不同。生成胶质的倾向如下：二烯烃>环烯烃>链烯烃。在链烯烃中，直链的 α-烯烃比双键位于中心附近的异构烯烃更不稳定。在二烯烃中，尤以共轭二烯烃、环二烯烃(如环戊二烯)最不安定。二烯烃除本身易生成胶质外，还会促使其他烃类氧化。此外，带有不饱和侧链的芳烃也较易氧化。

除不饱和烃外，汽油中的硫酚和硫醇对促进胶质的生成有很大作用，含氮化合物也会导致胶质的生成，这些胶质又是加速新的胶质生成和缩合的引发剂，因而燃料中的残余胶质如不除净，将促进新装燃料中胶质的迅速生成。

在各种汽油中，直馏汽油中不含烯烃，其安定性很好。而焦化汽油的安定性最差，原因是焦化汽油中的烯烃尤其是二烯烃含量较高。催化裂化汽油因含有的二烯烃较少，安定性也比较高，加氢精制汽油的安定性最高，因为一些烯烃被加氢饱和，非烃化合物被脱除。

3. 外界条件对汽油安定性的影响

汽油的变质除了与本身的化学组成有关外，还与许多外界条件有关，如温度、金属表面的作用、与空气接触面积的大小等。

（1）温度

温度对汽油的氧化变质有显著的影响。温度升高使分子运动速度增加，加速了汽油中的烃类分子与氧分子的反应，促进汽油中的烃类分子产生初始自由基，同时也加速了过氧化物的分解，加速了退化分支链反应。因而汽油的诱导期缩短，生成胶质的倾向增大。研究表明，储存温度每升高10℃，汽油中胶质的生成速度约加快2.4~2.8倍。

（2）金属表面的作用

汽油在储存、运输及使用过程中，不可避免地要和不同的金属表面接触。实验证明，汽油在金属表面的作用下，颜色容易变深，胶质的生成速度加快。常见的各种金属中铜具有最大的催化活性，它使汽油的诱导期降低75%，铁使汽油的诱导期降低30%，锌、铝、锡也能使汽油的诱导期缩短15%~20%，安定性降低。

研究证明，在汽油的氧化过程中金属表面只是对燃料中存在的抗氧剂起消耗或破坏作用，而对纯烃类(包括烯烃)的氧化实际上没有影响。原因可能是抗氧剂被吸附在金属表面，从而限制了抗氧剂对燃料氧化的抑制作用。

（3）与空气的接触面积

汽油的氧化变质开始于其与空气接触的表面。汽油与空气的接触面积越大，氧化生成胶质的倾向也越大。

（4）水分的影响

储存中水分对汽油的氧化变质有不良影响，如果汽油中含有水，胶质生成的速度比没有水要快得多。

4. 评定汽油安定性的指标

（1）碘值

利用碘与不饱和烃中的双键进行加成反应，测定汽油中不饱和烃的含量。以100g样品消耗碘的克数来表示，即$gI_2/100g$。碘值越大，汽油中不饱和烃含量越高，其安定性越差。

（2）实际胶质

在150℃的温度下，用热空气吹过汽油表面，使它蒸发至干，所留下的棕色或黄色残余物就是实际胶质，以100mL试油中所得的残余物的mg数来表示。

中国车用汽油的实际胶质要求出厂时不大于5mg/100mL，4个月后不大于10mg/100mL，交付使用时不大于25mg/100mL。

（3）诱导期

把一定量的油样放入标准钢筒中，充入氧气至0.7MPa，放入100℃的水中。氧化初期，氧压基本不变。经过一段时间后，氧化反应明显加速，耗氧量显著增加，从油样放入100℃的水中开始到氧压明显降低(压降大于13.8kPa/15min)所经历的时间即为诱导期，以分钟表示。中国车用汽油的诱导期要求不小于480min。两种车用汽油在储存中胶质增长的情况见表3-1-4。

表3-1-4 车用汽油诱导期与胶质变化的关系

项目		汽油Ⅰ	汽油Ⅱ
诱导期/min		270	360
实际胶质/（mg/100mL）	出厂时	0.4	0.4
	一年后	22.0	4.6
	二年后	32.0	8.8
	三年后	95.6	10.4

由表3-1-4可见，诱导期较长的汽油在储存时胶质的生成速度较慢，宜于长期保存。

三、汽油的抗爆性

1. 汽油机的正常燃烧与爆震燃烧

(1) 汽油机的正常燃烧过程

① 燃烧初期

在汽油机的压缩过程中，可燃混合气的温度和压力上升很快，汽油开始发生氧化反应并生成一些过氧化物，即焰前反应。当火花塞点火后，在火花附近的混合气温度急剧增加，出现最初的火焰中心。

② 燃烧期

火焰传播：火焰中心形成之后，即发生火焰传播现象。火焰的前锋在强烈扰动气流中逐层向未燃混合气推进，未燃混合气因受到已燃混合气的热辐射而导致其温度升高，同时已燃混合气因燃烧膨胀而压缩未燃混合气导致其压力也升高，这样火焰以球面形状向周围扩散，使燃料逐层发火燃烧，直到绝大部分燃料燃尽为止。火焰传播速度为20~30m/s，压力变化也比较平缓。

③ 补燃期

由于混合气中燃料与空气的混合和分布不可能完全均匀，所以明显燃烧期以后和膨胀过程中，仍然有少量的未燃气体或燃烧不完全的产物在继续燃烧，直到燃烧结束为止，即为补燃期。

汽油机正常燃烧时，发动机工作平稳柔顺，动力和经济性能均较好。

(2) 爆震燃烧

① 爆震现象

汽油在发动机中燃烧不正常时，会出现机身强烈震动的情况，并发出金属敲击声，同时发动机功率降低，排气管冒黑烟，严重时还会导致机件损坏，又称为敲缸或爆燃。

爆震是汽油机的一种不正常燃烧，它发生在燃烧过程的后期，随着火焰中心在气缸中的传播，未燃混合气因受到已燃混合气的热辐射和压缩，其温度和压力急剧升高，氧化反应的速度加快，形成大量的过氧化物并急剧分解，以至于在最初的火焰前锋尚未到达之前，未燃混合气的局部温度已超过其自燃点，从而发生爆炸性燃烧。此时在气缸内便出现两个或多个燃烧中心，火焰前锋不再是正常燃烧的逐层推进，而是对立推进，产生爆震波，气缸内局部的温度和压力急剧升高，出现压力的震荡。

② 爆震燃烧的特征

爆震时，火焰中心以100~300m/s(轻微爆震)直至800~1000m/s(强烈爆震)的速度传播火焰，产生的爆震波以1000~1500m/s的高速冲击气缸壁并反射，燃气压力急剧升高，局部压力可达10MPa，气缸内的局部温度高达2000~2500℃。

③ 汽油爆震燃烧的危害

爆震燃烧对汽油机的危害极大，超音速的爆震波撞击燃烧室壁、活塞顶、气缸壁，引起震动，并发出尖锐的金属敲击声，机件磨损增加，甚至烧毁机件。爆震还会导致燃烧不完全而冒黑烟，这是因为燃烧室中局部温度急剧升高，使燃烧产物中(CO和CO_2)发生离解析出游离碳，这些游离碳来不及燃烧就被排出气缸，造成燃料的浪费，能耗增加，发动机功率降低。燃料燃烧不完全的产物排放到大气中后，会造成环境的污染。

④ 汽油爆震燃烧产生的原因

汽油爆震燃烧的与燃料的性质有关。在发动机构造已确定的情况下，燃料抗爆性的好坏对产生爆震具有决定性的影响，燃料的自燃点越低，其抗爆性越差，产生爆震的倾向也就越大。

汽油爆震燃烧与发动机的构造有关，即发动机的压缩比，压缩比越大，压缩终了时，气缸内的混合气的温度与压力就越高，过氧化物的生成量也就越多，自燃的倾向也就越大，因而越容易产生爆震；汽油爆震燃烧还与气缸尺寸、燃烧室形状及火花塞位置有关。气缸尺寸较大，火焰传播的距离加长，使爆震的倾向增大；燃烧室形状越紧凑，火焰传播的距离缩短，同时使气流造成尽可能强的涡流，产生爆震的倾向越小；火花塞的位置对爆震的产生也有影响。

2. 汽油抗爆性的表示方法

汽油的抗爆性是用辛烷值(ON)来表示，衡量汽油是否易于发生爆震。辛烷值越高，抗爆性越好。

(1) 辛烷值的定义

人为规定抗爆性很好的异辛烷(2,2,4-三甲基戊烷)的辛烷值为100，抗爆性极差的正庚烷的辛烷值为0，两种物质以不同的体积比混合可得到一系列的标准燃料，标准燃料中异辛烷的体积百分数就是其辛烷值。

将待测汽油与一系列辛烷值不同的标准燃料在标准试验用单缸发动机(ASTM-CFR)上进行对比，与所测汽油抗爆性相同的标准燃料的辛烷值就是所测汽油的辛烷值。

(2) 车用汽油辛烷值的测定方法

车用汽油辛烷值的测定方法主要有两种，即马达法和研究法。所测的辛烷值相应为马达法辛烷值(MON)和研究法辛烷值(RON)。

用研究法测定时，由于发动机的转速和混合气温度与马达法相比都较低，因而所得的RON比MON要高5~10个单位。$MON \approx RON \times 0.8 + 10$。RON和MON的差值称为汽油的敏感性，和汽油的化学组成有关，如烯烃具有较高的辛烷值敏感性，受工况影响较大。

此外，还有道路辛烷值(也称行车辛烷值)，是用汽车进行实测或在全功率试验台上模拟汽车的行车条件而测得的，它介于MON与RON之间。

MON和RON的平均值称作抗爆指数(ONI)，可近似表示汽车的道路辛烷值，也是衡量车用汽油抗爆性的指标之一。

马达法或研究法一般只适合测定辛烷值在100以下的燃料的抗爆性。当所测燃料的辛烷值超过100时，测定方法基本与马达法和研究法相同，只是将标准燃料由异辛烷与正庚烷的混合物改为含有不同抗爆剂含量的异辛烷，当异辛烷含有不同量的抗爆剂时，它的抗爆性随抗爆剂的含量增加而增加，利用外延法可以计算出相应燃料的辛烷值。

采用介电常数法测定车用汽油的辛烷值。不同液体的介电常数不同，运用经验统计方法对大量试验数据进行处理比较后，归纳总结得到车用汽油介电常数与其辛烷值的对应关系，然后通过测定车用汽油的介电常数来确定其辛烷值。

也可用近红外光谱法预测汽油辛烷值。近红外快速测定汽油辛烷值方法的本质在于汽油辛烷值与汽油组分的分子结构有关，可通过测定一系列汽油试样的近红外光谱数据，将其与汽油实测辛烷值用数理统计方法相关联，建立汽油辛烷值的预测模型。将未知样品的光谱数据代入校准后的模型，预测样品的辛烷值。标准样品组辛烷值是NIR光谱分析法精度的保证。

3. 汽油的抗爆性与其化学组成的关系

从汽油的化学组成上看，芳烃、异构烷烃、烯烃是高辛烷值汽油组分。从汽油的馏分组成上看，馏分越轻，其抗爆性越好。

（1）各种烃类的辛烷值

表3-1-5列举了各种烃类的辛烷值。

表3-1-5 各族烃类的辛烷值

烃 类	辛烷值		烃 类	辛烷值	
	研究法(RON)	马达法(MON)		研究法(RON)	马达法(MON)
正戊烷	62	62	2-辛烯	56	56
2-甲基丁烷	92	90	3-辛烯	72	68
2,2-甲基丙烷	85	80	2,2,4-三甲基-1-戊烯	>100	86
正己烷	25	26	甲基环戊烷	91	80
2-甲基戊烷	73	73	乙基环戊烷	67	61
2,2-甲基丁烷	92	93	正丙基环戊烷	31	28
正庚烷	0	0	异丙基环戊烷	81	76
2-甲基己烷	42	46	环己烷	83	77
2,2-二甲基戊烷	93	96	甲基环己烷	75	71
2,2,3-三甲基丁烷	>100	>100	乙基环己烷	46	41
正辛烷	—	17	正丙基环己烷	18	14
2-甲基庚烷	22	13	苯	>100	>100
2,2-二甲基己烷	72	77	甲苯	>100	>100
2,2,3-三甲基戊烷	100	100	二甲苯	>100	>100
2,2,4-三甲基戊烷	100	100	乙基苯	>100	98
1-己烯	76	63	正丙基苯	>100	98
2-己烯	93	81	异丙基苯	>100	99
4-甲基-2-戊烯	99	84	1,3,5-三甲苯	>100	>100
1-辛烯	29	35			

由表3-1-5可知，汽油的抗爆性取决于其化学组成。对于同族烃类，其辛烷值随相对

分子质量的增加而降低。当相对分子质量相近时，各种烃类辛烷值的大小顺序为：芳香烃>异构烷烃和异构烯烃>正构烯烃和环烷烃>正构烷烃。

对烷烃而言，异构化程度越高，分子排列越紧凑的异构烷烃的辛烷值越高。对烯烃而言，双键越接近碳链的中间位置，其抗爆性越好；烯烃的异构化程度越高，抗爆性越好。对环烷烃而言，环上若带正构烷基侧链，其抗爆性变差，而且正构烷基侧链越长，辛烷值越低；环上若带异构烷基侧链，其抗爆性有所改善。对芳香烃而言，许多芳香烃的辛烷值都大于 100，带烷基侧链的芳香烃辛烷值有所降低，侧链越长，其辛烷值越低。

各种烃类组分调和后，其调和辛烷值与其调和比例不一定呈线性关系。烷烃与烷烃或与环烷烃的调和辛烷值与组成有线性关系；而烷烃与芳烃或与烯烃的调和多数情况下具有增值效应。所以，一般来说辛烷值并不具有简单的可加性。

（2）各种汽油馏分的辛烷值

① 直馏汽油

表 3-1-6 是中国几种原油的直馏汽油的辛烷值。

表 3-1-6　直馏汽油的辛烷值与馏分轻重的关系

原　油	不同沸程直馏汽油的 MON		
	IBP～130℃	IBP～180℃	IBP～200℃
大　庆	53	42	37
胜　利	63	58	55
大　港	62	54	50
华　北	52	44	41
江　汉	64	55	52
欢喜岭	—	62	60

由表 3-1-6 可见，同一种原油的直馏汽油，馏分越轻，其抗爆性越好。不同基属原油的直馏汽油，石蜡基原油汽油馏分的辛烷值最低，环烷基原油汽油馏分的辛烷值最高，中间基原油汽油馏分的辛烷值介于二者之间。

直馏汽油的抗爆性一般都达不到车用汽油抗爆性的要求，必须与辛烷值较高的组分进行调和后方可出厂。

② 催化裂化汽油

催化裂化装置是中国炼油厂中仅次于常减压装置的最重要的原油二次加工装置，催化裂化汽油是中国目前车用汽油的主要来源，由于它含有较多的芳烃、异构烷烃和烯烃，因而其抗爆性较好，RON 接近 90。

③ 催化重整及烷基化汽油

催化重整汽油因含有较多的芳烃和异构烷烃，因而其 RON 可达 90 以上。烷基化汽油的主要组分是异辛烷，因而其抗爆性很好，RON 可达 93～96。催化重整汽油和烷基化汽油都是高辛烷值汽油的调和组分。

催化重整装置的原料（石脑油馏分）较少，我国催化重整汽油在车用汽油中所占的比例较低，烷基化汽油在车用汽油中所占的比例更低。

④ 焦化汽油

延迟焦化汽油含有较多的烯烃和二烯烃，溴价为 40～60gBr/100g，其安定性相当差，

MON为60左右，抗爆性不好。一般需经过加氢精制，除去其中含氮、含硫化合物及二烯烃，才可用作车用汽油调和组分或作为石油化工原料(轻油)生产乙烯。

4. 汽油机的压缩比与爆震燃烧的关系

汽油机是否产生爆震燃烧，除了与汽油的抗爆性有关外，还与汽油机的压缩比有密切的关系。在压缩前混合气温度为100℃，压力为0.1MPa的条件下，随汽油机压缩比的增加，混合气温度和压力升高的结果见表3-1-7。

表3-1-7 汽油机压缩比对混合气温度和压力的影响

项目	压缩比						
	6	7	8	9	10	11	12
压缩后温度/℃	387	426	457	490	518	540	558
压缩后压力/MPa	1.05	1.30	1.66	1.95	2.24	2.55	2.85

由表3-1-7可知，压缩比越大，压缩终了时的混合气的温度和压力越高，产生爆震的倾向越大。汽油机的压缩比越大，所需汽油的辛烷值就越高。一般来讲，发动机压缩比增加1个单位，相当于增加进气压力150~200mmHg，或相当于提高进气温度30~40℃，这种情况相当于需要提高汽油的辛烷值6~8个单位。

汽油机压缩比与热效率和油耗的关系见表3-1-8。

表3-1-8 汽油机压缩比与热效率和油耗的关系

项目	压缩比		
	6	8	10
相对热效率/%	100	114	120
相对油耗/%	100	88	83

由表3-1-8可见，压缩比越高，汽油机的热效率越高，耗油量越低。提高发动机的压缩比可以提高气缸内燃气的爆发压力，也就提高了发动机的功率，同时燃料的消耗率也可以降低。

四、汽油的牌号

中国车用汽油的牌号按照GB 17930—2016《车用汽油》和GB 18351—2017《车用乙醇汽油(E10)》，按研究法辛烷值(RON)分为89号、92号、95号和98号4个牌号，分别适用于压缩比不同的各型汽油机。具体质量指标见表3-1-9。

表3-1-9 车用乙醇汽油(E10)(ⅥB)技术要求

项目		质量指标			
		89	92	95	98
抗爆性					
研究法辛烷值(RON)	不小于	89	92	95	98
抗爆指数(RON+MON)/2	不小于	84	87	90	93

续表

项　目		质量指标			
		89	92	95	98
馏程					
10%蒸发温度/℃	不高于	70			
50%蒸发温度/℃	不高于	110			
90%蒸发温度/℃	不高于	190			
终馏点/℃	不高于	205			
残留量(体积分数)/%	不大于	2			
密度(20℃)/(kg/m^3)		720~775			
蒸气压/kPa					
11月1日至4月30日		45~85			
5月1日至10月31日		40~65			
胶质含量/(mg/100mL)	不大于				
未洗胶质含量(加入清洁剂前)		30			
溶剂洗胶质含量		5			
诱导期/min	不小于	480			
乙醇含量(体积分数)/%		10.0±2.0			
水分(质量分数)/%	不大于	0.20			
硫含量/(mg/kg)	不大于	10			
硫醇(博士试验)		通过			
铜片腐蚀(50℃，3h)/级	不大于	1			
苯含量(体积分数)/%	不大于	0.8			
芳烃含量(体积分数)/%	不大于	35			
烯烃含量(体积分数)/%	不大于	15			
其他有机含氧化合物含量(质量分数)/%	不大于	0.5			
水溶性酸或碱		无			
机械杂质		无			
铅含量/(g/L)	不大于	0.005			
锰含量/(g/L)	不大于	0.002			
铁含量/(g/L)	不大于	0.010			

汽油硫含量是标志性环保指标，硫对汽车氧传感器、三元催化转化器效率以及车载诊断系统(OBD)均有影响，腐蚀发动机及排气管。降低汽油中的硫含量，可以降低尾气中氮氧化物、碳氢化物、一氧化碳和PM2.5(细颗粒物)的排放。

汽油中的芳烃对氮氧化物、碳氢化物、二氧化碳和一氧化碳等的排放有很大影响。芳烃燃烧在尾气中易形成致癌性物质，并增加燃烧室积炭，导致尾气排放物增加。苯是致癌物质，还会降低三效催化转化器的转化效率，是汽车尾气排放中数量居首的有机毒物。

汽油中的烯烃(尤其是二烯烃)的热稳定性与氧化安定性差，容易在喷油嘴、进气阀处发生氧化和缩合反应，形成胶状沉积物，并会吸附周围的颗粒物质，在长期高温作用下，油垢会逐渐变硬形成积炭。汽油中烯烃会使 NO_x 排放增加，并使生成臭氧的反应加快。

2023 年起，中国全面实施国六车用汽油 B 标准。国ⅥB 标准中硫、烯烃、苯和芳烃的含量均严格限制，不得人为加入含铅、铁、锰的抗爆添加剂，国ⅥB 标准全面接轨欧美发达国家的标准。

五、汽油抗爆添加剂

添加抗爆剂是汽油提高辛烷值的重要手段，从汽油指标上看，其诱导期延长，汽油辛烷值增加。抗爆剂所起的作用是和焰前反应的活性物质反应，破坏过氧化物、改变反应路径、延长反应诱导期，起到反催化作用，在火焰前锋到达前，抑制汽油自燃。抗爆剂一般分为有灰和无灰两类。

1. 有灰添加剂

甲基环戊二烯三羰基锰(MMT)的抗爆效率要远高于四乙基铅。对比 MMT 与 MTBE 的抗爆效率，9mg/L 的 MMT 与 5%体积分数的 MTBE 相当。

金属抗爆剂除锰基化合物外，还有铁基化合物(如二茂铁)等。

金属类抗爆剂在发动机内部会产生金属沉积物，导致气缸磨损、火花塞点火不良、氧传感器和三元催化器中毒等故障，尾气毒害环境，目前已被禁止添加使用。

2. 无灰添加剂

常见的非金属抗爆剂主要有醚类、醇类等。

(1) 醚类添加剂

汽油中添加的醚类主要是甲基叔丁基醚(MTBE)，另外还有甲基叔戊基醚(TAME)和乙基叔丁基醚(ETBE)。醚类化合物的性质见表 3-1-10。

表 3-1-10 几种醚类化合物的性质

性 质	甲基叔丁基醚(MTBE)	乙基叔丁基醚(ETBE)	叔戊基甲基醚(TAME)
相对密度(d_4^{20})	0.741	0.750	0.750
RON	118	118	115
MON	101	101	100
氧含量/%	18.2	15.7	15.7
沸点/℃	55.3	72.8	86.3
蒸气压/kPa	51	40	22

MTBE 的热值较高，化学性质较为稳定，不易生成过氧化物；可以与汽油以任意比例互溶，添加后油品的雷德蒸气压会显著升高。ETBE 的沸点较高，与烃类相混不生成共沸化合物。这样既可以减少发动机内的气阻，又可降低蒸发损失。ETBE 雷氏蒸气压较低，且水溶性较 MTBE 小。

催化裂化汽油中添加体积分数 10%的 MTBE，RON 和 MON 分别提高 3.5~4.0 个单位和 1.2 个单位。然而，MTBE 的毒性较大，降解速度缓慢，污染土壤和地下水。2010 年美国已经全面禁用 MTBE，转而推广乙醇汽油。中国目前对 MTBE 使用没有禁止，但 GB 17930—

2016(ⅥB)要求车用汽油中氧含量(质量分数)不大于2.7%，甲醇含量不大于0.3%，相当于MTBE的最大加入量为15%。

(2) 醇类添加剂

醇类也是高辛烷值汽油的调和组分和汽油的替代燃料。由于毒性的原因，甲醇和叔丁醇的应用受限。乙醇毒性低，辛烷值高，是广泛使用的汽油添加组分。中国车用乙醇汽油加注字母“E”标注，含有体积分数(10±2)%的乙醇。醇类燃料与一般汽油的性质见表3-1-11。

表3-1-11　醇类与一般汽油的性质

项　目	甲醇	乙醇	一般汽油
相对密度(d_4^{20})	0.791	0.789	0.72~0.78
RON	114	111	~90
MON	92	91	~80
蒸气压(37.8℃)/kPa	35	16	60~90
沸点/℃	64.7	78.3	20~200
理论空气/燃料比/(kg/kg)	6.5	9.0	~14.7
低发热值/(MJ/kg)	20.0	27.7	~42.7
闪点/℃	11	13	~-43
燃烧极限/%(v)	6.7~36.0	4.3~19.0	1.4~7.6
蒸发热/(kJ/kg)	~1102	~839	~330

在汽油中加入体积分数10%的乙醇，可提高辛烷值2~3个单位，并且乙醇对烷烃类汽油组分(烷基化油、轻石脑油)辛烷值调和效应好于烯烃类汽油组分(催化裂化汽油)和芳烃类汽油组分(催化重整汽油)；乙醇的氧含量为34.7%，汽油中添加7.7%乙醇，氧含量达到2.7%；如添加10%乙醇，氧含量可以达到3.5%。在提高汽油辛烷值的同时，提高汽油的燃烧效率，减少对大气的污染。美国汽车/油料(AQIRP)的研究报告表明：使用含6%乙醇的加州新配方汽油，与常规汽油相比，HC排放可降低5%，CO排放减少21%~28%，NO_x排放减少7%~16%，有毒气体排放降低9%~32%。降低烃类在日光作用下与NO_x发生光化学反应生成臭氧和光化学烟雾的趋势；中国目前正在全面推广乙醇汽油，2023年乙醇汽油约占全国汽油消费总量的20%，乙醇作为可再生能源，可减少对石油的依赖。

乙醇汽油存在腐蚀性、油耗增加、油品分层等问题，乙醇热值是常规车用汽油的65%；汽化潜热大影响混合气的形成及燃烧速度，导致汽车动力性、经济性及冷启动性的下降，不利于汽车的加速性；燃烧过程中会产生乙酸，对汽车金属特别是铜有腐蚀作用。乙醇含量超过15%时，必须添加有效的腐蚀抑制剂。

甲醇汽油是由甲醇、汽油和添加剂(助溶剂、防腐剂等)在一定工艺条件下复配而成的车用燃料，通常以甲醇含量作燃料标记，如M15、M30和M85等甲醇汽油。

甲醇具有较高的辛烷值和较好的燃烧性能，但甲醇汽油也具有许多缺点。甲醇吸湿性强，储存过程出现分相现象。甲醇氧化产物(甲酸)会导致严重腐蚀；甲醇热值低，不足汽油的50%，动力和续航受限；甲醇蒸发潜热高，导致冷启动问题；甲醇汽油混合(M85或低比例混合的甲醇汽油)表现出反常的高蒸气压，导致气阻和烃类的挥发；甲醇对橡胶和塑料配件产生溶胀，导致油路漏油。甲醇具有高毒性，污染地下水。甲醇汽油燃烧产生的非常规排放物甲醛、乙醛、未燃甲醇等小分子醇醛类物质，污染大气。

甲醇作为燃料自身存在不足，2000 年以后欧美各大汽车制造商不再继续研究和生产甲醇燃料汽车。由于煤化工下游产业链延伸不完善，2023 年中国甲醇产能已经超过 1 亿 t。2013 年山西、陕西等省份甲醇汽车开始试点，中国目前正在进行甲醇汽油的研究推广，颁布了 GB/T 23799—2021《车用甲醇汽油(M85)》和各地方标准。

除醚类和醇类外，还有酯类和苯胺类等。碳酸二甲酯毒性很低，研究法辛烷值在 101~116 之间，其马达法辛烷值稍低，添加在直馏汽油、催化汽油中对汽油馏程及蒸气压影响不大。*N*-甲基苯胺的抗爆效果较好，能使混合气的点火极限范围加宽。汽油中加入体积分数为 0.5%~5%*N*-甲基苯胺，由于汽油组成等性质差异 RON 可提高 1.7~15 个单位。其最大的弊端是会降低汽油的燃烧速度，*N*-甲基苯胺为高毒化合物。

第二节 柴　　油

一、柴油机对燃料的使用要求

柴油机和汽油机的工作循环是一样的，都包括进气、压缩、膨胀做功、排气四个过程，但二者的工作过程存在本质的区别，如表 3-2-1。

表 3-2-1　柴油机与汽油机工作过程的比较

项　　目	柴油机	汽油机
压缩比	16~22	8~12
压缩终了温度/℃	500~700	300~450
压缩终了压力/MPa	3~5	0.7~1.5
启燃方式	自燃	电火花点燃
压缩的气体	空气	油气混合气
燃烧气体的最高温度/℃	1500~2000	2000~2500
燃烧气体的最高压力/MPa	5~12	3~4
相同功率下的相对油耗/%	70~80	100
热效率/%	40~45	35~40

柴油机工作压力高，热效率高，要求燃料具有良好的自燃性能、良好的蒸发性能、适当的黏度和良好的低温性能，安定性好，对发动机没有腐蚀作用等。

二、柴油的自燃性

柴油的自燃性好是指柴油喷入燃烧室内与高温空气形成均匀的可燃混合气之后，能在较短的时间内发火自燃并正常完全燃烧。

1. 柴油机的燃烧过程

从喷油开始到全部燃烧为止，将柴油在柴油机内的燃烧过程分为四个阶段，各阶段气缸压力与曲轴转角的关系见图 3-2-1。

(1) 滞燃期(发火延迟期)

指从喷油开始到混合气开始着火，即图 3-2-1 中的 *AB* 段，时间极短，只有 1~3ms。滞燃期的前半程，柴油喷入气缸后进行雾化、受热、蒸发、扩散，并与空气混合而形成可燃性混合气。后半程，柴油受热后开始进行燃烧前的氧化链反应，生成一些过氧化物。过氧化物达到一定浓度便自燃发火。前后两阶段没有明显界限，因为蒸发和氧化是相互影响、交错进行的。

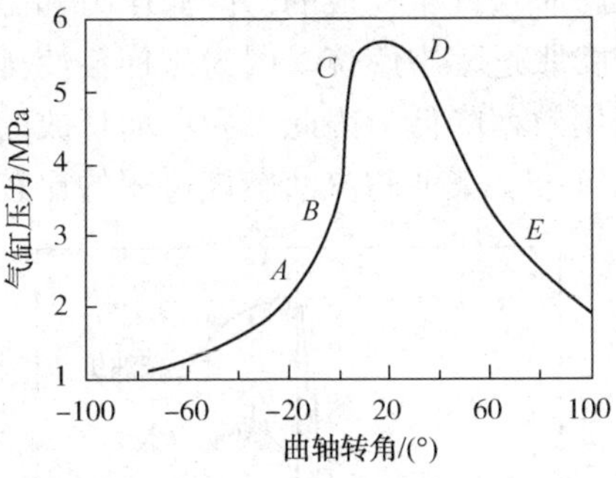

图 3-2-1　柴油机中气缸压力变化
AB—滞燃期；*BC*—急燃期；
CD—缓燃期；*DE*—后燃期

滞燃期时间虽短，但对发动机的工作有决定性的影响，因为在这一时期结束后，气缸内已积累了一定量的柴油，而且经历了不同程度的物理和化学准备，一旦发火，燃烧极为迅速。

如果滞燃期过长，发火前喷入的柴油多，自燃开始后大量的柴油在气缸内同时燃烧，导致气缸内的温度与压力急剧升高，造成发动机工作粗暴，严重时还会敲缸。缩短滞燃期有利于改善柴油机的燃烧性能，这就要求柴油具有较低的自燃点，发动机具有较高的压缩比及较高的进气温度等。另外，减小喷雾颗粒直径，改善雾化条件，也有助于缩短滞燃期。

(2) 急燃期(速燃期)

指柴油开始燃烧到气缸内的压力不再急剧升高，即图 3-2-1 中的 *BC* 段。在滞燃期末段，气缸内已喷入大量的柴油，由于受到被高度压缩的空气加热，细小的柴油雾珠完全蒸发，喷入较晚或较大雾珠的柴油也大部分蒸发呈气体状态，气缸内的混合气进行了不同程度的氧化反应，当混合气的氧化反应达到一定程度时就开始着火，即转入急燃期。燃料发火后，不仅气缸内积累的燃料迅速燃烧，而且喷入的燃料也迅速参与燃烧。因此柴油开始燃烧后，其燃烧速度极快，单位时间内放出的热量很多，气缸内的温度与压力上升很快，压力升高速率的大小对于发动机的工作影响很大。如果压力升高速率太大，发动机工作就会出现粗暴现象，严重时气缸内会发出金属敲击声(敲缸)。

急燃期压力升高的速率取决于柴油滞燃期的长短。滞燃期短，压力上升平稳，发动机工作柔和；滞燃期长，压力急剧升高，发动机工作粗暴。

(3) 缓燃期(主燃期)

指气缸内压力不再急剧升高到压力开始迅速下降(通常也即喷油终止)的这段时间，为图 3-2-1 中的 *CD* 段。缓燃期是燃烧过程的主要阶段，约有 50%~60%的燃料是在这段时期内燃烧的。这个时期的特点是气缸内压力变化不大，在后期还稍有下降。温度的最高值一般在压力达到最高值之后出现。一般 $T_{max}=2000℃$，$p_{max}=5\sim12MPa$。

在缓燃期，由于压力和温度都很高，这时喷入的燃料的发火延迟期大大缩短，几乎是随喷随着火。柴油在柴油机中燃烧时应保证在缓燃期内燃烧掉大部分，从而取得较大的功率和较高的效率。因而在此阶段应努力改善柴油与空气的混合程度，采用过量的空气，以提高燃料的燃烧速度，使燃烧反应趋于完全，以释放出最大的热量。

(4) 后燃期

指压力迅速降低到燃烧结束的这段时期，为图 3-2-1 中的 *DE* 段，这是燃烧的最后阶段。在后燃期，喷油虽已停止，但气缸内尚有未燃烧完的燃料仍在继续燃烧，此时的燃烧是在膨胀过程中完成的，因而压力和温度都在逐渐下降。应尽量缩短后燃期，避免过多的燃料在膨胀过程中燃烧。因为这样会使排气温度升高，通过气缸壁损失的热量增加，燃料热能的利用效率降低。因此，后燃期释放的热量不宜超过燃料释放总热量的20%。

（5）柴油与汽油燃烧过程的比较

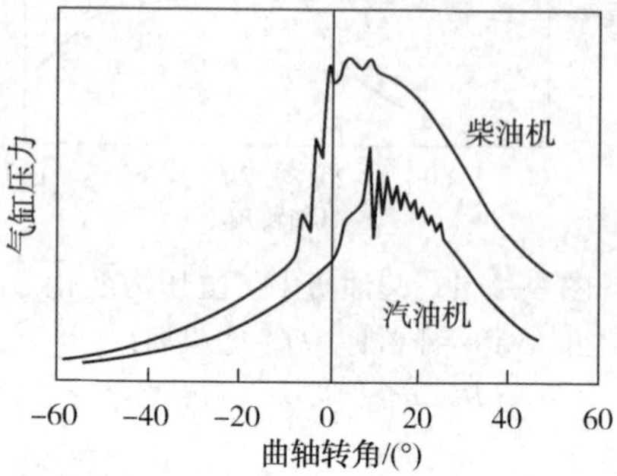

图 3-2-2　汽油机爆震和柴油机工作粗暴性比较

柴油机中柴油的燃烧与汽油机中汽油的燃烧有本质区别。首先汽油与柴油的启燃方式不同，汽油是靠火花塞点燃，而柴油是本身的氧化自燃。要求汽油的自燃点高，难于自燃；而要求柴油的自燃点要低，容易自燃。

另外汽油机爆震与柴油机工作粗暴也有区别，即发生敲缸的时间不一样。汽油的爆震燃烧是在火焰传播过程中，即在燃烧的后期，而柴油的粗暴燃烧发生在燃烧的初期(即急燃期)。汽油机爆震与柴油机工作粗暴的比较见图 3-2-2 和表 3-2-2。

表 3-2-2　汽油机与柴油机工作粗暴性的比较

项　　目	汽油机	柴油机
爆震现象	敲缸，冒黑烟，功率降低，油耗增加	敲缸，冒黑烟，功率降低，油耗增加
爆震时间	燃烧的中后期(火焰传播过程中)	燃烧的初期(滞燃期和急燃期)
爆震原因	自燃点太低，着火前过氧化物浓度高	自燃点太高，发火性能差，滞燃期过长
压缩比的影响	压缩比大时容易产生爆震	压缩比小时容易产生工作粗暴

2. 柴油的十六烷值

（1）十六烷值测定

十六烷值(CN)是衡量柴油在压燃式发动机中发火性能的指标。十六烷值高，自燃点低，滞燃期短，燃料的发火性能好，燃烧完全，发动机工作平稳。十六烷值低，自燃点高，滞燃期长，燃料发火燃烧困难，发动机工作粗暴。但十六烷值过高(超过 60)，自燃点很低，燃烧过程中形成的过氧化物太多，自燃速度极快，会造成后燃期长，燃料来不及燃烧就随废气排出，产生少量黑烟，油耗增多。另外，十六烷值过高的柴油相对分子质量较大，使柴油的低温流动性、雾化与蒸发性能均受影响，会使燃烧不完全，导致发动机功率下降、油耗升高及排气冒黑烟。因而各种不同压缩比、不同结构和运行条件的柴油机使用的柴油，各有其适宜的十六烷值范围，过高或过低的十六烷值都是不合适的。

柴油的十六烷值低于 47，发火燃烧困难，发动机工作粗暴；当柴油的十六烷值高于 51 后，再继续提高对缩短滞燃期作用已不大，且燃烧效率下降。为了保证柴油有良好的自燃性和燃烧效率，中国石油产品标准 GB 19147—2016 规定高速柴油机所用燃料的十六烷值在 47~51 之间。

柴油的十六烷值也是在标准的单缸试验机(四冲程、可变压缩比、间接喷射柴油发动机)上测定的。人为规定正十六烷的 CN 为 100，而 α-甲基萘的 CN 为 0。将这两种标准燃料按不同的体积比混合，即可配成不同十六烷值的标准燃料，其正十六烷的体积百分数即表示该标准燃料的十六烷值。把待测燃料与标准燃料进行比较，与其发火性能相同的标准燃料的十六烷值即为所测燃料的十六烷值。

与汽油的辛烷值相似，也可采用介电常数法或近红外光谱法(NIR)预测柴油的十六烷值，经济、快速，特别适合在线测试。

(2) 十六烷值的经验计算

在没有条件直接测定柴油十六烷值的情况下，可用经验公式从柴油的理化性质来关联其燃烧性能。

① 柴油指数(DI)

$$DI=\frac{(A\ ^\circ F)(API度)}{100}=\frac{(1.8A+32)(141.5-131.5d_{15.6}^{15.6})}{100d_{15.6}^{15.6}}$$

式中　A——柴油的苯胺点,℃。

同一柴油的柴油指数与十六烷值并不相等，但二者的数值比较接近。从上述公式可以看到，柴油的苯胺点越高，表明柴油中的芳烃含量越低，烷烃含量越高，因而其柴油指数就越高。相对密度越大，芳烃含量越高，柴油指数越低。

② 十六烷指数(CI)

$$CI=162.41\frac{\lg t_{50}}{\rho_{20}}-418.51$$

式中　t_{50}——柴油50%的馏出温度,℃；

ρ_{20}——柴油20℃的密度，g/cm^3。

同一柴油的十六烷指数一般与十六烷值比较接近。

③ 十六烷值经验式

$$CN=442.8-462.9d_4^{20}$$

上式为柴油的相对密度与十六烷值的关联式，其平均偏差为±3.5。

3. 柴油十六烷值与其化学组成的关系

柴油的十六烷值取决于它的化学组成，表3-2-3列举了典型烃类的十六烷值。

表3-2-3　烃类的十六烷值

烃类名称	十六烷值	烃类名称	十六烷值
正庚烷	55	1-正十四烯	79
正辛烷	63	1-正十六烯	88
正十二烷	72	5-丁基-4-十二烯	46
正十四烷	96	十氢萘	48
正十六烷	100	正丙基十氢萘	35
3-乙基癸烷	47	正辛基十氢萘	31
4，5-二乙基辛烷	20	正己基苯	27
2,2,4,6,6-五甲基庚烷	9	正辛基苯	51
7,8-二甲基十四烷	40	正十二烷基苯	58
七甲基壬烷	15	α-甲基萘	0
7,8-二乙基十四烷	67	α-正丁基萘	6
9,10-二甲基十八烷	60	β-叔丁基萘	3
9,10-二丙基十八烷	47	β-正辛基萘	18

由表 3-2-3 可见，正构烷烃的十六烷值最高，并且 CN 随着碳数的增加而增加；相同碳数的异构烷烃的 CN 小于正构烷烃的 CN；相对分子质量相同的异构烷烃的分支越多，其 CN 越低。单取代基和许多二取代基异构烷烃的十六烷值在 40~70 之间，也具有较好的自燃性。正构烯烃也具有较高的 CN，其 CN 稍低于正构烷烃；相对分子质量相同的异构烯烃的分支越多，其 CN 也越低。环烷烃的 CN 稍低于同碳数的正构烷烃和烯烃；带侧链的环烷烃其 CN 更低。无侧链或短侧链的芳烃的 CN 最低；环数越多或侧链越短的芳烃，CN 越低。

各种烃类十六烷值的不同，主要是反映其自燃性质的差别。正构烷烃的十六烷值高是由于其自燃点低，而芳香烃的十六烷值低是由于其自燃点高。表 3-2-4 列举了典型烃类的自燃点。

表 3-2-4　烃类的自燃点

烃类名称	自燃点/℃	烃类名称	自燃点/℃
正庚烷	259	苯	562
正癸烷	253	甲苯	536
正十六烷	235	间-二甲苯	528
环己烷	200	萘	526
丙基环戊烷	285	甲基萘	528

不同基属原油的直馏柴油馏分的烃族组成存在差异。正构烷烃的自燃点低，其 CN 高，芳烃的自燃点高，其 CN 较低，环烷烃的自燃点和 CN 介于烷烃和芳烃之间。各类原油直馏柴油馏分的十六烷值见表 3-2-5。

表 3-2-5　各类原油直馏柴油馏分的十六烷值

原　油	馏　分	柴油指数	十六烷指数	十六烷值	类　别
大　庆	200~350	71.5	58.4	68	石蜡基
胜　利	180~350	64.9	56.2	58	中间基
华　北	180~350	78.2	63.7	67	石蜡基
辽　河	200~350	61.2	52.0	—	中间基
孤　岛	180~350	38.6	41.2	42	环烷-中间基
羊三木	200~350	34.4	38.4	37	环烷基

石蜡基原油的柴油馏分中烷烃含量比较高，其十六烷值接近 70，而环烷基原油的柴油馏分中芳烃含量较高，其十六烷值低。所以直馏柴油、焦化柴油及加氢裂化柴油的十六烷值较高，而催化柴油因含有较多的芳烃，其十六烷值较低。

十六烷值是表示柴油在压燃式发动机中发火性能的重要质量指标，而辛烷值则是表示汽油在点燃式发动机中抗爆性的质量指标，二者有着本质的区别。碳数相同的烃类，辛烷值大小顺序为：芳香烃>异构烷烃和异构烯烃>正构烯烃和环烷烃>正构烷烃。而十六烷值的大小顺序为：正构烷烃>正构烯烃>异构烷烃和异构烯烃>环烷烃>芳香烃。因而由同一种生产工艺得到的汽油与柴油，如果汽油的辛烷值高，那么其柴油的十六烷值必定低，而汽油辛烷值低时，其十六烷值就高。催化裂化汽油的辛烷值较高，而柴油的十六烷值较低，加氢裂化汽油的辛烷值较低，而柴油的十六烷值较高。

4. 十六烷值改进剂

在柴油中添加 CN 改进剂，成本低、工艺简单，可以有效改进柴油的发火燃烧性能。例如在柴油中添加质量分数 0.1%的 2-乙基己基硝酸酯(EHN)，柴油 CN 可以提高 5 个单位，NO_x 排放量降低 3%，微粒状物质排放降低 4%，CO 降低 5%。

CN 改进剂主要有含氮和含氧两大类。含氮类主要有硝酸酯类(硝酸环己酯)、硝基烯烃类(2-硝基-2-己烯)、亚硝酸酯类(十二醇聚氧乙烯醚亚硝酸酯)、叠氮化合物类(乙基叠氮苯)、偶氮化合物类(偶氮丙烷)、重氮化合物类(重氮苯醌)、其他含氮化合物类(油酸二乙基胺)；含氧类主要有过氧化物类(与硝酸酯配合使用的二叔丁基过氧烷)、酯类(草酸二异戊酯)、醚类(二甲氧基乙烷)等。

除了上述改进剂外，金属有机化合物二茂铁也可以用作 CN 改进剂使用，二茂铁在汽油中限制使用，但在柴油中可以使用，同时有促燃、减少排烟(消烟剂)等作用。

由于燃料组成的复杂性和燃料自燃反应历程的复杂性，迄今为止，对于十六烷值改进剂的作用机理并不明确，根据现有的研究，可以分为放热机理和自由基机理。

放热机理：十六烷值改进剂在滞燃期发生氧化反应放热，提高燃料的加热速率影响燃烧。但是放热机理不能解释随着改进剂用量的增加，十六烷值的增加幅度减小的现象。

自由基机理：在滞燃期自由基对提高燃烧性能非常重要，烷基硝酸酯和过氧化物是非常有效的改进剂。硝酸酯和过氧化物能够提高十六烷值，并且这种作用与在滞燃期经过热分解得到的自由基数目密切相关。

三、柴油的蒸发性

1. 柴油的蒸发性对柴油机工作的影响

柴油在柴油机气缸中发火和燃烧都是在气态下进行的，因而必须先汽化并与空气形成可燃混合气后，才能使柴油机启动和正常工作。所以柴油的滞燃期不单是取决于其十六烷值，同时还受其蒸发性的影响。

柴油机内可燃混合气形成的速度主要由柴油的蒸发速度决定，而柴油蒸发速度的快慢，又由燃烧室内空气温度的高低和柴油馏分的轻重所决定。温度越高，轻馏分越多，则蒸发速度越快。柴油机的转速越快，它的每一工作循环的时间越短，要求柴油的蒸发速度越快，所用的馏分也就应该越轻。

如柴油的馏分过重，则蒸发速度太慢，从而使燃烧不完全，导致功率下降、油耗增大，以及由于润滑油被稀释而磨损加重等。若柴油的馏分过轻，则由于蒸发速度太快而使发动机气缸压力急剧上升，也会导致柴油机的工作不稳定。

由于柴油机可燃混合气的形成与气缸内的空气运动有关，所以，不同类型燃烧室的柴油机对柴油蒸发性能的要求也有所差异。由于对柴油需求的日益增多，为了多产柴油，其馏程趋向于放宽。中国轻柴油的馏程一般控制在 180~380℃范围内。

2. 评定柴油蒸发性能的指标

(1) 馏程

柴油馏程的主要技术要求是 50%和 90%馏出温度。

① 50%馏出温度

50%馏出温度越低，说明柴油中的轻馏分越多，柴油机易于启动。中国国家标准规定轻柴油的50%馏出温度不高于300℃。柴油50%馏出温度与启动性的关系见表3-2-6。

表3-2-6 柴油50%馏出温度与启动性的关系

50%馏出温度/℃	200	225	250	275	385
发动机启动时间/s	8	10	27	60	90

研究表明，柴油中小于300℃馏分的含量对耗油量的影响很大，小于300℃馏分含量越高，则耗油量越小。柴油中小于300℃馏分含量与耗油量的关系见表3-2-7。

表3-2-7 柴油中小于300℃馏分含量与耗油量的关系

柴油中小于300℃馏分含量/%	39	34	20
相对耗油量/%	100	114	131

② 90%及95%馏出温度

90%馏出温度及95%馏出温度越低，说明柴油中的重馏分越少，燃烧越完全。中国国家标准规定轻柴油的90%馏出温度不高于355℃，95%馏出温度不高于365℃。

（2）闭口闪点

为了控制柴油的蒸发性不致过强，国家标准中规定了各种牌号柴油的闭口杯法闪点，要求-35号及-50号轻柴油的闪点不低于45℃，-20号轻柴油的闪点不低于50℃，其余各牌号柴油的闪点均要求不低于60℃。从储存和运输来看，馏分过轻的柴油不仅蒸发损失大，而且也不安全，所以柴油的闪点也是保证安全性的指标。

四、柴油的流动性

1. 黏度

柴油的黏度对柴油机供油量的大小以及雾化的好坏有密切的关系。

柴油的黏度过小，容易从高压油泵的柱塞和泵筒之间的间隙中漏出，因而会使喷入气缸的燃料减少，造成发动机功率下降。同时，柴油的黏度越小，雾化后液滴直径就越小，喷出的油流射程也越短，因而不能与气缸中全部空气均匀混合，会造成燃烧不完全。

柴油的黏度过大会造成供油困难，同时，喷出的油滴的直径过大，油流的射程过长，使油滴的有效蒸发面积减小，蒸发速度减慢，这样也会使混合气组成不均匀、燃烧不完全、燃料的消耗量增大。

所以，在柴油的质量标准中对各种牌号柴油都规定了允许的黏度范围。

柴油的黏度大小与柴油的化学组成有关。一般含烷烃较多的石蜡基原油的柴油黏度较小，而环烷基原油的柴油黏度较大。

2. 低温流动性

柴油在低温下的流动性能，不仅关系到柴油机燃料供给系统在低温下能否正常供油，而且与柴油在低温下的储存、运输等作业能否正常进行有密切的关系。柴油的低温流动性与其化学组成有关，其中正构烷烃的含量越高，则低温流动性越差。中国评定柴油低温流动性能的指标为凝点（或倾点）和冷滤点。

凝点和倾点都是在规定的实验条件下，试样开始失去流动性时的温度。由于测定方法的差异，对于同一试样，一般说来倾点比凝点高几度。因为柴油在凝固之前，可能已先出现石蜡晶体，所以严格说来凝点和倾点并不能确切表明柴油实际使用的最低温度。

冷滤点是指油品通过过滤器的流量每分钟不足20mL时的最高温度。由于冷滤点测定的条件近似于使用条件，所以可以用来粗略地判断柴油可能使用的最低温度。冷滤点的高低与柴油的低温黏度和蜡含量有关。低温下的黏度大或出现的蜡结晶多，都会使柴油的冷滤点升高。

五、柴油的安定性、腐蚀性、洁净度

1. 柴油的安定性

柴油的安定性一般是用总不溶物和10%蒸余物残炭来评定的。安定性差的柴油在储存中颜色容易变深，甚至产生沉淀，严重时会造成喷油嘴和滤清器堵塞等，并导致气缸中沉积物增加、磨损加剧。10%蒸余物残炭可在一定程度上大致反映柴油在喷油嘴和气缸零件上形成积炭的倾向。中国车用柴油的质量标准中规定总不溶物不能大于2.5mg/100mL，10%蒸余物残炭不大于0.3%。

柴油的安定性取决于其化学组成。烷烃、环烷烃及单环芳烃的安定性较好，而烯烃、二烯烃、多环芳烃、环烷芳香混合烃、含硫化合物、含氮化合物安定性较差，它们都属于不安定组分，其中不饱和烃、环烷芳香混合烃及非烃类是引起柴油储存安定性差的主要原因，多环芳烃及非烃类是引起柴油热安定性不良的主要原因，它们能使柴油中沉积物的数量显著增加。因此，必须通过各种精制方法减少这些化合物的含量。

2. 柴油的腐蚀性

柴油中含硫化合物对发动机的工作寿命影响很大，其中活性含硫化合物（如硫醇等）对金属有直接的腐蚀作用。所有的含硫化合物在气缸内燃烧后都生成SO_2和SO_3，这些氧化硫不仅会严重腐蚀高温区的零部件，而且还会与气缸壁上的润滑油起反应，加速漆膜和积炭的形成。同时，柴油机排出尾气中的氧化硫还会污染环境。因此，为了保护环境及避免发动机腐蚀，中国轻柴油的质量标准中规定硫含量不大于10mg/kg。

为防止腐蚀，在质量标准中还要求柴油中不含有水溶性酸或碱，并对其酸度限定不大于7mgKOH/100mL。

3. 柴油的洁净度

影响柴油洁净度的物质主要是水分和机械杂质。精制良好的柴油一般不含水分和机械杂质，但在储存、运输和加注过程中都有可能混入。柴油中如有较多的水分，在燃烧时将降低柴油的发热值，在低温下会结冰，从而使柴油机的燃料供给系统堵塞。而机械杂质的存在除了会引起油路堵塞外，还可能加剧喷油泵和喷油器中精密零件的磨损。

六、柴油的品种和牌号

中国的柴油分为轻柴油（普通柴油）和重柴油。轻柴油适用于高速柴油机，重柴油适用于低速和中速柴油机。普通柴油按其凝点分为5号、0号、-10号、-20号、-35号、-50号六个牌号。重柴油按50℃的运动黏度分为10号、20号、30号三个牌号。普通柴油的牌号及技术要求见表 3-2-8。

表 3-2-8 车用柴油(Ⅵ)技术要求(GB 19147—2016)

项目		质量指标					
		5 号	0 号	-10 号	-20 号	-35 号	-50 号
凝点/℃	不高于	5	0	-10	-20	-35	-50
冷滤点/℃	不高于	8	4	-5	-14	-29	-44
闪点(闭口)/℃	不低于	60			50	45	
十六烷值	不小于	51			49	47	
十六烷指数	不小于	46			46	43	
馏程							
50%回收温度/℃	不高于	300					
90%回收温度/℃	不高于	355					
95%回收温度/℃	不高于	365					
密度(20℃)/(kg/m³)		810~845			790~840		
运动黏度(20℃)/(mm²/s)		3.0~8.0		2.5~8.0		1.8~7.0	
氧化安定性(以总不溶物计)/(mg/100mL)	不大于	2.5					
硫含量/(mg/kg)	不大于	10					
酸度(以 KOH 计)/(mg/100mL)	不大于	7					
10%蒸余物残炭(质量分数)/%	不大于	0.3					
灰分(质量分数)/%	不大于	0.01					
铜片腐蚀(50℃, 3h)/级	不大于	1					
水含量(体积分数)/%	不大于	痕迹					
润滑性							
校正磨痕直径(60℃)/μm	不大于	460					
多环芳烃含量(质量分数)/%	不大于	7					
脂肪酸甲酯含量(体积分数)/%	不大于	1.0					
总污染物含量/(mg/kg)	不大于	24					

由石蜡基原油和含蜡较多的中间基原油通过常减压蒸馏、采用不同的切割方案，可直接生产-10 号、0 号和 5 号轻柴油以及各牌号重柴油。-35 号和-50 号轻柴油可由含蜡比较少的中间基原油和环烷基原油来生产。

重质原油的轻质油收率较低，因而直馏柴油的收率较低，所以催化裂化柴油在成品油中占有相当大的比重。催化裂化柴油中含芳香烃和烯烃较多，一般十六烷值较低，安定性也较差，需与直馏柴油调和或经加氢精制才能合格。

降低柴油的硫含量，限制柴油中多环芳香烃和总芳香烃的含量，是柴油清洁化发展的方向。含硫化合物在柴油机气缸内燃烧后生成 SO_2 和 SO_3，遇水形成酸性物质，不仅会严重腐蚀高温区的零部件，还会与气缸壁上的润滑油起反应，加速漆膜和积炭的形成，影响发动机的工作寿命。柴油中的硫在尾气中会变成硫酸盐微粒，容易引起人体呼吸系统疾病。柴油中的硫容易使尾气转化器的催化剂中毒，使其功能大幅度降低。

柴油中的芳香烃是直接造成柴油车尾气排放物中氮氧化物和颗粒物浓度较高的原因之一。柴油中的总芳烃含量直接影响车辆尾气中 NO_x 排放量，并与大气中形成的颗粒物(PM)总量成正比。多环芳烃具有极强的致毒、致癌作用，GB 19147—2016 要求多环芳烃含量不大于7%。

尾气中的 NO_x 经选择性催化还原(SCR)，利用尿素水溶液(32.5%的高纯尿素和67.5%的去离子水)在高温下生成的氨气，氨气与尾气中的 NO_x 发生还原反应，生成氮气和水，以降低柴油车尾气中的 NO_x 污染。

第三节　喷气燃料

一、喷气燃料的燃烧性能

喷气燃料的燃烧性能良好，是指它的热值较高，燃烧稳定，不因工作条件变化而熄火，一旦高空熄火后能容易再启动，燃烧完全，产生的积炭少。

1. *燃料的启动性、燃烧稳定性及燃烧完全度*

(1) 燃料启动性

喷气燃料不仅应保证发动机在严寒冬季能迅速启动，而且在高空一旦熄火后能迅速再点燃，恢复正常燃烧，保证飞行安全。要保证喷气发动机在高空低温下再次启动，必须要求燃料在0.01~0.02MPa 和-55℃的条件下能与空气形成可燃性混合气并能顺利点燃并稳定地燃烧。喷气燃料的启动性取决于燃料的自燃点、着火延滞期、燃烧极限、可燃混合气发火所需的最低点火能量、蒸发性的大小和黏度等。

喷气燃料的轻组分含量高，其蒸发性好，在低温下容易形成可燃性混合气，发动机易于启动。轻质组分对发动机启动性的影响可用喷气燃料的10%馏出温度来表示。喷气燃料具有合适的低温黏度，能保证在低温启动时必要的雾化程度。要求喷气燃料在-20℃时的黏度不大于 $8mm^2/s$。

(2) 燃烧稳定性

要求燃料在喷气发动机中连续而稳定地燃烧，如果燃烧不稳定，不仅会导致发动机功率降低，严重时还会熄火，酿成事故。

燃料燃烧的稳定性除与发动机燃烧室的结构与操作条件有关外，还和燃料的烃类组成与馏分的轻重有密切关系。正构烷烃与环烷烃的燃烧极限比芳香烃宽，特别是在低温下更加明显。所以从燃烧稳定性角度看，烷烃与环烷烃是较理想的组分，特别是正构烷烃，它的燃烧极限较宽，使发动机在高空中不易熄火。而芳香烃的燃烧极限较窄，容易熄火，是喷气燃料的非理想组分。如果馏分太轻，燃烧极限就太窄，也很容易熄火。此外，燃料的黏度较大时，雾化质量下降，燃烧的稳定性也随之降低。因此，喷气燃料一般选用燃烧极限较宽、燃烧比较稳定的煤油馏分。

(3) 燃烧完全度

喷气燃料首先要求易于启动和燃烧稳定，其次是要求燃烧完全。所谓燃烧完全度是指单位质量的燃料燃烧时实际放出的热量占燃料净热值的百分率。燃烧完全度直接影响飞机的动力性能、航程远近和经济性。喷气燃料燃烧完全度对飞行性能的影响见表3-3-1。

表 3-3-1　喷气燃料燃烧完全度对飞行性能的影响

燃烧完全度/%	燃料相对消耗率/%	飞行航程下降率/%	燃烧完全度/%	燃料相对消耗率/%	飞行航程下降率/%
100	100	0	85	118	18
95	105	5	80	120	20
90	111	11	75	133	33

燃料燃烧的完全度一方面受进气压力、进气温度和飞行高度等工作条件的影响，另一方面也受燃料的黏度、蒸发性和化学组成的影响。

① 黏度

燃料的黏度与其雾化的质量有直接联系。燃料的雾化程度越好，越能加快可燃混合气的形成，因而也就加快了燃烧速度，有利于燃烧的稳定和完全。如果黏度过大，则会雾化不良，燃烧完全度降低。黏度较小的燃料一般燃烧完全度较高，但也不能太小，否则会因射程太短而引起燃烧室局部过热。

② 蒸发性

燃料的蒸发性对燃烧完全度的影响也较大。在地面工作条件下，蒸发性相差较大的喷气燃料，其燃烧完全度均接近100%，而在高空条件下，蒸发性较高的燃料具有较好的燃烧完全度。馏分较轻、蒸发性较好的喷气燃料，能较快地与空气形成可燃混合气，燃烧完全度较高。馏分过重的燃料不易蒸发，形成可燃混合气的速度慢，其燃烧完全度也就较低。因此喷气燃料的终馏点控制在300℃以下。

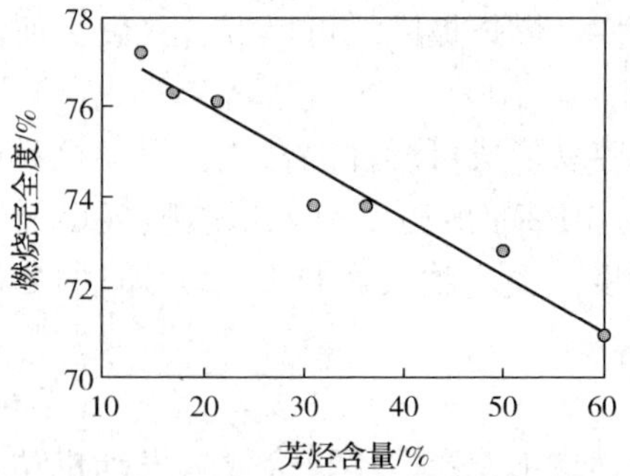

图 3-3-1　喷气燃料芳香烃含量对燃烧完全度的影响

③ 化学组成

研究表明，在不良的工作条件下，烷烃燃烧比较完全，环烷烃较差，而芳香烃最差。如图 3-3-1 所示，燃料中芳烃含量越高，其燃烧完全度越差。具体来说，各种烃类的燃烧完全度的顺序如下：正构烷烃>异构烷烃>单环环烷烃>双环环烷烃>单环芳烃>双环芳烃。

从燃烧完全度角度看，烷烃和环烷烃是喷气燃料的理想组分，而芳烃是喷气燃料的非理想组分，要限制喷气燃料中的芳烃含量。

④ 进气压力

燃烧室进口处压力大于0.13MPa时，压力的变化对燃烧完全度无显著影响；而当压力低于0.1MPa时，燃烧完全度便显著降低。因为进气压力降低后，气流的紊流强度减弱，导致燃料的雾化分布质量及燃烧速度下降。

⑤ 进气温度

进气温度高，燃料的燃烧效率也高，反之则低。

2. 喷气燃料生成积炭的倾向

喷气燃料在燃烧过程中会产生碳质微粒，积聚在喷嘴、火焰筒壁上形成积炭。喷嘴上的积炭会恶化燃料的雾化质量，使燃烧过程变坏，进一步使积炭增多。积炭附着在火焰筒壁上，会使其受热不均而变形，甚至产生裂纹。此外，火焰筒壁上剥落的积炭，会擦伤涡轮叶片。

喷气燃料燃烧时生成积炭的倾向除了与燃烧室的结构、发动机的工作条件有关外，还与燃料的化学组成及蒸发性密切相关。燃料的蒸发性低，在燃烧过程中处于液态的时间较长，其在高温下裂解的倾向增加，因而容易生成积炭。就燃料而言，其化学组成对生成积炭的影响最大。不同烃类及芳烃质量分数对生成积炭的影响见表 3-3-2 和表 3-3-3。

表 3-3-2　各种烃类在燃烧室中生成积炭的比较(试验时间：15min)

烃　类	积炭/g	烃　类	积炭/g
正己烷	很少	十氢萘	1.65
正庚烷	很少	苯	1.64
异辛烷	很少	甲苯	1.15
异癸烷	0.40	异丙苯	1.71
环戊烷	0.28	四氢萘	2.36
环己烷	0.45	甲基萘	2.79

表 3-3-3　芳烃含量对喷气燃料生炭性的影响

项　目	试验燃料			
	Ⅰ	Ⅱ	Ⅲ	Ⅳ
芳烃含量/%	16	19	23	28
萘系烃含量/%	1.3	1.4	1.8	2.4
氢含量/%	13.82	13.63	13.44	13.07
烟点/mm	25	22	21	19
相对生炭性(以Ⅰ号为基准)	1.00	1.08	1.22	1.28

由表 3-3-2 和表 3-3-3 可知，喷气燃料中的芳烃尤其是双环芳烃最容易生成积炭，而烷烃生成的积炭最少。因此在喷气燃料的质量标准中除限制芳烃含量外，同时还规定萘系芳烃的体积分数不大于 3%。芳香烃燃烧容易生成积炭，是因为其 H/C 原子比较低，并且环数越多，其 H/C 原子比越低，因而萘系芳烃燃烧时生成的积炭最多。

在喷气燃料技术标准中，表征积炭倾向的指标除萘系芳烃的含量外，还有烟点和辉光值两个指标，三个指标可任选其一。

(1) 烟点

烟点又称无烟火焰高度，是指样品在一标准灯具内，在规定的条件下做点灯试验所能达到的无烟火焰的最大高度，单位为 mm。燃料的烟点与其芳烃含量有关，燃料中的芳烃含量越高，其烟点越低，即表明生成的积炭也越多。中国喷气燃料要求烟点不小于 25mm。喷气燃料的烟点与芳烃含量的关系见表 3-3-4。

表 3-3-4　燃料的烟点与芳烃含量的关系

芳烃含量/%	10	18	22	28
烟点/mm	23	19	14	12

(2) 辉光值(LN)

由于喷气燃料中含有芳香烃(特别是萘系)，因不完全燃烧而生成炽热而又光亮的碳微粒，会出现光亮的火焰，热辐射加强。

在相当于四氢萘烟点时的火焰辐射强度下，将试验燃料与两个标准燃料分别在灯中燃烧，比较它们火焰的温度升高值。

$$辉光值=\frac{\Delta T_{试样}-\Delta T_{四氢萘}}{\Delta T_{异辛烷}-\Delta T_{四氢萘}}\times 100$$

式中　ΔT——试验燃料或标准燃料燃烧时火焰的温升，℃。

生炭性强的燃料，达到同样辐射强度的火焰温升小，辉光值也小。燃料的辉光值越高，表示燃料的燃烧性能越好，燃烧越完全，生成积炭的倾向越小。相同碳数的烃类，烷烃的辉光值最大，芳香烃的辉光值最小，环烷烃居中。人为规定四氢萘的 $LN=0$，而异辛烷的 $LN=100$。

3. 热值和密度

喷气发动机的推力取决于所用燃料的热值。对于喷气燃料，不仅要求有较高的质量热值，而且也要求有较高的体积热值。质量热值越大，发动机的推力越大，耗油率越低。由于喷气飞机油箱的容积有限，为了使一定容量的油箱中能够储备较多的热量，因而要求喷气燃料具有较高的体积热值。体积热值越大，飞机航程越远。

由于质量热值×密度=体积热值，即燃料的密度越大，单位体积内储备的燃料质量越大，如果质量热值较大的话，则单位体积的燃料燃烧时所能放出的热量就越多。换言之，要求喷气燃料具有较高的质量热值和较大的密度。

喷气燃料的热值和密度与其化学组成和馏分组成有关。由于氢的质量热值比碳大得多，因而 H/C 原子比越高的烃类，其质量热值越大。碳数相同时，烷烃的 H/C 原子比最大，其质量热值最大；芳烃的 H/C 原子比最小，其质量热值最小；环烷烃居中。

碳数相同时，芳香烃的密度最大，因而它的体积热值最大，而烷烃体积热值最小。兼顾质量热值和体积热值，喷气燃料的理想组分是环烷烃。

二、喷气燃料的安定性

喷气燃料的安定性包括储存安定性和热安定性。

1. 储存安定性

喷气燃料储存过程中容易变化的质量指标有胶质、酸度及颜色等。胶质和酸度增加的原因是燃料中含有不安定成分，如含有较多的烯烃、带不饱和侧链的芳烃及非烃化合物等。

储存温度、与空气及金属表面接触、水分的存在等都能促进喷气燃料的氧化变质，使其胶质增多、酸度增加、颜色变深。

2. 热安定性

当飞行速度超过音速后，由于与空气摩擦生热，油箱内燃料的温度可达 100℃。在这样高的温度下，燃料中不安定组分更容易氧化而生成胶质和沉积物，沉积物会堵塞滤网和喷嘴，导致燃烧不完全，因此要求喷气燃料要具有良好的热安定性。

喷气燃料的热安定性与其化学组成有密切关系。燃料中饱和烃较少生成沉积物，而芳香烃、胶质和含硫化合物都会使沉积物的生成量显著增加。

三、喷气燃料的低温性能

在飞机燃料系统中，喷气燃料在低温下能否顺利泵送和过滤的性能称为低温性能。即不能因为产生烃类结晶体或所含水分结冰而堵塞过滤器，影响供油。喷气燃料的低温性能用结晶点或冰点来表示。

对喷气燃料低温性能的要求，决定于地面的最低温度和高空油箱内燃料可能达到的最低温度。中国 3 号喷气燃料的冰点要求不高于-47℃。

燃料的低温性能与其烃类组成有关。相对分子质量较大的正构烷烃及某些芳香烃的结晶点较高，而环烷烃和烯烃的结晶点较低；同族烃类，结晶点大多随其相对分子质量的增大而升高。

燃料中含有的微量水分在低温下形成冰晶。不同的烃类对水的溶解度是不同的，在相同的温度下，芳香烃特别是苯对水的溶解度最高。烃类中水的溶解度随温度变化的关系见图 3-3-2。因而从降低燃料对水的溶解度的角度来看，也要限制芳烃的含量。

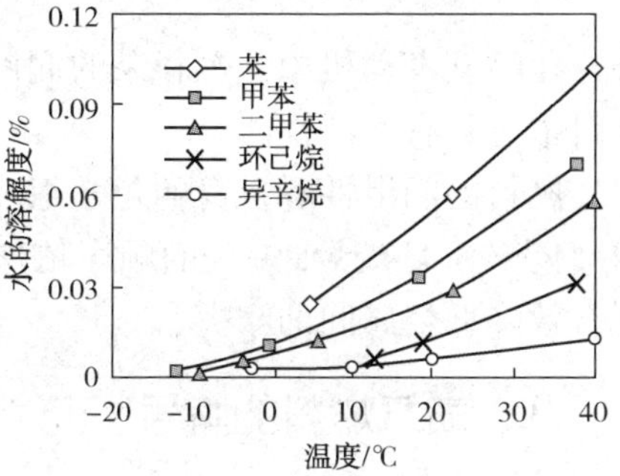

图 3-3-2　烃类对水的溶解度

喷气燃料在高空低温下，为防止其中的溶解水形成冰晶，需要加入防冰剂。防冰剂一般为醇类及醇醚类化合物，它们可以增加燃料对水的溶解能力，同时在燃料中与水形成低结晶点的溶液，防止冰晶的析出，并能溶解已形成的冰晶，以保证飞机燃料管路系统正常工作。

用作防冰剂的有乙二醇甲醚、乙二醇乙醚、二乙二醇甲醚等醇醚类化合物，以及异丙醇、乙二醇、三甘醇等醇类化合物，中国最早使用的是乙二醇单甲醚(T1301)。

四、喷气燃料的腐蚀性

喷气燃料的腐蚀性主要是指对储运设备和发动机燃料系统产生的腐蚀。对金属材料有腐蚀作用的主要是燃料中的含氧、含硫化合物和水分。喷气燃料的质量标准中除酸度、硫含量、铜片腐蚀等指标外，增加了银片腐蚀试验。因为喷气发动机的高压燃油泵一般都采用镀银机件，而银对硫化物的腐蚀极为敏感。

五、喷气燃料的洁净度

喷气发动机燃料系统机件的精密度很高，燃料的洁净度影响飞行安全。引起燃料脏污的物质主要是水、固体杂质、表面活性物质以及细菌等。

喷气燃料中的水除增加腐蚀，影响低温性能外，还会破坏燃料的润滑性，促使絮状物的生成和微生物的滋长。喷气燃料中的固体杂质主要是尘沙和腐蚀产生的 Fe_3O_4，对燃料系统中的喷油嘴和高压油泵等精密部件危害很大。燃料中的表面活性物质会增强油水乳化，使油中的水不易分离，同时，表面活性物质还会使一些细微的杂质聚集在滤网上，使过滤器的使用周期下降 80%。喷气燃料中的细菌会加速油料容器的腐蚀，大量的细菌还会堵塞过滤器。

六、喷气燃料的起电性

喷气发动机的耗油量很大，机场往往采用高速加油。在泵送燃料时，燃料与管壁、阀门、过滤器等剧烈摩擦，就会产生和积累大量的静电荷，且注油速度越快，产生的静电荷数量愈多。烃类燃料是电的绝缘体，电导率很低，且燃料愈纯净，其电导率就越低。因此高速注油时，摩擦产生的静电荷就会聚集起来，其电势可达到数千伏甚至上万伏。

抗静电剂是为提高油品的电导率，从而可以迅速地消除喷气燃料在流动或运输中由于湍流的影响而产生静电荷，使静电荷不能因大量聚集导致放电而引起火灾。

常用的抗静电剂由三个组分复合组成，即烷基水杨酸铬、丁二酸双异辛酯磺酸钙及含氧的甲基丙烯酸酯共聚物。

七、喷气燃料的润滑性

在喷气发动机中，燃料泵的润滑依靠的是自身泵送的燃料。为保证连续稳定供油，要求燃料本身具有润滑性能。

燃料的润滑性和自身的化学组成密切相关，各组分的润滑性按照非烃化合物>多环芳烃>单环芳烃>环烷烃>烷烃的顺序依次降低。极性大的化合物易被金属表面吸附，形成油膜，可有效降低金属间的摩擦。

八、喷气燃料的牌号

喷气燃料旧称航空煤油，可由直馏煤油、加氢裂化煤油以及其与合成烃煤油馏分等调和制取。

中国喷气燃料按馏分的轻重、宽窄分为煤油型、重煤油型和宽馏分型。牌号有 1 号喷气燃料、2 号喷气燃料、3 号喷气燃料、宽馏分喷气燃料(4 号喷气燃料)、高闪点喷气燃料(5 号喷气燃料)及大比重喷气燃料(6 号喷气燃料)。1 号和 2 号喷气燃料已不再生产，后 3 种是军用喷气燃料，最常用的是 3 号喷气燃料，占中国喷气燃料产量的 95%以上。

3 号喷气燃料(RP-3)为较重煤油型燃料，10%馏出温度不高于 205℃，闪点不低于 38℃，可用不同基属原油和不同工艺生产，适用于过境飞机加油和喷气燃料进出口，民航飞机和军用飞机通用。3 号喷气燃料的技术要求见表 3-3-5。

表 3-3-5　3 号喷气燃料的主要技术要求(GB 6537—2018)

项　目		质量指标
组成		
总酸值(以 KOH 计)/(mg/g)	不大于	0.015
芳烃(体积分数)/%	不大于	20.0(民航燃料 25.0)
烯烃(体积分数)/%	不大于	5.0
总硫(质量分数)/%	不大于	0.20
硫醇硫(质量分数)/%	不大于	0.0020
或博士试验		通过
直馏组分体积分数/%		报告
加氢精制组分体积分数/%		报告
加氢裂化组分体积分数/%		报告
合成烃组分体积分数/%		报告
挥发性		
馏程		
初馏点/℃		报告
10%回收温度/℃	不高于	205

续表

项　　目		质量指标
20%回收温度/℃		报告
50%回收温度/℃	不高于	232
90%回收温度/℃		报告
终馏点/℃	不高于	300
残留量(体积分数)/%	不大于	1.5
损失量(体积分数)/%	不大于	1.5
闪点(闭口)/℃	不低于	38
密度(20℃)/(kg/m^3)		775~830
流动性		
冰点/℃	不高于	-47
运动黏度(mm^2/s)		
20℃	不小于	1.25
-20℃	不大于	8.0
燃烧性		
净热值/(MJ/kg)	不小于	42.8
烟点/mm	不小于	25.0
或烟点最小为20mm时，萘系烃含量(体积分数)/%	不大于	3.0
腐蚀性		
铜片腐蚀(100℃，2h)/级	不大于	1
银片腐蚀(50℃，4h)/级	不大于	1
洁净性		
胶质含量/(mg/100mL)	不大于	7
固体颗粒污染物含量/(mg/L)	不大于	1.0
导电性		
电导率/(pS/m)		50~600
润滑性		
球柱法磨痕直径(WSD)/mm	不大于	0.65(民航燃料0.85)

宽馏分喷气燃料(RP-4)，馏程60~280℃，冰点不高于-50℃，对闪点无要求，因而RP-4的收率较高，平时不大量投产使用，可作为特殊情况下的应急备用燃料。

高闪点喷气燃料(RP-5)，馏程150~280℃，闪点(闭口)不低于60℃，参照了美国军用喷气燃料JP-5的规格，主要用于海军舰载飞机和直升机。

大比重喷气燃料(RP-6)，馏程195~316℃，20℃密度不小于835kg/m^3，闪点(闭口)不低于60℃，作为特殊喷气燃料，满足飞机长续航时间的需要。

第四节　天然气和炼厂气

天然气和炼厂气是一种优质的清洁燃料，同时也是重要的化工原料。从甲烷出发可以制取一系列有机化工产品，即碳一化学。燃气中C_2以上的低分子烷烃是优质的热裂解原料，炼厂气中的低分子烯烃作为化工原料，可用于聚合、烷基化等工艺。

一、天然气

天然气泛指自然界中天然存在的一切气体，而能源领域“天然气”的定义，是指天然蕴藏于地层深部的烃类和非烃类的可燃气体混合物。按照开采的技术难度可将天然气划分为常规天然气和非常规天然气。

截至 2021 年底，中国天然气累计探明储量 17.05 万亿 m^3，其中常规气占比 53%、致密气占比 32%、页岩气占比 11%、煤层气占比 4%，新增探明储量以非常规、深层等低品位储量为主。2022 年中国天然气产量 2200 亿 m^3，油气产量当量中占比 52.4%，其中非常规气产量 840 亿 m^3，产气量仅次于常规气，是主要燃气来源之一。

1. 常规天然气

常规天然气即由常规油气藏开发出的天然气，开采难度及开采成本相对较低，是各种替代燃料中最早广泛使用的一种。常规天然气现阶段是指纯气田气、凝析气田气和油田伴生气。

纯气田气和凝析气田气在地层中为均一的气相，但凝析气田气由井口流出后，经降压、降温分为气液两相。液相即为凝析油，又称天然汽油；油田伴生气与石油共生，是原油中的轻组分，以气的形式存在于含油层之上，伴随石油同时被开采出来。

常规天然气主要成分为烷烃，其中甲烷占绝大多数，另有少量的乙烷、丙烷和丁烷等，此外一般还含有硫化氢、二氧化碳、氮气、水和少量一氧化碳及微量的稀有气体，如氦和氩等。在标准状况下，甲烷至丁烷以气体状态存在，戊烷以上为液体。

表 3-4-1 是一些常规天然气组成的典型数据。但需说明，同一气田中各口气井的气体组成是有所不同的，即使同一气井(油井)其气体组成也随开采过程而变化。

表 3-4-1　常规天然气的烃类组成

类型	产地	常规天然气中烃类的组成/%(v)						
		CH_4	C_2H_6	C_3H_8	i-C_4H_{10}	n-C_4H_{10}	i-C_5H_{12}	n-C_5H_{12}
纯气田气	四川自流井	97.76	0.53	0.07	—	—	—	—
	四川阳高寺	96.15	1.54	0.43	0.05	0.069	0.151	
	四川卧龙河	94.07	0.83	0.16	0.044	0.073	0.011	0.010
	四川威远	87.58	0.17	0.07	—	—	—	—
凝析气田气	四川遂南	84.76	9.58	3.04	14.13			
	四川中坝	88.60	7.02	1.90	0.024	0.247	0.115	0.057
	美国宾州	87.84	5.38	2.51	0.30	0.73	0.18	0.22
油田伴生气	大庆油田	82.76	5.76	5.88	2.6		0.4	
	胜利油田	86.6	4.2	3.5	0.7	1.9	0.6	0.5
	辽河油田	81.5	8.5	8.5	5.0		—	—
	华北油田	74.31	11.90	6.75	3.56		1.31	

由表3-4-1可见，纯气田气的成分以甲烷为主，甲烷体积分数在90%以上，而乙烷、丙烷、丁烷等体积分数一般只有1%~3%，即所谓干气。

凝析气田气和油田伴生气是与凝析油或原油共存的气体，其组成比较接近，虽仍以甲烷为主，但乙烷、丙烷和丁烷的含量显著较高，可达10%~20%，甚至还含有少量的戊烷和己烷，这就是所谓的湿气。

国际上尚没有具体的划分干气和湿气的标准。对于气井井口气或油田气液分离器分出的天然气而言，根据烃类的组成，按 C_5 界定法，气体中 C_5^+ 以上的烃类含量低于或高于 $10mL/Nm^3$(或0.1加仑/千立方呎≈$13.37mL/Nm^3$)作为干气和湿气的界限；按 C_3 界定法，气体中 C_3^+ 以上的烃类含量低于或高于 $100mL/Nm^3$ 作为贫气和富气的界限；另外，人们还习惯将脱水(脱除水蒸气)前的天然气称为湿气，脱水后水露点降低的天然气称为干气；将回收天然气凝液前的天然气称为富气，回收天然气凝液后的天然气称为贫气。

常规天然气中除气体烃类外，还含有一些非烃气体，如：CO_2、H_2S、N_2、He、Ar、H_2 等，其中 CO_2 和 H_2S 是酸性组分，对管线和设备有腐蚀作用，应予以脱除。天然气中酸性气体的含量一般为百分之几，但个别天然气中，二氧化碳或硫化氢的体积分数高达70%以上，这些气体可以单独加工利用。天然气中的惰性气体组分值得关注的是氦，当其体积分数达到0.2%以上即可认为有工业应用价值，中国四川威远气田气中的氦含量较高。常规天然气中的非烃气体组成见表3-4-2。

表3-4-2　常规天然气的非烃类组成

类型	产地	常规天然气中非烃类的组成/%(v)					
		H_2S	CO_2	N_2	Ar	He	H_2
纯气田气	四川自流井	0.04	0.89	0.67	0.004	0.029	0.008
	四川阳高寺	0	0.16	1.38	—	0.060	0.005
	四川卧龙河	3.83	0.12	0.73	0	0.022	0.004
	四川威远	1.22	4.13	6.48	—	0.22	0.09
凝析气田气	四川遂南	0	0.12	0.95	0.007	0.032	0
	四川中坝	—	0.35	1.47	—	—	—
油田伴生气	大庆油田	20ppm	0.5	1.59	—	—	—
	胜利油田	—	0.6	1.1	—	—	—

2. 非常规天然气

非常规天然气即除了常规天然气以外的、主要成分也为甲烷但开采难度较高的天然气，主要包括致密砂岩气、煤层气、页岩气、天然气水合物(可燃冰)等。

(1) 致密砂岩气简称致密气，分布于致密砂岩层中，流动速度较为缓慢。致密气一般归为非常规气，但当埋藏较浅、开采条件较好时也可归为常规气开发。

致密气主要由 C_1~C_4 烃类和非烃类气体组成，组成以甲烷气为主，约占90%左右。非烃类气体主要包括 N_2 和 CO_2，含量一般不超过3%，且不含 H_2S。致密砂岩气组成见表3-4-3。

(2) 煤层气俗称瓦斯，与煤伴生、共生。煤层气以吸附在煤基质颗粒表面为主、部分游离于煤孔隙中，属于非常规天然气。煤层气的主要成分是甲烷，还有一定量的氮气和少量的二氧化碳、氧气、氩气以及少量的乙烷和丙烷。煤层气的烃类和非烃气体组成见表3-4-4。

甲烷浓度平均为84.30%，乙烷浓度平均为2.22%，丙烷浓度平均为0.11%，氮气浓度平均为11.82%，二氧化碳浓度平均为0.05%，氧气浓度平均为1.37%。

表3-4-3 致密砂岩气组成

盆地	气田	井号	致密砂岩气组成/%(v)							
			CH_4	C_2H_6	C_3H_8	i-C_4H_{10}	n-C_4H_{10}	$C_{1\sim4}$	CO_2	N_2
鄂尔多斯	苏里格	苏1	92.24	4.16	0.81	0.18	0.14	97.53	1.70	0.56
		苏80	88.34	3.94	3.02	1.69	1.52	98.51	1.46	0
		苏38	92.98	3.45	0.79	0.31	0.32	97.85	2.15	0
	大牛地	D16	94.37	2.52	0.26	0.06	0.09	97.30	0.37	1.96
		DK13	94.49	1.71	0.31	0.07	—	96.58	0.28	2.35
	榆林	榆37	94.66	2.93	0.42	0.06	0.06	98.13	1.11	0.66
		榆44-4	89.62	5.66	1.67	0.40	0.43	97.78	—	—
	子洲	洲16-19	91.53	5.22	1.16	0.19	0.20	98.30	—	—
		洲26-26	91.63	4.60	0.99	0.17	0.20	97.59	—	—
	乌审旗	陕215	93.60	3.79	0.55	0.08	0.08	98.10	0.76	0.46
		陕243	90.85	5.46	1.03	0.18	0.17	97.69	0.54	1.55
	神木	神1	92.86	4.69	1.23	0.16	0.18	99.12	—	0.73
		双20	93.06	3.22	0.56	0.11	0.10	97.05	2.47	0.82
	米脂	榆17-2	91.16	5.31	0.84	0.14	0.14	97.59	1.81	0.11
		米1	93.39	3.53	0.40	0.09	0.06	97.47	0.32	1.79
四川	合川	合川106	89.28	6，83	1.87	0.46	0.37	98.81	0.21	0.39
		潼南105	87.77	7.42	2.32	0.57	0.50	98.58	0.27	0.37
	新场	JS12	88.82	5.66	1.95	0.42	0.51	97.36	—	2.01
		新882	93.41	.3.78	0.93	0.20	0.18	98.50	0.46	0.85
	广安	广安106	94.16	4.78	0.49	0.09	0.07	99.59	—	0.39
		广安128	94.31	4.33	0.54	0.20	0.07	99.45	—	0.59
	安岳	岳101	84.38	7.87	2.50	0.69	0.79	96.23	0.35	0.71
		安岳2	87.20	7.59	2.38	0.56	0.44	98.17	0.87	0.70
	八角场	角33	92.28	5.02	1.20	0.23	0.27	99.00	—	0.86
		角53	92.95	4.93	1.14	0.20	0.24	99.46	—	0.38
	洛带	LS35	88.72	6.00	2.03	0.41	0.52	97.68	—	1.70
		Long42	90.52	4.96	1.50	0.32	0.39	97.69	—	1.80
	邛西	QX6	95.95	2.48	0.30	0.04	0.04	98.81	0.92	0.21
		QX13	93.49	3.90	0.63	0.11	0.08	98.21	1.47	0.25
塔里木	大北	大北102	96.01	2.08	0.38	0.09	0.09	98.65	0.44	0.64
		大北201	96.04	1.93	0.35	0.08	0.09	98.49	0.53	0.65

表 3-4-4　煤层气合采井产出气体化学组成

井位	产气天数	煤层气化学组成/%(v)									
		CH_4	C_2H_6	C_3H_8	$i-C_4H_{10}$	$n-C_4H_{10}$	N_2	Ar	CO_2	He	O_2
滇东恩洪区块	1	30.86	0.57	0.02	0.00	0.00	64.37	0.75	0.04	0.00	3.38
	30	78.22	1.62	0.10	0.01	0.01	16.40	0.16	0.02	0.00	3.47
	60	82.30	1.62	0.07	0.01	0.01	13.36	0.12	0.03	0.00	2.50
	90	89.99	1.80	0.08	0.01	0.00	7.04	0.05	0.02	0.02	0.99
	120	92.50	1.96	0.10	0.01	0.01	4.90	0.02	0.05	0.00	0.46
	150	92.49	2.00	0.10	0.01	0.01	4.56	0.04	0.02	0.00	0.76
	180	93.03	2.29	0.11	0.01	0.01	3.72	0.04	0.16	0.00	0.64
	270	92.11	2.59	0.13	0.01	0.01	4.21	0.04	0.05	0.00	0.86
	390	92.07	3.35	0.16	0.01	0.01	3.59	0.03	0.09	0.00	0.69
	450	92.71	3.41	0.17	0.01	0.01	3.19	0.03	0.03	0.00	0.44
	510	91.01	3.22	0.16	0.01	0.01	4.66	0.05	0.06	0.00	0.82

(3) 页岩气赋存于富有机质泥页岩及其夹层中，以游离态存在于天然裂缝和孔隙中，以吸附态存在于干酪根、黏土颗粒表面，还有极少量以溶解状态储存于干酪根和沥青质中，游离气比例一般在 20%~85%。成因为生物化学成因、热成因或二者混合，是连续生成、持续聚集的非常规天然气。页岩气的主要成分以甲烷为主(体积分数 90%以上)，还有少量的二氧化碳、氮气、氦气、氩气以及烃类化合物。页岩气的化学组成见表 3-4-5。

表 3-4-5　四川盆地威远地区页岩气化学组成

井号	深度/m	样品编号	页岩气化学组成/%(v)						
			CH_4	C_2H_6	C_3H_8	CO_2	N_2	He	Ar
W201	1523	2013.04	98.3	0.46	0.01	0.36	0.81	—	—
		2014.01	96.7	0.52	0.02	0.49	1.84	0.05	0.02
		2014.06	97.3	0.50	0.02	0.47	1.52	0.05	0.01
		2015.02	97.9	0.44	0.01	0.41	1.13	0.05	0.04
		2016.06	97.8	0.51	0.02	0.33	1.20	0.05	0.04
W201-H1	1744~2823	2013.04	95.5	0.32	0.01	1.07	2.95	—	—
		2014.01	90.1	0.33	0.01	1.29	7.15	0.12	0.02
		2014.06	93.7	0.34	0.01	1.38	4.30	0.13	0.03
		2015.02	94.0	0.30	0.01	1.01	4.44	0.10	0.06
		2016.06	94.6	0.40	0.01	0.94	3.89	0.11	0.07
W202	2595	2013.04	99.3	0.68	0.02	0.02	0.01	0.02	—
		2014.01	93.9	0.72	0.03	1.11	3.32	0.02	0.01
		2014.06	97.2	0.71	0.02	1.14	0.83	0.03	0.02
		2015.02	97.8	0.60	0.01	0.92	0.57	0.03	0.04
		2016.06	97.3	0.76	0.03	0.99	0.78	0.03	0.05

（4）天然气水合物是由天然气与水分子在高压(3~10MPa)和低温(0~10℃)条件下生成的一种非化学计量的笼形结晶化合物。18℃以下稳定，超过20℃分解。水分子之间以氢键相连形成结晶晶格(孔径0.5~0.7nm)，将气体烃分子包于晶格的孔腔之中。天然气水合物多呈白色或浅灰色晶体，外观类似冰雪，遇火即可燃烧，故又称“可燃冰”“固体瓦斯”等。组成天然气的成分，如CH_4、C_2H_6、C_3H_8、C_4H_{10}以及CO_2、N_2、H_2S等可形成单种或多种天然气水合物，C_5^+烃不形成水合物。形成天然气水合物的主要气体为甲烷，对甲烷含量超过99%的天然气水合物通常称为甲烷水合物。

天然气水合物的甲烷含量介于80%~99.9%，1m^3的天然气水合物可以分解为约164m^3的天然气及0.8m^3的淡水，资源密度大且储量丰富，被各国视为未来石油与天然气的替代能源。与页岩气相比，天然气水合物的开采存在相当的难度，中国计划在2030年前后将可燃冰产业推进至商业化阶段。

二、炼厂气

原油在常减压蒸馏、催化裂化、催化重整、加氢裂化及延迟焦化等工艺装置加工处理过程中都会产生烃类气体。炼厂气主要来自原油的二次加工过程，如催化裂化、延迟焦化等。

原油经脱盐、脱水，预热后进入初馏塔。原油拔顶气约占原油总量的0.15%~0.4%。原油拔顶气中含乙烷约2%~4%、丙烷约30%、丁烷约50%，其余为C_5^+以上组分。原油拔顶气主要是丙烷和丁烷，几乎没有不饱和的成分。原油拔顶气另一特点是硫含量少，且容易去掉。将这种气体经过压缩即为液化气成品。

在一般工业条件下，催化裂化工艺的气体产率约占装置处理量的10%~20%，其中所含组分有氢气、硫化氢、C_1~C_4烃类。氢气含量主要决定于催化剂被重金属污染的程度。H_2S则与原料的硫含量有关。C_1即甲烷，C_2为乙烷、乙烯。催化裂化气体中大量的是C_3、C_4(液化气)，其中C_3为丙烷、丙烯，C_4包括6种组分(正、异丁烷，正丁烯，异丁烯和顺、反-2-丁烯)。

催化裂化气体产品的特点如下：

① 气体产品中C_3、C_4占绝大部分，将近90%，C_2以下干气较少。液化气中C_3比C_4少，液态烃中C_4含量约为C_3含量的1.5~2.5倍。

② 烯烃比烷烃多，C_3中烯烃约为70%左右，C_4中烯烃约为50%左右。

③ C_4中异丁烷多，正丁烷少，正丁烯多，异丁烯少。

催化裂化气体的组成见表3-4-6。

将催化裂化富气中的C_2以下组分与C_3以上组分进一步分离以便分别利用，C_2以下组分称为干气。表3-4-7为催化裂化干气的典型组成。

富气中的C_3、C_4烃类在常温常压下呈气态，当压力升高或温度降低时，成为液化石油气，其体积约缩小至1/250，可作为石油化工原料或民用燃料。液化石油气(LPG)是石油产品之一，是由炼厂气或天然气(包括油田伴生气)中的C_3、C_4组分经加压、降温、液化得到的一种无色、挥发性气体。由炼厂气所得的液化石油气，主要成分为丙烷、丙烯、丁烷、丁烯，同时含有少量戊烷、戊烯和微量硫化合物杂质。由天然气所得的液化气的成分基本不含烯烃。

表 3-4-6　催化裂化气体的典型组成

催化裂化气组成/%	催化裂化原料		催化裂化气组成/%	催化裂化原料	
	大庆馏分油	大庆常压渣油		大庆馏分油	大庆常压渣油
H_2	0.16	1.50	顺-2-$C_4^{=}$	4.69	6.51
C_1°	4.21	5.53	n-C_5°	0	0
C_2°	1.03	5.46	i-C_5°	1.11	1.27
$C_2^{=}$	7.86	5.68	$C_5^{=}$	0.40	0.07
C_3°	11.04	7.78	H_2S	—	0.07
$C_3^{=}$	27.64	21.48	$\sum C_3$	38.68	29.25
i-C_4°	18.43	17.50	$\sum C_4$	46.55	51.16
n-C_4°	4.37	5.16	$C_3^{=}/\sum C_3$	0.71	0.74
1-$C_4^{=}$，i-$C_4^{=}$	12.23	13.09	$C_4^{=}/\sum C_4$	0.51	0.56
反-2-$C_4^{=}$	6.83	8.90	i-$C_4^{\circ}/\sum C_4$	0.40	0.34

表 3-4-7　典型催化裂化干气组成

组　成	H_2	空气	CH_4	C_2H_6	C_2H_4	C_3H_8	C_3H_6	C_4H_{10}	C_4H_8	C_5H_{12}	CO	CO_2
含量/%(v)	39.80	14.45	17.86	10.37	13.05	0.33	1.28	0.22	0.20	0.22	0.71	1.51

表 3-4-8 为延迟焦化气的典型组成。焦化气占装置处理量的 6%～10%，其组成随原料和加工工艺的不同而变化，因其总量不大，脱硫后主要用作炼厂自用燃料气。焦化气体组成的特点是 C_1、C_2 组分的含量高于 C_3、C_4 组分的含量，同时烯烃的含量也较高。焦化干气中的 C_1、C_2 还可以通过水蒸气转化法为合成氨或加氢装置提供氢源。

表 3-4-8　焦化气的组成

焦化气组成/%	焦化原料		焦化气组成/%	焦化原料	
	大庆减渣	胜利减渣		大庆减渣	胜利减渣
H_2S	0.58	6.66	C_3H_6	10.55	8.21
H_2	0.66	0.74	C_4H_{10}	10.78	8.85
CH_4	26.61	30.39	C_4H_8	7.53	7.72
C_2H_6	21.23	19.00	C_1+C_2	51.81	52.70
C_2H_4	3.97	3.31	C_3+C_4	46.95	39.90
C_3H_8	18.09	15.12	烯烃合计	22.05	19.24

催化重整催化剂具有脱氢和裂化功能，在生产芳烃和重整汽油的同时，副产液化气和氢气。所产氢气是加氢精制、加氢裂化用氢的重要来源。催化重整气体约占装置处理量的 5%～10%，其组成随原料和加工工艺的不同而变化，催化重整气体组成见表 3-4-9。

三、醇胺法脱硫

不同气(油)藏采出的天然气和不同原料、不同工艺的炼厂气(天然气和炼厂气合称石油气)，其中常含有 H_2S、CO_2 及有机硫化物(CH_3SH、CH_3CH_2SH、COS、CS_2、CH_3SCH_3、C_4H_4S 等)，且含量各异。不含或含微量 H_2S 及有机硫的石油气称为无硫气或称甜气，含有一定浓度 H_2S、CO_2 和有机硫的石油气称为酸性气。

表 3-4-9　催化重整气体的典型组成

气体产率及组成	重整原料		气体产率及组成	重整原料	
	大庆原油轻油	胜利原油轻油		大庆原油轻油	胜利原油轻油
重整气体产率/%	8.63	9.40	C_3H_8	2.37	3.51
重整气体组成/%(v)			C_4H_{10}	0.48	0.97
H_2	83.62	82.00	C_4H_{10}	0.68	1.25
CH_4	8.55	7.60	C_5H_{12}	0.54	1.03
C_2H_6	3.76	4.74			

石油气中的酸性组分会造成金属腐蚀和污染环境，硫化物会引起催化剂中毒，CO_2 会降低天然气的热值。当石油气中的酸性组分含量超过管输气或商品气质量要求时，必须采取合适的方法予以脱除。天然气的质量标准见表 3-4-10，液化石油气的质量标准见表 3-4-11。

表 3-4-10　天然气的质量要求(GB 17820—2018)

项　目		质量指标		项　目		质量指标	
		一类	二类			一类	二类
高位发热量①②/(MJ/m^3)	≥	34.0	31.4	硫化氢①/(mg/m^3)	≤	6	20
总硫(以硫计)①/(mg/m^3)	≤	20	100	二氧化碳摩尔分数/%	≤	3.0	4.0

① 标准条件是 101.325kPa，20℃。

② 以干基计。

表 3-4-11　液化石油气的主要技术要求(GB 11174—2011)

项　目		质量指标		
		商品丙烷	商品丙、丁烷混合物	商品丁烷
蒸气压(37.8℃)/kPa	不大于	1430	1380	485
C_3 烃类组分(体积分数)/%	不小于	95	—	—
C_4 及 C_4 以上烃类组分(体积分数)/%	不大于	2.5	—	—
(C_3+C_4)烃类组分(体积分数)/%	不小于	—	95	95
C_5 及 C_5 以上烃类组分(体积分数)/%	不大于	—	3.0	2.0
蒸发残留物/(mL/100mL)	不大于		0.05	
总硫含量/(mg/m^3)电量法	不大于		343	
硫化氢/(mg/m^3)层析法	不大于		10	

天然气和炼厂气根据气体潜硫量、CO_2 和 H_2S 比例、处理量、产品质量要求等气源实际，采用不同的净化组合工艺。从石油气中脱除酸性组分的工艺过程称为脱硫、脱碳，习惯上统称为脱硫，脱硫后的石油气通常称为净气或净化气。

脱除酸性组分的方法很多，根据脱硫剂的形态，可分为干法和湿法。常见的干法脱硫有分子筛法、氧化锌法、活性炭法和氧化铁法。干法脱硫工艺简单，脱除效率较高，对于气量小、低潜硫量原料气的净化，一般采用非再生的干法处理。干法脱硫相较于湿法脱硫，脱硫剂再生困难，而且硫容(单位体积或单位质量脱硫剂可吸收的硫的质量)低，故目前工业上多采用湿法脱硫。

常用的湿法脱硫工艺有：化学溶剂法(如醇胺法)、物理溶剂法(如聚乙二醇二甲醚法)、化学-物理溶剂法(如砜胺法)和直接转换法(如铁基氧化还原法)等。

醇胺法脱硫，再通过克劳斯法回收元素硫，是天然气工业普遍采用的工艺，具有较强的适应性和良好的技术经济指标。醇胺法采用醇胺溶液作脱硫剂，醇胺类溶剂包括单乙醇胺(MEA)、二乙醇胺(DEA)、二异丙醇胺(DIPA)和 *N*-甲基二乙醇胺(MDEA)等。

MDEA 吸收选择性好、凝点低、化学稳定性和热稳定性好、蒸气压低、低毒环保，相同再生条件下 MDEA 的再生效果好，能耗低，性能明显优于其他醇胺类溶剂。目前国内外广泛采用 MDEA 溶液作为液体脱硫剂，MDEA 法特别适用于低潜硫量、高 CO_2/H_2S 比、高有机硫含量的天然气脱硫脱碳。

1. 醇胺法

醇胺类化合物中的羟基能够降低化合物的蒸气压，并增加其在水中的溶解度；而氨基则在水溶液中提供了所需的碱度，以促进对酸气组分的吸收。弱碱(醇胺)和弱酸(H_2S、CO_2)反应形成水溶性络合盐，为可逆、放热反应。加压、降温利于反应向右进行，而升温、减压则有利于反应向左进行，是醇胺法吸收脱硫和解吸再生的理论基础。在吸收塔中反应平衡向右移动，酸性组分被脱除；在解析塔中反应平衡向左移动，溶剂释出酸性组分而再生。

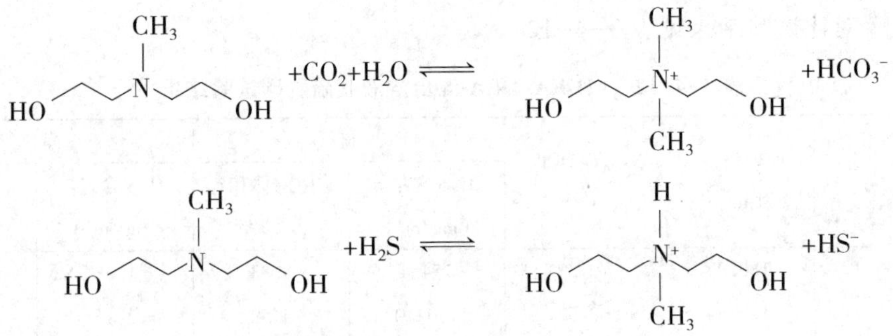

MDEA 与 CO_2 反应过程可用碱催化机理进行描述。MDEA 的氨基上没有活泼氢原子，无法与 CO_2 直接发生反应。在吸收过程中，MDEA 以碱催化剂的形式促进 CO_2 和水反应生成碳酸氢盐，达到吸收 CO_2 的目的。MDEA 水溶液净化同时含有 H_2S 和 CO_2 的原料气时，MDEA 与 H_2S 的反应是气膜控制的瞬时反应；MDEA 与 CO_2 的反应为液膜控制的慢反应，可能在液相本体仍继续反应，反应速率上的差别是 MDEA 溶剂产生选择性吸收的动力学基础。相对于 MDEA，位阻胺反应活性更好、选择性更高。位阻胺也是一种醇胺，即在醇胺分子中引入体积较大的取代基来调整醇胺的性质，以提高位阻胺溶剂对硫化氢吸收的选择性。

2. 混合醇胺法

在 MDEA 中加入少量的伯、仲醇胺(MEA、DEA 等)，组成混合醇胺溶剂。因为伯醇胺和仲醇胺能与 CO_2 发生较为快速的反应，可以弥补 MDEA 溶剂脱碳能力的不足。通过 MDEA 和伯、仲醇胺混合，可以结合 MDEA 脱硫选择性高和伯、仲醇胺碱性较强的优点，

利用高选择性提高 H_2S 的净化度，同时还会脱除一定量的 CO_2。

以 MDEA-DEA 复合水溶液为例：

$$(HOC_2H_4)_2NH+CO_2 \rightleftharpoons (HOC_2H_4)_2NH^+COO^-$$

$$2(HOC_2H_4)_2NH+CO_2 \rightleftharpoons (HCO_2H_4)_2NH_2^+ + (HOC_2H_4)_2NCOO^-$$

DEA 与 CO_2 的反应过程可用两性离子机理进行描述。即 DEA 水溶液与 CO_2 的反应分两步完成：首先 CO_2 与 DEA 反应生成两性离子中间产物，然后两性离子被碱基去质子化生成氨基甲酸盐。在 MDEA-DEA 复合水溶液中，碱基可以为 DEA、MDEA、OH^-和 H_2O。

$$(HCO_2H_4)_2NCOO^- + (HOC_2H_4)_2NCH_3 + H_2O \rightleftharpoons (HOC_2H_4)_2HCH_3HCO_3{}^- + (HOC_2H_4)_2NH$$

MDEA-DEA 复合水溶液吸收 CO_2 过程机理可用穿梭机理描述。认为 DEA 在气液界面以中等速度与 CO_2 结合，以氨基甲酸盐的形式将 CO_2 传递给液相主体中的叔胺吸收剂，并获得再生。DEA 作为活化剂，改变了反应历程，大大加快了 MDEA 与 CO_2 的反应速率。穿梭机理可定性解释活化剂对叔胺吸收 CO_2 过程的促进作用，但定量描述吸收过程和促进机理尚有较大的困难。

所谓活化就是加大 CO_2 的吸收度，达到既脱硫又脱碳的目的。活化 MDEA 溶剂(又称 α-MDEA 溶剂)，主要用于原料气中 H_2S 含量低而需要大量脱除 CO_2 的场合。在活化 MDEA 溶剂中用以激活 MDEA 的活化剂(用量 5%～10%)，如：MEA、DEA、哌嗪、哌啶、咪唑、甲基咪唑等。

针对低含硫、高含碳天然气，长庆第二天然气净化厂 MDEA 溶液和 MDEA/DEA 混合溶液的脱硫脱碳对比试验结果见表 3-4-12。

表 3-4-12　MDEA/DEA 混合溶液脱硫脱碳试验结果

溶液	处理气量/(万 m^3/d)	溶液循环量/(m^3/h)	原料气		净化气	
			H_2S 含量/(mg/m^3)	CO_2 体积分数/%	H_2S 含量/(mg/m^3)	CO_2 体积分数/%
MDEA	186.95	70.32	754.4	5.83	1.38	2.53
MDEA/DEA	187.34	69.57	1304.0	5.59	2.15	1.73
MDEA	389.84	125.35	895.0	5.52	1.36	2.72
MDEA/DEA	393.37	80.03	767.3	5.51	8.53	2.68

MDEA 质量分数和 MDEA/DEA 质量分数均为 40%，混合醇胺溶液中 DEA 质量分数为 4.38%，装置运行压力均为 4.90MPa。

由表 3-4-12 可以看出，MDEA/DEA 混合溶液比 MDEA 溶液有更强的脱碳能力；在保证净化气质量合格的前提下，MDEA/DEA 混合溶液的循环量可以减少，降低能耗。

“配方型溶剂”是以 MDEA 水溶液为基础，再在其中按不同的工艺要求加入各种添加剂，进一步改善 MDEA 溶剂的脱硫脱碳性能。加入的添加剂可以是消泡剂、缓蚀剂等化学品，也可以是其他的醇胺，组成所谓的混合胺溶剂。还可以是物理溶剂，如当前工业上常用由 MDEA 和环丁砜组成的 Sulfinol-M 溶剂。配方型溶剂有如下技术特点：①选择性吸收性能比 MDEA 水溶液更高；②原料气中 CO_2 的脱除量可按要求进行调节；③具有比 MDEA 水溶液更好地脱除有机硫化合物的能力。

第五节　燃　料　油

燃料油是指残渣油(常压渣油、减压渣油、澄清油浆、加氢尾油、溶剂脱沥青油等)或其与馏分油(直馏重柴油、减一线馏分油、催化裂化柴油、焦化柴油等)的掺和物。燃料油的黏度较大，硫、氮含量高，胶质、沥青质多。燃料油产品的性质不仅受到原油品质影响，还受到加工工艺及加工深度等诸多因素的制约，其产品质量控制具有很强的特殊性。

燃料油(fuel oil)作为成品油的一种，广泛用于船用(中、低速)内燃机燃料、蒸汽透平锅炉燃料、炼化工艺燃料和其他工业炉燃料。根据用途，燃料油可以分为船用(内燃机)燃料油和炉用燃料油。

一、船用燃料油

1. 船用燃料油的主要性能

(1) 黏度

黏度是燃料油最重要的性能指标，是划分燃料油等级的主要依据。黏度的大小表示燃料油的易流性、易泵送性和易雾化性能的好坏。黏度过高，增大泵送沿程阻力，影响喷油油束的形成，喷出的油滴过大，造成雾化下良，不能与空气均匀混合，以致燃烧不完全，甚至形成积炭；黏度过低，影响油泵润滑，加剧磨损。喷油油束角度过大，同样不能喷射到设计的位置与空气良好混合，也会导致燃烧不完全，功率下降。

从石蜡基原油生产的燃料油中含蜡较多，含胶质较少，当加热到倾点以上后其流动性较好，黏度较小。而从中间基尤其是环烷基原油生产的燃料油，含胶质较多，黏度较高。

(2) 密度

燃料油的密度与其热值相关，一般密度较高的燃料油其热值相对较低。密度大小与燃料油的化学组成和馏分轻重有关，依据密度可初步判定油品的品种及质量，中国以20℃的密度作为标准(国外以15℃计)，计算装载量和贸易量交接换算。

(3) 十六烷指数

柴油的十六烷值与其化学组成和馏分轻重密切相关，十六烷值随柴油中烷烃含量的增加而增加，随芳烃含量的增加而减少；沸点相同时，随密度的增大而减小。据此，可在一定的范围内，依据其密度、沸点等物化数据来计算柴油的十六烷指数，近似代表柴油的抗爆性。十六烷指数由柴油密度和50%馏出温度计算得出，是表征船用馏分燃料油(柴油)在发动机中发火性能的简便、快捷的方法。值得注意的是，如果柴油馏分中的芳烃含量偏高或十六烷指数计算方法不同(如 ASTM D4737、ASTM D976、GB/T 11139 等)，十六烷指数和十六烷值在数值会产生一定的偏差。如果柴油中添加了提升剂(硝酸酯)成分，二者相差更大。

柴油馏分中的芳烃含量影响十六烷值和十六烷指数的关联性，当芳烃质量分数为20%~30%时，十六烷值与十六烷指数相当；当芳烃含量低于此区间时，十六烷值大于十六烷指数；而当芳烃含量高于该区间时，十六烷值小于十六烷指数。随着芳烃含量升高，十六烷值与十六烷指数关联性变差。

对于催化裂化柴油，因其中含有较多的芳烃，其十六烷指数高出十六烷值4~5个单位左右；对于不同基属原油的直馏柴油，石蜡基直馏柴油的十六烷值略高于十六烷指数，环烷基直馏柴油的十六烷值略低于十六烷指数，中间基直馏柴油的十六烷值与十六烷指数两者数值相差不大。

馏分燃料油(柴油)的发火性能用十六烷指数(或十六烷值)评价，但针对渣油系的燃料油，如船舶残渣燃料油(重油)则不适用。

(4) 碳芳香度指数(CCAI)

碳芳香度指数(CCAI)由燃料油密度和黏度计算得出，用作残渣型燃油在柴油机里的发火质量指标。碳芳香度指数计算公式：

$$\mathrm{CCAI}=\rho_{15}-81-141\times\lg[\lg(\nu+0.85)]-483\times\lg\frac{t+273}{323}$$

式中 ρ——燃料油15℃的密度，kg/m^3；

t——测定运动黏度的温度，℃；

ν——t℃的运动黏度，mm^2/s。

CCAI对滞燃期、燃烧效率、燃烧部件温度有直接影响，CCAI一般在820~870之间，CCAI值越高，发火质量越差。一般情况下，CCAI数值在860以下，其发火性能较好，燃烧效率较高。而CCAI值在870以上的燃料油，容易造成燃烧机械损坏以及耗油量增加。芳烃不如烷烃容易燃烧，高芳香度燃料油的油雾需要更多时间来燃烧，会存在较长的后燃期并形成更长的火焰。长火焰接近或接触缸壁上的润滑油膜，对其造成损坏。未燃烧的燃料成分(例如烟灰或PM颗粒物)混入油膜中而导致润滑油变质。

高密度低黏度的燃料油，其发火性能往往较差，而低密度高黏度的燃料油，其发火性能一般较好。选择燃料油的基本原则：同等密度的燃料油选择黏度较高者，同等黏度的燃料油选择密度较低者。

(5) 硫含量

正常燃料油中一般不含活性硫化物(硫化氢、硫醇等)，硫含量是各种非活性硫化物的总和，主要包括硫醚、二硫化物以及噻吩等。硫化物含量偏高，影响燃料油的氧化安定性，造成金属设备腐蚀的和环境污染。

中国海事局自2020年起实施《国际防止船舶污染公约》，规定国际航行船舶在中国管辖水域不得使用硫含量超过0.5%的燃油，进入中国内河排放控制区不得使用硫含量超过0.10%的燃油(2022年扩大至海南水域)。

目前船用低硫燃料油主要是使用低硫轻质燃油与高硫重质燃油调和，主要成分是炼厂的残渣油和中间馏分油(柴油)，满足低于0.5%或排放控制区0.1%的标准。另外，可通过加氢催化脱硫、氧化脱硫、生物脱硫和吸附脱硫等技术实现低硫组分的生产。

(6) 闪点

闪点是油品挥发性和可能发生火灾危险程度的安全性指标，决定了燃料油在运输和储存过程中的安全要求，船用燃料油要求闭口闪点不能低于60℃。

2. 船用燃料油的分类

在航运界，ISO 8217是应用最为广泛的标准，也是国际贸易的主要依据标准。GB/T

12692.2—2021 参照 ISO 8217：2017(E)分类，相对于 GB 17411—2015 增加了 3 种含有脂肪酸甲酯(FAME)生物柴油种类。中国船用燃料油按燃料类型分为两组，根据用途和性能细分为 18 个品级。D 组代表馏分燃料或主要是馏分燃料，R 组代表残渣燃料。船用燃料油分类见表 3-5-1。

表 3-5-1　船用燃料油分类(GB/T 12692.2—2021)

组别（按燃料类型细分）	名称符号 ISO-F-		说明
	品种（按用途和性能细分）	50℃运动黏度最大值/(mm^2/s)	
船用馏分燃料	DMX	—	机舱外应急目的使用
	DMA	—	一般用途，不含残渣组分
	DMZ	—	一般用途，不含残渣组分
	DMB	—	一般用途，可能含有来自供应链的微量残渣组分
	DFA	—	最高含有 7%(体积分数)FAME 组分的 DMA 产品
	DFZ	—	最高含有 7%(体积分数)FAME 组分的 DMZ 产品
	DFB	—	最高含有 7%(体积分数)FAME 组分的 DMB 产品
船用残渣燃料	RMA	10	一般用途的残渣燃料
	RMB	30	
	RMD	80	
	RME	180	
	RMG	180	
		380	
		500	
		700	
	RMK	380	
		500	
		700	

3. 船用馏分燃料油

船用馏分型燃料油是黏度不同的柴油馏分，根据 GB 17411—2015，馏分燃料油根据密度和十六烷指数等质量指标，分为 DMX、DMA、DMZ、DMB 四种规格，按照硫含量可细分为Ⅰ、Ⅱ、Ⅲ三个等级。

DMX 是轻柴油(Marine Gas Oil)，适用于高速柴油机。其十六烷指数达到 45 以上，浊点不大于-16℃。故 DMX 为应急用柴油，适用于救生艇发动机、应急柴油发电机等设备。

DMA 和 DMZ 二者技术指标基本相同，只是 DMZ 最低黏度稍高。二者不含渣油成分，燃烧性能较好，适用于中、高速柴油机和生活炉灶。

DMB 为通用柴油，习惯称之为船用柴油(Marine Diesel Oil)，含有极少的渣油成分。在低温环境下使用时，因其黏度和倾点较高，需经预热净化处理。MDO 是重柴油，用作中速柴油机和柴油机主机机动操作时的燃料。船用馏分燃料油技术指标要求见表 3-5-2。

表 3-5-2 船用馏分燃料油技术要求(GB 17411—2015)

项目		指标			
		DMX	DMA	DMZ	DMB
运动黏度(40℃)/(mm^2/s)	不大于	5.500	6.000	6.000	11.00
	不小于	1.400	2.000	3.000	2.000
密度/(kg/m^3)(满足下列要求之一)					
15℃	不大于	—	890.0	890.0	900.0
20℃	不大于	—	886.5	886.5	896.5
十六烷指数	不小于	45	40	40	35
硫含量(质量分数)/%	不大于				
Ⅰ		1.00	1.00	1.00	1.50
Ⅱ		0.50	0.50	0.50	0.50
Ⅲ		0.10	0.10	0.10	0.10
闪点(闭口)/℃	不低于	60.0	60.0	60.0	60.0
硫化氢/(mg/kg)	不大于	2.00	2.00	2.00	2.00
酸值(以 KOH 计)/(mg/g)	不大于	0.5	0.5	0.5	0.5
总沉积物(热过滤法)(质量分数)/%	不大于	—	—	—	0.10
氧化安定性/(mg/100mL)	不大于	2.5	2.5	2.5	2.5
10%蒸余物残炭(质量分数)/%	不大于	0.30	0.30	0.30	—
微量法残炭(质量分数)/%	不大于	—	—	—	0.30
浊点/℃	不大于	-16	—	—	—
倾点/℃	不高于				
冬季		—	-6	-6	0
夏季			0	0	6
水分(体积分数)/%	不大于	—	—	—	0.30
灰分(质量分数)/%	不大于	0.010	0.010	0.010	0.010
润滑性					
往复磨痕直径(WS1.4)(60℃)/μm	不大于	520	520	520	520

4. 船用残渣燃料油

根据 GB 17411—2015，残渣燃料油根据密度和碳芳香度指数等质量指标分为 RMA、RMB、RMD、RME、RMG 和 RMK 六种，再依据 50℃运动黏度最大值细分为 11 种规格。RMA 和 RMB 按照硫含量可细分为Ⅰ、Ⅱ、Ⅲ三个等级，RMD、RME、RMG 和 RMK 按照硫含量可细分为Ⅰ和Ⅱ两个等级。残渣型燃料油占(船用)燃料油消费量的 70%以上，主要用于大型中、低速的船用柴油机，为干散货船、油船、集装箱等大型船舶的燃料。

船用残渣型燃料油采用渣油等重组分或和馏分油等轻组分以一定的比例调和加工制成，RMA 10 是黏度最小的船用残渣燃料油，又称掺和(船用)柴油。燃料油中的胶质和沥青质含量越高其黏度越大，RMK 最高黏度不超过 700mm^2/s。

一般近海船舶(10 万 t 级以下)主要使用 180CST 或 380CST 的燃料油，大型远洋船舶多使用380CST燃料油，380CST燃料油是目前主流产品。部分大型船舶装备了先进的大型低速柴油机，为了降低成本开始使用500CST或700CST的燃料油。船用残渣燃料油技术指标要求见表3-5-3。

表3-5-3　船用残渣燃料油技术要求(GB 17411—2015)

项　　目		指　标					
		RMA 10	RMB 30	RMD 80	RME 180	RMG 180 RMG 380 RMG 500 RMG 700	RMK 380 RMK 500 RMK 700
密度/(kg/m^3)(满足下列要求之一)							
15℃	不大于	920.0	960.0	975.0	991.0	991.0	1010.0
20℃	不大于	916.5	956.6	971.6	987.6	987.6	1006.6
碳芳香度指数(CCAI)	不大于	850	860	860	860	870	870
硫含量(质量分数)/%	不大于						
Ⅰ		3.50		3.50			
Ⅱ		0.50		0.50			
Ⅲ		0.10					
闪点(闭口)/℃	不低于	60.0	60.0	60.0	60.0	60.0	60.0
硫化氢/(mg/kg)	不大于	2.0	2.0	2.0	2.0	2.0	2.0
酸值(以KOH计)/(mg/g)	不大于	2.5	2.5	2.5	2.5	2.5	2.5
总沉积物(老化法)(质量分数)/%	不大于	0.10	0.10	0.10	0.10	0.10	0.10
微量法残炭(质量分数)/%	不大于	2.50	10.00	14.00	15.00	18.00	20.00
倾点/℃	不高于						
冬季		0	0	30	30	30	30
夏季		6	6	30	30	30	30
水分(体积分数)/%	不大于	0.30	0.50	0.50	0.50	0.50	0.50
灰分(质量分数)/%	不大于	0.040	0.070	0.070	0.070	0.100	0.150
钒/(mg/kg)	不大于	50	150	150	150	350	450
钠/(mg/kg)	不大于	50	100	100	50	100	100
铝+硅/(mg/kg)	不大于	25	40	40	50	60	60
净热值/(MJ/kg)	不小于	39.8					
使用过的润滑油(ULO)/(mg/kg)		燃料油应不含ULO。符合下述条件之一，认为燃料油含有ULO：					
钙和锌		钙>30且锌>15					
钙和磷		钙>30且磷>15					

二、炉用燃料油

以石油为原料制得的炉用燃料油分为馏分型和残渣型两类，各类根据产品运动黏度细分，馏分型分为2个牌号，残渣型分为4个牌号，主要用于各种商业或工业燃油燃烧器。

各种工业炉燃料系统的工作过程大体相同，即抽油泵把重油从储油罐中抽出，经粗、细分离器除去机械杂质，经预热器预热后的重油黏度降低，再经过调节阀在 8~20atm 下，由喷油嘴喷入炉膛，雾状的重油与空气混合后燃烧，燃烧废气通过烟囱排入大气。

黏度是燃料油的重要性能指标，黏度过大会影响泵送性能，同时导致燃料的雾化性能变差，喷出的油滴过大，造成燃烧不完全，烟囱冒黑烟，燃烧炉热效率下降。还会使喷油嘴中积炭量增加，进一步恶化燃料油雾化状况。炉用燃料油技术标准见表 3-5-4。

表 3-5-4 炉用燃料油技术要求(GB 25989—2010)

项　目	馏分型		残渣型			
	F-D1	F-D2	F-R1	F-R2	F-R3	F-R4
运动黏度/(mm^2/s)						
40℃	≯5.5	>5.5~24.0	—	—	—	—
100℃	—	—	5.0~15.0	>5.0~25.0	>25.0~50	>50~185
闪点/℃　不低于						
闭口	55	60	80	80	80	—
开口	—	—	—	—	—	120
硫含量(质量分数)/%　不大于	1.0	1.5	1.5	2.5	2.5	2.5
水和沉淀物(体积分数)/%　不大于	0.5	0.5	1.0	1.0	2.0	3.0
灰分(质量分数)/%　不大于	0.05	0.10	报告	报告	报告	报告
酸值(以 KOH 计)/(mg/g)　不大于	报告		2.0			

第四章　润滑油和润滑脂

润滑剂是用以降低摩擦副的摩擦阻力、减缓其磨损的润滑介质。为了改善润滑性能，润滑剂中还需加入特定功能的添加剂。润滑剂包括润滑油和润滑脂，是石油产品中品种最多的一类，而且技术含量高，质量要求高，加工工艺复杂。

第一节　润滑油概述

一、润滑油的作用

润滑油在接触面上形成分子间的内摩擦，减小摩擦阻力，降低能耗；润滑油在摩擦面间形成润滑膜，分隔接触面，降低磨损；润滑油可以吸热、传热和散热，冷却摩擦副；摩擦面被覆润滑剂，隔绝水滴、水蒸气、腐蚀性气体及液体、尘埃，防止锈蚀；润滑油具有传递动力的功能，如液压传动等；在受到冲击负荷时，可以吸收冲击能，起到减震作用；通过润滑油的循环，经过滤清器滤掉杂质，具有清净作用。

二、润滑油的分类

润滑油只占石油燃料消耗量的3%左右，但由于其应用范围广，使用条件千差万别，所以其品种牌号是石油产品中最多的一大类产品，润滑油的分类是按应用场合划分的。各类润滑油的性质各异，均有其特定的用途，切不可随意使用。

中国基本上是按 ISO 6743/0—1981 润滑剂的分类标准制定了 GB/T 7631.1—2008 国家标准，把润滑剂分为 18 组，润滑剂、工业用油和有关产品(L 类)的分类见表 4-1-1。

表 4-1-1　润滑剂和有关产品的分类

组别	应用场合	分组内容
A	全损耗系统	机械油、车轴油、三通阀油
B	脱模	脱模油
C	齿轮	工业齿轮油、车辆齿轮油、蜗轮蜗杆油
D	压缩机	压缩机油、冷冻机油、真空泵油
E	内燃机	汽油机油、柴油机油、船用内燃机油、二冲程汽机油、铁路机车内燃机油
F	主轴、轴承、离合器	主轴油、油膜轴承油、仪表油
G	导轨	磨床、车床、刨床、镗床、钻床等机床的导轨油
H	液压系统	液压油、刹车油、液力传动油
M	金属加工	切削油
N	电器绝缘	变压器油、电容器油、电缆油、断路器油
P	风动工具	冲击式和回转式气动工具油

续表

组别	应用场合	分组内容
Q	热传导	导热油
R	暂时保护性防腐	防锈油、防锈脂、软硬膜防锈油脂等
T	汽轮机	汽轮机油、燃汽轮机油
U	热处理	淬火油
X	用润滑脂的场合	按皂基不同，使用对象不同分为许多品种
Y	其他应用场合	
Z	蒸汽气缸	气缸油

另外，参照 ISO 3448—92 标准，中国将工业润滑油按其 40℃的运动黏度分为 20 个等级，在黏度值前加标字母“N”表示。如牌号为 N100 的工业润滑油，40℃时其运动黏度的中心值为 100mm^2/s，运动黏度范围为 90～110mm^2/s。内燃机油和车辆齿轮油仍按 100℃时的运动黏度和低温下的黏度划分。

习惯上，为了方便起见，将润滑油按使用场合分为下列 6 类：

① 内燃机润滑油

主要包括汽油机油、柴油机油两种。这是需求量最大的一类润滑油，约占润滑油总量的50%，其质量要求较高。内燃机油的主要润滑部位是主轴承、凸轮轴、连杆轴、减速齿轮、活塞销子、活塞环、气缸内壁等。

② 齿轮油

汽车齿轮油用于汽车转向器、变速器以及驱动桥等齿轮传动机构中，所使用的润滑油即为齿轮油，用量约占润滑油总量的 6%～8%。齿轮润滑接触面小，单位面积上的负荷很大，其润滑主要是边界润滑和混合润滑。

③ 电器绝缘用油

它不起润滑作用而起绝缘作用，习惯上归入润滑油范畴，主要包括变压器油、电容器油、电缆油等。

④ 液压油

是各种传动、制动装置及减震器中用来传递能量的液体介质，同时也起润滑及冷却作用。

⑤ 机械油

一般机械上使用的润滑油，使用条件不太苛刻，质量要求不高，其数量仅次于内燃机油。

⑥ 工艺用油

如金属切削液、热处理液及成型液(轧钢液、轧铝液)等。

此外，还有汽轮机油、冷冻机油、气缸油、压缩机油、仪表油、真空泵油等具有特定用途的润滑油。

第二节　润滑油基础油

虽然润滑油的品种很多，但都是以润滑油基础油为主体并加入适宜的添加剂调制而成的。基础油是组成润滑油、润滑脂成品的液态成分，任何一种润滑油、脂的主要成分(一般占质量 70%~90%)都是基础油。基础油可以是炼油厂的分馏产品，也可以是合成的，前者一般称为矿物油，后者虽然种类很多，但一般统称合成油。

矿物油是以原油的减压馏分或减压渣油为原料，根据需要经适当加工如溶剂脱沥青、溶剂脱蜡、溶剂精制等工艺后制得的。矿物油生产过程简单，成本低廉，是目前生产各类润滑油的主要原料。但矿物油不具备航空、航天和国防等特殊场合所要求的耐低温、耐高温、高真空、抗燃、抗辐射等性能。因此，还需要通过合成的途径制取一些具有特殊性能的合成油。合成油性能优异，但其成本较高，约占润滑油基础油总量的 10%。

虽然植物油、动物油也可以用来作为润滑基础油，但其供应量与性能完全无法满足现代润滑工业的需求，因此只有在很小的范围使用。

在某些情形下，基础油本身的物理化学性质决定了使用该基础油的润滑油或润滑脂的润滑性能，但大多数工业设备的润滑应用上，润滑性能主要取决于基础油所携带的润滑添加剂，此时基础油的很大一部分的功用是作为添加剂的载体。

除了润滑性能外，基础油作为润滑油、润滑脂的主成分，最重要的特性就是其使用寿命。一般而言，基础油可长期耐受的最高温度愈高，可用的寿命就愈长。例如有机酯油可长期耐受 180~200℃高温，而最优质的矿物油也仅能长期耐受 110~130℃，如果比较 100℃以下的工况，合成酯油的寿命大幅领先矿物油。

一、基础油分类

国外把从减压馏分制取的低黏度及中等黏度的基础油称为中性油(Neutral Oil)，把从减压渣油制取的高黏度的基础油称为光亮油(Bright Oil)。

国外曾根据原油的基属把基础油分为石蜡基、中间基、环烷基基础油等。随着发动机油技术的发展，润滑油趋向低黏度、多级化、通用化，对基础油的黏度指数提出了更高的要求，因此，国外石油公司目前一般根据黏度指数的大小分类。

1. API 分类

如表 4-2-1，API 将基础油分为 5 类(API 1509)。

表 4-2-1 API 润滑油基础油分类

类别	饱和烃含量/%	黏度指数(VI)	硫质量分数/%
Ⅰ类	<90	80~120	>0.03
Ⅱ类	≥90	80~120	≤0.03
Ⅲ类	≥90	≥120	≤0.03
Ⅳ类	聚 α-烯烃(PAO)，石蜡裂解法与乙烯合成法制得的合成基础油		
Ⅴ类	所有非Ⅰ、Ⅱ、Ⅲ或Ⅳ类基础油，其他合成油、植物油、再生基础油等的统称		

Ⅰ类基础油的生产工艺是传统的“老三套”，从生产工艺来看，Ⅰ类基础油的生产过程以物理过程为主，不改变烃类结构，生产的基础油质量取决于原料中理想组分的含量和性质；Ⅱ类基础油是通过组合工艺(溶剂精制和加氢处理结合)，工艺过程改变了原料烃类结构，因而Ⅱ类基础油杂质少(芳烃含量小于 10%)，饱和烃含量高，热安定性和抗氧性好，低温和烟炱分散性能均优于Ⅰ类基础油；Ⅲ类基础油采用全加氢工艺，与Ⅱ类基础油相比，黏度指数较高，又称作非常规基础油(UCBO)，Ⅲ类基础油在性能上远远超过Ⅰ类基础油和

Ⅱ类基础油，具有很高的黏度指数和很低的挥发性。某些Ⅲ类油的性能与聚 α-烯烃(PAO)相当，其价格却比合成油低很多。

Ⅳ类基础油指的是聚 α-烯烃(PAO)合成油。常用的生产方法有石蜡裂解法和烯烃聚合法。PAO 依聚合度不同可分为低聚合度、中聚合度、高聚合度，分别用来调制不同的油品。这类基础油与矿物油相比，无 S、P 和金属，由于不含蜡，所以倾点极低，通常在-40℃以下，黏度指数一般超过 140，但 PAO 边界润滑性差。另外，由于它本身的极性小，溶解极性添加剂的能力差，且对橡胶密封有一定的收缩性，但这些问题都可通过添加一定量的酯类来改善。除Ⅰ~Ⅳ类基础油之外的其他合成油(合成烃类、酯类、硅油等)、植物油、再生基础油等统称Ⅴ类基础油。

润滑油基础油的发展趋势是热氧化安定性好、低挥发性、高黏度指数、低硫/无硫、低黏度、环境友好，加氢法生产的Ⅱ或Ⅲ类基础油将取代传统的“老三套”工艺生产的Ⅰ类润滑油基础油。

2. 国标分类

中国旧的基础油分类是根据原油的基属，分为石蜡基中性油、中间基中性油和环烷基中性油，分别以 SN、ZN 和 DN 加以标志，例如：75SN、100SN、150SN、200SN、350SN、500SN、650SN。上述牌号中的数字，是指基础油在 37.8℃(100℉)的赛氏通用黏度秒数(SUS)，光亮油则是指 98.9(210℉)赛氏通用黏度秒数，如 150BS 等。

石蜡基基础油的黏温性质好，适宜制取内燃机油。环烷基基础油的黏温性质虽较差，但其低温性质较好，适宜制取电气用油及冷冻机油等。

旧的分类标准无法体现基础油黏度指数的变化，与国外基础油代号通用性差。中国根据黏度指数修订了新的基础油分类标准，见表 4-2-2。

表 4-2-2　中国润滑油基础油分类

基础油名称	黏度指数	基础油代号		
		通用基础油	专用基础油	
			低凝	深度精制
超高黏度指数	$VI \geq 140$	UHVI	UHVIW	UHVIS
很高黏度指数	$120 \leq VI < 140$	VHVI	VHVIW	VHVIS
高黏度指数	$90 \leq VI < 120$	HVI	HVIW	HVIS
中黏度指数	$40 \leq VI < 90$	MVI	MVIW	MVIS
低黏度指数	$VI < 40$	LVI	LVIW	LVIS

新标准按黏度指数把基础油分为低黏度指数(LVI)、中黏度指数(MVI)、高黏度指数(HVI)、很高黏度指数(VHVI)、超高黏度指数(UHVI)基础油 5 档。按使用范围，把基础油分为通用基础油和专用基础油。专用基础油又分为适用于多级发动机油、低温液压油和液力传动液等产品的低凝基础油(代号后加 W)和适用于汽轮机油、极压工业齿轮油等产品的深度精制基础油(代号后加 S)。其中 HVI 油和 VI>80 的 MVI 油都属于国际分类的Ⅰ类基础油；而 VI<80 的 MVI 基础油和 LVI 基础油没有入类；VHVI、UHVI 按国际分类为Ⅱ类和Ⅲ类基础油，但在硫含量和饱和烃方面都没有明确的规定，与国际分类标准差别很大。

二、合成油

作为基础油的合成油，有合成烃、合成酯、聚二醇、硅油、氟化油、磷酸酯、聚醚等多个种类。

1. 合成烃

合成烃是最普遍、成本最低的合成油，在未特别指明的情况下，市场销售的合成机油、合成车用齿轮油，几乎都是以合成烃或加氢裂化矿物油作为主要基础油。

合成烃与石蜡基矿物油的组成基本近似，然而以合成法制备与馏分油加氢精制相比，仍然差异很大。首先是合成烃的组成比较单一，不含芳烃，相对分子质量的分布非常集中；矿物油的相对分子质量分布有一定宽度，小相对分子质量的烃分子较易挥发，因此其平均相对分子质量(以及黏度)会逐渐升高，合成烃具有相对分子质量单一的优势，挥发率较低且稳定。其次，矿物油的碳链组成多样，使其分子间相对运动阻力较大，因此在同黏度的情形下，合成烃的阻力明显低于矿物油，相对地矿物油的抗压性却又高于合成烃，因为矿物油分子不易被剪应力所挤开。

合成烃是多种不同的烃分子的统称，目前最普遍的合成烃是聚 α-烯烃(PAO)，其次为多烷基环戊烷(MAC)。后者因具有超低挥发性而广泛用于真空工程，但缺点为黏度较低、可用的黏度选择较少。PAO 主要的缺点是难以溶解很多常用的润滑添加剂，因此绝大多数标称 PAO 的润滑油(例如引擎机油)，都添加了有机酯油或矿物油来帮助溶解润滑添加剂。PAO 一般可在 130~150℃的温度持续工作数百小时至数千小时。其黏度指数一般在 120~150 之间。PAO 具有很好的低温性能，因此需要低温启动或寒带工作的设备、汽车零组件适宜使用以 PAO 作为基础油的润滑油脂。

早期的矿物油芳香烃含量较高，对于多数常用的油封橡胶有膨胀效果，在低温时这个特性十分有效防止了油封的冷缩漏油。军、民航空业在 20 世纪 60 年代以后逐渐采用 PAO 作为液压油，因此必须在基础油中添加橡胶膨胀剂，二元酸有机酯就是最常被采用的橡胶膨胀剂，加上有机酯对于很多 PAO 溶解力有限的润滑添加剂都有良好的溶解力，因此目前很多 PAO 合成机油均添加了 5%~20%的有机酯。

半合成油通常是矿物油与 PAO 的混合，但没有工业标准定义半合成油的 PAO 最低含量。PAO 基础油广泛应用于低温、中高温的各种工业、汽车零件上，最常见的用途显然是车用机油与车用齿轮油。在 API 分类上 PAO 属于Ⅳ类。任何其他不属于 PAO 的合成油均统归类于Ⅴ类。

2. 合成酯

一般工业润滑油脂所使用的合成酯油常被称为有机酯，表示该酯油是以碳基酸制作的，以有别于无机酯(例如磷酸酯)。

由于可进行酯化反应的有机酸种类繁杂，因此“有机酯油”种类繁多。最常被用来制作基础油的有机酯，包含双基酸酯(DBE)、多元醇酯(POE)。

DBE 是以含二个“可电离氢原子”的直链二酸，与支链单官能团的醇反应而成。黏度指数非常高，同时适用于非常低温(<-40℃)与高温，但由于无法制成大相对分子质量的 DBE，黏度很难超过 $100mm^2/s$。

邻苯二甲酸酯的成本是所有合成有机酯润滑油中最低的，甚至接近矿物油的水平。邻苯二甲酸酯可以有很高的黏度指数，适用于非常低温。同样无法制成黏度>$100mm^2/s$ 的产物。

POE 是由多官能团的多元醇与单官能团的有机酸反应合成的(与 DBE 相反)，可制成各种高、低黏度的合成酯，不易水解，也较耐高温。同黏度情形下 POE 较 DBE，可承受高 50~80℃的温度，但 POE 的成本高于 DBE。

工业用有机酯润滑油具有耐高温(约 200℃工况下有数百至数千小时的工作寿命)、抗压性强、易溶解各种润滑添加剂、具有很高的黏度指数等优点，但对某些橡/塑胶材质有一定的溶胀性。

有机酯呈极性，有界面活性，因此低黏度酯油可以用作油泥的溶解清洁剂。酯油分子的极性端对金属有良好的附着力，因此酯油分子也可以用作油性添加剂。

以有机或无机酯为基础油的润滑油脂需注意避免过于潮湿的使用环境，高湿度环境可能导致酯的水解。

基于其高黏度指数的特点，同黏度的有机酯油形成的油膜厚度大于矿物油或 PAO，因此在高速或高温应用下，有机酯油常被制成高温或高速轴承润滑脂，以及高温链条油。

黏度指数提升剂一般较不耐剪切应力，在高应力作用下黏度指数提升剂失效，也就是说在高剪切速度下使用黏度指数提升剂的机油其黏度可能会比标识值为低，所形成的油膜厚度也较薄。有机酯油可制成黏度指数高达 250 的基础油，不用添加黏度指数改善剂即满足高负荷引擎的极端需求，因此酯类基础油制成的机油均号称“零剪切损失”。

3. 聚二醇

聚二醇油俗称聚乙二醇油，为环氧乙烷(EO)与环氧丙烷(PO)聚合而成。若聚合反应中 EO 比例远高于 PO，则会制成亲水性的聚二醇油，反之则会制成与其他烃类油相溶的油。在润滑工业上，亲水性的聚烷基二醇醚(PAG)是聚二醇油中使用最为普遍的。聚二醇油是在二战时期美国海军对防火液压油的需求而诞生。

亲水性 PAG 油含有羟基和醚键，亲水而斥非极性油，且有相对固定的沸点。聚二醇油(如 PAG)非常适合用来作为高效能齿轮油的基础油，特别是对高滑动比齿轮(如蜗齿)而言，使用 PAG 基础油制成的齿轮油，可以非常显著地提升效率、降低工作温度。

PAG 油的亲水性在齿轮油应用中有特殊优势，一般 PAG 齿轮油可以溶入约 1%的水而不至于立即使齿轮箱轴承发生严重磨损，而非水溶性的基础油即使混入 400μg/g 的水，也会因不均匀的油体而发生严重磨损问题。

PAG 油的黏度指数可达 200~300，表示同黏度等级的 PAG 在高温下有较高的黏度与油膜厚度，因此非常适合作为高温齿轮箱之齿轮油。PAG 油与烃、酯类油的挥发模式不同(随温升而有逐渐升高的挥发率)，PAG 油有类似沸点的分解温度，超过该温度 PAG 油会完全分解挥发，几乎不留下残渣。

尽管 PAG 油具有强大的滑动摩擦润滑能力，它的缺点也非常显著，导致其应用受限：多数常见的橡、塑胶偏极性，会受到 PAG 侵蚀而膨胀或干缩，仅有非极性橡胶(如 EPDM)与非极性塑胶(如 PE，PP)等可以配合 PAG 油脂；轻金属(如铝合金)在应力作用下会被 PAG 油侵蚀、破裂。

PAG 油亲水，因此过滤系统无法将水从 PAG 油中分离出来。烃基油水含量大于 400μg/g，齿轮箱轴承即可能损坏，而 PAG 油即使水含量达 1000μg/g 仍不会有显著影响。然而若齿轮箱持续进水，PAG 油被水所稀释而无法分离，其润滑能力会急速下降。

PAG 油最常见的应用有防火液压油、制动油、烃类气体压缩机油、高温滚轮轴承润滑油、切削/研磨液、冷媒压缩机油、高效率齿轮箱油、热导油等等。

4. 磷酸酯

磷酸酯油属于无机酯，除了当作润滑基础油、加入其他基础油当作润滑添加剂之外，也常被橡塑胶工业用来加入产品作为阻燃增塑剂。磷酸酯的裂解温度高(>300℃)、有高抗氧化性、挥发性低、燃点高、燃烧热值低，即使起火也会自行熄灭等独特性质，因此多用于高温或需要高防火性能的环境。磷酸酯油抗磨损性能优良，但是成本较高，对人体有毒性，黏度指数低(三苯类的磷酸酯 VI<100)，对很多密封件材质(橡塑胶)有极强的侵蚀性。

磷酸酯依其所连接的烃基之不同，也有很多不同产品，最普遍的是三苯磷酸酯、磷酸三甲苯酯，一般称为天然磷酸酯；还有以合成苯为原料的丙基/异丙基/丁基/叔丁基三苯磷酸酯以及三烷磷酸酯等等。

磷酸酯油大多用来制作需要高抗燃性能的液压油(例如航空液压油)、涡轮机循环油等。

5. 硅油

聚合硅化物依成分与结晶度不同，可分为液态的硅油、固态的硅树脂、固态的橡塑胶。在不同行业这三种不同的聚合硅化物都俗称硅利康(Silicone)。

最常见的硅油是聚二甲基硅氧烷与苯甲基硅油。硅油具有所有油种中最高的黏度指数(可超过 500)，可以在中度真空中工作，是电的良好绝缘体，化学安定性很高，可耐 200~250℃高温。但硅油的缺点也很多，其表面张力是所有油种中最低的，因此非常容易渗漏损失，且油膜强度非常弱，同黏度条件下硅油的抗压抗磨性远逊于其他油种。氯化硅油可用在比较严苛的摩擦环境，但氯化硅油环保性差。

聚二甲基硅氧烷 35℃的表面张力(与黏度几乎无关)仅 21mN/m，苯甲基硅油 25℃时亦仅有 24~25mN/m；一般烃类油的表面张力 30~40mN/m，室温下水的表面张力约 72mN/m。因为硅油容易渗漏，黏附在任何接触到硅油的物体(如人手)上就几乎无法清除，当微量硅油被转移到未烤漆的工件表面上之后，该工件的烤漆就注定失败。硅油无法以任何溶剂简单去除，因此最好的办法就是禁用硅油。

硅油分子在高温下其烃基部分被氧化后，黏度会大幅增加甚至胶化。电气接点(开关、插头)的摩擦面在微观尺度下，真正的接触点有非常高的闪点温度，可能达到 600~1000℃，若电气开关或插座上沾到了硅油，在多次开关切换或插拔后，硅胶膜便可能导致整个接点绝缘，因此硅油又称电气杀手。若必须使用，则以苯甲基硅油较合适。

硅油最常见的润滑应用，是超低温用(<-60℃)润滑剂、橡塑胶阀芯/密封环润滑脂、橡塑胶脱模剂、氧气工厂一般润滑油脂、水龙头阀芯(主要是陶瓷片)润滑脂、真空设备密封橡胶润滑、仪器的阻尼液等。硅油与硅油制成的润滑脂都只能承受极轻度的摩擦。

由于硅油的低表面张力特性，润滑油常加入微量硅油作为消泡剂。基于硅油的低表面张力，使得其很难被水流所完全冲走，因此水龙头行业使用硅油制成的润滑脂来润滑阀芯。

6. 全氟聚醚

氟素油，或称氟化油，是全氟聚醚(PFPE)的俗称，全氟聚醚是所有润滑基础油类别中最昂贵的品种，但全氟聚醚可以被回收再生，再生的全氟聚醚成本大为降低。

全氟聚醚的密度一般在 1.9g/cm^3左右，是其他所有基础油种的几乎两倍重，使其在接触点仍有较同样是低表面张力的硅油有高的抗压性。全氟聚醚物理、化学性质非常安定，这使得它对各种润滑油添加剂的溶解度很低，这也增加了全氟聚醚润滑产品的开发难度。

全氟聚醚无色无味无毒，可在 200℃以上的高温持续工作数百甚至数千小时(与金属成分有关)，有所有润滑基础油中最低的蒸气压(10^{-6}~10^{-14}Pa)，不受任何酸碱物质侵蚀、不被任何溶剂(除了氟氯碳化物以及低黏度全氟聚醚之外)稀释，与任何橡塑胶均相容，在达到最高耐温限度前几乎完全不氧化，热裂解后完全挥发不留残渣(但若未能挥发则有强酸侵蚀性)，对任何固体均有良好附着性(因表面张力低)，对辐射也有最好的抵抗能力。此外，全氟聚醚的介电强度也是所有基础油种中最高的，因此常用在电力设施中的高压开关上。

全氟聚醚即使不添加润滑添加剂，本身也有一定程度的抗磨、极压效能。

全氟聚醚在用来制造润滑脂时，绝大多数选择粒径1~10μm的聚四氟乙烯(PTFE)微粉作为增稠剂，由于全氟聚醚本身的高相对分子质量，加上聚四氟乙烯的阻隔作用，使得氟化润滑脂有极佳的抗压抗磨性能。

汽车工业、高温工业设备是全氟聚醚的主要使用产业。下列几种工况条件是全氟聚醚的主要适用环境：持续150~280℃的高温，且需要3个月至1年以上的保养周期(甚或终生免保养)；中度真空状态(压力<0.1Pa)；高电压(>1kV)的电气接点(高压开关、插头)；高浓度氧气环境，酸、碱、有机溶剂的侵蚀环境。

7. 聚醚

PAG聚二醇与全氟聚醚也属于广义上的聚醚，但如果是基础油被称为聚醚，一般指的是含有5~6个苯环的聚苯醚(PPE)。

聚苯醚可以耐受的温度甚至高于PFPE，有同样低的挥发率与低蒸气压，表面张力很高导致较不易附着于光滑表面上，抗磨耗与减阻效果不错，常被用在通讯与电子设备的电气接点润滑应用之上。另一个特点是抗强辐射。

目前聚苯醚制成的通用型或高效能工业用润滑油脂因成本高昂而较少见，第一个大量使用的案例是美国空军高空3倍音速战略侦察机的喷射引擎涡轮油。

聚苯醚应用于航空液压油、高真空泵用油(特别是扩散泵)、电气接点润滑、高温或辐射环境润滑等。

三、矿物油

矿物基础油是由石油的高沸点、高相对分子质量烃类和非烃类的混合物经一系列加工而得，主要由烷烃、环烷烃、芳烃、环烷芳烃，以及含氧、含氮、含硫有机化合物和胶质等非烃化合物组成。对馏分润滑油料而言，其烃类碳数分布约为C_{20}~C_{40}；沸点范围约为350~535℃；相对分子质量在250~1000或个别更高。

矿物基础油以烃类为主，烃类的黏度与其分子结构、分子大小、环的数目和类型有关。基础油的黏度随烃类相对分子质量的增大而增大；在碳原子数相同的各种烃类中，烷烃的黏度最小，芳香烃次小，环烷烃的黏度最大，并且随着环数在分子中的比例增加而增加；在环数相同的烃类中，黏度随侧链长度的增加而增加。

在矿物基础油中，烃类本身的黏度指数差别很大，以正构烷烃的黏度指数最高，能达到180以上；异构烷烃的黏度指数比相应的正构烷烃要低一些，并且随着分支程度的增加而下降；其次是具有烷基侧链的单环、双环环烷和单环、双环芳烃；最差的是重芳香烃、多环环烷烃和环烷-芳烃；对于双环和多环烃类，黏度指数随侧链的数目和长度的增加而增加，随环数的增加而急剧下降；胶质是多环的非烃化合物，其黏温性质更差。

各种烃类的凝点由大到小的顺序为：正构烷烃>异构烷烃>环烷烃>芳烃。正构烷烃的凝点最高，且随碳原子数增加而升高。如正十六烷的凝点为18.16℃，正十八烷的凝点为36.7℃；异构烷烃的凝点比相应的正构烷烃的低，而且随着分支程度的增大而迅速下降；带侧链的环状烃，侧链分支程度愈大，凝点下降也愈快。

从分子结构对矿物基础油的一些物理性质的影响可以看出，要想从烃分子的结构来改变润滑油的性能是受到限制的，当改变分子结构使某一性能改善的同时，往往另一性能就变差，只有适当的选择才能得到性能相对较全面的润滑油。

四、矿物基础油精制

润滑油除要求具有一定的黏度外，还要求有较好的黏温性及抗氧化安定性，以及较低的残炭值。为了满足上述要求，必须从基础油原料中除去大部分多环短侧链芳香烃和胶质，以提高润滑油的质量，使润滑油的抗氧化安定性、黏温特性、残炭值、颜色等符合产品的规格标准，这个过程称为润滑油精制。基础油原料中的非烃化合物，在精制过程中被大部分除去。溶剂精制和加氢精制是目前中国最广泛采用的精制方法。

1. 溶剂精制

（1）溶剂的选择性

溶剂的选择性是指溶剂对润滑油的理想组分和非理想组分的溶解度差别，溶解度相差越大，则该溶剂选择性越好。非理想组分主要是芳香性较强的物质和分子极性较强的物质，而理想组分是较为饱和的烃类。

在精制过程中，选择性好的溶剂溶解的理想组分少，产品收率高。或者，在同样的产品收率时，精制油的质量高；另外还要求溶剂具有适当的溶解能力。如果溶剂的选择性好，而溶解能力很差，虽然理想组分几乎不溶于溶剂，但在单位溶剂中能溶解的非理想组分的量也不大。为了把原料中的大部分非理想组分抽出，就不得不使用大量溶剂，对工业生产不利。

烃类在溶剂中的溶解度与其结构有关，烃类在极性溶剂中的溶解次序大致为：烷烃<环烷烃<少环芳香烃<多环芳香烃<胶质。随着芳香烃侧链数目的增多，以及烃类碳原子数目的增加，在溶剂中的溶解度减小。

（2）精制溶剂

同一原料中非理想组分的极性和密度均比理想组分大，因此精制溶剂一般要求具有较强的极性和较大的密度，要求具有良好的选择性和较强的溶解能力，同时还需考虑溶剂回收循环使用。溶剂的选择性和溶解能力往往是矛盾的，即选择性强的溶剂其溶解能力小。随着温度的升高，油品在溶剂中的溶解度增加，使选择性降低。

目前工业上使用的溶剂主要有糠醛、苯酚和 *N*-甲基吡咯烷酮（NMP）三种。三种溶剂的性质和特点见表 4-2-3。

表 4-2-3　溶剂精制所用溶剂性质

项　目	糠醛	苯酚	*N*-甲基-2-吡咯烷酮
结构式	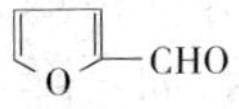	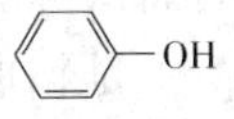	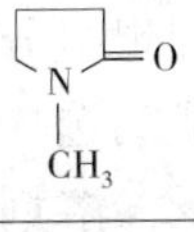
相对密度（d_4^{20}）	1.1598	1.0576（41℃）	1.026
沸点/℃	161.7	181.8	201.7
熔点/℃	-38.7	40.9	-24.4
相对成本	1.0	0.36	1.5
适用性	极好	好	很好
选择性	极好	好	很好

续表

项 目	糠醛	苯酚	N-甲基-2-吡咯烷酮
溶解能力	好	很好	极好
精油收率	极好	好	很好
产品颜色	很好	好	极好

从表4-2-3可见，三种溶剂各有优缺点，选用时须结合具体情况综合考虑。NMP在溶解能力、热和化学稳定性方面都比其他2种溶剂强，选择性居中，精制油质量好、收率高，装置能耗低。加之该溶剂毒性小、安全性高，适用的原料范围也较宽，因此近年来被广泛采用，全世界NMP精制在润滑油精制中所占比例已超过了50%。而中国因为NMP的价格较贵，故应用受限。中国糠醛的价格较低，来源充分，适用的原料范围较宽(对石蜡基和环烷基原料油都适用)，毒性低，与油不易乳化而易于分离，工业实践经验较多，因此，糠醛是中国应用最为广泛的精制溶剂，约占总处理能力的80%。苯酚因溶解能力强，常用于残渣油的精制，但其毒性强，适用原料范围窄。

(3) 精制原理

润滑油溶剂精制是利用溶剂的选择性将润滑油原料中理想组分(少环长侧链的烃类)与非理想组分(多环短侧链的烃类和胶质)分离的过程。糠醛对减压馏分油中的各组分有不同的溶解度，多环短侧链的烃类和胶质在糠醛中的溶解度较大，少环长侧链的烃类在糠醛中溶解度较小。利用糠醛的这一性质对润滑油原料在抽提塔中进行逆流接触的液-液抽提，抽提后分为两相，非理想组分从塔底流出，理想组分从塔顶流出，然后分别蒸发回收溶剂，即可得到抽出油和抽余油(精制油)，这一过程称为糠醛精制。糠醛经回收后循环使用。

(4) 抽提温度

溶剂精制为液-液萃取过程，其首要条件是必须使抽提系统保持两个液相。因此，溶剂精制的抽提操作的温度上限是体系的临界溶解温度。

临界溶解温度的高低决定于溶剂的种类、原料油的组成以及溶剂比。根据相似相溶原理，原料油中含稠环芳烃越多，临界溶解温度就越低。随着烃类侧链长度的增加，临界溶解温度升高；随着芳香环和环烷环环数的增加，临界溶解温急剧下降。在实际操作中，抽提温度一般比临界溶解温度低20~30℃，适宜的操作温度需要综合考虑。

在溶剂比不变的条件下，随着温度的升高，溶解度增大，精制油收率下降；精制油的黏度指数则是随着温度的升高先增大后下降。在溶解度不太大时，溶解度随着温度升高而增大，非理想组分更多地溶于溶剂而被除去，精制油的黏度指数升高；当溶解度增大至一定程度后，溶剂选择性降低得过多，于是精制油黏度指数转而下降。精制油黏度指数最高时对应的温度下，溶剂具有较高的溶解度和较好的选择性。

原料油不同抽提温度也不同，对于重馏分、黏度大、蜡含量多的原料油，抽提温度相应提高。为保证精制油的质量和收率，溶剂精制的抽提塔有一定温度梯度，塔顶温度较高、溶解度大，可以保证精制油的质量；塔底温度较低、溶解度小，可以使理想组分从抽出液分离出来返回塔顶，保证精制油的收率。

(5) 溶剂比

温度等条件一定时，溶剂的溶解度及选择性不变，提高溶剂比可提高溶解总量，因此，精制油的质量提高，但其收率则降低。增大溶剂比不会出现精制油黏度指数先提高后降低的现象。

适宜的溶剂比应根据溶剂性质、原料油性质及精制油的质量要求，通过实验来综合考虑。一般来说，精制重质润滑油原料(非理想组分含量多、黏度大)时采用较大的溶剂比，而在精制较轻质的原料油时则采用较小的溶剂比。例如糠醛精制，对重质油料采用3.5~6，对轻质油料采用2.5~3.5。提高溶剂比或提高抽提温度都能提高精制深度。若达到相同的精制深度时，在一定范围内，可用较低的抽提温度和较大的溶剂比，也可以用较高的抽提温度和较小的溶剂比。由于低温下溶剂的选择性较好，采用前一种方法可以得到较高的精制油收率，故多数情况选用前一个方案。但是提高溶剂比会增大溶剂回收系统的负荷，同时也会降低装置的处理能力。此外，油品精制深度过大，油品中具有抗氧化性的硫化物被过分清除，反而会使油品的抗氧化能力下降。

2. 加氢补充精制

润滑油加氢补充精制的目的就是脱除经过溶剂精制的润滑油料中残余的溶剂以及少量的杂质以改善其色度，基本不改变其烃类结构，为了避免发生裂化反应，所采用的条件比较缓和，温度较低(210~300℃)，压力也较低(2~4MPa)，空速较大(1.0~2.5h^{-1})，氢油比较小(50~150Nm^3/m^3)。与原来的白土补充精制相比，此过程的收率高，生产连续且没有废渣，产品质量等同或超过白土精制。

原料油中的含硫、含氮、含氧化合物在催化剂作用下，分别加氢生成硫化氢、氨、水和相应的烃类，不饱和烃转化为饱和烃。由于除去了油中的非烃类有机物和不饱和烃，因而改善了油品的安定性和颜色，提高了质量。如：

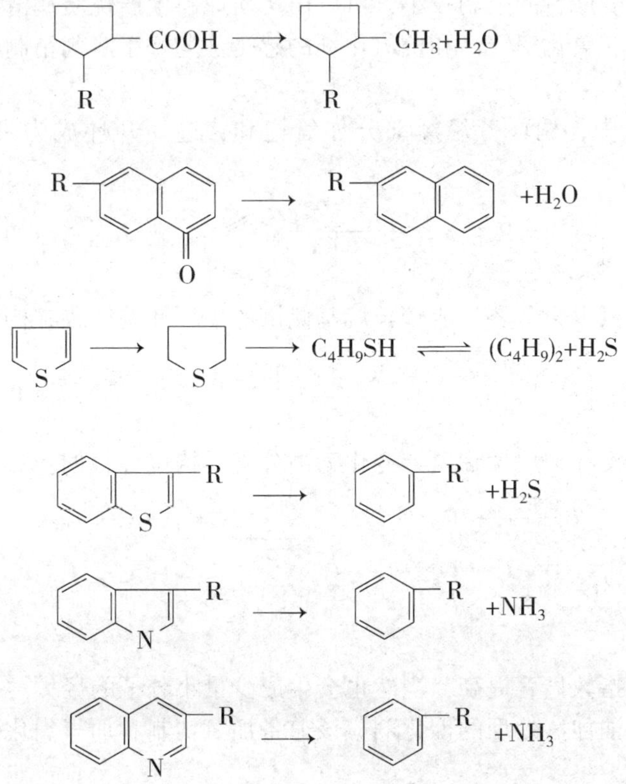

上述反应中脱氧、脱硫在缓和的条件下，脱氮要在较苛刻的条件下，各种反应进行的相对程度与催化剂的种类和操作条件有很大关系。

润滑油加氢补充精制的催化剂既有加氢活性，又有裂化活性，是一个双功能催化剂，但加氢活性和裂化活性必须相互匹配。这类催化剂实际上都是由燃料加氢催化剂借用过来的，而非专门的润滑油加氢补充精制催化剂。

加氢活性决定于催化剂中的加氢组分，有 Fe-Mo、Co-Mo、Ni-Mo 等系列。裂化活性取决于载体，如 Al_2O_3。

润滑油白土精制在润滑油生产流程中，一般放在溶剂精制和溶剂脱蜡之后，而润滑油加氢补充精制可放在润滑油加工流程的任意部分。

先加氢后脱蜡，不但油和蜡都得到精制，还可使脱蜡温度减低，降低能耗。先加氢后溶剂精制，可以降低溶剂精制深度、改善产品质量和提高收率。

3. 加氢处理

石蜡基原油的重馏分中含有较多的少环长侧链的烃类化合物，只需要用溶剂精制除去少量的多环芳烃和胶质，即可得到黏度指数较高的润滑油料。但是对于环烷基原油及部分中间基原油，其减压馏分中不仅含有较多的多环芳烃，而且还含有较多的多环环烷烃，对于这样的原料，如采用溶剂精制的方法，即使精制深度很深，也得不到高黏度指数的润滑油料，为此必须采用加氢处理的方法来改变其分子结构(加氢改质)。

润滑油的加氢处理就是润滑油加氢裂化，或者叫润滑油深度加氢精制。是在比加氢补充精制更苛刻的条件下进行加氢精制，这一工艺可代替白土精制和溶剂精制。

加氢处理工艺是通过加氢反应，使部分黏温性能差的多环短侧链烃类转化为少环长侧链的烃类，精制油质量受原料的限制较小，可以由劣质原料生产优质润滑油；精制油的收率和质量较高，黏温性能、氧化安定性和抗氧化剂的感受性均好于溶剂精制油；同时还可以得到优质燃料。

在加氢处理过程中，稠环芳烃经部分加氢饱和，进而开环成为带烷基侧链的少环芳烃，如：

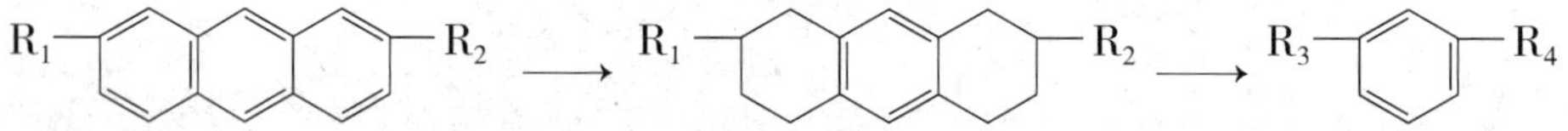

稠环环烷烃经加氢也会开环生成较长烷基侧链的少环环烷烃或异构烷烃，如：

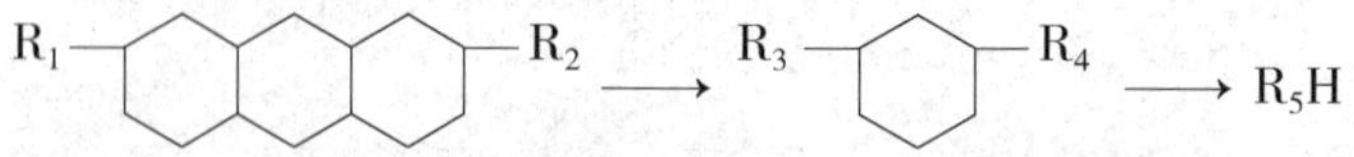

正构烷烃或低分支异构烷烃临氢异构化为高分支异构烷烃，如：

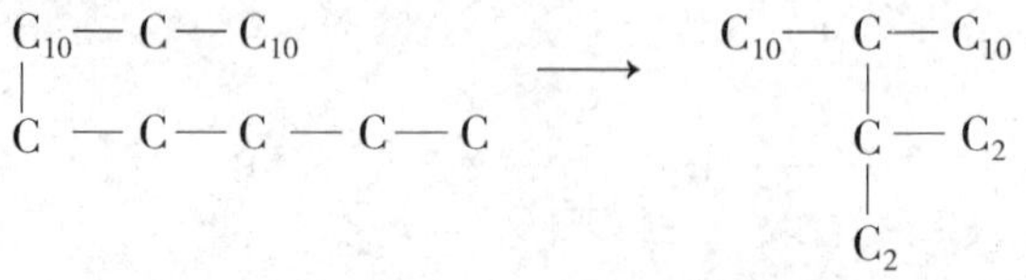

这样便能使黏度指数显著提高，当然也会生成少量小分子的烃类。

由此可见，润滑油加氢处理的催化剂应该兼备加氢精制和加氢裂化两方面的功能，但其裂化功能不能太强，否则不仅使润滑油的收率降低，而且其质量也会变差。所以其催化剂应该具有较强的加氢活性和中等的酸性，其酸性应该能提供足够的开环活性，而尽量不使烷基侧链断裂，同时还有一定的异构化活性。

所以润滑油加氢处理催化剂一般采用 Ni-W 或 Ni-Mo 作为金属组分，与低硅氧化铝或氟化氧化铝酸性载体相结合。

润滑油加氢处理的条件比较苛刻：温度为 310~420℃，压力为 10~15MPa，空速为 $0.5\sim1.5h^{-1}$，氢油比为 $1000Nm^3/m^3$。

经过加氢处理后，润滑油料的黏度指数显著增加，同时还可以得到相当量的汽柴油，汽油的辛烷值不高，但柴油的凝点非常低。提高加氢处理的反应深度可以提高基础油的黏度指数，同时会使基础油的收率和黏度降低。

加氢处理的精油中，饱和烃尤其是链烷烃的含量显著增加，芳烃含量大大降低，胶质基本除去，多环环烷烃大多数转化为单环及双环环烷烃，多环芳烃的含量也大幅度降低。由此可见经过加氢处理润滑油料的化学组成有相当大的变化，而正是这些变化导致了其黏度指数大幅度提高。

加氢处理的润滑油虽然黏温性质有很大的改善，但是其光安定性不好，在光的照射下，颜色很快变深，随后有沉淀物析出。对于加氢处理油的光安定性差的原因有许多种不同的看法，目前较多认为是稠环芳烃的不完全加氢产物所导致的，这些环烯类化合物是芳烃加氢的中间产物，它们很容易氧化缩合成胶质。

为了改善加氢产物的光安定性，可以采取溶剂处理、吸附精制或二次加氢等方法，加入适当的光稳定添加剂(如水杨酸苯酯、二羟基二苯甲酮、羟苯基苯并三氮唑、对氨基偶氮苯等)也可以取得较好的效果。

4. 临氢降凝

临氢降凝是 20 世纪 70 年代发展起来的技术，它是在氢气及催化剂的存在下进行的链烷烃选择性加氢裂化过程，又称加氢脱蜡。此过程可以降低柴油或润滑油的凝点，临氢降凝的催化剂一般为载有少量活性金属组分的沸石分子筛，其反应条件：压力为 4~20MPa，温度为 350~450℃，空速为 $0.5\sim1.5h^{-1}$，氢油比为 $300\sim1500Nm^3/m^3$。

临氢降凝的催化剂所用的择形沸石分子筛类型有 ZSM-5、ZSM-8、丝光沸石及毛沸石，其硅铝摩尔比一般为 40 以上，其比表面积较大，具有较强的酸性、裂解活性和稳定性。由于沸石分子筛的强度一般较差，需要加入一定量的多孔性黏接剂，常用的黏接剂有 Al_2O_3 和 SiO_2。这些沸石分子筛的孔径较小，约为 0.5~0.7nm，只容许直径小于其孔径的直链烷烃和带一个端甲基的链状烷烃进入孔内，并在沸石分子筛的酸性中心按碳正离子历程进行裂化反应。

在 ZSM-5 沸石分子筛上，正构烷烃比同碳数的异构烷烃的裂解反应速度要快得多，并且随着分子中碳数的增加其裂化反应速度也增加。由于孔道直径的限制，裂解产物不能再进行环化、缩合等二次反应，防止了积炭前身物的生成。同时由于孔道较窄，环状烃、含硫、含氮、含氧等杂环化合物不能进入孔内，只能吸附在催化剂的外表面，因此这些物质对催化剂的活性和积炭的影响较小。

在临氢降凝催化剂中，沸石分子筛上还载有少量的具有加氢-脱氢活性的金属组分，如 Ni、Mo、Co、W 等金属，其中应用较多的是 Ni。与其他加氢催化剂一样，临氢降凝催化剂也需要预硫化，转化为金属硫化物才具有活性。这些金属活性组分的存在，一方面使一部分烷烃进入沸石分子筛孔道前脱氢为烯烃，而烯烃很容易转化为碳正离子，促使裂化反应加快；另一方面由于其加氢活性，可以在相当程度上抑制催化剂表面的积炭反应，提高了催化剂的稳定性。但是此类催化剂由于金属组分含量较低，其加氢活性较弱，因而其裂解产物中含有较多的烯烃，其汽油的辛烷值较高，氢耗也较低。

润滑油临氢降凝工艺能使润滑油的凝点降低40～55℃，当原料的凝点越高、蜡含量越多，要求降凝的幅度也越大，则反应条件越苛刻，润滑油的收率也越低。

润滑油临氢降凝的催化剂是载有金属组分的沸石分子筛，它除了可以对链烷烃进行选择性加氢裂化外，还可以进行加氢异构化，降低润滑油的凝点，催化剂中所含的金属组分要比柴油临氢降凝催化剂中的金属组分多得多，反应条件也苛刻得多。在临氢降凝过程中，同时发生加氢脱硫、加氢脱氮以及芳烃的加氢饱和等反应，所以其氢耗显著高于柴油临氢降凝，润滑油经过临氢降凝之后其光安定性也较差。

5. 加氢异构脱蜡

目前应用最广的基础油异构脱蜡技术是Chevron公司的异构脱蜡/加氢后精制技术，加氢异构催化剂及其分子筛为加氢异构技术的核心。随着分子筛合成技术、加氢异构反应机理、催化剂制备技术等方面研究工作的不断深入，异构脱蜡成为目前润滑油加工工艺中最先进的技术，代表了基础油加工工艺的发展趋势。加氢异构脱蜡工艺生产Ⅱ类、Ⅲ类基础油，与溶剂脱蜡和催化脱蜡工艺相比，其基础油收率高、黏温性能好，蒸发损失更低，氧化安定性和低温流动性更好。但异构脱蜡仅适用于经过苛刻加氢的原料油，且反应氢压较高。

Chevron公司的润滑油异构脱蜡工艺遵循“金属位-酸中心”催化机理。金属位通常为Pt、Pd等贵金属，而酸中心可为沸石分子筛(Y、ZSM-23)、磷酸硅铝(SAPO-11)、介孔分子筛(Al-MCM-41)或无定形氧化物(ZrO_2/SO_4^{2-})等。在双功能反应机理中，金属位与酸中心的相互关系是影响反应选择性的重要因素，工业异构脱蜡催化剂的加氢和酸性功能应达到最佳平衡。如果酸功能过强，则生成的异构烯烃会发生裂解反应，导致异构收率下降；而加氢功能过强，则在加氢中心上生成的烯烃来不及转移到酸中心上异构，就迅速饱和生成烷烃，达不到降凝的效果。

Chevron公司的异构脱蜡工艺采用全加氢工艺或者与溶剂脱蜡相结合，对应的工艺路线分别为异构裂化/异构脱蜡/加氢后精制或者溶剂精制/溶剂脱蜡/加氢处理/异构脱蜡/加氢后精制，主要生产API Ⅱ类和API Ⅲ类基础油。该工艺采用两段固定床反应器，第一段加氢裂化或加氢处理，用以提高基础油的黏度指数、去除硫、氮、芳烃等有害和非理想组分，通常控制转化率在10%以下。加氢异构裂化或加氢处理产品经过初步分馏后进入第二段加氢异构和加氢后精制的串联部分，以实现降低基础油的倾点、改善基础油的氧化安定性和光安定性。

Chevron公司异构脱蜡技术成熟且进入市场早，是目前应用最多的异构脱蜡技术。韩国SK公司采用Chevron公司的Isodewaxing工艺，以加氢裂化产物为原料，使用第二代催化剂ICR-408，与催化脱蜡相比，基础油收率提高20%，黏度指数提高10个单位。中国的大庆炼化公司、上海高桥石化公司即采用该技术，目前催化剂已经实现国产化(PIC812系列)，性能和Chevron公司的催化剂相仿。

大庆炼化公司以经过糠醛精制和酮苯脱蜡的减二线油(150SN)和经过糠醛精制的减四线

油(650SN)为原料，以 Mo-Ni 型 ICR134KAQ 作为精制催化剂，含贵金属的 ICR404L01 作为异构脱蜡催化剂，含贵金属的 ICR403L 为后精制催化剂，并以 ICR122ZSF 作为脱金属催化剂。采用全加氢工艺生产的基础油性质见表 4-2-4。

表 4-2-4　大庆炼化公司加氢工艺基础油性质

项　目		老三套工艺		加氢处理/异构脱蜡/加氢补充精制	
		150SN	650SN	150SN	650SN
黏度/(mm^2/s)	40℃	31.23	133.6	26.78	75.49
	100℃	5.338	13.78	4.901	10.84
黏度指数		103	99	106	132
色度/号		0.8	4.8	0.1	0.1
倾点/℃		-9	-9	-27	-15
碱氮/(μg/g)		2.54	159	0.21	0.42
氧化安定性(100℃)/min		215	140	330	400

第三节　润滑油添加剂

基础油很难满足润滑要求，往往需要加入各种类型的添加剂以改善其某些使用性能。石油产品添加剂中以润滑油添加剂为主，可以说几乎所有的润滑油都或多或少地加有一种到几种添加剂。润滑油产品的质量除与基础油的组成与性质有关外，很大程度上取决于添加剂的品种和质量以及它们之间的配伍关系。由于一种添加剂一般只能主要改善润滑油某一方面的性能，所以润滑油添加剂的品种是很多的。中国根据每一种添加剂(单剂)的功能将其分为 10 个类型：①清净剂和分散剂；②抗氧防腐剂；③极压抗磨剂；④油性剂和摩擦改进剂；⑤抗氧剂和金属减活剂；⑥黏度指数改进剂；⑦防锈剂；⑧降凝剂；⑨抗泡沫剂；⑩抗乳化剂。

我国的石油产品添加剂的名称均冠以汉语拼音字母“T”，随后用 3 个或 4 个阿拉伯数字所组成的符号来表示其品种，其中第一个数字(或第二个)表示该品种所属的组别。

一、清净与分散添加剂

清净与分散添加剂是内燃机润滑油的主要添加剂，其产量约占整个润滑油添加剂的 60%。由于内燃机润滑油的使用条件比较苛刻，因此在使用中不可避免地会由于氧化等原因在内燃机中生成酸性物质以及漆膜、积炭和油泥等沉积物。这些沉积物会导致腐蚀和磨损加剧、密封不严、油路和滤网堵塞等。

1. 清净分散剂的种类

此类添加剂都属于油溶性表面活性剂，其中分子结构由非极性基团和极性基团两部分组成。非极性基团一般是烃基，极性基团可以是离子型的磺基、羧基和酚基的盐，也可以是非离子型的多胺等。

清净分散剂的种类很多，常见的有以下 5 种。

（1）磺酸盐（T101～T106）

磺酸盐（包括磺酸钙、镁等）为一类应用最广的清净剂，具有很好的清净性和一定的分散性及防锈性。通常多为钙盐。

磺酸钙添加剂的制备采用过碱度化技术，使其中金属的含量超过形成中性盐所需的量。具体方法是用平均相对分子质量为400左右的润滑油馏分或合成重烷基苯，以三氧化硫或发烟硫酸进行磺化后得到油溶性磺酸，用氧化钙或氢氧化钙中和得到中性磺酸盐，再在促进剂的作用下，通入二氧化碳进行碳酸化，使氧化钙或氢氧化钙变成碳酸钙微粒，它们被磺酸钙的胶束所包围而形成胶体分散体系。磺酸盐的结构式为：

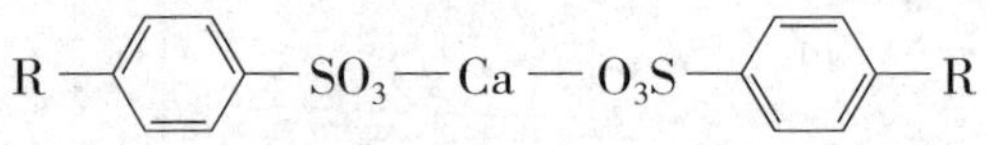

其中，R为C_{15}～C_{25}烷基。由润滑油馏分为原料制得的称石油磺酸盐，由合成烷基苯制得的则称为合成磺酸盐。后者日益占主要地位。

分散在胶束中的碳酸钙能与润滑油中因氧化生成的酸性物质进行中和，添加剂中碳酸钙的含量越高，其中和性能也就越好。磺酸钙清净剂的中和性能用总碱值（mg KOH/g）来表示，按其碱值的大小，磺酸盐添加剂可分为正盐、低碱度盐（碱值<100mg KOH/g）、中碱度盐（碱值约为150mg KOH/g）、高碱度盐（碱值约为300mg KOH/g）以及超碱度盐（碱值约为400mg KOH/g）。目前最常用的是低碱度盐和高碱度盐。

磺酸盐具有很好的清洁性能和一定的分散性能，它的碱值一般较高，中和能力强。同时它具有很好的防锈性能，但有促进氧化这一缺点。

在内燃机润滑油中，磺酸盐一般是必加的清净剂，加量约为2%～5%，如与其他清净剂复合使用时，其用量为1%～2%。

（2）硫化烷基酚盐（T115）

其中的烷基酚是由丙烯四聚体与苯酚烃化而得。由于烷基酚的酸性较弱，可用硫黄进行缩合，在芳香环之间引入—S_x—（x=2～3）官能团，这样便可以使其分子的极性加强，其清净性也随之改善，同时又提高了其抗氧化能力，但其分散性能仍然较差。

常用的硫化烷基酚盐的钙盐，一般还用过碱度化技术提高其碱度而制成高碱性硫化烷基酚钙。在清净剂中硫化烷基酚盐类仅次于磺酸盐。其化学结构式为：

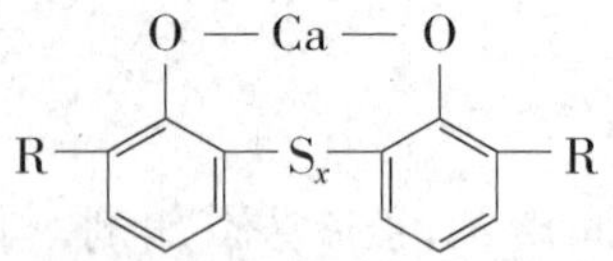

（3）烷基水杨酸盐（T109）

烷基水杨酸盐是由烷基酚进行羧基化反应后，再经金属化而成的过碱度盐。基本化学结构如下式所示：

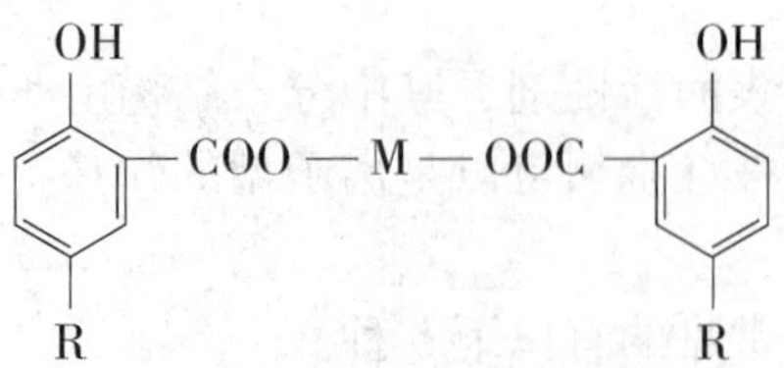

其中，M 为碱土金属，多为钙；烷基 R 的链长为 $C_{12}\sim C_{18}$。烷基水盐酸极性比烷基酚盐大，其清净性较好。由于酚基的存在具有一定的抗氧化能力，但其分散能力较差。

（4）硫代膦酸盐(T108)

聚异丁烯与五硫化二磷反应后，经金属化可制得钡盐或钙盐。实际应用中以硫代膦酸钡盐为主，它具有下列结构式：

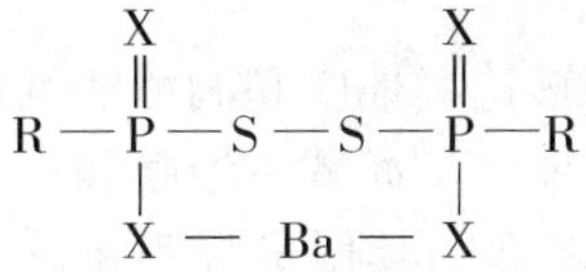

其中，R 代表相对分子质量为 700~900 聚异丁烯基；X 代表 S 或 O。

硫代膦酸盐具有较好的分散能力和一定的清净性，但高温稳定性较差。

（5）无灰分散剂

前述四种清净分散剂都含有金属，因而燃烧后均残留有一定量的灰分，所以称为金属(或有灰)清净分散剂。近年来，随着汽油机压缩比的提高和大功率的柴油机和增压柴油机的广泛应用，致使发动机使用条件更加苛刻。因此在内燃机润滑油中需要加入更多的清净分散剂，但是这样会因为产生灰分过多，而使排气阀门等部件损毁。此外，随着城市大量地使用汽车，汽车时开时停的情况越来越普遍，润滑油产生低温油泥的倾向也越来越大。只添加有灰清净剂不但不能解决这个问题，甚至有时还起不良作用。由此发展了一类分子中不含金属、燃烧后没有灰分的无灰分散剂。无灰分散剂具有十分优良的分散性能，但其他性能均不佳。

目前使用最多的无灰分散剂是丁二酰亚胺类，具体的有单丁二酰亚胺、双丁二酰亚胺和多丁二酰亚胺等类型。下列为双丁二酰亚胺的分子结构式：

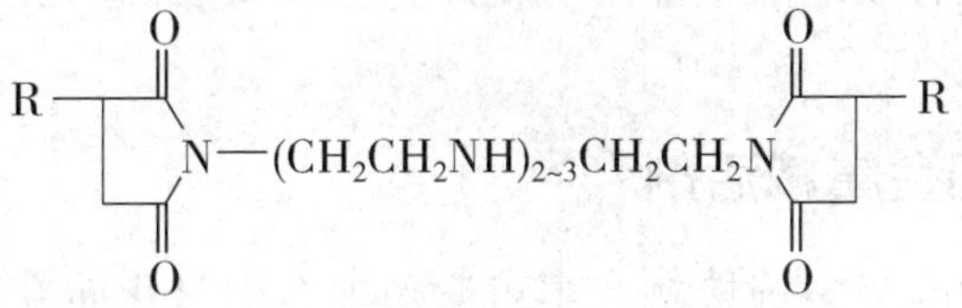

其中，R 为相对分子质量 1000 左右的聚异丁烯基。

丁二酰亚胺无灰分散剂的制备过程，首先是聚异丁烯与顺丁烯二酸酐在氮气流下进行烃化反应，制取聚异丁烯基丁二酸酐，然后再与多烯多胺进行胺化而得。调节聚异丁烯基丁二酸酐与多烯多胺的比例，即可制得不同化学结构的产品品种。

上述 5 种清净分散剂各有其优点和不足，单独采用哪一种都不能使内燃机润滑油全面达到使用要求。为此，在应用上，常将若干种清净分散剂复合使用，以期取长补短。至于如何复合，则需要根据具体情况而定，一方面与基础油的性质有关，另一方面与添加剂的性质有关。应该指出的是，各种添加剂一起使用时其效果并不是简单可加的，有时相互产生协同作用，有时相互产生对抗作用，只能用试验的方法以寻求适宜的复合配方。实践证明，在添加剂配方中，采取有灰清净分散剂与无灰清净分散剂复合，在有灰剂中采用磺酸钙与硫化烷基酚钙或烷基水杨酸钙的复合，往往可以得到协同的效果。

2. 清净分散剂的作用机理

清净分散剂的主要作用是将润滑油氧化产生的中间产物以及酸性物质进行中和与增溶，以阻止它们的进一步缩合而生成漆膜和积炭，同时可将已生成的漆膜和积炭分散在润滑油中，以阻止它们黏附在活塞上，或将已黏附在活塞上的漆膜积炭洗涤下来。具体来说有下列四种作用机理。

（1）中和作用

多数清净分散剂具有碱性，能够持续地中和润滑油氧化和燃料不完全燃烧而生成的酸性氧化物，阻止它们进一步氧化和缩聚，从而减少漆膜和积炭的生成。清净分散剂还能中和含硫燃料燃烧后生成的 SO_2 和 SO_3，以抑制其促进烃类氧化生成沉积物，同时也可避免气缸、活塞等受腐蚀。

（2）增溶作用

清净分散剂是油溶性表面活性物质，它们在润滑油中的浓度超过临界胶束浓度时，大多会形成胶束，每个胶束含有 10~40 个添加剂分子。这些胶束能将润滑油氧化过程中生成的一些难溶的物质包住，使其增溶于润滑油中，从而阻止这些物质进一步氧化聚集成沉积物。

（3）分散作用

清净分散剂都是极性化合物，它们可吸附于润滑油氧化后生成的聚合物和炭粒的表面，使其保持分散悬浮的状态，避免其聚集、沉降、黏附于金属表面，进而形成沉积物。金属清净分散剂的分散作用主要是由于吸附有清净分散剂的颗粒表面极化形成双电层，通过其静电斥力而阻止颗粒相互聚集。而无灰分散剂的分散作用主要是由于它在颗粒表面因氢键形成的膜的屏障作用。

（4）吸附作用

清净分散剂分子的表面活性大于油中氧化产物的表面活性，这类添加剂可定向排列于金属表面形成吸附膜，从而有效地防止油中氧化产物在金属表面的沉积，同时也阻碍了金属对油品氧化的催化作用。

二、抗氧添加剂和金属减活剂

润滑油在使用过程中因与空气接触，不可避免地会因氧化而变质。当处于高温并与金属接触的情况下，氧化变质的速度将会更快。因此要延长润滑油的使用期限就须加入抗氧化添加剂(下面简称抗氧剂)，以抑制或阻滞其氧化反应。

1. 抗氧剂的种类

润滑油中使用的抗氧剂主要有受阻酚型、芳胺型和硫磷型三类。

（1）受阻酚型抗氧剂

受阻酚型抗氧剂中最常用的 2,4-二叔丁基对甲酚(T501)，广泛用于工业润滑油中，适合于工作温度在 100℃以下的油品。而受阻双酚型抗氧剂如 4,4′-亚甲基双(2,6-二叔丁基)酚等的使用温度较高，可用于内燃机油和压缩机油等。

（2）芳胺型抗氧剂

芳胺型抗氧剂的工作温度比受阻酚型的高，抗氧耐久性也比酚型的好，但是毒性较大，且易使油品变色，其应用受到一定限制。此类产品有对、对-二异辛基二苯胺、*N*-苯基-α-萘胺(T531)等，前者主要用于酯类合成油及内燃机油，后者主要与酚型抗氧剂复合用于汽轮机油、工业齿轮油等工业润滑油。

（3）硫磷型抗氧抗腐剂

硫磷型抗氧抗腐剂的主要品种是二烷基二硫代磷酸锌和二芳基二硫代磷酸锌，其英文缩写为 ZDDP 或 ZDTP。其合成方法如下：

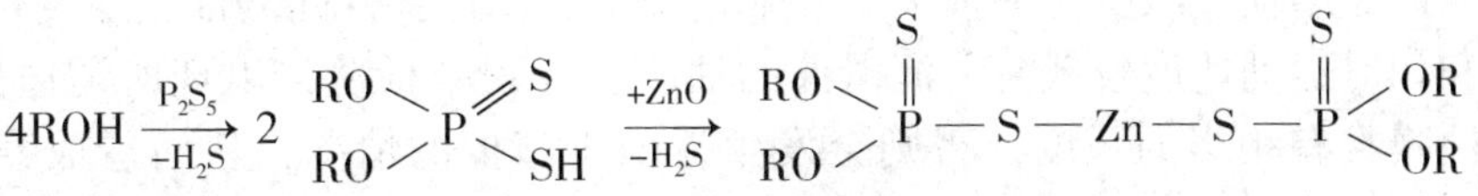

其中，R 为 $C_2 \sim C_8$烷基或芳香基，R 可以是相同或不同的基团。

此类硫磷型添加剂兼有抗氧化、抗腐蚀、抗磨损作用，是一种多效的添加剂，它广泛用于内燃机油、抗磨液压油及齿轮油中。由于在合成时使用的醇原料结构不同，其性能各异，以伯醇为原料制取的热稳定性较好，以仲醇为原料制得的抗磨性能较好。

为了提高抗氧效果，一般采用复合抗氧剂。不同类型的抗氧剂复合后有协同效应，如酚型和胺型复合后的效果更佳。

2. 抗氧剂的作用机理

烃类的氧化是以过氧化物为中间产物的自由基退化分支链反应，因此或是使自由基链终止或是使过氧化物分解生成稳定产物，都可以抑制氧化反应。这样，抗氧化剂可能有两种作用：第一种是链终止剂作用，指所加入的抗氧剂会捕捉过氧化自由基 ROO·，形成稳定的化合物而使其不再引发链反应；第二种是过氧化物分解剂作用，即所加入的抗氧剂会使过氧化物 ROOH 转化生成稳定产物，从而抑制由过氧化物产生新的自由基而增加新的分支链。

受阻酚型和芳胺型的抗氧剂起的是链终止剂作用，而硫磷型抗氧剂其作用机理迄今尚无统一的看法。其抑制氧化可能的机理是：它们在高温下发生复杂的分解反应，分解的产物能捕捉自由基而使链反应终止，同时又能使过氧化物分解。此外，分解后的硫、磷化合物又可与金属表面反应形成保护膜，能使金属与油隔开。这样，既可抑制油中的酸性物质对金属的腐蚀，也可抑制金属对氧化的催化作用。

3. 金属减活剂

润滑油品在储存和使用过程中不可避免地要与铜、铁等金属接触，这些金属对油品的氧化具有很强的催化活性。在油品的氧化过程中，即使金属离子含量很低，也能对油品的自动氧化过程中的自由基链反应起加速作用，因此把金属屏蔽起来对提高油品氧化稳定性有利。这类抗氧剂能与金属离子形成络合物，防止金属参与氧化反应，当与其他抗氧剂一起使用时，能显示出特别强的增效作用。另外，含硫添加剂由于具有优良的极压抗磨性、热氧化安定性，在润滑油中得到了广泛的应用。但是含硫添加剂在使用过程中产生的活性硫会对金属表面产生腐蚀，影响润滑油的使用性能，一般通过在润滑油中加入金属减活剂来抑制活性硫对金属表面的腐蚀。

为了提高油品的抗氧化能力，除了加抗氧剂外，还需加金属减活剂或金属钝化剂。金属减活剂是由含 S、P、N 或其他一些非金属元素组成的化合物。其作用在于与金属离子生成螯合物，或在金属表面生成保护膜，从而阻止金属变成离子进入油中，这样不仅减弱或抑制了金属及其离子对氧化的催化作用，成为有效的抗氧剂，同时也是铜腐蚀抑制剂、抗磨剂和防锈剂，因此在各种油品中都得到广泛的应用。

金属减活剂按其结构可分为苯三唑型(T551)和噻二唑型(T561)两大类。

三、载荷添加剂

在机械中使用润滑油的目的是用油膜将摩擦部件隔开，以润滑油的内摩擦代替金属间的干摩擦，从而避免磨损及减少功率损失。一般情况下，摩擦部件间的油膜厚度是足够的。但当负荷较大和相对运动速度较低时，润滑油的油膜会变得很稀薄，出现所谓边界润滑状态。此时，除非油膜具有相当的强度，否则会发生近似干摩擦的情况，从而造成磨损，甚至烧结。为此，必须设法增加油膜的强度，使它在高负荷下也能存在于金属摩擦面之间，而不被挤掉。载荷添加剂就是指在边界润滑状态下，能在金属表面形成吸附膜或反应膜，从而减少摩擦及降低磨损的添加剂。

载荷添加剂按其能耐负荷的大小可分为油性添加剂和极压添加剂两类。

1. 油性添加剂

油性添加剂也称为摩擦改进剂。油性添加剂适用于较缓和的条件，它们在摩擦表面上形成定向排列的物理吸附膜或化学吸附膜，防止金属直接接触，并可使摩擦系数减小。但当温度高于150℃时，这种保护膜就无法保持，油性剂就会失效。

常用的油性添加剂有下列几种：

① 脂肪酸及二聚酸，如油酸、硬脂酸、二聚亚油酸(T402)等。

② 脂肪醇，如石蜡氧化脂肪醇等。

③ 脂肪酸皂，如油酸铝、硬脂酸铝等。

④ 酯类，如油酸丁酯、油酸单甘油酯、油酸乙二醇酯(T403)等。

⑤ 硫化动、植物油，如硫化棉籽油(T404)等。

⑥ 苯并三氮唑脂肪胺盐(T406)。

2. 极压添加剂

当金属表面承受的负荷极高，由于摩擦生热形成高温时，吸附膜已不可能保持。而在此重载、高温条件下，极压添加剂会分解，分解的产物又可与金属表面反应生成一层化学反应膜。这层膜比较稳定，摩擦系数也较低，这样便能减少磨损并防止金属表面烧结。

一般使用的极压添加剂是一些含氯、硫、磷的化合物。

(1) 含硫极压添加剂

硫化异丁烯(T321)是获得广泛应用的含硫极压添加剂，特别适用于配制齿轮油。它是由异丁烯、单氯化硫、硫化钠反应而成。含硫极压添加剂在高温下会与铁反应生成硫化铁膜。硫化铁膜的熔点高、耐热好，因而烧结载荷高，但是硫化铁膜较脆，所以其抗磨性较差。

(2) 含氯极压添加剂

含氯极压添加剂中使用最多的是氯化石蜡(T301)，其原料价廉易得。在极压条件下，它能与金属反应生成氯化铁膜。氯化铁膜具有层状结构，其摩擦系数较小。其缺点是遇水会分解，生成腐蚀性很强的盐酸，并且熔点也较低，容易失效。

(3) 含磷极压添加剂

含磷极压添加剂一般是磷酸酯和亚磷酸酯，主要的品种有亚磷酸二丁酯(T304)、酸性磷酸酯胺盐(T308)、磷酸三甲酚酯(T306)等。其中酸性酯的极压性最好，但对金属腐蚀性较强。中性酯腐蚀性小，但极压性较差。含磷极压添加剂在高温下分解并与铁反应，在表面形成磷酸铁和磷化铁膜，从而防止磨损。

(4) 含有多种活性元素的极压添加剂

含有磷、氮两种活性元素的极压添加剂有氨基磷酸酯。含有硫、磷、氮三种活性元素的极压添加剂有氨基硫代磷酸酯和硫代磷酸复酯胺盐等。这类添加剂不仅具有较好的极压性，而且腐蚀性也比较小，所以获得了广泛的应用。

(5) 硼酸盐极压添加剂

硼酸盐极压添加剂(T361)是由三硼酸钾或三硼酸钠在油中胶态分散制成。此类添加剂的极压性很好，但对水比较敏感。当有少量水存在时会降低其性能，如有大量的水则会使硼酸盐溶解而失效。硼酸盐的极压性并不是由于与金属起反应形成反应膜，而是由于摩擦部件相对运动时，其表面带电，使硼酸盐微粒附于其上，形成极压膜。这层膜既厚又黏，起到无机润滑膜的作用。

四、黏度指数改进剂

黏度指数改进剂又称黏度添加剂或增黏剂。内燃机润滑油要求具有良好的黏温性能，即较高的黏度指数，尤其对于冬夏通用的多级内燃机润滑油更是如此。对黏度较低的基础油添加黏度指数改进剂，以增加其黏度，同时也提高其黏度指数。此类添加有黏度指数改进剂的润滑油称为稠化油。

黏度指数改进剂都属于油溶性高分子聚合物，这些高聚物的共性是：①其单体只有一个双键；②是线型而不是网型；③主链长度有500~1000个碳原子。衡量黏度指数改进剂性能的好坏，除考虑其改善黏温性能的能力外，还要评定其增黏能力(即加入1%此类添加剂后润滑油黏度增加的百分比)、剪切稳定性(即在剪切力作用下高聚物分子链不易断裂)、热安定性、低温泵送能力等。

1. 黏度指数改进剂的种类

(1) 聚异丁烯(T603，简称PIB)

聚异丁烯黏度指数改进剂的数均相对分子质量约为5万，是采用催化裂化气的C_4(丁烷与丁烯)馏分为原料，以三氯化铝/三异丁基铝或三氯化铝/甲苯/二氯乙烷作催化剂，在低温下进行选择性聚合而得到的产品。

聚异丁烯因价廉、原料易得，是中国黏度指数改进剂的主要品种。它的剪切稳定性和热安定性都较好，但增黏能力及低温性能较差。

(2) 聚甲基丙烯酸酯(T602，简称PMA)

甲基丙烯酸酯单体是通过甲基丙烯酸与C_8和C_{10}高碳醇酯化制取的。高碳醇可从椰子油或用石蜡氧化产物加氢得到。

聚甲基丙烯酸酯的增黏能力和黏度指数改进效果都不错，尤其是低温性能很好，但剪切稳定性和热安定性都较差。其产品的数均相对分子质量在10万以上，它除能改进黏度指数外还同时能降低油品的凝点。结构类似的聚丙烯酸酯也是一种黏度指数改进剂。

(3) 烯烃共聚物(T611~T614，简称OCP)

其中用得最多的是乙烯/丙烯共聚物，它可以通过乙烯和丙烯直接聚合，也可以先制成乙丙橡胶，再降解而得。乙丙共聚物增黏能力强，剪切稳定性好，但低温性能较差，其产品数均相对分子质量在 7 万~15 万。

2. 黏度指数改进剂作用机理

用作黏度指数改进剂的高分子聚合物都有很长的分子链，其相对分子质量是润滑油的几十倍至几百倍。它们在溶剂中是以无规则的线团形态存在的，而线团所占的流体力学体积的大小与溶剂的溶解能力及温度有关。高聚物在难溶溶剂中蜷缩成占体积很小的球，而在易溶溶剂中会伸展开来占有更大的体积。在低温时，高聚物在油中的溶解度较小，它的分子就会蜷缩，这样，它对油的黏度的影响就较小。而随着温度的增高，高聚物在油中的溶解度增大，它的分子也就逐渐伸展开来，对油分子间的相对运动就会产生更大的阻碍作用，使油品的表观黏度增大。也就是说，此类高聚物在低温时增黏能力小，而在高温时增黏能力大，这样便可使润滑油的黏温性质得以改善。

五、降凝添加剂

含蜡的原料，经脱蜡后可以降低润滑油料的倾点。如果脱蜡程度过深，会使黏度指数降低过多，收率也会降低。所以，采用适度脱蜡同时辅之以添加降凝剂以进一步降低其倾点的方法，是比较经济合理的。

1. 降凝添加剂的种类

降凝添加剂是一类聚合或缩合的产物，其分子结构中一般含有较长的烷基链。具体有下列品种。

(1) 烷基萘(T801)

烷基萘类降凝剂的商品名称为巴拉弗洛(Paraflow)，它是由氯化石蜡与萘在三氯化铝催化作用下缩合制成。产品的相对分子质量分布很宽，平均相对分子质量约为 6000，即每个分子平均有 6~8 个烷基萘结构单元构成，但其有效组分是相对分子质量较大的部分。

这类降凝剂由于原料易得，合成工艺简单，迄今已沿用了近一个世纪，其缺点是颜色较深，会影响润滑油产品的色度。

(2) 聚甲基丙烯酸酯(T602)

聚甲基丙烯酸酯是一种黏度指数改进剂，它同时也是一种很好的降凝剂。但作为降凝剂时，其数均相对分子质量不要太大，一般低于 10 万，而酯化所用醇的碳数则要多一些，须为 C_{12}~C_{14}才能有较好的降凝效果。

与此结构相近的聚丙烯酸酯(T814)也可用作降凝剂。

(3) 聚 α-烯烃(T803、T805、T806)

聚 α-烯烃降凝剂是采用石蜡裂解烯烃为原料，在 $TiCl_3/Al(C_4H_9)_3$催化剂作用下聚合而得，其数均相对分子质量约为 10 万，它的降凝效果与聚甲基丙烯酸酯大体相当。

此外，醋酸乙烯酯/反丁烯二酸酯共聚物也是一类很好的降凝剂。

2. 降凝剂作用机理

含蜡润滑油在低温下丧失流动性的原因，主要是因为其中所含的蜡以片状或针状结晶析出，结晶逐渐长大并通过其棱角相互联结，进而形成三维网状骨架所致。

添加降凝剂并不能使蜡的结晶不析出，而是能阻碍蜡结晶形成三维网状结构，从而使其倾点降低。至于降凝剂的作用机理，则是因降凝剂的种类的不同而不同。烷基萘是带有长烷基侧链的双环芳烃，一般认为它能吸附于蜡结晶的表面，阻碍结晶的长大，从而起降凝作用的。而聚甲基丙烯酸酯则是由于其分子具有梳形的结构，借助其侧链烷基与蜡共晶，而极性的酯基团则留在晶体外部起屏蔽作用，这样便能使蜡结晶不形成三维网状结构，达到降凝的效果。

降凝剂只针对含蜡的油品，但如果油中含蜡过多，超过了降凝剂效能范围，那么即使加入降凝剂也起不到降凝效果。另外，油品黏度大小和烃类组成均影响降凝剂的感受性。一般轻质润滑油较重质润滑油容易降凝，烷烃和环烷烃感受性好，长侧链的轻芳烃次之，重芳烃的降凝感受性最差。

六、防锈添加剂

防锈添加剂是一类油溶性表面活性剂，它的主要作用在于防锈剂分子中极性一端吸附于金属表面，烃基一端伸向油相，形成分子定向排列的致密分子膜，以阻止水分与氧渗入金属表面而产生锈蚀。使用中，要求防锈剂分子吸附膜具有较高的机械强度和抗水性，并有从金属表面除去有害物质的能力。

防锈添加剂有下列几类：

1. 磺酸盐类

石油磺酸钡(T701)是目前应用最广的油溶性防锈剂，它的防锈性能较好，特别是抗盐水性能比较突出。此外，石油磺酸钠(T702)、二壬基萘磺酸钡(T705)也都是防锈剂。

2. 羧酸，羧酸盐类

长链脂肪酸具有一定的防锈性，脂肪酸的金属盐类通常比原来的脂肪酸的防锈性更强一些，羧酸盐防锈剂具有较好的抗潮湿性能，但大多数羧酸或其金属盐的抗盐水性能较差。羧酸型的防锈剂有烯基丁二酸(T746)、环烷酸锌(T704)等，它们与磺酸盐复合使用时会有明显的增效作用。

3. 酯类

山梨糖醇单油酸酯(即Span-80)及羊毛脂等也是常用的防锈剂。羊毛脂的主要成分是高级脂肪酸与高级脂肪醇形成的酯类。

4. 含氮化合物

C_{12}~C_{14}的脂肪胺及脂肪胺油酸盐具有较好的防锈性能。含氮杂环化合物作为防锈剂的重要类型是烷基取代咪唑啉及其有机酸盐(T703)以及苯并三氮唑(T706)。

七、抗泡添加剂

润滑油特别是含有强极性添加剂的油品(内燃机油、齿轮油)，受到振荡、搅拌等作用后，不可避免地会有空气潜入油中，同时，油品本身氧化分解也会产生气体，从而在界面上形成泡沫。

润滑油产生泡沫后会使油的润滑效果下降，管路产生气阻致使供油量不足，机件磨损加剧。对于液压油，起泡会导致液压系统压力不稳，影响正常的工作。同时由于泡沫的存在，也会促进油品的氧化，加速变质。

在润滑油中加入抗泡添加剂是减少泡沫的有效方法。目前所用的抗泡添加剂(下面简称抗泡剂)有硅油型和非硅油型两类。

1. 硅油型抗泡剂

这是目前最常用的一种抗泡剂，主要是二甲硅油(T901)，它又称为聚二甲基硅氧烷。其产品牌号是按黏度划分的。硅油具有用量少(仅需加1~10μg/g)，抗泡性、抗氧化性、抗高温性能好等优点，但其调和工艺要求严格，在酸性介质中不够稳定。硅油是一种难溶于润滑油而表面活性很强的物质。它并不能阻止润滑油生泡，但它可吸附在泡膜上，使泡膜的局部表面张力显著降低。这样泡膜便会因受力不均匀而破裂，从而缩短泡沫的存在时间。

硅油的分子结构式为：

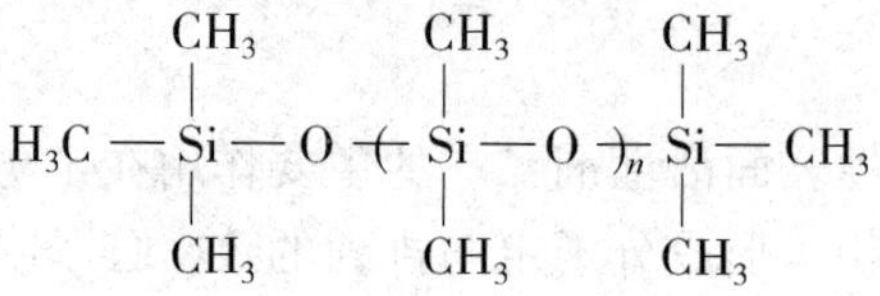

2. 非硅油型抗泡剂(聚丙烯酸酯型)

在引发剂的存在下，丙烯酸乙酯、丙烯酸-2-乙基己酯和乙烯基正丁醚等单体，在溶剂中经过无规共聚，可生成非硅型抗泡剂。其分子结构式如下：

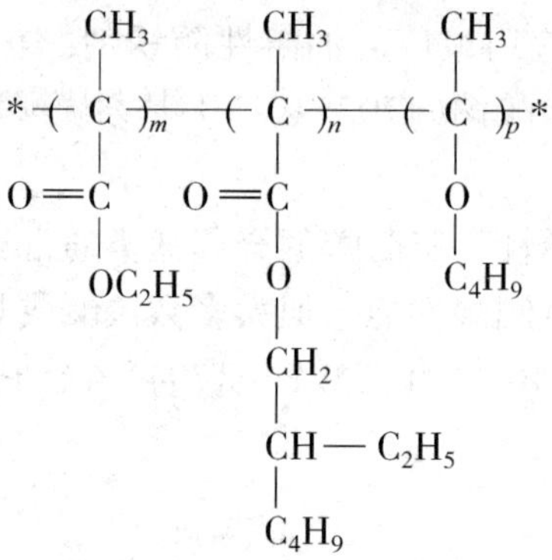

式中，m、n、p 视反应条件及原料配比而异。

非硅型抗泡剂对各种调和技术不敏感，在酸性介质中仍保持高效，可长期储存，稳定性好。但其用量较大，在0.001%~0.07%之间。

八、抗乳化剂

润滑油在使用过程中会受到水的污染，如机械设备漏水、切削加工冷却水等，均会在油中进入一定水分，这就要求油品具有一定的分水性和不形成W/O型乳化体。因为润滑油在乳化后或其抗乳化性差，会丧失流动性(W/O型乳化体会使油的黏度成倍地增加)和损失润滑性，也会引起金属腐蚀和磨损。工业齿轮油、汽轮机油、液压油(如含锌盐的油品)均易受水的污染，所以这些油品对抗乳化性能有较高的要求。

造成润滑油分水性差或发生乳化的原因可能是高黏度油中的极性组分引起的；也可能是工业润滑油中各种添加剂，特别是清净分散剂、防锈剂、极压抗磨剂等表面活性物质引起的；还可能是油品在使用中氧化生成的羧酸等易乳化的化合物引起的。

提高基础油的精制深度，选择适宜的添加剂能部分解决润滑油乳化问题，但是加入抗乳化剂是提高润滑油抗乳化性的主要途径。在油品中加入抗乳化剂后能改变油/水界面张力，以达到改善油品的抗乳化性的目的。有效的抗乳化剂必须具有比原乳化物质更高的表面活性，从而能置换油水界面上原来的成膜物。抗乳化剂为水溶性表面活性剂，加入后可以加速水滴聚并，使液滴容易结合在一起。另外，抗乳化剂能使乳化液发生转相作用，使 W/O 型变成 O/W 型，达到分水的目的。

较常用的抗乳化剂有胺与环氧化物的缩合物（T1001）、PO/EO 嵌段共聚的油溶性聚醚（DL32）、聚氧丙烷型的衍生物（DM114）等。

九、复合添加剂

随着对内燃机油的质量要求越来越高，使用单剂调和润滑油不仅工艺繁琐，而且在配方评定方面困难很大，大多数润滑油调和厂难以实现。因此，国际著名的添加剂厂家在台架评定的基础上，生产出了复合添加剂，这种复合剂具有成品油要求的多种功能。复合添加剂是指几种单剂以一定比例混合，并能满足一定质量等级的添加剂混合物，只要在指定性质的基础油中加入适当的量，就可以生产某一质量级别的油品。如汽油机油复合剂，就具有很好的低温分散、高温抗氧和清净性能，分别加入不同的量，就可以达到 SM、SN……级质量水平。使用复合剂对基础油的性质要求较高，成本也较用单剂为高。目前，国内能生产复合剂在厂家很少，中国生产的高档油大都使用进口复合剂。

复合添加剂的性能不仅要靠添加剂单剂质量的提高，还要通过添加剂复合规律研究确定添加剂相互协合作用的本质，以获得综合性能最佳的复合剂。使用复合添加剂可以简化配方筛选的难度，降低润滑油生产的成本并且稳定油品生产质量。

复合添加剂的功效，不是各种添加剂组分作用功效的简单总和。各种不同添加剂复合时，可能复合功效超过各组分的简单加合，各单剂具有协同性；也可能各单剂发生拮抗，复合功效低于各组分的简单加合。

复合添加剂的种类有汽油机油复合剂、柴油机油复合剂、通用内燃机油复合剂、二冲程汽油机油复合剂、铁路机车油复合剂、船用发动机油复合剂、工业齿轮油复合剂、车辆齿轮油复合剂、通用齿轮油复合剂、液压油复合剂、工业润滑油复合剂、防锈油复合剂等。

第四节　内 燃 机 油

内燃机润滑油简称内燃机油，也称发动机油、曲轴箱油，它是润滑油中消耗量最大的一类。由于其在汽油机或柴油机中的工作条件相当苛刻，对它的质量要求也就非常高，需要对基础油严格精制，还要加入多种必要的添加剂。内燃机油的主要作用是润滑发动机的各个运动部件；冷却机体，带走部件因摩擦而产生的热量；清洗活塞环和气缸内壁中的沉积物；在活塞环和气缸之间起密封作用，使气缸能有效地保持其压力。

一、内燃机油的工作条件

随着内燃机向高速和大功率的方向发展，它的工作条件也越来越苛刻，其主要特点是：

① 由于内燃机的气缸和活塞都直接与燃气接触，汽油机活塞顶部的温度可达 250℃，柴油机活塞顶部的温度能达到 300℃，曲轴箱温度也在 100℃左右，所以内燃机油的使用环境温度较高。

② 摩擦件的负荷大，主轴承处负荷高达5~12MPa，活塞销轴承处达35MPa。

③ 活塞在气缸中的运动速度是周期性变化的，速度最快时可达10m/s，而在上止点和下止点的速度为零，运动速度多变。

④ 一般内燃机油都是循环使用的，它长时间与氧气和金属接触，所处环境非常复杂。

二、内燃机油的主要性能

1. 黏度

内燃机油要求有一定的黏度，在摩擦件之间形成连续的油膜。如果内燃机油黏度太小，不能形成足够厚的油膜，从而加大机件磨损，甚至烧坏；如果内燃机油的黏度太大，会造成功率损失，浪费燃料。一般来说，负荷小，工作温度低，转动速度快的机械应选用黏度较小的润滑油；反之，应选用黏度较大的润滑油。

根据内燃机实际工作条件，因其负荷大，工作环境温度高，所以常选用黏度较大的润滑油。一般内燃机油在100℃时的黏度为3.5~26mm^2/s。

润滑油的黏度取决于其馏分组成和化学组成。润滑油的馏程越高，相对分子质量越大，其黏度越大，所以，当要求黏度较大时，往往要以减压馏分甚至减压渣油作为原料；内燃机油中环状结构的烃类含量越高，其黏度越大。

2. 黏温性质

内燃机油在使用过程中环境温度变化幅度较大，正常运转时局部温度可高达300℃，而在启动时温度又比较低，尤其是高寒地区冬季室外温度低至零下几十度。这就要求内燃机油的黏度随温度的变化幅度较小，即要求有较高的黏度指数。也就是说，高温时内燃机油不要太稀，保持必要厚度的油膜；而低温时不要太稠，利于启动，降低磨损。

润滑油的黏度指数取决于它的化学组成。黏度指数大小顺序为：正构烷烃>少环长烷基侧链的环状烃>分支较少的异构烷烃>多环短侧链的环状烃。

从黏度和黏温性质的角度来考虑，用石蜡基原油生产出来的内燃机油比较好，实际上现在内燃机油基本都是用石蜡基原油的减压馏分油生产的。

3. 抗氧化安定性

内燃机油的使用温度高，又是循环使用，并经常与氧气和金属接触，因而内燃机油很容易氧化变质。因此要求内燃机油具有较好的氧化安定性。

(1) 烃类组成对氧化安定性的影响

润滑油中烃类的氧化大致分成两个方向：

① 烷烃、环烷烃、带长侧链(C_5以上)的芳烃的氧化特点是烷基的氧化。

反应过程如下：烃→过氧化物→单官能团含氧化合物(醇、醛、酮、酸)→双官能团含氧化合物(羟基酸、酮酸)→半交酯、酯类等→缩合产物。

② 无侧链、短侧链芳香烃的氧化特点是芳香基的氧化。

反应过程如下：芳烃→过氧化物→酚类→胶质→沥青质。

生成的酸性物质腐蚀金属机件，其缩合产物和胶质在活塞和气缸壁上形成积炭和漆膜，导致机件过热，磨损加剧，同时使润滑油的黏度增加，损耗功率。

研究表明，在高温条件下，润滑油所含的各类烃单独存在时，烷烃最容易氧化，环烷烃次之，芳烃最不容易氧化。而在混合条件下，其氧化结果与单体烃的氧化有显著差别。从石油馏分分离得到的饱和烃和一定质量分数萘混合的氧化结果见表 4-4-1。在该实验条件下，单独存在的萘并未被氧化，而石油饱和烃和萘的混合物中的萘被明显氧化，随着萘的加入量的增加，石油饱和烃的氧化受到抑制的程度增加，而同时萘却变得越来越容易氧化。研究表明，润滑油中含有适量的少环芳烃对氧化安定性是有利的，但不能过多。

表 4-4-1　石油饱和烃与萘的氧化（氧化条件：150℃，0.3MPa，3h）

样品	氧化后酸性产物/%	氧化后胶状物/%	总氧化产物/%	萘被氧化的部分/%
萘	0	0	0	—
十氢萘	24.0	8.2	32.2	—
石油饱和烃	45.3	7.0	52.3	—
石油饱和烃+1%萘	19.4	8.0	27.4	22.2
石油饱和烃+5%萘	11.4	9.3	20.7	42.4
石油饱和烃+10%萘	10.8	7.9	18.7	67.0

（2）含硫化合物对氧化安定性的影响

硫含量对润滑油的氧化影响见图 4-4-1。由图 4-4-1 可见，在试验范围内，油样中的硫含量越高，其吸氧速度就越慢。硫化物对石油中烃类的氧化有明显的抑制作用，含有一定量的硫会使润滑油更加安定。实践证明，含硫化合物中硫醚尤其是环硫醚对润滑油氧化的抑制作用最为明显，而噻吩类对润滑油的氧化基本没有抑制作用。原因是硫醚类化合物的氧化产物（如亚砜等）阻滞了氧化的链反应。

（3）含氮化合物对氧化安定性的影响

研究表明，含氮化合物对润滑油的氧化具有促进作用。图 4-4-2 是旋转氧弹法评价的氮含量对基础油氧化安定性的影响。

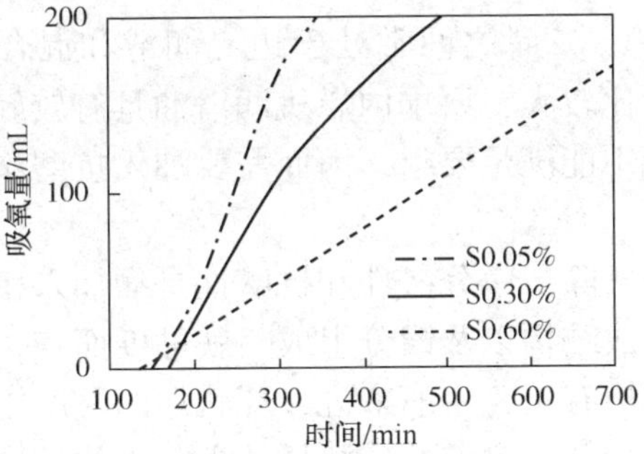

图 4-4-1　不同硫含量的大庆润滑油的氧化曲线

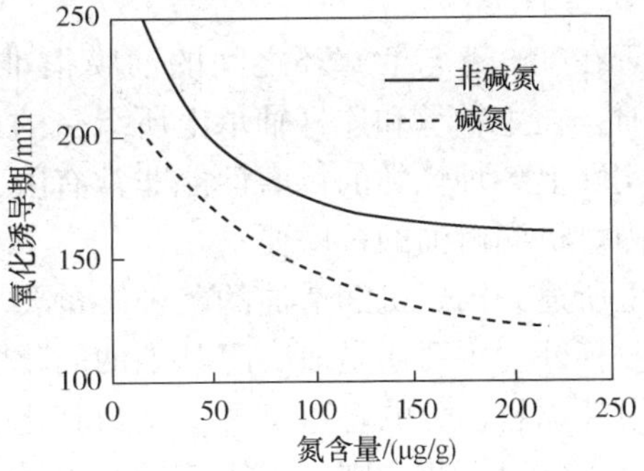

图 4-4-2　氮含量对 500SN 基础油氧化安定性的影响

旋转氧弹法试验：将试样、蒸馏水和铜催化线圈一起放到一个带盖的玻璃盛样器内，然后把它放进装有压力表的氧弹中。氧弹在室温下充入 620kPa（6.2bar 或 90psi）压力的氧气，放入规定温度（绝缘油 140℃；汽轮机油 150℃）的油浴中。氧弹与水平面成 30°角，以 100r/min的速度轴向旋转。当压力从最高点下降 175kPa 时停止试验。以所经历的时间（min）作为试样氧化安定性的指标。

由图 4-4-2 可以看出，碱性氮化物和非碱性氮化物对润滑油的氧化安定性都有不利影响，而且碱性氮化物的影响更为显著。为了改善润滑油的氧化安定性，必须通过精制的手段将润滑油中的氮化物尤其是碱性氮化物脱除。

4. 清净分散性

内燃机油的使用条件比较苛刻，虽然采用了精制、添加抗氧剂等方法，但是油品老化、产生沉积物是不可能避免的。润滑油本身的氧化和缩合以及与燃料燃烧产物的相互作用，在内燃机内产生的沉积物主要有三类：

① 积炭——润滑油的高温分解产物，为棕色到黑色的固态物质。H/C 约为 0.7，主要生成于活塞顶部、燃烧室壁、阀门等高温部位，会使金属部件磨损甚至烧蚀。

② 漆膜——润滑油氧化缩合的产物，为淡棕色到黑色的薄而坚固的膜，H/C 约为 1.2，主要生成于活塞环槽及活塞裙部，会使活塞环黏结及传热变差，导致密封不严和磨损增大。

③ 油泥——由水、润滑油及固体杂质形成的乳状沉积物，为灰棕色到黑色的凝块，主要沉积于曲轴箱、输油管等低温部位，会导致油路堵塞。

由于内燃机油在工作过程中生成沉积物，因此要求内燃机油具有将各类沉积物尽量从金属表面洗涤下来并分散在润滑油中的性能。基础油本身不具备清净分散性能，因而需要靠加入清净分散添加剂来满足润滑油的清净分散性。

5. 低温流动性

由于内燃机在冬季的启动温度较低，如果润滑油没有良好的低温流动性，便不能正常地泵送，导致在运动部件之间不能形成正常的润滑状态，因而导致磨损增加。

导致润滑油低温性能差的原因有两方面，一是在低温下因形成蜡结晶结构而丧失流动性，二是在低温下黏度太大，流动困难而造成供油不足。

从化学组成来看，正构烷烃的熔点高，导致低温下析出蜡结晶；多环短侧链的烃类低温黏度大，低温流动性较差。

6. 抗磨性

由于在气缸壁与活塞环之间的油膜很难维持，二者之间常处于边界润滑和混合润滑状态。同时，在主轴承和连杆轴承上所承受的负荷比较大，要求内燃机润滑油具有较好的抗磨性能。实际上各种烃类的抗磨性能非常有限，都不能满足要求，因而需要加入抗磨添加剂才能满足内燃机润滑油的抗磨要求。

综上所述，内燃机润滑油的各种质量要求中，除清净分散性和抗磨性是靠加入相应的添加剂来改善外，主要还是取决于基础油的化学组成结构以及馏分组成。就黏度而言，其大小既与润滑油原料馏分的轻重有关，又与其化学结构有关，一般来说，环状烃的黏度比链状烃的大。至于黏温性质，则以正构烷烃的为最好，少环长侧链的环状烃及少分支的异构烷烃的也比较好，以多环短侧链结构的烃类为最差。而抗氧化安定性的情况比较复杂，据研究，内燃机油中饱和烃和单环芳烃含量高有利于改善其抗氧化安定性，而多环芳烃含量高则是不利的；同时，非烃的含量也有较大的影响，一般认为，一定量的含硫化合物可以对氧化起抑制作用，而即使很少量的含氮化合物也会促进烃类的氧化。再者，影响润滑油低温性能的，当然主要是其中的正构烷烃和其他高熔点烃类的含量。这样看来，对于内燃机润滑油，其理想的组分是少环长侧链的烃类以及少分支的异构烷烃，而多环短侧链烃类和正构烷烃则是非理想组分，应该用脱蜡和精制等方法将它们除去。至于非烃化合物，一般来说是非理想组分，但少量的含硫化合物有时能对氧化反应起抑制作用。

三、内燃机油的分类

1. 按使用性能(等级)分类

内燃机油(等级)标准体系有API(American Petroleum Institute)标准、ILSAC(International Lubricant Standardization and Approval Committee)标准、ACEA(Associationdes Constructeurs Europeensd' Automobiles)标准、OEM(Original Equipment Manufacture)标准等。其中API内燃机油质量等级标准国际通用，而OEM标准规格最高。

(1) API等级分类

API将汽车发动机油分为汽油机油S(Service)系列和柴油机油C(Commercial)系列两大类；每一系列又按产品特性、使用场合和使用对象不同，分为若干规格等级。

汽油机油规格从SA发展到目前的SP，分别是SA、SB、SC、SD、SE、SF、SG、SH、SJ、SL、SM、SN、SP，其中SA~SH规格已经废止，SP为目前汽油机油的最高级别。与SN级相比，SP级汽油机油在抗磨损性、抗低速早燃(LSPI)、抗氧化和活塞清净性，提升燃油经济性等性能均进行了升级，并降低了灰分。

柴油机油规格从CA发展到现在的CK-4，分别是CA、CB、CC、CD、CD-Ⅱ、CE、CF、CF-2、CF-4、CG-4、CH-4、CI-4、CJ-4、CK-4，其中CA~CF规格逐渐淘汰，CK-4为目前柴油机油的最高级别。

(2) ILSAC等级分类

ILSAC标准的要求一般由两个部分组成：API规格和节能要求。ILSAC标准的汽油机油的规格有GF-1、GF-2、GF-3、GF-4、GF-5、GF-6共6个等级，分别满足API标准的SH、SJ、SL、SM、SN、SP的所有要求，同时还要通过ILSAC规定的节能要求。

GF代表以汽油为燃料的、具有燃料经济性要求的乘用车发动机油，GF后面的数字是相对应的节能、排放等级，GF-6标准一般被称为国六标准。GF-6分为GF-6A与GF-6B两个规格，GF-6B在燃油经济性上优于GF-6A。

GF-6A满足GF1~GF5标准，并为SAE(Society of Automotive Engineers)0W-20、5W-20、5W-30和10W-30黏度等级设计。GF-6B包括GF-6A的所有要求，但仅用于SAE0W-16黏度等级，目前主要用于日系车。

(3) ACEA等级分类

ACEA等级认证分为3类，分别是A/B、C、E。字母分别代表：A—汽油发动机、B—轻型柴油机、C—带尾气处理装置的汽油机和轻负荷柴油机，E—重型柴油机。字母后面数字越大，级别越高，质量越好。

A/B系列为高灰分(Sulphated Ash Phosphorus Sulphur，SAPS)的内燃机油，C系列是中、低SAPS的机油，能有效避免颗粒捕捉器的堵塞。A/B系列包括A1B1、A3B3、A3/B4、A5/B5、A7/B7，C系列包括C1、C2、C3、C4、C5、C6。

ACEA在2021年废止了A1/B1、A3/B3和C1三个低级别标准，颁布了高性能的A7/B7和C6(硫酸盐灰分≤0.8%)标准，以满足现代发动机的硬件需求，如涡轮增压缸内直喷发动机，抗LSPI以及保证磨损保护功能和涡轮增压器的沉积物控制。

中国参照API和ILSAC标准，现行的GB/T 28772-2012《内燃机油分类》，汽油机油、柴油机油的最高级别为SN/GF-5和CJ-4，应尽快升级内燃机油标准与国际接轨。API/ILSAC汽油机油规格升级演化见表4-4-2。

表 4-4-2　汽油机油(API/ILSAC)规格升级演化

性能等级	发布年份				
	2001	2004	2010	2018	2020
API	SL	SM	SN	SN Plus	SP
ILSAC	GF-3	GF-4	GF-5	—	GF-6A、GF-6B

2. 按黏度分类

(1) 分类方法

GB/T 14906—2018《内燃机油黏度分类》，采用国际通用的SAE(美国汽车工程师学会)黏度分类法，将机油分为冬季用油(W级)和非冬季用油。含字母W的一组单级内燃机油是以低温启动黏度、低温泵送黏度和100C时运动黏度划分黏度等级；不含字母W的一组单级内燃机油是以100℃时运动黏度和150℃时高温高剪切黏度划分黏度等级。一个多黏度等级内燃机油，其低温启动黏度和低温泵送黏度应满足系列中一个W级的要求，同时，其100℃运动黏度和150℃高温高剪切黏度应在系列中一个非W级分类规定的黏度范围之内。多级油中添加了黏度指数改进剂，其黏度指数显著高于单级油，它的使用不受季节和地区的限制。

(2) 黏度牌号表示方法

低温黏度等级号有6个(0W、5W、10W、15W、20W、25W)，其级号越小适应的温度越低；高温黏度等级号有8个(8、12、16、20、30、40、50、60)，其级号越大适应的温度越高。内燃机油黏度分类见表4-4-3。

黏度牌号有单级油和多级油之分。任何一个牛顿油可标为单级油(含W或不含W)。一些经聚合物黏度指数改进剂调配的油是非牛顿油，应同时标注低温等级和高温等级，低温黏度级和高温黏度级两者的黏度级号之差大于等于15。例如，一个多级油可标为10W-30，而不可标为10W-20。一个油可能同时符合多个W级，所标记的含W级号或多黏度级号只取最低W级号。例如，一个多级油同时符合10W、15W、20W和30级号，黏度牌号只能标为10W-30。对于黏度等级为SAE8~SAE20的内燃机油其100℃运动度可能同时符合多个高温度等级要求，仅需标记符合最大高温高剪切黏度的黏度等级。

表 4-4-3　内燃机油黏度分类(GB/T 14906—2018)

黏度等级	低温启动黏度/(mPa·s) 不大于	低温泵送黏度(无屈服应力时)/(mPa·s) 不大于	运动黏度(100℃)/(mm^2/s) 不小于	运动黏度(100℃)/(mm^2/s) 小于	高温高剪切黏度(150℃)/(mPa·s) 不小于
0W	6200(-35℃)	60000(-40℃)	3.8	—	—
5W	6600(-30℃)	60000(-35℃)	3.8	—	—
10W	7000(-25℃)	60000(-30℃)	4.1	—	—
15W	7000(-20℃)	60000(-25℃)	5.6	—	—
20W	9500(-15℃)	60000(-20℃)	5.6	—	—
25W	13000(-10℃)	60000(-15℃)	9.3	—	—
8	—	—	4.0	6.1	1.7
12	—	—	5.0	7.1	2.0

续表

黏度等级	低温启动黏度/(mPa·s)不大于	低温泵送黏度(无屈服应力时)/(mPa·s)不大于	运动黏度(100℃)/(mm^2/s)不小于	运动黏度(100℃)/(mm^2/s)小于	高温高剪切黏度(150℃)/(mPa·s)不小于
16	—	—	6.1	8.2	2.3
20	—	—	6.9	9.3	2.6
30	—	—	9.3	12.5	2.9
40	—	—	12.5	16.3	3.5(0W-40、5W-40和10W-40等级)
40	—	—	12.5	16.3	3.7(15W-40、20W-40、15W-40和40等级)
50	—	—	16.3	21.9	3.7
60	—	—	21.9	26.1	3.7

内燃机润滑油的产品开发是有严格程序规定的。产品符合标准中规定的各项理化指标后，需进行标准发动机台架试验，通过台架试验后，还要进行实地行车试验，全部通过后方为合格。每类润滑油都有特定的评定方法和指标体系，柴油机油的要求比汽油机油的要求更为苛刻。

第五节　齿　轮　油

齿轮传动是机械传动中最主要的一种方式。由于它具有传动比恒定、传动动力准确可靠、传动功率较高等特点，因而在汽车、拖拉机、机床和轧钢机等机械设备中已得到广泛应用。齿轮油是专用于齿轮传动装置的润滑油。

一、齿轮油的工作条件

齿轮之间的接触面积很小，基本是线接触，而在运动过程中既有滚动摩擦，又有滑动摩擦，这样，齿轮油的工作条件就与其他润滑油的有很大区别，其主要特点是：

① 由于齿轮间接触面积小，所以，这部分承受的压力很大，一些载重机械的减速器齿轮的齿面压力达400~1000MPa。双曲线齿轮的使用条件更为苛刻，负荷更重，其接触部位的压力可高达1000~3000MPa。

② 齿轮在运行中，相对速度变化大，润滑油极易从齿间被挤压出来，容易引起齿面的擦伤和磨损。

这些特点使齿轮的润滑处于边界润滑和弹性流体动压润滑状态。当压力大于20MPa时压力对齿轮油的黏度会产生显著的影响，如压力达到35MPa时，齿轮油的黏度约为常压下的两倍。

二、齿轮油的主要性能

与内燃机油相同，齿轮油也要求有适当的黏度、良好的黏温性质、抗氧化安定性和防腐性等。最突出的要求是良好的抗磨损、耐负荷的性能，也就是要求有较高的承载能力。

测定润滑油承载能力需借助摩擦磨损试验机，此类试验机的种类很多，其中的四球试验机即为广泛使用的一种。如图 4-5-1 所示，它的摩擦件是由四个 ϕ12.7mm 的铬钢球组成。上球用卡头卡住，由电动机带动旋转，转数为 1420r/min，下面三个球固定在球盒中，浸以试油，并有加载装置，在规定的负荷下使上球和下球压紧。试验时，不断加大负荷(P)，并用显微镜测定球上因磨损形成的磨痕直径(D_H)的大小，可得如图 4-5-2 所示的双对数坐标曲线。曲线上的第一个转折点 B 表明油膜开始破裂，钢球之间开始卡咬，此时 P_B 称为最大无卡咬负荷，也称为临界负荷。BC 间，由于部分卡咬而磨损急剧增加。CD 间的磨损增加率虽比 BC 间的小，但其磨痕直径仍在逐步增大。D 为烧结点，即达到因烧结而焊死或磨痕直径为 4mm 时的情况，P_D 称为烧结负荷。

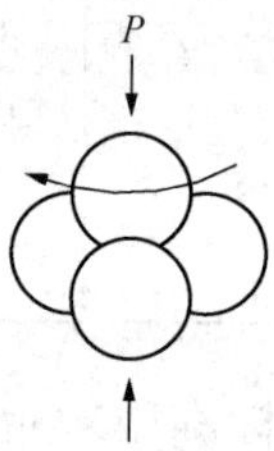

图 4-5-1　四球摩擦件示意图

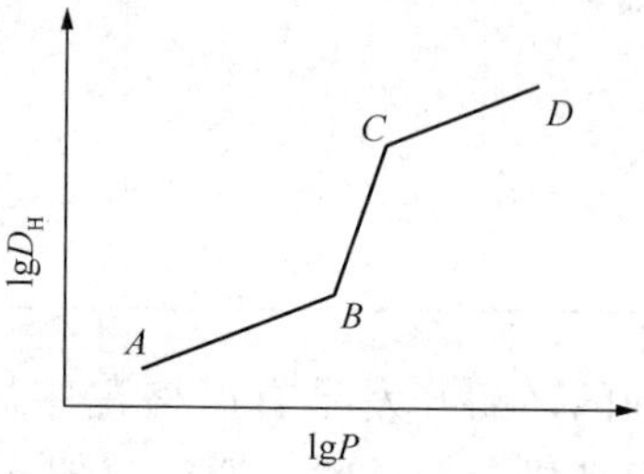

图 4-5-2　四球机试验曲线

除上述摩擦件之间属于点接触的四球试验机外，还有属于线接触的梯姆肯试验机(Timken machine)等。此外，若要开发新的齿轮油品种，还需要通过专用的齿轮油台架试验机的评定。

各种烃类的抗磨性能是不一样的，研究表明：

① 各族烃类中，芳烃的抗磨性能最好；

② 分子中含有不饱和键可显著改善其抗磨性能；

③ 就烷烃而言，其分子中碳数越多则抗磨性能越好。

但是，总的来看，烃类的抗磨性能都不能满足齿轮油承载能力的要求，所以必须加入相应的抗磨添加剂。

三、齿轮油的分类

中国的齿轮油分为工业齿轮油及车辆齿轮油两大类。工业齿轮油又按使用场合的不同，分为工业闭式齿轮油和工业开式齿轮油。就黏度而言，它们都是按 40℃ 运动黏度的中心值分为 N68、N100、N150、N220、N320、N460 和 N680 共 7 个等级。按其质量的要求，工业闭式齿轮油分为 CKB、CKC、CKD、CKE、CKS、CKT 共 6 个等级，工业开式齿轮油分为 CKH、CKJ、CKM 共 3 个等级。

依据齿轮类型和工况(油膜的热稳定性和抗氧化性)，API 将齿轮油分为 6 个质量等级，从 GL-1 到 GL-6。数字越大，质量等级越高。在中、低档的小轿车、小客车，选择 GL-4 即可；高档的豪华车、性能车和一些越野性能较好的 SUV，选择 GL-5 即可；赛车等可选择 GL-6 级别。车辆齿轮油的环境温度变化大，循环流动，黏温性质要求相对较高，因此车辆齿轮油有多级和单级之分。80W/140 等多级齿轮油同时具有良好的低温启动性和高温润滑性。GB 13895—2018《重负荷车辆齿轮油(GL-5)》参照 ASTM D7450—2013 和 SAE J306 进行了修订，标准中的黏度等级和运动黏度范围见表 4-5-1。

表 4-5-1　车辆齿轮油(GL-5)的黏度等级和运动黏度范围

黏度等级	运动黏度(100℃)/(mm^2/s)	黏度等级	运动黏度(100℃)/(mm^2/s)
75W-90	13.5~<18.5	85W-110	18.5~<24.0
80W-90	13.5~<18.5	85W-140	24.0~<32.5
80W-110	18.5~<24.0	90	13.5~<18.5
80W-140	24.0~<32.5	110	18.5~<24.0
85W-90	13.5~<18.5	140	24.0~<32.5

我国车辆齿轮油按其使用条件的苛刻程度分为普通车辆齿轮油(代号 CLC)、中负荷车辆齿轮油(代号 CLD)和重负荷车辆齿轮油(代号 CLE)共 3 种，它们的质量档次分别相当于 API 标准的 GL-3、GL-4、GL-5。车辆齿轮油按 210℉ 赛式通用黏度秒的大约值，分为 70W、75W、80W、85W、90、140、250 共 7 个黏度等级，详见表 4-5-2。

表 4-5-2　车辆齿轮油的黏度分类(SAE)

分类	达到 150Pa·s 的最高温度/℃	100℃运动黏度/(mm^2/s)	
		最低	最高
70W	-55	4.1	—
75W	-40	4.1	—
80W	-26	7.0	—
85W	-12	11.0	—
90	—	13.5	24.0
140	—	24.0	41.0
250	—	41.0	—

第六节　润滑脂特点及分类

一、润滑脂的特点

润滑脂俗称黄油，主要由矿物油(或合成润滑油)和稠化剂调制而成。润滑脂是将稠化剂分散于液体润滑剂中所组成的一种稳定的固体或半固体产品，其中加入旨在改善润滑脂某种特性的添加剂及填料。润滑脂在常温下可附着于垂直表面不流失，并能在敞开或密封不良的摩擦部位工作，具有其他润滑剂所不可替代的特点。在高温或有负载时，稠化剂将油释放出来，像液体能产生流动，从而起到润滑作用。当剪切作用停止后，它又能恢复一定的稠度，润滑脂的这种特殊的流动性，决定它可以在不适于用润滑油的部位进行润滑。因此，在汽车和工程机械上的许多部位都使用润滑脂作为润滑材料，用于机械的摩擦部分，起润滑和密封作用，也用于金属表面防锈。

润滑脂与润滑油相比具有以下优点：

① 在金属表面具有良好的黏附性，不易流失；在不易密封的部位使用，可简化润滑系统的结构。

② 抗碾压，在高负荷及冲击负荷作用下，仍有良好的润滑能力。

③ 润滑周期长，不需经常补充、更换，而且对金属部件具有一定的防锈性，相对地降低了维护费用。

④ 适用的温度范围较宽，适用的工作条件也较宽。

因此，车辆上不适合采用液体润滑剂的部位均可使用润滑脂。另一方面，润滑脂的黏滞性较大，运转时阻力大，功率损失较大。润滑脂的流动性较差，基本上不具有液体润滑剂的冷却与清洗作用，固体杂质混入后不易清除。此外，润滑脂在某些使用部位的加脂、换脂比较困难，所以，使用润滑脂的部位受到一定的限制。润滑脂的产量仅为润滑油的1/20左右，但用途广泛，品种繁多。

二、润滑脂的分类

1. 按稠化剂类型分类

旧标准是按稠化剂组成分类，即分为皂基脂、烃基脂、无机脂与有机脂四类。皂基稠化剂分为单皂基(如钙基脂)、混合皂基(如钙钠基脂)、复合皂基(如复合钙基脂)三种。90%的润滑脂是用皂基稠化剂制成的。皂基金属常用锂、钠、钙、铝、锌等金属皂，也用钾、钡、铅、锰等。非皂基脂的稠化剂用石墨、炭黑、石棉。根据用途可分为通用润滑脂和专用润滑脂两种，前者用于一般机械零件，后者用于拖拉机、铁道机车、船舶机械、石油钻井机械、阀门等。

润滑脂按稠化剂组成分类，局限性较大，使用同一种稠化剂可以生产出许多种具有不同性能的润滑脂，使用不同类型的稠化剂生产的润滑脂，其性能也往往难以准确区分。从分组、命名和代号中看不出润滑脂的使用条件，必须再查找这个代号的润滑脂标准。因此，给使用者正确选用带来困难，容易发生错用，造成润滑事故。

2. 按操作条件分类

GB/T 7631. 8—1990新标准等效地采用了ISO的分类方法，是按操作条件进行分类的。在这个标准的分类体系中，一种润滑脂对应一个代号，这个代号与该润滑脂在应用中最严格的操作条件(温度、水污染和负荷条件等)相对应。

新分类标准适用于润滑各种设备、机械部件、车辆等所有种类的润滑脂，不适用于特殊用途的润滑脂。也就是说，只对起润滑作用的润滑脂适用，对起密封、防护等作用的专用脂均不适用。新标准的代号中看不出稠化剂类型，但能反映出稠度牌号。

按润滑脂操作条件分类，根据分类就可以选用润滑脂。根据实际需要进行选择，因为符合该使用条件的润滑脂有好几个，不同稠化剂制成的润滑脂只要符合这个操作条件都归入该分类，供使用者充分选择。

3. 按工作锥入度分类

美国润滑脂协会(NLGI)按润滑脂工作锥入度范围划分稠度级号，将润滑脂分为9个稠度等级，已被ISO采用。工作锥入度是润滑脂试样在标准工作器的脂杯中经受往复工作60次后立即测定的锥入度。

第七节　润滑脂的组成和结构

一、润滑脂的组成

润滑脂主要是由稠化剂、基础油、添加剂三部分组成。一般润滑脂中稠化剂含量约为10%~20%，基础油含量约为75%~90%，添加剂及填料的含量在5%以下。

润滑脂的性能由其组成和结构所决定。有些性能决定于基础油，有些性能决定于稠化剂，还有许多性能由基础油和稠化剂共同决定。总之，润滑脂的组成对其结构和性能影响很大。

1. 基础油

润滑脂是具有结构骨架的两相分散体系，基础油是这种分散体系的分散介质。基础油虽为流体，它被保持在稠化剂所形成的结构骨架里，以致失去流动性，从而使整个体系在常温下呈半固体状态。

基础油的黏度不仅影响润滑脂的稠度，而且还影响润滑脂的稳定性。如果基础油黏度太小，会导致润滑脂不够稳定，容易分油。基础油的黏度增大会减少润滑脂的蒸发损失、避免分油、改善润滑脂的黏附性，但对润滑脂的低温性质不利。

润滑脂的性质，在很大程度上受基础油的低温黏度、倾点和黏温性能的影响。因而，低温或宽温用的润滑脂要求用低温黏度小、倾点低和黏温性质好的基础油。而润滑脂的高温性能，则受到基础油的抗氧化安定性、热安定性和蒸发性的影响。因此，制备高温用的润滑脂不仅要求用能耐高温的稠化剂，而且还要求用热安定性和抗氧化安定性好、蒸发性小的基础油。

矿物油是润滑脂生产中使用最广、用量最多，而且价格最低的基础油，不同来源的矿物油由于化学组成的差异，对稠化剂在油中的稠化能力及对润滑脂产品的性能都有不同的影响。所以，往往需要从基础油和稠化剂的配伍性角度来选择适当的基础油。在润滑脂中有的只用一种基础油，也有将几种基础油调和使用的。

除矿物油外，也有一些为适应在苛刻条件下工作的机械润滑及密封的需要，采用合成润滑油作为基础油，如酯类油、硅油、聚 α-烯烃油等，其中用得最多的是酯类油。常用的是双酯[如癸二酸二(2-乙基己基)酯]和新戊基多元醇酯，它们的黏温性质好、凝点低，与黏度相近的矿物油比，它们的蒸发性较低、闪点较高，可以制备高低温用润滑脂。

2. 稠化剂

稠化剂是润滑脂的重要组分，其含量占润滑脂的10%~30%。稠化剂在基础油中分散后形成结构骨架，基础油被吸附、固定在骨架之中，从而形成塑性的半固体分散体系即润滑脂。稠化剂粒子或纤维是润滑脂体系的分散相，基础油则为体系的分散介质。作为润滑脂稠化剂的物质，须满足以下基本要求：在基础油中能够相对均匀地分散并达到适当的分散程度，能保持很细的粒度，在长时间内不互相聚集成大颗粒；表面亲油，能与基础油形成稳定的分散体系；具有一定的稳定性，在润滑脂使用条件下不因受热而熔化或发生化学变化而变质；本身不腐蚀、磨损金属，一旦变质后其产物也不腐蚀、磨损金属。用于制备润滑脂的稠化剂有两大类：皂基稠化剂(即脂肪酸金属盐)和非皂基稠化剂

(烃类、无机类和有机类)。

(1)皂基稠化剂

皂基稠化剂是高级脂肪酸的各种金属盐类即金属皂类，金属皂分子具有两亲结构，在基础油中形成皂胶束，皂胶束聚结成皂纤维。皂纤维的表面具有油性，皂纤维形成交错的网格骨架，使油固定在结构骨架的空隙中、吸附在皂纤维的表面和渗入皂纤维的内部，从而形成润滑脂。

单一的金属皂有锂皂、钠皂、钡皂、钙皂、铝皂和锌皂等. 它们各有其不同的特性和用途，其中锂皂、钡皂制成的润滑脂用于多用途的润滑脂。锂皂的稠化能力较强，与基础油的配伍性较好，锂基脂能用于120℃的高温，具有良好的减摩性质和抗水性。钙皂是中国目前用得最多的润滑脂稠化剂，其原料来源广、成本低，制成的润滑脂抗水性好、润滑性好，但滴点较低(在100℃以下)。铝皂作稠化剂制成的润滑脂具有透明光滑的外观，抗水性很强，但滴点低，只适用于工作温度在70℃以下的部位。钠皂的滴点较高，达140~200℃，但是其抗水性差，不宜在有水和潮湿的环境下工作。

用2种或3种不同金属皂作稠化剂的润滑脂称为混合皂基润滑脂，例如钡-铝基润滑脂。如果两种皂基比例合适，则混合皂基润滑脂的性能优于单一皂基润滑脂。

还有一类复合皂基润滑脂，皂纤维是由普通皂和复合剂(如短链有机酸)共结晶形成的。这类润滑脂具有耐高温性，其滴点显著升高。如12-羟基硬脂酸-癸二酸复合锂皂，其滴点在250℃以上，最高使用温度可达180℃以上。

(2) 烃类稠化剂

烃类稠化剂主要是微晶蜡、石蜡和石油脂。微晶蜡是制取烃基润滑脂的良好原料，制成的润滑脂不易分油。石蜡与润滑油制成的润滑脂较易分油，因此一般不单独用石蜡作稠化剂，而需加入一定量的微晶蜡，以解决蜡与油分层问题。石油脂是黄色至褐色的软膏，它是微晶蜡、石蜡和高黏度润滑油的混合物，是生产微晶蜡时的副产物，也可用作稠化剂。固态烃在温度高时能溶于润滑油中，在低温时能形成晶体而析出，析出的蜡晶体也能形成结构骨架，将润滑油包在其中而使其失去流动性，从而形成润滑脂。

(3) 有机稠化剂

有机稠化剂是指金属皂和固态烃以外的有稠化作用的有机物，包括芳基脲、酰胺(如*N*-烃基对苯二甲酸单酰胺的金属盐等)、酞菁(如酞菁铜等)、阴丹士林、氟碳化合物(如聚四氟乙烯)等，它们大多是一些带芳香环的热安定性好的化合物。有机稠化剂在一定条件下，也能在基础油中形成结构骨架，从而制成润滑脂。

(4) 无极稠化剂

常用的无机稠化剂为有机膨润土、硅胶和炭黑。

有机膨润土表面具有亲油性，有机膨润土稠化剂与矿物油或合成润滑油制成的润滑脂，具有较好的耐高温性、抗水性和胶体安定性。

炭黑是有机物经不完全燃烧或热分解的黑色粉状产物，它的主要成分是碳，粒子的大小在胶体的范围内。炭黑用作稠化剂时，其稠化能力和分散程度与颗粒结构有关。炭黑的粒子越小，比表面积越大，其稠化能力也越大，所制得润滑脂的安定性也越好。炭黑制成的润滑脂的耐热性较好，稠度随温度变化较小，抗水性好，抗氧化安定性优良。

硅胶的细粉(粒度小于1μm)也能用作稠化剂。硅胶本身不会熔化，所以，制得的润滑脂能耐较高的温度，但其表面亲水，需进行表面处理以使其转化为亲油。硅胶润滑脂的机械安定性及热安定性均较差。

3. 添加剂与填料

(1) 结构稳定剂

结构稳定剂也称胶溶剂，专门用于改善润滑脂的胶体结构，使油皂结合更加稳定，从而达到改善润滑脂的某些性能的目的。

结构稳定剂是一种极压性较强但分子比较小的化合物，如有机酸、甘油、醇、胺等。水也是一种结构改进剂。结构改进剂的作用机理是：由于它含有极性基团，能吸附在皂分子极性端间，使皂纤维中的皂分子排列距离相应增大，使基础油膨化到皂纤维内的量增大。此外，皂纤维内外表面增大，皂油间的吸附也就增大。因此，在结构稳定剂存在时，可使皂和基础油形成较稳定的胶体结构。结构稳定剂的类型随稠化剂和基础油不同而不同，如甘油是一些皂基润滑脂的结构稳定剂；锂基润滑脂中常加微量的环烷酸皂；钙基润滑脂中加少量水或醋酸钙；钡基润滑脂中加醋酸钡；膨润土润滑脂中加微量水；铝基润滑脂中加油酸等等。

结构稳定剂的用量过多或过少都对润滑脂的质量有不利影响。例如，结构稳定剂过少，它的聚结程度较大，膨化和吸附的油量较少，皂油体系不安定；反之，结构稳定剂过多，由于极性的影响，也会造成胶体结构的破坏，润滑脂的稠度也降低。所以，结构稳定剂的用量要适当，根据实验确定结构稳定剂的用量。

(2) 抗氧剂

提高润滑脂抗氧化性能的添加剂有 BHT、苯基萘胺、二苯胺、ZDDP、二烷基硒等。

(3) 防锈剂

在润滑脂中，防锈添加剂有石油磺酸钡、环烷酸锌、亚硝酸钠等。

(4) 极压抗磨剂

提高润滑脂润滑性能的添加剂有硫化烯烃、磷酸三甲酚酯、环烷酸铅、二烷基二硫代氨基甲酸锑、二烷基二硫代氨基甲酸氧化钼等。

(5) 黏附剂

增强润滑脂黏附性能的添加剂有聚异丁烯、乙烯丙烯共聚物、聚甲基丙烯酸酯等。

(6) 染色剂

赋予润滑脂亮丽颜色的添加剂有油溶黄、汉沙黄、孔雀蓝、颜料绿、油溶黑等。

(7) 填料

润滑脂中往往加入一些无机固体物质作为填料，常添加一些石墨、二硫化钼、氮化硼、氧化锌、二氧化钛、硫酸钡、硅酸盐和炭黑等，加入润滑脂中可提高润滑脂的润滑能力，同时可使润滑脂增稠，使之不易流失，还可增强密封性、防护性和提高热安定性。

二、润滑脂的结构

润滑脂的稠化剂和基础油这两种组分既不是简单的溶解，也不是简单的混合，而是稠化剂胶团均匀地分散在基础油中形成的分散体系。胶团的形状只有用电子显微镜才能分辨，金属皂基润滑脂的稠化剂——金属皂都是纤维状的，而无机稠化剂——硅胶是球状的微粒，互相黏接的球状颗粒之间存在间隙。目前润滑脂稠化剂的结构，主要就是这两种概念，即皂基润滑脂的稠化剂为纤维网状结构，非皂基润滑脂的稠化剂为颗粒状网络结构，皂纤维的网状骨架中吸藏着基础油；无机稠化剂则成颗粒状，亲油性的稠化剂粒子而形成网络空间，基础油便保持在网络空间之中。皂纤维或无机颗粒的大小、形状、数目以及它们之间的作用力都影响润滑脂结构骨架的强度。12-羟基硬脂酸锂皂纤维的扫描电镜图见图 4-6-1。

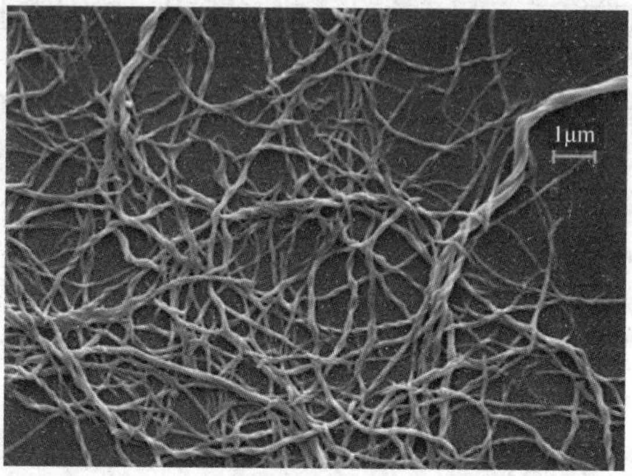

图 4-6-1　12-羟基硬脂酸锂皂纤维扫描电镜图

一般认为，基础油在润滑脂中以三种形式存在，即膨化油、毛细管吸附油和游离油。处于皂纤维内部即皂分子晶格内的油，称为膨化油。膨化油很难被挤出。但皂纤维的结构骨架受到破坏时，膨化油也能释放出来。处于皂纤维空隙之间的油(两层烃基端之间的油)，受到类似毛细管的作用，被维系在结构内，称为毛细管吸附油。毛细管吸附油在压力作用下可部分压出。处于皂纤维表面且不存在毛细管作用的油，称为游离油。游离油受力场影响小，在重力作用下首先析出。润滑脂中基础油的存在形式见图 4-6-2。

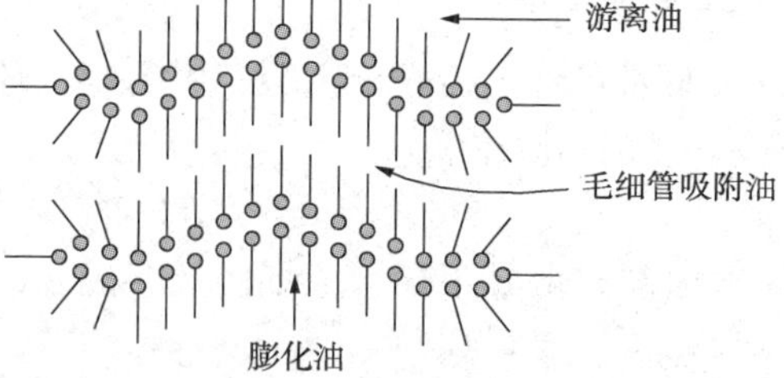

图 4-6-2　皂纤维分子结构及基础油存在形式示意图

油皂结构体系受温度、外力等因素的影响，在高温下，皂分子高度分散在基础油中形成单相溶胶状。温度降低时，皂分子随着热运动的减慢，皂分子作定向排列形成皂纤维和结构骨架。但皂纤维中皂分子的距离较大，油可以膨化到皂纤维内部。随着温度进一步降低，皂胶束聚结程度增加，皂纤维在整个体系中形成连续的空间网状结构骨架，基础油被保持在骨架之中，并吸附在皂纤维表面或渗入到皂纤维内部，皂纤维分散在基础油中，形成两相分散体系，这种体系也称为似凝胶。

由于这种胶体特性，决定了润滑脂的一系列特殊的性能，如流变特性、机械安定性、胶体安定性等。

第八节　润滑脂的性能指标

润滑脂的使用范围很广，工作条件差异也很大，不同的机械设备对润滑脂性能要求很不相同。根据汽车及工程机械用脂部位的具体情况，对润滑脂的基本要求是：适当的稠度，良好的高低温性能，良好的极压、抗磨性，良好的抗水、防腐、防锈和安定性等。

一、稠度

在规定的剪切速度下，测定润滑脂结构体系变形程度以表达体系的结构性。它是反映润滑脂在所润滑部位上的保持能力和密封性能，以及与润滑脂的泵送和加注方式有关的重要性能指标。不同稠度的润滑脂所适用的机械转速、负荷和环境温度等工作条件不同。

润滑脂的稠度等级可用锥入度来表示。润滑脂的锥入度是在25℃下，150g的标准圆锥体，在5s内沉入润滑脂试样的深度，以1/10mm表示。

锥入度反映了润滑脂在低剪切速率条件下的变形与流动性能。锥入度值越大，脂越软，即稠度越小，越易变形和流动。锥入度可有效地表示润滑脂的稠度，是选用润滑脂的重要依据。

二、高温和低温性能

1. 高温性能

温度对于润滑脂的流动性具有很大影响，温度升高，润滑脂变软，使得润滑脂附着性能降低而易于流失。另外，在较高温度条件下还易使润滑脂的蒸发损失增大，氧化变质与凝缩分油现象严重。润滑脂失效的主要原因，大多是由于凝胶的萎缩和基础油的蒸发损关所致，即润滑脂失效过程的快慢与其使用温度有关。高温性能好的润滑脂可以在较高的使用温度下保持其附着性能，其变质失效过程也较缓慢。润滑脂的高温性能可用滴点、蒸发度和轴承漏失量等指标进行评定。

润滑脂的滴点是指其在规定条件下达到一定流动性时的最低温度，以℃表示。润滑脂的滴点主要取决于稠化剂的种类与含量，润滑脂的滴点可大致反映其使用温度的上限。显然，润滑脂达到滴点时其已丧失对金属表面的黏附能力。一般来说，润滑脂应在滴点以下20~30℃或更低的温度条件下使用。

润滑脂的蒸发度是指在规定条件下蒸发后，润滑脂的损失量所占的质量百分数。润滑脂的蒸发度主要取决于所采用的基础油的种类、馏分组成和相对分子质量。高温、宽温度条件下使用的润滑脂，其蒸发度的测定尤为重要，蒸发度可以定性地表示润滑脂上限使用温度。润滑脂基础油蒸发损失，就会使润滑脂中的皂基稠化剂含量相对增大，导致脂的稠度发生变化，使用中会造成内摩擦增大，影响润滑脂的使用寿命。

绝大部分滚动轴承润滑都采用润滑脂，因此，润滑脂的轴承使用寿命是一项极其重要的性能指标。润滑脂在高温轴承寿命试验机上的评定，可以模拟润滑脂在一定的高温、负荷、转速条件下的工作性能。转速为660±3r/min，轴承温度为105±1℃，运行时间为10h，以脂在轴承上被甩出量的多少来衡量润滑脂的工作特性。显然，漏失量越大说明润滑脂的高温工作性能越差。

2. 低温性能

汽车与工程机械起步时的温度与环境温度近乎一致，在寒冷地区使用时，要求润滑脂在低温条件下仍能保持良好的润滑性能，它取决于润滑脂低温条件下的相似黏度及低温转矩。

润滑脂的黏温特性则要比润滑油复杂，因为润滑脂结构体系的黏温特性还要随剪力的变化而改变。润滑脂在一定温度条件下的黏度是随着剪切速率而变化的变量，这种黏度称之为相似黏度，单位为 mPa · s。润滑脂中相似黏度随着剪切速率的增高而降低，但当剪切速率继续增加，润滑脂的相似黏度接近其基础油的黏度后便不再变化。润滑脂相似黏度与剪切速率的变化规律称为黏度-速度特性。黏度随剪切速率变化愈显著，其能量损失愈大。一般可以根据低温条件下润滑脂相似黏度的允许值来确定润滑脂的低温使用极限。润滑脂相似黏度的测定采用的是非恒定流量压力毛细管黏度计。

润滑脂的相似黏度也随温度上升而下降，但仅为基础油的几百甚至几千分之一，所以，润滑脂的黏温特性比润滑油好。

低温转矩是表示润滑脂在低温条件下使用时阻滞低速度滚珠轴承转动的程度。润滑脂的低温转矩除了与基础油的低温黏度有关以外，还与润滑脂的强度极限有关。测定-20℃条件下滚珠轴承润滑脂的启动与运转转矩，可作为评价润滑脂在低温条件下运转阻力大小的评定指标。

三、极压性与抗磨性

一般而言，在基础油中添加了皂基稠化剂后，润滑脂的极压性就增强了。在苛刻条件下使用的润滑脂，常添加有极压剂，以增强其极压性。目前普遍采用四球试验机来测定润滑脂的极压性能。

润滑脂通过保持在运动部件表面间的油膜，防止金属摩擦副磨损的能力称为抗磨性。润滑脂的稠化剂本身就是油性剂，具有较好的抗磨性。在苛刻条件下使用的润滑脂，添加有二硫化钼、石墨等减磨剂和极压剂，因而具有比普通润滑脂更强的抗磨性，这种润滑脂被称为极压型润滑脂。

四、抗水性和防腐性

润滑脂的抗水性表示润滑脂在大气湿度条件下的吸水性能，要求润滑脂在储存和使用中不具有吸收水分的能力。润滑脂吸收水分后，会使稠化剂溶解而致滴点降低，引起腐蚀，从而降低保护作用。有些润滑脂，如复合钙基脂，吸收大气中的水分还会导致变硬，逐步丧失润滑能力。润滑脂的抗水性主要取决于稠化剂的抗水性与乳化性。汽车与工程机械在使用过程中，底盘各摩擦点可能与水接触，这就要求润滑脂具有良好的抗水性。抗水性差的润滑脂吸收大气中水分或遇水后往往造成稠度降低甚至乳化而流失。在规定运转条件下，用水喷淋试验机轴承，根据试验前后轴承中试样质量的差值，用水喷淋而损失的润滑脂的量，表示润滑脂的抗水淋性能。也可用测定润滑脂溶水性能的方法测定其抗水性。在试样中加入定量的水分前后，锥入度差值大小可评定该试样的溶水性能。

防腐性是润滑脂阻止与其相接触金属被腐蚀的能力。润滑脂的稠化剂和基础油本身是不会腐蚀金属的，润滑脂产生腐蚀的原因很多，主要是由于氧化产生酸性物质所致。一般而言，过多的游离有机酸、碱都会引起腐蚀。腐蚀试验就是检测润滑脂是否对金属有腐蚀作用，测定的方法很多，试验条件也各异，但都是在一定温度和试验时间下，通过观察金属片上的变色或产生斑点等现象来判断润滑脂腐蚀性的大小。

五、安定性

1. 胶体安定性

胶体安定性是指润滑脂在储存和使用时避免胶体分解，防止液体润滑油析出的能力。润滑脂发生皂油分离的倾向性大则说明其胶体安定性不好，将直接导致润滑脂稠度改变。评定润滑脂胶体安定性可采用分油试验进行。

如果润滑脂的分散相结构骨架发生聚沉，结构骨架空隙中的基础油就会有一部分被挤出；在结构骨架被压缩时，也会有一部分基础油被压出；当分散相聚结程度增大(皂纤维本身收缩)时，存在于皂纤维内部的基础油也会有一部分被挤出，从而使润滑脂分油。

润滑脂的胶体安定性决定于它的组成和结构。不同的原料和配方以及冷却成脂条件等都对所形成的分散体系的胶体安定性有影响。一般来说，润滑脂基础油的黏度增大，会增加其胶体的安定性，但是，黏度过大，则会使皂结晶的成长受到阻碍，所制成的润滑脂反而不稳定。同时，基础油的化学组成对润滑脂的胶体安定性也有影响。石蜡基基础油与皂之间的相溶性不好，很难用它制得稳定的润滑脂，而用环烷基基础油制得的润滑脂就比较稳定。此外，皂含量过小时高温润滑脂也容易分油，温度升高和储存时间加长都会使分油量增加。

润滑脂在使用中微量的分油是有利的，分出的油可起润滑作用。但是，如果分油速度太快、润滑脂中的基础油损失过多，则会缩短润滑脂的使用寿命。

2. 氧化安定性

润滑脂在储存与使用时抵抗空气的氧化而保持其性质不发生变化的能力称为氧化安定性。润滑脂的氧化与稠化剂、添加剂及基础油的性质有关。润滑脂中的稠化剂和基础油，在储存或长期处于高温的情况下很容易被氧化。氧化的结果是产生腐蚀性产物、胶质和破坏润滑脂结构的物质，这些物质均易引起金属部件的腐蚀和降低润滑脂的使用寿命。由于润滑脂中的金属(特别是锂皂)或其他化合物对基础油的氧化具有促进作用，所以，润滑脂的氧化安定性很大程度上取决于基础油的氧化安定性，且其氧化安定性要比其基础油差，因此润滑脂中普遍加入抗氧剂。用旋转氧弹法测定润滑脂氧化安定性。

3. 机械安定性

机械安定性是指润滑脂在机械工作条件下抵抗稠度变化的能力。机械安定性差的润滑脂，使用中容易变稀甚至流失，影响脂的寿命。机械安定性也叫剪切安定性，用50g试样，在室温(21~38℃)条件下，在滚筒试验机上工作2h，测定试验前后润滑脂的工作锥入度，评价润滑脂机械安定性。

第五章 蜡、沥青和石油焦

第一节 石油蜡的类型和组成

石油蜡主要分为石蜡、微晶蜡、液蜡、石油脂以及特种石油蜡等，其中石蜡和微晶蜡是基本产品。中国原油多为含蜡原油，其中含蜡较多的原油有大庆、华北、南阳、沈阳原油，它们的蜡含量都在20%以上。

一、石蜡

石蜡又称晶型蜡，是减压馏分油经脱蜡、脱油和精制而得到的固体烃类。其烃类分子碳数范围为C_{17}~C_{35}，平均相对分子质量为300~450。

1. 石蜡的主要性能

(1) 熔点

由于石蜡是各种固体烃类的混合物，因而它没有固定的熔点。石蜡的熔点是指在规定条件下，冷却熔化了的石蜡试样，在冷却过程中其冷却曲线上第一次出现停滞期的平均温度。

石蜡塑造过程及石蜡制品使用过程都和石蜡的熔点有关。影响石蜡熔点的主要因素是所选用原料馏分的轻重，馏分越重，制得的石蜡熔点越高。此外，石蜡中含油越多，则其熔点就越低。表5-1-1为大庆原油窄馏分中精制石蜡的性质。

表5-1-1 大庆原油窄馏分中精制石蜡的性质

沸程/℃	精制石蜡收率/%	精制石蜡性质			
		n_D^{70}	d_4^{70}	H/C原子比	熔点/℃
350~375	30.5	1.4252	0.7624	2.09	41.7
375~400	39.3	1.4280	0.7668	—	47.5
400~425	36.9	1.4304	0.7712	2.08	53.6
425~450	31.7	1.4331	0.7774	—	58.6
450~475	26.6	1.4369	0.7849	2.05	62.0
475~500	26.6	1.4359	0.7888	—	64.1
500~525	22.9	—	0.7966	2.01	66.8

由表5-1-1可见，随着馏分沸程的升高，精制石蜡的熔点升高。精制石蜡的折射率、相对密度均有所增加，但幅度不大。

(2) 油含量

石蜡的油含量是指在一定的试验条件下，能用丙酮-苯(或丁酮)分离出蜡中润滑油馏分的含量。石油蜡油含量是评定生产中油蜡分离程度的指标，是指其中所含有的低熔点的液体烃类的量。油含量过高，会影响石蜡的色度和储存安定性，还会使其硬度降低。含油蜡膏用发汗法或溶剂法进行脱油，以降低其油含量。大部分制品中需要含有少量的油，对改善制品的光泽和脱模性能是有利的。

（3）安定性

石蜡在塑造或涂敷过程中，长时间处于热熔状态，并要与空气接触，如果其安定性较差，容易氧化变质，颜色变深，甚至出现臭味。在光照射下石蜡也容易变黄。要求石蜡具有良好的热安定性、氧化安定性和光安定性。

影响石蜡安定性的主要因素是其中所含有的微量的非烃化合物和稠环芳烃。对石蜡进行深度精制，脱出这些杂质，以提高石蜡的氧化安定性。微晶蜡的化学安定性较石蜡差。

2. *石蜡的化学组成*

不同产地石蜡的组成和性质见表 5-1-2、表 5-1-3、表 5-1-4。

表 5-1-2　南阳原油各馏分中石蜡的性质

石蜡馏分的沸程/℃	石蜡熔点/℃	正构烷烃含量/%	石蜡馏分的沸程/℃	石蜡熔点/℃	正构烷烃含量/%
350~400	49.2	97.2	440~480	56.4	87.3
400~440	51.3	93.1			

表 5-1-3　大庆及沈阳原油中石蜡的化学组成

样　品	烷烃/%	环烷烃/%	芳香烃/%	样　品	烷烃/%	环烷烃/%	芳香烃/%
大庆石蜡	95.1	4.8	0.1	沈阳石蜡	91.1	8.6	0.3

表 5-1-4　国外 6 种石蜡的化学组成

项　目	石　蜡					
	A	B	C	D	E	F
熔点/℃	50.7	52.9	57.3	57.5	58.7	62.8
正构烷烃	75.5	94.0	86.4	81.9	82.2	66.5
异构烷烃	13.5	2.6	6.3	10.4	8.2	17.9
单环环烷烃	10.2	3.4	7.1	7.4	9.0	13.4
多环环烷烃	0.6	0.0	0.1	0.3	0.5	1.9
芳香烃	0.2	0.0	0.0	0.0	0.1	0.3

由表 5-1-2、表 5-1-3、表 5-1-4 可见，石蜡的主要组分是正构烷烃；随着馏分沸程的升高，其所含石蜡中的正构烷烃的质量分数逐渐降低；从石蜡基原油得到的石蜡中，烷烃含量占 90%以上，正构烷烃含量一般在 80%以上。此外，还有少量的环烷烃，其中芳烃的含量甚微；从中间基原油得到的石蜡其环烷烃和异构烷烃含量比石蜡基原油要高一些，但仍以正构烷烃为主。

从结晶形态上看，单体正构烷烃为多晶型物质，在熔点下生成的结晶是六方型纤维状，当温度降低至晶型转变温度后又转变成斜方型片状晶体。从异构烷烃得到的是细长的针状晶体。从环烷烃特别是芳香烃得到的是细小的针状晶体。当在混合物中有足够量的正构烷烃存在时，它仍可生成斜方型片状晶体。

由于石蜡是多种烃类的混合物，其结晶过程十分复杂，不仅会出现单一烃类组分的结晶，而且还会生成不同烃类的共晶混合体。石蜡的晶体结构除与原料中石蜡的烃类组成有关外，还与晶体的生成条件有关，例如，冷却速度过快时，液相中生成大量晶核，会导致晶体尺寸很小；而冷却速度适当时，则会生成较大尺寸的片状石蜡晶体。

3. 石蜡的品种和用途

石蜡产品按精制程度和用途可分为粗石蜡、半精炼石蜡、全精炼石蜡、食品用石蜡、化妆用石蜡和皂用石蜡等。中国石蜡产品牌号中的数字表示其熔点。

（1）粗石蜡

粗石蜡也称黄石蜡，是以原油经过常减压蒸馏所得润滑油馏分为原料，经溶剂脱蜡或压榨脱蜡、发汗脱油，不经过精制脱色所得的产品。粗石蜡的外观为黄色或浅黄色固体，色泽纯正。GB/T 1202—2016 按熔点分为 50 号、52 号、54 号、56 号、58 号、60 号、62 号、64 号、66 号、68 号、70 号共 11 个牌号，主要用于橡胶制品、蓬帆布、火柴及其他工业原材料。50 号~58 号粗石蜡含油质量分数不大于 2%，60 号~70 号粗石蜡含油质量分数不大于 3%。

（2）半精炼石蜡

半精炼石蜡也称白石蜡，是以原油经过常减压蒸馏所得润滑油馏分为原料，经溶剂脱蜡或压榨脱蜡、发汗脱油，再经白土精制或加氢精制而得。半精炼石蜡外观为白色固体，闪点、燃点较高，电阻大、有良好的绝缘性，有一定的光安定性和化学稳定性。半精炼石蜡按熔点不同分为 14 个牌号，含油质量分数不大于 2%。半精炼石蜡适用于蜡烛、蜡笔、蜡纸、一般电讯器材及木材加工、轻工、化工原料，是石蜡产品中产量最大、应用最广的品种。半精炼石蜡的部分技术要求见表 5-1-5。

表 5-1-5 半精炼石蜡的部分技术要求（GB/T 254—2022）

项目		质量指标													
		46 号	48 号	50 号	52 号	54 号	56 号	58 号	60 号	62 号	64 号	66 号	68 号	70 号	72 号
熔熔点/℃	不低于	46	48	50	52	54	56	58	60	62	64	66	68	70	72
	低于	48	50	52	54	56	58	60	62	64	66	68	70	72	74
油含量（质量分数）/%	不大于	2.0													
颜色/赛波特颜色号	不小于	+20													
光安定性/号	不大于	6									7			8	
针入度/(0.1mm) 100g，25℃	不大于	35		23											
针入度/(0.1mm) 100g，35℃		报告													
运动黏度（100℃）/（mm^2/s）		报告													
嗅味/号	不大于	2													

（3）全精炼石蜡

全精炼石蜡也称精白蜡，是以原油经过常减压蒸馏所得润滑油馏分为原料，经溶剂脱蜡或压榨脱蜡、发汗或溶剂脱油，再经白土精制或加氢精制而得。为了确保热氧化安定性和光安定性符合要求，有时还向精炼石蜡中加入抗氧剂等。由于加工程度较深，故具有色度洁白、油含量低、无杂质、无气味、防潮绝缘及可塑性好、安定性好等特点。依据熔点的不同可分为 52 号、54 号、56 号、58 号、60 号、62 号、64 号、66 号、68 号、70 号共 10 个牌号，全精炼石蜡含油质量分数不大于0.8%。全精炼石蜡主要应用于高频瓷、复写纸、冷霜及精密制造等。

(4) 食品用石蜡

食品用石蜡是以原油经过常减压蒸馏所得润滑油馏分为原料，经溶剂脱蜡或压榨脱蜡、发汗或溶剂脱油，再经白土精制或加氢精制而得。外观为白色固体结晶，色泽纯白，油含量低，无毒性，无气味，符合食品、医药卫生法规要求。该产品有较好的热稳定性、密封性及可塑性，有一定的强度和韧性，有良好的防潮、防腐作用。按精制深度分为食品石蜡和食品包装石蜡。按其熔点不同分为52号、54号、56号、58号、60号、62号、64号、66号共8个牌号。该类产品适用于食品和药物组分以及热载体、脱模、压片、打光等直接接触食品或药物的用蜡。食品级石蜡含油质量分数不大于0.5%，要求限制其中的稠环芳烃含量。

(5)皂用石蜡

皂用石蜡用于制取脂肪酸和脂肪醇，生产肥皂和洗涤剂等。皂用蜡分为优级品、一级品和合格品3个等级，其油含量分别为不大于2%、6%和8%。

二、微晶蜡

微晶蜡(地蜡)，是减压渣油经丙烷脱沥青后再精制得到的固体烃类，其碳数为C_{36}~C_{60}，平均相对分子质量为500~800。地蜡的成分比石蜡复杂，视原油的不同，除正构烷烃外，还含有不同数量的多支链异构烷烃及环状化合物。中国的南阳和沈阳原油都是生产微晶蜡的理想原料，其微晶蜡的含量分别占原油的7.5%和12.6%。

1. 微晶蜡的性能

微晶蜡的相对分子质量比石蜡的大，所以比石蜡更难熔化。由于其组成比石蜡复杂，所以无明显的熔点，其耐热性能一般用滴点或滴熔点表示。滴点的测定方法与润滑脂的相同。滴熔点是指在规定的条件下，将已冷却的温度计垂直浸入试样中，使试样黏附在温度计球上，然后将附有试样的温度计置于试管中，水浴加热至试样熔化，当试样从温度计球部滴落第一滴时温度计的读数即为试样的滴熔点。滴熔点一般比滴点高1~2℃，微晶蜡的滴熔点取决于其化学组成和油含量，其范围为70~95℃。

微晶蜡不像石蜡那样容易脆裂，具有较好的延性、韧性和黏附性。微晶蜡的密度、黏度与折光率明显高于石蜡，而其安定性较石蜡差。

2. 微晶蜡的化学组成

表5-1-6列出3种微晶蜡的化学组成。

表5-1-6　俄罗斯3种微晶蜡的化学组成

组　成	杜依玛兹	罗马什金	苏拉罕	组　成	杜依玛兹	罗马什金	苏拉罕
烷烃	6.2	8.2	18.4	带异构烷基侧链的	52.0	25.4	21.2
正构烷烃	6.2	5.7	9.9	芳香烃	18.6	42.6	12.1
异构烷烃	0	2.5	8.5	带正构烷基侧链的	4.6	16.4	7.8
环烷烃	75.2	49.2	69.5	带异构烷基侧链的	14.0	26.2	4.3
带正构烷基侧链的	23.2	23.8	38.3				

从表 5-1-6 可以看出，微晶蜡的化学组成比较复杂，和石蜡明显不同。微晶蜡中正构烷烃的含量较低，而主要成分是带烷基侧链的环状轻，尤其是环烷烃。

表 5-1-7 数据为将减压渣油先进行四组分分离，然后对饱和分和芳香分分别脱蜡所得。饱和分中的蜡可认为大体是由正构烷烃、异构烷烃和长侧链的环烷烃组成，而芳香分中的蜡是由长侧链的芳香烃组成。

表 5-1-7　中国减压渣油中蜡的分布

减压渣油	蜡含量/%	蜡的分布/%	
		在饱和分中	在芳香分中
大庆	30.7	70.0	30.0
孤岛	8.3	50.6	49.4
单家寺	3.0	30.0	70.0
高升	6.8	35.3	64.7
欢喜岭	5.4	48.1	51.9
新疆白克	12.6	81.7	18.3
新疆九区	7.1	62.0	38.0
井楼	12.6	20.2	79.8

表 5-1-7 数据表明，减压渣油中蜡的组成是有显著差别的，不同基属不同产地的原油其减压渣油中蜡的组成各不相同。大庆原油的微晶蜡有 70%存在于饱和分中，只有 30%具有芳香结构。

从表 5-1-8 可以看出，石蜡基原油中微晶蜡大多分布在饱和分中，饱和分中的蜡(简称饱和分蜡)主要是正构烷烃、异构烷烃、带长侧链的环烷烃；而环烷基原油中的微晶蜡主要分布在芳香分中，芳香分中的蜡(简称芳香分蜡)主要是带长侧链的芳香烃。

表 5-1-8　减压渣油中蜡的化学性质与结构组成

项　目	南阳微晶蜡	大庆微晶蜡		孤岛微晶蜡	
		饱和分蜡	芳香分蜡	饱和分蜡	芳香分蜡
熔点/℃	95.7	67.0	64.4	82.2	71.5
折射率(20℃)	1.4530(90℃)	1.4545	1.4910	1.4547	1.5021
H/C 原子比	2.03	1.98	1.80	1.99	1.75
芳碳率(f_A)	0	0	0.08	0	0.11
总环数(R_T)	0.10	1.50	9.86	1.30	8.70
环烷环数(R_N)	0.10	1.50	7.41	1.30	6.20
芳香环数(R_A)	0	0	2.45	0	2.50

从表 5-1-8 可见，饱和分和芳香分中的微晶蜡其性质和结构有明显差异。饱和分蜡 H/C 原子比较高，折光率较小。而芳香分蜡的 H/C 原子比较低，折光率较高；饱和分蜡的芳香度 $f_A=0$，$R_A=0$，$R_N>1$，而芳香分蜡的芳香度 $f_A>0$，$R_A>2$，R_N较大。

减压渣油中蜡的主要成分不是正构烷烃，而是以带有长侧链的环状烃为主。而环烷烃尤其是芳香烃所形成的蜡晶都很小，而且不成片状，这样便导致减压渣油中蜡的结晶形态不像石蜡那样是尺寸较大的片状晶体，而是细小的针状或粒状晶体，所以称为微晶蜡。

3. 微晶蜡的牌号和用途

微晶蜡按其滴熔点分为 70 号、75 号、80 号、85 号、90 号五个牌号。微晶蜡中含油质量分数不大于 3%。微晶蜡的部分技术要求见表 5-1-9。

表 5-1-9　微晶蜡的部分技术要求(NB/SH/T 0013—2019)

项　目			技术指标									
牌　号			70		75		80		85		90	
			70A	70B	75A	75B	80A	80B	85A	85B	90A	90B
滴熔点/℃		不低于	67		72		77		82		87	
		低于	72		77		82		87		92	
颜色/号		不大于	1.0	3.0	1.0	3.0	1.0	3.0	1.0	3.0	1.0	3.0
针入度/(0.1mm)	35℃		报告									
	25℃	不大于	30						18		14	
油含量(质量分数)/%		不大于	3.0									
运动黏度(100℃)/(mm^2/s)		不小于	6.0		10.0							

微晶蜡广泛应用于军工、电子、冶金、热熔胶、炸药和化工等行业，主要用于防潮防腐、黏结、上光、绝缘、钝感、铸膜和橡胶防护等。微晶蜡的黏附性和防护性能好，可作密封用的烃基润滑脂。微晶蜡质地细腻、柔韧性好，经过深度精制的微晶蜡可制成软膏及化妆品等。

与石蜡相比，在针入度相同的情况下，微晶蜡熔点高，相对分子质量、折光率、相对密度和熔化后黏度均较大，收缩率和表面张力小。微晶蜡硬度小，延伸度大，挠性、柔韧性好，在受力情况下倾向于塑性流动而不断裂或粉碎。此外，微晶蜡还具有对油品的凝胶强度大的特点。向石蜡中添加少量的微晶蜡，即可改变石蜡的晶型，提高其塑性和挠性，从而使石蜡更适用于防水、防潮、铸模、造纸等领域。石蜡与微晶蜡之间的主要差别见表 5-1-10。

表 5-1-10　石蜡与微晶蜡的主要区别

项　目	石　蜡	微晶蜡	项　目	石　蜡	微晶蜡
主要来源	减压馏分	减压渣油	熔点(或滴熔点)/℃	50~60	70~95
结晶形状	片状	针状或微粒状	相对密度	较低	较高
平均相对分子质量	300~450	500~800	折射率	较低	较高
碳原子数	17~35	30~60	化学组成	以正构烷烃为主	以长链环状烃为主

除石蜡和微晶蜡外，还有液体石蜡、石油脂、特种蜡和聚乙烯蜡等。

液体石蜡一般是指 C_9~C_{16} 的正构烷烃。它在室温下呈液态，有轻蜡和重蜡两种，轻蜡一般为 C_9~C_{13}，重蜡为 C_{14}~C_{16}。液蜡的制取有分子筛脱蜡和尿素脱蜡两种。

石油脂又称凡士林，通常是以残渣润滑油料脱蜡所得的蜡膏添加一定量的润滑油并经适当的精制后制得的系列产品。按其使用要求的不同，可分为普通凡士林、医药凡士林、化妆用凡士林、工业凡士林和电容器凡士林等。

特种石油蜡简称特种蜡，是一种具有特殊性能为满足特种用途而生产的高附加值石油蜡产品。特种蜡一般以石油蜡为基础原料进行深加工，包括采取切取窄馏分、补充深度精制、调和、添加辅助材料等物理改性和氧化、酸化、酯化等化学改性等手段，不同程度地改变其物理状态、化学组成、相对分子质量分布和晶体结构等，以达到改善其膨胀收缩、电性能、光泽、强度、耐冲击、抗潮湿、抗老化等各项性能。特种蜡广泛用于电子元器件、感温元件、硬质合金、橡胶轮胎、精密铸造、农林、建材、防锈涂料等部门。

聚乙烯蜡又称高分子蜡，是一种低相对分子质量的乙烯均聚物，相对分子质量为 10^3～10^4。聚乙烯蜡相对分子质量分布集中、硬度高、软化点高、熔融黏度低、化学性质稳定，具有优良的耐寒性、耐热性、耐化学性和耐磨性等特点。广泛用于地板蜡，汽车蜡，上光蜡，蜡烛，蜡笔等各种石油蜡制品的生产中，提高蜡制品的软化点，增加其强度及表面光泽度。聚乙烯蜡应用非常广泛，如色母粒、塑料加工、涂料、油墨、纺织、特种蜡改性等。

聚乙烯蜡的生产方法主要有 3 种：第一种是聚乙烯裂解法，将高相对分子质量的纯净聚乙烯或废旧聚乙烯塑料高温裂解为低相对分子质量的聚乙烯蜡；第二种是副产物精制法，收集乙烯聚合生产过程中产生的低相对分子质量组分副产物，提纯得到聚乙烯蜡；第三种方法是乙烯合成法，以乙烯为原料直接合成高纯度的聚乙烯蜡。乙烯合成法相对于其他两种合成方法具有相对分子质量分布窄、熔程窄、产品性能可调控且质量稳定的优势，可用于生产高品质和多样化的聚乙烯蜡。国内多为裂解蜡，而进口的高端聚乙烯蜡为聚合蜡，支链度高，对颜料附着力好。

第二节　石油蜡分离工艺

一、酮苯脱蜡

石蜡基和中间基原油的减压馏分及渣油中都含有一定量的石蜡或微晶蜡，在低温下会结晶析出。溶剂脱蜡就是将含蜡油(减二、减三、减四线蜡油或残渣脱沥青油)与溶剂混合，然后冷却使蜡结晶析出，形成浆状物，达到某一温度后过滤使蜡油分离，分别得到脱蜡油和石蜡。脱蜡常用的溶剂为酮类与芳烃类的混合物(如丁酮-甲苯等)，溶剂脱蜡又具体为酮苯脱蜡。酮苯脱蜡从润滑油料中除去高熔点的蜡组分，降低油品的凝点，同时为石蜡生产提供原料。

脱蜡过程所得到的蜡膏中含较多的油，从蜡中除去低熔点组分以满足商品蜡要求的过程称为脱油。蜡脱油过程中所得到的油，即脱油滤液统称为蜡下油。脱蜡的方法有多种，如冷榨脱蜡、溶剂脱蜡、尿素脱蜡、分子筛脱蜡、加氢脱蜡和细菌脱蜡等。

1. 酮苯脱蜡基本原理

它是利用酮苯混合物对原料中的油、蜡具有不同的溶解能力和油与蜡的熔点差的特点，使原料在冷却过程中加入溶剂，降低了原料的黏度，增加了原料的流动性，并给蜡的结晶创造了适宜的条件，使蜡形成均匀的结晶，便于用过滤的方法将油蜡分离。分离后的滤液和蜡膏，分别送至油、蜡回收系统，利用溶剂与油、蜡的沸点差别，将溶剂进行回收循环使用，合格的油、蜡分别送出装置。

一般情况下，随着温度的降低，蜡会因在油中的溶解度减小而结晶析出，并形成蜡包油的网状结构，从而使油品失去流动性。而溶剂脱蜡工艺是在溶剂的稀释作用下，降低温度使蜡结晶析出并长大晶粒，但不形成蜡包油的网状结构，通过过滤分离、回收溶剂后，得到低凝点的脱蜡油和高熔点的蜡。溶剂脱蜡过程原理流程见图 5-2-1。

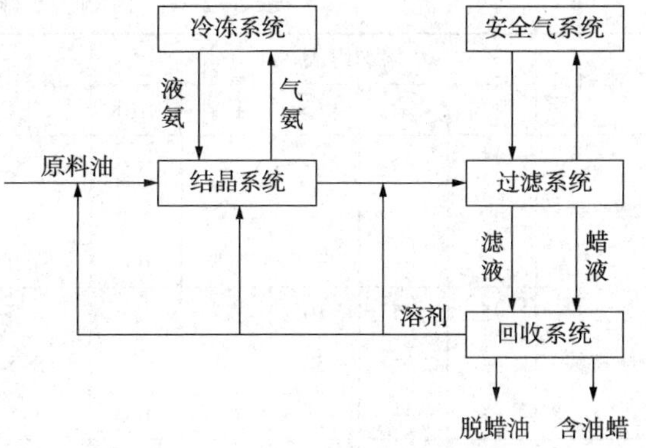

图 5-2-1　溶剂脱蜡过程原理流程

2. 脱蜡溶剂

为起到“溶油不溶蜡”、降低流体黏度的作用，溶剂脱蜡过程所用溶剂需具有以下性质：

① 溶剂在脱蜡温度下的黏度小，有利于蜡的结晶。

② 溶剂应具有良好的选择性，即对油有良好的溶解能力，而在脱蜡温度下，对蜡的溶解度小。脱蜡溶剂的选择性往往用脱蜡温差(脱蜡油倾点-脱蜡温度)来表示，脱蜡温差越小，表明溶剂的选择性好。

③ 溶剂的沸点不应很高，它的热容和蒸发潜热要低，但沸点也不能过低，以避免在高压下操作。

④ 溶剂的凝点应较低，在脱蜡温度下不会结晶析出。

⑤ 溶剂应无毒，不腐蚀设备，而且化学安定性好，廉价易得。

满足以上所有要求的理想溶剂是不存在的，但使用混合溶剂基本能满足生产要求。目前工业上使用最广泛的溶剂是甲基乙基酮与甲苯的混合溶剂，故常称酮苯脱蜡。其中的酮类是极性溶剂，有较好的选择性，在低温下对蜡几乎不溶，而对油的溶解能力也较低；苯类是非极性溶剂，能和油完全互溶，但选择性欠佳，对蜡也有一定的溶解能力。将两种溶剂按一定的比例混合后使用，其中的酮类充当蜡的沉淀剂，苯类充当油的溶解剂。使用混合溶剂进行脱蜡，还可根据不同的原料油性质，灵活地调整溶剂的配比组成，以适应不同的脱蜡要求。

早期使用较多的丙酮-苯-甲苯混合溶剂是一种良好的选择性溶剂，对油的溶解能力强，对蜡的溶解能力低，同时黏度小，冰点低，腐蚀性不大，沸点不高，但其闪点低、易挥发、损耗大，毒性也较大。甲基乙基酮对蜡的溶解度很小，但对油的溶解能力比丙酮大，所以逐步取代了丙酮溶剂。苯的结晶点较高，在低温脱蜡时常会有苯的结晶析出，使脱蜡油的收率降低。在低温下，甲苯对油的溶解能力比苯强，对蜡的溶解能力比苯差，即它的选择性比苯强。此外，甲苯的毒性比苯的小，因此，甲苯取代了苯作溶剂。

由于酮类对油的溶解能力是随着相对分子质量的增大而增大的，例如甲基异丁基酮(MIBK)对油的溶解能力大，而对蜡则很少溶解，可以将 MIBK 作为单一溶剂或和丁酮混合进行脱蜡。它具有选择性好，过滤温度较高，溶剂允许的油含量较高，操作费用较低，免去对滤机温洗等优点，用于处理较重原料时效果明显。几种常用溶剂的脱蜡效果的对比见表 5-2-1。

表 5-2-1 丙酮、丁酮、MIBK 脱蜡效果比较

原料	溶剂组成/%(v)					溶剂比	过滤温度/℃	脱蜡油收率/%	脱蜡油凝点/℃	蜡含油/%	脱蜡温差/℃
	丙酮	苯	甲苯	丁酮	MIBK						
减二线	45	45	10	—	—	3.0	-12	58.0	-6	5.3	6
	—	—	30	70	—	3.0	-9	60.0	-5	3.9	4
	—	—	—	—	100	3.0	-8	60.3	-4	2.7	4
减三线	45	45	10	—	—	3.5	-12	58.0	-6	>10	6
	—	—	30	70	—	3.5	-10	63.0	-6	8.7	4
	—	—	—	—	100	3.5	-10	62.0	-6	—	4
减四线	35	45	20	—	—	4.0	-14	52.0	-5	—	9
	—	—	30	70	—	4.0	-10	59.0	-5	10.6	5
	—	—	—	—	100	4.0	-10	62.0	-6	4.1	4
脱沥青油	30	50	20	—	—	5.0	-14	34.0	-5	—	9
	—	—	35	65	—	5.0	-10	39.5	-4	—	6
	—	—	—	—	100	5.0	-5	41.5	-4	—	1

当用酮苯混合溶剂时，改变这两种溶剂的比例就可以改变混合溶剂的溶解能力及选择性。在一定范围内，酮的比例越高，则溶剂的黏度越低，过滤速度越快，对蜡的溶解度越小，脱蜡温差也越小。但酮含量超过一定限度后，由于溶剂对油的溶解能力降得太低，两者就不能完全互溶，即除了以溶剂为主并含有油的溶液相外，还会出现第二个以油为主并含有溶剂的黏稠液相，过滤时黏附在蜡膏上，使蜡的油含量增加，脱蜡油收率下降。对于轻质原料可以使用含酮较多的混合溶剂，对于重质原料则需要含酮较少、溶解能力大的混合溶剂，一般情况下，混合溶剂中丁酮的含量约在35%~65%之间。

近年来还出现一些新型混合溶剂，如乙酸乙酯-二异丙基醚。与丁酮-甲苯混合溶剂相比，所用醚的沸点低于甲苯的沸点，所以用醚作脱蜡溶剂可降低能耗。乙酸乙酯作为溶剂的选择性和丁酮相仿，它在水中溶解度小，具有更好的共沸物组成，可在很大程度上提高湿溶剂的干燥程度，且成本远低于丁酮。

3. *脱蜡过程的主要影响因素*

脱蜡过程应尽可能完全地脱除蜡，降低脱蜡油的凝点。并且形成的蜡结晶易于过滤，以提高脱蜡油收率和装置处理能力。

(1) 原料性质

原料馏分宽窄、蜡含量、胶质及沥青质含量等对酮苯脱蜡脱油过程影响很大。原料馏分窄，蜡分子大小均匀，蜡结晶好，滤速和收率都较高，加工能耗低。原料含水超过最低析冰限度，冷却器易增压，冰粒析出易堵滤布。原料蜡含量大，需较大的稀释比，冷冻及回收负荷较大。原料油若含有太多的胶质、沥青质，易生成细微晶体，造成过滤困难，同时易粘连，蜡的油含量大。但含有少量表面活性的胶质、沥青质，在不影响浆液黏度的情况下，能促使蜡结晶连成大颗粒，提高滤速。

(2) 溶剂组成

丁酮、甲苯二元混合溶剂的组成是根据原料的种类、组成、黏度大小、蜡含量大小和脱

蜡深度通过实验确定。馏分越重，丁酮在溶剂中所占的比例应越小。在一定范围内，酮的比例越高，过滤速度越快，脱蜡温差也越小。但酮比例过高，会出现以油为主并含有溶剂的黏稠液相，过滤时黏附在蜡膏上，使蜡的油含量增加，脱蜡油收率下降。

(3) 溶剂稀释比

总稀释比的大小是根据原料种类性质来确定的，保证在过滤温度下充分溶解油，同时使体系黏度降低，以有利于蜡的结晶和过滤。一般馏分轻，蜡含量少，脱蜡深度浅，所需稀释比较小；反之，重质、黏度大的原料所需稀释比较大。溶剂加入量太大，增加了冷冻、过滤、回收的负荷，降低了处理量，增加溶剂损耗和能耗。溶剂稀释比一般范围为(1~4)：1。

工业上一般采取多次稀释的方法。第一次稀释溶剂是在原料油冷却到比其倾点低15~20℃、已有部分蜡晶体析出时加入的。其余各次稀释的溶剂是在进一步冷却、结晶过程中分批加入的。对于重质原料油，在冷却前即需加入部分溶剂进行预稀释以降低其黏度。

溶剂加入位置是否合适，对结晶好坏和产品收率影响很大。目前馏分油脱蜡过程仍广泛采用“冷点稀释”。不论采用哪一种稀释方法，脱蜡过程都要尽可能做到加入点的溶剂与原料温度相近。

采用多次稀释的方法，可以随温度的降低使蜡晶体始终保持在较适宜的条件下生成和长大，这样可以提高滤速，缩小脱蜡温差，提高脱蜡油收率。

(4) 冷却速度

随着温度的降低，溶液中的蜡是逐步析出的。先析出的蜡即形成结晶核，随后再通过向晶核的扩散，使晶核逐渐长大。

脱蜡过程中总是希望蜡的晶体颗粒大、坚实，易过滤。降温速度如果过快，体系的过饱和程度太大，蜡来不及扩散到已形成的晶核上去，而形成许多新的晶核，这样会导致形成的晶体过于细小，不利于过滤。尤其是晶核开始形成时，冷却速度影响更大，冷却速度要慢一些(1~1.3℃/min)。当蜡的晶核形成之后，可适当提高冷却速度(2~5℃/min)。继续析出的蜡可以扩散到蜡晶表面，不会再生成过多的晶核。冷却速度选择应根据原料油性质、馏分轻重、脱蜡深度来决定。一般来说，原料油含蜡多，馏分轻，浅度脱蜡，冷却速度可以适当提高。

(5) 冷滤脱蜡助剂

减压馏分在脱蜡时的过滤速度是整个工艺的关键步骤，它决定了装置的加工处理量。如何得到颗粒大而且油含量低的蜡晶尤为重要。除了优化结晶的工艺条件以外，选择合适的脱蜡助剂也是一个有效的措施。加入适当的脱蜡助剂不但可以提高石蜡质量，降低脱蜡油的倾点，并且还能降低能耗。

目前使用的蜡结晶改进剂有甲基丙烯酸酯、醋酸乙烯酯共聚物、烯烃共聚物、烷基水杨酸酯、反丁烯二酸酯共聚物、萘和氯化石蜡的缩合物。几种单剂复配使用，其助滤效果好于单剂。

对脱蜡助剂的作用机理有不同的解释。但比较普遍的观点是脱蜡助剂在蜡油冷却过程中起到了成核、吸附和共晶的作用，形成了大小均匀、离散性好的结晶，有利于过滤。

二、分子筛脱蜡和尿素脱蜡

以煤油或柴油馏分为原料，经分子筛吸附分离或异丙醇-尿素脱蜡，得到的正构烷烃，在常温下呈透明无色或浅黄色液体，故称液体石蜡。根据馏分可以分为轻质液体石蜡(简称轻蜡)和重质液体石蜡(简称重蜡)，烷烃中碳原子数 $C_9 \sim C_{13}$ 者为轻蜡，$C_{14} \sim C_{16}$ 者为重蜡。

1. 分子筛脱蜡

分子筛脱蜡是采用5A分子筛作为吸附剂，将煤油、柴油中正构烷烃与异构烃、芳烃分离开来的工艺。5A分子筛的孔径为0.55nm，在选用的进料馏分中，正构烷烃分子直径小于0.49nm，异构烷烃分子直径大于0.56nm，环烷烃和芳香烃分子直径都在0.6nm以上。因此，5A分子筛只对正构烷烃进行吸附，对异构烷烃、环烷烃、芳香烃均不吸附，从而可以将馏分中的正构烷烃分离出来。

国内分子筛脱蜡所得正构烷烃主要用作为生产洗涤剂的原料。目前，工业上应用的分子筛脱蜡工艺主要有Sio-Siv、Molex等。

Sio-Siv法是采用UCC公司开发的固定床工艺，石油馏分在气相下用分子筛进行吸附和脱附操作。对于石脑油馏分，采用加压吸附，减压脱附；对于煤油、柴油馏分采用恒温恒压吸附脱附，但在脱附时送入吹扫剂，使吸附剂吸附的正构烷烃被置换出来而达到脱附的目的。该方法的不足之处在于气相吸附过程中，由于吸附温度较高，经过一定时间后分子筛的表面会逐渐积炭，使分子筛吸附能力降低，缩短分子筛的使用寿命。

Molex法是利用模拟移动床将正构烷烃与异构烷烃、芳烃分离开来的过程。被吸附的正构烷烃，用60%正戊烷和40%异辛烷的混合物组成的脱附剂进行置换冲洗，使正构烷烃脱附出来，脱附剂回收循环使用。UOP公司开发的Molex分子筛脱蜡过程可以在回收率大于97%的条件下，获得纯度为99%以上的正构烷烃。该过程采用模拟移动床，液相逆流操作，操作条件缓和，分子筛上积炭少，能长期运转，产品收率和纯度稳定。但该工艺为了保护吸附剂分子筛不受污染，对原料油要求很严格，需要先经预加氢精制脱除煤油等馏分中的硫、氮、砷等杂质，并对原料馏程切割也有很高的要求。该过程不适用于生产干点为280℃以上的重液蜡。

分子筛脱蜡生产洗涤剂原料的Molex工艺，是以航煤馏分为原料，通过拔头塔、切尾塔分馏，将原料煤油切割出 $C_{10} \sim C_{14}$ 组分，再经加氢精制脱除掉组分中所含的硫、氮、砷等杂质。精制煤油通过吸附剂(5A分子筛)吸附，用脱附剂(正戊烷和异辛烷)脱附，分离出正构的 $C_{10} \sim C_{14}$ 烷烃，经过再次分馏，得到 C_{10}、$C_{11} \sim C_{13}$、C_{14} 产品。上述产品经过调和，成为轻蜡Ⅰ和轻蜡Ⅱ两种产品。

2. 尿素脱蜡

尿素脱蜡利用尿素与正构烷烃形成络合物，从石油馏分中将高凝点的石蜡分离出来。经过处理的油品凝点可低达-40～-60℃，并副产高纯度液体石蜡。尿素络合法是实验室测定油样中正构烷烃的方法，同时它又是工业上一种降低油品凝点的脱蜡过程。

正构烷烃与尿素能形成络合物，而异构烷烃、环烷烃和芳烃不能与尿素络合，实现正构烷烃从石油馏分中分离出来的目的。尿素与烃类形成络合物是个可逆过程。

研究表明，尿素本身是四方晶系结构，当它与正构烷烃相遇时，会借助于如下的分子间氢键结合连成螺旋形的六方晶系结构，将正构烷烃分子包在螺旋的中间而形成络合物。这种具有六方晶系结构的尿素的中间通道有效直径为0.49nm，正好能容纳直径为0.38～0.42nm的正构烷烃分子，两者之间以范德华力相结合。由此可见，尿素络合物生成的过程是尿素从四方晶系结构向六方晶系结构转变的过程。此过程往往需要几十分钟甚至几小时才能完成。

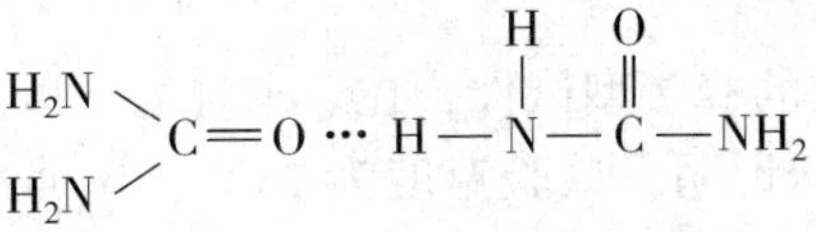

对于正构烷烃，凡分子中的碳原子数≥6的均可在室温下与尿素形成络合物。当烃类分支中带有支链或环状结构时，若分子中直链的部分有足够的长度，那就也有可能形成尿素络合物，如取代基越大、数目越多或距端点越远，则分子中的直链部分必须越长才能包合。不同结构的烯烃与尿素形成络合物的情况与相应的烷烃接近，但其稳定性稍逊。

尿素络合物的形成过程是放热的。正构烷烃的分子越大，则其络合物的生成热也越多，也就越稳定。

尿素络合的温度一般在20~25℃。提高温度可增加作用物质之间的互溶度，降低其黏度以改善其接触条件，然而也会使络合物的稳定性下降。当加水升温至60~70℃即可使络合物分解。

对于黏稠油料进行尿素包合时，往往要加入溶剂，以降低体系的黏度，保证尿素与正构烷烃很好地接触。但是，由于溶剂对尿素络合物也有一定的溶解能力，所以加入的溶剂量不能过多。尿素包合时一般还需加入活化剂以加快络合物的生成速度。常用的活化剂是醇类，包括甲醇、乙醇、异丙醇、乙二醇等，其中以甲醇的效果最好。活化剂是极性溶剂，它能溶解油料中的极性组分，阻止它们吸附在尿素结晶上，从而有助于尿素由四方晶系向六方晶系结构的转化；另一方面，活化剂也能溶解部分尿素，这也有利于络合物的形成。

用尿素包合法来测定正构烷烃的含量只适用于沸程低于350℃的馏分，因为在沸程更高的馏分中烃分子的结构更趋复杂，与尿素形成络合物的就不仅是正构烷烃，还会有一定量的含有长碳链的异构烷烃和环状烃。

工业上，可用尿素包合法对柴油或轻质润滑油馏分进行脱蜡以制取低凝柴油或低凝轻质润滑油。尿素脱蜡有两种方法，即干法和湿法。干法是把固体尿素和活化剂加入油料中，在30℃下搅拌若干小时即可形成络合物。湿法则是把60℃的尿素饱和水溶液和活化剂一起加入油料中，当温度降至30℃时尿素即析出与正构烷烃等形成络合物。

第三节　石油沥青

石油沥青是以减压渣油为主要原料制成的一类石油产品，是组成极其复杂的混合物，外观呈黑色固态或半固态黏稠状，主要用于道路、建筑和防腐等方面。

一、石油沥青的性能指标

1. 针入度

石油沥青的针入度是以标准针在一定的荷重、时间及温度条件下垂直穿入石油沥青的深度来表示的，其单位为1/10mm。非经另行规定，其标准针的荷重为100g，时间为5s，温度为25℃。如果考察沥青的低温塑性变形的能力，可测定15℃、10℃、5℃下的针入度。

针入度是表示沥青硬度的质量指标，针入度越小，表示沥青越稠硬。中国是以25℃时的针入度来划分沥青牌号。

2. 延度

石油沥青的延度是用规定的蜂腰型试件，在一定温度下以一定的速度拉伸沥青至断裂时的长度，单位为cm。非经特殊说明，试验温度为25℃，拉伸速度为5cm/min。如果考察沥青在低温下是否容易开裂，可测定15℃、10℃、5℃下的延度。

延度是表示石油沥青在应力作用下的稠性和流动性，也表示沥青拉伸到断裂前的伸展能力。延度大，表示沥青的塑性变形性能好，不易出现裂纹。

3. 软化点

石油沥青的软化点是试样在测定条件下，钢球(ϕ9.53mm)因受热下坠25.4mm时的温度，单位为℃。

软化点是表示石油沥青受热后由固态转变成具有一定流动能力时的温度。软化点高，表示石油沥青的耐热性能好，受热后不致迅速软化，并在较高的温度下具有较高的黏滞性，所铺设的路面不易因受热而变形。但软化点太高，则会因不易熔化而造成施工困难。

沥青除了上述三项主要指标外，还要求具有较好的抗老化性能。沥青老化后，表现为针入度和延度减小，软化点增高。

薄膜烘箱法测定抗老化性能，在薄膜厚度约为3.2mm，时间为5h，温度为163℃的条件下测定试样加热前后物理性质的变化。

针入度比是经薄膜烘箱试验后的针入度与原试样针入度的比值，用百分率表示。针入度比小，说明沥青的抗老化性能不好。

针入度指数(PI)表征沥青感温性的指标，其定义为：

$$PI=\frac{\lg 800-\lg P}{T-25}$$

式中 P——在25℃时的针入度；

T——软化点。

多数沥青软化点时其针入度为800，针入度指数越小，表示沥青对温度的敏感性小。

Fraas脆点表征沥青的低温性能，脆点高的沥青在低温下容易转变为脆硬的玻璃态，容易开裂。通常针入度越大的沥青，其脆点越低。此外道路沥青还要求对砂石有较好的黏附性。

二、沥青的组成与性能关系

石油是一种胶体分散体系，其分散相是以沥青质为核心吸附部分胶质而形成的胶束。

大量事实表明，沥青的理化性质和使用性能在很大程度上取决于其胶体体系的性质，而能否形成稳定的胶体体系又与其化学组成密切相关。

将沥青分为4个组分，然后再按比例进行两两调和，化学组成对沥青理化性能的影响见表5-3-1。从表5-3-1可以看出，沥青中的饱和分和芳香分的针入度大，软化点低，黏度较小，是沥青的软组分，起塑化剂作用。胶质和沥青质的针入度为零，软化点很高，尤其是沥青质的软化点更高，胶质的黏度很大(不能测定固体沥青质的黏度)，胶质和沥青质均是沥青的硬组分，起稠化剂作用。

表 5-3-1　沥青的两组分调和试验结果

项　目	调和比例	针入度(25℃)/(0.1mm)	软化点/℃	延度/cm		黏度(99℃)/(mm²/s)
				25℃	4℃	
沥青	—	90	—	100+	6	—
饱和分(S)	—	300⁺	19	—	—	22
芳香分(A)	—	300⁺	24	—	—	64
胶质(R)	—	0	77	—	—	1.1×10^5
沥青质(Asp)	—	0	190	—	—	—
S+R	29/71	90	—	100⁺	1	(分层)
S+As	61/39	90	—	4	1	(分层)
A+R	45/55	90	—	100⁺	50⁺	—
A+Asp	75/25	90	—	49	49	—

若饱和分过多，沥青胶体分散体系中分散介质的芳香度低，不能形成稳定的胶体分散体系，因而体系容易分层。

芳香分的存在是十分必要的，它提高了胶体体系分散介质的芳香度，使体系不易分层。

胶质本身具有良好的塑性和黏附性，是沥青必不可少的组分，它能够使沥青质稳定地胶溶于体系之中。

沥青质的存在可改善沥青的高温性能，若含有过多的沥青质会使沥青的延度大大降低，易于脆裂。

只有当沥青中的各组分(油分、胶质、沥青质)的组成符合一定比例时，沥青的性能才能合乎要求。对于大庆油源的沥青，其三组分组成在图 5-3-1 中的虚线区域时，其性能合格，但范围有限。

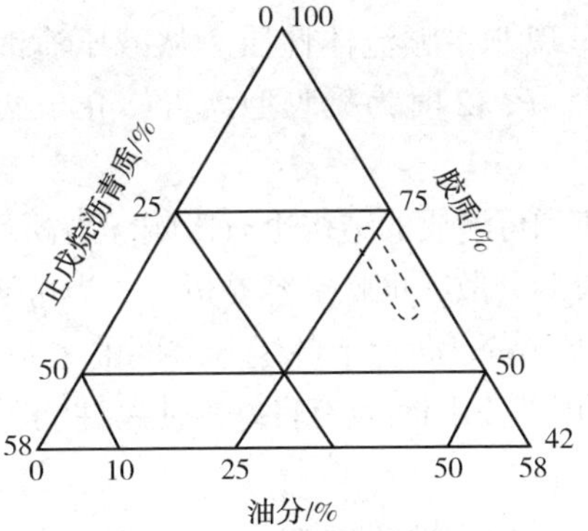

图 5-3-1　大庆道路沥青组成的三角坐标图

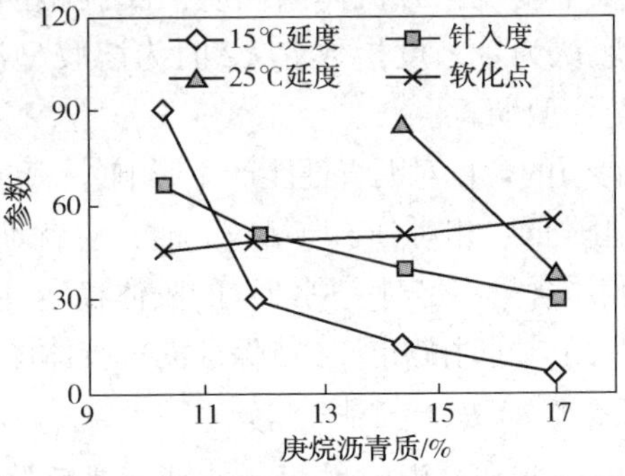

图 5-3-2　庚烷沥青质对孤岛道路沥青性能的影响

ESSO 石油公司研究认为，优良沥青的适宜组成范围为：其蜡含量≯2%，芳香分≮30%，沥青质含量为 8%~16%。表 5-3-2 列出了沥青四组分含量的大体范围。

表 5-3-2　沥青四组分族组成典型数据

项　目	沥青 1	沥青 2	沥青 3	项　目	沥青 1	沥青 2	沥青 3
密度(15℃)/(g/cm^3)	1.042	1.004	1.012	胶质/%	33.3	32.8	44.6
蜡含量(蒸馏法)/%	1.1	2.3	3.0	沥青质/%	13.0	13.5	5.7
饱和分/%	13.3	14.3	13.8	针入度(25℃)/(0.1mm)	59	100	77
芳香分/%	40.4	39.4	35.9				

实际上，沥青的各组分之间的配伍不仅是数量上的关系，同时还与各组分本身的组成和结构有关。

1. 沥青质的含量对沥青性能的影响

沥青质含量对沥青针入度和黏度的影响见表 5-3-3。

由图 5-3-2 和表 5-3-3 可知，随着庚烷沥青质含量的增加，沥青的针入度与延度降低，软化点与黏度增加。其中，随沥青质含量增加延度迅速降低，高温黏度增加幅度较大。

表 5-3-3　沥青质含量对某沥青针入度和黏度的影响

沥青质的掺加量/%	针入度(25℃)/(0.1mm)	lg η(Pa·s)		
		25℃	60℃	135℃
0	80	6.19	3.45	0.70
2.0	73	6.27	3.66	0.82
4.0	55	6.52	4.05	1.12

当沥青中沥青质含量较少又处于被胶质很好地胶溶状态时，这种沥青是溶胶型的，一般都有较好的塑性。而当沥青中沥青质含量较多，又不能很好地胶溶分散时，沥青质胶束就会互相连接，形成三维的网状结构，这就是凝胶型沥青，其塑性很差。一般来说，溶胶型沥青在较高温度下呈现牛顿流体的性质，凝胶型沥青呈现非牛顿流体性质。从减压渣油制取的道路沥青一般认为针入度指数 $PI<2$ 时为溶胶型沥青，$PI>2$ 时为凝胶型沥青，介于两者之间的为溶胶-凝胶型沥青。

除沥青质的含量对沥青性能产生影响外，沥青质和可溶质的结构也有影响。当沥青质本身的 H/C 原子比较低、相对分子质量较大时，它就难以胶溶分散，也就更容易析出。当可溶质的芳香度较小、胶质含量不足时，则沥青的胶体稳定性也会下降。沥青中各组分之间的关系非常复杂，要求数量和品质同时配伍，才能保证沥青胶体体系的稳定，同时具有良好的使用性能。

2. 蜡含量对沥青性能的影响

沥青中的蜡在高温时融化，使沥青黏度降低，影响高温稳定性，增大温度敏感性；蜡会影响沥青的黏结力及抗水剥离性；蜡在低温时结晶析出，分散在其他各组分之间，减小了分子间的紧密联系，当蜡结晶的大小超过胶束的界限时，便以不均相的悬浮物状态存在于沥青中，蜡相当于沥青中的杂质，使沥青的极限拉伸应变和延度变小，容易造成低温发脆、开裂。因此，对于高等级公路路面用沥青，必须限制蜡的含量，以保证它有较好的低温性能和较长的通路寿命。蜡含量对沥青针入度和黏度的影响见表 5-3-4，脱蜡前后沥青性质的变化见表 5-3-5。

表 5-3-4 蜡含量对某沥青针入度和黏度的影响

蜡的掺加量/%	针入度(25℃)/(0.1mm)	lgη(Pa·s)		
		25℃	60℃	135℃
0	80	6.19	3.45	0.70
2.0	75	6.29	3.32	0.64
4.0	66	6.39	3.26	0.61
8.0	56	6.50	3.09	0.45

由表 5-3-4 可以看出，沥青中的蜡在高温下会使其黏稠性降低，而在低温下由于蜡的结晶会使沥青不易变形和流动。

表 5-3-5 脱蜡前后孤岛原油沥青的性质

试样状况	针入度(25℃)/(0.1mm)	软化点/℃	延度/cm		
			25℃	15℃	5℃
脱蜡前	90	48.4	>100	67	4.8
脱蜡后	108	47.4	>100	>100	30

由图5-3-3 和表5-3-5 可以看出，沥青中蜡含量大，会使其针入度降低、软化点升高，其低温延度大大降低。实践证明，蜡含量高的沥青其低温性能差，用它铺设的路面在冬季容易开裂。

不同原油的减压渣油中所含蜡的组成结构存在差异，即使蜡含量相同，它们对沥青的性质的影响程度也不相同。由图 5-3-4 可以看出，芳香分蜡对沥青延度的影响较小，饱和分蜡的影响有所增加，而石蜡对沥青的延度影响较大。

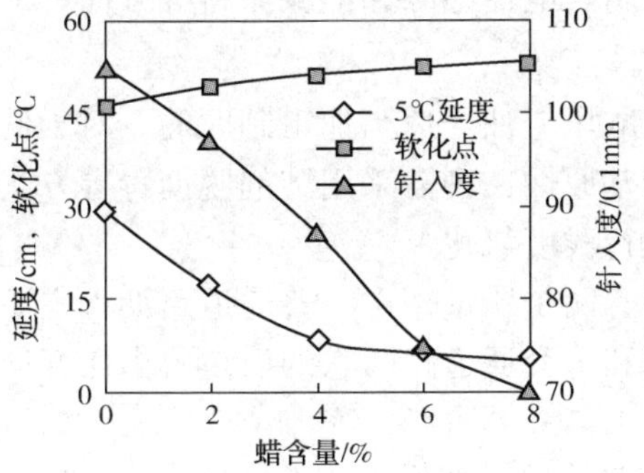

图 5-3-3 蜡含量对孤岛道路沥青性能的影响

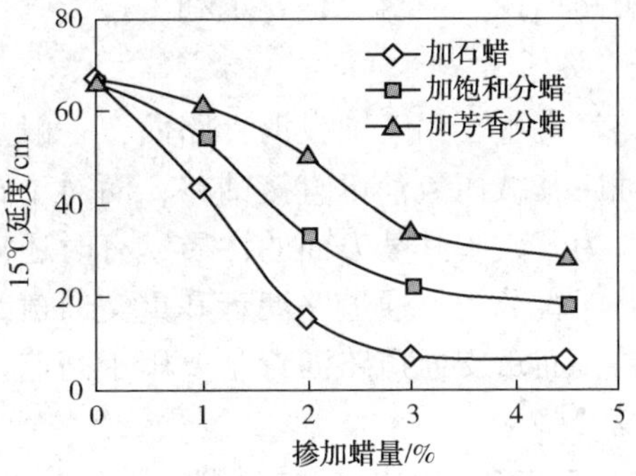

图 5-3-4 掺入蜡量对孤岛道路沥青15℃延度的影响

这是由于各种蜡的结晶状况不同所致，石蜡为较大的片状结晶且结晶度较高，它在沥青中所形成的结晶骨架的塑性较差；芳香分中蜡结晶为微粒或细小针状，其结晶度较低，所形成的结晶骨架的塑性相对较好。饱和分中蜡的情况介于两者之间。

3. 沥青在使用过程中化学组成和性质的变化

石油沥青在使用过程中，由于长期暴露在空气中，加上温度及日光等环境条件的影响，沥青会因氧化而变硬、变脆，表现为针入度和延度减小、软化点增高。究其原因，是由于沥青的化学组成发生变化而导致其胶体体系性质发生变化。沥青老化后组成和性质的变化见

表 5-3-6 和表 5-3-7。

表 5-3-6　孤岛原油沥青薄膜烘箱试验前后的变化

项　目	试验前	试验后	项　目	试验前	试验后
针入度(25℃)/(0.1mm)	92	49	饱和分	11.6	11.8
软化点/℃	46.6	52.0	芳香分	30.7	28.7
延度(15℃)/cm	82	9	胶质	37.9	30.9
组成/%			戊烷沥青质	19.5	26.0

表 5-3-7　美国某沥青在道路上使用 18 年后的变化

项　目	原试样	18 年后试样	项　目	原试样	18 年后试样
针入度(25℃)/(0.1mm)	65	24	芳香分	34.3	24.6
黏度(60℃)/(Pa·s)	315	1840	胶质	40.5	40.8
组成/%			庚烷沥青质	15.5	23.7
饱和分	9.3	10.3			

由表 5-3-6 和表 5-3-7 可知，沥青使用一段时期后，化学组成发生了变化，芳香分缩合生成了胶质，而胶质又缩合生成了沥青质，导致胶体体系的沥青质含量增加。由于分散相的增多和分散介质胶溶能力的减弱，便导致沥青的胶体稳定性降低，使用性能变差。

三、石油沥青的分类

石油沥青按其用途可分为道路沥青、建筑沥青、涂料沥青、电缆沥青及橡胶沥青等，广泛用于道路铺设、建筑工程、水利工程、管道防腐、电器绝缘和油漆涂料等方面。

1. 道路沥青

道路沥青主要用于铺设沥青路面，一般是将减压渣油经适当加工制取的。对于低蜡的环烷基原油，其减压渣油可直接铺路；而对于石蜡基原油，则需采用溶剂脱沥青等方法制取道路沥青。为了改善其某方面的性质，有时还需进行浅度氧化。

道路沥青分为普通道路沥青和重交通道路沥青两个质量档次。普通道路沥青主要用于一般的道路，而重交通道路沥青主要用于高速公路和重交通道路，它的质量要求比普通道路沥青要更高一些。

GB/T 38075—2019《硬质道路石油沥青》，按针入度范围分为 HA-15、HA-25、HA-35、HA-45 四个牌号。其部分质量指标见表 5-3-8。

表 5-3-8　硬质道路石油沥青部分技术要求(GB/T 38075—2019)

项　目		质量指标			
		HA-15	HA-25	HA-35	HA-45
针入度(25℃，100g，5s)/(0.1mm)		10~20	20~30	30~40	40~50
延度(25℃，5cm/min)/cm	不小于	10	30	50	80
软化点/℃	不小于	60	57	55	50
黏度(60℃)/(Pa·s)	不小于	2000	1100	600	350
蜡含量/%	不大于	3.0	3.0	3.0	3.0

2. 建筑沥青

中国建筑石油沥青按针入度分为10、30和40三个牌号，主要用作屋面或地下设施的防水材料，是由减压渣油经氧化法加工制成的。这类沥青要求硬度大、耐温性好、有良好的黏结性和防水性能，并有较好的抗氧化和抗老化能力，以保证能较长时间使用而不致因老化变脆而开裂。

3. 专用沥青

一般氧化沥青的耐电压强度可达25～35kV/mm(20℃)，它的电导率约为1×10^{-11}S/m，可作为电器绝缘沥青。氧化沥青溶于溶剂制成油漆沥青，作为耐水、耐酸碱的涂料，要求其中油分和蜡的含量少，有较强的黏附力。高软化点的氧化沥青可用作输油、输气管道的防腐沥青，要求其黏附力强，高温和低温下塑性好。

4. 乳化沥青

在乳化剂的存在下，可使沥青与水形成稳定的乳状液，即乳化沥青。乳化沥青可分为阴离子型、阳离子型和非离子型等。乳化沥青具有施工简单、环保等优点。

此外，为改善沥青的低温柔性和高温性能，可加入氯丁橡胶、丁苯橡胶或聚乙烯等高分子材料，以制取各种类型的改性沥青。

第四节　溶剂脱沥青工艺

溶剂脱沥青是以液态的丙烷、丁烷、戊烷等小分子烃类为抽提溶剂，从减压渣油中分离出残炭、重金属、硫和氮含量均较低的脱沥青油和含“油分”较少的脱油沥青的工艺过程。溶剂脱沥青工艺是从减压渣油制取高黏度润滑油基础油，为催化裂化或加氢裂化提供合格原料油的一个重要加工过程，也是生产微晶蜡必不可少的关键环节。其原理流程如图5-4-1所示。

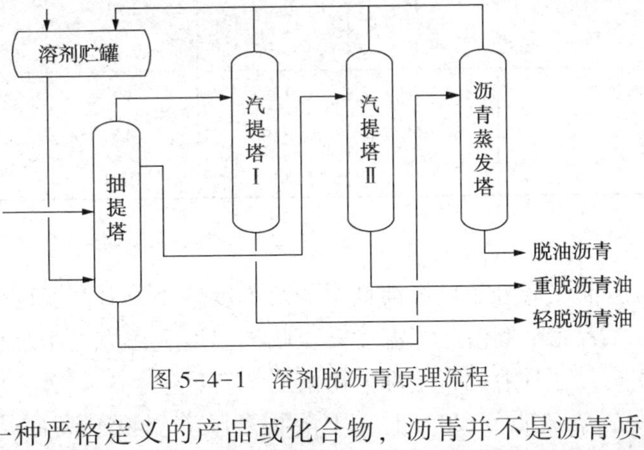

图5-4-1　溶剂脱沥青原理流程

脱油沥青并非一种严格定义的产品或化合物，沥青并不是沥青质。沥青是指减压渣油中最重的那一部分，它以沥青质和胶质为主，并含有某些大分子的芳香烃和饱和烃，以及含有硫、氮的化合物，还含有Ni、V等金属的有机化合物。其具体组成因生产目的不同而异。

一、溶剂脱沥青原理

1. 脱沥青溶剂

脱沥青所用的溶剂都是低分子烃类，如丙烷、丁烷、戊烷以及它们的混合物。减压渣油中的各种烃类在这些低分子烃类中的溶解度不同，利用它们对烷烃、环烷烃及低分子芳香烃有相当大的溶解度，而对胶质、沥青质则难溶或几乎不溶的特性，使胶质和沥青质从渣油中脱除的。减压渣油各组分在低分子烷烃中的溶解度，饱和烃最大，芳烃次之(其中的多环芳烃又差些)，胶质又次之，而沥青质则基本不溶。

渣油中的沥青质是以胶束状态存在，芳烃和胶质对这种状态起着稳定作用。在加入低分子烷烃后，这种稳定状态被破坏，沥青质沉降析出。

采用低相对分子质量烷烃作溶剂对渣油进行抽提时，可以把渣油中的饱和烃及芳烃(油分)提取出来。与原料渣油相比，提取所得的油分的残炭值及金属含量较低、H/C 原子比较高，达到生产高黏度润滑油和改善催化裂化进料的要求。有时该过程又称为脱金属。

随着低分子烷烃相对分子质量的增大，其溶解能力提高，而选择性变差。当目的是制取高黏度润滑油原料时，一般选用丙烷或丙烷-丁烷混合溶剂，脱沥青油质量较好；而当目的是最大限度地为催化裂化、加氢裂化提供原料时，选用溶解能力强的丁烷或戊烷作溶剂。不同溶剂脱沥青的结果见表 5-4-1。

表 5-4-1 大庆原油减压渣油用不同溶剂脱沥青的结果

项 目		减压渣油	脱沥青油			
溶 剂		—	丙烷	丙烷-丁烷	丁烷	戊烷
脱沥青油收率/%		100.0	53.6	71.4	85.5	98.0
脱沥青油	相对密度(d_4^{20})	0.9222	0.9043	—	0.9073	—
	运动黏度(100℃)/(mm^2/s)	121.7	29.4	45.2	73.0	117.4
	残炭/%	7.46	0.57	2.40	4.76	6.70
	镍/(μg/g)	9.8	—	0.53	—	8.0
脱油沥青	软化点/℃	39	44.5	66	95	—
	针入度(25℃)/(0.1mm)	>250	>192	15	12	—
	延度/cm	3.9	30.3	10.1	3.0	—

2. 抽提温度

在低温时，减压渣油在低分子烷烃溶剂中的溶解度较小，升高温度则溶解度增大。当温度升至一定程度后，二者完全互溶。当温度升至临界温度、压力处于临界压力时，低分子溶剂已经具有气体的性质，这时溶剂将全部析出溶质。

由图 5-4-2 可见，温度低于 20℃时，不溶物量随着温度升高而减少；到温度稍高于 20℃时，两相互溶。在低于 20℃前存在第一个两相区。当温度升高至 40℃后，又开始有不溶物析出，而且随着温度的升高，析出的物质增加，至丙烷的临界温度(96.8℃)时，油全部析出。从 40℃到 96.8℃又出现第二个两相区。在第二个两相区内，丙烷对胶状物质和高分子多环烃类的溶解度很小，并且温度越高，其溶解度也越小。丙烷对渣油中各组分的溶解度大小次序依次为：烷烃>环状烃类>大分子多环烃类>胶状物质。

第一个两相区温度太低，原料油黏度太大，不适宜脱沥青操作。在-42~20℃温度下，不仅胶质、沥青质几乎不溶于丙烷，而且蜡也只稍溶于丙烷，所以在分出胶质、沥青状物质的同时，蜡也会被分出，导致蜡和沥青的品质都很低。

丙烷脱沥青过程就是在这第二个两相区温度范围内操作的。所用的温度一般低于溶剂的临界温度10~20℃左右，即所谓的亚临界条件。

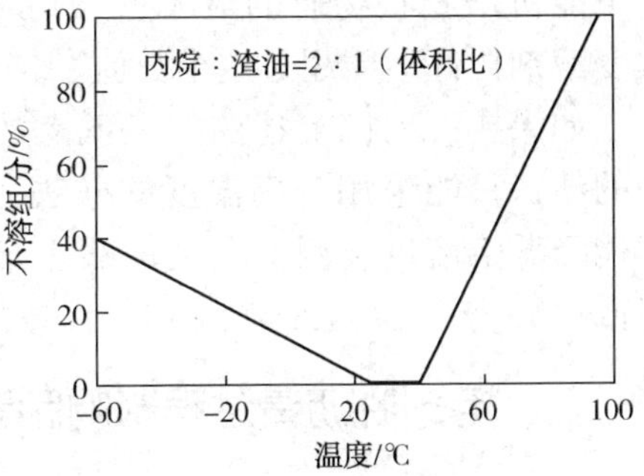

图 5-4-2　丙烷-渣油体系在不同温度下的相状态

根据第二个两相区内随温度升高溶剂溶解能力下降的特点，可通过将脱沥青油溶液适当加热提高温度的方法，进一步析出一个较差的产物(重脱沥青油或胶质)，提高轻脱沥青油品质，保证脱油沥青的质量。这即是所谓的两段脱沥青。大庆原油减压渣油两段丙烷脱沥青可以得到合格的150BS润滑油原料和100号道路沥青，而重脱沥青油可作为催化裂化原料。结果见表5-4-2。

表 5-4-2　大庆原油减压渣油两段丙烷脱沥青结果

项　目	减压渣油	轻脱沥青油	重脱沥青油	脱油沥青
收率/%	100	42.0	39.2	18.8
相对密度(d_4^{20})	0.9268	0.8814	0.9454	1.0108
运动黏度(100℃)/(mm^2/s)	125.6	25.8	260.5	—
残炭/%	8.07	0.67	9.71	—
软化点/℃	—	—	—	43
针入度(25℃)/(0.1mm)	—	—	—	112
延度/cm	—	—	—	61

3. 剂油比

渣油中的烃类和胶状物质本来是互溶的，或者是有些呈溶胶均匀地分散在油中。当丙烷加到渣油中，温度在60~70℃或更低时，由于丙烷对烃类的溶解度还很大，于是丙烷与烃类形成均匀的溶液。

与渣油中的烃类相比，丙烷对胶状物质的溶解度要小得多，当渣油中加入的丙烷量增加时，溶解胶状物质的烃类被丙烷稀释，溶液对胶状物质的溶解度就会下降，当下降至不能溶解全部胶状物质时它们就会从溶液中析出，并且随着溶剂比的继续增大，胶状物质析出量也增大。

当加入的丙烷量增大至一定数量时，溶液的溶解度就接近丙烷的溶解度，此时若再加入丙烷，溶液的溶解度降低得很少。但由于溶液的总量增加，表现出来的现象是析出的胶状物质随着溶剂用量的增加而减小。

由图5-4-3可见，在油收率-剂油比曲线上就会出现一个最低点，这个点就是在一定温度下能析出胶状物质的最大量。此时，无论怎样改变溶剂比都不能超过这个数值。

如果要得到比上述曲线最低点的脱炭程度更高的油，只能采用升高温度的办法，因为升高温度能降低溶解度，因而可使曲线上最低点的位置降低。

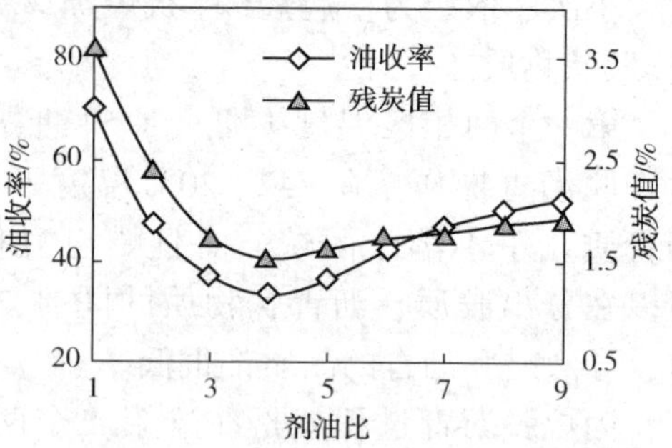

图 5-4-3 剂油比-油收率-油的残炭值之间关系

二、溶剂脱沥青过程影响因素

影响溶剂脱沥青过程的因素有温度、溶剂组成、剂油比、原料油性质、压力等，但对实际操作影响最大的是温度、溶剂组成和剂油比。

1. 温度

溶剂脱沥青的最重要与最敏感的因素是温度。由于脱沥青温度靠近临界点，溶剂的溶解度随温度变化会发生非常大的变化，所以在溶剂脱沥青过程中，调节温度对调整产品质量、收率以及操作都是一个很重要的手段。

抽提塔内以塔顶温度为最高，塔底温度最低，自上而下形成一个温度差，称为温度梯度。上部温度高，溶剂选择性强，溶解能力弱，有利于脱沥青原料中的重组分从溶剂中析出，保证脱沥青油的质量；而底部温度低，溶剂选择性差，溶解能力强，有利于溶剂从塔底脱油沥青中抽出更多的润滑油组分，以提高脱沥青油的收率以及保证沥青的质量。适宜的温度梯度是保证产品质量和收率的重要条件，温度梯度通常为20℃左右。

塔顶、塔底的温度高低应根据原料性质、脱沥青油及沥青质量要求而定。对胶质、沥青质含量多的原料，脱沥青油残炭要求较低时，塔顶、塔底温度都相应高些，顶部温度高以保证轻脱沥青油的质量，底部温度高主要考虑降低渣油的黏度，以保证抽提效率。

不同的溶剂要求的抽提温度也不同。用丙烷溶剂时抽提温度为40~80℃，用丁烷时为100~140℃，用戊烷时为150~180℃。在最高允许温度以下，采用较高的温度可以降低渣油的黏度，从而改善抽提过程中的传质状况。

在实际生产中，用同一原料生产不同目的产品时，经常是只调控操作温度就能达到要求。

2. 溶剂

一般来说，乙烷、丙烷、丁烷等低分子烷烃对分离沥青都很有效。乙烷虽然分离沥青的能力大，但对油的溶解度小，因而脱沥青油的收率和黏度低，同时，乙烷的蒸气压高，必须用耐高压的设备，所以工业上很少使用；丁烷以上的低分子烷烃对残渣油溶解能力强，但对油和胶质、沥青质的选择性差，一部分胶质、沥青质仍未被脱除，脱沥青油质量差；而丙烷既具有一定的溶解能力，又具有一定的选择性。因此，与其他低分子烷烃相比，丙烷是良好的脱沥青溶剂。

选择哪种溶剂是根据脱沥青油的用途而定。当用作润滑油原料时，要求脱沥青油有较低的残炭值(不得超过1.5%~1.8%)，所以一般需要使用选择性高的丙烷作溶剂；若用作催化裂化和加氢裂化原料时，则可使用选择性低的溶剂，如丁烷、戊烷或丙烷-丁烷、丁烷-戊烷混合溶剂，而混合溶剂对原料多变有较大的适应性。

实际生产中工业溶剂不可能是单一的溶剂，而溶剂的组成直接影响脱沥青的结果。一般工业丙烷来源于催化裂化气体分馏装置，丙烷中含有其他烃类，由于各种烃类的基本性质不同而影响抽提操作及效果，因此对溶剂的其他组分含量要加以限制。如对于生产重质润滑油为主的丙烷脱沥青装置，为了保证脱沥青油质量与收率，降低溶剂比，减少溶剂消耗，要求溶剂中丙烷含量不小于80%，丙烯含量也要尽量低。

3. 溶剂用量

溶剂用量以剂油比表示。剂油比为溶剂量与原料油量之比，工业上多用体积比。剂油比的大小对脱沥青油的收率、质量以及过程的能耗等都有重要影响。

工业丙烷抽提温度范围一般为60~90℃，一定温度下，脱沥青油收率和脱沥青油的残炭值随着剂油比的增加而先减后增，曲线的转折点大约在剂油比为6∶1左右。

在满足产品质量和收率的要求下，尽量降低剂油比。在一定温度下，对于不同的原料和产品，都有一个适宜的剂油比。丙烷脱沥青装置使用的剂油体积比一般为(6~8)∶1。

4. 原料性质

原料油的组成、性质与抽提效果有着密切的关系。

渣油中油分含量多时，为使胶质、沥青质分离出来，所需的剂油比变大，脱沥青油收率也高，相应黏度较低。

原料中油含量少，而又需制取低残炭值的残渣润滑油时，由于其中润滑油组分的化学结构接近于胶质，所以，必须提高抽提温度，以提高丙烷的选择性，才能保证脱沥青油的质量。

在生产催化裂化原料时，也有将糠醛抽出油、催化裂化油浆掺混入减压渣油作为脱沥青原料。因为原料黏度降低，密度增大，从而改善抽提操作。同时也降低了脱油沥青的蜡含量，提高沥青质量。

5. 压力

正常的抽提操作一般在恒定压力(3~4MPa)下进行，操作压力不作为调节手段。

① 为了保证抽提操作是在双液相区内进行，对某种溶剂和某个操作温度都有一个最低限压力，此最低限压力由体系的相平衡关系确定，操作压力应高于此最低限压力。

② 在近临界溶剂抽提或超临界溶剂抽提的条件下，压力对溶剂的密度有较大的影响，因而对溶剂的溶解能力的影响也大。

三、超临界条件下渣油脱沥青

当溶剂处于其临界温度以上的温度及高于其临界压力的条件时，此溶剂即处于超临界流体状态。超临界流体的最大特性是气液不分，但可以通过改变压力、温度来使流体具有液体或气体的性质，在这个变化过程中不需相变热。

超临界流体可以具有类似液体的密度及溶解能力，与液体溶剂相比，超临界流体的黏度小、扩散系数大，对传质和相间分离十分有利。用超临界溶剂对渣油进行脱沥青抽提时，由于超临界流体的黏度低、传质速率高，以及轻液相与重液相的密度差大，容易分层等原因，抽提塔的结构可以大为简化，其体积也可以缩小。

溶剂脱沥青过程溶剂回收部分的投资和操作费用对整个装置的经济效益有重要影响。传统的回收方法是将溶液加热使其中的溶剂蒸发，这种方法的能耗较大，能耗大的主要原因是溶剂汽化时需大量的蒸发潜热。

近临界溶剂回收和超临界溶剂回收技术的应用使溶剂回收的能耗有了显著的降低。

超临界条件或近临界条件下，溶剂的密度对温度、压力的变化比较敏感，通过恒压升温，或恒温降压，或同时升温降压等手段可以较大幅度减小溶剂的密度，从而也降低了溶剂的溶解能力。当溶剂的密度降低到一定程度时(例如0.2g/mL以下)，溶剂对脱沥青油的溶解能力已经很低，溶剂与脱沥青油分离成轻、重两个液相，从而达到回收溶剂的目的。

采用此方法可以把提取液中的80%~90%溶剂分离出来，残存在脱沥青油中的少量溶剂可经进一步的汽提分出。

在上述的分离过程中，由于没有经历由液相到气相的相变化，不需要提供汽化潜热，因而降低了能耗。与蒸发回收相比，其能耗可降低28%。

第五节　石　油　焦

石油焦一般是减压渣油经深度热裂化制得，为黑色或暗灰色的固体石油产品，它是带有金属光泽、呈多孔性的无定形碳素材料。石油焦的H/C原子比在0.8以下，一般含碳80%以上，含氢1.5%~8.0%，其余为少量的硫、氮、氧和金属元素。

一、石油焦的性能指标

1. 挥发分

石油焦挥发分的大小表明其焦化温度的高低，釜式焦的焦化温度较高，可达700℃左右，釜式焦的挥发分约为3%~7%；而延迟焦化石油焦的焦化温度只有500℃左右，所以挥发分高达10%~18%。延迟焦化生产的石油焦其挥发分不仅取决于焦化温度，还和渣油通入焦化塔的装填时间及向焦炭层吹入蒸汽的条件有关，同一塔卸出的焦炭挥发分也差别很大，如位于塔底的焦炭结构较致密，体积密度大，挥发分较低，而塔顶部的焦炭结构疏松，挥发分要高得多。石油焦挥发分的多少对碳素制品质量并无多大影响，但对煅烧作业有影响，高挥发分的石油焦使用一般结构的回转窑或罐式炉煅烧都有困难，需对煅烧设备进行必要改造，才能适应煅烧高挥发分石油焦的需要。如石油焦中所含挥发分的量太多，在煅烧时焦炭易于破碎。

2. 灰分

在高温石墨化过程中，部分灰分挥发而形成孔隙，高灰分会阻碍结构的结晶，从而使成品电极的机械强度和电性能降低。此外，石墨电极中灰分的存在还会影响冶金产品的纯度。

石油焦灰分中主要元素为铁、硅、钙、铝、钠、镁，还有少量的钒、钛、铬、镍、锰等。生产电解铝用的阳极材料和电解氯化钠溶液的石墨阳极时应限制石油焦中钒的含量。影响石油焦灰分大小的因素首先是原油的盐含量和脱盐程度，原油中的盐分大部分富集在渣油里，而渣油中的盐分大部分残留在焦炭中。生产石墨制品的石油焦灰分一般应小于0.5%，生产高纯石墨所用的石油焦灰分不应大于0.15%。

3. 硫含量

硫含量是石油焦最关键的质量要求。石油焦的硫含量取决于渣油的硫含量，渣油中的硫分有30%~40%残留在石油焦中，使用国内高硫原油或进口高硫原油的炼油厂生产的石油焦硫含量较高。如果硫含量较高的渣油预先加氢脱硫，减少渣油中的硫含量，由此得到的石油焦硫含量相应降低。石油焦中的硫可分为有机硫化物（硫醚、磺酸等）和无机硫化物（硫化铁、硫酸盐）两类。一般煅烧到1300℃左右脱硫效果不大，只有将煅烧温度提高到1450℃左右才能有较明显的脱硫效果，一部分硫化物需在石墨化的高温下才能排出。对生产铝电解用阳极材料及生产石墨制品而言，硫是一种有害元素，硫含量较大的石油焦生产的石墨电极在石墨化过程中产生"气胀"现象，容易导致产品裂纹；对于化学工业用石油焦，硫含量高还会在生产电石时产生硫化氢污染环境。

4. 密度

石油焦在1300℃煅烧后真密度的大小是衡量石油焦质量的主要项目，一般来讲，煅烧后真密度越高，说明这种焦容易石墨化，而且石墨化后电阻率较低、热膨胀系数较小。石油焦的体积密度表示焦炭结构的致密程度，并且与机械强度成正比。真实密度除与焦炭的体积密度有关外，还和焦炭的颗粒度测量精度有关。

5. 结晶度

结晶度是指焦炭的结构和形成中间相小球体的大小。小的小球体形成的焦炭，结构多孔如海绵状，大的小球体形成的焦炭，结构致密如纤维状或针状，其质量较海绵焦优异。在质量指标中，真密度粗略地代表了这种性能，真密度高表示结晶度好。

6. 抗热震性

抗热震性是指焦炭制品在承受突然升至高温或从高温急剧冷却的热冲击时的抗破裂性能。针状焦的制品有好的抗热震性，因而有较高的使用价值。热膨胀系数代表这种性能。热膨胀系数愈低，则抗热震性愈好。

7. 热膨胀系数

石油焦的热膨胀系数主要取决于渣油的性质，也即渣油中芳烃的含量和沥青质的含量，芳烃含量高及沥青质、胶质含量低的渣油，生产出的石油焦其热膨胀系数较低，针状焦就是这样的石油焦，同样是针状焦，热膨胀系数也有差别，生产大规格的超高功率石墨电极和接头坯料应该采用热膨胀系数较低的针状焦。石油焦的热膨胀系数与测试温度有关，中国测试热膨胀系数的标准温度为100~600℃，测试温度不同所得的结果不能直接比较。

8. 颗粒度

颗粒度反应焦炭中所含粉末焦和块状颗粒焦（可用焦）的相对含量。粉末焦大多数是在除焦和储运过程中受挤压摩擦等机械作用破碎而成，所以其量大小也是一种机械强度的表现。生焦经煅烧成熟焦后可以防止破碎。颗粒焦多、粉末焦少的焦炭，使用价值较高。

二、石油焦的分类

石油焦通常有下列三种分类方法：

(1) 按加工深度，可分为生焦和熟焦。前者由延迟焦化装置的焦炭塔得到，又称原焦或生焦，它含有较多的挥发分，强度较差；生焦可当作燃料级的冶金焦，可直接用于碳化钙作电石主料，生产碳化硅和碳化硼作研磨材料。后者是生焦经过高温煅烧（1300℃）处理除去水分和挥发分而得，又称煅烧焦。石油焦属于易石墨化炭一类，石油焦的微晶与冶金焦比较，碳网格片状体之间的叠合比较整齐，片状体之间距离较小；煅烧焦再在2300~2500℃下进行石墨化，碳网格片状体的晶粒平均厚度和平均宽度增大，片状体层面间距、晶格常数接近天然石墨，电阻率显著降低而真密度相应提高，所以使用石油焦为原料可以制造电阻率较低的石墨电极。

（2）按硫含量的高低，可分为高硫焦（硫含量大于4%）、中硫焦（硫含量2%~4%）和低硫焦（硫含量小于2%）。硫含量增高，焦炭质量降低，其用途亦随之而改变。焦炭的硫含量取决于原料的硫含量。

（3）按外观形态及性能可分为海绵状焦、蜂窝状焦和针状焦3种。海绵状焦外观类似海绵，杂质含量较多，内部含有许多小孔，空隙间焦壁很薄，其不适合作为生产炭材料的原料。蜂窝状焦内部小孔分布比较均匀，有明显的蜂窝结构，具有较好的物理性能和力学性能，此类石油焦可以作为普通功率石墨电极、预焙阳极和电炭制品生产用的原料。针状焦外表有明显条纹，焦块内部的孔隙呈细长椭圆形定向排列，破碎后成细长颗粒，其可作为生产高功率和超高功率石墨电极的原料。针状焦又称优质焦，具有密度高、强度高、热膨胀系数低等特点，在导热、导电、导磁和光学上都有明显的各向异性。针状焦主要是从芳烃含量高且非烃含量少的原料制得。

三、石油焦的应用

石油焦包括延迟石油焦、针状焦和特种石油焦。NB/SH/T 0527—2019《石油焦（生焦）》规定了石油加工过程中由焦化装置生产的普通石油焦（生焦）和石油针状焦（生焦）产品分类和质量要求。

1. 延迟石油焦

普通石油焦（生焦）按灰分和硫含量的大小及用途分为1号、2A、2B、2C、3A、3B、3C。普通石油焦（生焦）1号主要适用于炼钢工业中制作普通功率石墨电极，也适用于炼铝工业中制作铝用碳素；2A、2B、2C主要适用于炼铝工业中制作铝用碳素；3A、3B、3C主要适用于制作碳化硅、工业硅，炼铝工业中制作铝用碳素等。石油焦（生焦）部分质量指标见表5-5-1。

表5-5-1 普通石油焦（生焦）部分质量指标（NB/SH/T 0527—2019）

项目		质量指标						
		1号	2A	2B	2C	3A	3B	3C
硫含量（质量分数）/%	不大于	0.5	1.0	1.5	1.5	2.0	2.5	3.0
挥发分（质量分数）/%	不大于	12.0	12.0	12.0	12.0	12.0	12.0	12.0
灰分（质量分数）/%	不大于	0.30	0.35	0.40	0.45	0.50	0.50	0.50
真密度（煅烧1300℃，5h）/（g/cm^3）		2.05	—	—	—	—	—	—
粉焦量（质量分数）/%	不大于	35	报告	报告	报告	—	—	—
微量元素含量/（μg/g）	不大于							
硅		300	300	报告	—	—	—	—
钒		150	300	报告	—	—	—	—
铁		250	300	报告	—	—	—	—
钙		200	300	报告	—	—	—	—
镍		150	250	报告	—	—	—	—
钠		100	200	报告	—	—	—	—

2. 针状焦

石油针状焦(生焦)按热膨胀系数和硫含量的大小分为1号、2号和3号。1号石油针状焦(生焦)主要适用于制作超高、高功率石墨电极；2号、3号石油针状焦(生焦)主要适用于制作高功率石墨电极。1号、2号石油针状焦(生焦)也可适用于制作锂离子电池负极材料。石油针状焦(生焦)部分质量指标见表5-5-2。

表5-5-2　石油针状焦(生焦)部分质量指标(NB/SH/T 0527—2019)

项　目		质量指标		
		1号	2号	3号
硫含量(质量分数)/%	不大于	0.4	0.5	0.5
挥发分(质量分数)/%	不大于	6.00	8.00	10.00
灰分(质量分数)/%	不大于	0.10	0.25	0.30
真密度(煅烧1300℃，5h)/(g/cm^3)	不小于	2.12	2.11	2.10
粉焦量(质量分数)/%	不大于	35	报告	报告
热膨胀系数(CTE)(室温~600℃)/(10^{-6}/℃)	不大于	1.3	1.5	1.7
微量元素含量/(μg/g)	不大于			
硅		100	报告	报告
钒		80	报告	报告
铁		150	报告	报告
钙		100	报告	报告
镍		100	报告	报告
钠		100	报告	报告
氮含量(质量分数)/%	不大于	0.5	0.6	报告

除对针状焦的硫含量、灰分和挥发分有更严格的规定外，还要求其具有较大的真密度及较小的热膨胀系数。真密度能大体反映针状焦的结晶度，真密度大表示其结晶度高、结构致密，这样可确保成品电极的机械强度高。热膨胀系数小反映针状焦的抗热冲击性能好，这是指其在承受突然升至高温或从高温急剧冷却时不易破裂。针状焦主要用作制造炼钢用高功率和超高功率的石墨电极，用针状焦生产的石墨电极具有热膨胀系数低、电阻低、结晶度高、纯度高、密度大等优良性能，从而可以提高电炉炼钢的冶炼强度，缩短冶炼时间。表5-5-3所示为针状焦和普通石油焦在性质上的主要差别。

表5-5-3　针状焦和普通石油焦的性质对比

项　目	针状焦	普通石油焦	项　目	针状焦	普通石油焦
硫含量/%	<0.5	0.5~3.0	真密度/(g/m^3)		
挥发分/%	6~10	12	(1300℃煅烧6h后)	>2.1	<2.1
灰分/%	0.1~0.3	0.3~0.5	热膨胀系数/(10^{-6}/℃)	<1.7	>1.7

3. 特种石油焦

特种石油焦是核工业和国防工业上不可缺少的重要原料，它是生产核反应堆用石墨套管的原料，反应堆内层的中子反射层也是由石墨制成。因此，要求它有更高的质量，所含的灰分、硫含量、挥发分都要更少。

第六节　延迟焦化

一、延迟焦化工艺

延迟焦化(Delayed coking)是在较高的反应温度和较长的反应时间下，使渣油发生深度裂化反应，生成焦化气体、汽油、柴油、蜡油和石油焦的过程。延迟焦化是目前中国重质油加工的重要手段之一，其目的是使渣油经过脱碳，最大限度地获取馏分油，其原料可以是常减压渣油、脱沥青油、热裂化焦油、催化裂化油浆等等。

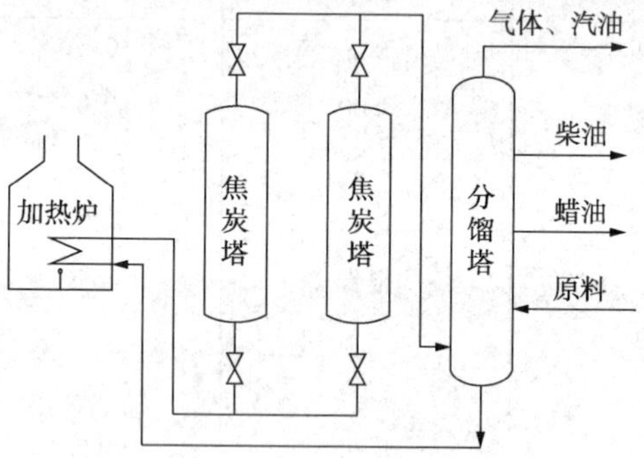

表 5-6-1　延迟焦化原理流程示意图

延迟焦化反应是液相热反应，延迟焦化反应的转化深度很深，原料几乎全部转化，且生成大量的焦炭。延迟焦化的原理流程如表 5-6-1 所示。

原料油换热后进入分馏塔下部，与来自焦炭塔的高温油气(430~440℃)换热，一方面加热原料油，将原料油中的轻质油蒸发出来，同时又将过热的焦化油气降至可进行分馏的温度。原料油和循环油一起从分馏塔的塔底抽出，送至加热炉加热到 500℃左右，然后经过四通阀进入焦炭塔底部。热的原料油在焦炭塔内进行裂解、缩合等反应，最后生成焦炭。焦炭聚集在焦炭塔内，反应油气自焦炭塔顶部逸出，进入分馏塔，得到焦化气、汽油、柴油、蜡油和塔底循环油。

加热炉管中温度很高，为了防止原料油在炉管中结焦，可向炉管中注水(原料的 1%~2%)提高原料油在炉管中的线速度(2m/s)，减少在炉管中的停留时间(一般仅为几秒钟)，将结焦过程延迟在焦炭塔中进行。焦化反应属于吸热反应，在焦炭塔中的温度有所降低，一般为 415~460℃，原料在焦炭塔中的停留时间较长，延迟焦化装置一般有两个焦炭塔，当一个焦炭塔中的焦炭堆积到一定高度时再切换至另外一个焦炭塔，切换时间为 16~24h。

延迟焦化的产品包括气体、汽油、柴油、蜡油和石油焦，其产率及性质在很大程度上取决于原料性质。

气体：焦化气体含有较多的甲烷、乙烷和少量烯烃。

汽油：焦化汽油含有较多的不饱和烃，并且含有较多的硫、氮等非烃化合物，其安定性较差。加氢后可作为蒸汽裂解、催化重整的原料。

柴油：焦化柴油的安定性差，残炭值高，以石蜡基原油的减压渣油为原料时所得焦化柴油的十六烷值较高。

蜡油：焦化蜡油的烃类组成和直馏蜡油基本相同，重金属含量较低，硫、氮含量较高，可用作催化裂化和加氢裂化的原料。

石油焦：石油焦是焦炭化过程的特有产品。中国延迟焦化生产的石油焦属于低硫石油焦，一般硫含量小于 2%。从焦炭塔出来的生焦含有 10%~18%的挥发分，经 1300℃煅烧可变成熟焦，挥发分降至0.5%以下，可用于冶炼工业和化学工业。

延迟焦化的产物分布与原料性质和操作条件有很大的关系，如表5-6-1所示。

表5-6-1　几种减渣的延迟焦化产物分布及产物性质

焦化原料		大庆减渣	胜利减渣	辽河减渣
原料	d_4^{20}	0.9220	0.9698	0.9717
	残炭/%	7.2	13.8	14.0
	S/%	0.17	1.26	0.31
产物收率/%	焦化气	8.3	6.8	9.9
	焦化汽油	15.7	14.7	15.0
	焦化柴油	36.3	35.6	25.3
	焦化蜡油	25.7	19.0	25.2
	焦炭	14.0	23.9	24.6
	液体收率	77.7	69.3	65.5
焦化汽油	溴价/(gBr/100g)	41.4	57.0	58.0
	S/(μg/g)	100	—	1100
	MON	58.5	61.8	60.8
焦化柴油	溴价/(gBr/100g)	37.8	39.0	35.0
	S/(μg/g)	1500	—	1900
	凝点/℃	-12	-11	-15
	十六烷值	56	48	49
焦化蜡油	S/%	0.29	1.21	0.26
	凝点/℃	35	32	27
	残炭/%	0.31	0.74	0.21
焦炭	S/%	0.38	1.66	0.38
	挥发分/%	8.9	8.8	9.0

表5-6-1数据表明，焦化汽油的辛烷值较低，MON约为60，溴价较高，表明其中含有较多的烯烃，为此焦化汽油必须经过加氢精制以改善其安定性。焦化柴油的十六烷值约为50，但是其溴价也较高，也必须经过加氢精制方可成为合格的产品。焦化蜡油可以作为催化裂化或加氢裂化的原料。焦炭的挥发分较高，在1300℃下经过煅烧后可以降至0.5%以下，用作冶金工业或化工原料。含硫原油延迟焦化焦炭硫含量较高。

焦化反应总是沿着两个方向进行，一个方向是缩合生成相对分子质量更大的分子，直至焦炭。另一个方向是裂解生成相对分子质量较小的气体分子，产生原料量10%左右的焦化气体。

二、延迟焦化影响因素

1. 原料的影响

由表5-6-1可见，延迟焦化的产物分布与原料的性质有密切的关系，大庆减渣的焦炭产率低于胜利减渣与辽河减渣的焦炭产率，而大庆减渣的液体收率高于胜利减渣与辽河减渣的液体收率。经验表明，焦炭产率与原料中的残炭直接相关，一般情况下约为原料残炭值的

1.5~2.0倍，而且密度较大的原料，其残炭值也高，焦炭产率也就比较高。

原料的组成与性质不仅影响焦炭的产率，同时也影响焦炭的质量，焦炭的硫含量主要取决于原料中的硫含量。

2. 反应温度的影响

加热炉出口温度是延迟焦化的重要操作参数，此温度越高，焦炭塔中的温度也就越高，渣油的反应速度与反应深度都增大，气体、汽油及柴油馏分的产率提高，焦化蜡油与焦炭的产率降低，焦炭的挥发分降低。

加热炉出口温度受到加热炉加热负荷的限制，同时过高的温度使炉管易于结焦，影响开工周期。实际生产中加热炉出口温度一般控制在480~515℃内，根据不同的原料确定加热炉出口温度，残炭值较高的原料，加热炉出口温度应较低。

3. 反应压力的影响

压力较高时对热裂解反应是不利的，而有利于缩合反应。延迟焦化的目的是希望多产馏分油而少产焦炭，在较低的压力下焦炭产率较低，焦炭塔的操作压力一般为0.15~0.17MPa。

4. 循环比的影响

为了尽可能地多产汽、柴油，部分较重的馏分油在装置中要循环进行反应。循环比就是焦化分馏塔中循环油量与原料油量的比值，循环比对焦化过程的产物分布及产物性质有较大的影响，一般循环比增加，焦化汽油、焦化柴油的产率也随之增加，而焦化蜡油的产率随之降低，焦化气与焦炭的产率则增加，因此欲少产焦炭，多产馏分油应采用较小的循环比。

三、石油焦的生成

石油焦是石油液相热转化时经高度缩合生成的，它是一种碳含量较高(92%~94%)、氢碳原子比较低(0.2~0.9)、部分石墨化的固体产物。迄今还没有从化学角度对石油焦下定义。

实际工作中一般将苯(或甲苯)不溶物定义为焦炭，由于喹啉的溶解性更强，苯不溶物中还含有部分喹啉可溶物，为此将苯不溶物可以分为喹啉可溶物(BI-QS)和喹啉不溶物(QI)两部分；CS_2的溶解性也较强，也可以将苯不溶物分为苯不溶物-二硫化碳可溶物(Carbenes，炭青质)和二硫化碳不溶物(Carboids，油焦质)。目前应用较多的是以喹啉为溶剂的分离方法。

渣油中的烷烃、环烷烃并不能直接生成焦炭，而是裂化后再经过芳构化和缩合反应等二次反应才转化为焦炭。

一般认为，在减压渣油热转化的过程中，焦炭的形成大体上要经过下列途径：芳香分→胶质→沥青质→焦炭。渣油组分缩合生焦过程见图5-6-2。

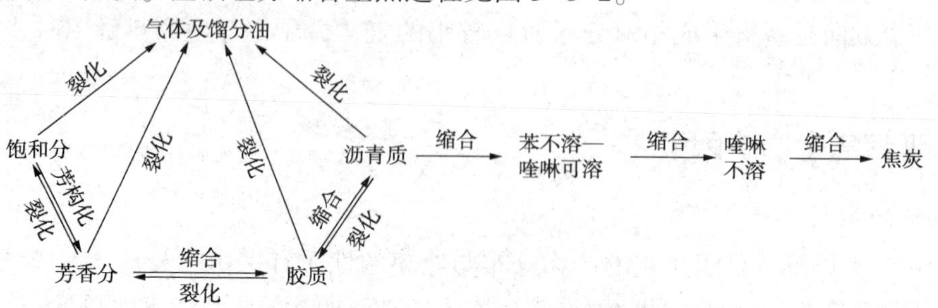

图5-6-2 渣油组分缩合生焦过程

就渣油的四个组分而言，它们进行热反应时，其生焦的倾向是有很大的差别的，表5-6-2是胜利减渣及其饱和分、芳香分、胶质的生焦状况。

表5-6-2　胜利减渣及其组分的生焦状况

试　样	生焦量(苯不溶物)/%		
	400℃	420℃	440℃
减　渣	0.3	7.7	10.5
饱和分	0	0	0
芳香分	0	0.2	3.0
胶　质	1.7	19.5	23.3

在该实验条件下，饱和分不生焦，芳香分在苛刻的反应条件下也会少量生焦，胶质很容易转化为沥青质并进一步转化为焦炭，由此可见胶质和沥青质是生焦的主要来源。

研究表明，由沥青质生成焦炭的过程十分复杂，一般认为，稳定分散在渣油中的沥青质是不会直接缩合成焦炭的，只有当热转化达到一定深度时，其中的沥青质含量和性质超过了分散介质所能相容的程度时，这部分沥青质就会聚集成另外一相，并在这个相中进一步缩合成焦炭。

渣油在热转化过程中生成的焦炭大体上可以分为两种类型：一类是在光、热、电等物理性质上各向同性的，它不易石墨化，不能作为电极焦原料；另外一类是在光、热、电等物理性质上各向异性的，它易于石墨化，可作为制取电极的原料。

研究表明，可石墨化焦形成的前驱物是碳质中间相，芳香环是平面结构，随着芳烃的缩合其平面结构增大，由于芳香环系之间的π-π分子间的作用力，使得稠环芳香片状分子相互作用而堆积在一起，这样便在体系中出现一个明显界面的新相，它既具有各向异性的晶体特性，又有能流动的流体特性，故称为碳质中间相，由于表面张力的作用，这个中间相常呈球状，又称之为小球体。在研究中常把喹啉不溶物定义为中间相。

随着反应的加深，这种碳质中间相小球体在体系中有一个初生和成长、相遇和融并、增黏和老化、定向和固化的变化过程。刚开始生成的小球体直径很小，只有百分之几微米，在高温下能溶于母液，低温下能析出，随后小球体逐渐长大，最大的直径可达几百微米。各种小球体相遇后会由于表面张力的作用而发生芳烃层片插入，从而融并形成复球，复球越来越大，逐渐变成流动的整体中间相，然后再固化形成焦炭。

碳质中间相小球体的上述变化过程直接影响所形成的焦炭的结构与质量，如原料中所含的胶质与沥青质较多，在热转化时很容易生成小球体，但是不易长大和融并，容易聚结而固化成各向同性的结构，而含芳烃较多的原料虽然较难生成中间相小球体，但是生成的小球体容易长大和融并，进而定向和固化成石墨化的各向异性的结构。

第六章 化工原料和溶剂油

第一节 烃热裂解

烃类热裂解是以石油烃为原料，在隔绝空气和高温条件下，使大分子的烃类发生断链和脱氢等反应，目的是生产乙烯和丙烯，同时联产丁二烯、苯、甲苯和二甲苯等产品。烃类热裂解生产的“三烯”和“三苯”，是其他有机原料和三大合成材料的基础原料，其中乙烯的技术水平、产量和规模标志着一个国家石油化学工业发展水平。

管式炉裂解的反应器与加热炉融为一体，称为裂解炉。原料在辐射炉管内流过，管外通过燃料燃烧的高温火焰、产生的烟道气、炉墙辐射加热将热量经辐射管管壁传给管内物料，裂解反应在管内高温下进行，管内无催化剂，也称为石油烃热裂解。同时为降低烃分压，目前大多采用加入稀释蒸汽，故也称为蒸汽裂解技术。目前世界乙烯 95% 都是由管式炉蒸汽热裂解技术生产的，其他方法如催化裂解、合成气制乙烯等技术作为补充。

一、热裂解过程的化学反应

烃类热裂解时发生的基元反应大部分遵循自由基反应机理，有些反应则是按分子反应机理进行的。烃类在高温下裂解，不仅原料发生多种反应，生成物也能继续反应，其中既有平行反应又有连串反应，包括脱氢、断链、异构化、脱氢环化、脱烷基、缩合、结焦等反应过程。因此，烃类裂解过程的化学变化是十分错综复杂的，生成的产物也多达数十种甚至上百种。烃类热裂解的过程是很复杂的，即使是单一组分裂解也会得到十分复杂的产物，例如乙烷热裂解的产物就有氢、甲烷、乙烯、丙烯、丙烷、丁烯、丁二烯、芳烃和 C_5 等以上组分，并含有未反应的乙烷。烃类裂解过程主要产物变化见图 6-1-1。

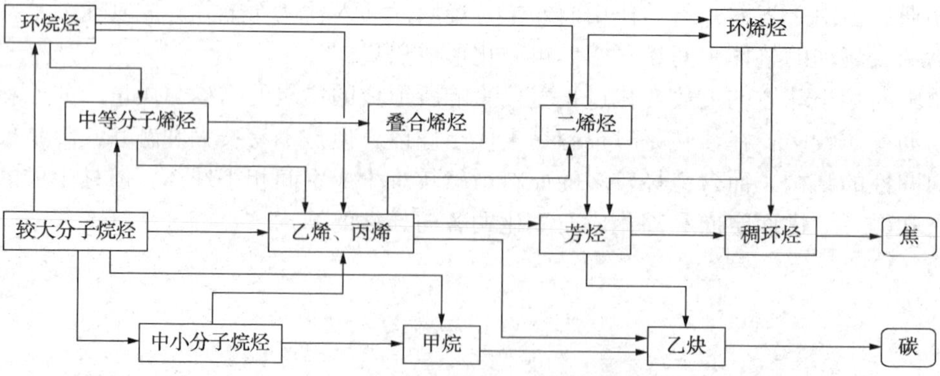

图 6-1-1 烃类裂解过程主要产物变化示意图

全面描述烃类裂解的反应过程非常困难，根据反应的前后顺序，简化归类分为一次反应和二次反应。一次反应是指由原料经热裂解生成目的产物乙烯和丙烯的反应。二次反应是指一次反应生成的乙烯、丙烯等低级烯烃继续反应生成炔烃、二烯烃、芳烃直至生碳或结焦的反应。乙烯、丙烯、丁二烯、异丁烯、戊烯等在裂解温度下可以继续反应，降低了乙烯和丙烯的收率，生成的焦和碳影响裂解操作的稳定性，应尽量避免二次反应。

1. 烃类热裂解的一次反应

（1）烷烃热裂解

烷烃热裂解的一次反应主要有脱氢反应和断链反应。

① 脱氢反应

脱氢反应的产物是碳原子数与原料烷烃相同的烯烃和氢气。其通式为：

$$C_nH_{2n+2} \longrightarrow C_nH_{2n}+H_2$$

② 断链反应

断链反应的产物是碳原子数少于原料的烷烃和烯烃，其通式为：

$$C_{m+n}H_{2(m+n)+2} \longrightarrow C_mH_{2m}+C_nH_{2n+2}$$

根据键能判断不同烷烃脱氢和断链的难易，有如下反应规律：同碳原子的烷烃，C—H键能大于C—C键能，故断链较脱氢容易；烷烃的相对热稳定性随碳链的增长而降低，即碳链越长的烃分子愈易裂解，C_4以上的烃断链反应占绝对优势；烷烃的脱氢、断链能力与烷烃的分子结构相关，叔、仲、伯依次减弱，故异构烷烃更易断链或脱氢。

不论是脱氢反应或断链反应，均为强吸热反应，所以烃类裂解时必须供给大量热量；断链反应接近不可逆反应，转化受动力学限制，脱氢反应可逆，其转化受热力学限制，脱氢反应必须采用较高的温度才能达到较高的平衡转化率；断链反应优先发生在分子两端，断链所得的分子中较小的是烷烃，较大的是烯烃。但随相对分子质量的增加，中间断链的趋势增加，两端断链的优势减弱，最有利生成乙烯和丙烯；乙烷不发生断链反应，只发生脱氢反应，生成乙烯及氢气；原料或产物中的CH_4在裂解条件下保持稳定。异构烷烃结构较复杂，异构烷烃所得乙烯、丙烯的收率较正构烷烃低，而H_2、CH_4、C_4和C_4以上的烯烃收率则较高；随相对分子质量的增加，异构烷烃与正构烷烃所得乙烯、丙烯收率的差异减小。

（2）环烷烃热裂解

环烷烃的热稳定性比相应的烷烃好。环烷烃热裂解时，可以发生C—C链的断裂(开环)与脱氢反应，生成乙烯、丁烯、丁二烯和芳烃等烃类。环烷烃的脱氢反应生成的是芳烃，芳烃缩合最后生成焦炭，所以不能生成低级烯烃，即不属于一次反应。

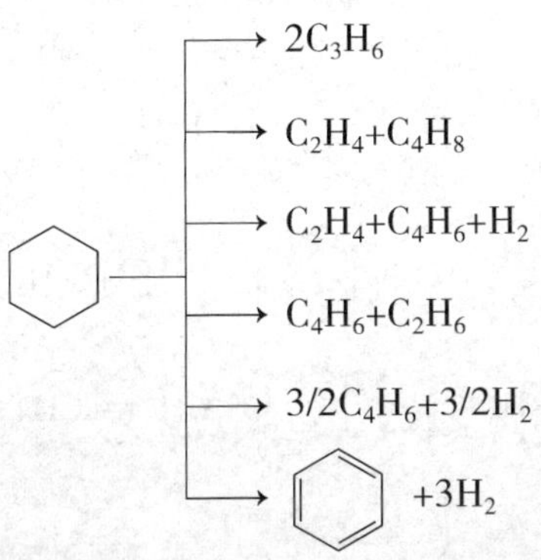

上述热裂解反应中，环己烷脱氢反应的 ΔG^0 有较大的负值，所以环己烷脱氢生成芳烃的可能性最大。

煤油、柴油中含单环的环烷多数带长侧链，裂解时首先脱烷基，生成烯烃或烷烃。环烷侧链的热稳定性大致和碳数相同的链烷烃相仿，大大低于环烷基的热稳定性。脱烷基反应一般在长侧链的中部开始断裂，一直进行到侧链为甲基或乙基，然后再进一步裂解。

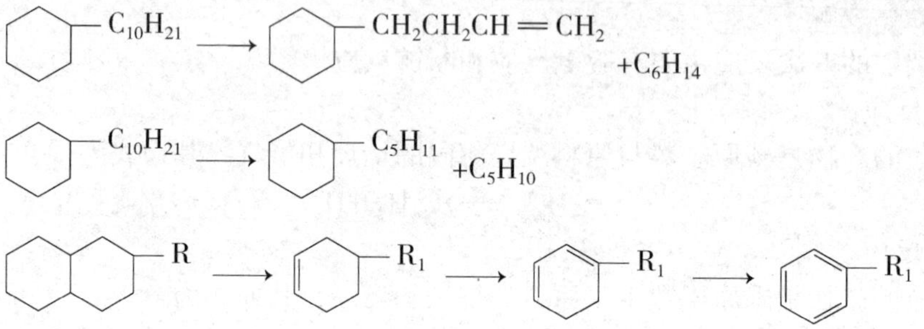

环烷烃裂解有如下规律：

烷基侧链较烃环易于裂解，故长链环烷烃较无侧链环烷烃裂解时烯烃产率高，裂解反应从侧链中部开始；环烷烃脱氢生成芳烃的反应优先于开环生成烯烃的反应；五元环烷烃较六元环烷烃难裂解；裂解产物组成：苯>丙烯，丁二烯>乙烯，丁烯>己二烯；裂解原料中环烷烃含量增加时，乙烯收率下降，较烷烃更易于结焦。

（3）芳烃热裂解

芳烃的热稳定性很高，在裂解条件下芳环不易开裂，所以由苯裂解生成乙烯的可能性极小。主要发生芳环侧链断链生成苯、甲苯和二甲苯和脱氢反应，以及芳环脱氢缩合生成多环芳烃，进而结焦反应。

脱氢缩合：

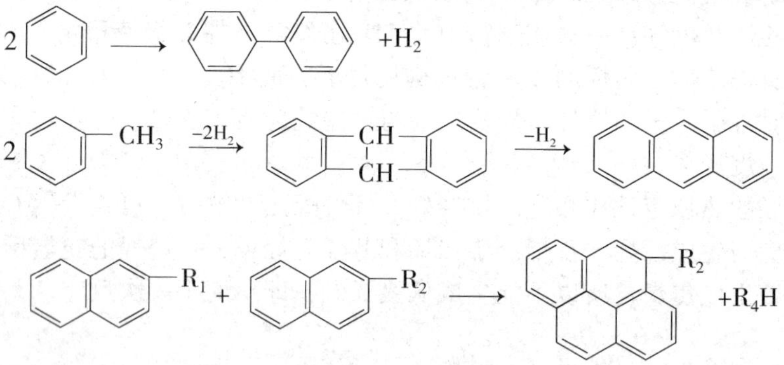

侧链断裂：

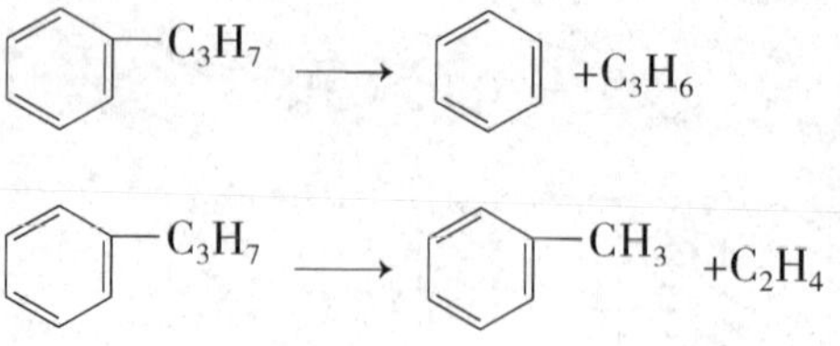

脱氢反应：

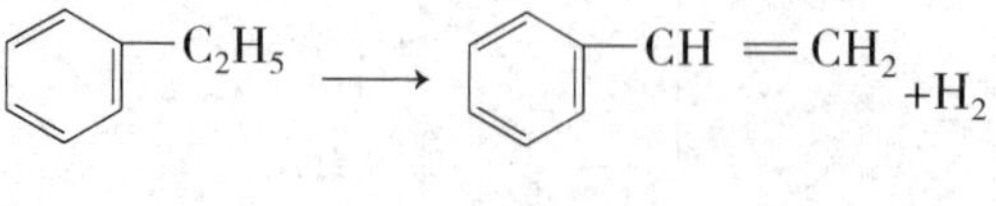

(4) 烯烃热裂解

直馏馏分中一般不含烯烃，二次加工的馏分油中可能含有烯烃。大分子烯烃在热裂解温度下能发生断链和脱氢反应，生成小分子的烯烃。

$$C_nH_{2n} \longrightarrow C_mH_{2m} + C_{m'}H_{2m'}$$

$$C_nH_{2n} \longrightarrow C_nH_{2n-2} + H_2$$

(5) 各族烃类热裂解的反应规律

① 烷烃：正构烷烃最有利于生成乙烯、丙烯，分子愈小则烯烃的总收率愈高。异构烷烃的烯烃总收率低于同碳原子数的正构烷烃。随着分子增大，这种差别减小。

② 环烷烃：在通常裂解条件下，环烷烃生成芳烃的反应优于生成单烯烃的反应。含环烷烃较多的原料，其丁二烯、芳烃的收率较高，乙烯的收率较低。

③ 芳烃：无侧链的芳烃基本上不易裂解为烯烃；有侧链的芳烃，主要是侧链逐步断裂及脱氢。芳环倾向于脱氢缩合生成稠环芳烃，直至结焦。

④ 烯烃：大分子的烯烃能裂解为乙烯和丙烯等低级烯烃，烯烃脱氢生成的二烯烃能进一步反应生成芳烃和焦。

⑤ 各类烃热裂解的易难顺序可归纳为：正构烷烃>异构烷烃>环烷烃($C_6>C_5$)>芳烃。

2. 烃类热裂解的二次反应

烃类热裂解的二次反应比一次反应复杂。原料经过一次反应后，生成氢、甲烷和一些低相对分子质量的烯烃如乙烯、丙烯、丁二烯、异丁烯、戊烯等，氢和甲烷在裂解温度下很稳定，而烯烃则可以继续反应。主要的二次反应有：

(1) 烯烃的裂解

原料一次反应生成的较大分子烯烃可以继续裂解成乙烯、丙烯等小分子烯烃或二烯烃。例如戊烯裂解：

$$C_5H_{10} \longrightarrow C_2H_4 + C_3H_6$$

$$C_5H_{10} \longrightarrow C_4H_6 + CH_4$$

丙烯裂解的主要产物是乙烯和甲烷。

(2) 烯烃的聚合、环化和缩合

烯烃的聚合、环化和缩合生成较大分子的烯烃、二烯烃和芳香烃。

$$2C_2H_4 \longrightarrow C_4H_6 + H_2$$

$C_2H_4 + C_4H_6 \longrightarrow$  $+ 2H_2$

$$C_3H_6 + C_4H_6 \xrightarrow{-H_2} \text{芳烃}$$

烃的生焦反应，要经过生成芳烃的中间阶段，所生成的芳烃在裂解温度下很容易脱氢缩合生成多环芳烃，继续发生多阶段的脱氢缩合反应生成稠环芳烃，最后生成焦。除烯烃外，环烷烃脱氢生成的芳烃和原料中的芳烃都可以脱氢发生结焦反应。

$$\text{烯烃} \xrightarrow{-H_2} \text{芳烃} \xrightarrow{-H_2} \text{多环芳烃} \xrightarrow{-H_2} \text{稠环芳烃} \xrightarrow{-H_2} \text{焦}$$

(3) 烯烃的加氢和脱氢

烯烃可以加氢生成相应的烷烃，反应温度低时，有利于加氢平衡。烯烃也可以脱氢生成二烯烃或炔烃，烯烃的脱氢反应比烷烃的脱氢反应需要更高的温度。

$$C_2H_4+H_2 \rightleftharpoons C_2H_6$$
$$C_2H_4 \longrightarrow C_2H_2+H_2$$
$$C_3H_6 \longrightarrow CH_3C \equiv CH+H_2$$
$$C_4H_8 \longrightarrow C_4H_6+H_2$$

(4) 烃分解生炭

在较高温度下，低分子烷烃、烯烃都有可能分解为碳和氢。

$$C_2H_2 \longrightarrow 2C+H_2$$
$$C_2H_4 \longrightarrow 2C+2H_2$$
$$C_2H_6 \longrightarrow 2C+3H_2$$
$$C_3H_6 \longrightarrow 3C+3H_2$$
$$C_3H_8 \longrightarrow 3C+4H_2$$

生炭过程是随着温度升高而分步进行的。如乙烯脱氢先生成乙炔，再由乙炔脱氢生成炭。实际上生炭反应只有在高温条件下才可能发生，并且乙炔生成的炭不是断链生成单个碳原子，而是脱氢稠合成几百个碳原子。

$$C_2H_4 \xrightarrow{-H_2} CH \equiv CH \xrightarrow{-H_2} \cdots \xrightarrow{-H_2} C_n$$

结焦和生炭过程二者机理不同，结焦是在较低温度下(<927℃)通过芳烃缩合而成，生炭是在较高温度下(>927℃)，通过生成乙炔的中间阶段，脱氢为稠合的碳原子。

由此可以看出，二次反应中除大分子烯烃裂解能产生乙烯外，其余的反应都是消耗乙烯，降低乙烯的收率，浪费原料又会生炭或结焦，致使设备或管道堵塞。因为芳烃结焦烯烃生炭，所以，烷烃的含量高，芳烃和烯烃含量低的馏分油是理想的裂解原料。

二、原料性质对裂解产物分布的影响

烃类热裂解制乙烯的原料来源很广，按照相态可以分为气态和液态两大类原料。气态原料有天然气、油田伴生气、炼厂气、天然气凝析液(NGL)、液化石油气(LPG)及裂解循环的乙烷、丙烷等；液态原料有石脑油、煤油、轻柴油、减压柴油、脱沥青油、减压渣油，以及焦化加氢汽油、柴油，催化裂化加氢汽油、柴油，催化裂化渣油、加氢尾油等。

目前世界乙烯约有50%是由石脑油馏分制取，而气体裂解原料约占40%(其中乙烷为30%，丙烷为10%)，其余由丁烷、粗柴油和其他原料制取。

中国裂解制乙烯原料开始以炼厂气、原油闪蒸油及渣油为主，20世纪70年代则主要为轻柴油和石脑油，20世纪80年代裂解原料趋向多样化，采用的原料有NGL、轻烃、石脑油、轻柴油、减一线油、缓和加氢尾油、渣油等。目前仍以轻柴油为主。

1. 原料烃族组成(PONA值)

PONA值是指裂解原料中各族烃的质量百分含量。其中：P代表链烷烃；O代表烯烃；N代表环烷烃；A代表芳香烃。对于分子链较短的烃类，PONA值可以很好地反映出原料的裂解特性。表6-1-1列出了组成不同的原料其裂解产物的分布特征。

各族烃类的裂解特征前已述及，因此，原料的 PONA 值常常被用来判断其是否适宜作裂解原料的重要依据。由表 6-1-1 可以看出，在管式炉裂解条件下，原料愈轻，乙烯收率愈高。随着烃相对分子质量增大，N+A 含量增加，乙烯收率下降，液态裂解产物收率逐渐增加。

表 6-1-1　组成不同的原料裂解产物收率　%

主要产物	裂解原料组成特征					
	乙烷 P	丙烷 P	石脑油 P+N	抽余油 P+N	轻柴油 P+N+A	重柴油 P+N+A
乙　烯	84①	44.0	31.7	32.9	28.3	25.0
丙　烯	1.4	15.6	13.0	15.5	13.5	12.4
丁二烯	1.4	3.4	4.7	5.3	4.8	4.8
混合芳烃	0.4	2.8	13.7	11.0	10.9	11.2
其　他	12.8	34.2	36.8	35.8	42.5	46.6

① 包括乙烷循环裂解。

对于炼厂气、油田气等气态烃，其单体烃组成简单，因此根据它们成分的裂解性质及其相互影响关系，基本上可求得其产物分布。但是对于液态烃原料，例如石脑油，已鉴定的所含的单体化合物就有几十种，要了解每个组分的裂解性质及其共裂解的关系从而求得其产物分布，很难实现。如果原料烃更重，所含的烃类化合物的数目更多，其中多数化合物的结构不能测定，因此只能找出一个比较简便又能够表征其裂解反应特征的参数，以预估该原料烃的产物分布。最简便又可以说明其裂解特征的方法之一是分析其族组成，即 PONA 值。表 6-1-2 是中国 4 个产地的轻柴油馏分的烃族组成。中国轻柴油做裂解原料是比较理想的。

表 6-1-2　中国常压轻柴油馏分族组成　%

族组成	馏分油			
	大庆 145~350℃	胜利 145~350℃	任丘 145~350℃	大港 145~350℃
P 链烷烃	62.6	53.2	65.4	44.4
正构烷烃	41.0	23.0	30.0	—
异构烷烃	21.6	30.2	35.4	—
N 环烷烃	24.2	28.0	23.8	34.4
单环	16.4	19.6	17.4	20.6
双环	5.6	7.0	5.4	10.4
三环及以上	2.2	1.4	1.0	3.4
A 芳香烃	13.2	18.8	10.8	21.2
单环	7.0	13.5	7.2	13.2
双环	5.3	5.0	3.4	7.3
三环	0.9	0.3	0.2	0.7

2. 原料氢含量

原料氢含量是指原料烃分子中氢原子的质量分数，测定原料的氢含量不测定族组成更简单。表 6-1-3 为各种烃和焦的氢含量比较。

表 6-1-3　各种烃和焦的氢含量

名　称	分子式	氢含量/%	名　称	分子式	氢含量/%
甲烷	CH_4	25	苯	C_6H_6	7.7
乙烷	C_2H_6	20	甲苯	C_7H_8	8.7
丙烷	C_3H_8	18.2	萘	$C_{10}H_8$	6.25
丁烷	C_4H_{10}	17.2	蒽	$C_{14}H_{10}$	5.62
环戊烷	C_5H_{10}	14.26	焦	C_aH_b	0.3~0.1
环己烷	C_6H_{12}	14.26	炭	C_n	~0

可以看出，碳原子数相同时，氢含量为烷烃>环烷烃>芳烃。氢含量高的原料，裂解深度可深一些，产物中乙烯收率也高。对重质烃类的裂解，按目前的技术水平，原料氢含量的质量分数控制在大于13%，气态产物的氢含量控制在18%，液态产物氢含量控制在稍高于7%~8%，因为液态产物氢含量低于7%~8%时就容易结焦，阻塞炉管和急冷换热设备。

烃类裂解过程也是氢在裂解产物中重新分配的过程，氢含量对裂解产物分布的影响规律与 PONA 值的影响大致相同。裂解原料氢含量愈高(碳氢比愈低)，则烃类中链烷烃含量愈高，芳烃含量愈少。原料的氢含量常用作衡量该原料裂解性能和乙烯潜在含量的重要尺度。一般来说，氢含量高的原料有利于裂解生产轻质气体产品，并且液体产物收率低，结焦倾向小。

3. 芳烃指数

芳烃指数即美国矿物局相关指数(U. S. Bureau of Mines Correlation Index)，简称 BMCI。是一个与沸点和相对密度相关联的指标，广泛用于表征柴油等重质馏分油的芳构性指数，常用 BMCI 值衡量生产乙烯的瓦斯油裂解原料的裂解性能，并关联乙烯的大致收率。

表 6-1-4　烃类的芳烃指数

化合物	BMCI	化合物	BMCI	化合物	BMCI
正己烷	0.01	环己烷	51.57	苯	99.84
正庚烷	0.10	甲基环己烷	39.87	甲基苯	82.91
正辛烷	-0.03	乙基环己烷	38.58	乙基苯	74.99
正壬烷	-0.21	正丙基环己烷	34.21	正丙基苯	66.15
正癸烷	-0.27	正丁基环己烷	30.73	正丁基苯	59.32

由表 6-1-4 可见，正构烷烃的 BMCI 最小，基本为零，环烷烃次之，在 50 以下，芳香烃最大，在 100 以下。换言之，油品的 BMCI 越大，其芳香性越强，而 BMCI 越小，表明其石蜡性越强。BMCI 值的计算式是：

$$BMCI=\frac{48640}{T_V}+473.7d_{15.6}^{15.6}-456.8$$

式中　T_V——体积平均沸点，K；$T_V=\frac{1}{5}(T_{10}+T_{30}+T_{50}+T_{70}+T_{90})$。

裂解原料是由各种烃类组成的，按其结构可分为四大族，即链烷烃族、烯烃族、环烷烃族和芳烃族。石脑油中，环烷烃 N 和芳烃 A 大部分是单环的，而柴油中环烷烃 N 和芳烃 A 有相当部分是双环和多环的，这在 PONA 值中是反映不出来的，而关联指数 BMCI 则可表征这一特点。

定义正己烷的 BMCI=0，苯的 BMCI=100，故 BMCI 是一个芳烃性指标，其值愈大，芳烃性愈高。直链烷烃的 BMCI 值接近于 0，较多支链的烷烃 BMCI 值约为 10~15。烃类化合物的芳香性愈强，则 BMCI 值愈大。

BMCI<35 时，才能做裂解原料。BMCI 值愈小，乙烯收率愈高；反之，BMCI 值愈大，乙烯收率愈低。因此 BMCI 值较小的馏分油是较好的裂解原料。要求加氢裂化尾油 BMCI 值不能超过 20，一般以小于 10 为佳。

4. 几种烃原料的裂解结果比较

裂解原料种类较多，与之匹配的裂解装置和工艺也不尽相同，原料在乙烯生产成本中占 60%~80%，应当根据本地资源的配置和供求情况正确选择。

使用重质原料的乙烯装置能耗远远大于轻质原料，以乙烷为原料的乙烯装置生产成本最低，若乙烷原料的能耗为 1，则丙烷、石脑油和柴油的能耗分别是 1. 23、1. 52、1. 84。

采用乙烷、丙烷原料，烯烃收率高，副产品很少，工艺较简单，投资较少。重质原料的乙烯收率低，原料消耗定额提高，用减压柴油作原料是用乙烷的 3. 9 倍，装置炉区较大，副产品数量大，分离较复杂，投资较大。

裂解副产物约占整个产品组成的 60%~80%，对其进行有效的综合利用，可使乙烯成本降低 1/3 或更多。目前，乙烯生产原料的发展趋势有两个，一是原料趋于多样化，二是原料中的轻烃比例增加。表 6-1-5 列举了几种原料的裂解条件和裂解产物质量分数分布。

表 6-1-5　不同原料的裂解产物分布(单程)

原　料		乙烷	丙烷	石脑油	轻柴油
原料规格		94%	95. 7%	43~159℃	173~391℃
裂解条件	辐射管出口温度/℃	737	840	820	790
	辐射管出口压力/kPa	154. 7	100	100	107
	水蒸气/油	0. 33	0. 4	0. 60	0. 75
裂解产物组成/%	H_2	3. 08	1. 25	0. 8	0. 6
	CH_4	7. 45	20. 35	13. 7	10. 1
	C_2H_4	43	29. 97	26. 1	23
	C_2H_6	37. 3	3. 76	4	4. 2
	C_3H_6	3. 27	20. 33	16	14. 75
	C_3H_8		19. 26	0. 5	0. 3
	C_4	1. 1	3. 58	12. 4	9. 65
	C_5	4. 64	0. 92	25. 6	19
	裂解汽油	—	—		17. 25

原料不同，裂解产物的组成不同，裂解条件也有差异。适宜的裂解条件是：最大可能的乙烯收率和合适的裂解周期(清焦周期)。

生产 1t 乙烯所需原料量及副产物量见表 6-1-6。原料由轻到重，相同原料量所得乙烯收率下降，副产物量增加。裂解产物中液体收率增加，氢气量减少。

表 6-1-6　生产 1t 乙烯所需原料量及副产物量

指　标	乙烷	丙烷	石脑油	轻柴油
需原料量/t	1. 30	2. 38	3. 18	3. 79
副产物/t	0. 2995	1. 38	2. 18	2. 79
其中：				
丙烯/t	0. 0374	0. 386	0. 47	0. 538
丁二烯/t	0. 0176	0. 075	0. 119	0. 148
BTX/t	—	0. 095	0. 49	0. 50

5. 混合烃裂解过程中组分之间的相互影响

不易裂解的烃在混合裂解中被加速，容易裂解的烃在混合裂解中被抑制；单独裂解时不同烃反应速度的差异较大，混合裂解时不同烃反应速度的差异变小。随温度升高，混合裂解时各烃的裂解速率值更接近。易裂解组分对难裂解组分有促进作用，难裂解组分对易裂解组分有抑制作用。

本身易分解成 H·、CH_3·、C_2H_5·等自由基的物质，可作为裂解促进剂。

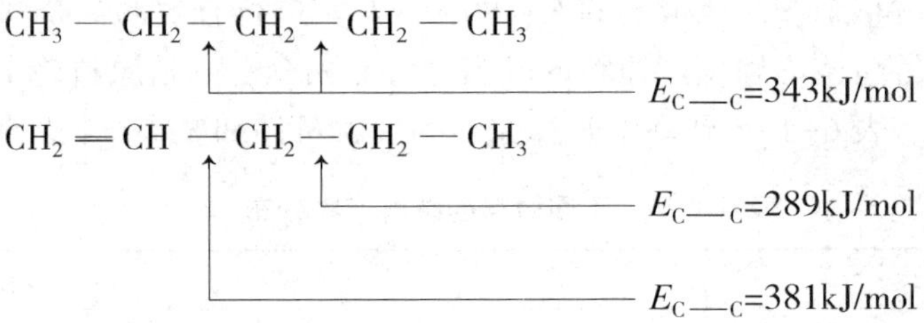

在双键的 β 位置上连有甲基、乙基的烯烃，键能较弱，极易解离为 CH_3· 和 C_2H_5·，可作为裂解促进剂使用。

在烯烃中，乙烯、丙烯、丁二烯、异丁烯等小分子烯烃对烷烃的裂解表现出不同程度的抑制作用。混合烃裂解过程中相互影响，烷烃-环烷烃裂解中烷烃对环烷烃裂解有促进作用，环烷烃对烷烃裂解有抑制作用，烷烃混合裂解也与单独裂解时结果不同。

三、裂解条件对反应结果的影响

烃类裂解所得产品分布、质量与原料的性质、裂解反应条件密切相关。为获得最高的乙烯产率，应根据原料性质选择最适宜裂解深度。裂解深度取决于裂解温度和停留时间，提高裂解温度和延长停留时间均可提高裂解深度。相同裂解深度下的不同裂解温度-停留时间组合的反应，其产品分布不同。高温-短停留时间组合可以抑制二次反应，提高裂解过程的选择性，改善产品分布及质量。降低操作压力(烃分压)利于提高裂解反应选择性。

从裂解反应历程来看，裂解反应的选择性既取决于一次反应的选择性，也取决于二次反应的进程。在一定裂解温度下，一次反应的选择性主要取决于原料性质，而二次反应进程的主要决定因素为操作条件。在相同裂解深度下，决定二次反应的主要因素是反应停留时间和烃分压。

对于给定的原料，管式裂解炉辐射盘管的最佳设计，就是在保证合适的裂解深度条件下，力求达到高温-短停留时间-低烃分压的最佳组合，以获得理想的产品分布，并保证合理的清焦周期。

1. 裂解温度

裂解过程为非等温反应，进炉至出炉存在温度分布，故将出炉温度定义为裂解温度。

从热力学分析，裂解是吸热反应，需要在高温下才能进行。温度越高对生成乙烯、丙烯越有利，但对烃类分解成碳和氢的副反应也越有利，即二次反应在热力学上占优势；从动力学角度分析，升高温度，石油烃裂解生成乙烯的反应速度的提高大于烃分解为碳和氢的反应速度，即提高反应温度，有利于提高一次反应对二次反应的相对速率，有利于乙烯收率的提高，所以一次反应在动力学上占优势。因此应选择一个最适宜的裂解温度，发挥一次反应在动力学上的优势，而克服二次反应在热力学上的优势，既可提高转化率也可得到较高的乙烯收率。

一般当温度低于750℃时，生成乙烯的可能性较小，或者说乙烯收率较低；在750℃以上生成乙烯可能性增大，温度越高，反应的可能性越大，乙烯的收率越高。但当反应温度太高，特别是超过900℃时，甚至达到1100℃时，对结焦和生碳反应极为有利，同时生成的乙烯又会经历乙炔中间阶段而生成碳，这样原料的转化率虽有增加，产品的收率却大大降低。

理论上烃类裂解制乙烯的最适宜温度一般在750~900℃之间，而实际裂解温度的选择还与裂解原料、产品分布、裂解技术、停留时间等因素有关。

不同的裂解原料具有不同最适宜的裂解温度，较轻的裂解原料，裂解温度较高，较重的裂解原料，裂解温度较低。如某厂乙烷裂解炉的裂解温度是850~870℃，石脑油裂解炉的裂解温度是840~865℃，轻柴油裂解炉的裂解温度是830~860℃；若改变反应温度，裂解反应进行的程度就不同，一次产物的分布也会改变，所以可以选择不同的裂解温度，达到调整一次产物分布的目的，如裂解目的产物是乙烯，则裂解温度可适当地提高，如果要多产丙烯，裂解温度可适当降低。

2. 停留时间

停留时间是指裂解原料由进入裂解辐射管到离开裂解辐射管所经过的时间，即反应原料在反应管中停留的时间，停留时间一般用 τ 来表示，单位为s。

如果裂解原料在反应区停留时间太短，大部分原料还来不及反应就离开了反应区，原料的转化率很低，这样就增加了未反应原料的分离、回收的能量消耗；若原料在反应区停留时间过长，对促进一次反应是有利的，故转化率较高，但二次反应更有时间充分进行，一次反应生成的乙烯大部分会发生二次反应而消失，乙烯收率反而下降。同时二次反应的进行，生成更多焦和碳，缩短了裂解炉管的运转周期，既浪费了原料，又影响正常的生产进行。所以选择合适的停留时间，既可使一次反应充分进行，又能有效地抑制并减少二次反应。

停留时间的选择主要取决于裂解温度，当停留时间在适宜的范围内，乙烯的生成量较大，而乙烯的损失较小，即有一个最高的乙烯收率称为峰值收率。如图6-1-2所示。不同的裂解温度，所对应的峰值收率不同，温度越高，乙烯的峰值收率越高，相对应的最适宜的停留时间越短，这是因为二次反应主要发生在转化率较高的裂解后期，如控制很短的停留时间，一次反应产物还没来得及发生二次反应就迅速离开了反应区，从而提高了乙烯的收率。

裂解温度与停留时间对提高乙烯收率来说是一对互相依赖互相制约的因素。图 6-1-3 说明了温度-停留时间效应对乙烯收率的影响。

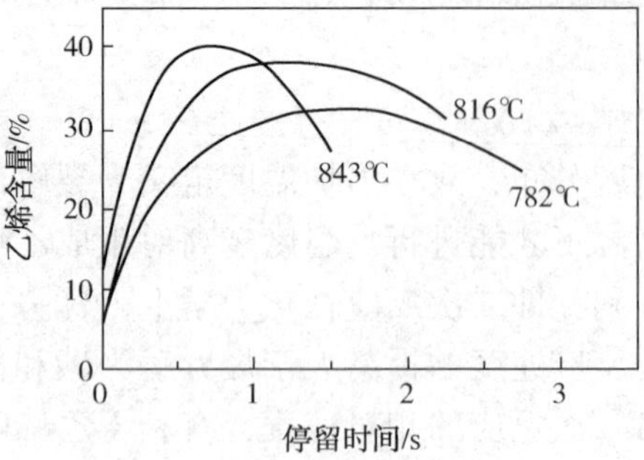

图 6-1-2 温度和停留时间对乙烷裂解反应的影响

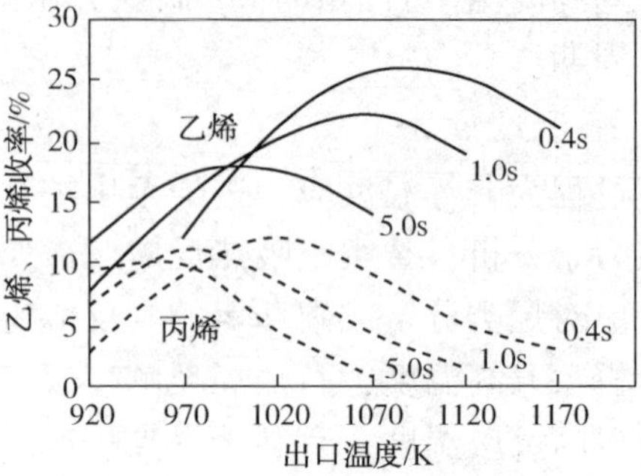

图 6-1-3 柴油裂解产物的温度-停留时间效应

作为一般规律，提高温度，缩短停留时间有如下的效应：正构烷烃裂解时，能得到更多的乙烯，而丙烯以上的单烯烃收率有所下降；能抑制芳烃的生成，减少液体产物和焦的生成；工业生产可利用温度-停留时间效应来调节产物中乙烯/丙烯的比例。

3. 烃分压

烃分压是指进入裂解反应管的物料中气相碳氢化合物的分压。

烃类裂解的一次反应是分子数增加的反应，降低压力对反应平衡向正反应方向移动是有利的，但是高温条件下，断链反应的平衡常数很大，几乎接近全部转化，反应是不可逆的，因此改变压力对断链反应的平衡转化率影响不大。对于脱氢反应，它是一可逆过程，降低压力有利于提高转化率。二次反应中的聚合、脱氢缩合、结焦等二次反应，都是分子数减少的反应，因此降低压力不利于平衡向产物方向移动，可抑制此类反应的发生。所以从热力学分析可知，降低压力对一次反应有利，而对二次反应不利。

烃类裂解的一次反应，是单分子反应，烃类聚合或缩合反应为多分子反应。压力不能改变裂解反应速度常数的大小，但能通过改变反应物浓度的大小来影响反应速度。降低压力会使气相的反应分子的浓度减少，也就降低了反应速度。浓度的降低使双分子和多分子反应速度的降低比单分子反应速度要大得多。从动力学分析得出，降低压力可增大一次反应对于二次反应的相对速度。无论从热力学还是动力学分析，降低裂解压力对增产乙烯的一次反应有利，可抑制二次反应，从而减轻结焦的程度。表 6-1-7 说明了压力对裂解反应的影响。

表 6-1-7 压力对裂解反应的影响

反应		一次反应	二次反应
热力学因素	反应后体积的变化	增大	减少
	降低压力对平衡的影响	有利提高平衡转化率	不利提高平衡转化率
动力学因素	反应分子数	单分子反应	双分子或多分子反应
	降低压力对反应速度的影响	不利提高	更不利提高
	降压对反应速度的相对变化的影响	有利	不利

4. 稀释剂

如果在生产中直接采用减压操作，因为裂解是在高温下进行的，当某些管件连接不严密时，有可能漏入空气，不仅会使裂解原料和产物部分氧化而造成损失，更严重的是空气与裂解气能形成爆炸性混合物而导致爆炸。另外，如果在此处采用减压操作，后继分离部分的裂解气压缩操作就会增加负荷，即增加了能耗。工业上常用的办法是在裂解原料气中添加稀释剂以降低烃分压，而不是降低系统总压。

稀释剂可以是惰性气体(例如氮气)或水蒸气。工业上都是用水蒸气作为稀释剂，其优点是：

① 易于从裂解气中分离

水蒸气在急冷时可以冷凝，很容易就实现了稀释剂与裂解气的分离。

② 可以抑制原料中的硫对合金钢管的腐蚀。

③ 可脱除炉管的部分结焦

水蒸气在高温下能与裂解管中沉淀的焦炭反应生成 H_2 和 CO，使固体焦炭生成气体随裂解气离开，延长了炉管运转周期。

④ 减轻了炉管中铁和镍对烃类气体分解生碳的催化作用

水蒸气对金属表面起一定的氧化作用，使金属表面的铁、镍形成氧化物薄膜，可抑制这些金属对烃类气体分解生碳反应的催化作用。

⑤ 稳定炉管裂解温度

水蒸气的热容大，水蒸气升温时耗热较多，稀释水蒸气的加入，可以起到稳定炉管裂解温度，防止过热，保护炉管的作用。

⑥ 降低烃分压的作用明显

稀释蒸汽可降低炉管内的烃分压，水的摩尔质量小，同样质量的水蒸气其分压较大，在总压相同时，烃分压可降低较多。

加入水蒸气的量，不是越多越好，增加稀释水蒸气量，将增大裂解炉的热负荷，增加燃料的消耗量，增加水蒸气的冷凝量，从而增加能量消耗，同时会降低裂解炉和后部系统设备的生产能力。水蒸气的加入量随裂解原料而异，一般地说，轻质原料裂解时，所需稀释蒸汽量可以降低，随着裂解原料变重，为减少结焦，所需稀释水蒸气量将增大。

总之，石油烃热裂解的操作条件宜采用高温、短停留时间、低烃分压，产生的裂解气要迅速离开反应区，因为裂解炉出口的高温裂解气在出口温度条件下将继续进行裂解反应，使二次反应增加，乙烯损失随之增加，故需将裂解炉出口的高温裂解气加以急冷，当温度降到650℃以下时，裂解反应基本终止。

四、烯烃深冷分离

烃类热裂解所生成的气体混合物，经过分离提纯，可得到各种有机化工原料。裂解气各组分分离的先后，在不违反其组分沸点的顺序下，是可以采用多种排列的方法分离的，在工业上普遍采用的是以碳原子数由少到多依次分离的顺序流程。此外，还有将裂解气先分为氢气-甲烷-C_2烃和其他重组分两部分，然后再逐个分离，这是前脱乙烷流程。也有用先分出氢气和$C_1 \sim C_3$烃的前脱丙烷流程。后两个流程的乙炔催化加氢通常在脱甲烷之前进行，故亦称前加氢流程。这时可以利用裂解气中本身所含的氢而无须另行补充。但裂解气中因有大量过剩的氢，反应难以控制，难免有少量的乙烯也被加氢而变成乙烷。此外，前加氢流程在脱乙烷(或脱丙烷)时，由于含有大量的轻组分，塔顶温度较低，因而比在顺序流程中相应部分所消耗的能量高10%~15%。如果采用后加氢流程则可严格控制氢炔之比，使乙炔转为乙烯，乙烯总量因而略增加。

工业上广泛采用的深冷分离方法有低压法和高压法两种。前者脱甲烷塔在0.6~0.7MPa的低压下操作，后者脱甲烷塔在约3.0MPa下操作。低压法的特点是在低压下甲烷与乙烯的相对挥发度增大，这在提馏段要求釜液甲烷含量低时更显得重要。另外，利用分氢过程冷凝的重组分由高压节流至低压脱甲烷塔时，能够蒸发部分甲烷并使液体降温，因此可降低该塔的回流比，从而节省能量。但塔顶温度低至-130℃，需用甲烷—乙烯—丙烯三级制冷，使系统复杂化，低温钢材用量也相应增多。高压法的脱甲烷塔塔顶温度为-96℃，只需用乙烯作为制冷剂，制冷系统简单，低温钢材用量少；其缺点是压力增加，相对挥发度减小，不利于组分分离，需加大塔的回流比，能耗增大。

轻柴油为裂解原料的裂解气高压法顺序分离流程见图6-1-4，分离步骤是：

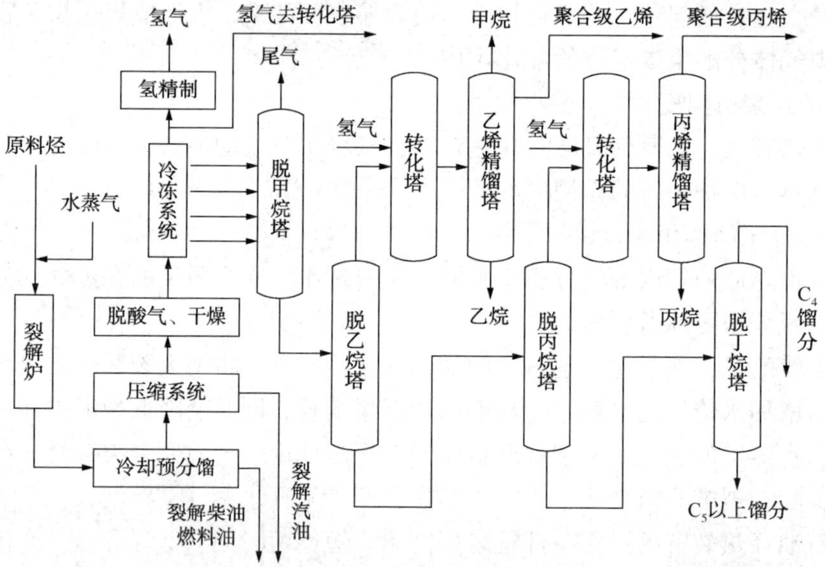

图6-1-4 轻柴油的裂解气高压法顺序分离流程

① 裂解气经冷却预分馏除去重组分后，进入透平压缩机。压缩后的气体，进入分子筛干燥器，干燥后的气体同各种冷物料、丙烯制冷剂和乙烯制冷剂进行热交换。冷凝的液态烃根据轻重分别进入脱甲烷塔塔板相应的位置，即多股进料。未冷凝的富氢气体可作为乙炔加氢的氢气来源，或进一步用变压吸附法提高浓度以得到产品氢气。

② 脱甲烷塔用乙烯冷却，塔釜用冷凝气相丙烯再沸。脱甲烷塔釜液流入脱乙烷塔，脱乙烷塔顶部分出的乙烯-乙烷馏分与氢混合后进入乙炔转化塔脱炔，用氧化铝载体上的钯催化剂，使乙炔转化为乙烯或乙烷，残存乙炔仅1~2μg/g。加氢后的气体脱除加氢过程所生成的少量聚合物(绿油)后，进入乙烯精馏塔，从侧线抽出产品乙烯；塔顶排出因加氢带入

的甲烷；塔底的乙烷则作为裂解原料送入裂解炉。

③ 脱乙烷塔的釜液进入脱丙烷塔，塔顶 C_3馏分含丙烯约 90%，进行加氢除去甲基乙炔与丙二烯后，可作为化学级丙烯产品。为了获得聚合级产品，则要用精馏法除去少量 C_2，再进入丙烯精馏塔，分离丙烷。

④ 脱丙烷塔底物料送入脱丁烷塔，塔顶馏出的 C_4馏分可作商品出售或用于抽提丁二烯与丁烯。塔底得到碳五以上裂解汽油。

第二节　催化重整

重整是指烃类分子经过反应重新组成新的结构。催化重整(Catalytic Reforming)是在催化剂作用下从石油轻馏分生产高辛烷值汽油组分或芳香烃的工艺过程，副产氢气则是加氢装置的重要氢源，所以催化重整过程在炼油工业或有机化工工业中占有重要地位。

催化重整的催化剂是贵金属铂作催化剂的铂重整(Platforming)工艺，20 世纪 70 年代又相继开发了含铂的双金属(如 $Pt-Re/Al_2O_3$)和多金属催化剂，使重整催化剂的活性与稳定性得到进一步的提高，催化重整工艺也日臻完善。

催化重整所用的原料馏分范围因过程的目的不同而异，如若生产高辛烷值的汽油组分，一般采用 80~180℃的石脑油馏分，如若生产芳烃(苯、甲苯、二甲苯，简称 BTX，同时还有乙苯等)，则宜用 60~145℃的石脑油馏分。为了避免铂催化剂中毒，一般催化重整的原料需要进行加氢预处理，除去其中含有的杂质。

一、催化重整反应过程

催化重整的化学反应主要有环烷烃脱氢、异构化、烷烃脱氢环化等，这些反应大多数是可逆的。因此对于催化重整不仅要从化学反应动力学的角度，同时也要从热力学的角度对其化学平衡及热效应等方面进行考察，选择适宜的反应条件。

1. 六元环烷烃脱氢反应

六元环烷烃脱氢是催化重整中最重要的生成芳烃的反应，一般认为环己烷在铂催化剂上的脱氢是分步进行的，产物中存在少量的环己烯和环己二烯，可以作为分步脱氢反应机理的佐证。六元环烷烃脱氢反应的热力学参数见表 6-2-1，温度及氢分压对环己烷转化为苯的平衡摩尔产率的影响如图 6-2-1 所示。

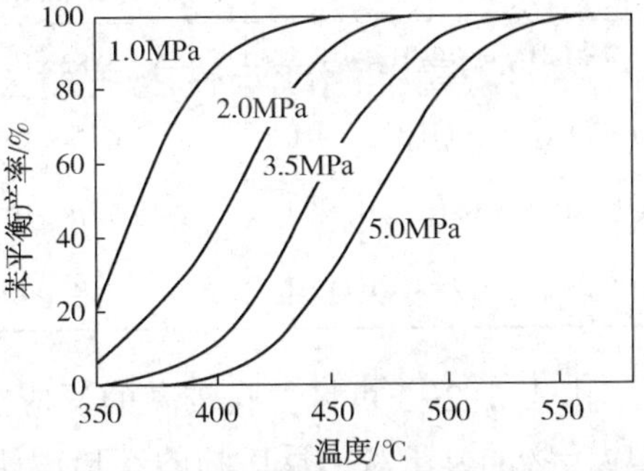

图 6-2-1　温度及氢分压对环己烷转化为苯的平衡产率的影响

从表 6-2-1 可以看出，此类反应是强吸热反应，其热效应在 210~220kJ/mol 之间，反应的平衡自由能变及平衡常数都很大，其中带侧链的六元环烷烃脱氢反应的自由能变及平衡常数更大，因此从热力学上判断，对于此类反应较高的反应温度和较低的反应压力对反应是有利的。从图 6-2-1 可以看出温度及氢分压对环己烷转化为苯的平衡摩尔产率的影响，当反应温度在 450℃以上、压力在 2. 0MPa 以下时，六元环烷烃几乎全部转化为芳烃。

表 6-2-1 六元环烷烃脱氢反应的热力学参数(700K)

反应	$\Delta_r H_m^\theta$/(kJ/mol)	$\Delta_r G_m^\theta$/(kJ/mol)	K_P
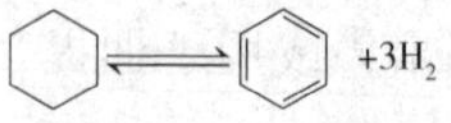	220	-57. 0	1.81×10^4
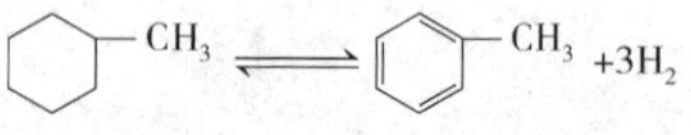	216	-60. 7	3.39×10^4
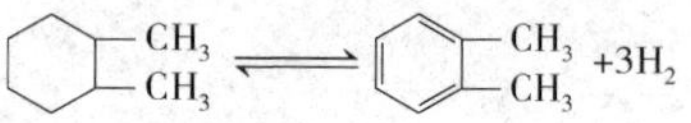	213	-70. 3	1.77×10^5

六元环烷烃脱氢反应的反应速率常数很大，很容易达到平衡。由表 6-2-2 可见，带侧链的六元环烷烃脱氢反应速率常数比环己烷更大。

表 6-2-2 C_6～C_8六元环烷烃脱氢反应的相对反应速率(Pt/Al_2O_3，450℃，1MPa)

反应物	相对反应速率	反应物	相对反应速率
环己烷	0. 9	1,2-二甲基环己烷	1. 60
甲基环己烷	1. 0	1,3-二甲基环己烷	1. 35
乙基环己烷	1. 43	1,4-二甲基环己烷	1. 53

2. 烷烃脱氢环化反应

分子中含有 6 个碳原子以上的直链烷烃都有可能脱氢环化转化为芳烃，此反应为强吸热反应，其热效应比六元环烷烃脱氢反应还要大，约为 250kJ/mol。表 6-2-3 是不同反应温度下 C_6～C_9正构烷烃脱氢环化为相应芳烃的平衡常数。

表 6-2-3 C_6～C_9正构烷烃脱氢环化为芳烃的平衡常数

反应	K_P		
	400K	600K	800K
$n\text{-}C_6H_{14} \longrightarrow C_6H_6+4H_2$	3.82×10^{-12}	0. 67	3.68×10^5
$n\text{-}C_7H_{16} \longrightarrow C_6H_5CH_3+4H_2$	6.54×10^{-10}	31. 77	9.03×10^6
$n\text{-}C_8H_{18} \longrightarrow C_6H_5C_2H_5+4H_2$	7.18×10^{-10}	39. 54	1.17×10^7
$n\text{-}C_9H_{20} \longrightarrow C_6H_5C_3H_7+4H_2$	1.42×10^{-9}	65. 02	1.81×10^7

由表 6-2-3 可见，在较高的反应温度下，烷烃脱氢环化的平衡转化率是较高的，由于反应产物的分子数为反应物的 5 倍，所以提高反应压力对反应不利，图 6-2-2 表明了反应温度和氢分压对正己烷转化为苯的平衡摩尔产率的影响。

从热力学角度，烷烃在重整反应条件下的脱氢环化反应平衡转化率是较高的，但其实际的转化率比较低，这主要是由于动力学因素的影响。表 6-2-4 列出了正庚烷环化脱氢为甲苯的平衡转化率与实际转化率。

表 6-2-4　正庚烷环化脱氢为甲苯的平衡转化率与实际转化率

反应压力/MPa	1.46	2.48	3.50
甲苯的平衡产率/%(mol)	>90	~60	~30
甲苯的实际产率/%(mol)	~40	~25	~17

以正庚烷为例，它在铂催化剂上的反应历程如图 6-2-3 所示。

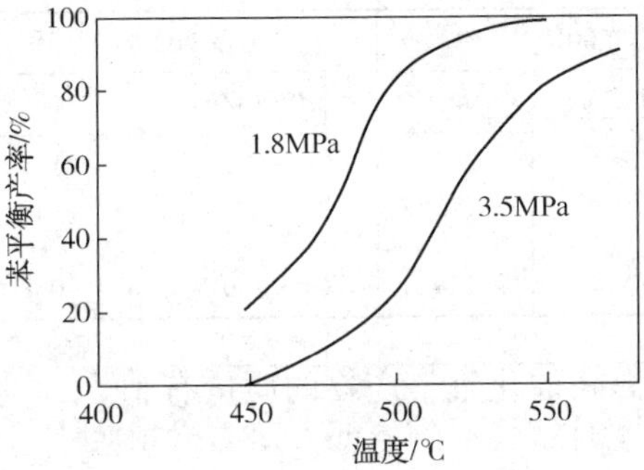

图 6-2-2　温度及氢分压对正己烷转化为苯的平衡产率的影响

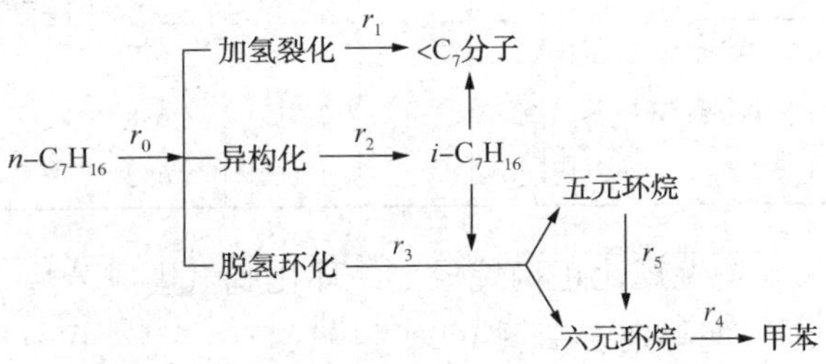

图 6-2-3　正庚烷的催化重整反应历程

在 497℃、1.46MPa 下上述五个反应的起始反应速率如表 6-2-5 所示。表中数据表明，正庚烷脱氢环化的速度(r_3)很小，比六元环烷烃脱氢反应速度(r_4)要小得多。

表 6-2-5　正庚烷转化的各起始反应速度　　mol/(g 催化剂·h)

r_0	r_1	r_2	r_3	r_4	r_5
0.24	0.05	0.13	0.06	0.13	0.95

烷烃分子的碳链越长，其脱氢环化反应的速率越大。

3. 异构化反应

催化重整中环烷烃和烷烃都会发生异构化反应，异构化反应是热效应很小的可逆反应，压力对异构化反应没有影响，异构化反应的速率一般较六元环烷烃脱氢反应速率要小得多。

(1) 环烷烃的异构化反应

在催化重整的条件下，分子中碳数≥6 的五元环烷烃可以异构化成六元环烷烃，而六元环烷烃便可以进一步脱氢成芳香烃。石油中环烷烃往往有相当大的部分是五元环烷烃，例如大庆原油 60~130℃直馏馏分的 C_6 和 C_7 环烷烃中五元环烷烃分别占 41%和 25%。这些五元环烷烃不经过异构化是无法转化为芳烃的，因此环烷烃的异构化反应在催化重整过程中是十分重要的。表 6-2-6 为环烷烃异构化反应热力学参数。

表 6-2-6　环烷烃异构化反应热力学参数

反　应	300K		500K		700K	
	$\Delta_r H_m^\theta$/(kJ/mol)	K_p	$\Delta_r H_m^\theta$/(kJ/mol)	K_p	$\Delta_r H_m^\theta$/(kJ/mol)	K_p
甲基环戊烷⟹环己烷	-16.4	5.0	-16.6	0.33	-15.4	0.11
乙基环戊烷⟹甲基环己烷	-27.1	1000	-26.8	12.5	-24.5	2.0

由表 6-2-6 可见，由五元环烷烃异构化成六元环烷烃的反应是浅度的放热反应，同时随着反应温度的升高其平衡常数显著减小。

（2）正构烷烃的异构化反应

正构烷烃的异构化反应也是浅度的放热可逆反应，如表 6-2-7 所示，此反应的平衡常数也随着反应温度的升高显著减小。

表 6-2-7　正构烷烃异构化反应热力学参数

反　应	300K		500K		700K	
	$\Delta_r H_m^\theta$(kJ/mol)	K_p	$\Delta_r H_m^\theta$(kJ/mol)	K_p	$\Delta_r H_m^\theta$(kJ/mol)	K_p
正己烷⇌2-甲基戊烷	-7.1	6.7	-6.6	2.2	-6.1	1.4
正庚烷⇌2-甲基己烷	-7.2	6.8	-7.2	2.2	-7.1	1.3
正辛烷⇌2-甲基庚烷	-7.1	4.2	-7.0	1.4	-7.0	0.8

异构烷烃比正构烷烃更易环化脱氢生成芳烃，对提高催化重整产物的质量有利。

4. 氢解及加氢裂化反应

在催化重整过程中，烷烃、环烷烃以及带侧链的芳烃都有可能发生氢解及加氢裂化反应，C—C 断裂形成相对分子质量更小的烃类产物。

氢解与加氢裂化的主要区别在于：氢解反应是被重整催化剂的金属中心所催化的，而加氢裂化则是按碳正离子历程在其酸性中心进行的。发生氢解反应时，分子中任何 C—C 均可能断裂，对于异构烷烃而言，其产物中甲烷产率较高，而加氢裂化则有一定的选择性，产物中甲烷很少。

氢解与加氢裂化反应是中等程度的放热反应，其热效应大约是-50kJ/mol，由于其平衡常数很大，可以看成是不可逆反应，在催化重整过程中，此类反应会导致液体产物收率下降，并消耗较多的氢气，因而该类反应属于不希望发生的反应。

在催化重整开工期间，由于催化剂的活性较高，往往容易发生氢解与加氢裂化反应。

5. 积炭反应

催化重整反应过程中，烃类深度脱氢会生成烯烃、二烯烃以及稠环芳烃，它们会牢固地吸附在催化剂的表面，进一步脱氢缩合成焦炭，使催化剂失活。

丙基苯和五元环烷烃是两类容易积炭的物质，一般认为环戊烷及其脱氢产物环戊烯、环戊二烯是重要的积炭前身物，在工业生产中必须选用适宜的操作条件以抑制焦炭反应，延长催化剂的使用时间。

上述五类反应中，六元环烷烃脱氢以及烷烃脱氢环化均直接生成芳烃，异构化反应也是有利的反应，而氢解反应与加氢裂化反应都是需要抑制的副反应，积炭反应则是有害的反应。从反应速率来看，这些反应有明显的差别，催化重整各类反应的相对反应速率见表 6-2-8。

从表 6-2-8 可以看出，六元环烷烃脱氢反应的反应速率最大，烷烃与环烷烃异构化的反应速率较小。而烷烃的脱氢环化与加氢裂化反应速率则更小。

表 6-2-8　催化重整各类反应的相对反应速率

反　　应	相对反应速率	
	C_6	C_7
六元环烷烃脱氢	100	120
烷烃及环烷烃异构化	10	13
烷烃加氢裂化	3	4
烷烃脱氢环化	1	4

综上所述，六元环烷烃脱氢是催化重整过程最重要的反应，其平衡常数和反应速率最大，烷烃脱氢环化的平衡常数虽然较大，但是其反应速率较小，因而其实际转化率较低。

六元环烷烃脱氢以及烷烃脱氢环化都是强吸热反应，异构化反应是轻度的放热反应，加氢裂化则是中等放热反应，总体而言催化重整是强吸热反应。

二、催化重整催化剂

1. 重整催化剂的双功能特性

催化重整反应中最基本的反应是脱氢和异构化，烷烃的脱氢环化是这两者的结合，这两类反应的历程以及所需的催化剂活性物质是不同的，加氢-脱氢反应需要金属催化剂，按照碳正离子历程进行的异构化反应则需要用酸性催化剂，因此要求催化重整催化剂必须同时具备这两种功能，既有脱氢的金属活性中心，又有异构化的酸性活性中心，即所谓的双功能。

图 6-2-4 为催化重整过程中 C_6烃类在金属中心和酸性中心进行转化的情况。图中纵向的反应是在金属中心进行的加氢-脱氢反应，而横向的反应则是在酸性中心进行的异构化反应。

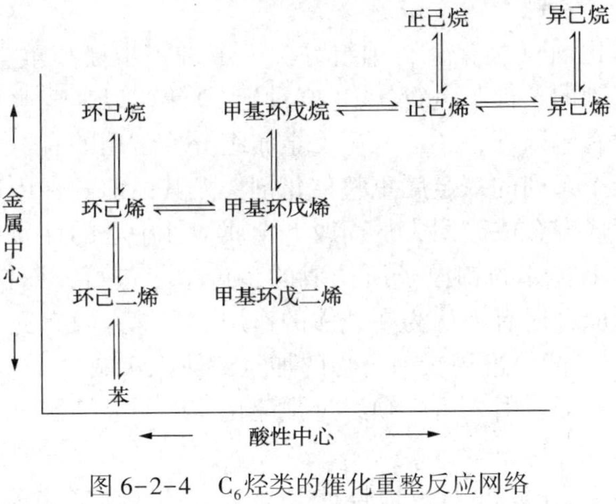

图 6-2-4　C_6烃类的催化重整反应网络

催化重整催化剂属于负载型的，即用金属组分载于用卤素改性的氧化铝上。其加氢-脱氢功能是由以铂为主的金属组分提供的，而其酸性功能则是用卤素改性的氧化铝载体来提供的。一般认为，在催化重整催化剂的表面，金属和酸性这两类活性中心复合组成了催化剂的活性基团，在活性基团中，金属中心和酸性中心的数目、活性以及它们的相对数目与相对活性基本决定了它们所组成的活性基团的性质。

重整催化剂金属中心与酸性中心的协调配合，是保证其催化功能得到充分发挥的重要因素，若金属功能过强，易于生成积炭，使催化剂失活，导致催化剂的稳定性下降；若酸性功能太强，会导致烷烃或环烷烃的加氢裂化反应加剧，导致液体收率和转化为芳烃的选择性降低。

2. 重整催化剂的金属组分

金属催化剂是多相催化剂的一大门类，过渡金属是有效的加氢-脱氢催化剂，尤其以Ⅷ族金属应用最为广泛，这类金属的共同特点是其 d 轨道上的电子数均低于 10，含有一个或多个未成对的电子，它们对氢均有较强的化学吸附能力，因而对加氢-脱氢反应具有较高的催化活性。

(1) 第一金属组分——铂

催化重整的主要金属组分无一例外都是铂，铂原子含有一个未充满的 $5d^9$ 亚层，其中未成对电子极易与氢原子的 $1s^1$ 电子配对，所以铂原子对氢具有强烈的吸引力。铂的活性最高，而且资源相对丰富。铂在重整催化剂中是以晶粒形态存在的，其晶粒越小，它与载体接触的界面越大，形成的活性基团就越多，其活性及稳定性相应就越高。一般要求晶粒的平均粒径为 0.8~10nm。

为了使铂高度分散在氧化铝载体上，通常采用氯铂酸（H_2PtCl_6）溶液浸渍法，然后经过干燥、焙烧和还原，干燥温度一般为 100~120℃。焙烧的目的是将浸渍上的金属盐类转化为相应的氧化物，如 PtO_2，以便使其还原为活性的金属组分。焙烧的温度不能太高，否则会使还原后铂的晶粒过大，催化剂的活性与选择性都明显变差。

在一定范围内，重整催化剂的活性与稳定性随着铂含量的增加而增强，工业用单铂催化剂中含铂 0.3%~0.7%，若含量太低催化剂容易失活，若含量太高会增加催化剂的成本，也不能显著改善其催化性能。

(2) 第二金属组分——铼、锡、铱等

早期的催化重整催化剂只含有金属铂组分，为了进一步提高重整催化剂的活性与稳定性，使其能够在更加苛刻的条件下进行，自 20 世纪 70 年代以来普遍采用双金属催化剂，即在催化剂组分中除了含有铂以外，还加入第二金属组分，常用的有铼、锡、铱三种金属，形成铂铼、铂锡、铂铱三个系列的双金属重整催化剂，尤其以前两种用得最多。

有人认为铼与铂形成合金或簇团，从而改变金属活性中心的性质，使积炭减少。也有人认为积炭反应需要在多个相邻的铂原子所构成的多位中心进行，而铼的加入会稀释多位中心，从而抑制了积炭反应，还有人认为在载体的作用下，铼并没有完全还原成金属态，而是部分以 Re^{4+} 存在，而 Re^{4+} 能促进积炭前身物的加氢，使积炭减少。

由于铼的氢解性能较强，引入后必须经过预硫化才能明显抑制氢解反应，使催化剂具有较好的芳构化选择性。

在铂铼重整催化剂中，Re/Pt 对反应性能是有影响的。研究表明，随着 Re/Pt 的增加，甲基环戊烷的脱氢异构化反应被促进，同时反应的积炭量降低，催化剂的稳定性得以改善，可大大延长运转周期，因此工业上铂铼催化剂中的 Re/Pt 目前已提高到(1.5~3.5)：1。由于 Re/Pt 比值高的催化剂对硫更加敏感，因此要求严格控制重整原料中的硫含量。

由于金属铂的价格昂贵，所以工业铂铼重整催化剂中的铂含量尽可能地降低，一般为 0.2%~0.4%。

锡的引入对重整催化剂的活性稍有抑制作用，但其选择性较好，尤其是在低压、高温下具有较好的稳定性，所以目前在连续重整装置中普遍采用该系列的催化剂，铂锡系列的催化剂稳定性明显好于铂催化剂。

研究表明，锡能强烈地抑制正庚烷的裂解反应，同时也抑制甲基环戊烷的开环、促进甲基环戊烷的异构脱氢生成苯的反应。

锡在催化剂上主要是以 Sn^{4+} 氧化物的状态存在，同时也有部分的金属态锡。由于 SnO_2 及 Sn 原子簇的存在，使铂原子簇稀释，不易形成多位中心，从而抑制了积炭反应，同时也使高度分散的铂晶粒不易聚结。

与铼不同，由于锡本身对氢解反应有抑制作用，所以铂锡催化剂在使用前无须进行预硫化。目前工业上所用的铂锡催化剂中的铂含量为 0.35%~0.6%，锡含量为 0.25%~0.5%。

为了进一步改善重整催化剂性能，有时还在上述第二金属组分外加入第三或第四金属组分，如钛、铝、铈等，即所谓多金属重整催化剂。在铂铼重整催化剂中引入钛或铝，可改善其活性、选择性和稳定性，使液体收率和芳烃收率都有所提高。

3. 重整催化剂的载体

(1) 载体的作用

载体又称担体(Supporter)，它并不是活性组分简单的支承物，在负载型催化剂中它具有如下的功能：

① 载体的表面积较大，可使活性组分很好地分散在其表面；

② 载体具有多孔性，适当的孔径分布有利于反应物扩散到内表面进行反应；

③ 载体一般为熔点较高的氧化物，当活性组分分散在其表面时，可提高催化剂的热稳定性，不容易发生熔结现象；

④ 可提高催化剂的机械强度，减少损耗；

⑤ 对于贵金属催化剂，可节约活性组分，降低催化剂的成本；

⑥ 由于载体与活性组分的相互作用，有时还可以改善催化剂的活性、稳定性和选择性。

因此一个好的载体应该具有如下的性能：适合而又稳定的晶相结构，有足够大的比表面积和适宜的孔径分布，应能保证活性组分高度分散、均匀分布，较高的机械强度和热稳定性，良好的传热与传质性能，最好还能改善催化剂的反应性能。

工业上常用的载体一般为氧化铝、二氧化硅、分子筛、活性炭等，对于重整催化剂，一般用氧化铝作载体。

(2) 氧化铝

作为催化剂载体的氧化铝，一般先制成水合氧化铝，再经过热处理转型为所需类型的氧化铝。水合氧化铝经过老化、洗涤过滤、干燥、焙烧等步骤即可得到氧化铝。氧化铝的制备方法及过程中每一步骤的条件都会影响最终产品的性能，必须根据需要精心选择、严格控制。

现在一般采用热稳定性较好的 $\gamma-Al_2O_3$ 作载体，其脱水温度不超过 600℃，分子式为 $Al_2O_3 \cdot nH_2O(0<n<0.6)$。作为重整催化剂的载体，希望其中的孔径在 3~10nm 范围内的孔占有明显的优势。还须严格控制氧化铝中杂质的含量，否则会影响催化剂的稳定性。

氧化铝表面有— OH 基团，在 $\gamma-Al_2O_3$ 表面上的一些质子是弱酸性的，其羟基结构失水得到的裸露铝原子则显非质子酸酸性。

重整催化剂的脱氢-加氢和酸性功能必须很好地协调配合，才能达到较理想的效果，作为氧化铝本身具有一些酸性，但其酸性太弱，不足以保证催化剂有足够的促进异构化等碳正离子反应的能力，自然也就限制了芳烃的产率。

为了提高催化重整催化剂的酸性，一般加入电负性较强的氯、氟等卤素组分。由于氟促进裂化的能力太强，目前用得较多的是氯，其加入量必须适当，若加入量太多，其酸性太强，会导致裂解活性太高，使液体收率降低；加入量太少，酸性较弱，异构化能力较差，芳烃收率较少。一般卤素的质量分数为催化剂的0.4%~1.2%。

卤素对提高重整催化剂的酸性作用，一般认为是诱导效应，增加了载体表面质子酸的活性。

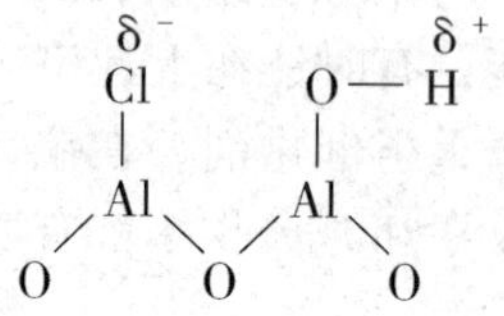

4. 重整催化剂的失活

重整催化剂在生产过程中失活(活性降低)的原因很多，如催化剂积炭、铂晶粒的聚结、被原料中的杂质中毒等，主要原因还是催化剂积炭。

(1) 积炭

在催化重整过程中由于深度脱氢和芳烃缩合反应，在催化剂上不可避免地会产生积炭。对于单铂催化剂，当积炭的质量分数达到7%~10%时，其活性即丧失大半，而铂铼催化剂容纳积炭的能力则显著较强。

催化剂上的积炭速度与原料的性质、催化剂的性质以及反应条件有关，原料的馏分越重，催化剂上的积炭越多，原料中五元环烷烃、烯烃的含量越多，积炭速度明显加快，而环烯烃尤其是环戊二烯的存在会使积炭速度加剧。

催化剂上的积炭一方面会将表面的活性金属覆盖，另一方面也会使催化剂的孔径减小甚至堵塞，使其活性大大降低。

(2) 中毒

重整催化剂的中毒有两种类型：一类是永久性的中毒，催化剂的活性再也不能恢复；另一类是暂时性中毒，此类中毒只要排除毒物后催化剂的活性便可以恢复。

砷是影响最大的永久性毒物，它能与铂形成砷化铂而使催化剂永久性失活，此外砷还能与氯形成$AsCl_3$，破坏催化剂的正常组成。此外，铅、铜、铁、汞、钠等也是永久性毒物。

硫、氮、氧或卤素的化合物以及水都是暂时性毒物。

原料中的含硫化合物在重整反应条件下会产生H_2S，H_2S能与铂反应生成金属硫化物，从而降低催化剂的脱氢-加氢活性，这个反应是可逆的，当原料中不含有硫时，在氢压下铂的活性可以恢复。但是铼对于硫更加敏感，一旦中毒则不易恢复。

在开工初期，为了抑制过强的氢解活性，需要加入一定量的硫对催化剂进行预硫化，但是不能过多。

原料中含氮化合物在重整反应条件下会产生NH_3，NH_3能吸附在催化剂的酸性中心或与氯反应生成氯化铵，从而使催化剂的酸性功能减弱，异构化活性降低。只要原料中不再含有氮，同时适当补氯，催化剂的活性就能恢复。

原料中的含氯化合物在重整条件下转化成HCl，使重整催化剂的酸性太强，导致裂解活性过高，液体收率降低。

含氧化合物在重整条件下会转化成水，水会使催化剂上的卤素流失，酸性减弱，从而导致芳烃收率和产物辛烷值下降。在高温下水还能使铂晶粒变大，并破坏氧化铝的微孔结构，使催化剂的稳定性降低。

5. 重整催化剂的再生

重整催化剂经过长时间使用后，不仅由于积炭，而且由于铂晶粒长大，破坏了催化剂的活性基团而使其活性降低，选择性变差，芳烃产率降低。因此运转一段时间之后，催化剂必须进行再生，再生的目的就是烧掉催化剂表面上的积炭并使金属再分散。

重整催化剂的再生程序包括烧焦、氯化、氧化更新和还原。

(1) 烧焦

再生过程首先使用含氧的气体烧去催化剂表面上的积炭。重整催化剂表面上的积炭实际上就是高度缩合的碳氢化合物，碳含量约为95%。烧焦用的气体是含氧的氮气，烧焦初期用的气体中氧的体积分数为0.3%~1.0%，后期可以提高至1.0%~5.0%。

烧焦过程中最重要的是控制烧焦的温度，过高的温度会使催化剂结构破坏，导致永久性失活。控制氧含量是控制烧焦温度的主要手段。

重整催化剂的金属中心和酸性中心均有积炭，大部分积炭主要沉积在载体上。由于重整催化剂上存在着燃烧性能差别较大的焦炭，因此工业上常采用分阶段逐步升温的方法来烧焦。

(2) 氯化

经过烧焦，催化剂上的铂晶粒会聚结长大，其分散度显著降低，同时烧焦过程产生的水会使氯流失。氯化就是用含氯化合物(如二氯乙烷，四氯化碳等)的空气在480℃下处理催化剂，使已聚结的大晶粒铂重新分散成小晶粒，同时也补充了氯，调整了催化剂的酸性。

(3) 更新

重整催化剂经过氯化后，还需要在510℃左右用干空气进行处理2~4h，使已分散的铂晶粒表面再氧化，以防止铂晶粒的重新聚结。

(4) 还原

还原就是将氯化、更新后的氧化态催化剂用氢还原为金属态催化剂。还原后的催化剂铂晶粒小，比表面积大，而且分散均匀，其活性基本得到恢复。

三、催化重整原料油

原料对催化重整的影响因素包括馏分范围、烃类组成、杂质含量三个方面。

1. 馏分的范围

重整原料的馏分范围是根据过程的目的来选定的。

若要生产C_6~C_8芳烃，则选用60~145℃的馏分为原料。这是根据C_6~C_8芳烃的沸点来确定的，沸点低于60℃的馏分中所含为C_5烃类，它们不能转化为芳烃，而沸点高于145℃的已属于C_9烃类。

若要生产高辛烷值汽油调和组分，则选用80~180℃的馏分为原料。沸点低于80℃的环烷烃已具有较高的调和辛烷值，因而这部分较轻的馏分无须再去重整。而终馏点选取180℃的原因，一是由于高于180℃的馏分易于在重整催化剂上积炭，缩短生产周期，二是为了使重整产物的终馏点符合汽油的规格要求（重整产物的终馏点一般比原料高15℃左右）。

2. 烃类的组成

催化重整产物的辛烷值及其芳烃含量与原料的烃类组成直接相关，原料中含有的环烷烃越多，尤其是六元环烷烃越多，重整产物中的芳烃含量也就越多，辛烷值也越高。由此可见，环烷基与中间基原油的轻馏分是比较理想的重整原料，而石蜡基原油的轻馏分催化重整就需要更加苛刻的条件，以强化烷烃脱氢环化反应，即使如此，其芳烃的产率仍然较低，液体收率也较低。

催化重整过程中的"重整转化率"是指重整产物中的芳烃产率占原料中芳烃潜含量的百分率，即：

$$\text{重整转化率}(\%)=\frac{\text{芳烃产率}(\%)}{\text{芳烃潜含量}(\%)}\times 100\%=\frac{\text{重整油芳烃含量}(\%)\times\text{重整油收率}(\%)}{\text{芳烃潜含量}(\%)}$$

式中，芳烃潜含量是指原料中固有的 $C_6 \sim C_8$ 芳烃质量分数与有可能从相应的环烷烃转化为生成的 $C_6 \sim C_8$ 芳烃质量分数之和。

原料中的芳烃潜含量只是说明生成芳烃的可能性，实际上的重整转化率（芳烃转化率）除了取决于催化剂的性能和操作条件外，还与环烷烃的分子类型有关。在重整条件下，六元环烷烃脱氢反应速度很快，几乎可以全部转化为芳烃，分子中碳数大于6的五元环烷烃异构脱氢反应速度也很快，而分子中碳数等于6的五元环烷烃（甲基环戊烷）异构脱氢的反应速度很慢。

从芳烃潜含量的定义可以看到，芳烃转化率实际上未包括烷烃脱氢环化转化生成的芳烃，在用双金属催化重整时，烷烃脱氢环化反应占有相当的比重，因此出现芳烃转化率超过100%的情况，有时可以达到150%。

3. 杂质含量的影响

催化重整催化剂非常娇贵，对原料中的杂质也非常敏感，因此对原料中能使催化剂永久性或暂时性中毒的杂质要严格控制。由于铂铼与铂锡催化剂对杂质的影响更加敏感，因而对原料的要求更加严格。催化重整原料的预处理，即采用预加氢的方法将硫、氮转化为 H_2S 和 NH_3，并将有机金属化合物分解，金属沉积在加氢催化剂的表面，从而使原料中的杂质含量符合要求。

四、催化重整工艺条件

催化重整的主要反应条件是：反应温度、反应压力、空速和氢油比。

1. 反应温度

由于催化重整的主要反应六元环烷烃脱氢和烷烃的脱氢环化都是强吸热反应，所以从化学平衡的角度来看，希望采用较高的反应温度。但过高的反应温度会导致裂化反应加剧从而降低液体产物的收率和增加催化剂上的积炭，缩短操作周期，因此从动力学的角度而言，高温更有利于裂化和积炭等副反应，此外过高的反应温度还会使催化剂上的铂晶粒聚结及载体的比表面积减少，降低催化剂的活性。

提高反应温度可以提高重整油的芳烃含量，但是会降低液体产物的收率，所以应选择适中的反应温度。

2. 反应压力

从化学平衡的角度来看，提高反应压力对生成芳烃的六元环烷烃脱氢及烷烃脱氢环化的反应是不利的，而有利于加氢裂化反应等副反应，因此采用较低的反应压力有利于得到较高的液体收率和芳烃产率。

但是从动力学的角度来看，压力对环烷烃脱氢和异构化的反应速率影响最小，对加氢裂化和脱氢环化的影响较大，降低压力会使加氢裂化反应速率减缓，而脱氢环化的速率加快。较低的反应压力下，重整油的收率及芳烃收率都较高，而当压力太低时，催化剂上的积炭速率会大大加快，导致装置的操作周期缩短。

因此需要综合考虑压力的影响，选用不太高的压力，既能得到较高的重整转化率，又能使催化剂保持较长的操作周期。随着催化重整技术的发展，其反应压力逐步趋于降低，用单铂催化剂时，其反应压力一般在 3MPa 左右；用铂铼催化剂时，反应压力在 1.5MPa 左右；用铂锡催化剂时，由于积炭量低，其反应压力降至 1MPa 以下。目前连续再生催化重整的反应压力最低可降至 0.4MPa。

3. 空速

对于一定的反应器，空速越大，表示其处理能力也就越大，但其反应时间缩短，重整转化率降低。

对于反应速率较高的六元环烷烃脱氢，空速的影响不大，而对于反应速率较小的烷烃脱氢环化反应，空速的影响比较显著。所以对于中间基和环烷基的原料，则采用较高的空速，而对于石蜡基原料则采用较低的空速。

对于同一种原料而言，提高空速会使其液体收率增加，同时重整转化率降低。用铂铼重整催化剂所用的空速一般为 1.0~2.0h^{-1}。

4. 氢油比

催化重整过程产生氢气，同时装置又都采取氢气循环的方式来抑制催化剂上的积炭反应。催化重整过程中的氢油比是指循环气中的氢气与反应进料的摩尔比。

当总压不变时，提高氢油比，也就提高了氢分压，有利于积炭前身物的加氢，使其不至于形成积炭。提高氢油比，催化剂的失活速度减缓。催化剂的活性降低在一定范围内可以用提高反应温度来补偿，所以可以用升温速率来表征催化剂的失活速度。

但是氢油比也不能太高，过高的氢油比对六元环烷烃脱氢以及烷烃的脱氢环化等产生氢气的反应是不利的，氢气的循环量越大能耗也越高。

目前催化重整的氢油比一般为 3.5~7.0，对于连续重整，氢油比可以降低至 2.0。

五、芳烃溶剂抽提

目前 90%以上的芳烃来自石油，富含芳烃的主要原料有烃热裂解汽油和催化重整汽油。

重整汽油中含有 50%~80%的芳烃，不含烯烃、硫化物等杂质，故在分离芳烃前不必经加氢预处理。

裂解汽油中一般含有 50%~70%的芳烃，还含有 20%左右的单烯烃、双烯烃和烯基芳烃(如苯乙烯)以及微量的硫、氮、氧、氯等物质。由于裂解原料烃和裂解条件的不同，裂解汽油的收率和组成也不同。以乙烷、丙烷等气态烃为原料时，裂解汽油的质量收率只有原料量的2%~5%；以石脑油、轻柴油等液态烃为原料时则为15%~24%。

由于裂解汽油中含有二烯烃、苯乙烯等易聚合的不饱和烃和硫化物、氮化物等有害杂质，在分离芳烃前必须先进行预处理，通常是采用选择加氢法分两段进行。第一段是低温液相加氢，使双烯烃加氢成单烯烃，苯乙烯加氢为乙苯；第二段是高温气相加氢，使单烯烃加氢成饱和烃，使硫化物、氮化物等杂质加氢裂解为相应的烃和 H_2S、NH_3 等而除去。一段加氢反应催化剂为 Pd/Al_2O_3，二段加氢反应催化剂为 $Co-Mo-S/Al_2O_3$，经两段加氢处理后的裂解汽油在稳定塔分出气体后送芳烃抽提装置。

1. 芳烃抽提原理

芳烃抽提就是用液液萃取的方法从烃类物中分离出芳烃的一种过程。抽提原料是种混合物，在加入环丁砜后，油中的芳烃溶解到溶剂中，从而形成组成不同、密度不同的两个液相，即油相和溶剂相。油相中含有少量芳烃且密度较小，溶剂相含有大量芳烃且密度大，经过筛板塔连续多次逆流接触抽提，就可以得到高纯度的芳烃。

2. 抽提溶剂的选择

对抽提过程来说，溶剂的选择是十分重要的。选择一个适合的溶剂是抽提过程能否进行的关键，而且，这溶剂要容易回收，公用工程消耗低，腐蚀性要小。所以，选择溶剂时一般应考虑以下几个方面：溶剂的选择性越大越好；溶剂对原料的密度差要大、不易乳化，以利于逆流操作；溶剂对芳烃的溶解度要大，以降低溶剂量和操作费用；溶剂本身要有良好的化学稳定性、热稳定性和抗氧稳定性，不与原料发生化学反应，这样才能保证溶剂的循环使用；溶剂的沸点与料液的沸点差要大，不生成共沸物，以便于将产品与溶剂用简单的蒸馏方法加以分离；溶剂的蒸发潜热和比热容要小，以减少溶剂回收时的热量消耗；溶剂与料液之间的界面张力要大，以便于液滴的凝聚分层；溶剂应具有不易发泡、不易腐蚀设备、无毒、不易爆炸和着火、价格低廉、来源方便等特点。溶剂的黏度不宜过大，以便于传质。上述各项中，最主要的指标是溶剂对芳烃的溶解能力和选择性。几种工业抽提溶剂的一般性质见表6-2-9。

表6-2-9 几种工业抽提溶剂的一般性质

溶剂	相对分子质量	密度(d_4^{30})	沸点/℃	凝点/℃	黏度/(mPa·s)	150℃汽化热/(kJ/kg)	分解温度/℃
N-甲基吡咯烷酮	99.13	1.03	206	24	0.97	493	—
N-甲酰基吗啉	115.14	1.15	244	21	2.7(70℃)	401	230
环丁砜	120.16	1.26	287	28	2.5	514	220
二甲亚砜	78.13	1.10	189	18	—	552	120
四甘醇	194.24	1.16	327	5	4.0	456	237
三甘醇	150.18	1.12	288	7	3.5	656	206

对于BTX的分离，溶解能力顺序依次为*N*-甲基吡咯烷酮>*N*-甲酰基吗啉>四甘醇>环丁砜>二甲亚砜>三甘醇；选择性优劣的顺序依次为环丁砜>二甲亚砜>*N*-甲酰基吗啉>四甘醇>三甘醇>*N*-甲基吡咯烷酮。综合选择性、溶解能力、热稳定性等因素，以环丁砜为最佳，其次为*N*-甲酰基吗啉和四甘醇。

工业上常用环丁砜作萃取剂，环丁砜具有对芳烃溶解度大、选择性高、萃取剂/原料比较低、密度大、热稳定性强、对碳钢腐蚀性小等优点。环丁砜能与水混合，也是很多有机化合物与很多普通的聚合物的良好溶剂。图 6-2-5 是烃类在环丁砜中的溶解度，环丁砜对芳烃的溶解能力大于相应非芳烃的十余倍。

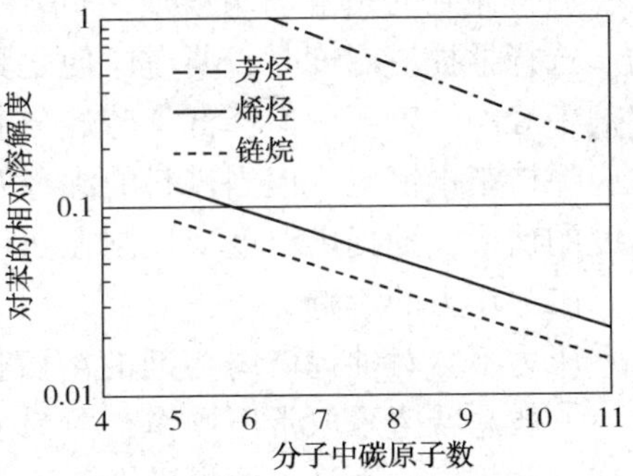

图 6-2-5　C_6 ~ C_{11} 烃在环丁砜中的相对溶解度（50℃）

3. 抽提原料油烃类组成的影响

一般说来，随着溶剂中水含量的增加，溶解能力下降，选择性升高；随着抽提温度的升高，溶解能力增加，选择性下降。由于芳烃与环烷烃的选择性差异比芳烃与烷烃间的差异小，因而原料中环烷烃含量越高，其分离的困难程度就越大，要求的理论塔板数就愈多。除原料烃组成之外，原料的馏分组成对抽提过程也有很大影响。芳烃馏分组成差异见表 6-2-10。

表 6-2-10　芳烃馏分组成差异

组成/%	原料	
	重整汽油	裂解汽油
苯	6	30
甲苯	20	19
二甲苯	22	7
C_9^+芳烃	5	11
非芳烃	47	33

在芳烃抽提过程中，由于轻质烃具有更高的选择性，因而原料愈重，芳烃回收率越低，例如原料初馏点由 65℃升高至 78℃，芳烃回收率由 95%降至 88%。初馏点低，表明原料油中轻质烃（如烷烃）含量增加，由于轻质烃在溶剂中的溶解度比较高，可以置换重质非芳烃，而轻质非芳烃在汽提塔中很容易被汽提去除掉，从而有利于芳烃回收率，并能保证芳烃纯度。初馏点过高的害处就在于重质非芳烃不易被置换出去，若要保证芳烃质量，不得不牺牲部分芳烃回收率，所以在生产中实际可能的最高芳烃回收率要稍低一些。但是，原料油初馏点愈低，达到同样芳烃回收率所需要的溶剂比就愈高，所以原料油的初馏点不宜过低，一般保持在 65℃为宜。

4. 操作因素对抽提过程的影响

（1）温度的影响

抽提过程所以能进行是因为萃取剂加入后形成了两相区，因此，两相区的大小对抽提过程的影响是很大的，而两相区的大小又与系统的操作温度有关。

一般说来，温度的升高将增大溶解度，使两相区变小。当温度升高到某个临界温度，两相区可以消失，成为完全互溶，此时，抽提分离就无法进行，所以温度升高对抽提过程显然是不利的。同时，温度升高还会使两相区的浓度接近，密度差变小，容易产生液泛。温度降低两相区增大，对抽提有利，但降得太低，对有些系统可能产生第二或第三部分互溶的情况，通常碰到的是溶剂与溶质之间不再完全互溶，所以，过低的操作温度对抽提也是不利的。选择抽提塔温度时，要考虑使之具有更好的选择性和溶解性，抽提塔温度升高，提高了溶剂中烃的溶解度，但降低了芳烃与非芳烃之间的选择性。为了保持稳定的操作，抽提塔温度应保持基本恒定，但当进料的沸程有明显的变化时，提高抽提塔操作温度能改善原料低溶解度的情形，抽提塔温度应控制在 70~80℃之间。

（2）压力的影响

压力不会对抽提塔内溶剂的溶解性和选择性造成影响，压力对抽提过程的影响可以忽略。一般总希望采取常压操作，但为了保证系统在液态操作，系统的操作压力必须大于物系的饱和蒸气压，而且，抽提塔操作压力与界面控制有密切关系。抽提塔应在恒压下操作，塔内的压力主要保证抽提过程中各种烃类在操作温度下处于液相状态，即高于抽提温度下非芳烃的泡点压力，否则塔内产生汽化现象，会降低抽提效率。压力本身并不影响芳烃在溶剂中的溶解度，但在操作上应防止抽提塔压力突然波动。为防止压力波动应避免进出抽提塔的流速突然变化，塔压应控制在 0.48MPa 左右。

（3）溶剂比的影响

溶剂量与进料量之比称为溶剂比，即为处理单位进料的溶剂用量。对一定进料量，溶剂比大就意味着设备中循环的溶剂量增大，溶剂回收装置的费用增大。但溶剂比对于每个抽提级的分离效能有重要影响，溶剂比大，每级分离效能增大，对于一定要求的分离程度级数就可减少，或对一定抽提设备分离程度可提高，溶质回收率也提高。但溶剂比过大，也会增大原溶液在溶剂中的溶解度而影响溶质的纯度，所以在抽提过程中选择一适当的溶剂比是重要的，抽提装置的适宜溶剂比一般在 4~5 之间。

（4）返洗比的影响

回流抽提物量与抽提产品量之比称为返洗比，它与精馏操作的回流比相似。为了得到符合要求的抽提产品纯度，需调节返洗液流量；返洗比增大，达到要求的分离程度所需之级数可减少，引起溶剂选择性下降，溶剂回收费用增大；返洗比减小，情况正好相反。在生产中常常采用改变抽提塔两端温度的方法，这时由于溶剂对溶质溶解度的改变，使原先溶解于溶液中的部分溶质释放出来，起到相当于返洗的作用，可降低返洗比，提高产品纯度。

第三节　溶　剂　油

石油溶剂油是由馏分油经过分馏和精制工艺制取的轻质石油产品，易燃、易蒸发。主要成分为烷烃、环烷烃和芳烃，对某些物质起溶解、稀释、洗涤和抽提等作用。溶剂油产品向精细化和环保化发展，其中硫化物和芳烃含量都有标准限制。溶剂油作为六大类石油产品之一，适用于不同领域的溶剂油种类有 200 多种，在食用油、印刷油墨、皮革、农药、杀虫剂、橡胶、化妆品、香料、化工聚合、医药以及在 IC 电子部件、精细仪器部件的清洗等诸多方面有着广泛的应用。

一、溶剂油分类

石油溶剂油可按馏程、组成和用途等指标分类，几种分类方法可交叉使用，如 6#溶剂油可以称作平均碳数为 6 的低沸点抽提溶剂油。

石油烃类溶剂油，根据总体馏程范围，宏观上可分为汽油型、煤油型、柴油型。具体的溶剂油产品其馏程范围非常窄，有别于一般意义上的馏分油。

按馏程沸点大小划分，沸程 100℃以下的称为低沸点溶剂油，如 6#抽提溶剂油，沸程为 60～90℃（窄 6#溶剂油的馏程范围是 60～75℃）；沸程 100～150℃的称为中沸点溶剂油，如橡胶溶剂油，沸程为 80～120℃；沸程高于 150℃的称为高沸点溶剂油，如油漆溶剂油，沸程为 140～200℃。还有更高沸点的溶剂油，如油墨溶剂油，其终馏点可达 300℃以上。

目前国内溶剂油的主流牌号为 6#、120#、200#三种。GB 1922—2006 根据产品馏程和芳烃含量将溶剂油分成 5 类共计 13 种，对油漆及清洗用溶剂油的标准进行了整合。另外还有生产商根据商业用途执行企业自行标准规定的各种牌号。部分国标溶剂油牌号见表 6-3-1。

表 6-3-1　部分国标溶剂产品性能及用途

溶剂油名称		初馏点/℃	98%馏出温度或干点/℃	芳烃含量/%	闪点(闭)/℃	用途
植物油抽提溶剂		≮61	≯76	(苯))≯0.1	—	硫含量低于 5μg/g，用于烟碱、中药有效成分及食用油脂抽提
6#或 90#		≮60	≯90	≯1.0	≮-20	又称石油醚，主要用作工业溶剂和化学试剂
120#	优级	≮80	≯110	≯1.5	≮-10	橡胶溶剂油，也称工业庚烷，用于轮胎、胶鞋生产溶剂，特殊快干油漆和颜料的稀释剂
	一级	≮80	≯120	≯3.0		
2#	普通型	≮150	≯185（190#）	8～22	≮38	用作油漆溶剂(或稀释剂)以及干洗溶剂。作干洗和清洗剂时，清洗物不易留痕迹
	中芳型			2～8		
	低芳型			0～2		
3#	普通型	≮150	≯215（200#）	8～22	≮38	用作油漆溶剂(或稀释剂)以及干洗溶剂。挥发速度慢、溶解能力强。也用于金属表面的清洗
	中芳型			2～8		
	低芳型			0～2		
5#	中芳型	≮200	≯300（260#）	2～8	≮65	煤油型溶剂，低挥发、闪点高，适用于轴承及金属部件表面油污及防锈油脂的清洗脱除
	低芳型			0～2		
S100A		≮155	≯175	≮98	≮42	主要成分三甲苯，用作慢性油漆及树脂溶剂，H_2O_2生产萃取剂
S150		≮180	≯210	≮98	≮62	主要成分均四甲苯，用作高级烤漆溶剂、杀虫剂乳剂

中国溶剂油品种较少，仍以 6#、120#和 200#溶剂油为主流品种，芳烃含量和硫含量较高，环保要求较低。国外溶剂油主要集中在 Royal Dutch Shell 公司、ExxonMobil 公司和韩国 SK 株式会社等石油集团，溶剂油多以直馏馏分为原料，经加氢脱芳、脱硫精制后再进行精馏，品种细分，环保要求高。表 6-3-2 为 ExxonMobil 公司部分溶剂油产品的性能及用途。

表 6-3-2 ExxonMobil 部分溶剂产品性能及用途

名称		初馏点/℃	干点/℃	芳烃含量/%	硫含量/(μg/g)	用途
芳烃类	Solvesso100	161	172	99	—	涂料工业，农药溶剂，化学反应用溶剂
	Solvesso150	183	207	99	—	
	Solvesso200	232	277	>99	—	
脱芳烃脂肪族类	Exxsol Hexane	64	69	<0.01	<2	涂料工业，黏合剂工业，气雾杀虫剂，金属加工润滑、除油、防锈，衣服干洗油，液体电热杀虫剂，矿物萃取助剂，硅胶黏合剂，低芳香烃印刷油墨，化学反应溶剂，乳化液载剂，聚苯乙烯发泡剂
	Exxsol Heptane	94	99	0.0001	<2	
	SBP80/100	78	98	<0.01	<2	
	Exxsol DSP100/140	106	139	0.005	≤5	
	Exxsol D30	141	159	<0.01	<2	
	Exxsol D40	164	192	0.08	<2	
	Exxsol D60	187	209	0.2	<2	
	Exxsol D80	208	243	0.3	<2	
	Exxsol D110	248	266	0.4	<2	
	Exxsol D130	281	307	0.5	<2	
异构烷烃类	Isopar C	98	104	0.01	≤5	用于低味涂料，化学反应溶剂，喷墨型油墨溶剂，PVC 增塑溶胶降黏剂，金属加工润滑、除油、防锈
	Isopar E	115	139	0.01	≤5	
	Isopar G	163	176	0.01	≤5	
	Isopar H	179	187	0.01	≤5	
	Isopar L(S)	190	203	0.01	≤5	
	Isopar M	223	254	0.01	≤5	
	Isopar V	273	310	0.1	≤5	
环烃类	Cyclohexane	78.5	82.5	0.0150	1	黏合剂工业、印刷工业用清洗剂，工业清洗剂
	Nappar 6	78	80	0.0001	≤5	
	Nappar 10	165	185	0.4	≤5	
正构烃类	Norpar 12	189	218	0.01	≤5	气雾杀虫剂，PVC 增塑溶胶降黏剂
	Norpar 13	222	242	0.01	≤5	
	Norpar 14	241	251	0.01	≤5	
	Norpar 15	249	274	<0.0050(苯)	≤10	
烃类	Pegasol 1425	46	121	10	0.005	涂料、黏合剂及油墨等稀释剂，工业清洗油污剂
	Pegasol 3040	154	198	19	—	

二、溶剂油的溶解性能

溶剂油的溶解能力是石油溶剂的主要特性，常用的溶解能力评估方法有苯胺点(或混合苯胺点)、溶解度参数、K-B 值、黏度、稀释比等方法，来表征溶剂油的溶解性能。

1. 苯胺点

溶剂油与等体积的苯胺互相溶解成为均相(不浑浊)所需的最低温度称为苯胺点。苯胺点常用来判断石油烃类溶剂油的溶解能力，苯胺点也反映烃类混合物中芳香烃含量。另外苯胺点具有加合性，可以预测有机混合物的溶解特性。油漆工业往往依据苯胺点的高低，来判断稀释用溶剂的溶解能力。

苯胺点的高低与溶剂油的化学组成有关。根据相似相溶原理，与苯胺结构和性质相似的烃类，在一定温度下和苯胺的互溶性好。各族烃类的苯胺点，烷烃最高(60~70℃)，环烷次之(35~55℃)，芳烃最低(30℃以下)。表6-3-3是部分溶剂的苯胺点。苯胺点愈低，溶剂的溶解力愈大。若以苯胺点的高低来研判溶剂油的溶解能力，则以芳香烃溶剂为最强，环烷烃溶剂次之，脂肪族溶剂最弱。由于芳烃的苯胺点很低，将芳烃溶剂和庚烷混合来测定苯胺点，能防止苯胺析出，所测定的苯胺点称为混合苯胺点。

表6-3-3　部分溶剂的苯胺点

溶　剂	苯	甲苯	乙苯	邻二甲苯	异丙苯	丙苯	丁烷	异戊烷	己烷	庚烷	异丁烯
苯胺点/℃	-30	-30	-30	-20	-5	-30	107.6	77.8	68.6	69.3	14.9

苯胺点与溶剂比有关。将某一溶剂油与苯胺按不同比例混合，可以得到系列临界互溶温度，最高温度称为最大苯胺点 t_{max}。最大苯胺点对应的苯胺体积分数对不同溶剂油数值各异，实际应用中用等体积苯胺点 t_{50} 代替 t_{max} 来表示溶剂油的溶解性。当溶剂油中芳烃含量低于10%时，t_{max} 和 t_{50} 相差0.2~0.3℃，两者差值随芳烃含量增加而增大，溶剂油中芳烃含量高于50%时，二者相差5~6℃。

苯胺纯度影响苯胺点的测定结果。苯胺易被空气氧化并吸收空气中水分，氧化物和水的存在使苯胺点上升。试验用苯胺需进行标定或精制，使正庚烷的苯胺点在(69.3±0.2)℃。另外加热和降温速度等操作也影响苯胺点的结果。

2. *溶解度参数*

溶解度参数最初定义为物质内聚能密度的平方根，是衡量物质之间相容性的重要参数，能反应物质结构特点及分子间的相互作用，用于研判聚合物间的相容性和溶剂的选择。

预测溶剂油对溶质的溶解能力可以借助极性相近溶解原则，但这只是一般的定性规律；溶解度参数相近溶解原则是一定量规律，在选择溶剂时经常使用。各种溶质都有一定的溶解度参数值，各种溶剂也有特定溶解度参数值，溶质与溶剂的溶解度参数相同或相近便能溶解，两者溶解度参数值愈接近，则愈容易溶解。在配制油漆时，当油漆和溶剂油的溶解度参数差值小于0.5便能溶解，大于1.7~2.0不能溶解。因此，常用溶解度参数值来选用合适溶剂。值得注意的是，当溶剂油与溶质两者极性相差很大或两者之间有氢键作用时，溶解度参数相近溶解原则会有较大的偏差。

各种物质的溶解度参数在一定温度下均为定值，溶解度参数可从文献查取，也可以试验测定或模拟计算。溶解度参数具有加合性，利用加合性调配的混合溶剂，能改善油漆的黏度和使用性能。溶剂油的溶解度参数介于6.5~9.5之间，饱和烃溶解度参数小而芳烃溶解度参数大，不饱和烃和环烷烃的溶解度参数介于二者之间。表6-3-4是部分溶剂的溶解度参数。

表 6-3-4 部分溶剂的溶解度参数

溶剂种类	溶解度参数/$(cal/cm^3)^{1/2}$	溶剂种类	溶解度参数/$(cal/cm^3)^{1/2}$	溶剂种类	溶解度参数/$(cal/cm^3)^{1/2}$
丙烷	6.20	环戊烷	8.10	苯	9.15
丁烷	6.68	环己烷	8.18	甲苯	8.91
异丁烷	6.25	甲基环己烷	7.82	乙苯	8.80
戊烷	7.02	丙烯	6.10	邻二甲苯	9.00
异戊烷	6.75	丁烯	6.70	间二甲苯	8.80
己烷	7.24	异丁烯	6.70	对二甲苯	8.75
庚烷	7.42	1,3-丁二烯	7.10	丙苯	8.65
辛烷	7.55	苯乙烯	9.30	均三甲苯	8.80
异辛烷	6.85	汽油	7.40	萘	9.90
壬烷	7.65	石蜡油	7.50	四氢萘	9.50
癸烷	7.72	十六烷	7.99	十氢萘	8.80

3. K-B 值

K-B 值是贝壳松脂丁醇值(Karui-Butanol value)的简称，是表示烃类溶剂相对溶解能力的指标，涂料工业常用 K-B 值表示溶剂油的溶解能力。K-B 值愈大，溶解力也愈强。芳香族溶剂的 K-B 值最高，环烷基溶剂次之，脂肪族溶剂最小。一般脂肪烃石油溶剂的 K-B 值约在 20~30，环烷烃稍高，纯芳香烃如甲苯，二甲苯则高达 100 以上。但要注意的是 K-B 值适合于相同组成溶剂间之比较。表 6-3-5 是部分石油烃类溶剂油的 K-B 值。

表 6-3-5 部分石油烃类溶剂油的 K-B 值

溶　剂	K-B 值	溶　剂	K-B 值	溶　剂	K-B 值	溶　剂	K-B 值
石油烃	25	辛烷	32	异庚烷	35	工业甲苯	106
戊烷	25	松香水	37	庚烷	35.5	工业二甲苯	103
异己烷	27.5	环己烷	61	异辛烷	38	重芳烃溶剂	100
己烷	30	工业纯苯	107				

贝壳松脂丁醇标准溶液：在 25℃下，将甲苯加入配制好的 20g 贝壳松脂的正丁醇标准溶液中，产生规定的浑浊度时的体积为(105±5)mL，如果超出范围应调整好正丁醇中贝壳松脂的量；同样用体积分数为 75%的正庚烷和 25%的甲苯混合物滴定，消耗的体积规定为 40mL。

根据 GB/T 11134—1989《烃类溶剂贝壳松脂丁醇值测定法》测定 K-B 值时，向按标准方法配制的贝壳松脂的正丁醇溶液中滴加被测溶剂至浑浊，根据加入的被测溶剂体积和公式即可计算出其 K-B 值。方法如下：

(1) 在(25±1)℃，用甲苯滴定(20±0.10)g 贝壳松脂正丁醇溶液，至溶液产生规定的浑浊度(滴定终点)时，记录所用甲苯的体积为 V_1。

(2) 在同样条件下用正庚烷与甲苯(75%：25%)混合液滴定时所用混合液的体积记为 V_2。

(3)用待测溶剂滴定贝壳松脂正丁醇溶液(20±0.10)g，所用试样体积记为 V_3。

$$KB=65\times\frac{V_3-V_2}{V_1-V_2}+40$$

溶剂油中链烷烃、环烷烃和芳香烃的含量影响其溶解能力，其K-B和组成的关系：

$$KB=47.79-0.3234P+0.1994N+0.1337A$$

式中 P、N、A 分别为链烷、环烷和芳烃的质量分数。

贝壳松脂丁醇值和苯胺点的近似关系：$KB=84.3-0.37AP$

贝壳松脂丁醇值和溶解度参数的近似关系：$KB=50\times(SP-6.9)$，当K-B小于35时，误差较小。

黏度法也常用来研判溶剂油的溶解能力。一般溶解能力强的溶剂，对溶质分子的分散能力也大，形成的溶液黏度低。因此，从溶液的黏度可以判断溶剂的溶解能力大小。溶液为真溶液时，可用绝对黏度表示，但对于树脂等一类物质，多数形成胶体溶液，无法用绝对黏度表示。在同温度、同浓度下对于同一物质的各种溶液，只能通过比黏度的测定找出黏度与溶解能力之间的关系。

在制备一定浓度的溶液时，黏度愈低，溶剂的溶解能力愈大。用某一标准溶剂组成的溶液黏度作标准，选择同一浓度的溶液进行黏度比较，以此表示各种溶剂的溶解能力。也可以绘制出黏度-浓度曲线，根据曲线再求出在某一黏度下用(同一种树脂和稀释剂)各种溶剂组成的溶液中所含溶质的量，含量大的表示溶剂的溶解能力大。

在喷漆应用方面，则使用稀释比大小来比较溶解力大小。通常由醋酸丁酯与硝化纤维素配成标准溶液，然后滴入石油溶剂，直到有沉淀产生为止。溶剂油体积与标准硝化纤维素溶液体积比值的10倍定为稀释比。其值愈大，表示溶解力愈大。例如醋酸丁酯与硝化棉的标准溶液10mL，以2.8mL甲苯滴入正好有沉淀析出，则此时甲苯稀释比为2.8。

三、溶剂油的化学组成

溶剂油的生产原料主要有催化重整抽余油、油田稳定轻烃、直馏汽油、煤油、柴油或加氢裂化柴油、煤油等馏分油。催化重整抽余油馏程为65～150℃，是生产6#及120#溶剂油的主要原料。油田稳定轻烃含有较多的丁烷和戊烷，能生产6#和120#溶剂油以及少量的200#溶剂油。直馏汽油生产少量的6#和120#溶剂油，主要生产200#溶剂油。直馏煤油、柴油或加氢裂化煤油、柴油馏程140～360℃，可以生产煤油型溶剂油和柴油型溶剂油。

除正己烷、苯、甲苯和二甲苯等少数几种纯烃化合物外，溶剂油产品都是各种烃类的混合物，含有各种链烷烃、环烷烃和芳香烃类，是碳氢烃类溶剂。由于烯烃安定性差，不适合作溶剂使用，所以一般溶剂油中含烯烃很少。某6#溶剂油的烃类组成见表6-3-6。

表6-3-6　6#溶剂油的烃类组成

组分名称	沸点/℃	质量分数/%		组分名称	沸点/℃	质量分数/%	
		样品1	样品2			样品1	样品2
2,2-二甲基丁烷	49.7	0.73	1.87	苯	80.1	0.54	1.96
2-甲基戊烷	60.3	21.66	21.34	3,3-二甲基戊烷	86.0	2.14	1.00
3-甲基戊烷	63.2	16.77	20.23	环己烷	80.7	0.68	0.62
正己烷	68.7	25.81	26.73	2-甲基己烷	90.0	9.00	3.08
2,2-二甲基戊烷	79.2	3.43	2.72	3-甲基己烷	91.8	4.54	2.15
甲基环戊烷	71.8	9.66	7.85	3-乙基戊烷	93.4	0.20	0.20
2,4-二甲基戊烷	80.5	4.54	3.08	庚烷	98.4	0.17	0.17
2,2,3，-三甲基丁烷	80.8	0.34	0.29	甲苯	110.6	—	0.02

根据溶剂油的烃类组成，溶剂油可分为：正构烷烃类，如正己烷，沸程为65~69℃；异构烷烃类，如异构十六烷(Isopar M)，沸程为225~254℃；环烷烃类，如环己烷，沸程为78.5~82.5℃；芳香烃类，如三甲苯(S100)，沸程为162~172℃。

6#抽提溶剂油、120#橡胶溶剂油、200#油漆溶剂油中主要成分是烷烃和环烷烃，有时称为脂肪烃类溶剂，脂肪烃溶剂油成分有直链烷烃、支链烷烃、环烷烃。由于不同结构烷烃的溶解性能不同，所以又可以根据其主要成分进一步分类，如以支链烷烃为主要成分的溶剂油，称为异构烷烃溶剂油，它的溶解性能优于一般脂肪烃溶剂油；高沸程溶剂油中芳烃含量较大，称为芳烃类溶剂油。

纯芳香烃溶剂油虽然溶解能力强，但毒性也大，价格高，可用芳香烃溶剂油代替。高沸点芳烃溶剂油是催化重整的产品，以 C_9 和 C_{10} 芳烃为主要成分，如异丙苯、正丙苯、对甲乙苯等，初馏点约为120℃、120~150℃、150~200℃的馏分可代替甲苯、二甲苯、200#油漆溶剂油使用。鉴于芳香烃溶剂油的毒性和价格问题，只在特殊必要情况下使用。

溶剂油的性能与其化学成分有密切关系，由于烃类的溶解能力顺序为：芳烃>环烷烃>链烷烃，所以相同沸程的溶剂油中含链烷烃、环烷烃多的比含芳烃较多的溶剂油苯胺点高、贝壳松脂丁醇值低，溶解能力差。

6#溶剂油中含有约25%~30%的正己烷，通过精密分馏和深度脱硫、脱芳烃生产的聚合级正己烷，用作丙烯、丁烯聚合溶剂、乙丙橡胶聚合溶剂等。正己烷沸点68.7℃，甲基环戊烷沸点71.8℃，通过特殊蒸馏可以将正己烷和甲基环戊烷分开，生产纯度99%以上的高纯度正己烷，用作工业试剂和医药溶剂。

120#溶剂油中分别含有20%~25%的正庚烷和甲基环己烷，进行深度脱芳烃、脱硫、精密分馏首先分出正庚烷和甲基环己烷的混合物。正庚烷沸点98.43℃，甲基环己烷沸点100.93℃，用特殊精馏生产高纯度的正庚烷和甲基环己烷。正庚烷和甲基环己烷是重要的工业溶剂、清洗剂及化工原料。

低芳烃含量烃类溶剂油溶解能力较低，而异构烷烃和环烷烃则有较好的溶解能力。将6#和120#溶剂油分别脱除正己烷和正庚烷可得 C_6 和 C_7 异构烷烃溶剂油。异构烷烃溶剂油也可从烷基化油精馏得到。

窄馏分、低芳低硫的环保溶剂油和用途专一的特种溶剂油是今后的发展方向，表6-3-7为上海高桥石化公司的异构烷烃溶剂油、D系列脱芳特种溶剂油和高沸点芳烃溶剂油产品的性能指标。

表6-3-7 上海高桥石化公司溶剂油产品的性能指标

原料来源	类别	名称	初馏点/℃	终馏点/℃	闪点/℃	芳烃含量/%	硫含量/(μg/g)
重整油	芳烃类	S100	155	180	≥40	≥98.5	—
		S150	232	277	≥55	≥98.5	—
加氢裂化航煤、加氢裂化柴油	脱芳烃脂肪族类	D40	155	210	≥38	<0.01	≤1.0
		D60	185	220	≥58	<0.01	≤2.0
		D80	210	243	≥78	<0.01	≤2.0
		D100	235	267	≥100	<0.01	≤2.0
		D110	256	288	≥110	<0.01	≤2.0
		D130	277	310	≥130	<0.01	≤2.0

续表

原料来源	类别	名称	初馏点/℃	终馏点/℃	闪点/℃	芳烃含量/%	硫含量/(μg/g)
烷基化油	异构烷烃类	ISOL C	94	108	10	<0.01	≤1.0
		ISOL E	114	140	10	<0.01	≤1.0
		ISOL G	153	179	≥38	<0.02	≤5.0
		ISOL H	174	191	≥49	<0.02	≤5.0

四、溶剂油加氢精制

溶剂油生产工艺主要分为切割馏分和精制两个过程，溶剂油切割过程主要是将宽馏分油原料切割成适当窄馏分；溶剂油精制过程主要是去除溶剂油产品中的硫、氮、芳烃、不饱和烃等，工艺主要有脱芳烃、脱硫、脱氮、脱色精制等，其中脱芳烃和脱硫是技术关键。脱芳烃技术有催化加氢、萃取精馏、分子筛吸附及磺化等。

催化加氢是降低溶剂油中芳烃含量，提高溶剂油品质的主要手段，是主要的溶剂油精制技术，具有操作简单，溶剂油收率高，能耗较低等特点，催化加氢法的关键是选择合适的催化剂。

溶剂油加氢精制是指在催化剂和氢气的存在下，原料油中的含硫、含氮、含氧等非烃类化合物发生脱硫、脱氮、脱氧的反应；石油中的微量金属是与硫、氮、氧等杂原子以化合物或络合物的状态存在的，在加氢脱硫、加氢脱氮、加氢脱氧的同时，有机金属化合物发生氢解反应；烯烃和芳烃发生加氢饱和反应。加氢精制反应条件相对缓和，原料油的平均相对分子质量和分子的碳骨架结构变化很小。

加氢精制的原料范围广泛，包括轻质馏分(汽油)、中间馏分(柴油)等。加氢精制催化剂是负载型的，其载体一般为氧化铝，活性组分主要是由钼或钨以及钴或镍的硫化物相组合而成，对于少数特定的原料，以加氢饱和为主要目的，也有选用含镍、铂或钯金属的加氢催化剂。加氢精制的反应条件随原料的性质以及对产物质量要求的不同而不同，一般条件为：氢分压1~15MPa，温度280~420℃。

1. 加氢脱硫

石油馏分中各类硫化物的C—S键能较小，加氢精制过程中C—S键先行断裂生成相应的烃类和H_2S，例如：

$$RSH+H_2 \longrightarrow RH+H_2S$$

$$RSR'+2H_2 \longrightarrow RH+R'H+H_2S$$

$$RSSR'+3H_2 \longrightarrow RH+R'H+2H_2S$$

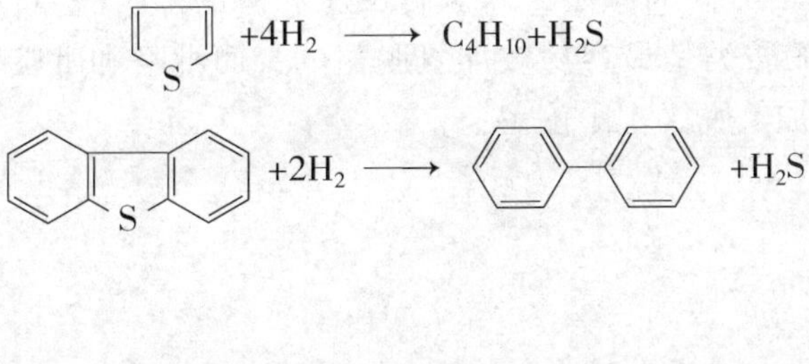

硫化物在不同反应温度下加氢脱硫反应的平衡常数都很大，加氢脱硫反应可以达到很高的平衡转化率。加氢脱硫反应是强放热反应，其平衡常数随温度的升高而降低，过高的反应温度对加氢不利。

含硫化合物的加氢反应速率与其分子结构密切相关，其反应速率一般按照如下的顺序依次增大：噻吩<四氢噻吩≈硫醚<二硫化物<硫醇；并且随着含硫化合物分子中环烷环和芳香环数目的增加，其加氢反应速率是降低的，这主要是由于空间位阻作用所致。

噻吩及其衍生物由于硫杂环具有芳香性，所以特别不容易氢解，导致馏分油的噻吩硫难以脱除，苯并噻吩和二苯并噻吩的加氢脱硫则更加困难。

2. 加氢脱氮

石油馏分中的含氮化合物主要是吡咯类和吡啶类的氮杂环化合物，也含有少量的胺类和腈类，经过加氢脱氮后主要生成烃类和氨，例如：

$$RNH_2+H_2 \longrightarrow RH+NH_3$$

$$RCN+3H_2 \longrightarrow RCH_3+NH_3$$

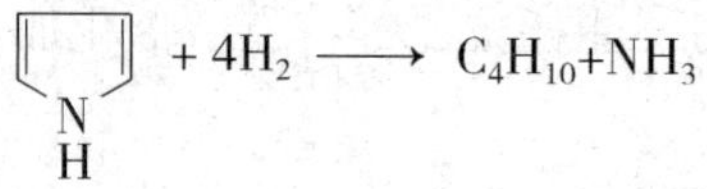

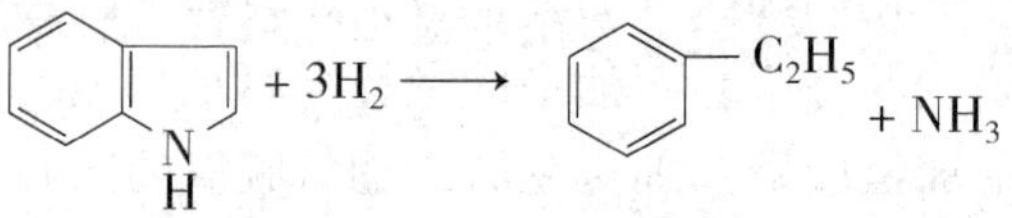

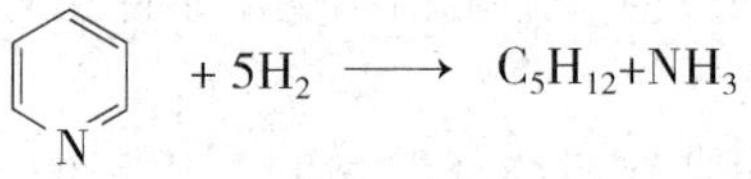

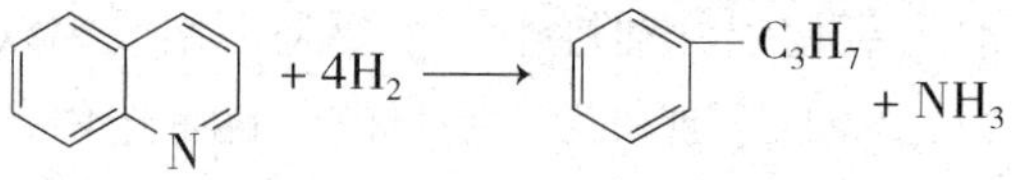

由于吡咯和吡啶均具有芳香性，其结构比较稳定，所以此类化合物的氮是比较难脱除的。C═N 双键的键能要比 C—N 单键大一倍，吡咯和吡啶首先加氢饱和，然后再发生 C—N 键的氢解反应。吡啶的加氢脱氮反应历程如下：

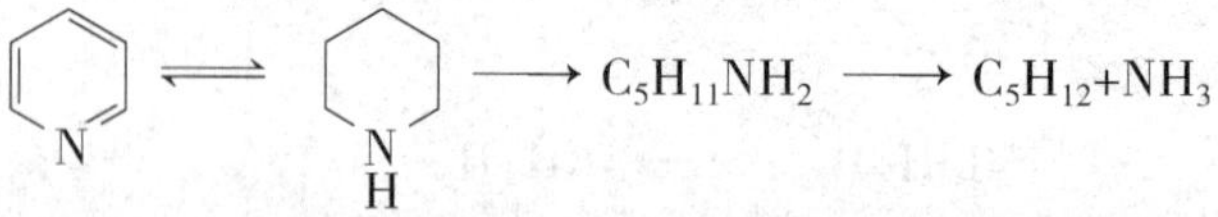

反应历程中，吡啶加氢生成哌啶的反应很快达到平衡，正戊胺脱氮反应也很快，而哌啶中的 C—N 键断裂生成正戊胺的反应很慢，是整个吡啶加氢脱氮反应的控制步骤。

吡咯环和吡啶环饱和反应的平衡常数均小于 1，同时由于此类反应均是放热反应，所以其平衡常数随反应温度的升高而减小，而氢解反应和总的加氢脱氮反应的平衡常数均大于 1。各类含氮化合物中的胺类是最容易被加氢脱氮的，而吡咯和吡啶环上的氮比较难脱除，喹啉只有在 450℃以上加氢脱氮才比较完全。

3. 加氢脱氧

石油中各种含氧化合物的加氢脱氧的主要反应如下：

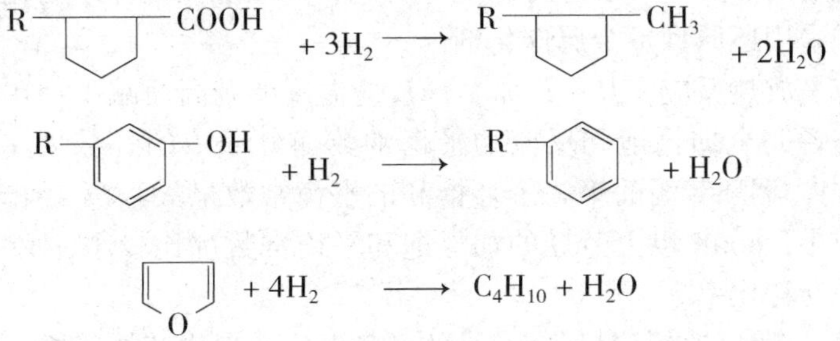

环烷酸在加氢条件下进行脱羧或羧基转化为甲基的反应；苯酚的 C—O 键由于氧上的孤对电子与苯环共轭而不易氢解，酚类的脱氧反应比羧酸要困难些；呋喃类化合物比羧酸和酚类更加难以加氢脱氧。

4. 烯烃加氢饱和

馏分油中的烯烃和二烯烃，性质不稳定，借助于加氢可以使双键饱和，其反应如下：

$$R—CH=CH_2+H_2 \longrightarrow RCH_2CH_3$$

$$R—CH=CH—CH=CH_2+2H_2 \longrightarrow RCH_2CH_2CH_2CH_3$$

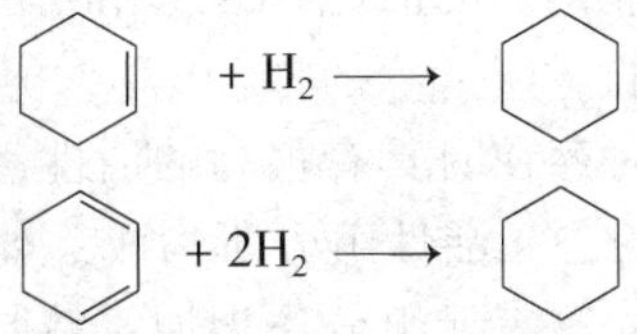

加氢精制过程中稠环芳烃也会发生部分的加氢饱和反应，但是由于加氢精制的反应条件比较缓和，所以其转化率很低；若要提高芳烃的加氢饱和转化率，需要在更高的压力下反应或更换低温活性高的催化剂种类。

加氢精制反应速率的大致顺序为：

脱金属>二烯烃饱和>脱硫>脱氧>单烯烃饱和>脱氮>芳烃饱和

5. 芳烃加氢饱和

环保型溶剂油限制其中的芳烃含量，加氢脱芳烃的反应如下：

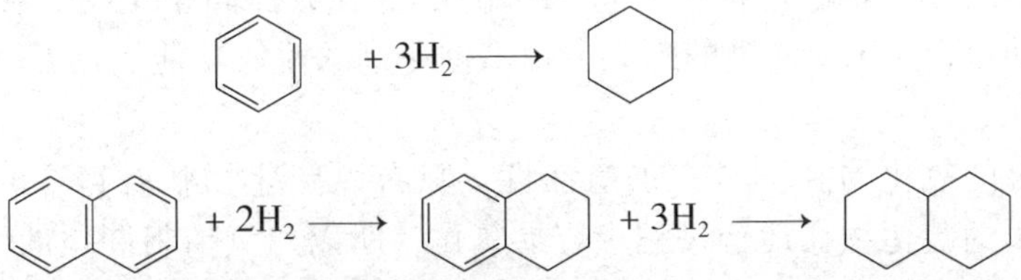

非贵金属加氢催化剂虽具有很好的加氢脱硫、加氢脱氮活性，但对于加氢脱芳烃反应，需要在较高的反应温度下使用，受热力学平衡的限制，达不到深度加氢脱芳烃的要求。贵金属催化剂具有比非贵金属催化剂高得多的加氢活性，进行芳烃深度加氢饱和，但贵金属催化剂对硫、氮等杂质比较敏感，耐硫、氮中毒能力差。深度脱芳烃或者采用具有耐硫、氮中毒能力的贵金属催化剂，使其在硫、氮存在下仍能保持较高的芳烃饱和能力和适度的开环能力。或者采用两段工艺流程，一段加氢预处理脱除原料中硫、氮等杂质，并最大程度饱和芳烃，满足二段催化剂的需要，二段进行深度芳烃饱和。加氢预处理采用硫化型加氢精制催化剂，芳烃深度饱和采用还原型贵金属催化剂。

芳烃加氢反应是放热反应，其平衡常数随反应温度的升高而减小；在600~700K的反应温度范围内，芳香烃完全加氢饱和反应的平衡常数随分子中的环数增多而减小；在600~700K的温度范围内，稠环芳烃的第一个环饱和的平衡常数最大，第二个环、第三个环饱和的平衡常数依次减小；600K以上芳烃的加氢饱和平衡常数都比较小，必须在较高的压力下才有利于提高其平衡转化率。

稠环芳烃的第一个环的加氢是比较容易的，其反应速率比苯加氢要大得多，而最后一个芳香环的加氢饱和比较困难，其反应速率与苯接近；带烷基侧链的单环芳烃比苯难以加氢饱和，多取代烷基苯的平衡常数则更小，而烷基上的碳数多少影响不大。

加氢精制催化剂一般是负载型的，是由载体浸渍上活性组分而制成的。

(1) 活性组分

加氢精制催化剂的活性组分一般是过渡金属元素及其化合物，如ⅥB族金属钼、钨和第Ⅷ族金属钴、镍、铁、钯、铂等，这些金属元素都具有未充满的d电子轨道，同时它们又具有体心和面心立方晶格或六方晶格，从电子特性和几何特性上看均具备作为活性组分的条件。目前工业上常用的加氢精制催化剂的活性组分是钼或钨的硫化物作为主催化剂，以钴或镍的硫化物作为助催化剂所组成的。

活性金属具有协同效应，同时存在时具有很高的活性，所以加氢精制催化剂多是由一种ⅥB族金属和第Ⅷ族的金属组合的二元活性组分所构成，如Co-Mo、Ni-Mo、Ni-W、Co-W等，也有用Ni-Mo-Co、Ni-W-Co等三元组分作为加氢精制催化剂的活性组分。

加氢精制催化剂中所含有的ⅥB族金属与第Ⅷ族金属的比例影响其活性，活性金属的组合方式对各类反应的催化活性也有影响。为了改善加氢精制催化剂的某些性能，有时还需要添加一些其他物质，如在Ni-Mo催化剂中添加磷，可以显著提高其加氢脱氮的活性。

(2) 载体

$\gamma-Al_2O_3$是加氢催化剂最常用的载体，一般加氢精制催化剂要求使用比表面积较大的氧化铝，其比表面积约200~400m^2/g，对于馏分油的加氢精制，多选用直径小于2.0nm的小孔径氧化铝，在加氢精制的载体中，有时加入少量(约5%)的SiO_2，SiO_2可以抑制$\gamma-Al_2O_3$晶粒的增大，提高载体的热稳定性，若将SiO_2的质量分数提高至15%，则可以使载体具有一定的酸性，从而可促进C—N键的断裂，提高催化剂的脱氮功能。

(3) 预硫化

活性金属组分的氧化物并不具有加氢活性，只有以硫化物状态存在时才具有较高的活性。由于这些金属的硫化物在运输过程中容易氧化，所以加氢精制催化剂都是以氧化物的形式装入反应器中，然后再在反应器中将其转化为硫化物，即所谓的预硫化，这个过程是必不可少的。在预硫化的过程中最关键的是要避免催化剂的活性氧化物与硫化氢反应前被热氢还原，因为被还原后的金属态钴、钼、镍以及钼的低价氧化物较难与硫化氢反应转化为硫化物，而金属态的钴和镍又易于使烃类氢解并加剧生焦，从而降低催化剂的活性与稳定性。

加氢精制催化剂的预硫化过程一般是将含硫化合物加入原料油中进行的，如果原料油中本身含硫很高，也可以依靠其自身硫化，常用的硫化剂为二硫化碳，也用二甲基二硫化物、正丁基硫醇和二甲基硫醚作为硫化剂。

此类硫化剂的硫化速度和程度与硫化温度密切相关，硫化速度随温度的升高而增加，而每个温度下的催化剂硫化程度有一极限值，达到此值后即使延长硫化时间，催化剂上的硫含量也不会明显增加。这说明催化剂上存在硫化难易程度不同的活性组分。

（4）失活与再生

加氢精制催化剂在运转过程中产生的积炭是使催化剂失活的主要原因。加氢精制过程中难免也伴随着聚合、缩合等副反应，加工含烯烃、二烯烃、稠环芳烃以及胶状沥青状物质的原料时更是如此。这些副反应形成的积炭逐渐沉积在催化剂的表面，覆盖其活性中心，从而导致催化剂的活性不断降低。一般而言，当催化剂上的积炭达10%~15%时，就需要再生。此外，原料中尤其是重质原料中的重金属元素也会沉积在催化剂上，堵塞其微孔，致使加氢精制催化剂永久性失活。

加氢精制催化剂表面上的积炭可以通过烧焦除去，以基本恢复其活性，但是在烧焦过程中金属硫化物也要燃烧，所以释放出来的热量很大。如对烧焦反应不加控制，再生时的温度太高，会导致催化剂的活性金属组分熔结，活性降低甚至是丧失；还会使载体的晶相发生变化，晶粒增大，表面积缩小。当有蒸汽存在时，高温下的上述变化更为严重，若再生温度太低，会使催化剂上的积炭燃烧不完全或燃烧时间过长。催化剂再生时，采用在惰性气体中添加氧气的方法进行，氧含量从0.5%逐渐提高至1.0%，惰性气体可以是氮气也可以是蒸汽，用氮气效果较好，活性恢复效果好，再生速度也快。

第七章 催化裂化和催化裂解

第一节 催化裂化

一、概述

催化裂化是在热和催化剂的作用下使重质油发生裂化反应，并转化为裂化气、辛烷值较高的汽油、柴油等产品的加工过程。由于采用流化床反应器，故又称为流化催化裂化(简称FCC)。

催化裂化催化剂是以无定形的合成硅酸铝为基质并含有适量的结晶型硅酸盐的沸石分子筛，其形状为20~100μm的微球。

催化裂化是一个脱碳的过程，原料在裂化时一方面生成H/C较高、相对分子质量较小的轻质油和气体，同时也缩合生成一部分氢碳原子比较低的产物，甚至是焦炭，这样催化剂在反应过程中很快就会被焦炭所覆盖而失去其活性，因而只有将催化剂表面的焦炭脱除，才能使催化剂恢复活性、循环使用，一般采用烧焦的方式脱除催化剂表面的焦炭。提升管式催化裂化原理流程见图7-1-1。

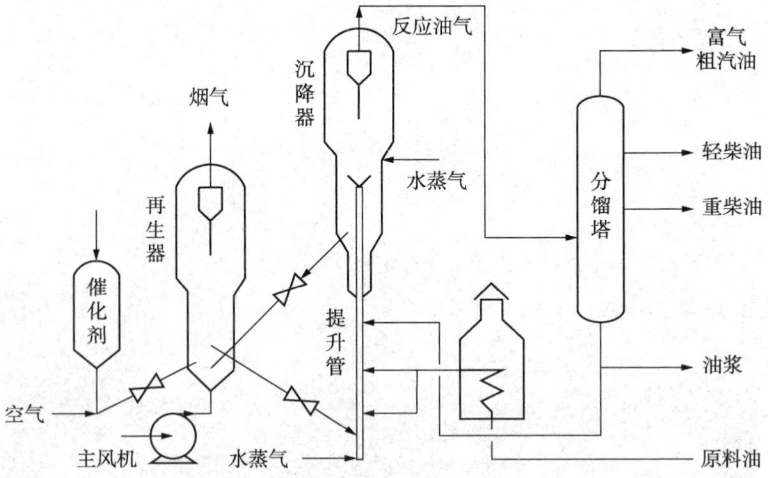

图7-1-1 提升管催化裂化原理流程图

催化裂化装置包括三个部分：反应-再生部分、产物分馏部分以及汽油的吸收-稳定部分。原料油或重质循环油从提升管反应器下部进入，与再生后的高温催化剂接触，升温、汽化并发生反应，反应温度视原料而异，一般为480~530℃，压力为0.1~0.3MPa，原料在提升管反应器中的停留时间为1~4s。反应后的油气与催化剂经沉降器和旋风分离器迅速分离，以减少二次反应。油气进入分馏塔分离出富气、粗汽油、柴油、重质油。富气与粗汽油进入稳定-吸收系统进一步分离成干气、液化气以及精汽油。已结焦的催化剂经蒸汽汽提掉吸附油后，进入再生器用空气烧焦，恢复其活性。再生温度视催化剂的组成和性质而异，约为600~700℃。催化裂化是吸热反应，而催化剂再生是强放热反应，催化剂再生所放出的热量一般能够满足原料反应所需要的热量，当原料较重，生焦较多时，往往还有富余的热量需要取出。催化剂在循环过程中的损失量约为原料量的0.06%~0.1%，需要不断地进行补充。

催化裂化的产物分布随着原料的不同以及催化剂组成的变化而有所差异，在一般工业条件下，催化裂化的气体产率为10%~20%、汽油产率为30%~60%，柴油的产率根据需要而定，为0~40%，此外还有4%~7%的焦炭沉积在催化剂的表面。表7-1-1为中国几种蜡油的催化裂化反应的典型数据

表7-1-1　催化裂化反应的典型数据(Y-15型沸石分子筛)

项目		大庆蜡油	胜利蜡油	辽河蜡油
反应条件	反应温度/℃	490	473	508
	再生温度/℃	682	676	738
	催化剂/油	3.3	4.1	3.6
	回炼比	0.40	0.76	0.47
产品产率/%	气体	13.5	9.7	15.2
	汽油	52.6	46.9	40.5
	轻柴油	25.3	36.8	33.7
	重柴油	4.5	1.7	2.3
	油浆	0	0	3.4
	焦炭	4.1	4.4	5.0
	损失	0	0.5	0.3
	轻质油收率	77.9	83.7	74.2
产品质量	汽油辛烷值(MON)	78.1	79.0	80.1
	汽油诱导期/min	665	765	825
	柴油十六烷值	42	34.7	24.8

二、催化裂化反应

在催化剂的作用下，石油烃类的裂化反应活化能显著降低，在相同的温度下其反应速度比热裂化速度加快若干个数量级，其反应产物与热裂化也明显不同，这表明催化裂化与热裂化的反应历程有本质的差异。石油烃类的催化裂化反应极其复杂，既有催化反应，又有热裂化反应，既有一级反应，又有二级反应，反应物与产物之间又会进行反应。这里主要讨论各族烃类在裂化催化剂作用下的一次反应。

1. 催化裂化反应的碳正离子历程

在裂化催化剂的作用下，烃类的反应遵循碳正离子反应历程，其根据是酸催化反应已确证是属于碳正离子历程，而所有的裂化催化剂均具有酸性，并已在固体酸催化剂表面上检出

烃分子与酸中心所形成的碳正离子。

(1) 碳正离子的形成

裂化催化剂都属于固体酸类物质，其表面既有质子酸(Brönsted 酸)中心，又有非质子酸(Lewis 酸)中心，这些酸中心的存在，都会导致碳正离子的形成。其生成途径可能有以下几种。

① 烯烃与 B 酸的作用

$$RCH{=}CH_2 + H^+ \rightleftharpoons R\overset{+}{C}HCH_3$$

② 芳香烃与 B 酸的作用

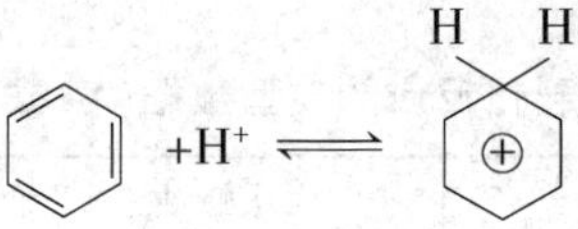

③ 烷烃在 L 酸中心处脱除 H^-

$$RCH_2CH_3 + L \rightleftharpoons R\overset{+}{C}HCH_3 + LH^-$$

(2) 碳正离子的反应

① 异构化反应

碳正离子可以发生氢或烷基转移的异构化反应，趋于成为更加稳定的碳正离子。如：伯碳正离子可变成仲碳正离子，还可进一步转化为更加稳定的叔碳正离子。如：

$$RCH_2CH_2\overset{+}{C}H_2 \rightleftharpoons RCH_2\overset{+}{C}HCH_3$$

$$R\overset{+}{C}HCH_2CH_3 \rightleftharpoons R\overset{+}{C}(CH_3)-CH_3$$

对于碳正离子的骨架异构，有人提出了以质子化环丙烷为中间物的历程，如：

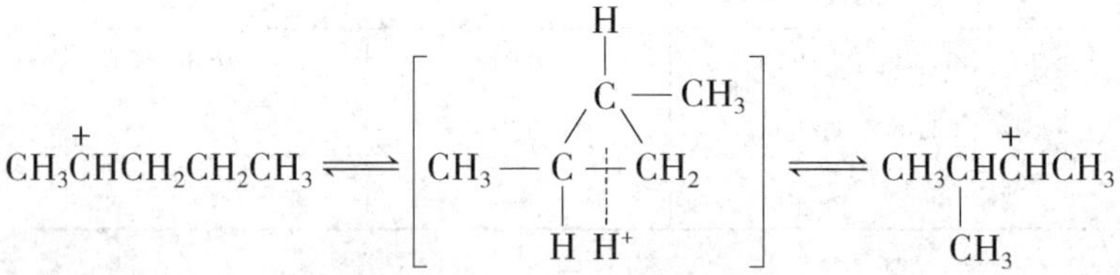

碳骨架的异构化是催化裂化特有的反应，这导致催化裂化产物中异构烷烃的含量较多，有利于汽油辛烷值的提高。

② β-断裂反应

碳正离子能裂解生成烯烃及含碳数较少的碳正离子，这种断裂发生在正电荷所在碳的 β 位的 C—C 键上，如：

$$RCH_2CH_2\overset{+}{C}HCH_3 \longrightarrow R\overset{+}{C}H_2 + CH_2{=}CHCH_3$$

$$RCH_2CH_2\overset{+}{C}(CH_3)CH_3 \longrightarrow R\overset{+}{C}H_2 + CH_2{=}C(CH_3)CH_3$$

所形成的碳正离子还会进一步异构化和β-断裂，这就导致催化裂化气体中的C_3、C_4组分含量很高。

③ 氢转移反应

碳正离子还能夺取烃分子中的氢负离子而使后者形成新的碳正离子，如：

$$R\overset{+}{C}HCH_3+R'CH_2CH_3 \longrightarrow RCH_2CH_3+R'\overset{+}{C}HCH_3$$

也可以将质子转移给烯烃使其成为碳正离子，如：

$$R\overset{+}{C}HCH_3+R'CH=CH_2 \longrightarrow RCH=CH_2+R'\overset{+}{C}HCH_3$$

2. 各族烃类的催化裂化反应

虽然对单体烃类的催化裂化反应研究很多，但由于催化剂的种类繁多，且反应条件不一，所以对许多问题还没有形成统一的结论。下面主要介绍各类单体烃的一般反应规律。

(1) 烷烃

烷烃的催化裂化主要发生异构化和裂解反应，生成相对分子质量更小的烷烃和烯烃，其反应速度比热裂化快1~2数量级。

烷烃催化裂化的第一步是形成碳正离子，关于烷烃形成碳正离子的过程有多种看法。一是认为烷烃首先热裂解生成烯烃，然后烯烃再从酸性催化剂上得到H^+而形成碳正离子；另一种是认为烷烃在催化剂上的L酸中心处脱去氢负离子而形成碳正离子；还有的认为烷烃在强的B酸作用下，先形成五配位的碳正离子，然后脱氢形成碳正离子。

这些碳正离子一旦形成，则会发生异构化和β-断裂，生成一个较小的碳正离子和烯烃，新生成的碳正离子继续发生异构化和β-断裂。

正构烷烃的碳链越长，其内部的碳原子越容易形成碳正离子，其反应速度也就越快。此外，由于叔碳上比仲碳上更容易失去氢负离子(H^-)而形成碳正离子，所以异构烷烃的催化裂化反应速度远高于正构烷烃，且分子中叔碳原子越多，其反应速度越快。

表7-1-2为正十六烷热裂化和催化裂化的产物分布比较。可以看出，热裂化的气体产物以C_1和C_2为主，而催化裂化的气体产物以C_3和C_4为主。此外，热裂化产物含有C_5以上的烯烃，基本没有异构烷烃，但在催化裂化的产物中很少有C_5以上的烯烃，而有相当量的异构烷烃，上述的产物分布及组成说明催化裂化与热裂化在反应历程上确有本质差别。

表7-1-2　正十六烷热裂化和催化裂化的产物分布(500℃，mol/100mol原料)

产物组成	热裂化	催化裂化(SiO_2-Al_2O_3-ZrO_2)	产物组成	热裂化	催化裂化(SiO_2-Al_2O_3-ZrO_2)
C_1	53	5	C_8	13	8
C_2	129	12	C_9	10	3
C_3	60	97	C_{10}	11	3
C_4	23	102	C_{11}	9	2
C_5	9	64	C_{12}	7	2
C_6	24	50	C_{13}	7	2
C_7	16	8	C_{14}	5	1

(2) 烯烃

由于催化裂化原料中大多不含有烯烃，所以烯烃的反应一般属于二次反应。烯烃的催化裂化反应与其热裂化反应差别很大，烯烃很容易形成碳正离子，因此它的催化裂化反应比同碳数的烷烃要快 2~3 个数量级。

烯烃除了可以异构化和裂解成相对分子质量更小的烯烃外，还可以发生氢转移反应和环化反应。烯烃的氢转移反应是催化裂化的重要特征反应，包括：

烯烃+烯烃⟶烷烃+二烯烃

烯烃+芳烃⟶烷烃+缩合芳烃

烯烃+环烷烃⟶烷烃+芳香烃

以正辛烯为例，其生成正辛烷及正辛二烯的反应历程为：

$$CH_2{=}CHCH_2CH_2CH_2CH_2CH_2CH_3+H^+\longrightarrow CH_3\overset{+}{C}HCH_2CH_2CH_2CH_2CH_2CH_3$$

$$CH_3\overset{+}{C}HCH_2CH_2CH_2CH_2CH_2CH_3+CH_2{=}CHCH_2CH_2CH_2CH_2CH_2CH_3\longrightarrow$$

$$CH_3CH_2CH_2CH_2CH_2CH_2CH_2CH_3+CH_2{=}CH\overset{+}{C}HCH_2CH_2CH_2CH_2CH_3$$

$$CH_2{=}CH\overset{+}{C}HCH_2CH_2CH_2CH_2CH_3\longrightarrow CH_2{=}CHCH{=}CHCH_2CH_2CH_2CH_3+H^+$$

经过氢转移反应，烯烃转化为烷烃，使产物趋于饱和，更加稳定；而生成的二烯烃和缩合芳烃则留在催化剂表面，它们会进一步脱氢缩合而形成焦炭。

烯烃在催化裂化条件下还会发生环化反应，如：

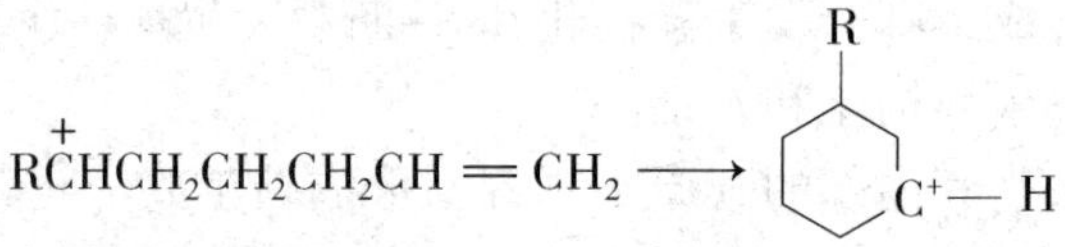

所形成的环状碳正离子能从烃分子中夺取氢负离子而形成环烷烃，也可以失去质子而形成环烯烃，而环烯烃进一步脱氢又可形成芳香烃。

(3) 环烷烃

环烷烃的催化裂化反应速度与异构烷烃的相近，其基本反应是环断裂生成烯烃和二烯烃，脱氢生成芳香烃以及异构化。由于叔碳上的氢容易失去而形成碳正离子，所以带侧链的环烷烃裂化速率较大。

六元环碳正离子的裂解可以有两种途径：C—C 键的断裂和 C—H 键的断裂。

C—C 键的断裂会生成烯烃和二烯烃，如：

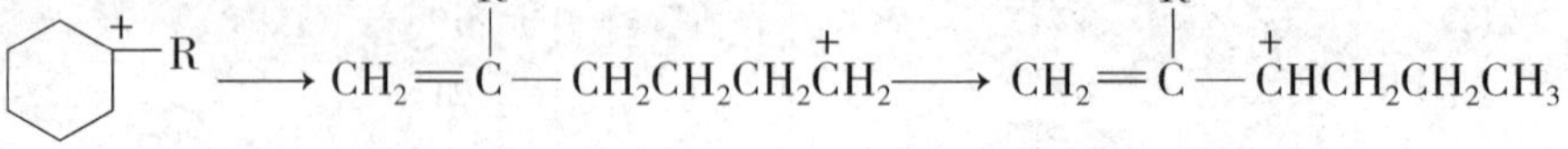

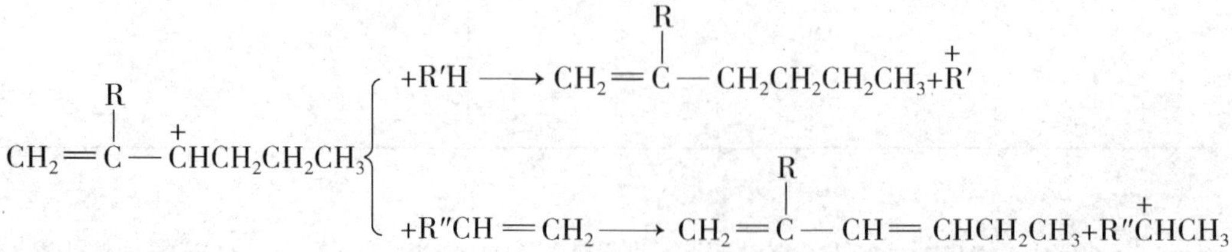

C—H 键的断裂则会逐步脱氢成为芳香烃，如：

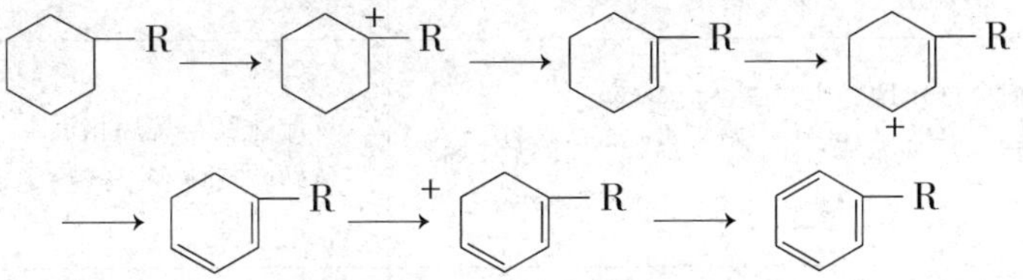

环己烷在催化裂化时约有 25%转化成苯，气体中氢气的含量比烷烃裂化时要多。

六元环还会异构化成为五元环烷，其反应很可能是通过质子化环丙烷中间物进行的。如：

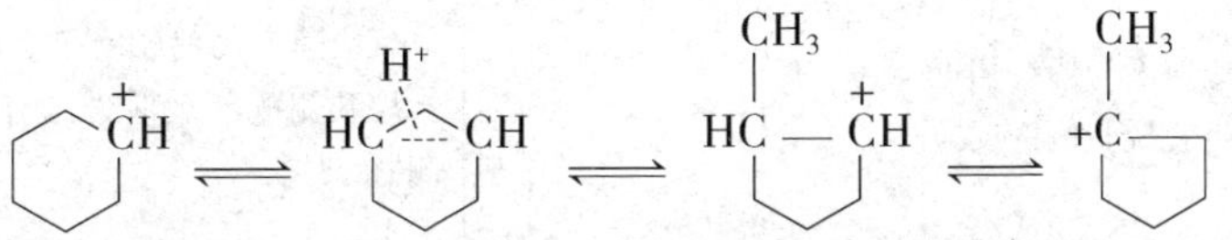

当环上带有长侧链时，还会发生侧链的异构化和侧链的断裂反应。

(4) 芳香烃

无取代基的芳香烃在催化裂化条件下很稳定，甲基取代的芳香烃的反应速度与烷烃相近，侧链碳数大于 3 的芳香烃其裂化速度与烯烃相近。由于芳香环对质子的亲和力较大，烷基芳烃的主要反应是脱烷基，如：

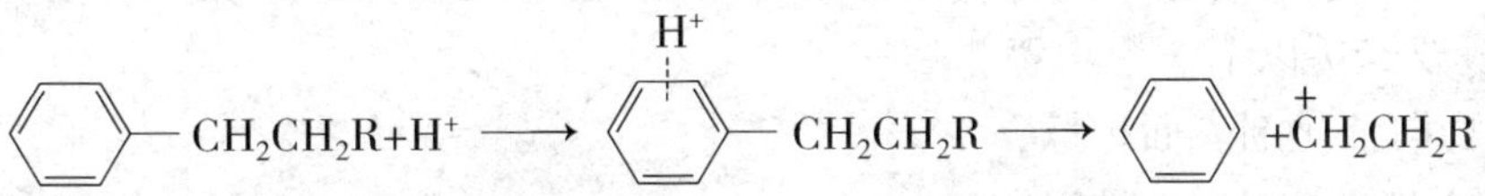

烷基芳烃的反应速度随其侧链的增长而加快。

由于甲基碳正离子的生成需要更高的能量，所以甲苯的裂解比较困难，而主要发生歧化反应。

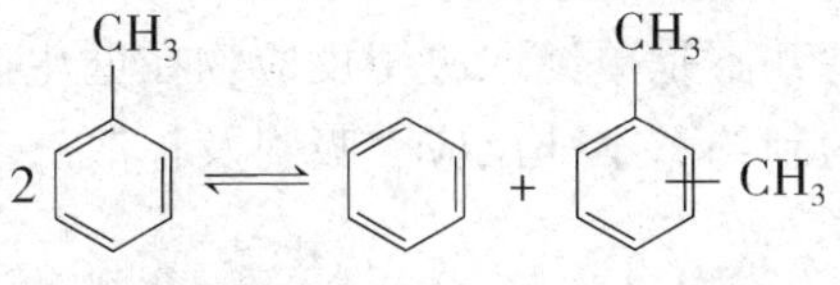

多甲基苯除发生歧化反应外，还有甲基取代位置上的异构化反应。

多环芳烃会牢固地吸附在催化剂的表面，不断地脱氢缩合形成焦炭，导致催化剂失活。

在催化裂化条件下，烃类的异构化反应、氢转移反应和芳构化反应比较显著。各族烃类的催化裂化反应与热裂化反应的差别见表 7-1-3。

表 7-1-3　催化裂化与热裂化反应的比较

项　目	催化裂化	热裂化
反应历程	碳正离子反应	自由基反应
烷　烃	异构烷烃的反应速度比正构烷烃快得多 产物中异构烷烃多 产物中烯烃少 气体产物以 C_3、C_4 为主	异构烷烃的反应速度比正构烷烃快得不多 产物中异构烷烃少 产物中烯烃多 气体产物中以 C_1、C_2 为主

续表

项　目	催化裂化	热裂化
烯　烃	反应速度比烷烃快若干个数量级 氢转移反应显著，产物中烯烃尤其是二烯烃较少	反应速度与烷烃相近 氢转移反应少，产物中烯烃和二烯烃多
环烷烃	反应速度与异构烷烃相近 氢转移反应显著，生成相当量的芳香烃	反应速度比正构烷烃还要慢 氢转移反应不显著
带≥C_3烷基侧链的芳香烃	反应速度与烯烃相近 发生脱烷基侧链反应	反应速度比烷烃慢 烷基侧链断裂时，苯环上留有1~2个碳的短侧链

三、石油馏分的催化裂化

1. 各族烃类在催化剂上进行的反应过程

石油馏分的催化裂化反应极其复杂。蜡油馏分在催化裂化催化剂上进行的是气-固非均相催化反应，如以渣油为原料则为气-液-固非均相催化反应。此类反应是在催化剂表面上进行的，一般要经历以下5个步骤：

① 反应物向催化剂表面扩散；

② 反应物在催化剂表面被吸附；

③ 被吸附的反应物在催化剂表面发生反应；

④ 反应产物由催化剂表面脱附；

⑤ 产物离开催化剂表面向催化剂周围的介质扩散。

所以表观的催化反应速度并不是单纯取决于反应物在催化剂表面的本征反应速度，同时还受到吸附速度和扩散速度的制约。本征反应、吸附及扩散三者中，速度最慢的即为整个过程的控制步骤。

扩散是一个物理过程，它具有使浓度均匀化的倾向。扩散过程分为两种，一是反应物从周围介质向催化剂表面发生的外扩散，再有就是反应物在催化剂微孔中的内扩散。

内扩散情形比外扩散复杂。当微孔直径大于分子平均自由行程时，这种扩散以分子间的碰撞为特征，称之为体相扩散；当微孔直径小于分子平均自由行程时，这种扩散过程以分子与孔壁的碰撞为特征，称之为努森扩散；当分子的大小与微孔孔径相当时，则发生构型扩散，其扩散速度取决于分子的构型，可以利用这个特点来控制反应的选择性；此外，在催化剂的表面，吸附分子从一个吸附位滑向另一个吸附位时，则称之为表面扩散。

反应物中各族烃类在催化剂表面上的吸附为化学吸附，它们的吸附能力差别很大且相互竞争。在裂化催化剂上各族烃类的吸附能力强弱顺序为：

稠环芳烃>稠环环烷烃>烯烃>单烷基侧链的芳香烃>环烷烃>烷烃

在同族烃类中，相对分子质量越大其吸附能力越强。而就本征反应速度而言，各族烃类的反应速度快慢顺序为：

烯烃>较长烷基侧链的单环芳烃>异构烷烃及环烷烃>较短烷基侧链的单环芳烃>正构烷烃>稠环芳烃

稠环芳烃最容易被吸附而反应速度最慢，当催化裂化的原料中含有较多的稠环芳烃时，它们首先被吸附而占据催化剂的表面，阻碍了其他烃类的吸附，使整个原料的反应速度下降，同时稠环芳烃在催化剂表面上缩合生焦，使催化剂暂时失去活性。

2. 平行–连串反应

即使是单体烃的催化裂化，其反应也不是单一的，而是有若干个方向，并且当反应深度较深时必然还会发生二次反应。而石油馏分的组成极其复杂，不仅各组分的反应之间相互影响，而且反应物与产物之间也会发生反应。对于如此复杂的反应体系一般只能用一些简化的模型来加以描述。

总的来看，可以将反应分为平行的两个大方向：一个方向是分子逐渐变小，H/C 逐渐增大的裂化反应，最后生成气体；另一个方向是分子逐渐增大，H/C 逐渐减小的缩合反应，最后形成焦炭，也就是说将气体和焦炭看成是最终产物。这两个平行反应都是由若干个连串反应组成，而且互有交叉。图 7–1–2 为此类反应的一种模型。

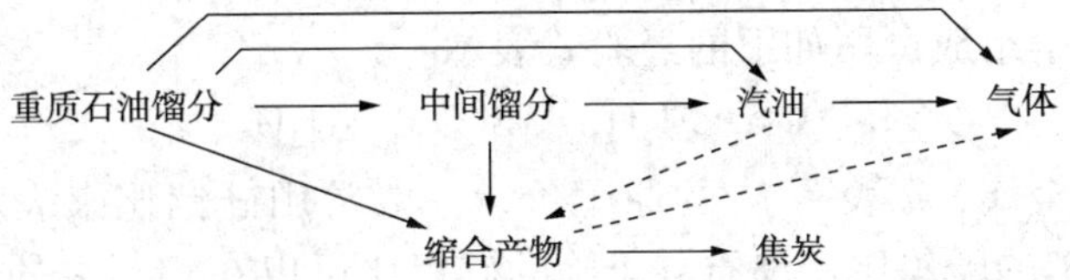

图 7–1–2　石油馏分催化裂化平行–连串反应模型(虚线表示次要反应)

3. 反应产物的特点

催化裂化的主要目的是增产汽油。催化裂化产物与热裂化相比，烷烃分子链的断裂在中间而不再在末端，因此产物以 C_3、C_4和中等大小的分子(即从汽油到柴油)居多，C_1和 C_2的产率明显减少。异构化、芳构化(如六元环烷烃催化脱氢生成苯)、环烷化(如烷烃生成环烷烃)的反应在催化剂作用下得到加强，从而使裂解产物中异构烷烃、环烷烃和芳香烃的含量增多，使裂化汽油的辛烷值提高。在催化剂作用下，氢转移反应(缩合反应中产生的氢原子与烯烃结合成饱和烃的反应)更易进行，使得催化汽油中容易聚合的二烯烃类大为减少，汽油安定性较好。催化裂化和热裂化一样，也会发生聚合、缩合反应，从而使催化剂表面结焦。

催化裂化反应产物组成有如下的特点：

① 催化裂化气体组成以 C_3、C_4为主，二者占总气体量的 80%左右，其中烯烃占 2/3 左右。就 C_4而言，有相当部分是异构的。

② 催化裂化汽油因含异构烷烃和芳香烃较多，因而其辛烷值较高，MON 接近 80，且基本不含有二烯烃，稳定性较好。催化裂化汽油的组成与辛烷值见表 7–1–4。

③ 催化裂化柴油因含芳烃较多，因而其十六烷值较低，需要加氢精制或与加氢裂化柴油或直馏柴油调和使用。

④ 由于烯烃和稠环芳烃不断脱氢缩合，在催化剂表面必然同时生成高度缩合的产物——焦炭。

表 7-1-4 催化裂化汽油的组成与辛烷值

样品号	族组成/%			异构指数①	辛烷值(MON)
	饱和烃	烯烃	芳香烃		
1	23.7	60.8	15.5	1.44	80.4
2	21.5	65.8	12.7	1.23	88.0
3	26.3	67.4	6.3	1.36	79.6
4	39.7	44.6	15.7	1.29	77.6
5	24.8	60.3	14.9	1.07	75.5

①异构化指数是指甲基与亚甲基的数目比值，此值越大表明异构化程度越高。

四、催化裂化催化剂

1. 裂化催化剂的组成与结构

(1) 沸石分子筛

沸石分子筛是具有均匀晶内孔道的结晶型硅铝酸盐。

沸石分子筛的化学组成可用如下的经验式表示：

$$M_{\frac{2}{n}} \cdot Al_2O_3 \cdot xSiO_2 \cdot yH_2O$$

其中，M 为氢或金属，n 表示 M 的原子价。一般常用硅铝比来表示沸石的特征，其含义是其中 SiO_2 与 Al_2O_3 的摩尔比。沸石分子筛的硅铝比可以在相当大的范围内变化，从 2 到几十，甚至成百上千。常用作裂化催化剂的 Y 型沸石分子筛的硅铝比为 3～6，孔径为 0.74nm。

沸石分子筛的基本结构是硅氧四面体和铝氧四面体，由于铝是+3 价，所以铝氧四面体是带负电荷的。因此在沸石的结构骨架中，两个铝氧四面体不会直接相连，而是由硅氧四面体隔开的，由于铝氧四面体的负电性，在沸石骨架结构中还会容纳相应量的正离子(氢或金属)，以保持其电中性。

这些四面体可以通过共用顶点(即氧)相互联结成链或环，进而构成三维空间的骨架。由于氧原子是两个相连四面体所共用的，故又称之为“氧桥”，由四个四面体构成的环称为四元环，依次还可以构成六元环、八元环、十二元环等。这些环的中间形成一个孔，各类环均有其相应的孔径。

在骨架结构中，由于环会有不同程度的扭曲，因此实际孔径与理论值有出入，况且有的孔是椭圆形的。这些环的孔径与分子的直径属于同一个数量级，当分子直径小于孔径时，它即可进入孔内，由于烃分子的直径至少为 0.4nm，所以烃分子只能进入孔径大于 0.4nm 以上的八元环以及更大的环。

这些由四面体形成的各种环，还可以通过顶点以氧桥相互连接而形成各式各样的多面体孔穴，称为“笼”。

各类沸石分子筛是由硅氧及铝氧四面体形成的笼、链和片所构成的晶体。

(2) 无定形硅酸铝

无定形硅酸铝最初为催化裂化催化剂，现主要作为基质，按铝的含量的不同可分为低铝和高铝两种，低铝的硅酸铝含 Al_2O_3 10%～15%，高铝的硅酸铝含 Al_2O_3 20%～30%，Al_2O_3、

SiO_2和少量的 H_2O 是必要的活性组分。

无定形硅酸铝具有许多不规则的微孔，其微孔体积为 0.6mL/g，微孔的直径大小不均，平均孔径为 4~7nm，因此无定形硅酸铝具有较大的比表面积，可以达到 500~700m^2/g，这些表面提供了进行化学反应的场所。

(3) Y 型沸石分子筛裂化催化剂

Y 型沸石分子筛虽然其裂化活性比无定形硅酸铝高几个数量级，但其机械强度较差且价格较高，所以工业使用的裂化催化剂是以无定形硅酸铝为基质，含有 10%~20%的 Y 型沸石分子筛。在此类催化剂中，主要的活性组分是沸石分子筛，但基质对原料的转化也有贡献，二者之间相互影响。由于流化床工艺的需要，催化裂化催化剂均制成直径为 20~100μm 的微球。使用此类催化剂时，反应物先扩散到多孔基质的孔道中，然后再进入均匀分散于基质中的 Y 型沸石分子筛晶体的孔穴中进行催化裂化反应。

2. 裂化催化剂的性能

(1) 酸性

沸石分子筛裂化催化剂为固体酸类型，其中的沸石分子筛与基质(无定形硅酸铝)均具有酸性。固体酸的类型、酸强度和酸度对催化剂的活性与选择性均有影响。

对于硅-铝型裂化催化剂，其酸性来源于铝氧四面体。在沸石分子筛中，硅氧四面体显然不会形成酸性中心。若以 Al^{3+}取代 Si^{4+}，则形成-1 价的铝氧四面体，这样便需要由带正电的金属离子或质子来平衡其负电荷。由此可见，催化剂的酸密度，即单位面积上酸中心的数目，与铝氧四面体的数目有关。单位晶胞中铝氧四面体的数目越多，其酸密度就越大。而酸强度则和分布在该铝氧四面体周围的环境有关，若酸中心周围的硅氧四面体越多，与其他铝氧四面体的相距越远，则其酸强度越强。

无定形硅酸铝表面酸中心一般认为是如下形式：

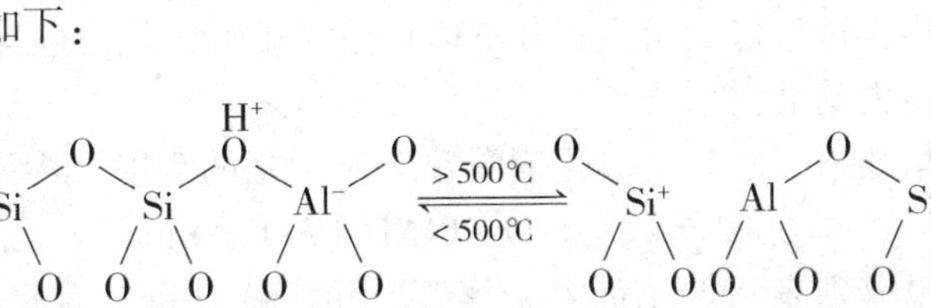

H 型沸石分子筛具有质子酸中心，它在高温下脱水又可转变为非质子酸中心，此反应部分可逆，酸中心形式如下：

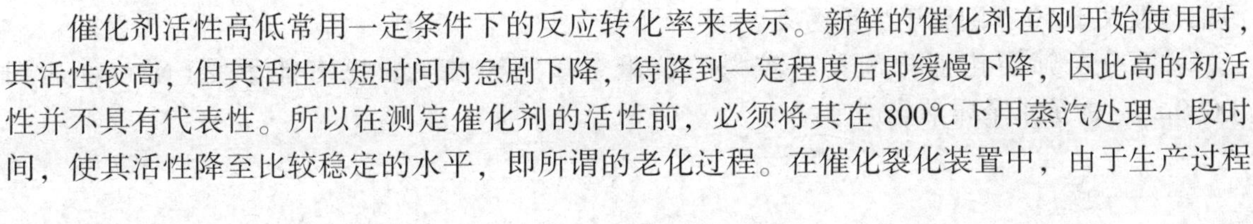

(2) 活性

催化剂活性高低常用一定条件下的反应转化率来表示。新鲜的催化剂在刚开始使用时，其活性较高，但其活性在短时间内急剧下降，待降到一定程度后即缓慢下降，因此高的初活性并不具有代表性。所以在测定催化剂的活性前，必须将其在 800℃下用蒸汽处理一段时间，使其活性降至比较稳定的水平，即所谓的老化过程。在催化裂化装置中，由于生产过程会损耗催化剂，需要定期补充一定的新鲜催化剂，因此生产装置中的催化剂活性可大体上保持在一个稳定水平上，这时的活性称为平衡催化剂活性。

固体酸催化剂的活性与其酸性有直接关系，一般认为：

① 酸中心的类型与催化作用有关。有的反应需要质子酸催化，有的反应则需要非质子酸催化，有的反应两者均可催化。

② 酸中心的强度不同，它对反应物活化的程度不同，只有当其酸强度足够强时才能催化某种反应，裂化反应需要较强的酸中心。

③ 在合适的酸类型和酸强度下，催化剂的活性随酸量的增加而增加。

(3) 选择性

反应物沿某一途径进行的程度，与沿其余途径进行的反应程度之比，即催化剂对某反应的选择性，一般用目的产物的收率与反应物的转化率之比来表示。

评价裂化催化剂的标准不仅要求它有较高的活性，还要求它有较好的选择性，即希望催化剂能有效地促进那些能增加目的产物(汽油、柴油)的产率或改善产品质量的反应，而对其他不利的反应(生成干气和焦炭)则不起或少起促进作用。

衡量裂化催化剂选择性的指标很多，一般以主要产物汽油的产率与转化率之比来表示。沸石分子筛裂化催化剂具有较好的选择性，它可以生成较多的汽油和较少的焦与干气。

(4) 稳定性

稳定性是指催化剂在使用条件下保持其活性的能力。在生产过程中裂化催化剂反复进行反应与再生。沸石分子筛裂化催化剂再生的温度高达700~750℃，且还与蒸汽接触。由于高温和蒸汽的影响，催化剂表面结构会遭到部分的破坏，导致活性降低。

一般Y型沸石分子筛裂化催化剂的水热稳定性均高于无定形硅酸铝催化剂，这是因为沸石分子筛晶体的稳定性较高，经过稀土交换后其热稳定性更高，REY沸石分子筛裂化催化剂的晶体崩塌温度为870~880℃。沸石分子筛经部分脱铝后，骨架结构硅铝比提高，因硅原子小于铝原子，晶胞收缩，使结构更趋稳定，可制成超稳Y型分子筛裂化催化剂，其晶体崩塌温度高至1010~1050℃，以满足重油催化裂化的耐高温要求。

(5) 抗重金属污染的能力

重金属如镍、钒、铁、铜等在裂化催化剂上的沉积会降低其活性和选择性。其中影响最大的是镍，镍能加速脱氢反应，从而使裂化催化剂的选择性变差，其结果是干气和焦炭的产率增加，气体中氢的含量增多，液体产物的收率减少且不饱和度升高。其次是钒，钒与沸石分子筛形成低共熔点物，这种低共熔点物在630℃时即开始熔化，这样便会使催化剂的晶体结构在再生时破坏，丧失其活性。

习惯上常用污染指数来表示裂化催化剂受重金属污染的程度，污染指数的定义为：

$$污染指数=0.1\times(14Ni+4V+Fe+Cu)$$

式中，各元素符号分别表示催化剂上金属镍、钒、铁、铜的含量(μg/g)，各符号的系数表示其污染影响程度的相对大小。一般认为，污染指数低于200的催化剂较为干净，如果污染指数大于1000则属于严重污染。

沸石分子筛裂化催化剂具有较强的抗重金属污染能力，已有能承受(Ni+V)达到10000μg/g的抗重金属催化剂。

3. 裂化催化剂的助剂

催化裂化剂助剂是指将其少量添加到裂化催化剂中，即可起到促进或提高某种性能的一类辅助催化剂，主要有CO助燃剂、辛烷值助剂、金属钝化剂、SO_x净化剂等。

（1）CO助燃剂

裂化催化剂再生时，焦炭的燃烧产物中含有7%～11%的CO。如将含有CO的烟气排入大气，一方面损失了潜在的热能，另一方面会污染大气。为此一般需要加入CO助燃剂，使再生烟气中的CO几乎全部转化为CO_2，从而回收了大量热量，并消除了CO对大气的污染。由此，再生温度可提高20～30℃，再生后催化剂的碳含量可降低到0.1%～0.2%，从而提高了循环催化剂的活性，使轻油收率可增加2%～4%。

常用的CO助燃剂是由Pt载在诸如Al_2O_3或$SiO_2-Al_2O_3$载体上制成的，一般铂含量为300～800μg/g，CO助燃剂的活性不仅取决于铂含量，还取决于铂的分散度和载体的性质，其加入量一般为催化剂量的万分之几。

（2）辛烷值助剂

加入辛烷值助剂可提高催化裂化汽油的辛烷值，一般MON可提高1～2单位，RON提高2～3个单位，液化气收率可增加3%，而轻油收率则降低1.5%～2.5%，辛烷值助剂一般含有ZSM-5沸石分子筛。

由于ZSM-5的择形作用，它对正构烷烃的裂化活性显著高于异构烷烃，这样便使产物中异构烷烃与正构烷烃的比例明显提高，从而使汽油馏分的辛烷值提高。辛烷值助剂的加入量一般为催化剂量的0.04%。

（3）金属钝化剂

对于裂化催化剂的重金属污染问题，除可采取措施提高催化剂本身的抗重金属污染能力外，还可加入金属钝化剂来抑制污染金属的活性。

对于镍的污染，常采用含锑的钝化剂，如二烷基二硫代磷酸锑，其烷基可以是正丙基或异丙基。使用时可先溶入柴油，然后与裂化原料油一起进入反应器。至于锑剂的钝化作用，一般认为可能是锑与镍生成稳定的化合物所致。由于锑剂有一定的毒性，用含铋的金属钝化剂替代，其效果与锑剂相当。

对于钒的污染，则可用一些含钙、镁、锡的化合物以及钛酸钡等作为钝化剂，它们可与钒形成稳定的化合物。

（4）硫氧化物净化剂

此类净化剂是金属氧化物，在催化剂的再生器中与SO_x反应生成硫酸盐等稳定的化合物，而进入反应系统后这些化合物又会被还原而释放出硫化氢，这样硫便可以从裂化气中回收，减少烟气中SO_x的排放量。SO_x净化剂的用量一般为裂化催化剂量的0.5%。

五、催化裂化影响因素

1. 催化剂的性能

催化剂的结构与性能是催化裂化反应的关键影响因素。催化裂化技术的进步主要取决于催化剂性能的不断改进。

裂化催化剂的结构与性能大体上可以从下列几个方面来调节。

① 通过改变沸石分子筛的类型和含量来调节裂化催化剂的活性和选择性。如REY的酸

性中心较多，酸强度也较强，因而具有较高的活性，但其氢转移的能力也较强，容易生成焦炭和干气，液体产品中饱和烃较多、烯烃较少，因而汽油的辛烷值较低。而 REHY 活性虽稍低于 REY，但其选择性较好，生成的焦炭较少，因而可通过改变 Re 和 H 的比例来调节其性能。

② 通过改变基质和沸石分子筛的不同搭配来改变催化剂的选择性。

基质的孔径、比表面积和酸性都会对催化剂的性能产生影响。

③ 通过不同类型的沸石分子筛的复合来改善催化剂的某些性能。

经过高温燃烧再生后，裂化催化剂上的积炭大部分可以除去，但仍有一些残余。含沸石分子筛的催化剂对于残余焦炭量非常敏感，因为残余焦炭主要集中在沸石上，使其活性和选择性严重下降。因此对于沸石分子筛裂化催化剂，要求采用较高的再生温度，尽量降低再生后催化剂上的焦炭含量，最好控制焦炭质量分数在 0.05%以下。

2. 原料的化学组成

（1）烃类组成的影响

各族烃类的催化裂化反应行为是不一样的，原料的组成对催化裂化反应过程有重要影响。一般含烷烃和环烷烃较多的原料的裂化性能较好，而含芳烃较多尤其是含多环芳烃较多的原料的裂化性能较差。由于催化裂化反应的深度受其生焦量所限制，过多的生焦不仅使催化剂的活性迅速下降，而且使再生时烧焦放出的热量过多，使催化剂和再生设备无法承受。烃类的生焦能力顺序为：烷烃<环烷烃<芳烃。当原料中多环芳烃含量较高时，它们易吸附在催化剂的表面而缩合生焦，从而限制了转化率的提高。

原料中芳烃含量较高时，其 H/C 低、密度大、折射率高、苯胺点低，其裂化性能较差，生焦量较多；反之，则裂化性能较好，生焦量较低。

（2）含氮化合物的影响

原料所含的非烃化合物中，含氮化合物对催化裂化反应的影响最为显著。含氮化合物使裂化催化剂中毒的原因，是它牢固地吸附于由配位不饱和的铝原子形成的非质子酸中心上，或和质子酸中心作用，使质子酸中心减少。碱性氮化物的影响一般高于非碱性氮化物，但含氮化合物对裂化催化剂的毒性，不仅取决于它的碱性，还与其分子结构和大小以及吸附脱附性能和稳定性有关。各类含氮化合物对裂化催化剂毒性大小的顺序大体如下：

吡啶>喹啉>吡咯>异喹啉≈六氢吡啶>苯胺

原料中氮含量增加，原料催化裂化的转化率和汽油产率都明显下降。而在相同的转化率下，原料油中氮含量增加，催化剂的选择性变差，汽油产率降低且辛烷值也降低，焦炭、干气以及氢气产率增加。

沸石分子筛具有较多的酸性中心，其抗氮性能较好。增加裂化催化剂中的沸石分子筛的含量，将会提高催化剂的抗氮性能，使原料的转化率提高、汽油收率增加，而焦炭产率降低。

用稀土交换的沸石分子筛催化剂，由于稀土离子有更强的极化作用，会产生更多的质子酸中心，因此它具有更好的抗氮性能。此外，基质对催化剂的抗氮能力也有较大的影响。基质能吸附部分含氮化合物，减轻分子筛被含氮化合物毒害的程度。基质的比表面积大、酸性高、孔径分布宽，对裂化高氮原料是有利的。

经催化裂化后，原料油中的氮主要集中在较重的产物（重循环油等）中，焦炭中的氮含量也相当高。原料油中含氮化合物对催化剂的影响属于暂时中毒，经再生后可恢复其活性。

（3）含硫化合物的影响

含硫化合物对于原料油的催化裂化反应也有相当大的影响。硫对催化剂也是暂时性的毒物，会降低其活性和转化为汽油的选择性。原料油中硫含量增加时，汽油的产率降低，焦炭产率增加。

原料油中的硫约有一半在反应中要转化为 H_2S，原料油中的硫化物附着在催化剂上，在再生器中会转化为 SO_x，过高的硫含量会增加后续气体脱硫装置的负荷。

（4）金属的影响

镍和钒是对裂化催化剂危害最大的两种金属。镍对催化剂的选择性影响最大，它促进焦炭和氢气生成的能力远大于钒；而钒的污染会导致催化剂的晶体结构破坏而失活，所以钒对催化剂活性的影响远大于镍。

钠的存在会中和裂化催化剂上的酸中心，使其活性下降，同时还会降低催化剂的水热稳定性。当钠和钒同时沉积于催化剂表面时，钠会加剧钒对沸石分子筛晶体的破坏作用。

3. 反应条件的影响

（1）反应温度

提高反应温度会使催化裂化反应速度加快，但其反应活化能低于热转化，约为 40～60kJ/mol，所以其反应速度受温度的影响较热反应小，温度每升高 10℃反应速度常数增加约 10%～20%，即其温度系数约为 1.1～1.2。

催化裂化反应是平行–连串反应，可示意如下：

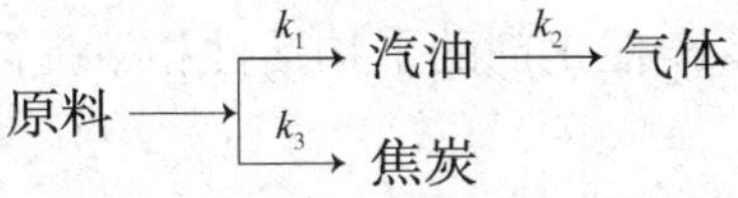

式中，k_1、k_2、k_3为相应反应的反应速度常数的温度系数。在一般情况下，$k_2>k_1>k_3$，即随着温度的升高，汽油裂解成气体的反应速度加快最多，原料裂解为汽油的反应次之，而缩合成焦炭的反应加快得最少。就反应类型而言，提高反应温度对裂解反应的加速程度大于对氢转移和缩合反应。因此，在转化率不变的情况下，提高反应温度会使汽油的产率下降、气体产率增加、焦炭产率减少。其气体产物中干气产率增加的幅度更大，烯烃含量也明显增加。随反应温度的升高，催化裂化汽油的组成也发生变化，其烷烃含量降低、烯烃含量增加、芳烃含量先增后降，有最大值，环烷烃含量变化不大。

温度过低，反应速度太慢，而温度过高会导致气体产率太高、汽油产率太低。一般提升管催化裂化反应器的温度约为 480～530℃，可根据催化剂和原料的性质以及对产物分布的要求来选定反应温度。由于催化裂化反应是强吸热的，在提升管反应器中温度是逐渐降低的，反应温度一般是指提升管的出口温度。反应温度是催化裂化工艺的主要操作参数，通过调节反应温度可以达到多产汽油、多产柴油或多产气体等不同生产方案的要求。

（2）反应时间

对于多相催化反应，由于反应过程中体系的组成和分子数以及温度、压力都在变化，真正的反应时间很难求得，所以一般用空间速度（SV）来表征。空间速度简称空速，是指单位时间内通过催化剂的原料量与反应器内催化剂藏量的比值。空间速度有体积空速和质量空速之分，其定义为：

$$体积空速=\frac{反应器进料的体积流量(m^3/h)}{反应器内催化剂体积藏量(m^3)}$$

$$质量空速=\frac{反应器进料的质量流量(kg/h)}{反应器内催化剂质量藏量(kg)}$$

对于固定床或移动床反应器一般用体积空速(原料油的体积流量以20℃计)，对于流化床反应器则用质量空速，二者都以时间的倒数为单位，一般为h^{-1}。也就是说空速越大，反应时间越短，空速越小，反应时间越长。

随着催化裂化进料质量空速的增加，转化率、气体和焦炭的产率都下降，汽油的产率在较低的温度下也随着空速的增加而降低，但在较高的温度下先增加后降低，有一最大值。从汽油/气体和汽油/焦炭的值来看，它们都随着空速的增大而增加。这是由于在较高的空速下，可以减少汽油的进一步裂化和烯烃的缩合生焦等二次反应。所以从多产汽油少产气体和焦炭的角度来看，催化裂化宜在较高的反应温度和较大的空速下进行。

(3) 反应压力

催化裂化反应器中一般都通入一定量的蒸汽，所以反应压力是烃分压与蒸汽分压之和，提高反应压力即提高相应的烃分压。反应压力过高，有利于吸附并加剧烯烃缩合反应，导致焦炭产率增加、气体和烯烃产率降低。一般催化裂化的反应压力为0.1~0.3MPa，反应压力一般不作为调节参数。

(4) 剂油比

剂油比为单位时间内催化剂循环量与反应器进料量的比值，在同样的反应温度下，提高剂油比可以提高转化率，增加气体和汽油的收率，同时焦炭产率也上升。这是因为较高的剂油比降低了催化剂中的焦炭含量，催化剂的平均活性相对提高所致。一般工业催化裂化装置的剂油比在3~7之间。

六、重油催化裂化

重油催化裂化(Residue Fluid Catalytic Cracking，RFCC)是在固体酸性催化剂作用下遵循碳正离子机理的石油烃类裂化反应，是渣油高效转化，增产高辛烷值汽油、柴油和低碳烯烃的原油二次加工工艺。

1. RFCC 的反应

RFCC 是包含众多反应的复杂平行-连串反应体系，将重油原料分成饱和分、芳香分、胶质和沥青质四组分，四组分的反应历程分别如下：

饱和分的反应历程：

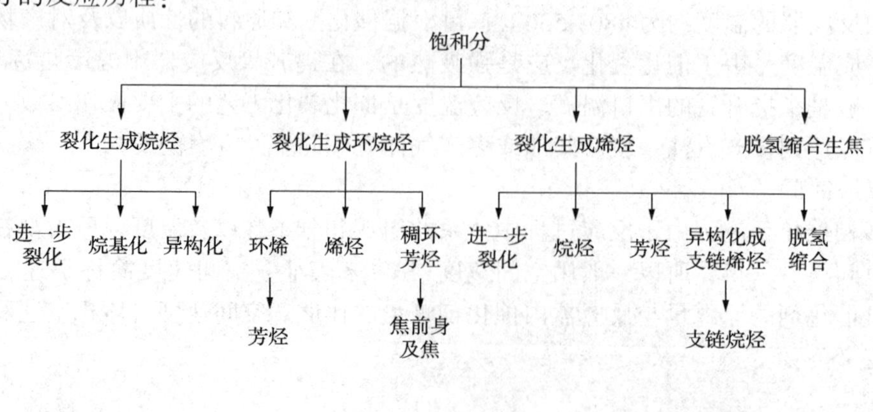

芳香分的反应历程：

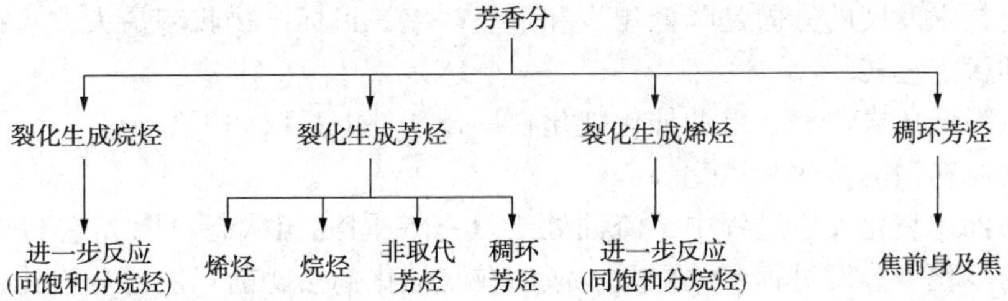

胶质、沥青质的反应历程：

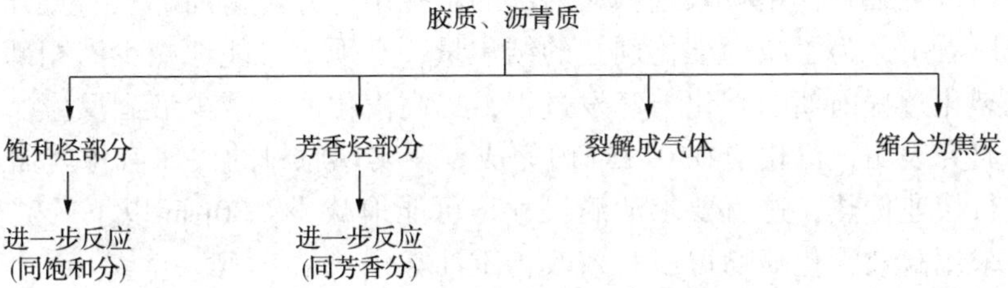

2. RFCC 的原料

RFCC 原料的来源包括减压蜡油、焦化蜡油、溶剂脱沥青油、加氢处理的常压渣油和减压渣油、常压渣油和减压渣油等。

RFCC 装置进料一般是蜡油掺炼渣油或是经加氢处理的常压渣油和减压渣油，石蜡基原油的常压渣油(残炭值和重金属含量低)可以直接作为 RFCC 原料。RFCC 的原料组成极其复杂，不但含有带烷基侧链的多环烃类，还含有硫化物、氮化物、胶质、沥青质及重金属等。

RFCC 原料特点如下：

① 黏度大、沸点高、沸程宽。

原料油进入反应器时重质组分的雾化和汽化困难，部分原料以液态形式吸附于催化剂的表面，并进一步生焦，RFCC 同时存在气相反应和液相反应；不同组分的裂化反应性能差异很大，在同一反应器中采用同样的反应条件难以兼顾，导致轻质液体组分收率损失，裂化汽油烯烃含量高。

② 胶质、沥青质含量高。

重油中含有较多的多环芳烃、胶质和沥青质，这些组分易于吸附在催化剂表面而生焦，导致催化剂迅速失活。催化剂上的生焦量与原料油的密度、黏度、残炭值、硫含量、碱氮含量、盐及重金属含量等指标有关，还与催化剂本身的活性和反应操作条件密切相关，如催化剂的匹配、雾化质量、预热温度、再生效果、实际线速等。

③ 金属含量高。

原油中的镍、钒、铁、钠等金属绝大部分集中在渣油中，裂化过程中金属沉积在催化剂表面，并随着催化剂的循环不断积累，影响催化剂的活性、选择性和水热稳定性。

④ 硫、氮含量高。

原油中大部分的氮和相当部分的硫都集中在渣油中，裂化过程中部分硫、氮生焦沉积在催化剂表面，影响催化剂的裂化性能和裂化产物的分布，再生时生成 SO_x 和 NO_x 进入大气，另一部分则进入裂化汽柴油中。

3. 重油催化裂化的操作条件

催化裂化技术发展的方向是降低焦炭和干气产率、目标产物收率最大化、提升裂化产品质量和长周期稳定运转。

为了尽量降低焦炭产率，重油催化裂化在操作条件上采取如下措施。

(1) 改善原料油的雾化和汽化。

在渣油的催化裂化反应过程中，渣油处于气-液-固混相状态，因此它与炽热的催化剂颗粒接触前的雾化、蒸发过程至关重要。渣油在与催化剂接触前只能部分汽化，其气相部分和催化剂的反应与常规的气固相反应没有本质的区别；而液相部分即使在高温下也只能润湿催化剂颗粒，通过毛细管作用吸入到颗粒内部的微孔中，并停留在那里一直到完全裂化为焦炭和干气。可以看出，为了减少催化剂上的结焦量，必须尽可能地减少液相部分的比例，也就是强化催化裂化过程前期的雾化与蒸发过程，提高汽化率、减少液固反应。原料的汽化速度非常关键，研究表明，汽化应在0.25s内完成。要实现原料的快速汽化就需要进料与再生催化剂之间进行快速传热，这就要求油滴尺寸尽可能地减小，30μm以下的雾化油滴有助于其瞬间汽化，采用高效雾化喷嘴可以有效改善重油雾化效果。

(2) 较高的反应温度、大剂油比和较短的反应时间。

常规FCC的操作条件一般是反应温度500℃左右，剂油比6，停留时间3s。提高反应温度可以减弱碱性氮化物在催化剂酸性位上的吸附能力，增加催化剂有效酸中心的数量，从而提高原料转化率。随着反应温度提高，重油转化率增加，汽油产率、轻质油收率及总液收也随之增加。作为中间产物的柴油，其产率的最大值通常出现在较低的转化率下，随着反应深度的增加，柴油馏分会进一步发生裂化反应，从而导致柴油产率的下降和轻质油选择性的降低。而当达到一定反应深度后，重油中剩余的大量稠环芳烃化合物和非碱氮化合物成为转化率进一步提高的主要障碍，继续提高反应温度将会加剧芳烃的缩合生焦反应，不利于产物分布的优化。随着反应温度和转化深度的提高，干气、焦炭产率也会相应增加。

延长反应时间可以增加油气和催化剂接触的概率，促进重油的转化。但催化裂化反应是一个复杂的平行-顺序反应，反应深度对各反应产物的产率分布有着重要影响，反应时间过长会加剧不利的二次反应，导致轻质油收率降低。大部分反应发生在油剂接触的初始时间，之后由于催化剂孔道发生堵塞，只有分子尺寸较小的烃分子如汽油馏分才可进一步发生裂化，而分子尺寸较大的稠环芳烃只能吸附到催化剂外表面发生脱氢缩合反应，并最终形成焦炭。长反应时间不仅不能有效促进重油的裂化，还会导致轻质油的过度裂化和稠环芳烃的缩合生焦。虽然表面上看焦炭产率随反应温度的提高而不断增加，但研究表明在等转化率下，焦炭产率随反应温度的提高是降低的，因为焦炭产率主要是催化剂停留时间的函数，在高温下只需要较短的反应时间就可以达到相同的转化率，焦炭产率也就自然较低，因此适当提高反应温度是有利的。

在工业装置中反应温度和剂油比是由装置热平衡决定的，提高反应温度的同时剂油比也会相应增大，提高反应温度后会加剧热裂化反应的程度。而大的剂油比可以为原料提供更多的活性中心，缓解渣油中碱性氮化物、稠环芳烃和其他烃类间的竞争吸附效应，促进渣油的转化并抑制热裂化反应。此外，控制较短的反应时间也可以有效抑制热裂化反应。

(3) 分区反应。

重油催化裂化复杂的平行-顺序反应特性决定了其高轻质油收率和液收率的最优反应条件为高反应温度、短反应时间及适中催化剂活性；为了降低汽油烯烃含量，并维持其辛烷值不降低，应促进汽油烯烃组分转化为辛烷值高的其他烃类组分，即发生定向催化转化——氢转移、芳构化和异构化反应，抑制不利的裂化和缩合等反应，避免烯烃组分转化为其他低辛烷值烷烃、气体或焦炭。

热力学和动力学特征表明，烯烃组分定向催化转化所希望的反应条件为低反应温度、长反应时间和高催化剂活性。这与重油催化裂化需要的最优反应条件正好相反；在同一个提升管反应器内完成两类不同历程的反应，既完成重质油裂化又实现汽油馏分烯烃组分的转化，需要分区反应技术，使不同性质的原料在各自适宜的条件下进行反应，并控制适当的反应深度，改善产物分布。两段提升管催化裂化(TSRFCC)技术实现分区反应，第一反应区反应苛刻度较高，主要发生裂化反应；第二反应区苛刻度降低，主要发生双分子氢转移反应和异构化反应。TSRFCC 技术用两段提升管反应器串联，构成两路循环的新的反应-再生系统流程。该技术的基本特点是催化剂接力、大剂油比、短反应时间和分段反应，核心是催化剂接力和分段反应。利用催化剂“性能接力”原理，分段反应、分段再生，即在第一段的催化剂活性和选择性降低到一定程度后，及时将其分出进行再生，第二段更换新的再生剂，继续反应，两段可分别进行条件控制(如剂油比、反应温度及催化剂种类)，便于操作条件优化，进一步减少返混，使反应器内流体流动更接近活塞流流型，与传统的催化裂化工艺相比，TSRFCC 技术具有很强的操作灵活性，可显著提高装置的加工能力和目的产品产率，有效降低催化汽油的烯烃含量，增加柴汽比，提高柴油的十六烷值，或显著提高丙烯等低碳烯烃的产率。但 TSRFCC 工艺存在投资费用大、流程复杂、操作难度更大等不足。

4. 重油催化裂化催化剂

重油裂化催化剂主要由基质及分子筛组成，基质具有丰富中孔以及大孔，对重油大分子进行预裂化，分子筛具有中等的裂化活性及目的产物选择性，催化剂相对活性影响产物的分布，高催化活性会导致汽油馏分的过度裂化，降低轻质油品收率。

减压渣油的碳数大于 35，沸程高于 540℃，相对分子质量约为 $10^3 \sim 10^5$，分子直径约为 2.5~15nm，且环状组分较多。重油催化裂化催化剂主要活性组分 Y 分子筛，其孔口直径仅有 0.74nm，重油的分子一般不能进入沸石分子筛的孔道，所以首先要靠基质的表面酸中心来把它裂化成较小的分子，然后再由沸石分子筛进行二次裂化。

原料油的重质化、劣质化，使镍、钒等重金属含量和硫、氮化合物含量增加，渣油裂化的难度增加，对催化剂的性能要求提高。重油催化裂化催化剂要求具有较高的热稳定性和水热稳定性，同时要求具有较高的抗重金属污染的能力。

大孔活性基质在重油催化裂化中具有重要作用。基质的孔道要足够大，以利于重油分子进入。因此必须使基质和沸石分子筛两者在数量上和性能上很好地配合，才能使裂化催化剂具有较高的水热稳定性、较高的抗重金属污染的能力以及较好的选择性。

超稳 Y 型沸石分子筛催化剂是理想的重油催化裂化催化剂。超稳 Y 型沸石分子筛的晶体结构非常稳定，能经受较高的再生温度和蒸汽的侵袭，其初活性虽然不高，但其活性能保持稳定。由于超稳 Y 型沸石分子筛催化剂的氢转移反应能力较弱，所以在转化率相当时可以降低焦炭的产率，而且其抗重金属污染的能力也较强。

此外，为了增加裂化催化剂的抗金属污染能力以及减少对大气的污染，在重油催化裂化催化剂中还加入金属钝化剂等助剂。

5. 重油催化裂化工艺

某重油催化裂化装置加工能力4.2Mt/a，采用串联提升管反应器，工艺反应-再生系统的原则流程为热原料油与热再生催化剂在提升管底部接触，然后进入第一反应区，经高温和短时间接触后，进入第二反应区（扩径的提升管反应器），在较低的温度和较长的油气停留时间下油气继续反应，反应后的物流进入粗旋风分离器，分离油气和催化剂，油气进入后部分离系统，待生催化剂经汽提、再生后，再生的催化剂进入提升管底部，再与热原料油接触反应。第一反应区以裂化反应为主，裂解较重质的原料油并产生较多的烯烃，生成更多的富含烯烃的汽油和富含丙烯的液化气；第二反应区以氢转移反应和异构化反应为主，适度二次裂化，从而降低汽油中的烯烃含量和增加液化气及丙烯产率。

（1）原料油的性质

重油催化裂化装置要求进料中残炭含量低于6%、金属镍和钒的含量低于35μg/g，且其硫含量要低。由于减压渣油的重金属含量高、残炭高，装置难以直接加工，必须和其他相对较轻的原料油掺炼。掺混前后原料油的性质组成见表7-1-5。

表7-1-5 掺混前后原料油的性质组成

项目	未掺混减压渣油的原料	减压渣油	掺混减压渣油的原料
密度(20℃)/(kg/m^3)	917.4	1066.4	918.9
残炭(质量分数)/%	3.15	10.12	3.61
馏程/℃			
初馏点	295.3	251	285
5%	—	371	329
10%	354.2	384	355
20%	379.8	410	389
40%	426.6	456	435
50%	447.1	495	462
60%	472.6	529	493
重金属/(mg/kg)			
Ni	6.4	25	7
V	5.2	75	7.5
硫(质量分数)/%	0.265	3.070	0.431
碱性氮/(mg/kg)	325.9	467.9	245.8
饱和分(质量分数)/%	61.0	23.8	
芳香分(质量分数)/%	26.7	49.5	
胶质(质量分数)/%	6.3	20.9	
沥青质(质量分数)/%	0.8	5.8	

（2）物料平衡

结合减压渣油的残炭、重金属、胶质、沥青质以及硫的含量，为保障催化裂化装置的平稳运行，减压渣油的掺炼量为2%。减压渣油直接进入装置原料油缓冲罐，与加氢蜡油、加氢重油、减四线油充分混合，从原料油喷嘴进入提升管裂化。掺炼减压渣油前后的物料平衡见表7-1-6。

表7-1-6　掺炼减压渣油前后的物料平衡

项　目	掺炼减压渣油前	掺炼减压渣油后	项　目	掺炼减压渣油前	掺炼减压渣油后
原料(质量分数)/%			产品(质量分数)/%		
加氢重油	56.69	66.07	干气	2.51	2.43
减四线油	9.25	7.63	液化气	22.35	20.93
加氢蜡油	33.55	22.75	汽油	42.81	44.28
脱硫装置凝缩油	0.36	0.34	柴油	19.51	19.36
汽油脱硫塔顶气及轻烃	0.15	0.34	油浆	4.67	4.75
减压渣油	0	1.99	烧焦	8.15	8.25
轻污油	0	0.88			

（3）干气和液化气组成

干气中H_2S体积分数显著增加，干气中的H_2/CH_4体积比由0.96增加至1.07。干气中反映脱氢程度的氢气与甲烷、乙烷、乙烯之和的体积比，由0.45增加至0.52。

液化气中的硫醇硫、甲硫醚、二硫化物都有增加，液化气中的烯烃也有不同程度的增加。液化气中反映氢转移程度的丁烷与丁烯体积比由1.17降至1.05，液化气中反映异构化程度的异丁烷、异丁烯之和与所有C_4组分的体积比为0.56，没有变化。掺炼减压渣油后，脱氢反应增加，氢转移反应减少，异构化反应没有变化，说明热裂化比例变化不大。干气和液化气的组成见表7-1-7。

表7-1-7　干气和液化气的组成

项　目	掺炼减压渣油前	掺炼减压渣油后	项　目	掺炼减压渣油前	掺炼减压渣油后
干气(体积分数)/%			异丁烯	6.56	7.21
氢气	21.87	23.35	反丁烯	7.54	7.65
甲烷	22.87	21.78	顺丁烯	5.46	5.47
乙烷	10.99	10.12	1,3-丁二烯	0.03	0.03
乙烯	15.14	13.28	C_5^+	<0.01	0.1
硫化氢	0.890	1.973	硫化氢	0.4666	0.4114
液化气(体积分数)/%			羰基硫/(mg/m^3)	91.5	52.8
C_1/C_2	<0.01	0.01	硫醇硫/(mg/m^3)	138.05	152.15
丙烷	9.91	9.43	甲硫醚/(mg/m^3)	0	1.9
丙烯	35.04	36.39	二硫化碳/(mg/m^3)	0.7	3.2
正丁烷	5.21	4.85	二硫化物/(mg/m^3)	0.35	0.7
异丁烷	24.45	22.82	总硫/(mg/m^3)	6620.55	7282.57
正丁烯	5.73	6.04			

（4）稳定汽油、柴油和油浆的组成和性质

掺炼2%的减压渣油后，稳定汽油和柴油中的硫含量增加。催化剂活性降低后，氢转移能力随之降低，汽油的烯烃含量增加，苯含量降低。柴油中的芳烃含量也降低，密度有所下降。油浆黏度增加，流动性变差。稳定汽油、柴油和油浆的组成和性质见表7-1-8。

表7-1-8 稳定汽油、柴油和油浆的组成和性质

项目	掺炼减压渣油前	掺炼减压渣油后	项目	掺炼减压渣油前	掺炼减压渣油后
稳定汽油			催化柴油		
密度(20℃)/(kg/m^3)	734.5	732.2	密度(20℃)/(kg/m^3)	957.5	952.0
硫(质量分数)/%	0.010	0.019	硫(质量分数)/%	0.220	0.263
汽油(体积分数)/%(荧光法)			油浆		
芳烃	26.4	25.5	密度(20℃)/(kg/m^3)	1126.6	1121.2
烯烃	19.4	21.9	运动黏度(100℃)/(mm^2/s)	23.70	30.19
苯	0.90	0.79	硫(质量分数)/%	0.580	0.735
辛烷值(RON)	92.5	92.4			

第二节 催化裂解

一、概述

催化裂解是在催化剂存在的条件下，对石油烃类进行高温裂解生产低碳烯烃(乙烯、丙烯、丁二烯)，同时兼产轻质芳烃(苯、甲苯、二甲苯)的过程。由于催化剂的存在，催化裂解可以降低反应温度，增加低碳烯烃产率和轻质芳香烃产率，提高裂解产品分布的灵活性。

1. 催化裂解的一般特点

最主要的低碳烯烃生产工艺为蒸汽裂解，大多采用乙烷、丙烷或者轻质石油馏分为原料。由于石化企业的原油劣质化程度不断增加，终馏点低于200℃的石脑油产率不高，只能给乙烯联合装置提供约50%的蒸汽裂解原料，难以适应原油重劣质化和炼化一体化的趋势，制约了低碳烯烃的产能。催化裂解工艺在催化剂作用下以重质油为原料，在较低的反应温度下生产以丙烯为主的低碳烯烃。与蒸汽热裂解制乙烯技术相比，可节能20%以上，设备投资和原料成本更低。

蒸汽裂解是目前主要的低碳烯烃制取方法，存在反应温度过高、产物选择性低、原料范围窄等问题。催化裂化是成熟的重油轻质化工艺，但低碳烯烃产率很低。催化裂解结合蒸汽裂解和催化裂化工艺的优点，原料选择范围更宽，低碳烯烃选择性更高。催化裂化、蒸汽裂解和催化裂解工艺的比较见表7-2-1。

催化裂解工艺与蒸汽裂解工艺不同，催化裂解可以用较重的原料油(VGO、AR)，反应温度相对较低，产物以丙烯和丁烯为主；而水蒸气裂解则宜用较轻的原料油，反应温度相对较高，气体产物以乙烯为主。

表 7-2-1　催化裂化、蒸汽裂解和催化裂解工艺的比较

项　目	催化裂化	蒸汽裂解	催化裂解
反应温度	480~530℃	750~860℃	560~670℃
反应机理	以碳正离子机理为主	以自由基机理为主	碳正离子机理和自由基机理共存
原料种类	减压蜡油、焦化蜡油、溶剂脱沥青油、油浆、渣油等重质油	乙烷、丙烷、丁烷、石脑油、轻柴油、加氢裂化尾油等	C_4烃、石脑油、催化裂化汽油、柴油、减压瓦斯油、重质油等
产品分布	气体副产物以 C_3、C_4 为主，其中丙烯和异丁烷含量相对较高	乙烯收率明显高于丙烯，氢气和甲烷产率较高	丙烯收率明显高于乙烯，甲烷收率明显降低

催化裂解工艺与催化裂化工艺不同，主要区别在于使用的催化剂和操作条件不同。催化裂解是以生产低碳烯烃为目的，所用的催化剂氢转移能力较低。催化裂解的气体产率远大于催化裂化，液体产物中芳烃含量很高。催化裂解采用较长的停留时间以保证裂解汽油进行二次裂解反应生成低碳烯烃。由于催化裂解的高转化率以及大量气体的生成，其反应热是催化裂化的 2~3 倍，采用高的催化剂循环速率和大的剂油比。低的油气分压有利于目的产物烯烃的生成，也减少了焦炭的生成。催化裂解的稀释蒸汽用量高于催化裂化，但比蒸汽裂解低得多。

2. 催化裂解技术

催化裂解是在以生产汽、柴油为主要产品的催化裂化技术基础上，通过对反应器设计、工艺操作条件优化、选择性催化剂研制、特殊设备开发等几个方面进行改进，实现目标产品选择性分布、多产低碳烯烃的技术。

国内催化裂解比较成熟的技术主要是深度催化裂化（Deep Catalytic Cracking，DCC）系列技术、CPP（Catalytic Pyrolysis Process）技术、RTC（Resid To Chemicals）技术等。

DCC 系列技术在国内外工业应用和推广 20 余套，其中增强型催化裂解（DCC-Plus）技术气体产率高，主产丙烯、同时副产乙烯和轻质芳烃，将 C_4 馏分和/或轻汽油馏分回炼增产丙烯和乙烯，同时有效降低汽柴油产量。

DCC-Plus 技术的流程与常规催化裂化技术相似，反应-再生系统产生的反应油气通过分馏系统、吸收稳定系统和气体分离系统进行分离。DCC-Plus 技术可以根据目标产品的不同增设不同的后处理单元，例如，将气体产物引入深冷分离单元可以得到纯度很高的气体产品；将小分子烷烃引入裂解炉进行深度裂解可以提高乙烯和丙烯的产率；对裂解重汽油馏分进行加氢处理后再引入芳烃抽提单元可以得到较多的轻芳烃等。

DCC-Plus 技术采用多反应区组合反应器形式，在 DCC 技术的基础上增加了第二提升管反应器，向流化床反应器内补充与轻烃反应后的催化剂，提高该区的催化剂活性，同时降低第一提升管反应温度和剂油比，减少干气产率；轻烃提升管进行轻汽油和 C_4 回炼，进一步提高丙烯产率。

通过第二提升管将高温、高活性的再生催化剂输送到流化床反应器中，流化床反应器的温度可通过第二提升管反应器中催化剂的温度和循环量决定，实现了提升管反应器与流化床反应器的分区精准控制。不仅可以改善流化床反应器的催化剂活性分布，而且在维持流化床反应器较高反应温度的前提下，降低了第一提升管反应器出口温度和入口油-剂混合温度，

同时满足了重质原料油一次裂化反应和汽油烯烃二次裂化反应对催化剂活性和反应条件的要求，达到增产低碳烯烃的同时降低干气和焦炭产率的目的。

重质原料油从第一提升管反应器引入，在提升管反应器和流化床反应器中发生重质原料油一次裂化和汽油馏分二次裂化的接力反应；第二提升管在输送高温、高活性再生催化剂的同时，还可以回炼富含烯烃的 C_4 馏分和轻汽油馏分。因此，可以对进入第一提升管反应器和第二提升管反应器的原料油、催化剂和水蒸气分别进行控制，其中包括原料油的进料量与进料位置、催化剂的温度与循环量以及水蒸气的流量与注入方式等，进而灵活调节不同反应区的反应温度、剂油比、烃分压等操作参数。此外，还可以根据原料油性质和目标产品的不同对催化剂进行目标设计，通过调整催化剂的配方，改变催化剂中大孔酸性基质和不同类型分子筛的含量与性质，从而实现不同反应区中反应条件和催化剂性质的分区精准控制，为不同类型的反应提供适宜的反应环境，促进目标产品的生成。不同目标产品所需要的操作条件见表 7-2-2。

表 7-2-2　DCC-Plus 技术中不同目标产品所需要的操作条件

目标产品	重油提升管出口温度	轻烃提升管出口温度	床层反应器温度	床层反应器液位
丙烯+汽油	低	中	低	低
丙　烯	中	中	中	高
乙烯+丙烯	高	高	高	中

采用较低的反应温度、调整催化剂中大孔分子筛和择形分子筛的配比以及降低轻汽油馏分的回炼量，可以在多产丙烯的同时兼顾汽油产率；采用较高的反应温度和含有复合分子筛的催化剂来促进裂化反应、抑制氢转移反应，可以达到最大化生产丙烯的目的；进一步提高反应温度，并使用含有多种分子筛活性组元的催化剂，可以同时促进催化裂解反应和热裂解反应的进行，从而提高乙烯和丙烯的产率。

催化热裂解(CPP)技术采用择形沸石分子筛催化剂，兼具碳正离子机理与自由基机理，采用较短的反应时间，兼顾丙烯与乙烯的生成。在碳正离子反应中，乙烯主要来自强 B 酸中心的质子进攻端位 C—C 键生成的五配位伯碳正离子的 α-断裂反应；强 L 酸中心既可以通过进攻 C—H 键生成的三配位伯碳正离子的 β-断裂反应生成乙烯，也可以促进自由基反应生成乙烯。同时，适宜的、较短的反应时间有利于乙烯的生成。CPP 工艺特点为：①在较高的苛刻度条件下反应，反应温度在 580~640℃之间，通常为 610℃左右；②专用催化剂具有较高的裂解活性，水热稳定性较好；③具有较为灵活的操作方式，可以采用最大量生产乙烯、最大量生产丙烯或者兼顾生产乙烯和丙烯等 3 种操作模式；④可加工减压蜡油、焦化蜡油、脱沥青油和石蜡基常压渣油等原料。与传统的蒸汽裂解工艺相比，该工艺拓宽了乙烯的生产原料，降低了生产乙烯的原料成本。

渣油高效催化裂解(RTC)技术采用了提升管+扩径式“梨形”反应器，并在“梨形”反应区增加再生催化剂以提高该反应区的催化剂活性，改变了原来的密相流化床反应器形式，具有拟全浓相、拟匀速、拟均一温度的技术特征，并适当缩短了反应时间，从而减少干气和焦炭的生成，提高了丙烯选择性。RTC 反应器具备三高特征：①高温，原料分子基本上全部在均一、高温的快速床反应器内完成裂解反应，从而可以基本克服提升管轴向温度明显下降影响反应选择性的缺点；②高催化剂含量，快速床反应器内催化剂含量高，接近于“拟全浓相”，从而大大增加了原料催化裂解反应的比例，减少了热裂解反应的比例；③高度均匀分布，快速床反应器内温度梯度非常小，温度均匀分布，轴向速度梯度变化小，确保整个裂解反应在相对均一的温度下进行，有利于提高裂解反应的选择性，反应器轴向线速的均匀性也使流动状态更稳定。RTC 反应器结构示意见图 7-2-1。

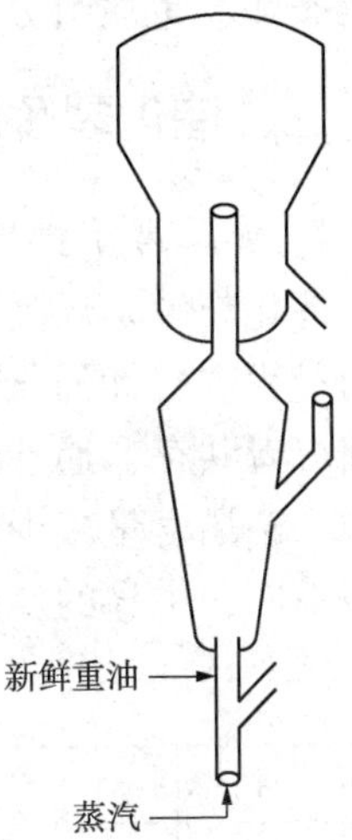

图 7-2-1 RTC 反应器结构示意

国外重油裂解制烯烃技术主要有 Indian Oil 公司开发 INDMAX 工艺、KBR 公司和 ExxonMobil 公司开发的 Maxofin 工艺、UOP 公司开发的 Petro FCC 工艺、日本石油合作中心(JCCP)与沙特国王大学开发的高苛刻度下行床催化裂化多产轻烯烃技术(HS-FCC)等。

INDMAX 工艺以重质残余油为原料，配套的催化剂采用三种互相促进的多功能催化剂组成，分别是塔底油裂化催化剂、择型五元环沸石和传统的超稳 Y 沸石。这三种催化剂可以根据原料性质、工况苛刻度以及所需要的产品收率的不同而进行调整。

Maxofin 工艺采用稀土超稳 Y 型分子筛和 ZSM-5 分子筛为催化剂，第一提升管反应器和第二提升管反应器分别采用蜡油和催化裂化汽油为原料，第一提升管和第二提升管反应器出口温度分别为 538℃和 593℃，剂油比分别为 8.5 左右和 25，可以大幅度提高烯烃产率。

PetroFCC 工艺采用双提升管反应器、低的油气分压、高的反应温度、含有 ZSM-5 的催化剂系统以及可以提高剂油比的特色 RxCat 技术。RxCat 技术是一种反应器技术，它可以将汽提段的待生催化剂循环到提升管混合段与再生剂进行混合。该技术能够使剂油比得到较大幅度的提高，从而充分发挥催化剂的效能。

HS-FCC 工艺采用下行式反应器，催化剂与油气在重力作用下向下流动，气固接触时间短(0.5~0.6s)。下行式反应器入口处的油气与催化剂快速混合，出口处的气固快速分离，抑制返混的效果良好，油剂接触均匀，无偏流分布，可以有效地减少干气和焦炭产率；反应温度为 600℃左右，剂油比可达 40 左右，具有较高的低碳烯烃选择性。

重油催化裂解技术拓宽了低碳烯烃生产原料的来源，尤其是 DCC 系列催化裂解工艺技术成功进行了工业化应用与推广。但是重油催化裂解工艺仍然存在一些亟待解决的问题：①由于重油催化裂解的提升管出口温度较高，如果原料残炭较高，沉降器极易结焦，进一步提高催化裂解原料的劣质化难度较大。②由于重油大分子裂化需要的催化剂孔径较大，汽油和柴油等中小分子二次裂化需要的催化剂孔径较小，对于同一种催化剂(Y 型分子筛+ZSM-5 分子筛)，很难同时满足重油大分子的裂化和汽油柴油中小分子的二次裂化，催化剂与重油接触反应，使 ZSM-5 分子筛的孔道堵塞，严重降低了 ZSM-5 的择型裂化功能，导致汽油和柴油在 ZSM-5 分子筛上的二次裂解反应减少，低碳烯烃的选择性下降。③现有技术以生产丙烯为主，能够提高乙烯产率的重油催化裂解技术较少。由于多产乙烯需要较高的反应温度，而较高的反应温度容易导致装置结焦，影响装置的长周期运行。

结合催化裂解存在的问题以及低碳烯烃行业的发展方向，催化裂解与蒸汽裂解耦合，原料轻质部分进行蒸汽裂解，重油部分进行催化裂解。将劣质原料油预处理耦合裂解技术，劣质原料油进行加氢裂化处理，脱出杂质并进行适度裂化，将轻重组分分离后，轻质组分进行蒸汽裂解，重质组分进行催化裂解，最大化生产低碳烯烃，是催化裂解技术的发展方向。

二、催化裂解反应机理

1. 碳正离子机理和自由基机理共存

催化裂解是烃类在酸性沸石催化剂和高温蒸汽的协同作用下转化为乙烯和丙烯等低碳烯烃的过程。酸性催化剂和高温的同时作用决定了催化裂解反应过程是碳正离子机理和自由基机理二者共存，通常情况下，反应温度低，催化裂解反应中碳正离子机理占主导，丙烯含量增加，乙烯含量减少；反应温度高，则自由基机理占主导，乙烯含量会增加。此外，催化剂类型不同，主导的反应机理也不同。碳正离子机理和自由基机理的特点和比较见表7-2-3。

表7-2-3　碳正离子机理和自由基机理的特点和区别

项　目	碳正离子机理	自由基机理
反应条件	酸性催化剂作用	高温作用
反应过程	①烷烃在催化剂酸性中心先生成伯碳正离子； ②通过碳正离子的重排反应转变成较稳定的仲碳正离子或叔碳正离子； ③大的仲碳正离子发生β-断裂生成小的碳正离子和丙烯； ④大的叔碳正离子发生β-断裂生成小的碳正离子和丁烯	①烃类在高温条件下先均裂生成自由基； ②大的自由基极不稳定，发生β-断裂生成小分子的乙烯和一个小的自由基； ③小的自由基还可以进一步发生β-断裂生成乙烯和更小的自由基
产物分布	气体产物中丙烯和丁烯的含量较高	气体产物中乙烯和甲烷的含量较高

2. 碳正离子机理

一般认为，在分子筛酸性催化剂作用下，烃类并不像单纯受热时那样遵循自由基链反应历程进行转化，而是遵循碳正离子机理进行反应。当然，随着温度的升高，热裂解的概率也会增大，但主要遵循碳正离子历程。

碳正离子包括五配位非经典碳正离子和三配位经典碳正离子，其稳定性按伯碳<仲碳<叔碳递增。相同碳原子数烃类化合物的裂解反应速度按如下顺序递减：异构烯烃>正构烯烃>异构烷烃≈环烷烃>正构烷烃>芳烃。一般来说，相同碳数的异构烷烃的催化裂解反应速率比正构烷烃高，但是这一结论需要在不受扩散控制的条件下才能成立。在ZSM-5分子筛上，由于孔道结构对扩散的限制，会出现异构化程度越高、反应速率越低的现象。

通过碳正离子机理可以解释烃类在酸性沸石催化剂上发生的裂化反应、异构化反应、氢转移反应、烷基转移反应、脱氢和脱烷基反应、叠合反应、烷基化反应以及缩合反应。

烃类的催化裂解反应过程中，单分子反应(非经典的五配位碳正离子)和双分子反应(经典的三配位碳正离子)将不可避免地同时发生，低反应温度、高烯烃体积分数和采用大孔沸石催化剂有利于双分子反应机理；反之，高反应温度、低烯烃体积分数和采用择形沸石催化剂有利于单分子反应机理。裂解最终产物的分布将取决于单分子反应和双分子反应发生的相对比例，即Protolytic裂化反应和β-断裂以及氢转移反应的相对程度。当双分子反应概率占大多数时，催化裂化产物中会含有大量的异构产物；当单分子裂化反应概率占大多数时，产物中含有更多的CH_4、C_2H_6、H_2和C_2H_4。

与烷烃相比，烯烃含有 π 键，具有供电子性，更容易受质子进攻而生成三配位碳正离子。因此，如果在烷烃裂化反应中加入链反应引发介质——烯烃，迅速生成三配位碳正离子，与原料进行氢负离子转移反应，促进更多原料经三配位碳正离子中间体参与反应，将有效地减少烷烃经五配位碳正离子反应生成干气组分的概率，从而提高丙烯的选择性。

（1）双分子裂化

双分子裂化是经典的催化裂解机理，反应物烷烃分子与小的吸附态碳正离子发生氢负离子转移反应，生成一分子烷烃和新的三配位碳正离子，该碳正离子发生 β-断裂，生成小分子烯烃和更小的碳正离子，更小的碳正离子与催化剂发生氢质子转移并脱附，生成烯烃。双分子裂化机理如图 7-2-2 所示。

双分子裂化反应的活化能较低，其速度是单分子裂化反应的 800 倍以上。反应温度低，烃分压高，转化率高或反应空间较大时有利于双分子裂化反应。按此机理反应时，碳正离子在足够小之前，可能与原料分子反应。因此可以预料，双分子裂化反应机理需要的反应空间和产生的碳正离子都应比单分子裂化反应大。由于氢转移反应在碳正离子和烷烃之间进行，其反应速度对酸强度的依赖小于单分子裂化。

经典的双分子反应机理认为，烷烃分子和催化剂表面吸附的三配位碳正离子发生氢负离子转移反应，新生成的三配位碳正离子随后发生 β-断裂反应。初始的碳正离子来源于烯烃，而烯烃可以由烷烃的热裂化生成，也可以由分子筛的 L 酸位从烷烃抽取一个氢负离子而形成。但是这一机理不能很好地解释烷烃的催化裂解反应过程。基于五配位碳正离子的概念，提出了烷烃催化裂解反应的另一机理，即单分子质子化裂化机理：烷烃中的 C—C 键或 C—H 键在固体酸催化剂 B 酸位质子化生成五配位碳正离子，五配位碳正离子不稳定，很容易分解为一个烷烃（或 H_2）和三配位碳正离子，三配位碳正离子脱附后产生相应的烯烃。

（2）单分子裂化

单分子裂化是链反应的引发阶段。对烷烃而言，也叫质子化裂化反应，它包括烷烃分子在催化剂 B 酸中心上质子化，生成高活化能的五配位非经典碳正离子，形成的五配位碳正离子经过 α-断裂生成一个三配位碳正离子并同时生成一分子烷烃或是氢气。若 C—H 被活化，就会生成氢气和三配位碳正离子；若 C—C 被活化，就会生成烷烃和三配位碳正离子。形成的三配位碳正离子解吸生成烯烃，或是发生 β-断裂等二次反应，形成烯烃和更小碳正离子，更小的碳正离子与催化剂发生氢质子转移，产生烯烃，同时恢复催化剂活性位点。该机理过渡态活化能高，不容易发生。

对烯烃而言，该机理就是烯烃与 B 酸中心加成生成经典碳正离子，再进行异构化反应或 β-断裂生成小分子烯烃和新的碳正离子，或脱附生成烯烃。

反应温度高，烃分压和转化率低有利于按此机理的裂化反应。当反应空间狭小，氢转移反应和烯烃烷基化反应因碳正离子过渡态体积大而难以发生时，裂化反应主要按此机理进行。与双分子裂化机理和齐聚裂化机理相比，单分子裂化反应机理活化能最高，反应速度最慢，需要的反应空间最小，产生的碳正离子也最小。另外，B 酸中心与烯烃或烷烃反应的速度直接与其强度相关，因此可以预测强酸中心上的单分子裂化活性比较高。单分子裂化机理如图 7-2-3 所示。

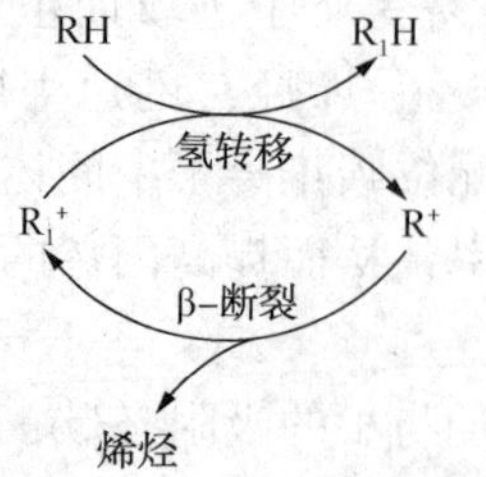

图 7-2-2 双分子裂化机理

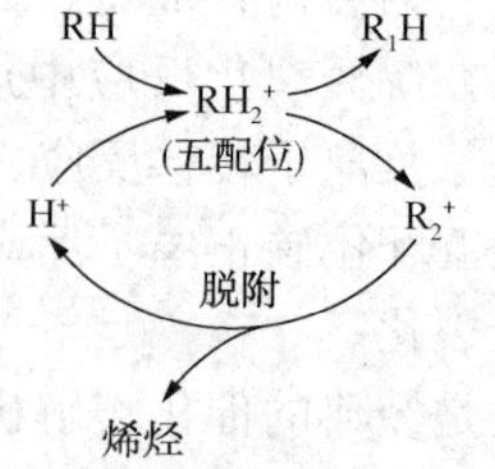

图 7-2-3 单分子裂化机理

重油中具有烷烃性质的大分子烃的催化裂解链引发反应具有多元性。原料烃分子可以经五配位碳正离子中间过渡态引发链反应，即单分子裂化反应；也可以经三配位碳正离子中间过渡态引发链反应，即双分子裂化反应。链引发反应路径不同，反应特征产物亦不同，双分子裂化引发反应的特征产物为丙烯和丁烯，而单分子裂化引发反应的特征产物为干气组分。在催化裂解反应引发过程中强化双分子裂化反应有利于多产丙烯，同时减少干气的生成，可以提高丙烯的选择性。

（3）齐聚裂化

齐聚裂化实质上是双分子裂化反应的一部分，可以说明焦炭和大分子产物的生成。与双分子裂化反应不同，烷烃是与齐聚后较大的表面碳正离子发生氢转移反应。高烯烃分压和高表面碳正离子浓度（如高转化率）对齐聚（或烷基化）反应有利。烷烃裂化过程通过β-断裂产生的碳正离子进行烯烃烷基化—氢转移β-断裂反应循环。

与双分子裂化反应不同，烯烃烷基化生成的烷烃相对分子质量大，可能仍吸附在催化剂的表面，并再次发生氢转移反应，形成新碳正离子。而新碳正离子相对分子质量大，与催化剂表面作用强，不容易脱附，造成催化剂表面碳正离子浓度增加，因而，齐聚裂化反应比双分子裂化反应快。当烷基化速度大于β-断裂时，表面碳正离子越来越大，成为焦炭前驱体。催化剂表面的一个焦炭前驱体，可能同时与多个 B 酸中心作用产生多个碳正离子，在其转变为无活性的焦炭前，可以催化多个原料分子转化。可以预测与双分子裂化反应相比，该机理产生的碳正离子更大，反应速度更快，对酸强度的依赖更小，但要求催化剂具有更大的反应空间（如具有更多的介孔）。

一般认为，低碳数烯烃主要经历聚合-裂解双分子反应，高碳数烯烃则以单分子裂解反应为主。

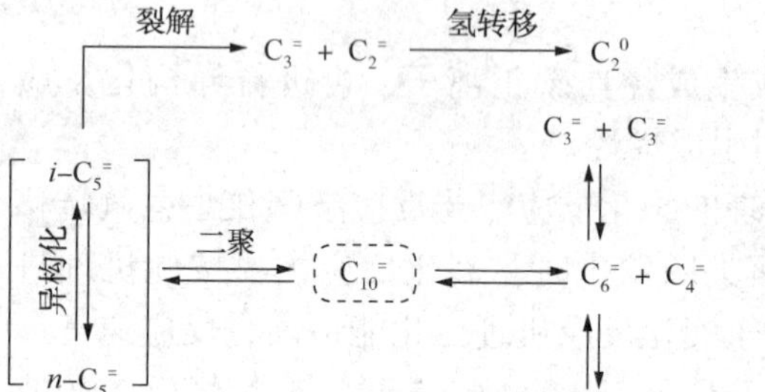

图 7-2-4 碳五烯烃催化裂解反应历程

以碳五烯烃为例，其催化裂解反应历程如图 7-2-4所示。碳五烯烃的双键很容易接受催化剂表面的氢质子而形成相应碳正离子，高温下生成的碳五碳正离子可快速完成双键及骨架的异构化并处于热力学平衡状态。碳五烯烃在进行异构化的同时，碳正离子可直接裂解生成乙烯丙烯，或两个碳五碳正离子通过二聚形成 C_{10} 中间体，然后 C_{10} 中间体再发生顺次裂解反应生成低碳烯烃。需要强调的是，两个碳五烯烃通过二聚生成的是 C_{10} 中间体，而非 C_{10} 烯烃，并且 C_{10} 中间体的生成及裂解反应速度非常之快。另外，由 C_{10} 中间体生成的 C_6 烯烃可生成两个丙烯或生成乙烯及丁烯，并且从热力学角度讲，二者的反应速率在高温下比较接近。当然碳五烯烃及反应生成的烯烃也会通过氢转移生成相应的烷烃。

3. 重油催化裂解反应路径

重油催化裂解过程涉及复杂的平行-顺序反应，其中不仅包括重质原料油的一次裂化反应和汽油馏分的二次裂化反应，而且反应产物还能通过异构化、氢转移、芳构化等反应进一步转化成其他产物。

丙烯的生成路径主要有两种：可以是原料中的烃类大分子转化成活性中间体后直接裂化生成丙烯；也可以是活性中间体裂化生成的汽油馏分等活性中间产物发生二次裂化生成丙烯。产物中的丙烯还会继续转化，主要发生低聚反应和氢转移反应，分别转化成大分子产物和丙烷。当反应温度较高时，热裂解反应的影响会不断增强，热裂解反应所占的比例增大，反应过程中会产生较多的乙烯。另外，催化剂的性质也会对催化裂解反应和热裂解反应产生影响。

重油大分子通过质子化裂化反应和双分子裂化反应转化为活性中间体，活性中间体可直接(反应路径Ⅰ)或间接(反应路径Ⅱ)生成丙烯等低碳烯烃，且在重油高转化率下，丙烯主要由反应路径Ⅱ生成。丙烯生成反应路径如图 7-2-5 所示。

汽油馏分裂化成气体的活化能是重质原料油裂化成汽油馏分活化能的 1.8 倍，升高流化床反应温度，能够大幅度提高汽油馏分的裂化反应速率。汽油二次裂化生产低碳烯烃主要包括裂化反应、氢转移反应、异构化反应及烯烃低聚反应等。氢转移反应和二次裂化反应会影响低碳烯烃的生成。生成的低碳烯烃可发生氢转移反应转变成烷烃，生成的碳正离子也容易与相邻酸性中心上吸附的其他烃分子发生氢转移反应，而减少 C—C 键断裂，导致低碳烯烃的生成减少。烯烃分子裂化反应速度较快且竞争吸附能力较强，容易发生二次裂化反应而分解得到较小的烯烃分子，导致低碳烯烃的生成增加。为了多产低碳烯烃，应该抑制氢转移反应(即抑制小分子烯烃的进一步转化)，但同时应加强大分子烯烃的二次裂化反应。通常，可通过降低酸性沸石催化剂的酸密度和提高酸强度来实现抑制氢转移反应，通过提高温度强化二次裂化反应，同时抑制氢转移反应也有利于降低生焦率。汽油烯烃二次裂解反应如图 7-2-6所示。

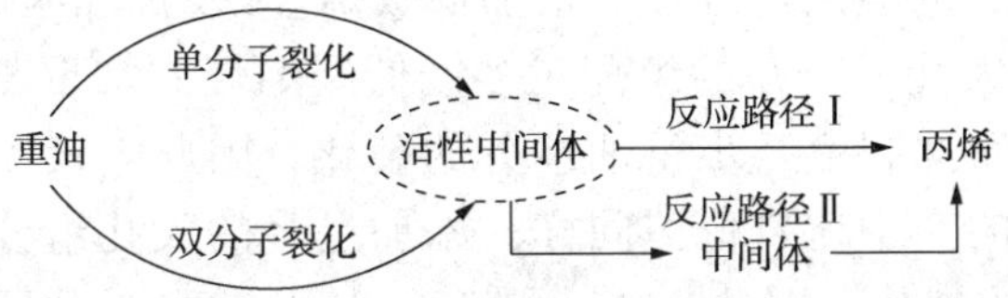

图 7-2-5　丙烯生成反应路径

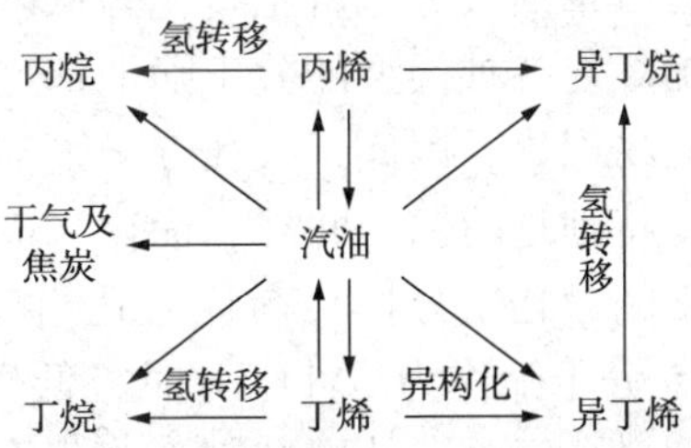

图 7-2-6　汽油馏分二次反应示意

三、催化裂解反应影响因素

1. 催化剂

催化剂是催化裂解工艺的核心，可以降低反应的活化能并提高反应速率。催化裂解制烯烃反应要求催化剂具备适宜的酸性，增强碳正离子裂解活性；适宜的孔道结构，为大分子重油提供吸附和扩散的空间；产生、促进产生或稳定自由基的能力，增强自由基裂解活性；较强的抗结焦、抗重金属中毒能力；较强的再生能力，机械强度高，稳定性好，使用寿命长。目前，应用于催化裂解技术的催化剂主要为分子筛催化剂和金属氧化物催化剂。

含有可变价金属的金属氧化物型裂解催化剂有利于多产乙烯，自由基反应机理为主导；催化剂的活性组分、载体和助剂是影响催化作用的最重要因素；金属氧化物催化剂具有水热稳定性好、不易结焦失活的优点，多用于反应温度较高的催化裂解过程。目前对于金属氧化物型催化剂的研究，一般是在氧化铝等载体上负载碱金属、碱土金属或稀土金属的氧化物，或者是几种氧化物的复合物。其中铝酸钙具有较高裂解活性、水热稳定性及良好的导热性能等优势。成熟的金属氧化物催化剂有 V_2O_5、$MgO-Al_2O_3-CaO$、$CaO-BeO-SrO-Al_2O_3$、$Fe_2O_3-Al_2O_3-CaO$ 等。金属氧化物型催化剂催化裂解反应温度在650℃以上，而分子筛型催化剂催化裂解反应温度为550~650℃，金属氧化物型催化剂反应条件苛刻。

沸石分子筛型裂解催化剂有利于多产丙烯，反应主要遵循的是碳正离子反应机理。对于沸石分子筛型裂解催化剂，分子筛的孔结构、酸性及晶粒大小是影响催化作用的最重要因素。沸石分子筛型裂解催化剂具有确定的孔体系、大的比表面积和较佳的酸性，同时具有分子筛分或择形作用。采用金属、碱土金属、磷、稀土金属等对不同分子筛进行改性，适当调整分子筛的酸性来改善其催化活性及稳定性。

不同骨架结构的分子筛具有不同的制低碳烯烃活性，应根据原料的性质选择适宜的分子筛或对选择的分子筛进行改性，从而使制成的催化剂具有最佳的孔结构分布，因为催化剂的孔结构对裂解性能，如选择性、活性、稳定性、强度、中毒难易等都有影响。

因 ZSM-5 分子筛具有良好的水热稳定性和低碳烯烃选择性，其作为重要的活性组元被广泛应用于重油催化裂解生产低碳烯烃的工艺中。然而 ZSM-5 分子筛孔径一般小于重油大分子尺寸，重油大分子不能快速扩散进入分子筛孔道内裂化，而容易在表面生成焦炭，堵塞催化剂孔隙。先用活性大孔基质及大孔分子筛(例如 Y、β 分子筛)裂化重油大分子，断裂得到的小分子烃类再进入 ZSM-5 孔道，进一步裂化成低碳烯烃。ZSM-5 分子筛增加了低碳烯烃的选择性，而大孔分子筛(Y 和 β 分子筛)增加了反应物的转化率。多种活性中心的“接力作用”是目前裂解重油和多产低碳烯烃的主流方案，即催化剂从基质表面经介孔和小孔依次接替裂解重油大分子直至转化为低碳烯烃。

烯烃在各种类型的分子筛上都比较容易裂化，而烷烃和芳烃只有在大孔分子筛上才相对比较容易裂化，因此，大孔分子筛与 ZSM-5 的混用可以有效增加低碳烯烃(乙烯和丙烯)的产率，特别是丙烯。此外，优化 ZSM-5 与大孔分子筛的组配对多产低碳烯烃非常重要，因为过多的微孔组分将会稀释大孔组分，从而抑制第一步重油组分的裂化，因此当仅以微孔 ZSM-5 分子筛作为活性组分时，低碳烯烃的产率比较低。同样，添加过多的大孔组分也会稀释到微孔组分，从而抑制第二步石脑油的裂化，因此当催化剂仅以大孔 Y 或 β 分子筛作为活性组分时，低碳烯烃的产率也比较低。另外，分子筛上负载适宜的金属可调变分子筛的酸性和氧化还原性，进一步拓宽催化裂解原料的多样性和增加低碳烯烃的产率。

2. 原料油

催化裂解原料性质决定最大的烯烃潜含量。重油生产低碳烯烃首先要评价重油的结构组成。一般来说，催化裂解原料的氢含量和饱和烃含量越高，丙烯产率就越高。然而，在相同条件下的对比实验结果却表明，虽然加氢减压馏分油的氢含量和饱和烃含量都高于大庆减压馏分油，但前者的丙烯产率却低于后者5个百分点。重油催化裂解原料组成非常复杂，但是从烃族组成分析主要包括链烷烃、环烷烃和芳烃三大类。催化裂解反应中，链烷烃很容易断裂生成低碳烯烃，是重质原料制取低碳烯烃的最优结构类型；环烷烃通过烷基侧链断裂裂解和部分环烷环开环裂化生产低碳烯烃，裂解性能相较链烷烃变差；芳香烃主要通过断裂烷基侧链生产低碳烯烃，而芳环本身不能裂解。重油组分催化裂解反应途径如图7-2-7所示。

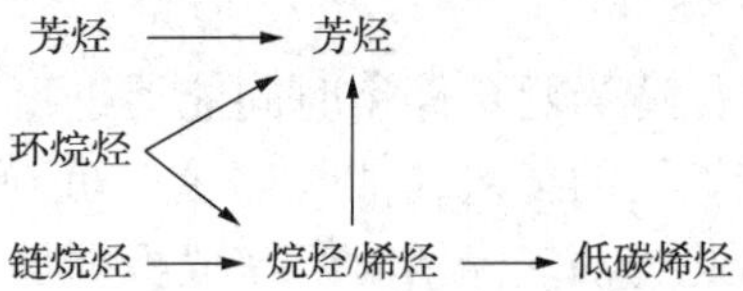

图7-2-7　重油组分催化裂解反应途径

可用美国矿物局相关指数（U.S. Bureau of Mines Correlation Index，BMCI），表征重油原料的裂解性能，并关联低碳烯烃的大致收率。BMCI依据油品的体积平均沸点和相对密度关联油品的结构组成，原料的BMCI值越大，其芳香性越强，而BMCI值越小，表明其石蜡性越强，其裂化性能越好，低碳烯烃产率越高。BMCI≤20时，低碳烯烃产率较高。

$$BMCI = \frac{48640}{T_V} + 473.7d_{15.6}^{15.6} - 456.8$$

重油催化裂解大多选用石蜡基油与中间基油为原料，而环烷基油常需要通过加氢改质再裂解。而且，随着链烷烃组分沸程的升高，其转化率增加，丙烯产率也明显增加。

3. 工艺条件

(1) 反应温度

大分子裂化为小分子是吸热反应，氢转移反应是放热反应，高温有利于促进大分子裂化和抑制氢转移反应。但是反应温度也受热裂化反应程度限制，热反应的活化能较催化反应大，升高温度，热反应加剧，焦炭和干气产率升高，重油催化裂解反应温度存在最佳范围。

由于原料油、催化剂和反应器的差异，反应温度对产物收率影响的规律不完全一致。提高温度有利于深度裂解，大分子进一步转化为小分子，温度达到一定程度时，C_3、C_4裂解为C_1、C_2。实际生产中，多产低碳烯烃或轻质芳烃等不同生产方案主要是依靠调节反应温度实现。

(2) 剂油比

重油催化裂解需要较大的剂油比，使更多的原料分子接触催化剂活性中心，促进重油转化和汽油馏分的二次裂化。增大剂油比有利于促进催化裂化反应并抑制热裂化反应，并提供足够的吸附位点，有效地优化原料油中稠环芳烃与其他烃类的竞争吸附过程，提高单程转化率。高剂油质量比可使失活催化剂上的碳含量减少，相当于增加催化剂的总活性，相同转化率条件下，可降低反应温度和能耗。然而，过大的剂油比可促进烃类发生氢转移反应和烯烃聚合反应等双分子裂化，降低低碳烯烃选择性。

工业应用中，催化裂解装置的剂油比属于非独立操作变量，其受到再生器温度、反应温度和工艺的热平衡限制。大剂油比意味着原料和催化剂在更高的温度下达到热平衡，促进热裂化反应和低碳烯烃的二次反应。因此，催化裂解的剂油比不宜太高，应根据确定的工艺装置进行优化。

(3) 停留时间(空速)

床层反应器常采用空速表示原料与催化剂的接触时间，提升管反应器则采用停留时间。

一定范围内，停留时间(空速)和剂油质量比对催化裂解反应影响相似，即延长反应时间，相当于增大剂油质量比。停留时间对低碳烯烃产品分布的影响小于反应温度和剂油比的影响。

适当延长停留时间能促进重油转化，增加低碳烯烃的收率。对于催化裂解最大化生产低碳烯烃的工艺，油气停留时间延长，二次反应(如氢转移反应)加剧，低碳烯烃产率降低。因此，油气停留时间一般根据加工原料油的性质和催化剂性质，在促进重油裂解与提高低碳烯烃选择性之间寻求最佳值。

(4) 油气分压

重油催化裂解是分子数增多的反应，降低反应器内油气分压有利于反应向分子数增多的方向进行，促进重油大分子裂化为小分子烯烃。另外，焦炭和小分子烷烃(如丙烷和丁烷)是双分子氢转移反应的典型产物，降低反应器内油气分压，可有效地降低焦炭产率，提高液化气的烯烃含量，较低的油气分压能获得良好的催化裂解产物分布。

催化裂解装置中，一般通过改变水油比来改变油气分压。增大水油质量比，降低气体烃分压，促进小分子烯烃生成。较大的水油质量比减少油气停留时间，转化率和选择性降低。

工业应用中，油气分压受反应压力、装置能耗、气压机功率等多方面限制，确定适宜的油气分压应从原料转化、设备投资、装置能耗等多方面综合考量。

(5) 轻烃回炼

回炼石脑油馏分和 C_4 烃是增产低碳烯烃的主要方式，工业上回炼轻烃的另一优点是轻烃裂化可明显地降低再生催化剂温度，减小再生催化剂与原料油的温差，抑制热反应。轻烃回炼需要苛刻的反应条件，可增设一根独立的提升管反应器，将石脑油馏分返回至轻烃提升管中，使之直接与高温、高活性的再生催化剂接触，达到增产低碳烯烃的目的，如 DCC-Plus 工艺。

四、催化裂解工艺

1. 催化裂解工艺流程

国内某公司的 1.5Mt/a 渣油催化裂解制烯烃装置采用中石化石油化工科学研究院(RIPP)开发的 DCC 专利技术，DCC 装置加工原料为常压渣油，主要目的产品为乙烯和丙烯，是世界上首套以渣油为原料直接催化裂解生产乙烯和丙烯等化工产品的工业生产装置。DCC 装置包括反应-再生、裂解炉和烯烃分离 3 个单元，装置总流程示意见图 7-2-8。常压渣油原料在反应器中进行催化裂解反应，反应后的油气先通过油气急冷器降温，然后进入分馏塔分离，分离得到塔顶油气、裂解轻油产品和油浆产品。塔顶油气进入直冷塔，得到富气和粗汽油。富气经过精制和分离得到聚合级乙烯和丙烯产品以及乙烷和丙烷。乙烷和丙烷循环进入裂解炉，裂解炉出口油气降温后进入分馏塔分离。粗汽油进入石脑油分离塔，石脑油分离塔塔顶的轻石脑油返回反应器，石脑油分离塔塔底出重石脑油产品。

反应-再生单元的 DCC-Plus 工艺结构设计两根提升管，DCC-Plus 工艺结构示意见图 7-2-9。这种结构的优点在于：一是对床层反应器补充再生催化剂实现床层反应区反应环境调控，由于渣油原料一次裂解和汽油馏分二次裂解所需的反应条件不同，通过采取向床层反应器内补充热的再生催化剂的技术措施来实现分区控制，以满足渣油原料的一次裂解反

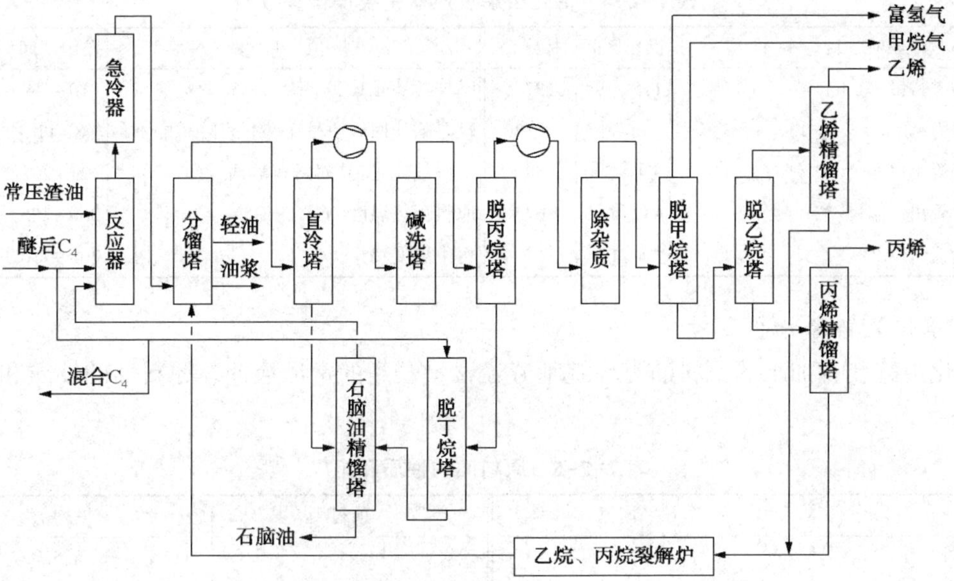

图 7-2-8　DCC 装置总流程示意

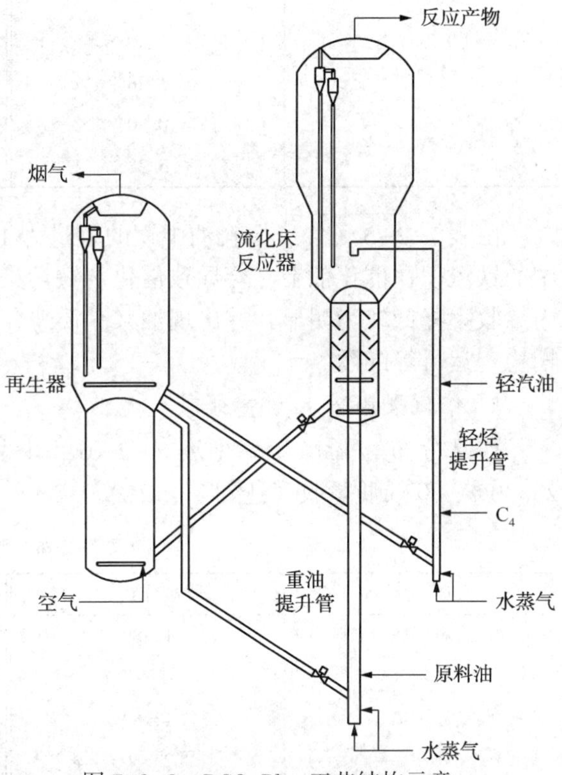

图 7-2-9　DCC-Plus 工艺结构示意

应和汽油馏分的二次裂解反应对催化剂活性和反应条件的各自要求，达到增产丙烯的同时降低干气和焦炭产率的目的；二是降低第一提升管出口温度，减少渣油原料的过度裂化反应，减少干气和焦炭生成；三是通过第二提升管将 C_4/裂解石脑油回炼至床层反应器内，也可以将 DMTO 和 MTBE 装置来的 C_4 馏分送入床层反应器内，通过齐聚裂化进一步增产丙烯。

装置使用的催化剂为 RIPP 开发的 CPP（Catalytic Pyrolytic Process）专用催化剂——Epylene 10。催化剂的特性主要有：①使用烯烃产率、选择性和水热稳定性更高的择形分子筛，增加催化剂的活性和活性稳定性以及低碳烯烃收率；②优化催化剂基质的酸性中心，可以提高催化剂中有效活性中心的比例，降低环烷芳烃生焦，促进大分子开环裂化，为低碳烯烃的生成提供更多的前身物；③调整多级孔分子筛的比例，通过微孔-介孔复合孔结构强化分子筛扩散性能，提高活性中心可接近性，提高转化率，增加低碳烯烃收率；④通过对黏结剂和基质比例的优化，解决催化剂强度和通畅的孔结构之间的矛盾，提高分子筛的可接近性。

采用 DCC-Plus 工艺和 Epylene 10 催化剂，其催化裂解反应操作参数见表 7-2-4。

表 7-2-4 催化裂解反应器主要操作参数

项　目	操作区间	标定值	项　目	操作区间	标定值
常压渣油进料量/(t/h)	175~194	187.5	C_4回炼质量比(对常压渣油)/%	10~15	10
反应器压力/MPa	—	0.128	轻石脑油回炼质量比(对常压渣油)/%	8~11	8
重油提升管出口温度/℃	570~590	580	水蒸气注入量(对常压渣油)/%	20~25	24
轻烃提升管出口温度/℃	642~660	645	原料预热温度/℃	260~285	285
床层反应器料位/%	5~10	7	再生温度/℃	700~710	705

2. 催化裂解原料组成

催化裂解装置加工的原料油为环烷基芳烃含量较高的常压渣油。原料油的性质和组成见表 7-2-5。

表 7-2-5 原料油的性质和组成

项目	平均值	项目	平均值
密度(20℃)/(g/cm^3)	0.9062	残炭/%	5.52
金属含量/(μg/g)		氢(质量分数)/%	12.64
Fe	10.42	馏程/℃	
Ni	3.40	初馏点	279.9
V	1.28	10%	392.4
Ca	0.80	30%	452.4
Na	5.38	50%	477.4

由表 7-2-5 可知，原料油中铁的含量为 10.42μg/g，超出了设计值的 3.6μg/g。原料油中的铁沉积在催化剂上，会导致催化剂铁污染中毒、目的产品乙烯和丙烯收率降低，特别是丙烯收率降低较为明显；并出现油浆品质恶化，造成分馏塔结焦、油浆系统堵塞而影响长周期稳定运行等问题。

3. 催化裂解产品质量分布

产品分布与烯烃产率见表 7-2-6，其中乙烯质量收率为 13.82%，丙烯质量收率为 23.30%，双烯质量收率达到 37.12%。

表 7-2-6 产品质量分布

产　品	质量分数/%	产　品	质量分数/%
甲　烷	10.89	裂解石脑油	20.40
富氢气	1.54	裂解轻油	6.69
乙　烯	13.82	油　浆	7.59
丙　烯	23.30	焦炭+损失	10.10
混合 C_4	5.67	(乙烯+丙烯)产率/%	37.12

乙烯产品和丙烯产品性质均达到聚合级指标要求，其中乙烯产品的体积分数达 99.98%，丙烯产品的体积分数达 99.74%。裂解石脑油和裂解轻油的芳烃含量很高，都在 80%以上，是提取轻芳烃的优质原料。

第八章 加氢裂化和渣油加氢

第一节 加氢裂化

一、概述

加氢裂化是在高温、高氢压和催化剂存在的条件下，使重质油发生裂化反应，转化为气体、汽油、煤油、柴油组分的过程。加氢裂化的原料通常为减压馏分油、常压渣油、减压渣油以及渣油的脱沥青油，可以是高硫、高氮、高芳烃(如多环芳烃)的劣质重馏分。其主要特点是生产灵活性大，各种产品的产率可以通过改变操作条件的方式加以控制，或以生产轻油为主，或以生产低冰点喷气燃料及低凝点柴油为主，或用于生产润滑油。加氢裂化产物中含硫、氮、氧等杂质较少，且基本饱和，所以稳定性较好。加氢裂化产物中比柴油更重的尾油是优质的润滑油原料和裂解制烯烃的原料。加氢裂化的液体产品收率达98%以上，其产品质量远高于催化裂化。但由于加氢裂化是高压操作，条件苛刻，耗氢多，需较多的合金钢材，投资较高，故实际应用没有催化裂化普遍。加氢裂化汽油的辛烷值比催化裂化低，需再经重整将它的辛烷值提高。加氢裂化是催化裂化的一个补充，而不是代替催化裂化。

加氢裂化催化剂是双功能催化剂，它是由具有加氢活性的金属组分(Mo、Ni、Co、W、Pd等)载于具有裂化和异构化活性的酸性载体(硅酸铝、沸石分子筛等)上所组成。加氢裂化是在临氢条件下进行催化裂化，可抑制催化裂化时发生的脱氢缩合反应，减缓催化剂上的焦炭沉积。

加氢裂化工艺过程根据原料性质、产品要求可采用一段法或两段法。一段法适用于质量较好的原料，其裂化深度较浅，一般以生产中间馏分油为主；两段法适用于质量较劣的原料，其裂化深度较深，一般以生产轻油为主。此外，根据所用的压力可分为高压加氢裂化和中压加氢裂化两类，一般压力高于10MPa者为高压，压力在8MPa左右为中压。对于在中压下进行的转化率较低的过程则称为缓和加氢裂化。

图8-1-1为一段串联加氢裂化原理流程。原料油与循环氢及补充的新氢混合并经过换热后进入加热炉加热至所要求的温度进入反应器；虽然裂化反应是吸热的，但是加氢反应是放热的，总的热效应是放热的。为了控制反应温度不至于过高，需向反应器分层注入冷氢；反应后的产物经过冷却后进入高压分离器，分离出氢气，再用循环氢压缩机升压后返回反应系统循环使用。自高压分离器底部分出的生成油，经减压后进入低压分离器释放出部分溶解的可作为燃料的气体，然后再经稳定塔分离出液化气，经分馏塔得到汽油、煤油、柴油馏分，分馏塔底的产物称为尾油，尾油可以全部或部分循环去加氢裂化，也可以作为生产润滑油或乙烯的原料。对于含氮较多的原料，需要先进行加氢精制，以避免加氢裂化催化剂过快失活。表8-1-1为胜利原油减压馏分油高压加氢裂化产物的收率及性质。

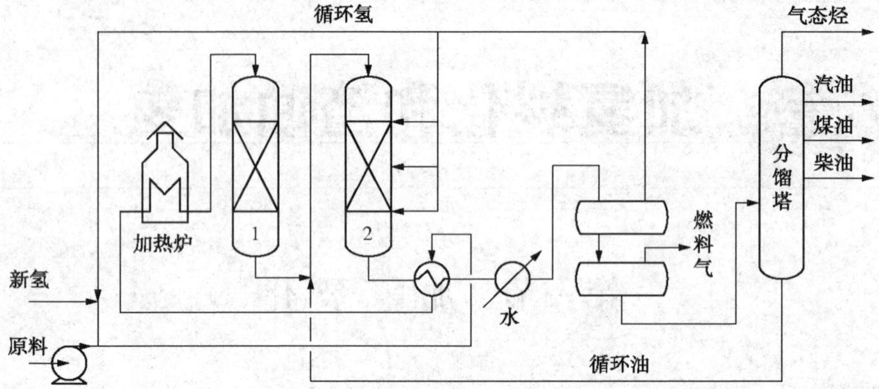

图 8-1-1　一段法加氢裂化原理流程

1—加氢精制反应器；2—加氢裂化反应器

表 8-1-1　胜利原油减压馏分油高压加氢裂化情况

原料性质（含 10%焦化馏出油）		反应条件	
相对密度（d_4^{20}）	~0.9	压力/MPa	16.7~17.8
硫含量/%	~0.7	温度/℃	380~400
氮含量/%	~0.2	空速/h^{-1}	0.9~1.1
残炭/%	~0.3	氢油比/（m^3/m^3）	1200~1800

产物收率与性质	轻石脑油	重石脑油	煤油馏分	轻柴油馏分
收率/%	16.4	13.1	43.1	21.6
沸程/℃	44~100	102~143	140~273	249~327
相对密度（d_4^{20}）	0.6742	0.7418	0.7842	0.8064
硫含量/（μg/g）	<1	<1	<1	<1
氮含量/（μg/g）	<1	<1	<1	<1
辛烷值（RON）	76	—	—	—
芳烃含量/%	1	—	2.3	—
结晶点/℃	—	—	-55	—
烟点/mm	—	—	36	—
倾点/℃	—	—	—	-6
十六烷值（计算值）	—	—	—	73

加氢裂化的气体产物与催化裂化气体产物的相似之处是其中的 C_1、C_2 含量不大，C_4 馏分中异丁烷较多，差别是前者基本不含有烯烃，加氢裂化的液体产物也都不含有烯烃。其汽油馏分的辛烷值较低，它是催化重整或制取乙烯的良好原料；其煤油馏分的芳烃含量低，环烷烃含量高，烷烃的异构化程度也较高，冰点较低，可以作为喷气燃料；其柴油馏分的凝点较低，十六烷值较高，是较好的柴油机燃料。同时，其高于 350℃ 尾油的 BMCI 较低，芳烃含量较少，是很好的制取乙烯的原料，经过脱蜡降凝后可以作为优质润滑油的基础油。

加氢裂化的氢耗比加氢精制要高，约为原料的 2%~4%，而加氢精制的氢耗一般为 1%。

二、加氢裂化反应

加氢裂化采用的是同时具有加氢和裂化两种作用的双功能催化剂，其加氢功能是由金属活性组分所提供的，而裂化功能则是由具有酸性的无定形硅酸铝或沸石分子筛载体所提供。所以烃类的加氢裂化反应产物分布与催化裂化相似，只是由于加氢活性中心的存在，产物基本上是饱和的。加氢裂化与催化裂化的另一重要差别是，在催化裂化条件下多环芳烃首先被吸附在催化剂的表面，随即脱氢缩合成焦炭，使催化剂迅速失活；而加氢裂化过程中多环芳烃可以加氢饱和成单环芳烃，基本上不会生成积炭，催化剂的使用周期一般为2~3年。

加氢裂化过程中，各种非烃化合物的反应与加氢精制没有原则区别。下面就各种烃类的加氢裂化反应分别讨论。

1. 烷烃及烯烃

（1）裂化反应

烷烃或烯烃在加氢裂化条件下都是生成相对分子质量更小的烷烃，其通式为：

$$C_nH_{2n+2}+H_2 \longrightarrow C_mH_{2m+2}+C_{n-m}H_{2(n-m)+2}$$

$$C_nH_{2n}+2H_2 \longrightarrow C_mH_{2m+2}+C_{n-m}H_{2(n-m)+2}$$

与催化裂化一样，烷烃和烯烃的加氢裂化反应都是遵循碳正离子反应历程，较大的碳正离子会进行β-断裂生成较小的碳正离子和烯烃。但与催化裂化不同的是，在加氢活性中心的作用下烯烃会很快加氢饱和，而来不及再进一步裂化或吸附于催化剂表面而脱氢缩合生成焦炭。因此，加氢裂化催化剂的加氢活性与酸性要很好地匹配。如果加氢活性过强，就会使二次裂化反应过于受抑制；而当酸性活性过强时，则会使二次裂化反应过于强烈。

不同催化剂对正十六烷加氢裂化反应的影响见表8-1-2。该表中所列三种加氢裂化催化剂的酸性载体均是无定形硅酸铝，而加氢活性组分不同。其中Pt或Co-Mo的加氢活性较强，而Mo则较差。在相同的反应条件下，以Pt或Co-Mo为加氢活性组分时，每个正十六烷分子平均只裂化一次，二次裂化反应不明显；而以加氢活性较弱的Mo为金属活性组分时，二次裂化反应明显增多。

表8-1-2 不同催化剂对正十六烷加氢裂化反应的影响

催化剂	$Pt/SiO_2-Al_2O_3$	$Co-Mo/SiO_2-Al_2O_3$	$Mo/SiO_2-Al_2O_3$
反应温度/℃	371	375	375
产物/(mol/100mol 原料)			
烷　烃	189	195	217
环烷烃	14	6	6
合　计	203	201	223

（2）异构化反应

加氢裂化过程中，烷烃和烯烃均能发生异构化反应，从而使产物中异构烷烃与正构烷烃的比值较高。产物的异构化程度和催化剂的加氢活性与酸性活性的相对强度有关。当催化剂的酸性活性较高时，产物的异构化程度较高；而当催化剂的加氢活性相对较高时，则产物的异构化程度较低。

（3）环化反应

加氢裂化过程中，部分烷烃和烯烃会发生环化反应生成环烷烃，如：

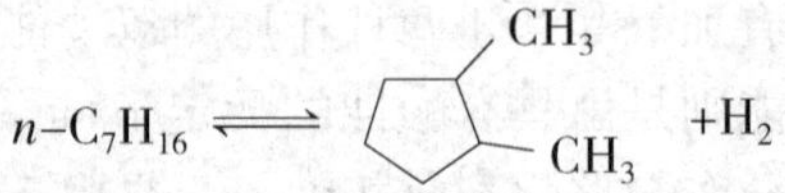

表 8-1-2 所列正十六烷加氢裂化的产物中也有部分环烷烃。

2. 环烷烃

环烷烃在加氢裂化催化剂上的反应主要是脱烷基、异构化和开环反应。

带有侧链的环烷烃，首先进行脱烷基反应。带长侧链的单环环烷烃则先是侧链中央的C—C 键断裂，直至侧链全部脱除，然后残存的环再进一步裂解。六元环烷烃相对比较稳定，一般是先通过异构化反应转化为五元环烷烃，然后再加氢开环成相应的烷烃。

双六元环烷烃在加氢裂化条件下，往往是其中的一个六元环先异构化为五元环后再开环，然后才是第二个六元环的异构化和开环。这两个环烷环中，第一个环的开环比较容易，而第二个环则比较难断开，此反应可示意如下：

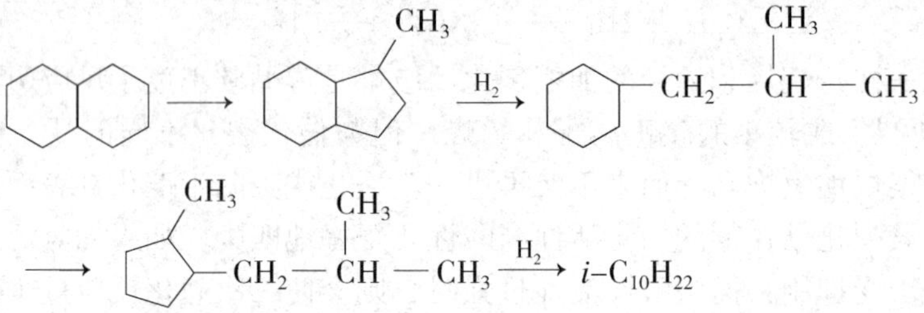

环烷烃加氢裂化产物中的异构烷烃与正构烷烃之比以及五元环烷烃与六元环烷烃之比都比较大，均超过其相应的热力学平衡值。

3. 芳烃

由于加氢裂化反应条件比较苛刻，芳烃除侧链断裂外，还会发生芳香环的加氢饱和反应。

表 8-1-3 为芳烃加氢饱和的相对反应速率。由该表可见，稠环芳烃中第一个芳香环的加氢饱和是比较容易的，其反应速率比苯的加氢要大一个数量级，而其最后剩下的一个芳香环的加氢饱和是比较困难的，其反应速率与苯接近。

表 8-1-3 芳香烃加氢饱和相对反应速率（400℃、15MPa、WS_2催化剂）

反　应	相对反应速率	反　应	相对反应速率
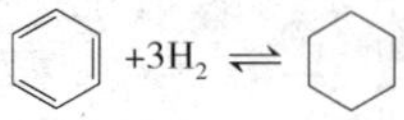	1. 0	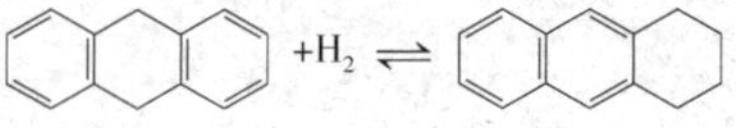	13. 8
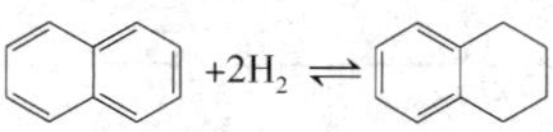	23. 0	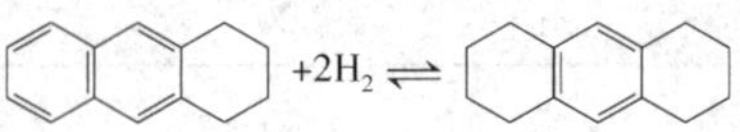	4. 6
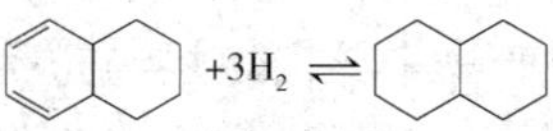	2. 5	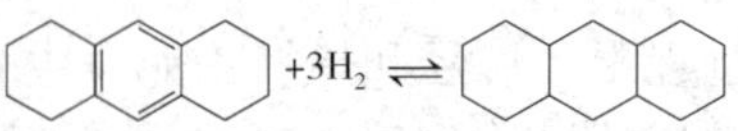	2. 9
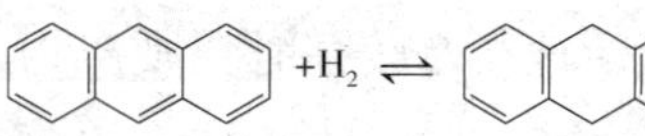	62. 1		

表 8-1-4 为烷基苯的加氢饱和反应平衡常数。由该表可见，带烷基侧链的单环芳烃比苯难以加氢饱和，多取代烷基苯的平衡常数则更小，而烷基上碳数的多少影响不大。

表 8-1-4　烷基苯的加氢饱和反应平衡常数(400℃)

芳烃	$\lg K_P$	芳烃	$\lg K_P$
苯	-3.70	正丙基苯	-4.26
甲苯	-4.19	1,2,4-三甲苯	-5.11
乙苯	-4.23		

蒽的加氢饱和反应历程可能如下：

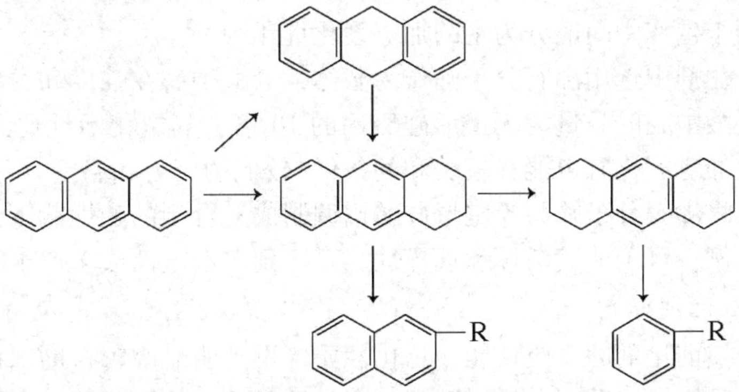

从上述讨论可以看出，多环芳烃很容易被部分加氢，其被饱和的环易于开环成为芳烃的侧链，然后再断侧链，直至成为较小分子的单环芳烃。因此在加氢裂化的条件下，多环芳烃不会像催化裂化那样容易缩合生焦，这是加氢裂化催化剂活性稳定、使用寿命长的原因。

此外，如用加氢裂化的方法处理含稠环芳烃和稠环环烷烃较多的中间基或环烷基润滑油料，可使其中的稠环芳烃部分加氢饱和成单环芳烃，稠环环烷烃转化为单环环烷烃，从而显著提高其黏度指数。

三、加氢裂化催化剂

加氢裂化催化剂具有加氢和裂化两种功能，即由具有加氢功能的金属活性组分和裂化与异构化功能的酸性载体两部分组成，根据不同原料和产品要求，对这两种功能进行调节，以其能够很好地匹配。

1. 加氢活性组分

与加氢精制催化剂一样，其加氢活性组分都是由ⅥB 族和Ⅷ族金属元素，其中 Pt 和 Pd 虽然具有很高的加氢活性，但它们对硫的敏感性很强，很容易中毒，所以仅能在两段加氢裂化过程中的第二段对已基本脱除硫、氮的原料使用。

研究表明，ⅥB 族和Ⅷ族金属组分之间的相互组合比单独组分的加氢活性好，对于芳烃加氢饱和反应，各种组分组合的加氢活性排列顺序为：Ni-W>Ni-Mo>Co-Mo>Co-W。对加氢脱氮、加氢脱金属、加氢异构化反应，上述次序不变，而在加氢脱硫时，Co-Mo 活性较高。目前，工业加氢处理催化剂普遍认为 Mo 或 W 是主催化剂，Co 或 Ni 是助催化剂。金属助剂(Co 或 Ni)的加入可使催化剂活性大幅提高。

W、Mo作为主催化金属，在催化剂中含量较高，而Ni、Co含量较少。金属组分间的组合应存在一个最佳原子比，以得到最好的加氢脱氮、加氢脱硫、加氢裂化和加氢异构化活性。当然，对于不同目的的加氢裂化催化剂，其酸性组分、加氢活性最佳原子比有可能不完全相同。

2. 裂化活性组分

加氢裂化催化剂中常用的裂化活性组分与催化裂化一样是固体酸，包括无定形的硅酸铝和沸石分子筛。这种酸性载体具有如下几方面的作用：增加催化剂的有效表面积；提供合适的孔结构；提供酸性中心；提高催化剂的机械强度；提高催化剂的热稳定性；提高催化剂的抗毒能力；节省金属组分的用量，降低成本。

作为加氢裂化催化剂载体的无定形硅酸铝，其SiO_2的含量为20%~50%，这种载体具有中等的酸度，适用于生产中间馏分为主的加氢裂化催化剂。

在加氢裂化催化剂中选用沸石分子筛作为载体，其酸中心在强度和类型方面与无定形硅酸铝相类似，但是酸中心的数量为无定形硅酸铝的10倍，其裂化活性比无定形硅酸铝高几个数量级，因此使加氢裂化有可能在较缓和的条件(较低的压力和温度)下进行。

再者，还可以将沸石分子筛与无定形硅酸铝调制成复合型的酸性载体，通过改变它们各自的性质和相对比例，可调节其活性和选择性，以达到多产汽油或多产中间馏分油的目的。

3. 加氢裂化催化剂助剂

助剂的加入可使催化剂的反应性能、物化性质等得到明显改善，助剂种类繁多，有结构助剂、电子助剂、晶格缺陷助剂、扩散助剂、变相助剂、扩孔助剂等，当然一种助剂也可以起多种作用，也可以是多种助剂共同起一种作用。目前主要用于加氢裂化催化剂并起重要作用的助剂元素为氟、磷、硼等。

氟可取代氧化铝的表面羟基，由于氟的电负性大，相对吸电子能力强，使铝的电子迁移到氟上，铝负电中心对H的静电吸引力相对变弱，其束缚力减弱，更容易解离，从而形成更多B酸提高催化剂的活性。氟含量较高时，会降低催化剂的等电点，减弱多聚W(Mo)盐在载体表面的吸附，有利于改善加氢组分在载体上的负载，提高催化剂的加氢活性。

磷可在催化剂表面生成$AlPO_4$，减少强酸中心数，增加中强酸中心数，从而增强催化剂的抗积炭性能；改善加氢组分在催化剂表面的分散作用，抑制催化剂中镍铝尖晶石的形成，最终提高催化剂的加氢性能。

硼可取代催化剂表面的Al，由于B—OH的酸强度高于Al—OH，可增加B酸量，提高催化剂活性；改善加氢组分的分散，提高催化剂载体表面的金属活性中心数，最终提高催化剂的加氢功能。

4. 加氢裂化催化剂的类型

不同类型的加氢裂化催化剂性能千差万别，其差别不仅表现在活性的高低，还因催化剂的加氢功能和裂解功能强弱之间的不同匹配而导致加氢裂化产品选择性和产品质量上的差别。

生产石脑油和催化重整原料的催化剂，具有强酸性和中等加氢活性，有利于反应物分子的异构化、歧化、芳构化、加氢(脱氢)、氢转移和C—C键断裂，产物中烷烃的异构烃与正构烃之比高，保留单环结构，石脑油芳潜含量较高。

生产中间馏分油的加氢裂化催化剂要求酸性中等、加氢活性强，酸性载体的酸性中心数量不要太多，有较大的孔径并且要求比较集中(4~8nm)，这样可以减少生成物的二次裂解，改善催化剂的中油选择性。

最大量生产中间馏分油尤其是柴油时，应首先选无定形载体催化剂。此类载体酸性弱、酸性中心数少、孔径大，不易发生过度裂解和二次裂解少，因此有利于多产中间馏分油，尤其是柴油。

5. 加氢催化剂预硫化和钝化

初始装入反应器内的加氢催化剂以氧化态存在，不具有反应活性，只有以硫化物状态存在时才具有加氢活性和稳定性、选择性，所以对新鲜的或再生后的加氢催化剂在使用前应进行硫化。催化剂预硫化可分湿法硫化和干法硫化两种，湿法硫化是在氢气存在下，采用含有硫化物的馏分油在液相和半液相的状态下的预硫化；湿硫化法又分为两种：一种为催化剂硫化过程所需的硫来自外加入硫化物，另一种是依靠原料油本身的硫进行预硫化。干法硫化是在氢气存在下，直接用含有一定浓度的 H_2S 或直接向循环氢中注入有机硫化物进行硫化。

含分子筛的加氢裂化催化剂硫化后，具有很高的活性，所以在进原料油之前，须采取相应的措施对催化剂进行钝化，以抑制其过高的初活性，防止和避免进油过程中可能出现的温度飞升现象。注氨可使裂化催化剂钝化，氨分子可以被吸附在催化剂的微孔中，并在一段时间内占据其中，使得油品暂时无法与部分催化剂接触而起反应。

四、加氢裂化影响因素

1. 原料

加氢裂化原则上可以处理各种类型的原料，具有很好的灵活性，如：催化裂化重柴油的硫、氮含量高，此外还有较多的烯烃、稠环芳烃以及少量胶质。回催化裂化循环裂化，回炼过多会造成轻质油产率降低和产品质量变差，生焦率上升；可先加氢处理，脱除重柴油中的硫、氮等化合物，使烯烃和多环芳烃饱和，再进行加氢裂化，获得高品质的产品。加氢裂化的产物组成很大程度上取决于原料的组成。加氢裂化原料的特性因数 K 与产物性质的关系见表 8-1-5。

表 8-1-5　加氢裂化原料的特性因数 K 与产物性质的关系

原料		产物性质			
		煤油(149~266℃)		柴油(266~343℃)	
特性因数	$t_{50\%}$/℃	$d_{15.6}^{15.6}$	烟点/mm	$d_{15.6}^{15.6}$	倾点/℃
11.90	485	0.8142	21.9	0.8304	-26
11.82	427	0.8128	22.5	0.8241	-21
12.42	433	0.7949	29.0	0.8132	-21
12.53	410	0.7870	35.6	0.8017	-12

由表 8-1-5 可以看出，加氢裂化所得煤油与柴油产物的性质与原料的组成密切相关。

特性因数 K 值又称 Watson K 值或 UOP K 值，它是油品平均沸点和相对密度的函数，其具体关系如下式所示：

$$K=\frac{1.216\,T^{\frac{1}{3}}}{d_{15.6}^{15.6}}$$

式中 T——中平均沸点，K；

d——相对密度。

特性因数 K 值与油品化学组成有关。当沸点相近时，烷烃的 K 值最大，环烷烃的次之，芳香烃的最小。原料的 K 值越小，其芳香性越强，其相同沸程的产物相对密度越大，煤油馏分的烟点和柴油馏分的倾点就越低。

原料中的含氮化合物尤其是碱性氮化物和加氢生成的氨会强烈地吸附在催化剂的表面，使酸性中心因被中和而失活。原料中氮含量对加氢裂化起始操作温度及催化剂失活速度的影响如表 8-1-6。对于含氮较多的原料，其要求的起始操作温度较高，而催化剂的失活速度也较快。在抗氮性能方面，沸石分子筛显著优于无定形硅酸铝。

表 8-1-6 原料中氮含量对加氢裂化起始操作温度及催化剂失活速度的影响

原料油(360~550℃馏分)		起始操作温度/℃	催化剂失活速度/(℃/d)
氮含量/(μg/g)	硫含量/%		
640	2.50	基准	0.05
1165	1.72	基准+14	0.14

此外，加氢裂化过程要求原料中含有一定量的硫。如果硫含量过低，容易引起加氢裂化硫化态催化剂的脱硫，从而降低催化剂的活性。但硫含量也不能过高，否则将使催化剂的选择性降低，氢耗量增加。

2. *反应压力*

由于加氢裂化总体上是分子数减少的反应，因此提高反应压力对其热力学平衡是有利的，尤其是对芳烃加氢饱和反应的影响尤为显著，氢分压的增大能使加氢裂化的反应速率加快，转化率提高。

反应压力对加氢裂化柴油产品的十六烷值以及芳烃含量的影响非常明显，还不同程度地影响到催化剂的加氢脱硫、脱氮、烯烃饱和等的反应性能。

一般情况下，原料越重所需要的反应压力也越高。其主要原因是较重的原料中含有较多的稠环芳烃和较多的含氮化合物，而且其结构也更为复杂，更难于加氢。同时原料的基属也有影响，石蜡基原油的减压馏分比中间基原油的减压馏分易于加氢裂化，所需要的操作压力也要低一些。再者，提高反应压力有利于抑制缩合反应，因而减缓催化剂的积炭速度，可以延长开工周期。

但是反应压力越高，相应的投资和操作费用就越高，操作安全风险也同时增大。通过采用保护-精制-裂化工艺组合以及催化剂级配方式的优化，在相对较低的压力下实施加氢裂化可获得理想的运转周期。加氢裂化装置采用的反应压力，应综合考虑原料油性质和产品生产方案，并兼顾适度的灵活性。目前加氢裂化的操作压力为 10~15MPa 左右，以增产柴油为目的的中压加氢裂化的操作压力为 7.0~10.5MPa。

3. *反应温度*

反应温度是加氢裂化工艺中最主要、最敏感的操作参数，可以此调节产品质量和转化率。由于加氢是强放热反应，如果反应温度过高，其平衡常数和平衡转化率就很低，同时过高的反应温度会使加氢裂化反应速度过快，这样，一方面由于反应热来不及导出而导致催化剂超温，使寿命缩短；另一方面也会因催化剂表面积炭速度过快，而缩短再生周期。但反应温度过低，则加氢反应速度就会太慢，脱硫、脱氮率下降，达不到所要求的转化率。

一般减压馏分油的加氢裂化反应温度在370~440℃。在开工初期，催化剂的活性较高，可以采用较低的反应温度，随着运转时间的延长，催化剂的活性逐渐降低，其反应温度可逐步提高。为了避免催化剂床层温度因反应放热而升得太高，一般采用对反应器床层分段注冷氢、急冷油、含氮原料、调整循环氢中氨浓度等方法，控制每段的温升不大于10~20℃。

4. 空速

空速是控制加氢裂化反应深度的重要参数。降低空速意味着增加反应时间，加氢裂化反应深度随之提高，气体产物增多，氢耗也有所增加，而装置的处理能力相应降低。

改变空速还能改变产物的分布。当提高空速时，其转化深度降低，轻质产物的收率减少，而中间馏分的收率有所增加。

加氢裂化常用的空速在0.5~2.0h^{-1}范围内，对于含稠环芳烃较多的原料，需要较低的空速，以利于芳香环系的加氢饱和。对于活性较高的催化剂，在较高的空速下操作也可能达到所需的转化率。

5. 氢油比

在同一装置中，氢油比的增加意味着氢分压提高，可以使混氢原料在催化剂床层的分布均匀，降低床层温升，并能抑制催化剂积炭，提高其运转周期。另外，提高氢油比会改善混氢原料及反应产物在换热器及反应进料加热炉中的流动性能，提高传热性能，避免油品在炉管中结焦而堵塞炉管。但是氢油比过高除能耗增大外，还会导致反应物与催化剂接触机会减少，降低反应速度，而过低将会造成床层结焦加剧。因此，生产中必须根据实际情况设计合理的氢油比。研究表明，对于加氢裂化装置而言，氢油比为该装置的化学氢耗的4~5倍较为经济合理。

第二节　渣油加氢

渣油加氢过程中，发生的主要反应有加氢脱硫、加氢脱氮、加氢脱金属、残炭前身物转化等反应，同时还伴随少量的加氢裂化反应，如加氢异构化和裂化(包括开环)反应。根据渣油加氢转化的深度，可分为渣油加氢处理(Resid hydrotreating，RHT)和渣油加氢裂化(Resid hydrocracking，RHC)。在RHT中主要发生脱除杂原子化合物的反应，原料油中>538℃部分转化为轻馏分的转化率(轻质化率)小于50%。在RHC中，除发生脱除杂原子化合物反应外，还有大量重组分发生加氢裂化反应，轻质化率高于50%。按照反应器又可分为固定床、沸腾床和悬浮床3种。固定床加氢技术成熟，应用广泛，渣油进行脱硫、脱氮、脱金属以及脱残炭反应和轻度的裂化，以满足后续工艺(RFCC、MHC、DCC等)对原料的要求，也可以生产低硫船用燃料油。沸腾床和悬浮床加氢技术相对成熟，原料适应性强，轻质化率高，但存在反应器和后部设备结焦、装置运行周期短、产品质量不达标和油渣处理等问题。

一、概述

影响渣油加氢工艺选择的渣油性质中最主要的是金属含量（通常指 Ni、V 含量）、沥青质含量、残炭值、硫含量、氮含量及黏度等。国内外部分原油减压渣油的性质见表 8-2-1 和表 8-2-2。

表 8-2-1　中国主要原油减压渣油（>500℃）的性质

项　目	产　地				
	长庆	大庆	胜利	辽河	新疆（塔河）
收率（占原油的质量分数）/%	24.5（>520℃）	41.1	47.1	39.3	44.15（>540℃）
密度（20℃）/（kg/m^3）	935.0	965.3	969.8	971.7	1024.5
运动黏度（100℃）/（mm^2/s）	<210	106	861.7	549.9	—
残炭（质量分数）/%	13.47	8.8	13.9	14.0	22.7
S（质量分数）/%	0.21	0.16	1.35	0.31	2.82
N（质量分数）/%	0.18	0.38	0.85	0.60	0.45
Ni 含量/（μg/g）	12.3	10.0	46.0	83.0	49
V 含量/（μg/g）	4.39	0.15	2.20	1.50	325

表 8-2-2　主要进口原油减压渣油的性质

项　目	产　地					
	沙特（轻）	沙特（重）	俄罗斯	伊拉克	阿曼	科威特
相对密度	0.9900	1.0473	0.9662	1.0142	0.970	1.0273
运动黏度（100℃）/（mm^2/s）	485	27968	—	864.2	620	860（121℃）
沥青质（质量分数）/%	4.36	21.0	—	4.09	2.8	12.0
残炭（质量分数）/%	17.7	—	10.62	20.7	14.2	19.0
S（质量分数）/%	3.32	5.60	1.04	4.90	2.3	5.20
N（质量分数）/%	0.20	0.67	0.42	0.27	0.24	0.38
Ni+V 含量/（μg/g）	74.0	220.0	40.0	72.8	55.0	130.0

由表 8-2-1 和表 8-2-2 可以看出，减压渣油金属含量高、黏度高、残炭量高、杂原子含量高，加工转化难度较大。延迟焦化是目前应用最多的渣油深度转化技术，但延迟焦化只能把 65%~75%的渣油转化为液体产品，其余 35%~25%的渣油转化为石油焦和气体。另外，延迟焦化生产的石脑油、柴油和减压瓦斯油质量较差，加氢处理和加氢裂化的难度都比较大。随着全球原油的重质化、劣质化，渣油深度转化提高轻油收率尤为必要，渣油加氢成为渣油高效、高质和清洁转化的关键技术。

二、渣油加氢工艺

1. 固定床加氢

固定床反应器又称为活塞流滴流床反应器，氢气和原料油经加热后从反应器顶部进入，向下通过静止的催化剂床层，一般采用2~5个反应器串联，主要用于脱除原料中的大部分硫、氮、金属和高碳化合物，为下游装置提供合格的原料。

用单一催化剂难以实现同时脱除渣油中的金属、硫、氮和残炭等杂质，固定床渣油加氢处理运用催化剂的级配技术，即不同功能催化剂的联合使用，按照催化剂颗粒大小、空隙率大小、孔径大小、活性高低和酸性强弱进行级配装填，保障催化剂床层的物理性质和化学性质平稳过渡。级配顺序依次为：①渣油加氢保护剂，主要是脱金属及垢物，保护下游催化剂，防止床层压力降快速升高；②脱金属催化剂，脱金属活性由低到高，由易脱除的Fe、Ca到难脱除的Ni、V，最大限度地脱Ni、V；③脱硫催化剂，脱硫、部分脱氮兼顾脱残炭；④脱氮催化剂，高活性脱氮和转化。催化剂级配装填有助于改善物流分布和颗粒物的均匀沉积，增强容垢能力，有效缓解床层压降的升高。

目前，典型的固定床加氢工艺国外的主要有Chevron-Lummus Golahl(CLG)公司RDS/VRDS工艺、UOP公司RCD Unionfining工艺、Exxon公司Residfining工艺、Shell公司HDS工艺以及法国IFP公司Hyval工艺等；国内的主要以中石化(大连)石油化工研究院(FRIPP)SRHT技术及中石化石油化工科学研究院(RIPP)RHT技术为主。典型的固定床加氢工艺技术对比见表8-2-3。

表8-2-3　典型固定床加氢工艺技术对比

项　目	技术名称			
	RDS/VRDS	RCD Unionfining	SRHT	RHT
反应温度/℃	350~430	350~450	350~427	350~420
反应压力/MPa	12~18	10~18	13~16	13~18
总空速/h^{-1}	0.2~0.5	0.2~0.8	0.2~0.7	0.2~0.7
转化率/%	31	20~30	20~50	20~50
脱硫率/%	94.5	92.0	92.8	92.1
脱氮率/%	70.0	40.0	72.8	58.8
脱残炭率/%	50.0~60.0	59.3	67.1	62.7
脱金属率/%	92.0	78.3	83.7	92.4

固定床加氢是目前工业应用最多的加氢技术，可以处理大多数含硫原油、高硫原油等的常、减压渣油，但在处理高金属和高胶质、沥青质含量的原料时，催化剂结焦和失活较快，床层易被焦炭和金属有机物堵塞，产生压降和热点。固定床加氢技术一般只适用于加工原料中的硫质量分数2%~5%，氮含量0.2%~0.8%，残炭含量<15%，金属(Ni+V)含量<200μg/g，主要对残炭和金属含量有严格的要求，而对硫含量和氮含量的要求相对不太严格。

固定床渣油加氢装置对于低硫原料反应性能较差，对于高硫低氮的原料反应性能较好，但又很难将高硫原料中的硫含量脱除至100~200μg/g以下。同时原料中的金属和残炭容易在催化剂表面形成沉积和结焦直接影响到催化剂活性。固定床渣油加氢虽然转化率可以达到35%~45%，但由于要兼顾脱硫、脱残炭、脱金属和芳烃饱和的需要，所以一般转化率只有15%~20%。

固定床渣油加氢装置中催化剂用量大，空速很低，催化剂使用寿命较短，无法及时更换催化剂，从而导致固定床渣油加氢工艺的运行周期较短(一般在12~15个月)，工业应用局限性较大。固定床渣油加氢工艺对原料有严格的限制，其原料的金属含量一般不超过120μg/g，为了延长运行周期，部分企业将原料金属含量甚至控制在60μg/g以下，严重制约了固定床渣油加氢技术的原料适应性。

在固定床反应器前增设在线切换式(Permutable Reactor System，PRS)保护反应器，或采用上流式(Up Flow Reactor，UFR)固定床反应器，可提高固定床渣油加氢工艺对劣质原料的适应能力和延长装置运行周期。PRS工艺可以处理金属含量达350μg/g的原料油，可加工100%减压渣油。两台带有连锁装置的保护反应器可以轮换操作并可以快速装卸催化剂。通过特殊的高压切换阀，可以使这两个保护反应器在装置运转中变换操作方式，如单独、串联(或并联)使用。当一台保护反应器内的催化剂失活后，可在运转中切换至另一台保护反应器，而装置无须停工。UFR工艺是一种上流式固定床加氢技术，反应物流自下而上，使催化剂床层轻微膨胀，从而解决了常规固定床反应器初末期压力降变化大的问题。Hyval工艺的切换反应器的渣油加氢技术工艺流程示意如图8-2-1，切除的反应器可进行卸剂、装剂、干燥、硫化、升降压等操作。

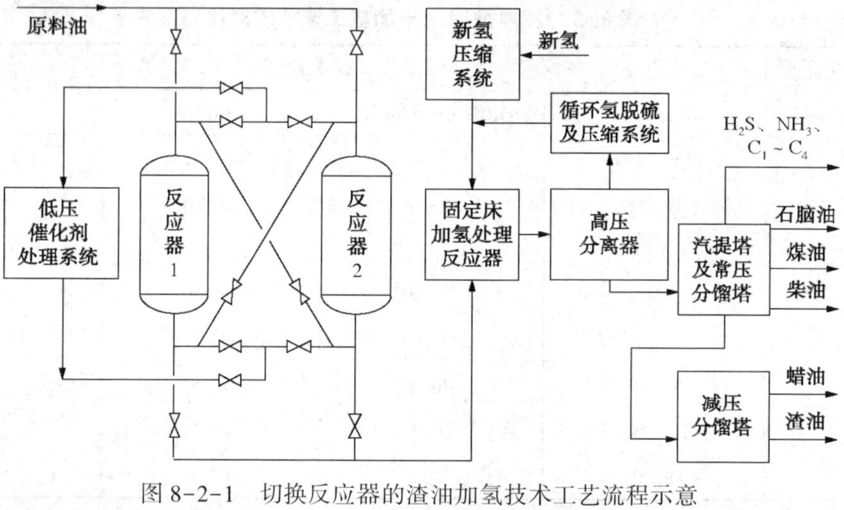

图8-2-1 切换反应器的渣油加氢技术工艺流程示意

2. 沸腾床加氢

沸腾床加氢技术又称膨胀床加氢技术，是原料油在氢气、催化剂存在的条件下，进入设有专门循环泵(或专有内部循环构件)的反应器，通过循环泵产生的流速使催化剂床层处于沸腾状态进行加氢反应。反应器在操作过程中可以在线排出失活的催化剂，同时补充新鲜催化剂，保持催化剂活性，适合加工劣质的重质油。

国外的沸腾床渣油加氢工艺技术主要为法国阿克森斯公司(Axens)的H-Oil工艺和T-Star缓和加氢工艺，美国雪佛龙鲁姆斯公司(CLG)的LC-Fining工艺，这3项工艺技术已得到了广泛的工业应用。中国石化的沸腾床渣油加氢STRONG工艺技术已完成了工业示范。典型的沸腾床加氢工艺技术对比见表8-2-4。

沸腾床渣油加氢工艺技术的工艺流程基本类似，最大的区别在于其反应器结构不同。H-Oil工艺技术核心是其沸腾床反应器，其反应器结构如图8-2-2所示。

表 8-2-4　典型的沸腾床加氢工艺技术对比

项　目	技术名称			
	H-Oil	T-Star	LC-Fining	STRONG
反应温度/℃	415~440	360~380	400~450	380~450
反应压力/MPa	16.8~21.0	12.5~13.5	11.0~20.0	8.0~18.0
体积空速/h^{-1}	0.4~1.3	—	—	—
转化率/%	45~85	20~60	55~80	40~90
脱硫率/%	62~82	93~99	60~85	50~98
脱氮率/%	25~45	40~85	—	30~70
脱残炭率/%	45~75	—	40~70	—
脱金属率/%	65~90	—	65~88	62~90

反应器为气-液-固三相流化床体系。原料油、氢气以及循环油从反应器底部进入高压反应器，向上通过分配盘分布到整个催化剂床层，同时液体反应物和气体对催化剂有向上的提升作用，使反应器内的催化剂维持在流动状态，部分物流经过循环杯吸入后进入外置的循环泵返回反应器底部。该反应器主要有以下优点：①可以通过调整循环油泵(沸腾泵)的转速来调整液体循环速率，从而控制沸腾床催化剂的高度；②由于物流循环，催化剂颗粒和液相混合良好，反应较充分且均匀，轴向温差及径向温差均较小；③由于催化剂床层处于膨胀状态，消除了因结焦而造成的床层堵塞或偏流，反应器压降较低；④在装置运转过程中，定期或不定期加入新鲜催化剂并排出废催化剂，从而保持产品质量的稳定。

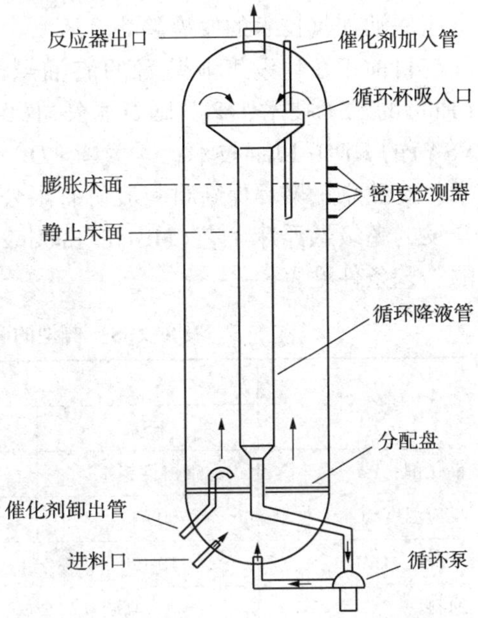

图 8-2-2　H-Oil 技术反应器结构示意

在沸腾床加氢装置中，为了增加减压渣油转化率，将产品油在反应器内循环，含有一定量胶质和芳烃的原料油与产品油返混，在一定程度上提高了沸腾床反应器中沥青质的溶解度，抑制了沉渣的生成。但在转化率提高的情况下，沉渣还是会发生在反应器中或在装置的后部设备及管道中，因此在一些沸腾床渣油加氢装置中还添加了某些溶剂来抑制沥青质的沉淀，如未转化的减压渣油，或芳香性高的催化裂化油浆或澄清油。

沸腾床加氢反应器内的返混比较严重，催化剂磨损较大，催化剂的利用率没有固定床高，单个反应器无法达到很高的杂质脱除率，需串联一个或多个反应器共同实现。沸腾床加氢工艺可加工残炭为20%~40%，金属(Ni+V)含量为200~800μg/g 的劣质渣油，但存在装置投资大、操作技术复杂、渣油转化率不高(55%~75%)，加氢裂化柴油及未转化渣油的安定性不好等问题。沸腾床加氢裂化技术的轻油收率与延迟焦化相比并没有多大的优势，所以其工业应用不如固定床广泛。可将沸腾床作为预处理反应器，为固定床加氢装置提供原料，或与催化裂化、溶剂脱沥青、延迟焦化、馏分油加氢裂化、部分氧化制氢等进行工艺耦合，以充分利用劣质渣油资源适应清洁生产的需要。

3. 悬浮床加氢

悬浮床加氢技术又称浆态床加氢技术，是由20世纪40年代德国的煤液化技术发展而来。悬浮床加氢裂化是在临氢与充分分散的催化剂和/或添加剂共存的条件下在高温、高压下发生热裂解与加氢反应的过程。催化剂预先均匀添加到原料油中，之后与氢气混合，自下而上地以气、液、固三相浆液的形式经过反应器，最终催化剂随反应物一起从顶部排出。悬浮床加氢反应器采用空筒式结构，无催化剂床层，没有液体循环泵，适用于加工高金属、高残炭、高黏度等劣质重油，具有高转化率、高轻油收率、高脱金属率等特点。悬浮床加氢技术对原料的杂质含量基本没有限制，甚至可加工沥青、油砂等。

油溶性催化剂在油中分散更为均匀，在处理减压渣油加氢装置中具有催化剂抑焦能力强、添加量少以及对管线、设备、阀门无磨损等特点，采用有机油溶催化剂的悬浮床技术是减压渣油加氢技术的发展趋势。

目前正在建设工业装置的渣油悬浮床加氢裂化技术有以下几种：①意大利埃尼公司(Eni)的EST技术；②英国石油公司(BP)的BP VCC技术；③委内瑞拉国家石油公司(CPD-VSA)的HDH-Plus技术；④美国UOP公司的Uniflex技术；⑤美国Chevron公司的VRSH技术；⑥北京三聚环保新材料股份有限公司和北京华石联合能源科技发展有限公司等单位联合开发的超级悬浮床工艺(Mixed cracking treatment，MCT)。典型的渣油悬浮床加氢裂化技术的工艺条件见表8-2-5。

表8-2-5 典型的渣油悬浮床加氢裂化技术的工艺条件

项 目	技术名称			
	EST	VRSH	Uniflex	MCT
催化剂	油溶性钼基	水溶性钼基	纳米铁基固体	纳米铁基固体
反应温度/℃	400~425	410~450	435~470	430~470
反应压力/MPa	10~20	14~21	12.7~14.1	18~23
原料	高硫、高金属、高残炭、高沥青质的劣质渣油			渣油和油浆混合
产品	多产柴油			
转化率/%	>97	~100	>90	>95
未转化油/%	2.5~3.8	—	<10	<5

悬浮床加氢裂化技术的缺点是产品质量差，尾油金属含量和残炭值很高，二次加工性能差。悬浮床加氢裂化过程在高转化率下操作时，少量残渣很难得到利用，此外由于原料质量差，导致反应器、循环管路、泵设备容易产生结焦。

中国石化茂名石化公司260万t/a浆态床渣油加氢装置，是全球最大、国内首套浆态床渣油加氢装置，采用ENI-EST工艺技术，采用ENI公司的EST专用催化剂，以减压渣油及催化循环油浆为原料，经加氢热裂化并离线脱硫、脱氮、烯烃饱和、加氢改质等反应，生产干气和液化气、低硫石脑油、柴油、蜡油，副产尾渣。尾渣即加氢裂化的未转化油(油渣)，将油渣作为煤制氢装置的原料，采用 SE 水煤(焦)浆气化技术，制取合成气。

由图 8-2-3 可见，经过加热的减压渣油、循环油与催化剂的混合物和经过加热的氢气一起进入浆态床反应器，浆态床反应产物进入分离器；分离器顶部物料进入后续的气体回收单元，回收的氢气再循环，并得到轻质油品；分离器底部物料进入浆液分馏段分离，得到轻减压瓦斯油、VGO 和尾油，未转化的尾油一部分循环回原料系统，另一部分排出装置。

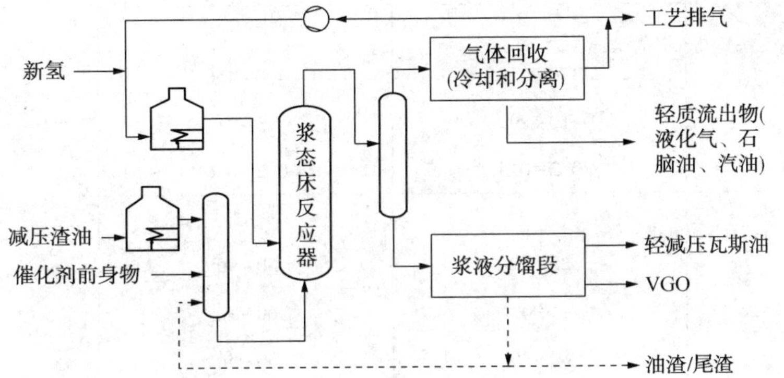

图 8-2-3　EST 工艺流程示意

EST 技术的核心为浆相鼓泡塔式反应器，原料中添加一种油溶性含 Mo 有机化合物的催化剂前体(微晶辉钼矿石)，在反应器中催化剂前体在反应条件下原位转化，生成高分散、纳米级、无载体的 MoS_2。这种在线制备催化剂的方法使得 MoS_2 在反应器中以单片层的形式存在，采用尾渣循环的方式使得一部分催化剂能循环使用。原料中的金属以硫化物形式沉积形成单独相，不干扰裸露的活性中心。因此，在整个操作过程中催化剂不会老化，更换催化剂无须装置停工。该催化剂与固定床和沸腾床反应器中所用的常规载体催化剂的不同之处是其不会因金属和焦炭沉积在载体孔隙中而出现堵塞。与负载型催化剂相比，EST 催化剂具有较高的活性和稳定性。EST 催化剂受生焦的影响较小，比表面积大，不存在扩散传质的影响。

EST 工艺中重质原料的加氢是在 mg/g 级的 Mo 基催化剂存在下进行的，该催化剂高度分散在液体中，大部分呈单分子层状分布，较少部分以 2 层堆积形式存在，整个反应过程中，MoS_2 的这种分布状态并未改变。浆态床反应过程中，减压渣油的转化是从热反应通过 C—C 键断裂产生自由基开始，氢夺取反应较慢。MoS_2 薄层间的距离比载体催化剂与油分子间的距离小几个数量级，缩短了自由基生成和在催化剂上加氢所需时间，亦可以减少生焦。Mo 催化氢夺取反应使芳烃加氢、残炭减少，以及通过 C—杂原子键氢解进行加氢脱硫、加氢脱金属和加氢脱氮反应脱除杂原子，有利于加氢脱硫、加氢脱氮及残炭前身物加氢转化反应。

在渣油加氢技术中，固定床工艺是最成熟、可靠和应用最广泛的工艺，在可预见的未来，仍将是渣油加氢的主流工艺技术。为了延长运转周期，可在固定床反应器之前增加 UFR 反应器或 PRS 反应保护器。沸腾床加氢裂化技术已趋于成熟，催化剂的利用率高，渣油加氢转化率也较高，应用领域不断扩大。悬浮床加氢裂化技术是当今炼油工业的前沿技术，虽然取得了突破性进展，但仍有许多问题需要完善。3 种渣油加氢工艺技术特点比较见表 8-2-6。

表 8-2-6 不同渣油加氢工艺技术的特点

项 目	反应器型		
	固定床	沸腾床	悬浮床
原料要求	金属<150μg/g，CCR<15%	金属<800μg/g，CCR<40%	没有限制
反应条件			
反应温度/℃	370~420	400~450	450~480
反应压力/MPa	10~20	15~21	10~30
体积空速/h^{-1}	0.2~0.5	0.2~0.8	>1.0
转化率和脱除率			
渣油转化率/%	20~50	50~90	>90
脱硫率/%	>90	60~90	60~70
脱氮率/%	50~70	30~50	30~40
脱残炭率/%	70~90	70~95	80~95
脱金属率/%	50~70	60~80	70~90
产品质量	可作为低硫燃料油和深加工原料	轻油可作成品，重油还需加工或作燃料油	含硫高，需进一步加氢脱硫
化学氢耗/(Nm^3/m^3)	~150	200~300	200~300
反应历程	催化反应	催化反应+热裂化反应	临氢热裂化

三、加氢脱硫

渣油加氢脱硫(hydrodesulphurization，HDS)是渣油加氢处理过程中最主要的化学反应。在催化剂作用下，硫化物分子的C—S键氢解断开，硫杂质转化为硫化氢脱除。

1. 渣油中含硫化合物的分布

渣油中的硫化物多为噻吩类的杂环化合物：

噻吩(T)

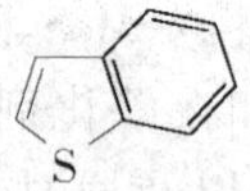

苯并噻吩(BT)

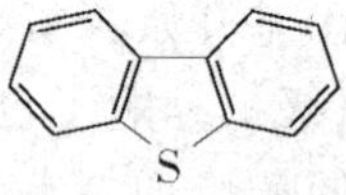

二苯并噻吩(DBT)

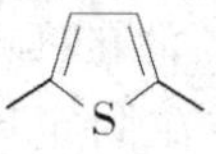

2,5-二甲基噻吩
(2,5-DMT)

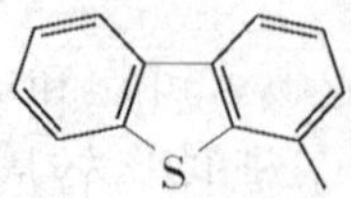

4-甲基二苯并噻吩
(4-MDBT)

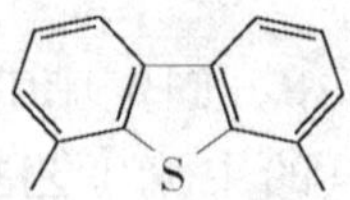

4,6-二甲基二苯并噻吩
(4,6-DMDBT)

渣油中含硫化合物准确的结构类型与分布类型难以获得，针对轻质渣油(脱沥青油)，将脱沥青油中硫分为8种：噻吩类(T)、苯并噻吩类(BT)、二苯并噻吩类(DBT)、苯并萘噻吩(BNT)类、菲噻吩(PhT)类、五环噻吩类(5RT)、超过五环噻吩类(5RT-e)类和非芳烃硫(6RT)。在脱沥青油中 BT、DBT 和 BNT 类含量较多，而噻吩类、PhT 类、5RT、5RT-e 类等含量却相对较少。脱沥青油中不同类型硫的分布如图 8-2-4 所示。

利用超高分辨率 FT-ICR MS 分析沥青质含硫组分的结构，约 88% 的沥青质组分含有 1 个或多个硫原子，且含硫化合物分子的芳香性较大，其中 S1 和 S3 类化合物的碳数与等效双键数(DBE)的比值分别为 1.5 和 1.37。含硫化合物中的碳含量较正常沥青质的碳含量高，间接证明了沥青质含硫化合物分子具有芳香度高、烷基取代少的特点。沥青质中不同类型含硫化合物的分布如图 8-2-5 所示。

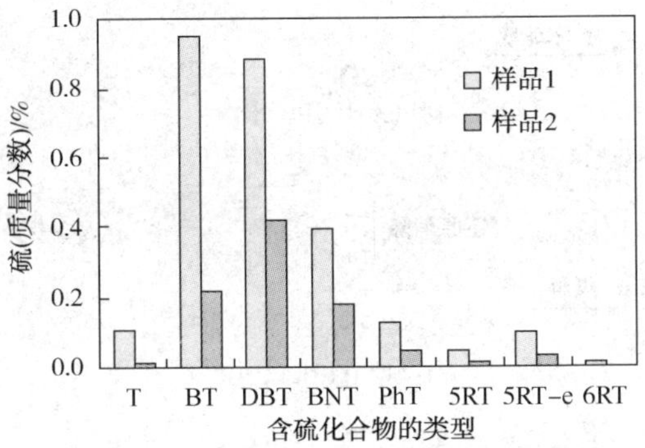

图 8-2-4　不同脱沥青油中不同类型硫的分布

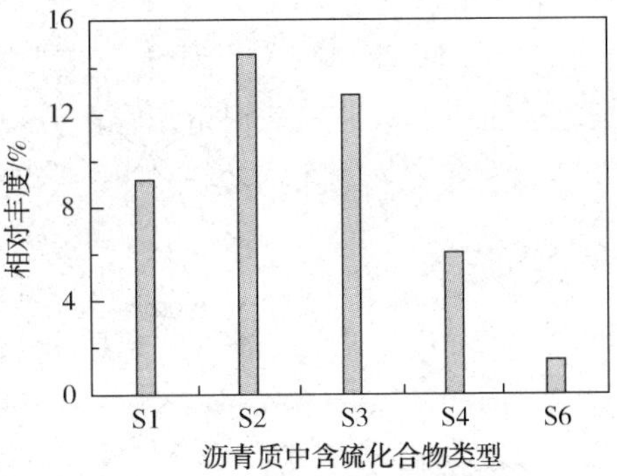

图 8-2-5　沥青质中硫类型分布(APPI FT-ICR MS)

等效双键数(Double Bond Equivalent，DBE)较大，表示分子的不饱和度较高。

DBE 通过分子中的碳原子数、氢原子数、氮原子数和卤原子数计算：

$$DBE=C+1-\frac{H}{2}-\frac{X}{2}+\frac{N}{2}$$

Sl 型物种代表具有一个硫原子和无限数量的碳和氢原子但没有其他杂原子的硫化合物。同样，S2 型表示含有两个硫原子的硫化合物，依此类推。

2. HDS 过程的化学反应

渣油 HDS 的基本反应是噻吩中 C—S 键的氢解反应，各种有机硫化物的加氢难易程度与分子大小和分子结构有关。噻吩中的硫在五元环内加氢饱和及脱硫较为容易，而二甲基二苯并噻吩由于甲基的位阻效应及分子直径增大，在扩散过程中易受阻而使得 HDS 反应显著变难，苯并噻吩及二苯并噻吩的脱硫难度介于两者之间。

噻吩的 HDS 中 C—S 断裂后生成 1,3-丁二烯，进而生成 1-丁烯及丁烷，反应路径较为简单。噻吩和苯并噻吩的 HDS 反应路径如图 8-2-6 所示。

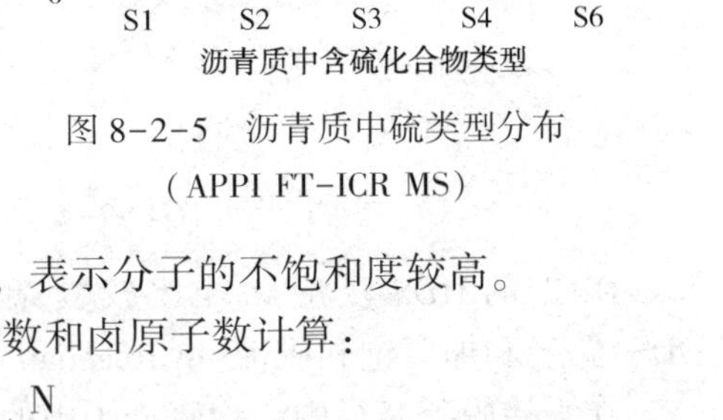

图 8-2-6　噻吩和苯并噻吩的 HDS 反应路径

硫醇、硫醚类非杂环含硫化合物及噻吩、苯并噻吩等小分子杂环化合物容易发生 HDS 反应，使得油品中的硫含量降至 350~500μg/g，但很难再进一步将硫含量降至 100μg/g 以下。主要原因是难脱除的二苯并噻吩类芳香杂环含硫化合物(DBTs)中S的孤对电子与芳香环中的π键形成稳定的共轭结构，并且空间位阻作用较大，阻碍了硫原子接近催化剂活性中心，导致其C—S键断裂难度增大。一般来说，DBTs随烷基及芳基取代基的增加，其HDS难度增加，但DBTs的HDS活性与取代基的位置有关。如2、8位上甲基取代基的诱导效应和超共轭效应使得与S相邻的两个α-C的电子密度增加，从而使2，8-DMDBT的反应活性比DBT高；而4、6位上甲基取代基则使得4,6-DMDBT的HDS反应活性显著降低。因为4、6位上的甲基增大了S原子与催化剂表面接触的空间位阻，阻止了4,6-DMDBT分子中S原子在催化剂表面的吸附，从而降低了其HDS反应活性。取代基空间位阻对HDS的影响如图8-2-7所示。

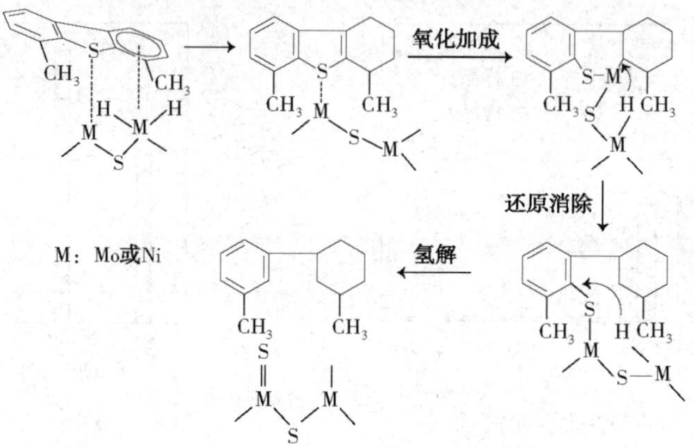

图8-2-7 取代基空间位阻对HDS的影响

DBTs的HDS反应路径比较复杂，HDS路径可分为直接脱硫(direct desulfurization，DDS)路径和加氢饱和脱硫(hydrogenation desulfurization，HYD)路径。

在直接脱硫路径中，含硫分子中的C—S键被催化剂表面的不饱和配位点位吸附活化而易于切断，S进一步与反应氛围中的H结合形成H_2S而实现直接脱硫。在加氢饱和脱硫路径中，含硫分子中的芳环被逐个饱和，随着芳环的饱和，C—S键的断裂难度降低而容易断裂。噻吩及苯并噻吩等反应性比较高的分子的脱硫主要以直接脱硫为主，而含芳香环较多的含硫分子的脱硫则主要以加氢饱和后脱硫为主。

DBT可以通过DDS路径脱硫生成联苯，也可以通过HYD路径先加氢生成四氢二苯并噻吩、六氢二苯并噻吩及十二氢二苯并噻吩等多种部分或完全加氢的含硫中间体，然后再脱硫生成环己烷基苯和联环己烷等脱硫产物。DBT的HDS反应路径及主要反应步骤速率常数($Co-Mo/\gamma-Al_2O_3$)如图8-2-8所示。

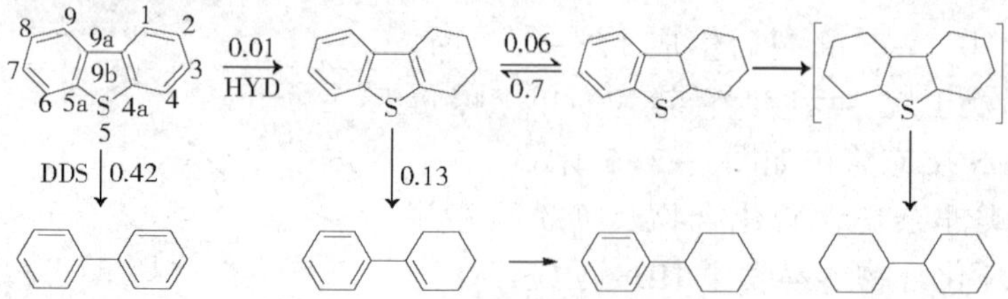

图8-2-8 DBT的HDS反应路径

一般在含硫化合物存在的情况下，联苯很难进一步加氢。环己烷基苯在大多数催化剂上进一步加氢生成联环己烷的速率也非常慢，因此，联环己烷常被认为是十二氢二苯并噻吩的脱硫产物；全加氢产物十二氢二苯并噻吩的脱硫速率非常快，在 HDS 产物中一般很难检测到。但在加氢/脱氢活性高的催化剂上，联苯和环己烷基苯均可缓慢发生加氢反应，同时四氢二苯并噻吩也发生脱氢反应生成二苯并噻吩；在酸性较强的催化剂上，还会进一步发生裂化反应，生成苯和环己烷等裂化产物。

β 位有取代基的二苯并噻吩 HDS 过程中，取代基会阻碍催化剂活性金属与硫原子直接接触，催化加氢过程会先发生苯环饱和反应，苯环加氢饱和后，增加了硫原子周围的电子密度，使硫原子可以与催化剂直接接触反应，发生裂解开环脱硫过程。4,6-DMDBT 的 HDS 反应路径及主要反应步骤速率常数(Ni-Mo/γ-Al_2O_3)如图 8-2-9 所示。

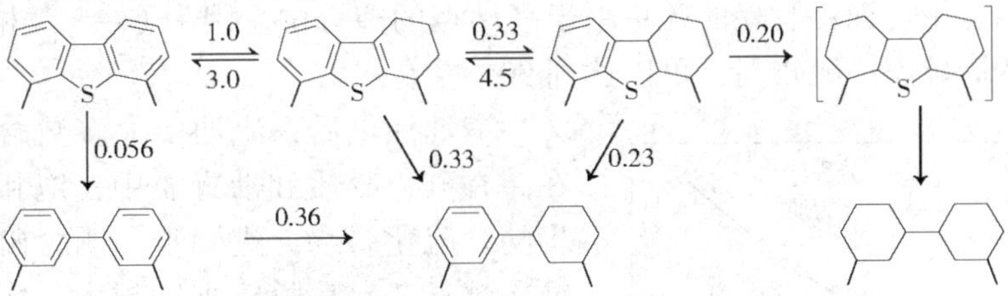

图 8-2-9　4,6-DMDBT 的 HDS 反应路径

噻吩类硫化物的 HDS 反应会受到 H_2S、油品中的芳烃尤其是多环芳烃和氮化物等化合物的影响，这些化合物在催化剂表面活性位上与噻吩类硫化物发生竞争吸附，从而抑制噻吩类硫化物的脱硫反应。对于二苯并噻吩的 HDS 而言，在没有 H_2S 存在时以直接脱硫路径为主。在有 H_2S 存在时，主要先加氢转化为四氢化二苯并噻吩，四氢化二苯并噻吩也易于发生直接脱硫反应(较二苯并噻吩稍差)，也可进一步加氢生成六氢化二苯并噻吩，六氢化二苯并噻吩难以发生直接脱硫反应，需进一步加氢全饱和为十二氢化二苯并噻吩，才可进一步脱硫转化为联环己烷。与噻吩及二苯并噻吩在第一步即可能发生直接脱硫不同，二甲基二苯并噻吩由于甲基的位阻效应而难以发生直接脱硫，需进一步加氢为四氢化产物(速率限制步骤)及六氢化产物，四氢及六氢化产物可发生直接脱硫反应，六氢化产物进一步完全饱和后则极易发生脱硫过程。统计结果表明，4,6-二甲基二苯并噻吩、4-甲基二苯并噻吩和二苯并噻吩的脱硫中，加氢饱和脱硫途径的贡献分别为 94%、37%和 12%。

DBTs 的 HDS 路径选择性及产物分布由含硫化合物结构及其在催化剂上的吸附状态和催化剂自身结构共同决定。4,6-DMDBT 甲基的空间位阻阻碍了硫原子通过 σ-吸附的方式直接脱硫，但对 π-吸附的影响较小。DBTs 分子 π-吸附“平躺”于催化剂表面，会优先发生加氢反应，当一个苯环加氢饱和后，甲基偏离 C—S—C 键所在的平面，则可使 S 原子附近的位阻效应大大降低，所以 4,6-DMDBT 的 HDS 反应路径一般以 HYD 为主。研究表明，富电子的催化剂表面有利于 4,6-DMDBT 的 π-吸附，而缺电子的催化剂表面则更有利于 4,6-DMDBT 的 σ-吸附。因此催化剂的表面结构，可以有选择性地改变 HDS 的反应路径。DBTs 的 HDS 反应路径比较复杂，催化剂自身反应特性不同，C—S 键断裂机理也不尽相同。

3. 渣油加氢产物中硫的分布

渣油加氢过程中难反应的含硫化合物的分子结构复杂、碳数较高、缩合度高，其沸点偏高，多分布于高沸点的组分中。渣油及其加氢油在不同 HDS 深度下的硫分布见表 8-2-7。

表 8-2-7　渣油不同 HDS 深度对硫分布的影响

项　目	硫(质量分数)/%	脱硫率/%	馏分中硫分布/%		
			204~343℃	343~566℃	>566℃
渣　油	3.92	0	4.4	30.1	65.6
轻度 HDS	0.72	81.6	2.5	27.7	69.8
深度 HDS	0.30	92.3	1.7	22.0	76.3

由表 8-2-7 可知，加氢后的渣油硫质量分数远低于原料渣油的硫质量分数，但是随着加氢深度的增加，加氢渣油中>566℃的馏分中硫的比例增加，说明较容易脱除的硫主要分布于低沸点的馏分中，而难脱除的硫集中于高沸点的馏分中。因为 C—S 键相对容易发生断裂，因此渣油的脱硫率一般较高，可以达到 90%左右。

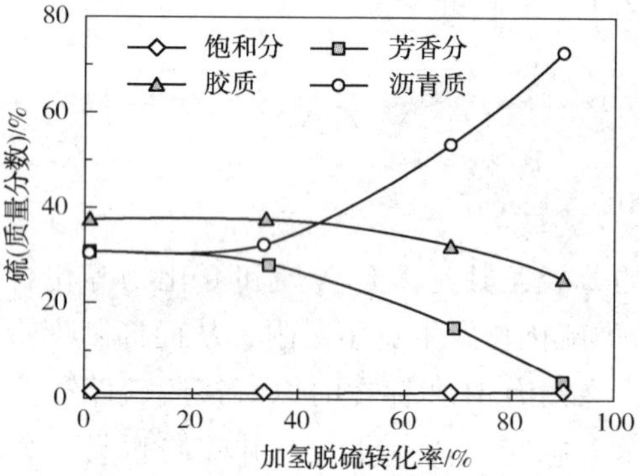

图 8-2-10　渣油加氢前后四组分中的硫含量变化

渣油加氢后，渣油中大多数含硫化合物分布在芳香分、胶质和沥青质中，饱和分中仅含有少量的含硫化合物。进一步说明含硫化合物的分子结构越复杂，其脱硫难度越大。实际上，当含硫化合物分子结构变得更复杂时，渣油的芳香性通常也会增加。渣油加氢前后四组分中硫含量的变化如图 8-2-10 所示。

渣油中的含硫化合物主要存在于芳香分、胶质和沥青质之中，渣油中芳香分的含硫化合物容易脱除，胶质中的含硫化合物次之，沥青质中的含硫化合物最难脱除。

研究发现，在 RHT 过程中，通过深度 HDS 后，加氢生成油中最丰富的硫类化合物为 S1 类(质量分数 26.79%)，其次是 S2 类(质量分数 3.32%)和 N1S1 类(质量分数 2.81%)。碰撞诱导解离(CID)质谱中含有大量二甲基二苯并噻吩的片段，DBE 为 9 的这些难反应含硫化合物通常具有 4,6-DMDBE 的核心结构。

RHT 过程中最难处理的含硫化合物是 DBE 为 9~12 的含硫化合物，这些化合物还决定了 RHT 过程中渣油的 HDS 深度。深度 HDS 过程中，加氢生成油中剩余的 S1 类噻吩化合物是相对较难转化的含硫化合物，S1 类化合物 HDS 由难到易的顺序为：二苯并噻吩(DBE 为 9)>苯并萘噻吩(DBE 为 12)>五环噻吩>五环以上噻吩>苯并噻吩>噻吩，其中由于二苯并噻吩和苯并萘噻吩具有侧链取代，空间位阻效应强而最难转化，这部分难脱除的含硫化合物的脱硫以间接脱硫即 HDS 为主要路径。

四、加氢脱氮

渣油加氢脱氮(hydrodenitrogenation，HDN)在催化剂作用下，先进行氮杂环加氢饱和，再进行 C—N 键氢解，氮杂质以氨的形式脱除。

1. 渣油中的含氮化合物

原油中的氮约有 70%~90%存在于渣油中，而渣油中的氮又大约有 80%富集在胶质和沥青质中。研究表明，胶质、沥青质中的氮绝大部分以环状结构(五元环吡咯类或六元环吡啶类的杂环)形式存在。虽然含氮化合物含量不高，但在石油加工过程中碱性氮化合物会使催化剂中毒，导致轻油收率下降。非碱性含氮化合物的性质不稳定，易被氧化和聚合生成胶质，是导致石油二次加工产品颜色变深和产生沉淀的主要原因。

按分子中所包含的杂原子数进行分类，含氮化合物包括N1类、N1O1类、N2类、N1O2类、N1S1类、N2S1类、N2O1类等。一般随着馏分的变重，碱性氮占总氮的比例减小，减压渣油中碱氮占总氮含量的1/4~1/3，无论是碱性氮化物还是非碱性氮化物，均以N1类化合物为主。中国石化九江石化公司管输减压渣油中氮化物的存在形式包括N1、N1O1、N2、N2O1。减压渣油中氮化物的存在形式见表8-2-8。

表8-2-8　减压渣油中氮化物的存在形式

相对丰度/%	氮化物类型			
	N1	N1O1	N2	N2O1
碱性氮	86	4	7	3
非碱性氮	94	2	2	2

以沙特轻质原油常压渣油中含氮化合物为例，含氮化合物的存在形式及结构特点如下：

N1类非碱性含氮化合物的DBE分布于7~18之间，质量中心位于DBE=12，碳数分布为15~50之间。非碱性N1类化合物的最高芳环数可达7环，对于4~7个芳环的咔唑类，其同分异构体中苯基的取代位置不同。DBE为9、12、15的分别对应的是咔唑类、苯并咔唑类和二苯并咔唑类，DBE为18的是三苯并咔唑，其中DBE为12和15的苯并咔唑和二苯并咔唑类相对丰度最高。

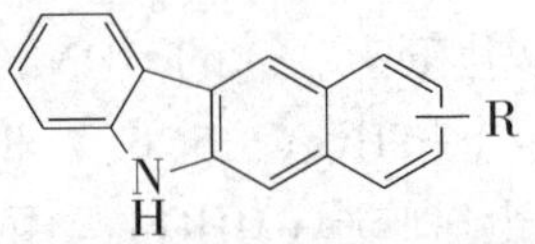

、
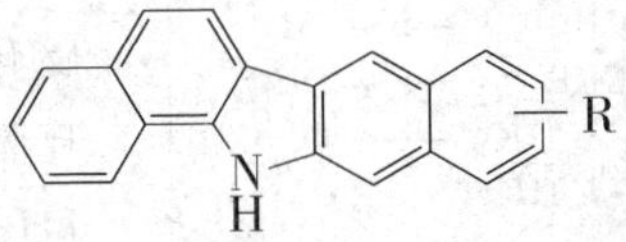

N1类碱性含氮化合物的DBE分布在4~20，集中于7~12，碳数分布在C_{17}~C_{47}，其中C_{22}~C_{35}相对丰度较高，和非碱性N1类化合物相比，碱性的N1类化合物具有较长的侧链。含氮原子的分子母核上取代侧链长或侧链数较多，均会造成侧链对氮原子的空间屏蔽。高缩合度、长侧链的喹啉类化合物，是渣油中难转化的大分子结构之一。碱性氮以吡啶环为核心，与2~8个芳环组成，存在多种同分异构体。DBE=7的是喹啉或异喹啉类，DBE=10的是吖啶或菲啶或苯并喹啉类，DBE=13的是苯并吖啶类等四环碱性含氮化合物，DBE为15~21的是高缩合度的碱性含氮化合物，分别对应5~7个芳环的碱性含氮化合物。

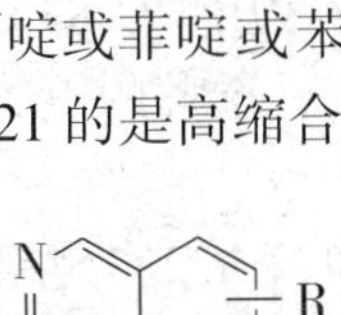

、
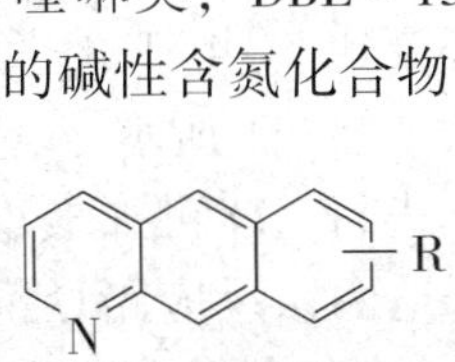

、
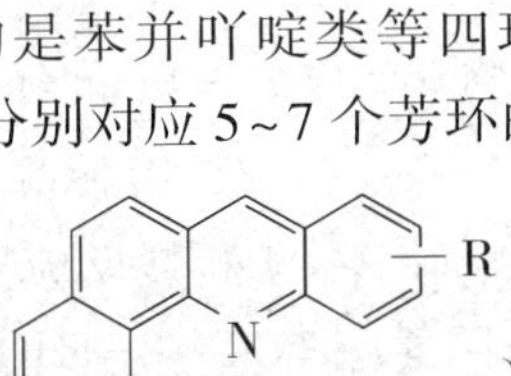

、
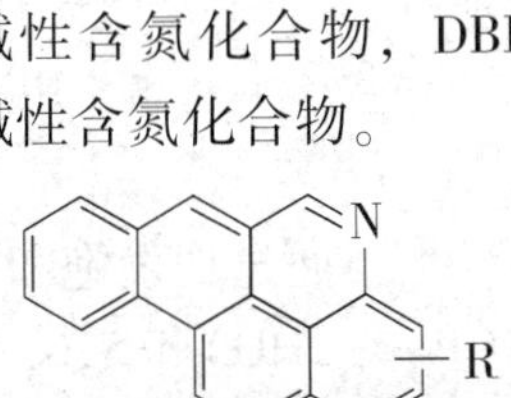

N1喹啉类经过加氢处理，且相同DBE下碳链较长的物质消失仅保留部分碳链较短的物质，DBE低于12的较低缩合度的物质基本消失，剩余的是渣油中最难转化的DBE大于12、碳数大于23的喹啉类化合物。

N2类化合物是一个吡啶环并一个吡咯环类物质，缩合度较高，侧链较短。DBE分布集中于12~16，碳数分布集中在C_{25}~C_{32}。加氢处理后，较低DBE化合物消失，仅剩余DBE大于12的N2类化合物，相同DBE下碳链较长的物质通过裂化反应转化为较短碳链的物质。渣油中相对丰度较高的苯并吡啶吡咯类基本消失，相对丰度最高的二苯并吡啶吡咯类被大量加氢转化。DBE=12的是苯并氮杂咔唑类，DBE=15的是二苯并氮杂咔唑类。

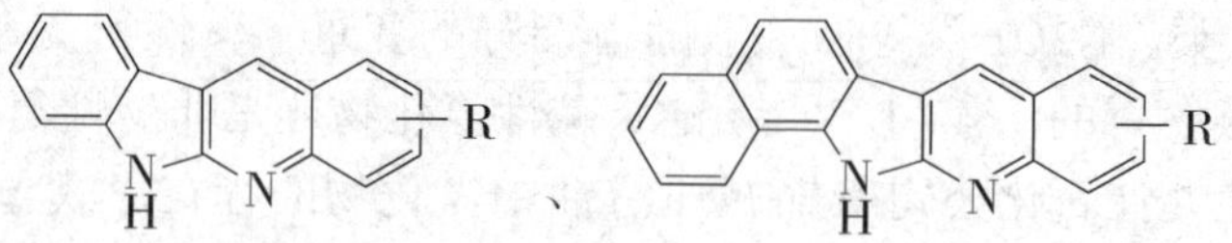

N1S1类是以吡咯环结合噻吩环为核心，DBE集中于14~15，碳数分布集中在C_{31}~C_{37}。DBE=14的是咔唑并噻吩类，DBE=17的是二苯并咔唑并噻吩类。

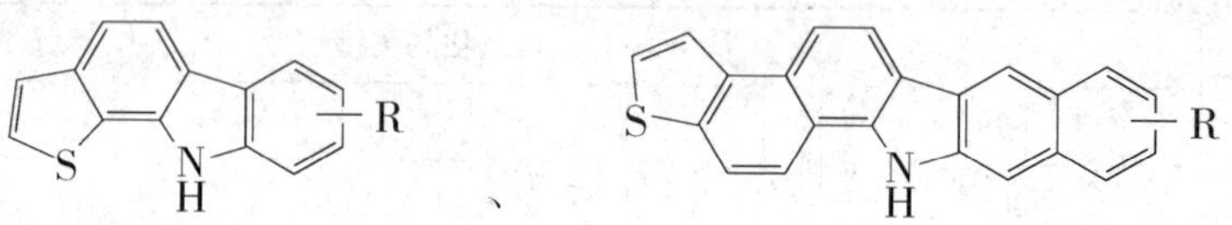

N1O1类中的氮以吡咯环的形式存在，氧以羟基、醚基、羰基或酰基的形式存在。

2. HDN过程的化学反应

硫化物的脱除机理研究的较多，氮化物的脱除机理依然存在争议，HDN反应历程更为复杂。渣油的HDN反应较难进行，其脱除率也较脱硫率低。HDN反应首先完成氮杂环的加氢饱和，再进行C—N键氢解。因此HDN催化剂应该具备更高的加氢活性，使含氮化合物加氢活化。同时，要求HDN催化剂有较强的酸性，但催化剂酸性过强时容易引发激烈的生焦反应，使催化剂活性中心中毒。

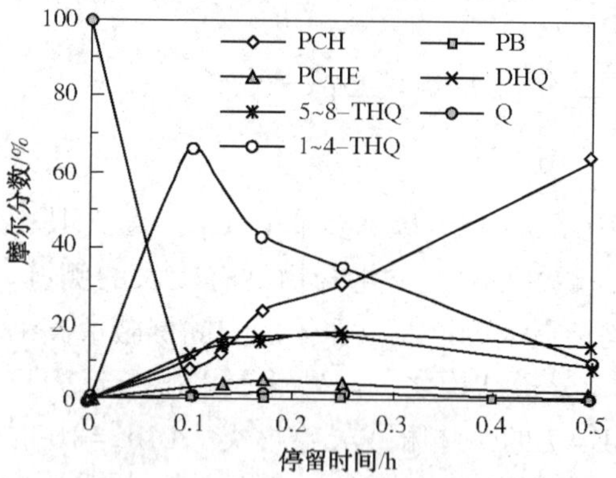

图8-2-11 喹啉HDN产物分布

喹啉(quinoline，Q)在Ni-Mo/γ-Al_2O_3双金属硫化物催化剂上，Q的HDN产物为1,2,3,4-四氢喹啉(1~4-THQ)、5,6,7,8-四氢喹啉(5~8-THQ)、十氢喹啉(DHQ)、丙苯(PB)、丙基环己烯(PCHE)和丙基环己烷(PCH)，而OPA没有检测到。反应初期，Q迅速转化为1~4-THQ，1~4-THQ大量积累，而1~4-THQ的开环产物OPA和OPA的脱氮产物PB基本都可以忽略，而从PB转化为PCH的反应也可以忽略。产物分布中DHQ含量没有明显的积累，可以理解为DHQ的C—N键断裂开环要比1~4-THQ容易。喹啉的HDN产物分布如图8-2-11所示。

Q主要通过加氢饱和与C(sp^3)—N断裂反应路径进行。Q可加氢饱和为1,2,3,4-四氢喹啉(1~4-THQ)和5,6,7,8-四氢喹啉(5~8-THQ)，这两条反应路径都具有较高的选择性。Q向1~4-THQ的转化很快(基本不受热力学控制)，一次加氢转化程度即使在温和的反应条件下也较高，但其进一步加氢饱和困难，1~4-THQ加氢生成十氢喹啉(DHQ)是该反应路径的速控步骤。1~4-THQ加氢生成DHQ的有效速率常数是1~4-THQ氢解生成邻丙基苯胺(OPA)的2~4倍，邻丙基环己胺(OPCHA)只能通过DHQ开环反应发生，而不能由OPA加氢路径得到。喹啉HDN过程以1~4-THQ→DHQ→OPCHA为主要的反应路径，其HDN反应路径如图 8-2-12 所示。

在 Ni-Mo/γ-Al_2O_3 双金属硫化物催化剂上，吲哚(indole，IND)HDN 所得到的产物为二氢吲哚(DHIND)、邻乙基苯胺(OEA)、乙苯(EB)、乙基环己烯(ECHE)和乙基环己烷(ECH)。吲哚的 HDN 产物分布如图 8-2-13 所示。

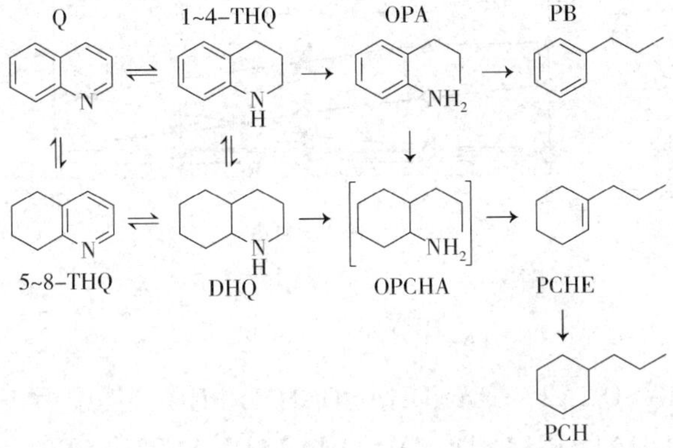

图 8-2-12　喹啉 HDN 反应路径

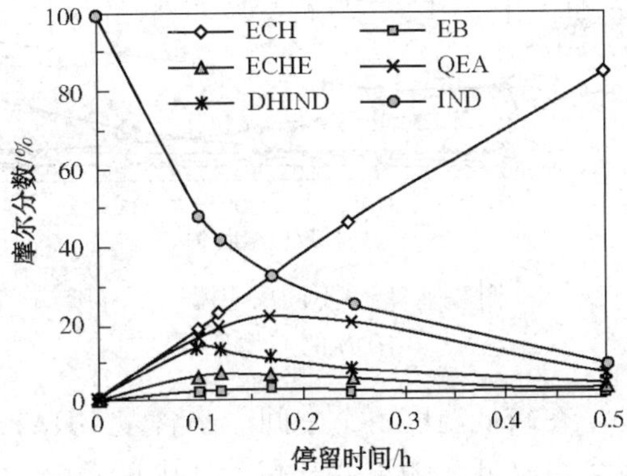

图 8-2-13　吲哚 HDN 产物分布

反应初期含量较多的中间产物为 DHIND 和 OEA，随着反应物与催化剂接触时间的增加，OEA 的含量逐渐增加，而 OEA 的脱氮产物 EB 却始终含量很低，EB 加氢饱和转化为 ECH 的反应在 HDN 条件下基本可以忽略。反应中后期 OEA 含量的下降是由于转化成了 OECHA，根据加氢产物分布可以说明，DHIND 的氮杂环饱和及 C(sp^2)—N 键的断裂优先于芳环的饱和，在 HDN 体系中 OEA 的 C(sp^3)—N 键的断裂较难发生，芳环加氢饱和是脱除胺基的关键步骤。吲哚的 HDN 路径如图 8-2-14 所示。

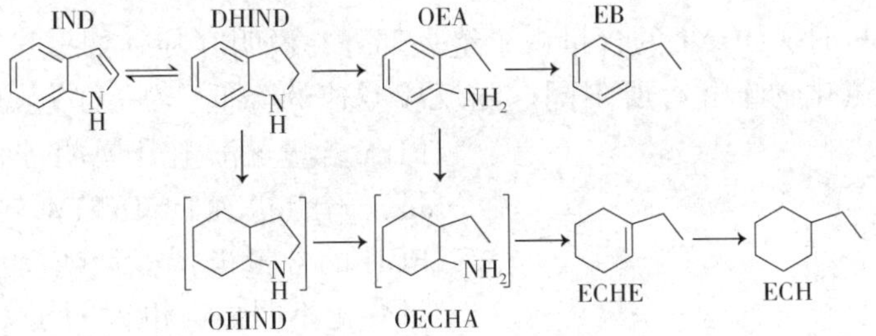

图 8-2-14　吲哚 HDN 反应路径

吖啶(acridine，ACR)是渣油中氮化物的基本结构单元，其 HDN 反应生成的加氢中间产物较多。在 Ni-Mo/γ-Al_2O_3 双金属硫化物催化剂上，其主要加氢产物有：9,10-二氢吖啶(DHA)、1,2,3,4-四氢吖啶(THA)、1,2,3,4,5,6,7,8-八氢吖啶(OHA1)、1,2,3,4,4a,9,9a,10-八氢吖啶(OHA2)、全氢吖啶(PHA)、苄基环己烷(BCH)、二环己基甲烷(DCHM)。吖啶在不同反应温度和体积空速下的 HDN 产物分布如图 8-2-15 和图 8-2-16 所示。

由图 8-2-15 和图 8-2-16 可以看出，ACR 加氢后以 OHA1 为主，其含量占了加氢产物的绝大部分，PHA 含量次之，OHA2 和 THA 的含量受到反应条件改变变化较大，DHA 含量最少；脱氮产物则以 DCHM 为主，BCH 含量较少。OHA1 的氮杂环继续加氢饱和与 OHA2 的芳环加氢饱和都可以生成 PHA，但其含量并不高。

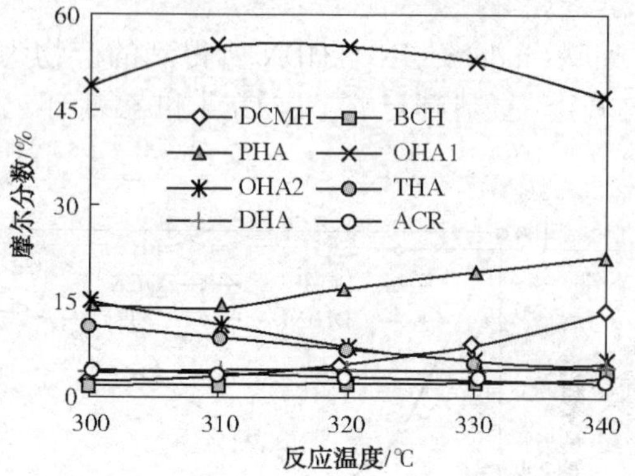

图 8-2-15 不同反应温度下吖啶 HDN 的产物分布

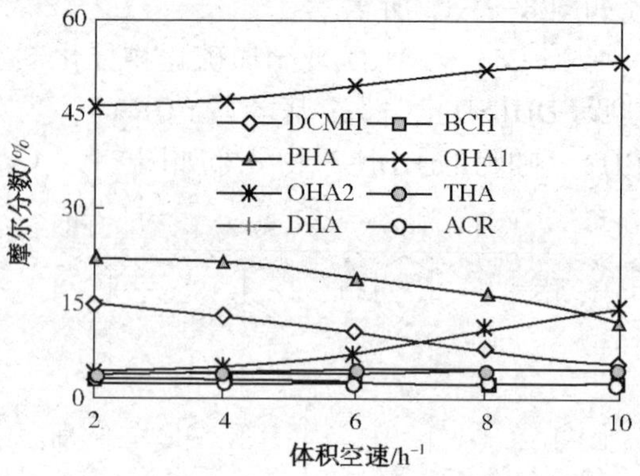

图 8-2-16 不同体积空速下吖啶 HDN 的产物分布

在较低温度下，中间产物含量 OHA1>PHA>OHA2>THA>DHA>DCHM>BCH，其中后三者含量极低，随温度升高，其中间产物含量 OHA1>PHA>DCHM>OHA2>DHA>THA>BCH。由此可以看出，DCHM 的含量受到温度影响最大，温度升高其含量迅速增加，说明高温条件利于氮杂原子的脱除，但同为最终脱氮产物，BCH 含量变化很小，同时 OHA2 含量却有明显下降，说明 OHA2 的 C(sp^2)—N 键断裂较为困难，C(sp^3)—N 更易断裂，因此 OHA2 倾向于继续加氢生成 PHA 后再进行脱氮反应。THA 随反应温度的升高，含量逐渐下降，OHA1 的含量随温度升高，出现了先上升后下降的现象，可能是因为在温度较低时，THA 向 OHA1 和 OHA2 转化，但 OHA1 的氮杂环加氢生成 PHA 较为困难，含量便有所升高，当温度继续升高，满足反应所需能量，反应速率增加，OHA1 向 PHA 转化加快，因此含量开始降低。

在停留时间极短时，OHA1 的含量占了绝大部分，说明吖啶的加氢过程主要先从两侧的苯环开始，与二环氮化物喹啉有所不同。随反应空速的降低，OHA1 逐渐向 PHA 转化，而 PHA 含量逐渐上升说明催化剂的脱氮性能不足，不能快速向 DCHM 转化。同时能看出 BCH 的含量极低，且随反应空速的降低，含量变化不明显，也说明了 OHA2 的 C(sp^2)—N 键难以断裂，需要 OHA2 继续加氢饱和生成 PHA。

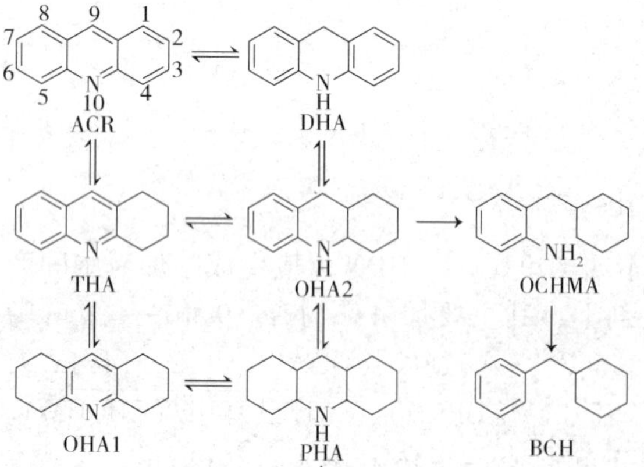

图 8-2-17 吖啶 HDN 反应路径

吖啶的加氢主要有 2 条路径，苯环优先加氢方向(ACR→THA→OHA1)和氮杂环优先加氢方向(ACR→DHA→OHA2)；吖啶的脱氮也主要有 2 条路径，C(sp^2)—N 键断裂(OHA2→BCH)和 C(sp^3)—N 键断裂(PHA→DCHM)。吖啶的 HDN 反应路径如图 8-2-17 所示。

吖啶是苯并喹啉，刚性结构的苯环增加了脱除中间氮原子的空间位阻，平躺吸附方式降低了催化活性位的利用率。吖啶 HDN 反应需要将所有不饱和环加氢饱和，提高吖啶分子的柔性，要求催化剂有更强的加氢能力和氢解能力，通过 C(sp^3)—N 键断裂脱除 N 原子。吖啶的 HDN 过程氮杂环加氢饱和比两侧的苯环加氢更容易进行，并且吖啶比喹啉的氮杂环加氢脱除速率慢。

咔唑(carbazole，CAR)的 HDN 的加氢中间产物较少，在 Ni-Mo/γ-Al_2O_3双金属硫化物催化剂上，其主要加氢产物有四氢咔唑(THC)、环己基苯(CHB)和联环己烷(BCH)，BCH 可以异构化为己基环己烷(HCH)等。咔唑在不同反应温度和体积空速下的 HDN 产物分布如图 8-2-18 和图 8-2-19 所示。

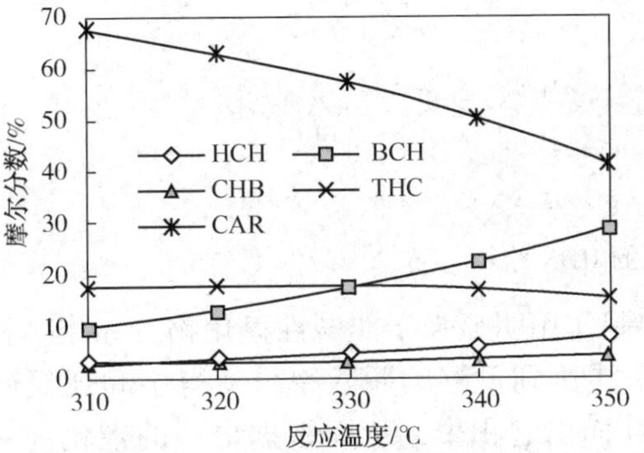

图 8-2-18　不同反应温度下咔唑 HDN 的产物分布

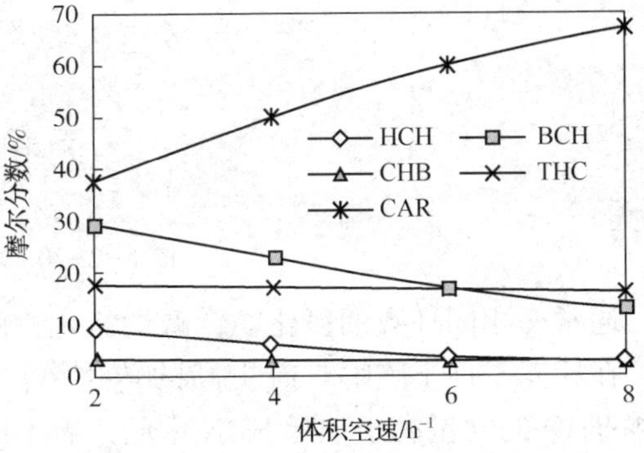

图 8-2-19　不同体积空速下咔唑 HDN 的产物分布

CAR 加氢中间产物只检测到了 THC，脱氮产物主要为 BCH 及其异构化产物 HCH，而未完全加氢的脱氮产物 CHB 只占了很小的一部分。

由图 8-2-18 和图 8-2-19 可以看出，随着反应温度的升高，BCH、HCH 和 CHB 含量在逐渐升高，而 CAR 和 THC 含量则降低，表明随温度升高 CAR 转化率提高。CHB 含量低于 BCH 和 HCH，说明六氢咔唑(HHC)的 C(sp^2)—N 键断裂较为困难，需要继续加氢生成十二氢咔唑(DDHC)后再进行脱氮反应，C(sp^3)—N 键更易断裂，同时没有检测到 HHC 和 DDHC，说明 HHC 继续加氢和 DDHC 加氢脱氮这两个步骤反应速率很快，CAR 的加氢脱氮的速控步骤为 CAR 加氢生成 THC 和 THC 加氢生产 HHC。整个加氢脱氮过程中，加氢产物只有 THC，说明 CAR 的加氢过程先从两侧的苯环开始，与吲哚有所不同。

CAR 的加氢脱氮过程只能从两侧苯环加氢饱和开始，而吖啶还可从中间氮杂环开始加氢。CAR 的 HDN 反应路径有 CAR →THC →CHB 和 CAR →THC →BCH →HCH。CAR 主要经由后一条反应路径实现氮原子的脱除。

咔唑三个环均参与共轭，咔唑氮原子的负电荷密度比吲哚更低。咔唑氮杂环处于两个苯环之间，先进行苯环加氢以削弱空间位阻效应，然后再发生 C—N 键的断裂，脱氮产物以双环己烷为主。研究表明，THC 和 HHC 的 HDN 反应速率很快，几乎不受热力学平衡的限制。咔唑的 HDN 路径如图 8-2-20 所示。

3. 氮化物对 HDS 反应的抑制

氮化物与硫化物的加氢反应都进行苯环或氮、硫杂环的加氢，反应的相似性导致了氮化物对硫化物 HDS 的抑制作用。

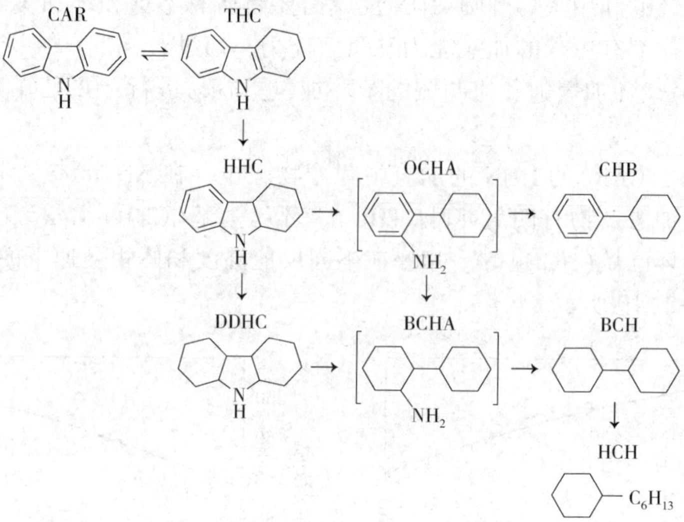

图 8-2-20 咔唑的 HDN 路径

通常，相同环数的氮化物，碱性氮化物的抑制作用明显强于非碱性氮化物，如喹啉和吲哚。在相同条件下喹啉具有更高的转化率，却未能达到足够的脱除率，使得中间加氢产物 1~4-THQ 的含量高于吲哚 HDN 中间产物 DHIND 而引起积聚，从而占据更多的催化剂活性位，造成喹啉比吲哚的抑制作用更强。

氮化物的抑制作用并不呈线性变化，如非碱性氮化物 NBN(如吲哚和咔唑)对 HDS 的影响与碱性氮化物 BN(如喹啉)相当，但三者混合物的抑制作用却强于任意单组分。对于硫化物来说，4,6-DMDBT 所受抑制作用最强，4-MDBT 次之，DBT 相对最弱。

氮化物通过氮原子的孤对电子或芳香 π 电子系统吸附在 L 酸位或通过在 B 酸位质子化形成强质子亲和力的氮化物，从而由于其强吸附性而占据了潜在的 HDS 所需的活性位。同环数的碱性氮化物要比非碱性氮化物的吸附性能强，而一些氮化物的加氢中间产物甚至具有更强的吸附性；此外，当加氢处理转化率较高时，大量的脱硫、脱氮终产物硫化氢与氨气也会参与到活性位的竞争。

氮化物对 HYD 路径的抑制作用要强于 DDS 路径，且氮化物的存在会使得巯基活性位(氢解作用)与金属原子硫空位(加氢作用)的比例显著降低。如咔唑的竞争吸附能力强于 4,6-DMDBT，严重抑制其加氢脱硫路径。

除了竞争吸附，也有学者将氮化物的抑制作用称为中毒作用，由于活性位的酸性性质和大部分氮化物的碱性性质，加上活性位的硫空穴的生成与再生是处于动态平衡的，氮化物甚至会中和活性位的酸性或破坏催化剂的表面结构。

五、加氢脱金属

渣油加氢脱金属(hydrodemetallization，HDM)主要是脱除渣油中的镍和钒。镍和钒的化合物在加氢反应中主要是通过加氢和氢解反应，最终以金属硫化物的形式沉积在催化剂上。这些金属硫化物在催化剂孔道和孔口的不断沉积造成孔口和孔道堵塞，导致催化剂中毒。

1. 镍、钒存在的形式

渣油中几乎富集了原油中的所有金属，镍和钒大部分集中存在于胶质和沥青质中，主要有卟啉和非卟啉两种结构。卟啉是一类由四个吡咯类亚基的 α-碳原子通过次甲基桥互联而形成的共轭杂环化合物，其母体化合物为卟吩，有取代基的卟吩即称为卟啉。当金属离子与卟啉化合物以共价键和配位键形式结合后便形成了金属卟啉化合物。钒卟啉中的钒原子以四价形式与氧原子构成$(V=O)_2^+$基团，处于大环形平面的正上方，并与底面四角上的氮原子一起，形成了一个四面锥体结构。而在镍卟啉中，二价镍原子与大环形平面处于同一平面，而且居于其正中心位置。

初卟啉(ETIO)和脱氧叶红初卟啉(DPEP)是石油中已经鉴定的主要卟啉形式，八乙基卟啉(OEP)与ETIO和DPEP的结构和性质类似，因此常用OEP来近似描述石油卟啉的化学性质；在石油中没有发现镍和钒的四苯基卟啉(TPP)，但常用TPP作为沥青质中高芳香度卟啉的代表。

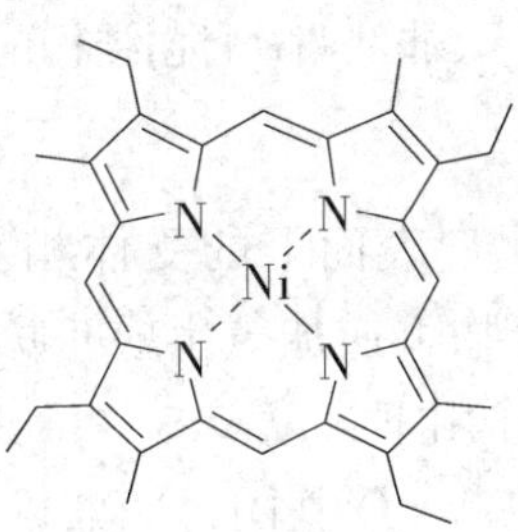

初卟啉镍(Ni-EP)

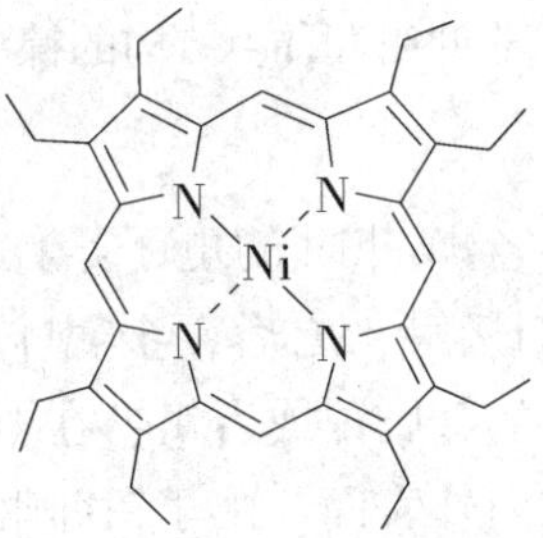

八乙基卟啉镍(Ni-OEP)

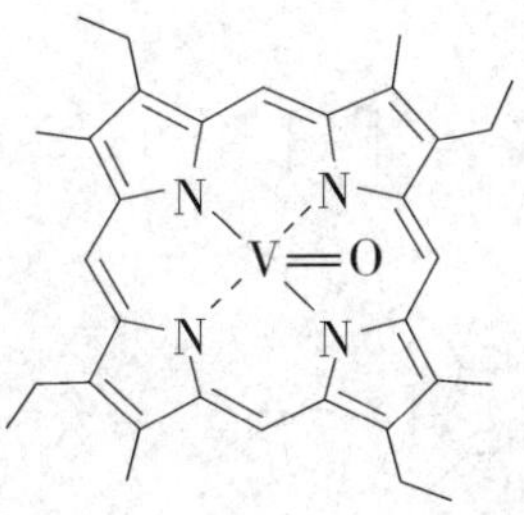

初卟啉钒(VO-EP)

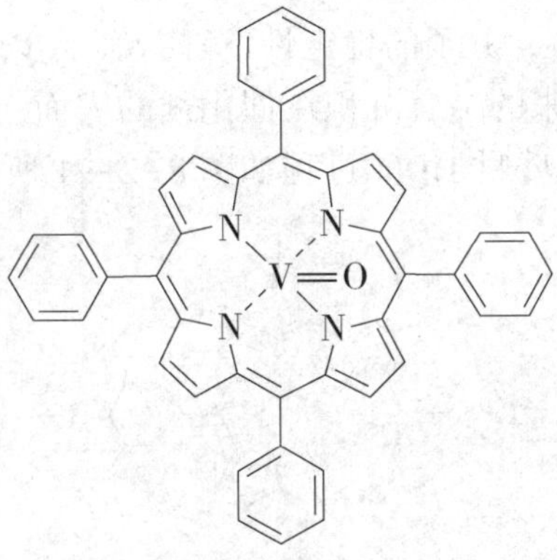

四苯基卟啉钒(VO-TPP)

镍卟啉和钒卟啉的热稳定性较好，镍-2,3,7,8,12,13,17,18-八乙基卟啉(Ni-OEP)、氧钒-2,3,7,8,12,13,17,18-八乙基卟啉(VO-OEP)、镍-5,10,15,20-四苯基卟啉(Ni-TPP)、氧钒-5,10,15,20-四苯基卟啉(VO-TPP)四种金属卟啉的热稳定性顺序为：VO-TPP≈Ni-TPP>VO-OEP>Ni-OEP。金属卟啉的热重分析参数见表 8-2-9。

表 8-2-9　金属卟啉的 TG 参数

样　品	起始分解温度/℃	终止分解温度/℃	样　品	起始分解温度/℃	终止分解温度/℃
Ni-OEP	331	480	Ni-TPP	479	555
VO-OEP	367	496	VO-TPP	481	570

镍和钒的非卟啉结构可能是混合向心配位体的四配位络合物，与卟啉类金属化合物的不同之处在于配位的杂原子不一定是N，还可以是O、S等，这种混合向心配位的金属络合物

与卟啉相比，具有更高的极性，更易于与沥青质发生相互作用，难以分离与鉴定。相比于卟啉结构的镍和钒，由于非卟啉结构的镍和钒更多地与沥青质交联在一起，所以在脱金属过程中更不容易被除去。

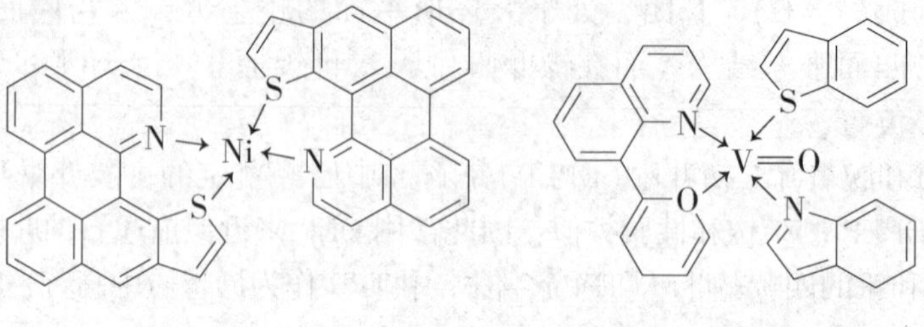

非卟啉(可能)结构的镍　　非卟啉(可能)结构的钒

2. 加氢脱镍、钒

在脱金属过程中，金属卟啉的电子给体与催化剂表面上的受体相互键合，以大卟啉环“平躺”的方式与催化剂接触；之后，金属卟啉化合物可逆加氢生成卟吩类中间体，再进一步加氢裂化脱去卟啉环上的金属镍或者钒；在 H_2S 的作用下，以 V_3S_4、V_2S_3 和 Ni_3S_2 等硫化物的形式附着在催化剂颗粒内外表面。由于钒卟啉中存在 V=O 基团，四面锥体结构钒卟啉的极性要大于镍卟啉，更易与催化剂表面发生作用，因此在加氢过程中，脱钒的速率相对高一些。

金属卟啉化合物 HDM 的反应分为两步：第 1 步是外环上发生可逆加氢反应生成中间加氢产物(速控步骤)，分子的稳定性下降；第 2 步是中间加氢产物发生氢解反应(或称氢解碎环反应)，脱除下来的金属沉积在催化剂的表面。以合成的 5，10，5，20-四(3-甲基苯基)镍卟啉为例，金属卟啉 HDM 过程如图 8-2-21 所示。

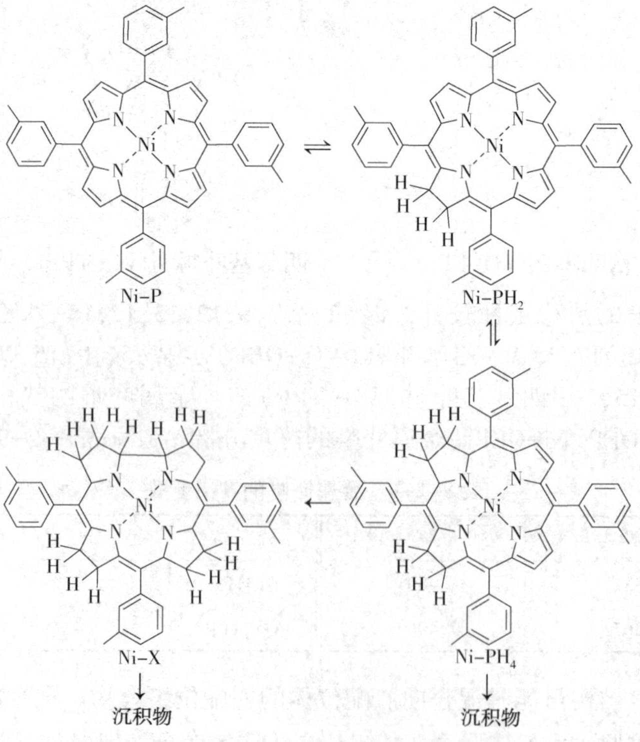

图 8-2-21　Ni-TPP 的 HDM 可能途径

首先，游离态 H 被引入到分子中吡咯环的 β 位上，生成二氢卟啉（$Ni-PH_2$），少量的 $Ni-PH_2$ 可能加氢裂解开环。多数的 $Ni-PH_2$ 进一步加氢生成四氢卟啉（$Ni-PH_4$）。$Ni-PH_4$ 可以直接加氢裂解脱除金属，也可以继续加氢形成多氢化中间产物 Ni-X，Ni-X 容易加氢裂解，金属沉积在催化剂上。

镍卟啉加氢后，与氢化吡咯环相邻的中位亚甲基键桥上的电子云密度增大，反应活性增强，卟啉大环容易在此发生断裂，变成开环的金属-四吡咯配位结构，这一配位结构在催化加氢条件下非常不稳定，容易脱去金属。另一方面，镍卟啉也可以继续在其另一个吡咯环上加氢，如生成镍四氢卟啉，在镍四氢卟啉中，两个氢化吡咯环中间的亚甲基桥的活性更高，卟啉大环更容易在此发生断裂，显然，镍四氢卟啉的稳定性低于镍二氢卟啉，因而在加氢过程中检测到的中间物以 $Ni-PH_2$ 为主，而 $Ni-PH_4$ 只是少量存在。

研究发现，氧化态催化剂（$Ni-Mo/\gamma-Al_2O_3$）上金属卟啉更倾向于生成 Ni-X，而硫化态催化剂更倾向于直接脱除金属。这主要是因为硫化态催化剂其活性相上的—SH 能够提供更多的 B 酸位，从而提高催化剂的裂解活性，进而促进了中间物的开环和进一步的骨架重排。

除了钒和镍以外，铁、钙、镁等金属杂质也会以金属硫化物的形态沉积于催化剂的外表面上。由于金属总是以金属硫化物的形式在催化剂上沉积的，故在金属含量增大的同时，催化剂上的硫含量也随之增大。不管金属在渣油中的存在形式如何，在有 H_2S 存在的情况下，均会加速金属的沉积速率。渣油中脱除的金属在催化剂颗粒内的沉积分布有如下的特征：①围绕着催化剂颗粒中心，沉积的金属基本呈对称分布；②铁主要沉积在催化剂的外表面，呈薄层状；③镍、钒沉积的最大浓度出现在催化剂颗粒内、靠近边缘的地方，金属硫化物的沉积将降低催化剂的活性。镍的穿透深度比钒大，对催化剂的活性影响更大。也有观点认为，催化剂表面沉积的金属硫化物（尤其是 Ni 的硫化物），存在自催化活性。

渣油中的金属化合物组成十分复杂，不同金属化合物之间具有不同的性质和结构组成（共轭程度、相对分子质量、取代基、极性等），各类金属化合物的反应性能也存在较大的差异性。

在相同的反应条件下，VO-OEP 催化加氢反应的脱金属率和卟啉转化率明显高于 Ni-OEP。主要是因为在 Ni-OEP 中，Ni^{2+} 位于金属卟啉大环形平面的中央，而在 VO-OEP 分子中，钒以 VO^{2+} 形式存在，并从环形平面的中央位置向上凸起约 0.053nm，结构导致了 VO-OEP 的极性比 Ni-OEP 强，VO-OEP 容易被催化剂表面吸附。另外，VO-OEP 中的氧含有孤对电子，容易吸附在加氢催化剂表面的金属原子硫空位（加氢作用）上，导致 VO-OEP 比 Ni-OEP 更容易加氢脱金属。Ni-OEP 和 VO-OEP 的 HDM 结果见表 8-2-10。

表 8-2-10　Ni-OEP 和 VO-OEP 的 HDM 结果

类　型	Ni 含量/(μg/g)	V 含量/(μg/g)	脱金属率/%	卟啉转化率/%
Ni-OEP	15	—	64.0	75.3
VO-OEP	—	15	94.1	97.4

Ni-OEP 临氮和临氢热反应（无催化剂）试验发现，Ni-OEP 在氮气中的稳定性非常高，在大于 480℃时才发生显著分解；而在氢气中，Ni-OEP 的热稳定性降低，在 340℃、9MPa 条件下，相当一部分的 Ni-OEP 发生加氢脱金属反应，且和催化加氢脱金属反应历程相同。对于沥青质中的金属，既可以通过 HDM 反应予以脱除，同时也可能在沥青质缩合生焦的过

程中，金属被捕集变成焦沉积在催化剂上。所以，HDM 是催化与热转化并行的过程。

另外，氮化物和硫化物对 HDM 的过程存在影响。实验表明，吡啶、二硫化碳对金属卟啉的转化率和脱金属率有明显的影响，吡啶对 Ni-OEP 和 VO-OEP 的 HDM 反应具有抑制作用，而二硫化碳具有促进作用。吡啶为碱性氮化物，容易缔合在加氢催化剂的金属阴离子空穴中，与金属卟啉发生竞争吸附，从而影响加氢脱金属效果；二硫化碳是加氢催化剂常用的硫化剂，在催化剂硫化过程中，二硫化碳会在催化剂表面产生高加氢活性的金属硫化相，这些硫化相会促进金属卟啉的 HDM 反应。

加氢脱金属催化剂主要功能是脱除渣油中的金属杂质，同时也具有裂化功能。HDM 反应过程中，将石油卟啉等大分子裂化脱除金属，同时使渣油重组分变轻。渣油中不同类化合物的加氢反应活性按以下顺序减小：含钒化合物>含硫化合物≈沥青质>含镍化合物>含氮化合物，同一类反应的速率常数在不同的催化剂上和反应器中也不尽相同。大孔催化剂对于脱钒效果更好，而具有高活性催化剂对于脱除 S、N 和 Ni 效果更好，含氮化合物的存在会抑制 HDV，而对于 HDNi 没有明显的抑制作用。

六、加氢脱残炭

渣油加氢脱残炭(hydrode-conradson carbon residue，HDCCR)是在高温、催化剂和富氢的条件下，抑制残炭组分缩合生焦，促进重芳烃、胶质和沥青质高效转化。

残炭的脱除率是渣油加氢工艺的重要指标。渣油的残炭值代表着其中的高沸点组分如多环芳烃、胶质和沥青质等在加工过程中的生焦趋势。根据分析方法不同可用康氏残炭(CCR)或兰氏残炭(RCR)表征。此外还有一种用微量法测定的残炭值，即 MCR。MCR 与 CCR 相当。

1. 残炭转化机理

五环以及五环以上的缩合芳烃被认为是生成残炭的前驱物，渣油中胶质和沥青质的残炭值最高，是主要的残炭前驱物。加氢脱残炭实际上就是减少残炭的前驱物(俗称残炭转化)，主要是胶质、沥青质和重芳烃的加氢转化。

目前对于重油催化加氢转化反应机理比较一致的看法是，渣油加氢中大分子的裂化反应的同时还伴随着 HDS、HDN、HDAr、脱烷基侧链以及 HDM 反应，但芳香核一般很难转化；加氢裂化反应的推动力主要是热活化，催化剂和氢气的存在，大大抑制了过度裂化反应以及缩合、聚合反应。

研究表明，渣油加氢过程最初 40%~50%的转化是在热作用下进行的快速芳环断侧链反应；第二步是反应生成的烃自由基通过催化剂孔道扩散到催化剂内部的活性中心上并与活性中心上的氢原子(该活性氢原子不能脱离催化剂而存在，是一种活性吸附状态)进行反应，活性氢能够淬灭大分子自由基，抑制其缩合生焦，增加了轻油的收率。

渣油加氢反应最初是由热活化引起的，热裂化反应将大分子物质分解为小分子组分，使反应物更易于通过催化剂的孔道进入催化剂内部的加氢活性中心上发生反应，从而促进了 S、N 等杂原子及微量金属的脱除以及芳烃的加氢反应。因此，渣油加氢反应的机理可视为相继发生热活化反应与催化反应。

比较减黏裂化、催化加氢和临氢热裂化等反应过程，氢气、催化剂及其他各种措施，只是限制或抑制胶质和沥青质分子的缩合反应，渣油裂化反应几乎不受催化剂性质的影响，其主要推动力是热活化。可以认为在渣油的加氢转化反应过程中，大部分 C—C 键的断裂是以自由基方式进行的，与纯热加工过程中完全相同。

对大分子渣油等的加氢转化反应，催化剂的作用并不显著。在临氢气氛下催化剂的作用是产生大量活化氢来抑制缩合和生焦反应，从而提高轻油收率。

2. S、V 对残炭转化的影响

沥青质是渣油加氢转化过程中的主要生焦前驱物，是加氢催化剂上焦炭和金属等沉积物的主要来源。不同来源和属性的渣油在加氢反应过程中的生焦特性不同，主要与其中沥青质的结构和组成有关，沥青质的结构和组成比沥青质的数量在催化剂的结焦中起着更重要的作用，特别是沥青质的芳香性与催化剂的失活密切相关。研究表明，加氢过程中沥青质的转化主要是由脱烷基、交联的烷基侧链断裂及环烷环的开环完成的。虽然渣油的来源不同，但硫和钒的脱除反应对渣油加氢转化的贡献最大。随着反应温度的升高，渣油的加氢脱钒、加氢脱硫等反应近似地与脱沥青质的转化率呈线性关系。

采用 RIPP 第三代 RHT 系列渣油加氢催化剂(级配装填)，在固定床反应器上试验比较了 7 种渣油原料。结果发现，硫高氮低、钒高镍低的渣油原料反应效果较好。S/N 质量比高的原料的残炭能够被较好地加氢脱除，S/N 质量比越高，残炭降低率越高；V/Ni 质量比高的原料的残炭也能够被较好地加氢脱除，V/Ni 质量比越高，残炭降低率越高。S/N 质量比和 V/Ni 质量比对残炭转化率的影响如图 8-2-22 和图 8-2-23 所示。

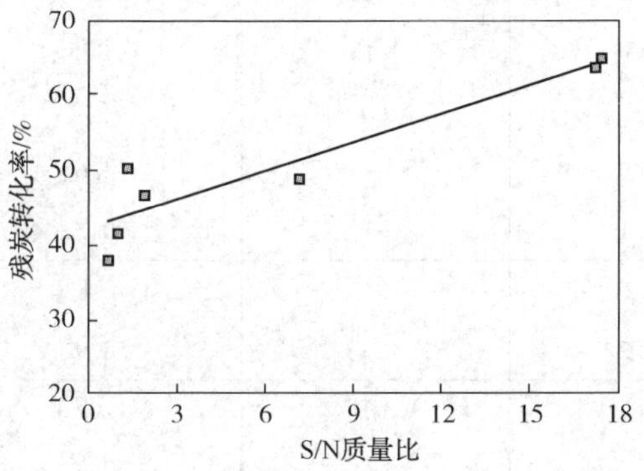

图 8-2-22　S/N 质量比对残炭转化率的影响

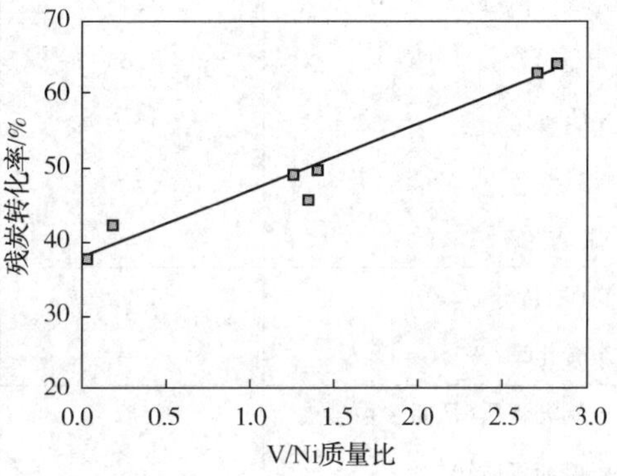

图 8-2-23　V/Ni 质量比对残炭转化率的影响

渣油中的硫原子主要存在于胶质和沥青质组分中，胶质、沥青质中的噻吩环一般均与一个或数个芳香环并接，而硫醚硫多为芳硫醚结构。硫既可能是处于硫桥键上，也有可能处于环状结构中，其化学键的键能均相对较低，比较容易发生化学键的断裂而脱除。随着原料中硫含量较高的沥青质含量的增加，将有更多键能较弱的 C—S 键发生断裂，特别是位于沥青质结构单元之间的硫桥键，发生断裂后生成分子较小的组分，残炭转化率提高。与低硫含量的沥青质相比，高硫含量的沥青质更易于发生转化，加氢反应所得残渣油的硫含量降低，硫的脱除率也较高。

由于 VO^{2+} 极性更强，容易吸附在催化剂表面的金属原子硫空位，在高温下的催化加氢反应活性更高，同时钒化合物对镍化合物的脱金属表现出一定的抑制作用。除此之外，渣油加氢过程中，H_2S 的存在可显著促进渣油的加氢脱金属反应。不论是催化加氢脱金属还是非催化加氢脱金属，中心金属对反应速率的影响是相同的，相比 Ni-TPP，VO-TPP 的反应速率较高，中间产物的浓度也高。HDM 反应导致胶质和沥青质大分子的三维结构被破坏，利于残炭转化。在相同的反应条件下，胶质中的金属脱除率远远大于沥青质中金属的脱除率，说明不同组分中金属的存在形态及脱除难易程度不同，未能脱除的镍和钒主要残留于沥青质组分中。

某炼厂渣油加氢装置的两种滤前渣油 A 和 B，HDM、HDS、HDN 系列催化剂等按一定比例进行级配装填，在固定床反应器上的加氢试验结果见表 8-2-11。

表 8-2-11 渣油和加氢油的性质比较

项　目	渣油 A	加氢油 A	渣油 B	加氢油 B
密度(20℃)/(g/mL)	1.009	—	0.985	—
运动黏度(100℃)/(mm^2/s)	152	—	85	—
538℃馏出物(质量分数)/%	40.6	57.9	46.4	60.8
Ni 含量/(μg/g)	27	4.4	38	13.3
V 含量/(μg/g)	98	8.8	64	11.3
V/Ni 质量比	3.6	—	1.7	—
Ni 脱除率/%	—	83.7	—	65.0
V 脱除率/%	—	91.0	—	82.3
N 含量/(μg/g)	3243	1502	3428	2139
S(质量分数)/%	4.65	0.554	3.13	0.305
S/N 质量比	13.6	—	9.1	—
N 脱除率/%	—	50.9	—	37.6
S 脱除率/%	—	88.1	—	90.3
残炭(质量分数)/%	13.2	4.2	10.7	4.4
残炭转化率/%	—	68.2	—	58.9
正庚烷沥青质(质量分数)/%	5.1	0.84	3.9	1.07
正庚烷沥青质转化率/%	—	83.5	—	72.6

两种渣油原料相比，渣油 A 的密度和黏度较大，残炭、沥青质含量较高。经同一系列催化剂、相同工艺条件加氢处理后，加氢生成油的金属、硫、氮、残炭和沥青质等都显著降低，但两种不同性质的渣油原料的加氢活性有很大差别。V/Ni 质量比和 S/N 质量比相对较大的渣油，其残炭和沥青质的转化率均较高。

第九章 烷基化和异构化

目前提高汽油辛烷值的炼制技术主要有催化重整、烷基化、异构化。催化重整汽油具有较高的RON(~100)、较高的芳烃体积分数(65%~85%)，而烯烃、硫、氮的含量很低。烷基化汽油组分全部是异构烷烃，主要成分是异辛烷，具有零芳烃、零烯烃、低硫、低蒸气压及高辛烷值等特点，RON可达90~98。异构化使轻直馏石脑油(C_5、C_6)中的直链烷烃转化为支链烷烃，组成中不含硫、芳烃和烯烃，辛烷值提高10~20个单位，RON可达80~90。

与欧美发达国家汽油池组成相比，中国催化裂化汽油占比70%以上，显著高于美国的38%和欧洲的27%，同时催化重整产能也偏低。尽管催化裂化汽油有较高的RON(~90)，但烯烃和硫含量很高。商品汽油中90%以上的硫都来自催化裂化汽油，而催化汽油脱硫还会造成辛烷值损失，催化裂化汽油中烯烃体积分数20%~40%。因此，中国汽油质量升级最终归结为催化裂化汽油脱硫、降烯烃的清洁化问题。

随着油品升级，国ⅥB汽油标准的实施，汽油池中需要增加更多的环保清洁型汽油。在燃油生产过程中，增加烷基化和异构化产能，配套催化裂化和催化重整工艺，是实现汽油较高辛烷值，降低芳烃、烯烃和苯等指标的有效途径。在提高汽油辛烷值的同时，利用烷基化油和异构化油调和汽油，能够稀释催化裂化汽油中的烯烃和硫、氮等杂质，还可稀释催化重整汽油中的芳烃(包括苯)，提升航空汽油和车用汽油的品质。

第一节 烷 基 化

一、概述

在石油炼制过程中，烷基化是指以异丁烷为底物，丁烯(1-丁烯、2-丁烯、异丁烯)为烷基化剂，合成高支化度异构烷烃的反应。烷基化是炼厂的二次加工过程，是利用轻质烃类生产高辛烷值汽油调和组分的重要方法。烷基化油(Alkylate)具有辛烷值高、敏感性好(RON与MON之差小于3)、含硫低、不含烯烃和芳烃、燃烧清净性好等特点，是清净汽油的理想调和组分。烷基化油挥发性小，可以调入廉价的丁烷，增加汽油的热值。

1. 烷基化技术分类

烷基化工艺技术按生成异辛烷的过程可分为直接法和间接法。直接法是指在酸催化剂的作用下异丁烷与丁烯反应的过程。间接法是指在酸性催化剂作用下，将丁烯叠合(齐聚)成以异辛烯为主的混合烯烃，随后加氢生成以异辛烷为主的高辛烷值组分的过程。直接法烷基化按使用催化剂相态不同可分为液体酸烷基化及固体酸烷基化，其中液体酸烷基化按照使用的催化剂酸种类可分为氢氟酸法、硫酸法以及离子液体法。烷基化技术分类见图9-1-1。

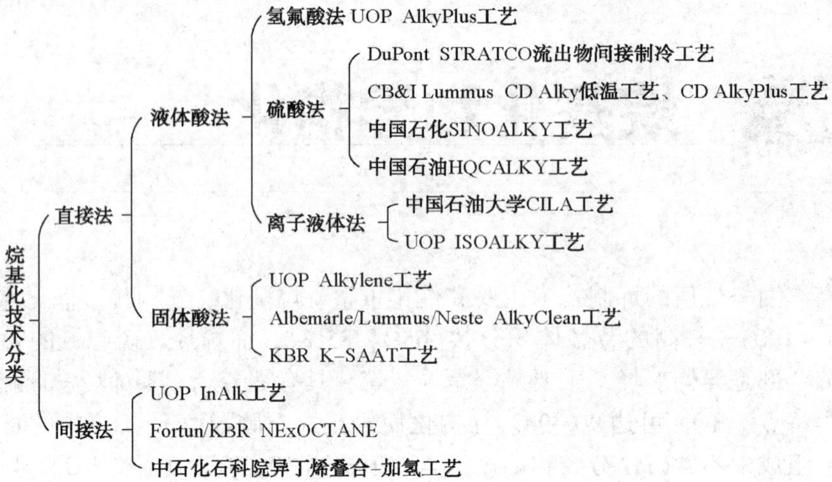

图 9-1-1 烷基化技术分类

氢氟酸烷基化工艺成熟，由于氢氟酸的挥发性、腐蚀性和毒性，氢氟酸烷基化技术的应用受限，因此近 20 年新建的烷基化装置已经基本不采用氢氟酸法。UOP/Chevron Texaco 开发的 Alkad 工艺，将蒸汽抑制添加剂组合到 HF 装置操作中。添加剂与 HF 反应生成多氢氟化物复合体，添加剂可以有效地与烃类分离，易于回收和循环使用。复合体含有长链的强缔合 HF 分子，可使 HF 气溶胶数量减少 90%。烷基化油辛烷值提高，不存在附加的腐蚀处理问题。

硫酸烷基化最早实现工业化，技术成熟，安全可靠，对原料适应性强，腐蚀性及对环境的影响比氢氟酸小，其技术改进方向主要是降低酸耗、提高产品分离效率及废酸处理回收(干法和湿法废酸再生)等。全球主要的硫酸法烷基化专利商是 DuPont 公司和 Lummus 公司，并在中国进行了多家技术授权转让。

DuPont 公司拥有硫酸烷基化技术(STRATCO)和废酸再生(MECS)整套技术，全球技术许可装置超过 100 套，烷基化油总产能超过 40Mt/a，近十年内全球新建烷基化装置中 DuPont 技术约占 90%。

STRATCO 技术采用的是流出物制冷，反应器中设有冷却管束，反应热是通过流出物在反应器管束内节流汽化取走。部分汽化的流出物进入闪蒸罐，通过控制闪蒸罐的压力来控制反应器温度。STRATCO 反应器与高位酸沉降器构成的乳化液循环是 STRATCO 技术的核心部分，进入反应器的烃和酸在叶轮搅拌下形成乳化液并在反应器内循环，反应后的乳化液经过一上升管，进入酸沉降器，进行酸烃分离，分离出的酸经下降管进入反应器循环使用。反应器实现酸、烃内部循环的同时充分混合接触，反应器内全液相操作且温度均匀。

STRATCO 技术采用多台反应器，依照烷基化反应的机理，分级利用酸浓度，在相同进料的条件下，得到辛烷值最高的烷基化油。具有很强的原料适应性，可广泛适用于各种 C_3～C_5烃原料在各种比例下进料的烷基化油生产，原料带入的杂质仅影响酸耗而不对烷基化产品质量造成影响。同一套装置，当原料发生变化时，仅需适当调整操作条件即可。STRATCO 技术装置反应烷烯摩尔比(13～15)：1，反应温度 4～10℃，烷基化油辛烷值

(RON)95~98.5，酸耗40~60kg/t烷基化油。

Lummus CD Alky技术是采用单台大反应器、低温硫酸法烷基化工艺，其核心是反应系统的创新式设计，与DuPont的卧式带搅拌的反应器不同，Lummus采用立式反应器，通过在反应器系统中采用专有静态内构件代替传统机械搅拌，以实现烃和酸的高效直接接触，进而使烷基化反应在更低的温度下(0℃左右)进行。CD Alky技术是自动制冷技术，反应热控制是用异丁烷汽化来保证，因此反应系统设置气相空间，为了控制反应器反应温度，设置2个或多个不同的压力区。STRATCO和CD Alky两种烷基化技术比较见表9-1-1。

表9-1-1　STRATCO技术和CD Alky技术比较

项　目	STRATCO技术	CD Alky技术
反应温度/℃	4~10	-3~3(温度低、副反应少)
反应器型	卧式偏心，搅拌乳化	立式，专有内件传质，无机械搅拌
单台反应器处理能力/kt	200	350
反应热撤除方式	U型管束间接换热	物流自汽化直接制冷
辛烷值(MON+RON)/2	93.5~96	95~95.5
基础酸耗/(kg/t烷基化油)	55~65	60
生产废水	有酸洗、碱洗和水洗	无酸洗、碱洗和水洗
酸烃分离	采用酸沉降器分离产物与酸	采用聚结内件分离产物与酸
投资规模	略高	高

中国石油HQCALKY技术采用反应流出物制冷工艺，利用反应流出物中的液相丙烷和丁烷在反应器管束中减压闪蒸，吸收烷基化反应放出的热量，气相重新经压缩机压缩、冷凝，再循环回反应器，流出物制冷工艺可使得反应器内保持高的异丁烷浓度。HQCALKY硫酸烷基化技术反应温度4~10℃，烷基化油辛烷值(RON)大于97，酸耗50~70kg/t烷基化产品油。循环异丁烷与烯烃混合进入反应器，酸烃经叶轮搅拌形成乳化液，烃在酸中分布均匀，减小温度梯度，抑制副反应发生。中国石油寰球工程公司HQCALKY硫酸烷基化技术已授权使用或技术转让超过20套。大庆炼化公司300kt/a烷基化装置采用HQCALKY技术，以醚后C_4为原料，2018年10月投产。

中国石化SINOALKY技术采用多组特殊结构静态混合器与自汽化分离器集成，使酸烃相混合充分，反应温度易于控制。采用多点进料降低了反应器内烯烃浓度，提高内部烷烯比，抑制副反应发生。采用一种硫酸添加剂XH-01，增加异丁烷在硫酸中溶解度，降低了酸烃充分混合所需动力消耗。SINOALKY烷基化装置反应器无动态密封，单台规模可达350kt/a，反应温度0~4℃，烷基化油辛烷值(RON)大于96.5，酸耗约60kg/t烷基化产品油。第一套采用SINOALKY技术的中国石化石家庄炼化公司200kt/a硫酸烷基化装置2018年6月投产。

复合离子液体催化烷基化反应，离子液体同时具有液体酸高密度的反应活性位和固体酸的不挥发性，催化活性高于硫酸和氢氟酸，烷基化油的辛烷值高，反应条件温和，反应时间缩短，具有更广泛和更高的进料灵活性。中国石油大学重质油国家重点实验室开发的复合离子液体催化烷基化技术，采用具有两种或两种以上金属配位中心阴离子的离子液体，原料烷烯比(8~12)∶1，反应温度15~25℃，产品辛烷值(RON)大于95.0，酸耗4kg/t烷基化产品油。烯烃转化率100%，C_8选择性95.8%，烷基化油的收率达到77.5%。复合离子液体催化烷基化技术已经在国内多家企业投产应用，2019年4月，九江石化公司300kt/a离子液体烷基化装置投产。

固体酸烷基化不产废酸，无管线腐蚀，工艺简单，烷基化油性质与液体酸催化相当，固体酸烷基化技术是未来发展方向。但固体酸催化剂容易引起烯烃的叠合反应，催化剂快速失活，导致工业化进程缓慢。近年来，固体酸烷基化已有工业示范装置，如Lummus公司的AlkyClean工艺、UOP公司的Alkylene工艺、KBR公司的K-SAAT工艺等。采用Lummus公司AlkyClean工艺200kt/a的固体酸烷基化工业示范装置，2015年8月在山东淄博汇丰石化集团投产，烷基化油的辛烷值(RON)为96~98。

KBR公司K-SAAT工艺采用双固定床反应器并联，12~14h相互切换反应再生，以沸石作为催化载体。反应温度为50~100℃，反应压力为2MPa，烷烯比为10~15，烷基化油辛烷值(RON)大于96。利用氢气对催化剂进行完全再生，在再生过程中软焦炭(各种高度不饱和的碳氢化合物)和吸附在催化剂上的污染物都被清除和吹出。K-SAAT工艺采用ExSact固体酸催化剂，原料来源和组分(乙烯、丙烯、丁烯和戊烯都可以用作烯烃)的灵活性很大，有很好的抗原料中污染物(如水分、硫、二烯、含氧化合物和腈化物)的能力。ExSact催化剂的酸中心和孔结构都进行了优化，乙烯也能作为烷基化原料，液体酸烷基化工艺不能用乙烯进行烷基化，因为用乙烯会生成稳定的酯。2016年K-SAAT固体酸烷基化技术转让东营市海科瑞林化工公司，K-SAAT固体酸烷基化技术首获国内肯定。

固体酸烷基化反应过程中形成的聚合物将导致催化剂活性降低，必须定期通过再生将聚合物从催化剂中除去。固体酸催化剂再生介质为氢气、轻烃等，再生温度280℃以上，将催化剂上附着的聚合物裂变成小分子，从而恢复催化剂活性。固体酸烷基化技术瓶颈是催化剂失活/再生问题，还需解决原料的适应性、装置操作经济性、固体酸催化剂的高反应活性和选择性等问题。

间接法烷基化是指在酸性催化剂的作用下，炼厂气中的丙烯及丁烯发生聚合反应生成异构烯烃的过程，生成的产物称叠合汽油或二聚油等。间接法烷基化利用C_4中的烯烃组分进行选择性或非选择性叠合生成混合烯烃，选择性叠合以异丁烯组分为原料，而非选择性叠合直接使用混合C_4为原料，加氢后烷基化油收率约为直接法烷基化技术的50%。间接法烷基化作为直接法烷基化的补充，适用于某些对汽油调和有特殊要求的场合。如乙醇汽油要求不能添加MTBE，而炼厂异丁烷资源又不足，烷基化无法消耗异丁烯资源。间接法烷基化的最大问题是其收率低，加氢成本高，产品储存安定性差。

2. 烷基化原料补充

随着近10年中国成品油质量标准的升级，国内烷基化产能迅速扩增。炼厂C_4资源相对不足，MTBE下游烷基化原料紧缺。2022年，中国烷基化汽油产能2380万t，烷基化汽油实际产量为1250万t。烃类蒸汽裂解、甲醇制烯烃过程中副产C_4，可作为烷基化补充原料。烷基化C_4来源中，最主要的是来自炼厂的催化裂化装置，占加工量的9%~12%。其次是烃类蒸汽裂解，副产占进料量8%~10%的混合C_4馏分。甲醇制烯烃副产5.5%(对甲醇)的混合C_4。不同来源C_4组成见表9-1-2。

表 9-1-2　不同来源 C_4 组成

组成/%	催化裂化		蒸汽裂解	甲醇制烯烃	
	裂化 C_4	醚后 C_4		MTO	MTP
正丁烷	6.61	9.28	2.88	5.10	4.91
异丁烷	40.35	47.37	0.62	0.25	0.15
1-丁烯	16.61	20.45	13.97	27.94	28.24
2-丁烯	14.91	21.29	10.89	60.98	60.64
异丁烯	21.23	1.01	22.71	4.55	3.94
丁二烯	0.29	0.60	48.93	1.18	2.12

3. 烷基化油组成和性质

烷基化油的辛烷值取决于所使用烯烃的种类以及所采用的生产工艺，和产品中三甲基戊烷(TMP)含量密切相关。目前生产工艺下，以异丁烷和丁烯为原料时，所得烷基化产物的研究法辛烷值可达95以上；以丙烯、丁烯、戊烯混合物为烯烃原料时，产品的辛烷值稍低。

从组成来说，烷基化油的烃组成较单一，主要含有异构烷烃，其余为少量的正构烷烃，辛烷值主要由沸点为100℃左右的 C_8 异构烷烃提供。TMP 含量越高，其辛烷值越大。TMP (包括2,2,4-三甲基戊烷、2,3,4-三甲基戊烷和2,3,3-三甲基戊烷)的质量分数约为60%，而异辛烷(2,2,4-三甲基戊烷)在 TMP 中占比最大。

对同一种汽油，其 RON 比 MON 高约0～15个单位，两者的差值被称为敏感性或敏感度，反映汽油的抗爆性能随发动机工况改变而改变的程度。富含烷烃汽油(烷基化油)的敏感度最小，富含芳烃汽油(重整汽油)的敏感度较大，而富含烯烃汽油(催化裂化汽油)的敏感度最大。烷基化油为异构烷烃，组成相对固定，RON 和 MON 差值较小，敏感度较低。烷基化油中三甲基戊烷含量见表9-1-3。

表 9-1-3　烷基化油中三甲基戊烷含量

样品号	RON	MON	2,2,4-三甲基戊烷/%	2,3,4-三甲基戊烷/%	2,3,3-三甲基戊烷/%	TMP/%
1	97.0	92.8	30.172	16.076	18.599	64.847
2	96.4	92.6	32.104	13.647	17.541	63.292
3	96.1	92.7	30.121	15.038	17.223	62.382
4	95.6	92.3	29.953	15.010	16.679	61.642
5	95.2	92.2	25.357	14.011	14.719	54.087
6	95.0	92.2	24.137	14.176	15.030	53.643

烷基化油的性质和烯烃原料、生产工艺相关，也影响产品的应用性能。中国石化汇总了不同厂家、不同生产工艺，270余批次的烷基化油性质分析数据，中国石化的 SINOALKY 硫酸法工艺生产的烷基化油和外购的硫酸法(STRATCO)工艺生产的典型烷基化油关键指标见表9-1-4。

初馏点、10%馏出温度表示汽油中含轻质组分的多少，烷基化油初馏点一般要求不小于

30℃。初馏点偏低可能是产品分馏系统脱正丁烷塔控制不好，塔釜烷基化油中正丁烷、异丁烷含量超标，或者是为了提高烷基化油产量，人为将过量正丁烷压入烷基化油中。烷基化油中的轻质烷烃组分(特别是正丁烷、异丁烷含量)对于成品汽油的蒸气压影响较大，与汽油的蒸发排放和发动机的启动性能密切相关。

表 9-1-4　硫酸法烷基化油性质和组成

项　目	SINOALKY 工艺			STRATCO 工艺		
	最大值	最小值	平均值	最大值	最小值	平均值
密度(20℃)/(kg/m^3)	698.7	694.6	696.2	698.2	692.6	696.5
RON	97.1	94.5	96.2	96.6	94.6	95.7
MON	93.5	91.5	92.6	92.8	91.5	91.9
初馏点/℃	40.5	32.0	34.8	42.0	32.0	37.4
终馏点/℃	201.0	182.6	193.6	197.0	181.0	191.1
蒸气压/kPa	56.00	44.00	50.30	56.80	44.50	51.55
硫/(μg/g)	6.0	<1.0	2.3	7.5	0	3.8
苯/%(v)	0.20	<0.10	0.11	0.01	0.01	0.01
烯烃/%(v)	<0.5	<0.5	—	0.60	0	0.05
芳烃/%(v)	<1.0	<1.0	—	0	0	0
未洗胶质/(g/L)	0.01	0.01	0.01	0.01	0.01	0.01

烷基化原料中含有 CH_3SH、COS 和 H_2S 等杂质，丁二烯等烯烃和硫酸反应会生成硫酸酯，烷基化油中还含有微量的硫酸根离子，但烷基化油中的硫含量处在较低的水平。

理论上烷基化油中不含芳烃、烯烃，但产品中均或多或少含有烯烃。一是烷基化反应过程中裂解副反应产生的烯烃不能及时发生氢转移反应，导致烷基化油中烯烃含量偏高；二是烷基化反应过程中酸度控制过低，烯烃发生叠合反应趋势增大，烷基化反应趋势减弱，导致烷基化油中出现烯烃残留。

4. 烷基化油调整汽油池

烷基化油组成几乎全部为异构烷烃，辛烷值高、不含硫、烯烃和芳烃，是最理想的高辛烷值汽油调和组分。汽油池中烷基化油的比例世界平均为 8%，美国平均为 14%，中国的平均水平目前达到了 8.6%。为达到国ⅥB 汽油标准的要求，需进行清洁汽油的生产，调整汽油池的结构。在工艺上对 FCC 汽油深度脱硫，生产低硫汽油组分。同时增加烷基化装置，补充不含芳烃、烯烃和低硫调和汽油。催化裂化汽油吸附脱硫(S Zorb)，在 Ni-Zn 基吸附剂和临氢条件下，选择性吸附含硫化合物中的硫原子，可将 FCC 汽油硫质量分数降至 10μg/g 以下。同时由于烯烃加氢饱和，烯烃含量下降 2~7 个百分点，辛烷值损失 1 个单位。炼厂汽油池一般以 S Zorb 汽油和重整汽油为主，调入 MTBE 以提高 RON，调入烷基化油后在维持 RON 合格的前提下，降低汽油池的芳烃、烯烃含量及蒸气压。调入重整抽余油，可以进一步降低芳烃和烯烃含量。某石化公司的国ⅥB 标准汽油质量升级汽油池结构如图 9-1-2 所示。

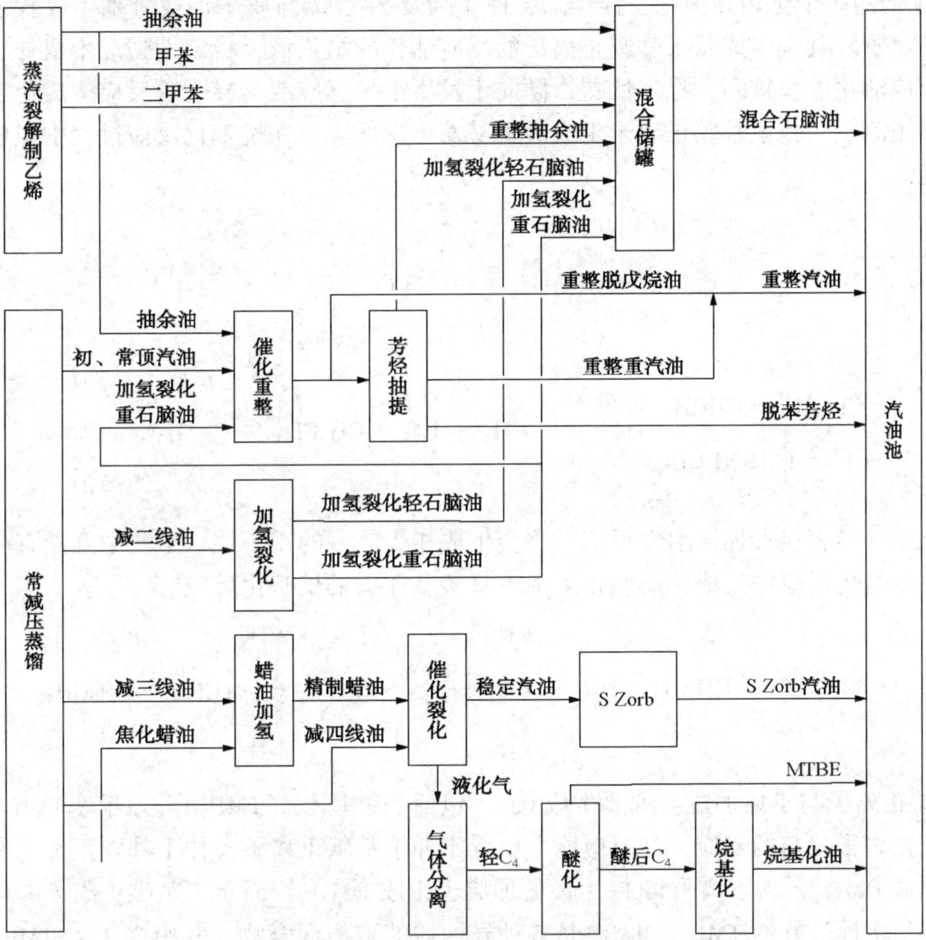

图 9-1-2　炼油厂国ⅥB 标准汽油池构成

二、烷基化反应

烷基化反应在酸性催化剂的作用下，烷烃分子的活泼氢原子被烯烃所取代，叔碳上的氢原子要比仲碳和伯碳上的氢原子活泼得多，只有异构烷烃才能与烯烃发生烷基化反应。

1. 烷基化反应机理

异丁烷与丁烯烷基化产物含有上百种 C_6以上的异构烷烃，反应机理比较复杂。普遍认为液体酸和固体酸烷基化机理都是由碳正离子引发，Schmerling 等提出的碳正离子-链式反应机理：在酸性催化剂作用下，最初烯烃加成酸中质子形成碳正离子，生成的小分子碳正离子继续与烯烃加成为较大分子碳正离子，再从异丁烷获得氢负离子生成中性烷烃，同时失去氢负离子的异丁烷成为新的碳正离子担任载链功能，继续参与烷基化反应。烷基化产物受烯烃结构变化与碳正离子增长或断裂的共同作用而呈现多样化。

异丁烷与丁烯烷基化基元反应包括烯烃质子化反应、烯烃加成反应以及氢负离子转移反应。烯烃加成反应能垒最低，其次是丁烯质子化反应能垒，氢负离子转移反应能垒最高，因此氢负离子转移反应是烷基化反应的速控步骤。

① 丁烯的质子化和异构化：异丁烯、1-丁烯及2-丁烯与质子加成分别生成叔丁基、仲丁基碳正离子。其中生成叔丁基碳正离子的反应活化能垒最低，稳定性强。生成仲丁基碳正离子的反应活化能垒较高，稳定性差，倾向于发生重排反应或与异丁烷反应生成稳定性强的叔丁基碳正离子。叔丁基碳正离子生成后不易发生逆反应，在烷基化反应过程中担任重要的载链功能。

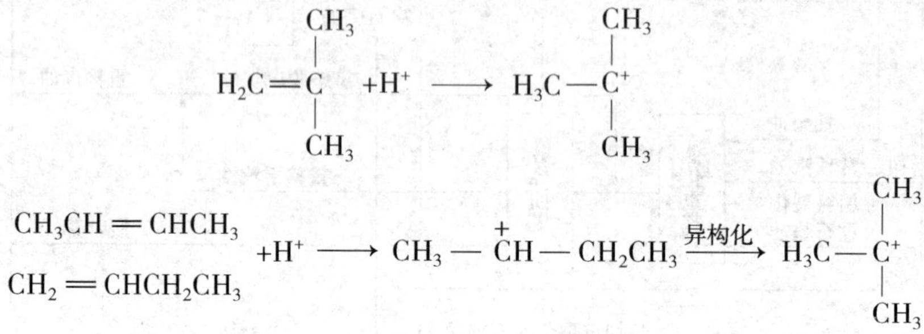

如果正丁烯直接参加链引发反应，将会生成相当数量的正丁烷。生产中并没有一定量的正丁烷在烷基化反应中生成，说明正丁烯不直接参加引发烷基化反应。

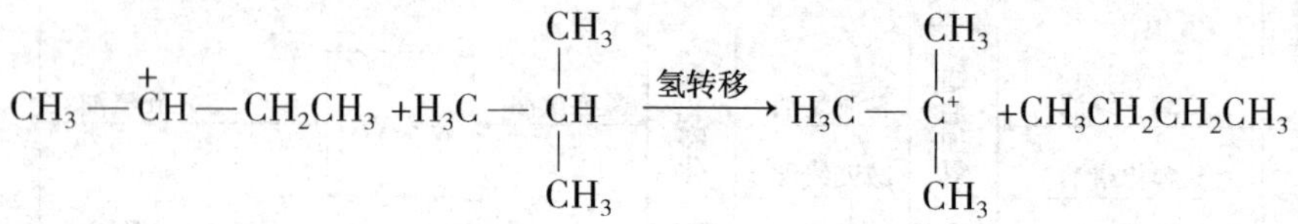

② 碳正离子与丁烯加成：主要生成 C_8^+，包括三甲基 C_8^+（TMP^+）和二甲基 C_8^+（DMH^+），叔丁基碳正离子参与的反应，其反应能垒要低于仲丁基碳正离子，仲丁基碳正离子参与的反应主要生成 DMH^+，碳正离子与1-丁烯的加成也生成 DMH^+。而叔丁基碳正离子参与的反应主要生成稳定性较好的 TMP^+，TMP^+ 是各种异构体的平衡混合物，其中2,2,4-TMP^+ 的能量低，选择性最高，是主异构体。

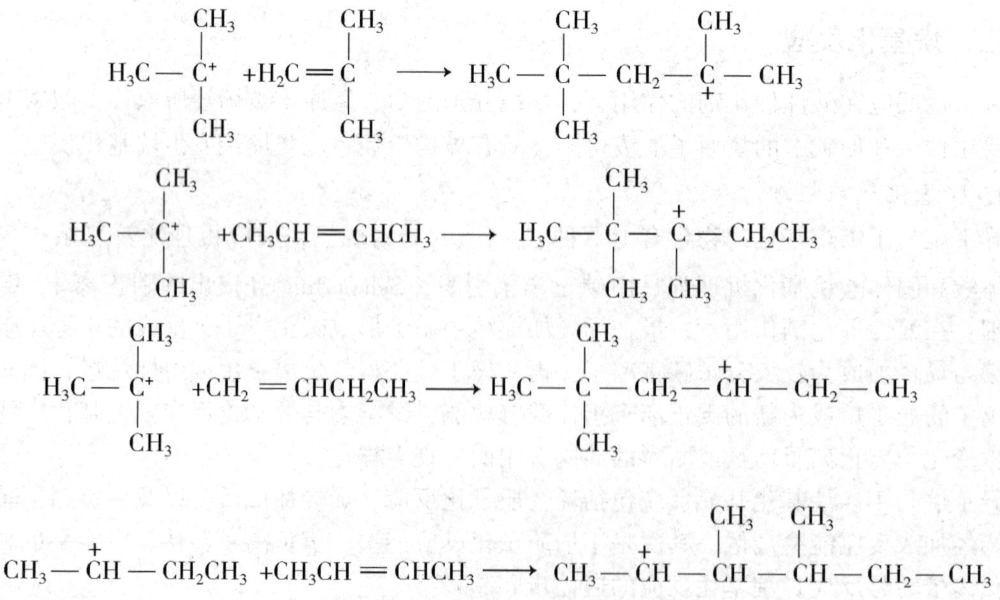

有些 TMP^+和 DMH^+并不稳定，可能会伴随着一系列的氢转移和甲基重排，得到一些其他能量较低的 C_8^+异构体。

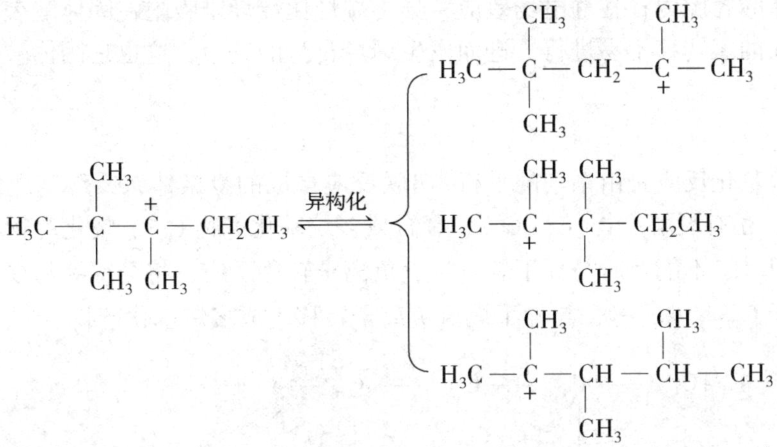

2，2，4-TMP^+

2，3，3-TMP^+

2，3，4-TMP^+

③异丁烷氢转移：C_8^+与异丁烷发生氢负离子转移反应，生成相应的三甲基戊烷(TMP)和二甲基己烷(DMH)，同时形成新的叔丁基碳正离子。氢负离子转移到 TMP^+的反应能垒低于转移到 DMH^+的反应能垒。若要获得较多的高辛烷值的目标产物 TMP，尽量减少 DMH 等非理想组分，需要较多的叔丁基碳正离子与丁烯加成，尽量提高烯烃加成反应中 TMP^+的选择性。另有研究表明，在 TMP^+与异丁烷发生质子氢交换的过程中，部分 TMP^+会再次进行异构化，使得产物由辛烷值高的 TMP 变为辛烷值低的 DMH。

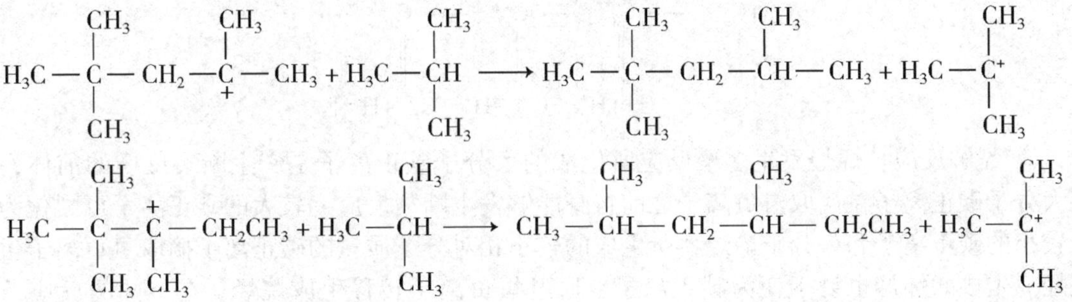

前述烷基化反应机理表明，异丁烯相对 1-丁烯、2-丁烯在烷基化过程中更重要。但实际烷基化生产中，醚后 C_4中没有异丁烯，仅有 1-丁烯、2-丁烯的烷基化原料经足够长的反应时间后仍然可以产出大量 2,2,4-三甲基戊烷。另外，用异丁烷分别与 4 种丁烯进行烷基化反应所得产物的组成大致相近。主要原因是，在烷基化的反应温度下，几种丁烯之间的热力学平衡有利于异丁烯，存在正丁烯向异丁烯转变的丁烯异构化反应，Hofmann 的 C_{14}原子示踪试验结果也证实此观点。不同丁烯进行烷基化反应前，先进行异构化反应，得到一个以异丁烯为主的混合物，该混合物具有相似的组成平衡，使得烷基化产物组成也具有相似性，这与烷基化生产实际结果更加契合。

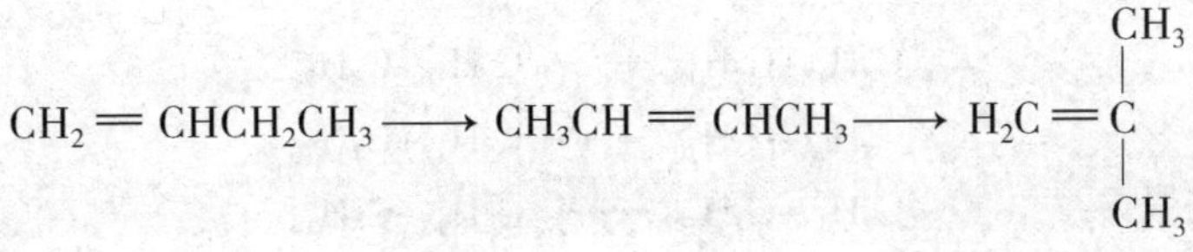

固体酸与液体酸烷基化反应机理不尽相同，碳正离子是一种吸附在固体酸表面上的反应中间物。固体酸催化剂由于空间位阻效应和表面酸中心的特征，造成只有在较高的温度下才能形成碳正离子。固体酸孔腔内存在静电场效应，异构烷烃比烯烃难吸附在固体酸表面，使得异丁烷与碳正离子间的氢转移不易进行，进而发生烯烃自身的齐聚，这也是固体酸催化剂快速失活的原因。

2. 烷基化副反应

异丁烷和丁烯的烷基化反应是由系列的平行-串联反应构成的复杂体系，烷基化最终的产物除目标产物 C_8外，还有裂解产物($C_5 \sim C_7$)、聚合或多烷基化产物 $C_9{}^+$、歧化产物等。

① 多烷基化：如果 $C_8{}^+$不能及时与异丁烷发生氢负离子转移反应，将会继续与烯烃加成为更大分子的碳正离子 $C_{12}{}^+$、$C_{16}{}^+$等，与异丁烷氢负离子转移生成多烷基化产物。

$$\begin{array}{ccccccc} C_4{}^+ + C_4{}^= \longrightarrow & C_8{}^+ & \xrightarrow{C_4{}^=} & C_{12}{}^+ & \xrightarrow{C_4{}^=} & C_{16}{}^+ & \xrightarrow{C_4{}^=} \cdots \\ & \downarrow i\text{-}C_4{}^\circ & & \downarrow i\text{-}C_4{}^\circ & & \downarrow i\text{-}C_4{}^\circ & \\ & C_8{}^\circ + i\text{-}C_4{}^+ & & C_{12}{}^\circ + i\text{-}C_4{}^+ & & C_{16}{}^\circ + i\text{-}C_4{}^+ & \end{array}$$

② 聚合反应：丁烯在酸性催化剂下不可避免会发生叠合反应生成辛烯，含双键的辛烯仍然有加成质子成为 $C_8{}^+$而参与烷基化反应的可能。Thomas 等人研究表明异丁烯-正丁烯的二聚体是低辛烷值 DMH 的主要来源。异丁烯自身叠合趋势强烈，易产生三聚及三聚以上高沸点产物。生产中严格控制烷烯比，保持较高的异丁烷浓度，减少异丁烯多聚反应。

$$\begin{array}{ccccccc} C_4{}^+ + C_4{}^= \longrightarrow & C_8{}^+ & \xrightarrow{C_4{}^=} & C_{12}{}^+ & \xrightarrow{C_4{}^=} & C_{16}{}^+ & \xrightarrow{C_4{}^=} \cdots \\ & \Updownarrow & & \Updownarrow & & \Updownarrow & \\ & C_8{}^= + H^+ & & C_{12}{}^= + H^+ & & C_{16}{}^= + H^+ & \end{array}$$

③ 裂解反应：烯烃发生多聚反应所生成的大分子碳正离子是产生断裂反应的前体，这些大分子碳正离子在摘取氢负离子之前自身能够发生断裂反应，较大的碳正离子可裂化为一个较小的碳正离子和一分子烯烃，所生成的较小相对分子质量的碳正离子摘取氢负离子生成烷烃。生成的烯烃也易于变为碳正离子，通过氢负离子转移生成烷烃。在不同的反应条件下，可能发生不同种类的断裂反应，这就是烷基化油中含有少量 C_5、C_6、C_7等烷烃的原因。此外，DMH 和 TMP 也可裂解生成异丁烯和 $C_4{}^+$。

$$i\text{-}C_{12}{}^+ \left\langle \begin{array}{l} \longrightarrow i\text{-}C_7{}^+ + i\text{-}C_5{}^= \\ \longrightarrow i\text{-}C_6{}^+ + i\text{-}C_6{}^= \end{array} \right.$$

$$i\text{-}C_{16}{}^+ \longrightarrow i\text{-}C_5{}^+ + i\text{-}C_5{}^= + i\text{-}C_6{}^=$$

④ 歧化反应：在酸性催化剂条件下，烷基化产物间发生烷基转移，也遵循碳正离子机理。当无烯烃存在时，2,3,4-TMP 歧化速度最快，2,2,3-TMP 不发生歧化反应。

$$C_8H_{18} + C_8H_{18} \longrightarrow C_7H_{16} + C_9H_{20}$$

$$C_8H_{18} + C_4H_{10} \longrightarrow C_5H_{12} + C_7H_{16}$$

$$C_7H_{16} + C_4H_{10} \longrightarrow C_5H_{12} + C_6H_{14}$$

3. 烷基化产物分布

异丁烷与丁烯除发生烷基化反应外，还会发生各种甲基转移和氢转移反应生成多种异构化合物。仲丁基碳正离子与丁烯反应主要生成二甲基 C_8 产物，叔丁基碳正离子与丁烯反应主要得到三甲基 C_8 产物。叔丁基碳正离子可由异丁烯质子化生成，或由仲丁基碳正离子骨架异构化生成，也可由正丁烯先异构化生成异丁烯，异丁烯进一步质子化生成，还可由异丁烷氢负离子转移反应生成。异构化反应和各种副反应导致异丁烷与丁烯烷基化反应的产物复杂。

以异丁烷和异丁烯、1-丁烯、2-丁烯为原料，以硫酸或氢氟酸为催化剂，所得到的烷基化产物的典型分布见表 9-1-5。催化剂不同，烷基化产物分布差异较大。烷基化产物为从 C_6 至 C_9 以上的各种异构烷烃的混合物，其中主要是 C_8 的异构烷烃，尤以 2,2,4-三甲基戊烷的含量最多，占到 1/4 至 1/2，其次是 2,3,4-三甲基戊烷和 2,3,3-三甲基戊烷。烷基化原料及烷基化油馏分的典型组成见表 9-1-5。

表 9-1-5　烷基化原料及烷基化油馏分的典型组成

原料烯烃	异丁烯		1-丁烯		2-丁烯	
催化剂	硫酸	氢氟酸	硫酸	氢氟酸	硫酸	氢氟酸
烷烯比	3.0	5.2	3.0	4.8	3.0	5.6
产物组成/%						
2,3 二甲基丁烷	5.6	1.5	4.9	0.6	4.5	2.5
2-甲基戊烷	1.8	0.9	1.6		1.5	0.5
3-甲基戊烷	0.8	0.0	0.5		0.5	
C_6合计	8.2	2.4	7.0	0.6	6.5	3.0
2,2,3-三甲基丁烷	0.3		0.4		0.3	
2,3-二甲基戊烷	2.0	2.7	1.7	1.7	1.6	1.4
2,4-二甲基戊烷	4.1	2.3	3.2	1.3	3.3	2.4
2-甲基己烷	0.2		0.2		0.2	
3-甲基己烷	0.1		0.2		0.3	
C_7合计	6.7	5.0	5.7	3.0	5.7	3.8
2,2,4-三甲基戊烷	24.7	49.0	28.8	29.5	32.6	37.9
2,2,3-三甲基戊烷	1.7	1.5	2.3	0.9	2.4	2.4
2,3,4-三甲基戊烷	6.3	9.4	11.8	14.1	11.8	19.4
2,3,3-三甲基戊烷	9.5	6.8	15.2	8.2	17.0	10.1
2,4-二甲基己烷	2.5	3.3	3.5	4.9	2.6	2.6
2,5-二甲基己烷	3.5	2.9	3.4	1.9	3.1	2.8
2,3-二甲基己烷	1.6	2.4	3.3	25.2	2.2	3.4
3,4-二甲基己烷			0.2		0.4	
C_8合计	49.8	75.3	68.5	84.7	72.1	78.6
C_9^+合计	35.5	17.3	18.8	11.5	15.7	14.7

烷基化的异构化、裂解和歧化等反应，致使产物异常复杂。原料中的C_4烯烃含量与产物的组成没有明显的关联，主要与烷基化反应历程和产物分子的化学稳定性有关。国内两套烷基化装置的进料组成和烷基化产物组成见表9-1-6和表9-1-7。

表9-1-6 烷基化装置进料的主要烃类组成

组分/%	A(醚后C_4，加氢处理)	B(醚前C_4)	组分/%	A(醚后C_4，加氢处理)	B(醚前C_4)
丙烷	—	0.17	正丁烯	22.11	11.35
丙烯	—	0.04	异丁烯	1.52	13.26
异丁烷	48.69	40.29	顺丁烯	5.03	9.95
正丁烷	9.83	12.04	1,3-丁二烯	0	0.12
反丁烯	12.82	12.24			

表9-1-7 烷基化油的主要烃类组成

组分/%	A	B	组分/%	A	B
异丁烷	0.058	0.053	2,3-二甲基己烷	3.223	2.797
正丁烷	1.332	6.494	3,4-二甲基己烷	0.510	0.504
异戊烷	3.340	5.483	2-甲基庚烷	0.036	0.054
2,3-二甲基丁烷	4.055	2.994	2-甲基-3-乙基戊烷	0.093	0.094
2-甲基戊烷	0.769	0.719	2,2,5-三甲基己烷	1.765	2.029
3-甲基戊烷	0.427	0.373	2,4,4-三甲基己烷	0.041	0.061
2,4-二甲基戊烷	2.610	2.261	2，3,5-三甲基己烷	0.322	0.350
2,2,3-三甲基丁烷	0.219	0.164	2,5-二甲基庚烷	0.088	0.105
2-甲基己烷	0.113	0.130	正壬烷	0.139	0.113
2,3-二甲基戊烷	1.521	1.270	C_9环烃	0.009	0.012
3-甲基己烷	0.087	0.096	2,7-二甲基辛烷	0.059	0.046
2,2,4-三甲基戊烷	26.690	28.808	2-甲基壬烷	0.800	0.532
2,3,4-三甲基戊烷	17.975	14.606	正癸烷	0.073	0
2,3,3-三甲基戊烷	18.545	16.028	C_{10}环烃	0.004	0.068
2,5-二甲基己烷	3.455	3.310	C_{11}异构烷烃	5.068	3.886
2,4-二甲基己烷	4.222	4.478	C_{12}及以上	0.711	0.602

从表9-1-6和表9-1-7可以看出，A套烷基化进料为醚化后C_4经加氢脱丁二烯处理，其中异丁烯含量很低，正丁烯含量相对较高；B套烷基化进料为混合C_4(未经醚化)，异丁烯含量高，正丁烯含量相对较低，异丁烷根据进料需要外补调节。尽管两套装置进料组成差别大，但主要产物TMP含量差别不大。

烷基化反应遵循碳正离子机理，烷基化油中(产物中的正丁烷可分馏回收)异构烷烃组分质量分数平均在95%以上，正构烷烃很少、环烃含量极少。两套烷基化装置的烷基化产物的族组成见表9-1-8。

表 9-1-8　烷基化油的族组成

碳数	正构烷烃/%		异构烷烃/%		环烷烃/%		芳烃/%	
	A	B	A	B	A	B	A	B
4	1.33	6.49	0.06	0.05	0	0	0	0
5	0	0.02	3.34	5.49	0	0	0	0
6	0	0	5.25	4.09	0	0	0	0
7	0	0	4.55	3.92	0	0	0	0
8	0	0	74.79	70.75	0	0	0	0
9	0.14	0.11	3.16	3.38	0	0	0.01	0.01
10	0.07	0	1.53	1.12	0	0	0	0.07
11	0	0	5.07	3.89	0	0	0	0
12	0	0	0.70	0.60	0	0	0	0
合计	1.54	6.62	98.45	93.29	0	0	0.01	0.08

三、原料对烷基化的影响

1. 原料组成

生产烷基化汽油的过程主要是利用异构烷烃与烯烃反应生成三甲基戊烷，根据碳正离子反应机理，异构烷烃的选取必须包含叔碳结构才能保证反应过程有充足、稳定的碳正离子维持链传递，异丁烷、异戊烷或更大分子异构烷烃都具有叔碳原子，异戊烷与低碳烯烃所得烷基化油的辛烷值均低于异戊烷本身。丙烯、丁烯、戊烯与异丁烷烷基化相比，丁烯反应产物辛烷值高。综合比较，丁烯与异丁烷是生产烷基化汽油的理想原料。

异丁烷不仅是烷基化反应的原料，还循环使用提供了高异丁烷浓度的反应场所，也作为制冷、取热的主要物料。

丁烯是烷基化原料中的主要成分，包括1-丁烯、2-丁烯(正式和反式)以及异丁烯。对于硫酸法烷基化，1-丁烯与2-丁烯烷基化反应的产品组成和质量相近，其烷基化油的RON在97~99之间，略高于异丁烯。异丁烯烷基化反应的产品RON在95~96之间，但异丁烯容易发生齐聚反应，需用特殊技术进行控制。STRATCO烷基化技术具有非常强的原料适应性，使用新一代反应器可以加工不同异丁烯含量(烯烃中占比0~100%)的烷基化原料。对于典型的催化裂化液化气C_4原料(异丁烯占烯烃比例20%~40%)，STRATCO烷基化技术可以直接加工，无需对烷基化油产品进行切重，汽油干点就可满足国ⅥB汽油标准要求。

不同烯烃与异丁烷反应结果的差异主要体现在酸耗以及产品质量上。一般来说，催化裂化装置生产的液化气经过气分装置后送入MTBE装置进行醚化反应，醚后C_4组分中，异丁烯含量很低，但会夹带有部分甲醇以及二甲醚。由于MTBE的环保问题，可将部分未经醚化的混合C_4直接送入烷基化装置。

通常是加氢裂化装置里面微量的C_4液化气、MTBE中的C_4以及催化裂化装置中的混合C_4等构成烷基化装置中的原料。烷基化原料来源见图9-1-3。

原料里面通常含有乙烯、丙烯、丁二烯、戊烯、甲醇、二甲醚、水、二甲基二硫醚等杂质，在反应过程中不仅影响最终产物的质量以及收率，同时还会加大酸的损耗、造成装置腐蚀以及体系的酸浓度下降，甚至还可能会导致飞酸等。MEBE 装置提供的液化气组成见表 9-1-9，加氢裂化装置提供的液化气组成见表 9-1-10。

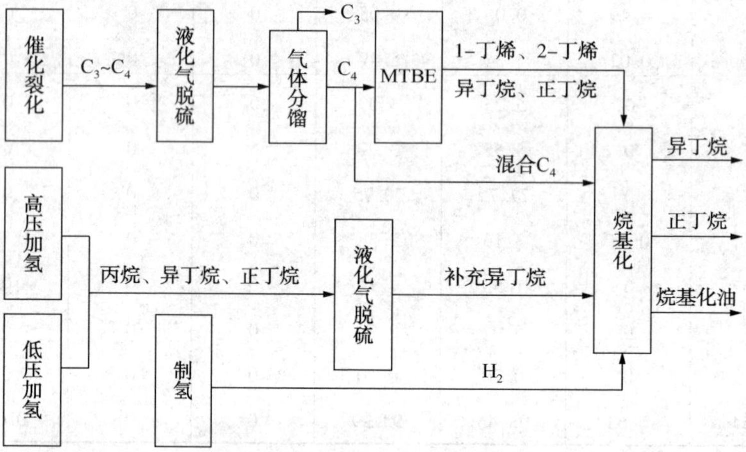

图 9-1-3　烷基化原料来源

表 9-1-9　醚后液化气组成

组　分	组成/%(m)	组　分	组成/%(m)
丙　烯	0.06	顺丁烯	16.03
丙　烷	0.08	戊　烯	30μg/g
异丁烷	42.43	水	0.05
异丁烯	0.57	甲　醇	50μg/g
1-丁烯	13.13	MTBE	50μg/g
正丁烷	9.06	叔丁醇	10μg/g
反丁烯	18.52	二甲醚	0.05

表 9-1-10　加氢裂化液化气组成

组　分	组成/%(v)	组　分	组成/%(v)
乙　烷	1.36	正丁烷	27.21
丙　烷	30.22	戊　烷	1.24
异丁烷	39.71	水	0.26

丙烷和正丁烷是惰性组分，不参与烷基化反应。若两者在系统里的相对含量太高，影响整个反应体系的烷烯比，将会使异丁烷到达酸相的速率降低。丙烷一是经脱轻烃塔塔顶分离出去，二是在精制单元里将其不定期引出，从而保障循环异丁烷的浓度。

2. 杂质

随着上游催化裂化装置裂解深度的增加，进料中会有少量的乙烯存在。乙烯不能直接和异丁烷反应，其先迅速与硫酸反应生成硫酸氢乙酯并逐渐累积，它会降低催化剂硫酸的浓度，增加装置的酸耗。硫酸氢乙酯的存在使得乙烯更容易溶解，进而加剧了酸耗。即使原料中含有痕量的乙烯，也可能造成每天数百公斤的乙烯进入硫酸相，从而产生数吨甚至数十吨的废酸。脱轻烃分离与加氢反应，能够有效限制乙烯的含量。

$$CH_2 = CH_2 + H_2SO_4 \longrightarrow C_2H_5OSO_3H$$

丙烯与异丁烷反应主要生成2,3-二甲基戊烷等异构庚烷，RON在89~92之间，其酸耗大约是丁烯烷基化的1.5~2.0倍。

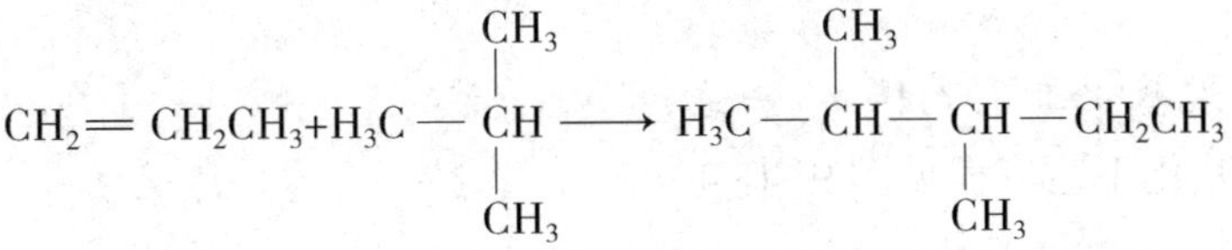

丁二烯是深度裂化的产物，催化裂化装置产生的液化气中通常含有0.5%左右的丁二烯，如果催化裂化装置掺渣量较大或者反应温度较高，丁二烯的含量可能达到1%。在酸性催化剂的作用下，丁二烯并不倾向发生烷基化反应而是更易发生叠合反应，造成烷基化油干点升高。丁二烯与硫酸反应会生成酸溶性油(ASO)，酸溶性油的存在会降低烷基化油的辛烷值和产品收率，对酸溶性油的分离还会造成相当的酸损失。丁二烯很难用分馏的方法从烷基化原料中脱除，因此烷基化原料在进入硫酸烷基化装置前，一般先进行选择性加氢，以Pd/Al_2O_3为催化剂，在60~80℃、2.0MPa条件下，将丁二烯转变为理想的烷基化原料正丁烯，同时加氢精制还能除去二甲醚、甲醇和微量水。

$$CH_2 = CHCH = CH_2 + H_2 \xrightarrow{Pd/Al_2O_3} CH_3CH_2CH = CH_2 \xrightarrow{异构化} CH_3CH = CHCH_3$$

正戊烯的烷基化产物中C_9异构烷烃居多，异戊烯的烷基化产物非常复杂，受反应条件影响很大。过去戊烯一般可以直接作为成品汽油的组分，一是因为戊烯本身的辛烷值较高；二是因为戊烯原料中硫化物和二烯烃含量较高，易生成酸溶性油。受汽油中烯烃含量以及雷德蒸气压的限制，戊烯可通过烷基化转化成为汽油组分。STRATCO利用戊烯在低于90%的酸浓度下进行烷基化反应，烷基化油的辛烷值与丁烯烷基化油相比约低5个单位左右。

醚后C_4混合物中会含有少量的甲醇以及二甲醚，甲醇会进一步脱水生成二甲醚。二甲醚和硫酸反应生成酸溶性油，会增加酸耗并影响烷基化油的产品收率和质量。甲醇和二甲醚可以通过蒸馏或者吸附的手段脱除。

液化气中的水呈饱和状态时大约在500μg/g，C_4馏分携带的超过饱和状态的游离水，有时候游离水量可能是饱和水量的几倍。水对烷基化反应的负面影响主要体现在对酸的稀释作用，尤其是游离水的存在会加速对酸的稀释。过低的酸浓度不仅会阻碍烷基化反应的正常进行，还会加剧对设备的腐蚀，因此在烷基化反应器前一般设有干燥脱水装置。实际上少量水的存在有利于硫酸电离出H^+，产生碳正离子引发链反应。

硫化物的存在会对硫酸产生明显的稀释作用，每吨硫化物可以产生15~60t废硫酸。以甲基硫醇为例，理论上每吨硫醇硫可以使53.7t的硫酸由98%稀释到90%，实际消耗大约45t。除了增加装置酸耗外，硫化物还会使原料预处理过程中的选择性加氢催化剂中毒，还能使硫酸的催化作用倾向于聚合反应和其他不希望的副反应。在烷基化原料进入烷基化装置之前，一般都要进行液化气脱硫和脱硫醇，使硫化物含量降至10μg/g以下。

四、烷基化工艺

氢氟酸烷基化工艺环境污染严重，逐渐退出烷基化市场，不再有新建装置。离子液体烷基化和固体酸烷基化目前已有工业示范装置，但缺少长周期生产运行实践。硫酸烷基化废酸裂解再生彻底，解决了固废、酸溶油等二次污染问题，废酸再生技术成熟，已成为目前炼油企业选择的主流烷基化技术。DuPont 公司的硫酸烷基化技术（STRATCO）和废酸再生（MECS）技术，占据全球 80%的硫酸法烷基化市场，在中国许可给中国石化的 7 套烷基化装置中，已有 6 套装置成功运行，其中齐鲁石化和上海石化的 400kt/a 烷基化装置相继于 2019 年和 2020 年投产。

1. STRATCO 烷基化工艺流程

STRATCO 烷基化工艺流程见图 9-1-4。

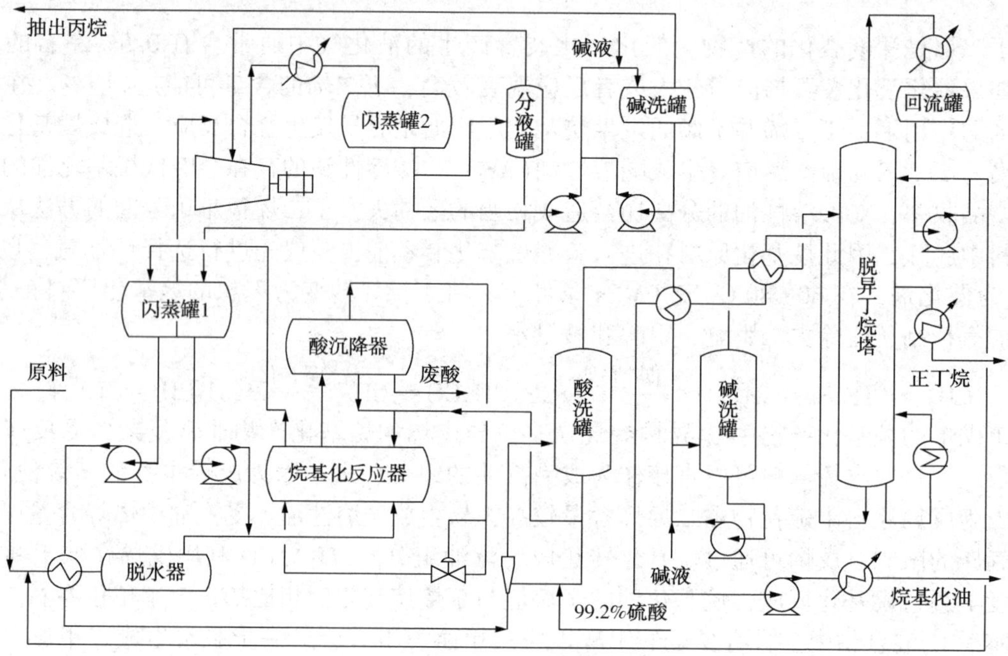

图 9-1-4　STRATCO 烷基化工艺流程

自 MTBE 装置来的 C_4 馏分经水洗脱甲醇和加氢精制后，与加氢裂化液化气混合进入脱轻烃塔，塔底抽出的 C_4 馏分换热冷却至 40℃，送至烷基化单元。C_4 馏分经加氢精制后，丁二烯和二甲醚含量均小于 100μg/g。

烷烯比符合要求的原料进入缓冲罐，用原料泵升压并与从脱异丁烷塔来的循环异丁烷汇合，与反应器净流出物在原料-流出物换热器中换冷至约 11℃，进入原料脱水器。换冷后的 C_4 馏分中的游离水被分离出去，使原料中的游离水含量降至 10μg/g。脱除游离水的混合 C_4 馏分与来自闪蒸罐的循环冷剂直接混合并使温度降低至 3～6℃后分两路分别进入烷基化反应器的搅拌器吸入端。反应器内装有内循环套筒、取热管束和搅拌叶轮，在反应操作条件下，进料中的烯烃和异丁烷在硫酸催化下，生成烷基化油。

反应完全的酸-烃乳化液经上升管直接进入酸沉降器，并在此进行酸和烃类的沉降分离，分出的酸液循下降管返回反应器重新使用。反应-沉降系统中酸的循环是借助在上升管和下降管中物料的密度差自然循环，90% 浓度的废酸自酸沉降器排放至废酸脱烃罐。STRATCO 装置设有 2 台反应器并联操作，即混合 C_4 馏分分两路分别进入 2 台反应器。而硫酸为串联操作，即补充的新酸进入第1台反应器，从第1台反应器出来的中间酸进入第2台反应器，90%的废酸从第2台反应器上方的酸沉降器排出。两组反应-沉降系统也可单独操作。

从酸沉降器分出的烃相经压力控制阀降压后，流经反应器内的取热管束部分汽化，吸收热量带走反应热。汽-液混合物进入闪蒸罐。闪蒸罐是带有中间隔板并有共同分离空间的卧式容器，隔板一侧供反应流出物进行气液分离，另一侧供循环冷剂进行汽液分离。净反应流出物用流出物泵抽出并与原料C_4馏分换冷，加热至约31℃去流出物精制和产品分馏部分继续处理。

循环冷剂则用循环冷剂泵抽出送至反应器进料管线与原料C_4馏分直接混合。从闪蒸罐气相空间出来的烃类气体至制冷压缩机。闪蒸罐有一个分酸罐置于该容器下方，可借助分酸罐上的液面计观察酸烃界面。正常情况下分酸罐的酸位很低，当反应器内的取热管束发生泄漏时，酸罐内将会发现大量硫酸。

99.2%的新鲜硫酸先连续进入流出物精制和产品分馏部分的流出物酸洗罐洗涤反应流出物，然后再补入反应器。随浓硫酸进入反应器的硫酸酯，在反应器中参加反应，增加烷基化油的产率。

闪蒸罐气相空间的平衡蒸汽，由挡板两侧汇集至出口管再进入压缩机，满足反应器的进料温度要求(3~6℃)。此外，为达到烷基化装置内的丙烷和异丁烷进出量平衡，特别是防止丙烷在装置内的积聚，还需要从制冷部分引出一股抽出丙烷物流送出装置。一小部分烃类液体作为抽出丙烷，经抽出丙烷泵升压送出，先经抽出丙烷碱洗混合器与碱液混合，再进入抽出丙烷碱洗罐进行碱洗，以中和可能残留的微量酸；从抽出丙烷碱洗罐流出的丙烷经抽出丙烷水洗混合器与除盐水混合后，再进入丙烷脱水器脱水，脱水后的丙烷经冷却器冷却至40℃左右后送出装置。

从反应部分来的反应流出物中含有少量的夹带酸以及烯烃与硫酸反应所生成的中性硫酸酯。如不脱除硫酸酯，将在下游脱异丁烷塔的高温条件下分解放出SO_2，遇到水分则会造成塔顶系统的严重腐蚀。此外，硫酸酯还可能导致脱异丁烷塔重沸器的结垢。采用酸洗及碱洗的方法进行脱除，即用99.2%的硫酸洗后再用12%的NaOH脱除微量酸。

与混合C_4馏分换热后的反应流出物进入酸洗系统，与循环酸和补充新鲜酸在流出物酸洗混合器内进行混合后，进入流出物酸洗罐。99.2%的浓硫酸用新酸泵连续送入酸洗系统(补充新酸量要满足反应器的需要)，它可以吸收反应流出物中的绝大部分硫酸酯。流出物烃类和酸在酸洗罐中分离，可使烃类流出物中酸含量降低至10mL/L。酸则连续送至反应器作为催化剂使用。

酸洗后的流出物与循环碱液在流出物碱洗混合器中混合后，至流出物碱洗罐将微量酸脱除，同时将流出物中携带的微量硫酸酯水解脱除。含硫酸钠和亚硫酸盐的碱水，自流出物碱洗罐底部用碱洗循环泵抽出，经与烷基化油换热后送回碱洗混合器入口进行循环。根据碱洗系统的操作情况，以注碱泵间断向系统中补充12%浓度的新鲜碱液，以维持循环碱水的pH值在10±1之间。

碱洗后的流出物再经水洗和换热后进入脱异丁烷塔，塔顶馏出物经冷凝后进入塔顶回流罐。冷凝液经脱异丁烷塔回流泵抽出，一部分返回塔顶作为回流，另一部分经循环异丁烷冷却器冷却至40℃后作为循环异丁烷返回反应部分，以保证反应器总进料中适当的异丁烷和烯烃比例，多余的异丁烷送出装置。正丁烷产品冷却至40℃后送出装置。塔底烷基化油用烷基化油产品泵抽出，经2次换热后，再经烷基化油冷却器冷却至40℃后送出装置。由于采用了先进的反应器且连续排出90%浓度的废酸，反应过程中不生成重质油，产物可用单塔完成分馏。

2. STRATCO烷基化反应器

STRATCO技术采用卧式偏心反应器(HUE)，酸烃的混合及循环通过安装在反应器头部的轴流式叶轮实现。酸和烃通过叶轮抽送，受到叶轮强烈的剪切产生高度的湍流混合，以很高的流速撞击在扩散器叶片上，形成线性湍流，在液压头处掉转方向(液压头是STRATCO烷基化反应器的关键部件)，流经壳体与循环套筒间的环形空间，在循环套筒另一端再次掉转方向流过冷却器管束的管外空间返回叶轮。烃和硫酸在反应器内经多次循环，达到充分接触，完成烷基化反应。STRATCO烷基化反应器的结构如图9-1-5所示。

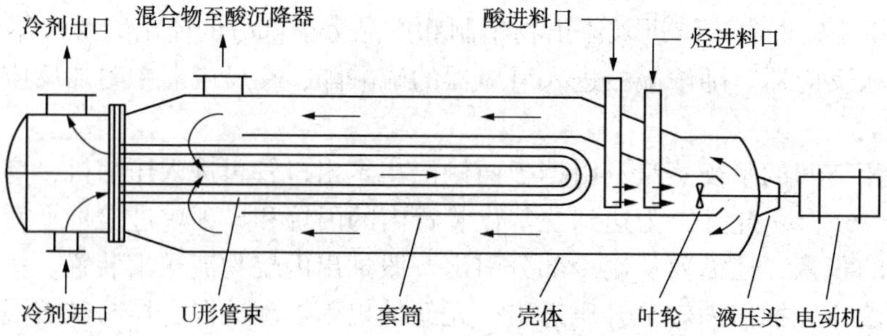

图9-1-5　STRATCO烷基化反应器的结构示意图

卧式偏心反应器与高位酸沉降器构成乳化液循环是STRATCO技术的核心部分。反应产物(含异丁烷)经上升管进入酸沉降器进行酸烃分离，进入沉降器的乳化液分离出反应产物烃相，在酸相没有完全沉降之前通过下降管被叶轮的剪切作用所抽吸，迅速返回到反应器。经反应器和沉降器之间的上升管和下降管，乳化液同时在这二者之间循环。调节下降管上的酸循环阀门可以有效地改变酸循环速率，控制其在沉降器内的停留时间，抑制因酸相沉积而发生的副反应。

烷基化反应过程由反应物自烃相向酸相的传质所控制，由于硫酸的高黏度、高密度、高表面张力和异丁烷在硫酸中的低溶解性，分散状态直接影响反应产物的选择性和收率。在反应过程中，不互溶的酸烃(反应物)应充分混合，以稀释烯烃防止局部浓度过高，并尽量扩大异丁烷与酸相的接触面，抑制烷基化副反应的产生。反应完毕后，酸烃(反应产物)乳化液应尽快沉降分离，以保持酸烃两相中异丁烷浓度。卧式偏心反应器的循环系统，使酸烃两相混合分布均匀，并且混合比例可调，较好地满足了硫酸烷基化反应对酸烃两相接触的技术要求。在卧式偏心反应器中，酸烃两相间保持着反复地剧烈接触，形成一个较大的相接触面，增加了异丁烷向硫酸的传质区域，使酸相内反应消耗了的异丁烷能得到及时补充。酸烃混合均匀以及在沉降器中酸烃两相的快速分离，抑制了副反应的发生。

反应流出物制冷是STRATCO工艺的另一特点。反应流出物中液相异丁烷的一部分(包括丙烷和正丁烷)在反应器冷却管束中降压闪蒸，吸收烷基化反应热量，以达到控制反应温度的目的。反应流出物在闪蒸罐中气液分离后，气相进入制冷压缩机，经压缩机压缩、冷凝后再循环回反应器。制冷剂进入反应器使反应器内异丁烷的量增加了约一倍，提高了反应器内循环异丁烷与烯烃的分子比。流出物制冷工艺使反应器内保持最高的异丁烷浓度，在搅拌器的搅拌作用下，提高了管束的传热效果，使整个反应器内温度保持均匀，有利于烷基化主反应的进行。

3. 烷基化反应影响因素

① 异丁烷浓度和烷烯比

在烷基化过程中，原料与硫酸是两个液相，反应物只有溶入硫酸相内后才能发生反应。就在硫酸中的溶解度而言，异丁烷要比烯烃小得多，为此，在反应体系中需要设法提高异丁烷的浓度，以增大其溶入硫酸中的量。提高反应体系中烷烃对烯烃的比例(烷烯比)，可以抑制烯烃叠合和酸催化剂络合等副反应。在工业上，常用异丁烷大量循环的方法来提高烷烯比。

异丁烷在反应器内烃相与酸相的浓度差是烷基化反应氢转移步骤的推动力。烃相中较高的异丁烷的浓度，可以增大烃酸界面异丁烷的浓度及对酸相重新饱和。反应器流出物中异丁烷的浓度可以作为反应器中反应物烃相异丁烷浓度的代表，但它不是独立的变量，受制冷剂的质量、循环异丁烷的质量以及新鲜进料的质量等因素影响。实践证明，反应流出物的烃相中，异丁烷的最低安全浓度为38%~50%，一般异丁烷体积分数控制在62%~70%。低于此浓度，聚合等副反应增加，烷基化油干点升高，烷基化油质量下降。同时废酸的生成量增多，增加酸耗。高于此浓度，异丁烷每提高10%浓度，烷基化油的MON可提高0.5~0.7个单位。进一步提高异丁烷的浓度，不会显著提高烷基化油的收率和辛烷值，还会增加后续分离回收的动力消耗。流出物中异丁烷浓度的提高，可通过调节循环异丁烷量和纯度来实现。循环异丁烷的组成见表9-1-11。反应流出物中异丁烷浓度对烷基化油辛烷值的影响见图9-1-6。

表9-1-11　循环异丁烷的组成

组分	丙烷	异丁烷	正丁烷	戊烷
含量/%	1.98	87.86	10.08	0.08

烷烯比是衡量异丁烷浓度的指标，生产中习惯使用进反应器前物料的烷烯比(外比)，目前一般控制外比为8~12。另一种烷烯比是指反应器内部异丁烷对烯烃的比(内比)，在有良好搅拌的情况下，内比则可达到(300~1000)：1。从理论上讲，内比是表示发生烷基化反应瞬间的异丁烷和烯烃的比例，受外比、进料分散、乳液循环等因素影响。如果外比大、烯烃原料进入反应器后分散得好、循环乳液中含有较多异丁烷且循环速度较大，那么内比就可能达到很高值。但由于内比数据很难测定，故人们很少使用。

正丁烷在系统中累积，对异丁烷相对浓度影响很大，从而影响烷基化油的质量和收率。正丁烷在烷基化反应中不参与反应，是异丁烷的稀释剂。正丁烷随循环异丁烷进入反应器，减少了烯烃同硫酸和异丁烷相接触的机会，增加了烯烃聚合副反应，致使烷基化油干点升高。为了保障烃相中有较高的异丁烷浓度，在制冷单元抽出部分丙烷，正丁烷在分馏塔侧线以产品形式抽出。反应流出物中正丁烷含量对烷基化油干点的影响见图9-1-7。

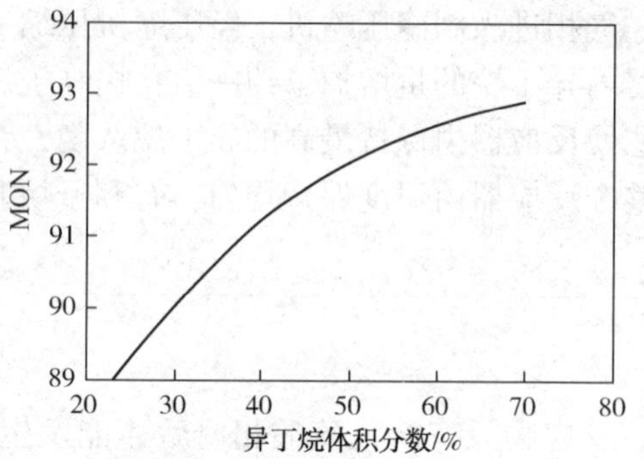

图 9-1-6 异丁烷浓度与烷基化油辛烷值的关系

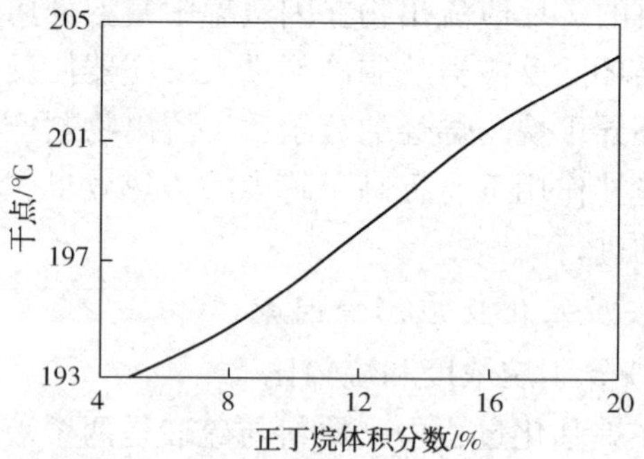

图 9-1-7 正丁烷浓度与烷基化油干点的关系

② 酸烃比

酸烃比为酸循环量与烃的总进料比值，它影响烷基化过程中酸与烃的分散状态。如反应体系中硫酸与烃类的比例太小，则在分散乳化时酸不足以形成连续相，而烃类成为连续相。这样会造成烷基化油的质量降低，同时又使酸耗增大。在实际操作中，由于某一段时间内不能保证进入反应器中的酸量而不能形成酸连续相，从而发生严重的夹带跑酸现象。

形成以硫酸为连续相的酸烃比，一般认为是 1∶1 左右。但由于酸的类型(新酸、旧酸)、酸的浓度、烃类原料的组成以及搅拌、反应器结构等影响，形成酸连续相的酸烃比可能不同。工业上采用的酸烃体积比为(1~1.5)∶1，以保证硫酸形成连续相。由于硫酸的导热系数比烃类大得多，所以以硫酸为连续相能更有效地撤除反应热，避免因局部温度过高而加剧副反应。但酸烃比也不能过大，否则，一方面会减少烃类的进料量(反应器空间及反应停留时间限制)，降低装置的处理能力；另一方面，由于硫酸增多而使反应体系的黏度和密度增高，导致所需搅拌功率的增加。

③ 酸烃乳化程度

决定硫酸烷基化反应速度的控制步骤是异丁烷向酸相传质的过程，在相同的反应条件下，丁烯在硫酸中的溶解度大约是异丁烷溶解度的两倍。低温下硫酸的黏度大，异丁烷在硫酸中微溶，酸烃的分散和传质要相对困难。STRATCO 工艺通过机械搅拌提高传质速度，随着搅拌功率的增加，乳化分散能够增加酸烃传质面积，烷基化油的产率以及辛烷值会随之提高。实际上，搅拌能够使烯烃在酸乳化液中平衡分布，减少聚合以及酯化等副反应的发生概率。还可以使烷基化反应器内各处的温度保持均匀，任何两点之间的温度差低于 0.6℃，降低出现局部热点的可能性。酸烃比对酸烃乳化程度也有一定的影响，酸过量对形成以酸为连续相、以烃为分散相的酸烃乳化液有益。因为硫酸的表面张力较大，酸烃之间的密度差也比较大，酸烃比小时容易使烃类聚集而从酸相中分离出来。根据操作经验，循环乳液可以改善酸烃的乳化程度，可使得 20%~30%的烃相被携带进入乳液中，可以使装置中的藏量降低，也使得酸耗降低，减少补充酸的数量。

④ 硫酸的浓度

硫酸烷基化操作过程中，有一些酸会出现分离、沉降等，会与介质一起被带出，称为物理跑酸；还有一种因为进料时带的杂质和副反应等导致酸的浓度降低，称为化学跑酸。在不同的酸浓度反应条件下，所生成的烷基化油的组成有很大区别，不同的酸浓度对烷基化油的辛烷值和收率都有显著的影响。

硫酸质量分数控制在90%~99%之间，生产中通过调节装置外排酸和补充新鲜酸的量来控制酸的浓度。在由几个反应器组成的大型硫酸烷基化装置里，在不同的反应器之间硫酸串联使用，形成硫酸浓度梯度，以充分利用补充的高浓度新酸。在第一个反应器里补充99%新酸，在最后一个沉降器排出90%废酸。

为了尽可能降低酸的耗量，应在安全限度内尽可能降低废酸浓度，在大多数情况下，酸再生所节约的成本可补偿由于在酸低浓度条件下运转造成的辛烷值损失。但是，在最低浓度以下装置将无法进行操作(丁烯烷基化反应需要最低的硫酸质量分数约为87%~89%)。当硫酸浓度低于88%时，聚合反应将变得特别明显，硫酸迅速被稀释，将会造成酸失控状态。即按照日常的新酸补入量无法稳定循环酸浓度并且浓度继续走低，严重的酸失控最终将导致装置停工。水和ASO都是离子化的，少量的ASO有利于酸的催化性能，促进反应的进行，但浓度一旦超过限额，反应将大幅度向副反应方向移动。循环酸中水的质量分数为0.5%~1%、ASO的质量分数在6%~8%之间时催化效果最好。一般烷基化装置将ASO浓度保持在2%~3%的安全范围，在废酸质量分数为89%~90%条件下操作。

硫酸质量分数在95%左右较为适宜，在此浓度下，硫酸的催化作用最佳，最有利于烷基化主反应的进行，烷基化油的质量和收率都较高；低浓度酸将促进副反应，增加酸耗并降低烷基化油辛烷值。因为较低的硫酸浓度会使硫酸的催化作用变差，使部分烯烃和硫酸作用生成硫酸酯。硫酸酯溶于硫酸中，又降低了硫酸浓度，导致了酸耗急剧增加，并且降低了烷基化油产率；另外，较低的硫酸浓度，使烯烃聚合的副反应加剧，增加了产品中的重质组分，使烷基化油辛烷值下降和干点升高。一般对于混合烯烃原料来说，如果将酸的浓度从89%提高到94%，烷基化油的辛烷值可随不同的反应条件提高1.0~1.8个单位，烷基化油的干点可由204℃降至189℃。

烷基化原料中可能会夹带少量未脱除的水，同时副反应还会生成部分水以及硫酸酯等杂质，这些杂质的存在以及积累会稀释系统内的硫酸。

100%的纯硫酸常常使得烷基化反应不发生，并且有诱导期，所得的烷基化油质量也比较差。硫酸能够将烯烃原料中的少量水分吸收而使本身稀释，因此，烷基化催化剂随着时间的延长，硫酸中水分含量逐步增大。硫酸催化剂中的水分还有另外一个来源，就是硫酸与烃类物料发生氧化反应时(99%以上硫酸具有氧化性)，也会产生一些水分和SO_2。不过这种反应在正常的烷基化反应温度下很少发生；酸溶性油或称红油(ASO)，它们是由烯烃和叔丁基碳正离子经过重排和聚合而产生的，这些聚合物是不饱和的、离子化的，能够和烯烃继续聚合产生高聚物。

水的存在有利于硫酸的解离，提供烷基化反应所需要的质子，而酸溶性油也是高度离子化的，很容易从异丁烷中接受氢负离子，使异丁烷成为叔丁基碳正离子，从而引发烷基化反应。新装置开工取用一些老装置用过的硫酸，就是这个原因。无论是水还是酸溶性油的含量增加，都将使酸的浓度下降。应严格控制水的含量，水降低硫酸催化活性的速率比烯烃稀释剂降低酸催化剂活性的速率快3~5倍。水含量的增加，会使硫酸的腐蚀能力加强。随着酸中水含量的增加，异丁烷溶解度会进一步降低。当硫酸质量分数从99.5%降低至95.5%时，异丁烷的溶解度会从0.1%降低至0.04%。

⑤ 反应温度和压力

异丁烷与烯烃的烷基化反应是放热反应，其反应热随烯烃分子的大小而异，大体为

600～850kJ/kg 烷基化油，低温下烷基化反应的平衡常数很大，低温对此反应有利。硫酸烷基化反应要求比较低的反应温度，反应温度一般在 2～18℃，设计反应温度一般采用 4～10℃，这个较低的反应温度构成了硫酸法烷基化装置的主要能耗。

如果温度低于 4℃，硫酸的黏度会显著增加，不利于烯烃分子向酸相的扩散与酸烃乳化，烯烃之间的聚合副反应也会随之增加，影响烷基化油的收率和质量，而且还会增加搅拌的动力消耗。反应温度低于 4℃，会降低酸沉降器中的沉降速率，并致使跑酸。而且会致使反应器 U 型管束结垢，影响传热效果。在硫酸质量分数大于 96%时，结垢问题特别严重。

硫酸法烷基化反应器中的压力一般控制在 0. 3～0. 8MPa，以使反应物处于液相状态。液相下烷基化反应具有更高平衡化率和主产物选择性，且液相下烃相与酸相传质更加明显，更易实现酸烃乳化。若压力较低，会导致酸沉降器里面物料沸腾，影响酸沉降。

⑥ 反应时间和烯烃空速

酸烃接触时间对反应产物的收率和质量的影响，与酸烃的分散状况相比其作用要小得多。一般情况下，加酸后一直达到酸烃反应稳定的状态需要 5～20min。如果反应时间小于达到稳态的时间，反应不完全，对收率和质量都将产生影响。但如果反应时间太长，不仅影响装置的处理能力，而且还会有不利的影响。因为，酸跟烃的反应时间过长，烷基化反应可能发生第二次反应和降解反应，导致高辛烷值组分的分解使产品的辛烷值下降。

烯烃空速是每小时注入的烯烃体积除以反应器中的酸体积。降低烯烃的空速可提高异丁烷与烯烃之间的反应概率，相反，提高烯烃的空速可提高各烯烃之间的反应概率。一般控制烯烃的进料空速在 0. 3h^{-1}左右。

第二节　异　构　化

一、概述

1. 异构化油基本性质

国ⅥB 汽油标准的芳烃、烯烃、苯等指标要求更加严格，汽油池中需要调入更多的低芳烃、低烯烃、低苯、高辛烷值的理想组分。异构化工艺作为质量升级的补充技术，是提高整体汽油清洁化和辛烷值最便宜的方法之一。轻石脑油中 C_5/C_6组分在催化剂作用下发生异构化反应，将直链烷烃转化为带支链的烷烃异构体，能大幅度提高石脑油辛烷值。异构化油是一种低硫、无烯烃、无苯和芳烃的清洁汽油调和组分，能提高汽油的前端辛烷值，使汽油具有均匀的抗爆性能。正戊烷、正己烷异构化转换后，辛烷值大幅度提高。不同结构 C_5、C_6烷烃的辛烷值见表 9-2-1。

表 9-2-1　不同结构 C_5、C_6烷烃的辛烷值

烷　烃		沸点/℃	RON	MON
C_5	正戊烷	36. 1	61. 7	61. 3
	2-甲基丁烷	27. 8	93. 5	89. 5
	2,2-二甲基丙烷	9. 5	85. 5	80. 2
	环戊烷	49. 2	102. 3	85. 0

续表

烷　烃		沸点/℃	RON	MON
C_6	正己烷	68.7	31.0	30.0
	2-甲基戊烷	60.3	74.4	74.9
	3-甲基戊烷	63.3	75.5	76.0
	2,2-二甲基丁烷	49.7	94.0	95.5
	2,3-二甲基丁烷	58.0	105.0	104.3
	甲基环戊烷	71.8	96.0	85.0
	环己烷	80.7	84.0	77.2

从表9-2-1中数据可以看出，烷烃的支链化程度越高，其辛烷值越高。但是C_5、C_6异构烷烃的沸点比相应的直链烷烃沸点低，异构化在提高辛烷值的同时，也增加了挥发性或雷德蒸气压。调和过程可以减少挥发性更强的丁烷加入，将丁烷进行异构化另作为烷基化原料。

烷烃异构化的主要原料是石脑油等汽油调和组分中的C_5/C_6组分，通过异构化得到辛烷值较高的汽油调和组分。异构化原料一般为常减压、加氢裂化和催化重整的低于60℃(C_5)或低于80℃(C_5及C_6)轻馏分。异构化原料的来源及性质见表9-2-2。

表9-2-2　轻石脑油的组分及性质

轻石脑油组分构成	RON	芳烃潜含量/%(v)	直链烷烃含量/%(v)
常减压轻石脑油	68.9	48.3	22.0
加氢裂化轻石脑油	82.0	47.0	47.3
重整拔头油和戊烷油	75.1	7.1	55.6
芳烃抽余油	78.7	1.5	24.3

2. 异构化技术分类

C_5/C_6异构化工艺种类很多，按有无氢气参与反应，可分为临氢异构化和非临氢异构化。二者相比，临氢异构化工艺对原料要求严格，辛烷值提高低。但裂解反应少，液相产品收率高，催化剂再生周期长。随着炼厂氢气成本的降低，临氢异构化工艺已成为C_5/C_6异构化的主流工艺。

按加工流程(对产品辛烷值要求)，可分为一次通过、脱异戊烷塔加一次通过、部分循环、全循环流程等。根据汽油调和对异构化油辛烷值要求的不同，工艺流程可以采用一次通过型和正构烷烃循环型。一次通过型流程是指所有正构烷烃一次性通过反应器，将原料中低辛烷值的正构烷烃转化为高辛烷值的异构烷烃，但是由于受热力学平衡的影响，一次通过流程生产的异构化油RON通常为82~84。正构烷烃循环型可分为部分循环与全循环流程，部分循环是采用蒸馏分离的方法将异构化产物中以正构烷烃为主的物料返回异构化反应器进一步反应，全循环是采用吸附分离的方法将异构化产物中的正构烷烃与异构烷烃彻底分离，分离出的正构烷烃返回异构化反应器再次反应，循环流程生产的异构化油RON通常为86~90。但需要注意，循环方案越复杂，则装置投资和运行成本越高，甚至会成倍增加。因此，异构化循环流程的选择取决于原料组成、公用设备的利用率以及所需的产品辛烷值等因素。

按目前工业应用的金属/酸性载体双功能催化剂可分中温型和低温型。中温型异构化催化剂以改性沸石为载体，负载贵金属铂或钯，使用温度为250~300℃。此类催化剂对原料油中的水和硫等杂质含量要求不高，对装置无腐蚀，异构化过程中副反应较少，不需要助催化剂和干燥进料，需要循环氢以避免结焦。但由于热力学平衡的限制，异构化单程转化率较低，一次通过产品的RON通常为78~80。低温型异构化催化剂以氯化的氧化铝为载体，负载贵金属铂，使用温度为100~150℃。此类催化剂对水分、氧化物和硫非常敏感，在反应时会发生卤素流失，需连续注入有机氯化物作为助催化剂，来维持催化剂的酸性功能。由于烷烃异构化为放热反应，降低反应温度可提高正戊烷和正己烷的平衡转化率，因此低温型异构化催化剂上异构烷烃的单程收率较高，且分解反应少，一次通过产品的RON可以达到82~84。

针对低温型和中温型C_5/C_6异构化催化剂存在的不足，近年来开发了以硫酸化氧化锆为载体的固体超强酸催化剂。硫酸化氧化锆虽然是固体，却比硫酸的酸强度更高。负载贵金属的SO_4^{2-}/ZrO_2固体超强酸催化剂，不仅具有较强的酸性，而且可反复再生使用，尤其是在较低温度下具有很高的异构化活性，是绿色环保型烷烃异构化催化剂。

PI-244催化剂是目前UOP公司开发的活性最高的固体超强酸异构化催化剂，该催化剂以硫酸化氧化锆为载体，附以贵金属Pt，其质量分数为0.25%。PI-244催化剂反应温度低、高辛烷值异构烷烃选择性好、正构烷烃转化率高、液体产品收率高，反应过程中无须添加氯助剂来维持催化剂活性，无须设置碱洗设施；PI-244催化剂可再生且原料适应性强，短期的硫、氮、水含量超标(无游离水)可通过提温操作恢复催化剂活性，不会导致催化剂永久性失活。

UOP公司的Penex工艺和Axens公司的Isomerization工艺属于低温型异构化技术，Shell公司的Hysomer工艺属于中温异构化工艺，UOP公司的Par-Isom工艺和GTC公司的Isomalk-2工艺属于固体超强酸型异构化技术。其中UOP公司的低温异构化技术(I-84)和固体超强酸型异构化技术(PI-244)，在中国已授权转让多家企业。另外RIPP的中温异构化RISO工艺和固体超强酸工艺在国内也建成了多套工业装置。主要的低温型、中温型和固体超强酸异构化技术对比见表9-2-3。

表9-2-3 主要的低温型、中温型和固体超强酸异构化技术对比

项目		UOP(Penex) Axens(Isomerization)	Shell(Hysomer) RIPP(中温)	UOP(Par-Isom) GTC(Isomalk-2)	RIPP(固体酸)
工艺参数	反应温度/℃	125~144	230~280	120~165	140~210
	反应压力/MPa	~3.1	1.5~2.5	~3.1	1.6~4.0
	质量空速/h^{-1}	~1.5	1.0~1.5	1.2~1.6	1.5~2.0
	氢油摩尔比	0.06	2.0	2.2	2.0
	催化剂寿命/a	5(不再生)	8(3a再生1次)	10(5a再生1次)	9(2~3a再生1次)
工艺流程	原料预处理	需要	不需要	不需要	不需要
	脱异戊烷塔	可选	可选	可选	可选
	循环流程	可选	可选	可选	可选
	加热炉	不需要	需要	不需要	不需要

续表

项　目		UOP(Penex) Axens(Isomerization)	Shell(Hysomer) RIPP(中温)	UOP(Par-Isom) GTC(Isomalk-2)	RIPP(固体酸)
工艺流程	循环氢	不需要	需要	需要	需要
	碱洗	需要	不需要	不需要	不需要
	助催化剂	需要	不需要	不需要	不需要
原料	硫/(μg/g)	0.1~0.5	<30	0.5~1.0	<0.5
	水/(μg/g)	0.05~0.1	<50	3.0~5.0	<5.0
	含氧物/(μg/g)	<0.1	—	<0.5	—
产品	C_5异构化率/%	80	65	88	73
	C_6异构化率/%	90	81	90	87

二、异构化反应

1. 异构化反应机理

C_5/C_6烷烃异构化产物非常复杂，其反应机理也因催化剂的不同而有所差异。以硫酸化氧化锆(SO_4^{2-}/ZrO_2型，SZ)催化剂为代表的固体超强酸催化剂，在烷烃异构化反应过程具有良好的低温催化活性、稳定性及反应选择性，制备简单且环保无腐蚀。

SO_4^{2-}/ZrO_2型固体超强酸催化剂的酸性中心是影响其催化活性的关键因素，其酸性中心形成机理如图9-2-1所示。SO_4^{2-}在催化剂表面吸附配位，由于S═O的诱导效应，使Zr—O的电子云偏移，使Zr离子得电子能力增强，在Zr离子附近形成L酸中心。L酸中心吸附水分子后，对水分子中的电子存在强吸引作用，使水分子在干燥和焙烧过程中发生解离、吸附并形成B酸中心。

在SO_4^{2-}/ZrO_2上负载少量的Pt，在临氢异构化反应中，由于金属Pt的溶氢性能，氢气溢流效应会导致催化剂上B酸中心数量增加。氢溢流形成B酸中心机理如图9-2-2所示。吸附在金属Pt表面的氢气解离成两个氢原子并溢流到SO_4^{2-}/ZrO_2表面，然后氢原子的电子迁移到L酸中心，形成新的B酸中心。在L酸中心存在的条件下，能够在催化剂表面形成氢原子的任何分子，都能促进B酸中心的形成。

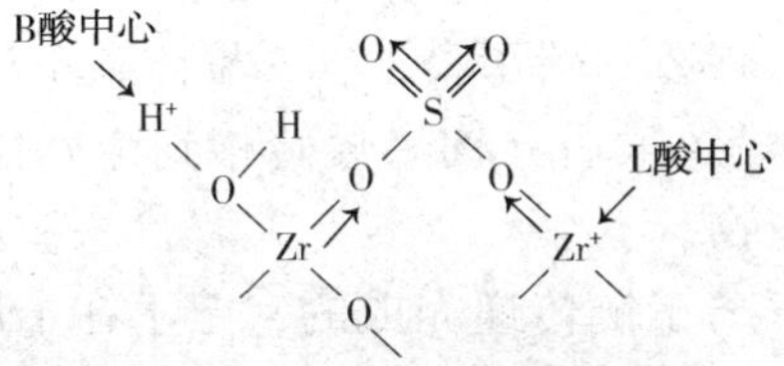

图9-2-1　SO_4^{2-}/ZrO_2型催化剂酸性中心形成机理

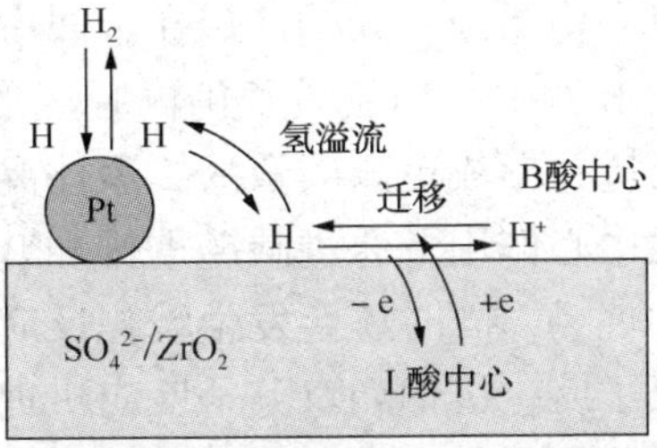

图9-2-2　氢溢流形成B酸中心机理

SO_4^{2-}/ZrO_2催化剂结构中的两种不同酸性中心之间在一定条件下会出现相互转变。因为催化剂上含硫物种是一种极易溶于水的物质，当吸附在超强酸表面的水分子过多时，水会导致催化剂上的Zr—O—S化学键结构的破坏，形成新的B酸中心，且形成的B酸中心使L酸中心更加稳定。两种酸性中心的相互转化行为如图9-2-3所示。

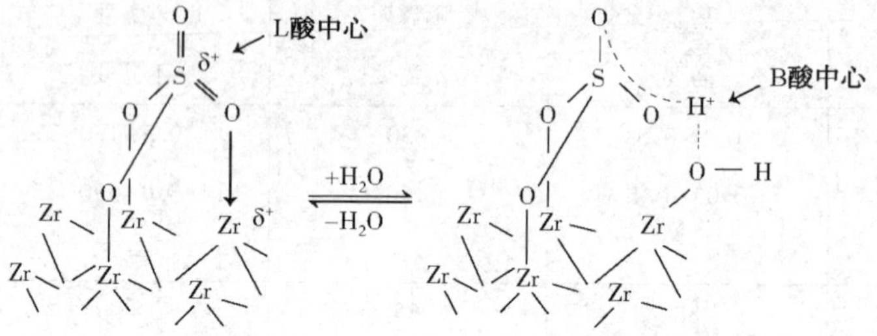

图9-2-3 SO_4^{2-}/ZrO_2结构中B酸和L酸相互转化示意图

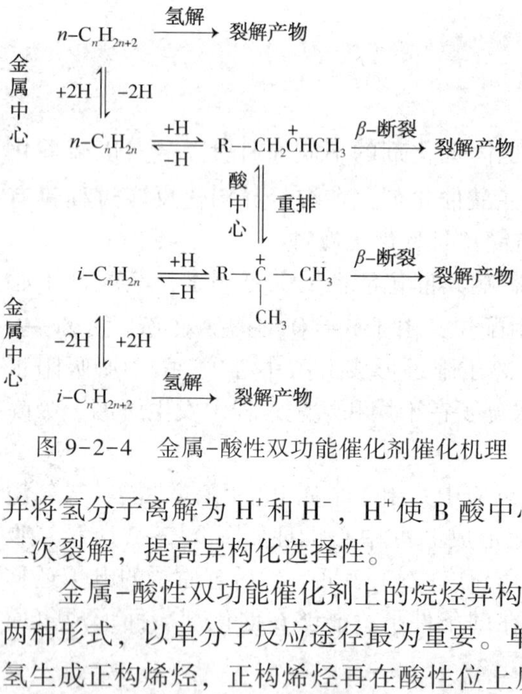

图9-2-4 金属-酸性双功能催化剂催化机理

将少量Pt组分分散到固体酸或分子筛等酸性催化剂载体中，是目前应用最为广泛的金属-酸性双功能催化剂。其中Pt作为金属活性中心，在异构化反应过程中主要起到氢气的吸附/脱附作用，而酸性催化剂载体作为酸性中心，实现碳链的异构化。金属-酸性双功能催化剂催化机理如图9-2-4所示。

对于金属-酸性双功能催化剂，其异构化反应是金属中心和酸性中心协同催化作用的结果。在烷烃异构化过程中，催化剂的金属中心除了正构烷烃脱氢和异构烯烃加氢的作用外，第二个作用是在临氢条件下金属中心吸附氢气分子，并将氢分子离解为H^+和H^-，H^+使B酸中心恢复。H^-稳定叔碳正离子生成异构烷烃，减少二次裂解，提高异构化选择性。

金属-酸性双功能催化剂上的烷烃异构化反应，包括单分子反应过程和双分子反应过程两种形式，以单分子反应途径最为重要。单分子反应机理认为正构烷烃首先在金属中心上脱氢生成正构烯烃，正构烯烃再在酸性位上质子化为相应的正构烷烃离子，再发生骨架异构化，生成异构烯烃，异构烯烃在金属中心上加氢生成异构烷烃。双分子反应机理认为烷烃在催化剂的B酸中心加氢质子化再脱氢形成烷烃碳正离子，并与在金属中心上生成的烯烃两者发生反应并形成更高碳数的二聚体离子。相较于低碳数的碳正离子，二聚体碳正离子更容易在酸性中心作用下通过碳链重排和β-断裂形成烯烃。最后异构烯烃转移到金属位上加氢得到异构烷烃，同时还会发生歧化反应生成其他副产物。

单分子反应机理和双分子反应机理都是基于碳正离子链传递完成的，至于在金属-酸性双功能催化剂上的反应过程是以哪种途径进行，受到许多因素的限制和影响，例如温度、烷烃原料的碳链长度以及氢油摩尔比等，最为重要的还是催化剂上金属中心和酸性中心之间的强弱对比关系。对于双功能催化剂体系而言，加氢/脱氢活性中心（金属中心）和异构化活性中心（酸性中心）之间的协调至关重要。当催化剂上酸性中心强度较低时，烷烃碳正离子的重排和骨架异构化成为决定整个反应过程的速控步骤。当两类不同活性中心强度相当时，异构化反应过程在催化剂的影响下更倾向于单分子反应途径。当催化剂本体酸性中心强度过高时，反应过程更倾向于双分子反应途径，这会导致更多的裂解反应和积炭产生，影响催化剂的催化反应稳定性。

负载贵金属的超强酸催化剂在异构化反应过程中不仅存在双功能反应机理，也存在氧化-还原机理。认为催化剂表面同时存在酸性中心和氧化-还原中心，通过氧化脱氢的机理导致正构原料脱氢并变为不饱和烯烃，这个过程伴随着高价硫物种的还原过程。

2. 异构化反应影响因素

C_5/C_6烷烃异构化反应的主要影响因素是反应温度、反应压力、反应空速及氢油比。

① 反应温度

C_5/C_6烷烃异构化反应是放热的可逆反应，异构体之间存在热力学平衡关系。但其热效应较小，其反应热在4~20kJ/mol之间，较低的反应温度对异构化反应有利。不同温度下正戊烷及正己烷的异构化标况反应热见表9-2-4。

表9-2-4 不同温度下正戊烷及正己烷的异构化标况反应热

异构化反应	反应热/(kJ/mol)		
	300K	500K	700K
正戊烷──→2-甲基丁烷	-8.0	-8.1	-7.8
正戊烷──→2,2-甲基丙烷	-19.5	-18.7	-17.4
正己烷──→2-甲基戊烷	-7.1	-6.6	-6.1
正己烷──→3-甲基戊烷	-4.4	-4.3	-4.4
正己烷──→2,2-甲基丁烷	-18.3	-18.2	-17.4
正己烷──→2,3-甲基丁烷	-10.6	-10.7	-10.5

由表9-2-4可以看出，正构烷烃的异构化反应热随温度的变化很小，但与产物的侧链数和取代位置有较大关系。

C_5、C_6烷烃异构化反应的平衡常数随着反应温度的升高而降低，反应温度越高，异构化反应趋于热力学平衡的程度就越低。不同温度下C_5、C_6正构与异构烷烃的平衡混合物组成和转化率见表9-2-5。

表9-2-5 不同温度下C_5、C_6正构与异构烷烃的平衡混合物组成和转化率

烃 类	平衡组成/%(mol)				
	150℃	180℃	200℃	250℃	300℃
正戊烷	15.7	18.9	21.0	25.5	29.4
甲基丁烷	50.3	53.4	54.9	56.8	57.2
二甲基丙烷	34.0	27.6	24.2	17.7	13.4
C_5平衡转化率/%	84.3	81.1	79.0	74.5	70.6
正己烷	9.5	11.3	12.4	15.1	17.4

续表

烃类	平衡组成/%(mol)				
	150℃	180℃	200℃	250℃	300℃
2-甲基戊烷	32.5	33.2	33.4	33.5	33.2
3-甲基戊烷	19.8	21.4	22.3	24.1	25.4
2,2-二甲基丁烷	30.7	26.7	24.4	20.1	17.0
2,3-二甲基丁烷	7.5	7.5	7.4	7.3	7.1
C_6平衡转化率/%	90.5	88.7	87.6	84.9	82.6

由表 9-2-5 可以看出，随着温度的升高，正戊烷和正己烷的平衡摩尔分数增加，反应的转化率逐渐降低。季戊烷和 2,2-二甲基丁烷随温度升高降低的比较明显，2-甲基戊烷和 2,3-二甲基丁烷的摩尔分数对温度不敏感，而异戊烷和 3-甲基戊烷的摩尔分数却随着温度的升高而增加，这是反应中动力学、热力学的共同作用导致的。2,2-二甲基丁烷具有较高的 RON 和反应温度敏感性，一般选取 2,2-二甲基丁烷作为产物选择性的指标。

反应温度越低，异构烷烃的比例越大，产物辛烷值越高。但是，即使温度降到 150℃，平衡混合物中正构烷烃仍有相当浓度。单程反应不可能将正构烷烃完全异构化，可将未转化的正构烷烃分出并循环进行异构化。降低反应温度，裂解产物($C_1 \sim C_4$)的减少，可提高异构化油的收率。

金属 Pt 作为金属活性位提供脱氢、加氢功能，需在氢气下还原活化为单质 Pt 后才具有催化活性，活化温度过低时催化活性组分未能完全还原，造成活性降低。在保障 C_5/C_6转化率的条件下，尽可能降低异构化反应温度，提高异构化油的辛烷值。对于固体超强酸异构化催化剂，适宜的反应温度在 150℃左右。

② 反应压力

系统总压和异构化反应平衡常数无关，而且在催化反应历程里反应前后分子的数目没有变化，反应压力对各组分的平衡摩尔分数和平衡转化率都不产生影响。

C_5/C_6烷烃异构化反应是等分子反应，定压平衡常数只是反应温度的函数，而与反应压力无关。系统反应压力升高，C_5/C_6烷烃的异构化率基本不变，而裂解物产率随反应压力提高而增加。在异构化反应的同时也伴随有加氢裂解等副反应发生，维持一定的反应压力，可以降低催化剂结焦速率，有利于产品冷却回收。在保证催化剂寿命的前提下，尽量采用较低的反应压力，降低装置投资。一般维持反应系统压力在 3.0MPa 左右。

③ 原料空速

空速是评价催化剂催化性能的一个重要参数，容许的空速越大说明催化剂的活性越高，单位装置处理能力也就越大，反应原料空速的大小也直接影响到催化剂的使用周期。适当提高空速可以减少反应物在催化剂表面的停留时间，减少裂解等副反应的发生，对提高反应的液体收率较为有利。过高的空速会导致 C_5/C_6烷烃的异构化率下降。烷烃异构化反应是正构烷烃在催化剂的作用下脱氢、分子内重排、加氢的过程，反应速率较低。因此，异构化反应要求较低的空速，对于固体超强酸异构化催化剂，适宜的质量空速在 1.5h^{-1}左右。

④ 氢油比

在热力学上，氢分压不影响反应平衡常数，也不影响平衡组分的摩尔分数，氢气可以看作不参与反应的惰性组分。从动力学上，氢油比影响异构化反应的进程。在反应历程中，氢气参与了正构烷烃在贵金属上的脱氢及异构化烯烃的加氢反应。在脱氢反应过程中，过高的氢分压会使脱氢反应的平衡向反方向进行，从而降低正构烷烃的转化率。在加氢过程中，如果氢分压过低，活性很高的烯烃分子会与碳正离子聚合成大分子的烃类，从而使催化剂表面结焦，降低异构化反应的选择性和催化剂的活性。

氢气作为异构化反应过程载气，一是为了提高催化活性和稳定性，同时也可以降低催化剂结焦。C_5/C_6烷烃异构化反应在固体超强酸为催化剂条件下，氢油摩尔比由1.0提高到3.0，除裂解物产率略有下降外，C_5/C_6烷烃的异构化率基本没有变化。氢油比对异构化反应的影响甚微，但对催化剂生焦(失活)速率的影响较大。较低的氢油比会导致催化剂生焦(失活)速率加快，而过高的氢油比又会导致异构化装置氢气循环量的上升和能耗的增加。对于固体超强酸异构化催化剂，较为适宜的氢油摩尔比在2.0左右。

⑤ 催化剂水含量

水与催化剂中的Pt络合，在操作温度下无法脱除，使得催化剂活性逐步下降。原料中含氧化合物超标是造成异构化催化剂失活的主要原因，异构化催化剂对含氧化合物脱氧生成水有催化作用，一些在柴油加氢条件下反应不掉的含氧化合物，在固体超强酸异构化催化剂表面可以与氢反应生成水。固体超强酸异构化催化剂水失活为可逆失活，可以通过再生活化恢复活性。通入空气、逐步升温，分别在450℃、470℃和490℃脱水，直至反应器出口空气中水含量小于2μg/g。催化剂的水含量对催化剂异构化活性和稳定性有很大影响，但过度脱水会导致催化剂活性下降。

三、异构化工艺

1. 异构化工艺流程

$Pt-SO_4^{2-}/ZrO_2$固体酸作为一类新型的低温烷烃异构化催化剂，催化性能高，与传统低温氯化型催化剂(Pt/Al_2O_3-Cl)性能相近，而且兼具中温分子筛催化剂(Pt/zeolite)的优点，如对原料中杂质的耐受能力较高，无须注氯，可再生，设备投资和运行成本更低。$Pt-SO_4^{2-}/ZrO_2$固体酸异构化具有明显优势，在轻质烷烃异构化中的应用日益增多。其中UOP的Par-Isom技术商业化最早，工业应用较多。Neftehim/GTC的Isomalk系列技术的原料范围更广，能处理C_4~C_7的轻石脑油原料。RIPP开发的固体超强酸(RISO)异构化技术，截至2022年在国内已有8套工业应用装置。国内某公司的200kt/a异构化装置，采用Par-Isom技术和PI-244催化剂，其异构化反应操作参数见表9-2-6，其工艺技术流程如图9-2-5所示。

表9-2-6 Par-Isom技术异构化反应器操作参数

参　数	前置反应器	后置反应器	参　数	前置反应器	后置反应器
入口温度/℃	130	128	入口压力/MPa	3.35	3.18
出口温度/℃	178	135	质量空速/h^{-1}	4.63	1.54

由表9-2-6可以看出，前置反应器温升约为50℃，后置反应器温升约为7℃，前置反应器质量空速大于后置反应器。

重整拔头油及抽余油等轻石脑油自界区外进入脱异戊烷塔进料缓冲罐，由脱异戊烷塔进

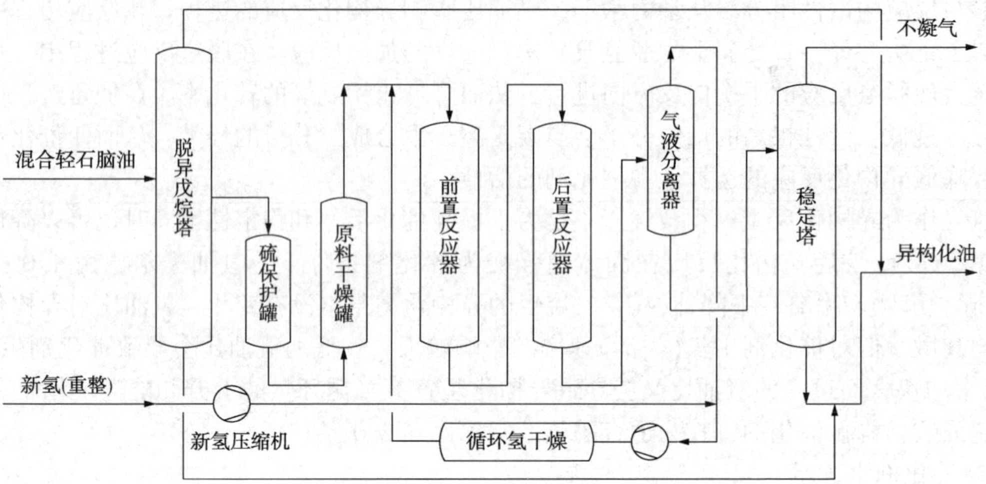

图 9-2-5 脱异戊烷塔加一次通过型 Par-Isom 技术流程

料泵升压后进入脱异戊烷塔，在脱异戊烷塔内完成异戊烷、反应器进料及 C_7^+ 重组分的分离。塔顶分离出的异戊烷和塔底分离出的 C_7^+ 重组分与异构化汽油混合后出装置。

需要参与反应的 C_5/C_6 组分经侧线抽出，经硫保护罐进行吸附脱硫，脱硫后轻石脑油硫质量分数小于 0.5μg/g，脱硫后的轻石脑油经冷却后进入原料干燥器脱除原料中的水分(原料脱水后的水质量分数小于 3μg/g)，干燥后的原料进入反应器进料缓冲罐，采用脱异戊烷塔将原料中的异戊烷和 C_7^+ 重组分分别从塔顶和塔底作为产品出装置，辛烷值较低的 C_5/C_6 组分从侧线出来经过异构化反应提高其辛烷值，工艺省去了分离 C_7^+ 组分的脱 C_7 塔。

新氢自管网来，由新氢压缩机增压后冷却，与循环氢在反应器出口分离罐顶部混合。混合后的循环氢经循环氢压缩机增压后进入循环氢干燥器干燥，干燥后的氢气与反应器进料缓冲罐抽出的反应进料混合，经换热及加热到反应温度后进入异构化反应器进行反应。

异构化反应为放热反应，两个反应器串联操作。物料加热到设计温度后进入前置反应器进行烯烃加氢饱和反应、苯加氢反应、异构化反应、重组分的裂解反应等，温升较高；随后进入后置反应器，在前置反应器反应的基础上通过控制反应温度，向有利于异构烷烃转化的方向进行，反应产物进入产物气液分离罐进行分离，罐顶分离出循环氢组分，与新氢混合并经循环氢压缩机加压，经循环氢干燥器干燥后作为异构化反应用氢，气液分离罐液体产品经换热后进入稳定塔进行组分分离。在稳定塔内完成不凝气和轻石脑油等液态组分的分离，塔顶不凝气组分并入燃料气管网，塔底油经换热后与脱异戊烷塔塔底 C_7^+ 组分混合，经冷却与脱异戊烷塔塔顶异戊烷组分混合后共同出装置。

2. 异构化原料组成

该装置以重整拔头油和抽余油为异构化原料，拔头油和抽余油的组成见表 9-2-7。

由表 9-2-7 可以看出，拔头油中含有较多的异戊烷，可以采取脱异戊烷塔的流程将拔头油中的异戊烷分离出来，如此可以减少异构化催化剂用量并且可以提高戊烷的异构化深度。抽余油中含有较多的 C_7^+ 组分，这些组分不仅平衡转化率低，且易裂解成丙烷和丁烷，降低异构化产物液体收率，增加催化剂积炭速率，因此需要在进入异构化反应器之前将其分离出来。原料中含有苯，加氢后生成环己烷，耗氢且加速催化剂积炭。

表 9-2-7　异构化原料组成　%

组　分	拔头油	抽余油	组　分	拔头油	抽余油
C_4	8.65	0.04	其他 C_6 烃	6.26	5.12
异戊烷	21.20	4.95	苯	2.46	2.37
正戊烷	25.42	3.92	C_7^+	0.27	18.68
其他 C_5 烃	2.30	1.20	硫/(μg/g)	0.5	0.5
异己烷	22.31	34.51	水/(μg/g)	8	10
正己烷	11.13	29.21			

3. 异构化油性质和组成

以重整拔头油和抽余油为混合原料，脱异戊烷塔加一次通过型 Par-Isom 工艺的异构化油收率为98.42%，硫含量为0.34μg/g，烯烃和苯含量为0。异构化汽油的辛烷值增加约7个单位，RON 达到了 83.3。异构化混合原料和异构化油的组成和性质见表 9-2-8。

表 9-2-8　异构化混合原料和异构化油的组成和性质

项　目	混合原料	异构化油	项　目	混合原料	异构化油
密度(20℃)/(kg/m^3)	—	635.2	环戊烷/%	1.98	1.13
辛烷值(RON)	76.0	83.3	2,3-二甲基丁烷/%	2.24	7.78
硫/(μg/g)	0.5	0.34	2-甲基戊烷/%	12.04	11.79
水/(μg/g)	8	—	3-甲基戊烷/%	8.28	7.05
饱和蒸气压/kPa	—	118.3	1-己烯/%	1.84	0
C_4/%	7.34	10.17	正己烷/%	13.29	6.03
异戊烷/%	17.33	30.35	甲基环戊烷/%	3.18	2.51
1-戊烯/%	1.84	0	苯/%	3.36	0
正戊烷/%	20.05	7.09	环己烷/%	0.80	0.54
2,2-二甲基丁烷/%	1.54	13.34	C_7^+/%	4.89	2.22

从表 9-2-8 可以看出，低辛烷值的 C_5/C_6原料经过异构化反应过程，异构化油中的正戊烷和正己烷含量大幅度降低，正戊烷质量分数由 20.05%降低至 7.09%，正己烷质量分数由 13.29%降低至 6.03%。异构烷烃含量大幅度增加，异戊烷质量分数由 17.33%增加至 30.35%，2,2-二甲基丁烷质量分数由 1.54%增加至 13.34%，2,3-二甲基丁烷质量分数由 2.24%增加至 7.78%。原料中的烯烃加氢得到饱和，苯发生加氢、开环反应得以消除。

第十章 天然气和低碳烯烃转化

第一节 天然气转化

天然气化工利用有两条技术路线：一是直接法，天然气直接转化制化工产品；二是间接法，天然气先转化为合成气，再加工生产化工产品。天然气是重要的基础化工原料，可利用天然气生产合成氨、甲醇及其加工产品(甲醛、醋酸等)、乙烯、乙炔、二氯甲烷、四氯化碳、二硫化碳和硝基甲烷等产品。

一、天然气制合成气

合成气是 H_2 和 CO 的混合物，制合成气是间接利用天然气的重要步骤，也是天然气制氢的基础，制合成气的原料有天然气、炼厂气、焦炉气、石脑油、渣油、煤等。

天然气转化制合成气早期大多采用非催化的部分氧化工艺，后来逐渐被水蒸气转化工艺所取代，因水蒸气转化产物的 H_2/CO 比高(>3)，目前大型合成氨厂以及以 H_2 为目的产物的工艺均采用蒸汽转化工艺制合成气。但由于蒸汽转化工艺的能耗较大，另外生产甲醇、甲醛等要求合成气中 H_2/CO 比值较低(<2)，继而又出现了替代甲烷蒸汽转化制合成气的工艺，如自热重整、联合转化工艺等。这些技术所涉及的主要反应不同，生产所需工艺条件不同，对催化剂性能要求也不同，适合作为不同后续工艺的原料。

天然气中主要成分甲烷的热力学稳定，而其他烃类较易反应，因此在讨论天然气转化过程时，只需考虑甲烷的反应。

1. 蒸汽重整工艺

天然气蒸汽重整工艺(Steam Reforming Methane，SRM)又称甲烷蒸汽转化工艺，是目前工业上应用最广泛的天然气转化工艺。SRM 工艺是天然气和水蒸气在中压、高温和催化剂存在下发生的催化吸热反应，转化过程的主要反应有：

$$CH_4+H_2O = CO+3H_2 \qquad \Delta H_{298}=+206kJ/mol$$

$$CH_4+2H_2O = CO_2+4H_2 \qquad \Delta H_{298}=+165kJ/mol$$

$$CO+H_2O = CO_2+H_2 \qquad \Delta H_{298}=-41kJ/mol$$

可能发生的副反应主要是析碳反应：

$$CH_4 = C+2H_2 \qquad \Delta H_{298}=+74.9kJ/mol$$

$$2CO = C+CO_2 \qquad \Delta H_{298}=-172.5kJ/mol$$

$$CO+H_2 = C+H_2O \qquad \Delta H_{298}=-131kJ/mol$$

天然气蒸汽转化过程包括原料的预处理、一段转化、二段转化、水汽变换和脱碳，工艺流程见图 10-1-1。

一段转化是以水蒸气为氧化剂，在镍催化剂作用下，将甲烷进行初步水蒸气转化生成混合气。反应为强吸热，温度超过800℃，降低压力有利于甲烷转化率的提高，一般控制反应压力大于2.0MPa；二段转化时补入空气或者纯氧，原料气发生部分燃烧反应，为残余甲烷进一步转化提供热量，甲烷转化率大于90%。变换过程是将来自水蒸气转化单元的混合气中CO和H_2O反应生成H_2和CO_2。CO变换时H_2体积分数增加，CO体积分数降低，变换反应中CO转化率约50%。

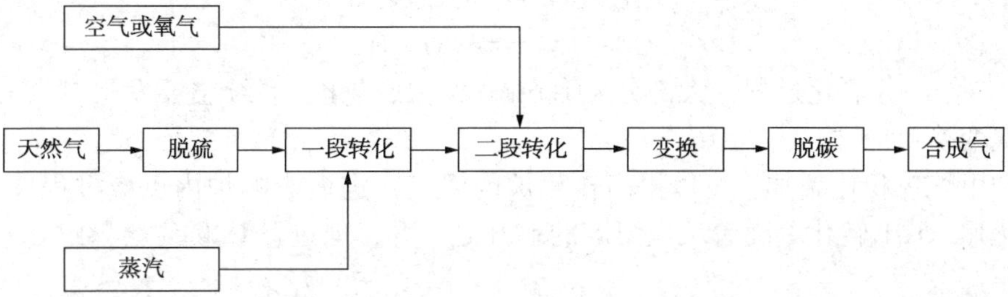

图10-1-1　天然气蒸汽重整工艺流程

甲烷水蒸气转化反应必须在催化剂存在下才有足够的反应速率。不适当的操作条件会引起严重的析碳反应，生成的碳会覆盖在催化剂内外表面，致使催化剂活性降低，反应速率下降。析碳更严重，床层堵塞，阻力增加，催化剂毛细孔内的碳遇水蒸气会剧烈汽化，致使催化剂崩裂或粉化。高温有利于甲烷裂解析碳，不利于一氧化碳歧化析碳，也不利于还原析碳，却有利于碳被水蒸气所气化，温度越高，水蒸气比例越大，则越有利于消碳；如果气相中氢气和二氧化碳分压很大时，均有利于抑制析碳。甲烷水蒸气重整的重点研究内容是制备高活性、高稳定性和强抗积炭性能的催化剂，并且研制低水碳比条件下应用的催化剂，有效降低能耗。

Ni/Al_2O_3是甲烷水蒸气重整工艺中最常用的催化剂，甲烷转化率90%~92%。但Ni基催化剂易因积炭而失活，不能直接转化硫含量高的原料气。催化剂中Ni负载质量分数为7%~79%。随着Ni含量的增加，比表面积增加，反应过程中易有积炭形成。Ni含量低活性中心少，催化剂活性低，而含量过高容易造成活性组分的烧结和积炭的形成，从而使催化剂失活。

甲烷催化重整反应温度很高，选用的催化剂载体须具备良好的机械强度和抗烧结能力。通常选用熔点较高的物质，如分子筛或复合金属氧化物($MgO-Al_2O_3$)等。

在催化剂中通常加入碱金属或碱土金属助剂提高催化剂的抗积炭性能，如K_2O、CaO、MgO等。目前，用于消除积炭的助剂主要为钾化合物。助剂的加入可抑制催化剂熔结，防止活性组分晶粒长大，提高活性组分分散度和催化剂还原能力，调变催化剂表面酸碱性，加强活性中心对反应物的吸附，从而增强甲烷的活化裂解以及催化剂的抗积炭能力，延长催化剂使用寿命。

蒸汽转化工艺技术成熟，但其原料利用率较低、能耗高、蒸汽消耗大、工艺复杂和操作条件苛刻，不适用于小规模生产。

2. 非催化部分氧化工艺

非催化部分氧化(Non-catalytic Partial Oxidation，NC-POX)是在高温、高压、无催化剂的条件下，通过贫氧燃烧把天然气转化为合成气。

$$C_nH_m+\frac{n}{2}O_2 \longrightarrow nCO+\frac{m}{2}H_2$$

天然气、氧气和水蒸气在转化炉内部分氧化的主要化学反应：

$$CH_4+2O_2 = CO_2+2H_2O$$
$$CH_4+H_2O = CO+3H_2$$
$$CH_4+CO_2 = 2CO+2H_2$$
$$CO+H_2O = CO_2+H_2$$

CH_4非催化部分氧化过程，大部分CH_4在瞬间完成转化，后续主要发生剩余CH_4重整反应和水蒸气变换反应。

氧气和甲烷体积比增加，可以提高转化炉内温度，进而影响炉内反应过程。氧气/天然气存在最优比，CH_4转化率随着反应温度的上升而上升，但过量O_2供应会导致CO和H_2产率下降。

当操作压力小于3.0MPa时，CH_4浓度随着操作压力的变化显著。提高操作压力增加了分子间碰撞的概率，会促进CH_4的转化。

从化学反应的角度，不需要外部加入蒸汽。但水蒸气能促进CH_4-水蒸气重整和CO-水蒸气变换反应平衡向右移动，可以根据下游工艺的需求对出口合成气H_2/CO比进行微调；依靠水蒸气较高的热容，能降低燃烧气流温度，保护炉顶和烧嘴。另外水蒸气可以抑制炭黑的生成。

华东理工大学开发的天然气非催化部分氧化制合成气装置工艺指标见表10-1-1。

表10-1-1　天然气非催化部分氧化装置工艺指标

天然气处理量/(m^3/h)	氧气耗量/(m^3/h)	蒸气加入量/(t/h)	1km^3(H_2+CO)消耗天然气量/m^3	1km^3(H_2+CO)消耗氧气量/m^3	合成气中有效气体积分数/%	合成气中甲烷体积分数/%	合成气中H_2/CO体积比	蒸气产量/(t/h)
24240	17000	7.0	368	258	93.5	0.30	1.99	65

非催化部分氧化是气流床气化工艺，燃料与气化剂纯氧、辅助气化剂水蒸气一起通过烧嘴高速喷入高温高压的转化炉内，并在炉内形成射流燃烧区、回流区和管流区。射流区内主要发生燃烧反应，为转化反应提供热量；管流区内主要发生甲烷转化反应及变换反应，回流区内既有燃烧反应也有转化变换反应。Shell公司(Shell Gasification Process，SGP)的非催化部分氧化工艺流程见图10-1-2。

非催化部分氧化技术主要有以下特点：

① 自热式供热，能量效率高；

② 原料可以是气态或液态烃类，不需要催化剂，对原料的硫含量没有限制；

③ 过程和设备结构简单，投资低；

④ 所产合成气中H_2/CO比较低，可用于F-T合成及制甲醇、二甲醚、乙二醇等；

⑤ 气化炉尺寸方便控制，容易进行放大或缩小。

⑥ 气化炉出口温度较高，需要进行热量回收。

3. 自热重整工艺

自热重整工艺(Autothermal Reforming，ATR)在一个反应器内同时集成了水蒸气重整反

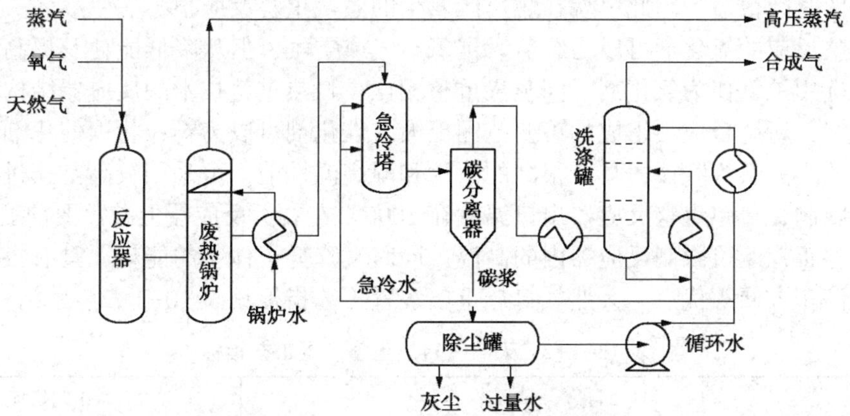

图 10-1-2　Shell 公司 SGP 工艺流程图

应和非催化部分氧化反应，利用部分氧化过程的反应热为水蒸气重整反应提供能量，实现反应体系自供热。甲烷自热重整工艺克服了水蒸气重整能耗高和非催化部分氧化 H_2/CO 比低的问题，可以提高转化炉的热效率，降低能耗，减少烟道气排放量，通过改变原料的比例调整 H_2/CO 比。

自热重整反应器内主要进行 CH_4 燃烧反应（部分氧化反应）、CH_4 蒸汽重整反应和 CO 变换反应，主要反应过程如下：

$$CH_4+2O_2 = CO_2+2H_2O \qquad \Delta H_{298}=-802kJ/mol$$

$$CH_4+1/2O_2 = CO+2H_2 \qquad \Delta H_{298}=-37.8kJ/mol$$

$$CH_4+H_2O = CO+3H_2 \qquad \Delta H_{298}=+206kJ/mol$$

$$CO+H_2O = CO_2+H_2 \qquad \Delta H_{298}=-41kJ/mol$$

燃烧反应剧烈放热，为极速反应；CH_4 蒸汽重整反应速度较慢，需在催化剂作用下提高反应速度；CO 变换反应为弱放热反应，在高温下反应速度较快。除氧化反应为不可逆之外，其余反应均取决于不同条件下的热力学平衡。由于反应器内不同位置的温度分布不同，且各种反应之间也会相互影响和制约，因此自热式重整反应器内的反应较为复杂。

自热重整反应器通常为带压固定床反应器，主要由烧嘴、燃烧区（氧化反应）、重整反应区（催化剂床层区）组成。反应器上部空腔为燃烧区，下部装填催化剂。自热重整反应器结构如图 10-1-3 所示。

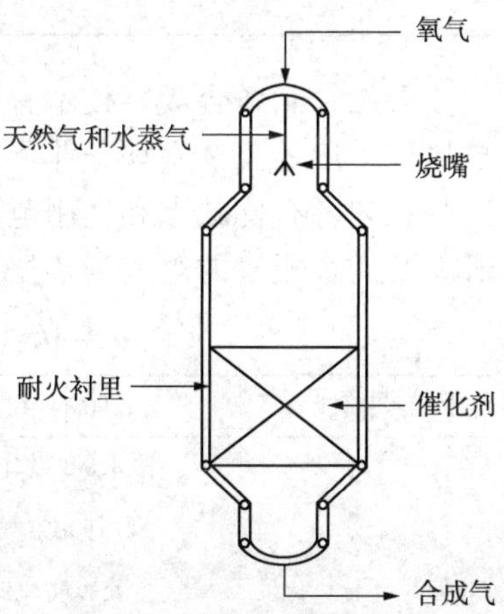

图 10-1-3　自热重整反应器结构示意图

甲烷、水蒸气和氧气通过烧嘴进入燃烧区后迅速进行氧化反应，放出大量的热使得物料温度快速上升；氧化反应产生的 CO 在高温下迅速与水蒸气进行变换反应，反应放热进一步提高混合气温度，高温混合气在反应器下部催化剂床层中发生蒸汽重整反应生成合成气。

为防止火焰的高温将催化剂烧结，在火焰燃烧区与催化剂床层区必须留有一定空间，保证进入催化剂床层的气体温度降低到 1100~1400℃。在燃烧区也会发生蒸汽重整反应，由于无催化剂存在，即使在高温下反应速度仍较慢，加上物料停留时间很短，因此甲烷在燃烧区发生的蒸汽重整反应很少。

自热重整反应的氧化剂可以为纯氧、富氧空气或空气，但从降低能耗及提高效率的角度考虑，一般选用纯氧作为氧化剂。同蒸汽重整相比，自热重整技术的反应器结构更简单，操作稳定性更好，所产合成气组成的可变范围更大。催化剂可以为颗粒状镍催化剂，以含氧化锰和氧化铝的尖晶石为载体，具有很高的活性和耐高温性能，可采用较高空速进行反应。由于催化剂的限制，自热重整反应器出口温度在1000℃左右，反应器上游需要前脱硫装置。

自热重整工艺既可限制反应器内的高温，同时又降低了体系的能耗，具有投资少、操作弹性大和开停车方便等优点。天然气自热重整装置工艺指标见表10-1-2。

表10-1-2 天然气自热重整装置工艺指标

项目		工艺指标
入口条件	水碳比	1.4
	二氧化碳/甲烷	0.02
	氧碳比	0.54
	天然气预热温度/℃	525
	氧气预热温度/℃	230
出口参数	出口压力/MPa	2.5
	出口温度/℃	940
	出口气体组成/%	
	H_2	65.90
	N_2	1.22
	CO	21.82
	CO_2	9.59
	Ar	0.10
	CH_4	1.37
	H_2O	28.90

天然气制备合成气技术有多种不同的工艺路线，已有蒸汽重整法、非催化部分氧化法和自热重整法等工艺实现工业化运行，应用于甲醇合成、费托合成和氨合成等化工生产过程。这些工艺各有优缺点和适用范围，在选择合成气制备技术时，应以原料种类和下游合成过程所需要的合成气的组成为依据。天然气为原料生产合成气工艺路线比较见表10-1-3。

表10-1-3 天然气为原料生产合成气工艺路线比较

工艺路线	原料气组成	供热方式	转化炉出口温度/℃	合成气 H_2/CO 体积比
蒸汽重整	一段水碳摩尔比约为3	外供热	800	3~6
	二段补充空气/氧气	自供热	1000	3~6
非催化部分氧化	氧气、天然气和少量水蒸气	自供热	1300	1.6~1.8
自热重整	氧气、天然气和水蒸气	自供热	950~1050	2.2~3.0

除了上述3种工业应用的天然气转化技术之外，还有二氧化碳重整、化学链转化和多元重整等新型技术，正在研究和试验阶段。

二氧化碳重整又称为干转化(Dry Reforming，DRM)，是指在催化剂的作用下把甲烷和二氧化碳转化为合成气的技术。其水蒸气消耗低，适用于低 H_2/CO 比要求的下游工艺。

化学链转化(Chemical Looping Reforming，CLR)是在氧化剂供应不充分的条件下通过化学链燃烧来产生合成气的技术。将甲烷转化反应通过可循环介质(金属氧化剂载体)在空气反应器(氧化器)和燃料反应器(还原器)中循环进行系列反应。

多元重整是在单一反应器内综合利用3种重整技术，通过调节原料的比例改变转化炉内的反应过程，从而在转化炉出口直接得到满足目标产品所需的 H_2/CO 比的合成气。

二、天然气制氢气

氢气是一种清洁的二次能源，是合成氨、甲醇、炼油化工及其他相关行业的重要原料。制氢的原料主要为化石资源(煤、天然气、石油)和可再生资源(水、生物质、太阳能等)，工业上大规模制氢以煤和天然气为主。

天然气水蒸气重整制氢技术是工业上最常用的制氢方法，其反应原理和甲烷水蒸气重整相同。

CH_4 重整反应：

$$CH_4+H_2O \xlongequal{} CO+3H_2$$

$$CH_4+2H_2O \xlongequal{} CO_2+4H_2$$

CO 变换反应：

$$CO+H_2O \xlongequal{} CO_2+H_2$$

工艺流程由原料气处理、CH_4 蒸汽重整、CO 变换和氢气提纯脱碳四个单元组成。

原料气预处理主要是天然气脱硫，采用 MnO 和 ZnO 脱硫剂脱去 H_2S 和 SO_2；以水蒸气为氧化剂，在镍基催化剂的作用下将烃类物质转化，得到制取氢气的转化气；转化炉送来的原料气，含一定量的 CO，变换的作用是使 CO 在催化剂存在的条件下，与水蒸气反应而生成 CO_2 和 H_2。按照变换温度，变换工艺可分为高(中)温变换(300～550℃)和低温变换(180～280℃)，采用 CO 高温变换加低温变换的两段变换工艺设置，可以进一步降低原料的消耗；最后采用变压吸附(Pressure Swing Adsorption，PSA)净化分离，在装置出口处可获得纯度99.9%的氢气。

天然气蒸汽重整反应在750～920℃高温下进行，反应压力2～3MPa，催化剂通常采用 Ni/Al_2O_3。工业生产过程中的水蒸气和甲烷的摩尔比一般为3～5，生成的 H_2/CO 比约为3，甲烷蒸汽重整制得的合成气进入水气变换反应器，经过高低温变换反应将 CO 转化为 CO_2 和额外的氢气，以提高氢气产率。基本工艺流程如图10-1-4所示。

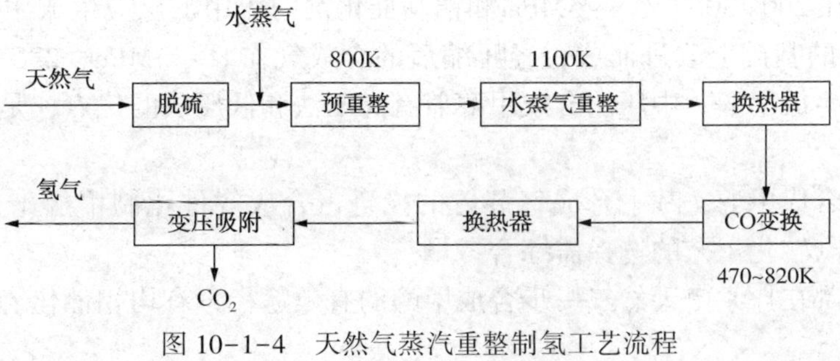

图10-1-4　天然气蒸汽重整制氢工艺流程

除水蒸气重整制氢外，还有天然气部分氧化法制氢、天然气自热重整制氢和天然气催化裂解制氢等技术。

三、天然气制甲醇

甲醇的制备主要为煤制甲醇、焦炉气制甲醇及天然气制甲醇。目前国际上甲醇总产量中约有70%是以天然气为原料。2020年，中国以煤为原料的甲醇产能占比为78.9%，以天然气为原料的甲醇产能占比为9.2%。

天然气制甲醇工艺目前主要是先将天然气转化成合成气，再通过合成气催化合成甲醇，工艺路线包括：天然气制合成气、催化合成甲醇和甲醇精馏，见图10-1-5。

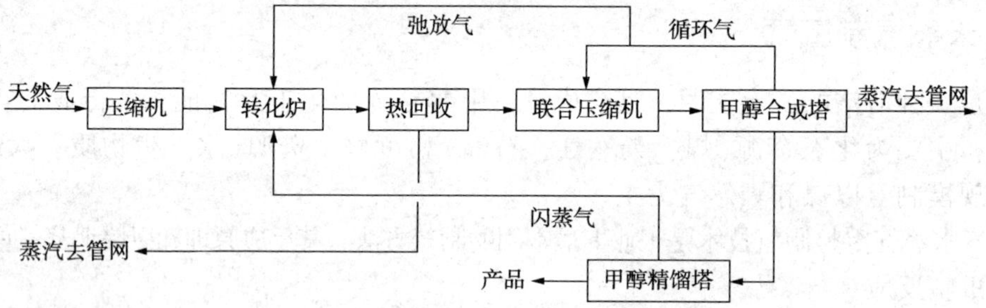

图10-1-5 天然气→合成气→甲醇工艺流程图

天然气转化为合成气，CO或CO_2与H_2在一定温度、压力和催化剂作用下反应生成甲醇，其主反应为：

$$CO+2H_2 = CH_3OH \qquad \Delta H=-102.5kJ/mol$$

$$CO_2+3H_2 = CH_3OH+H_2O \qquad \Delta H=-49.5kJ/mol$$

主要的副反应有：

$$2CO+4H_2 = CH_3OCH_3+H_2O$$

$$CO+3H_2 = CH_4+H_2O$$

$$4CO+8H_2 = C_4H_9OH+3H_2O$$

$$CO_2+H_2 = CO+H_2O$$

甲醇的合成反应是减分子放热反应，增加压力、降低温度、减少反应气流中的惰性气体浓度均有利于甲醇的生成。反应物中的氢气与一氧化碳的摩尔比对甲醇平衡也有影响。

合成甲醇的工艺方法有高压法、低压法、中压法。高压法是最先实现工业化的方法，其能耗较大。经压缩后的合成气中CO或CO_2与H_2在300~400℃、30MPa和氧化锌/氧化铬催化剂的共同作用下反应生成甲醇；低压法合成甲醇使用德国Lurgi法，经压缩后的合成气中CO或CO_2与H_2在200~300℃、4~5MPa和铜基催化剂的作用下反应生成甲醇；中压法合成甲醇是在低压法的基础上改进而成，经压缩后的合成气在8~15MPa、230~280℃和三元铜系催化剂作用下生成甲醇。中压法合成甲醇兼有高压法和低压法的优点，是近年来采用较多的工艺。

天然气转化合成甲醇，其中合成气装置的投资占合成气催化制甲醇工艺总投资的60%以上，所以天然气转化工艺的选择需综合考量。

目前国内外都在探索由天然气一步合成甲醇的有效途径，有均相催化氧化和多相催化氧化两种方法。UOP 公司开发的工艺首先合成一种有机过氧化氢，然后使金属催化剂活化，把甲烷转化为甲醇。

四、天然气制乙醇

工业上生产乙醇的方法主要有粮食发酵法、乙烯水合法、$CO(CO_2)$和H_2的羰基合成法等。发酵法生产的乙醇占全球乙醇产量的95%以上，中国合成气制取乙醇技术和规模近年来得到了快速发展。

合成气制乙醇有直接法和间接法两种工艺。合成气直接制乙醇工艺是通过生物发酵或直接催化制备乙醇；合成气间接制乙醇是在甲醇合成基础上通过串联羰基化和加氢单元。

合成气间接制乙醇的技术路线主要有两种：①合成气经甲醇羰基化制乙酸，乙酸加氢转换成乙醇；②合成气经二甲醚羰基化制乙酸甲酯，乙酸甲酯加氢制乙醇。

1. 直接法

合成气生物发酵法制乙醇工艺是利用微生物以 CO 和H_2为底物生长，通过厌氧发酵将合成气转化为乙醇。Clostridium ljungdahlii、Clostridium carboxidivorans 等菌种，通过一种被称为乙酰辅酶 A 途径(Wood-Ljungdahl 途径)代谢，将合成气转化为乙酸和乙醇。目前合成气发酵法制乙醇围绕高效菌株构建、优化分离技术、优化发酵设备等多方面进行攻关研究。

合成气直接合成乙醇的技术要比合成甲醇难得多，产物组分也比较复杂，选择性较低，副产烃类高，C_4、C_5等副产物也不满足工业乙醇的要求；另一方面就是铑系均相催化剂资源紧缺，催化剂成本非常高，而非均相法路线中由甲醇形成 C—C 键的反应速率较低，乙醇选择性不高，CO 利用率低，产物分布广，大量的副产物造成分离纯化费用增加。目前正在开发研制高效、低成本的催化剂。

2. 间接法

合成气经甲醇羰基化及醋酸/醋酸酯加氢制乙醇工艺可分为合成气制甲醇、甲醇羰基化以及加氢制乙醇三个过程。

(1) 合成气制二甲醚

合成气制二甲醚工艺有二步法和一步法。

在二甲醚二步法合成中，首先由合成气经活化加氢和水煤气变换等反应合成甲醇，然后甲醇在催化剂作用下脱水生产二甲醚。目前甲醇合成工艺的主流催化剂是三元铜基催化剂，即 $CuO-ZnO-Al_2O_3$(CZA)催化剂。甲醇脱水是一个酸催化反应，较强的表面酸性有利于二甲醚的合成。催化剂适当的酸性，可使甲醇脱水主反应选择性较高、副产物较少，并尽可能避免二甲醚深度脱水生成低碳烃或发生积炭。固体酸催化剂可在较低温度、较低压力下反应，且生产易控制。常用的固体酸催化剂有 $\gamma-Al_2O_3$、HZSM-5 和改性的分子筛等。西南化工研究院研发的改性分子筛 CNM-3 甲醇脱水催化剂，在温度 260~380℃、压力 3~5MPa 条件下，甲醇转化率超过 75%，选择性高达 99%，产品纯度达到 99.99%。

甲醇脱水制二甲醚可分为液相法和气相法。液相法早期采用浓硫酸为脱水剂，反应温度较低(130~160℃)，甲醇单程转化率达 80%以上。但对设备腐蚀性强，中间产物硫酸氢甲酯剧毒，排放存在稀酸污染。气相法是在氧化铝或分子筛催化剂的作用下，使甲醇蒸汽在气固相催化反应器中脱水生成二甲醚。甲醇转化率在 75%~85%，二甲醚选择性大于 99%，工艺成熟简单，对设备材质无特殊要求，基本上无三废及腐蚀问题，装置易于大型化，是目前国内外生产二甲醚的主要方法。

两步法二甲醚生产技术以德国鲁奇公司为代表，目前单套装置规模已达到100万t/a以上。西南化工研究院的甲醇气相脱水制二甲醚技术已达到国际先进水平，主要特点有：一是反应器采用多段激冷式固定床，既避免了绝热式固定床反应器温升太高造成副反应增加、甲醇单程转化率偏低的缺点，又克服了换热式固定床和等温管式固定床反应器尺寸大、催化剂装填容量小的不足。二是新型的汽化塔和分离工艺，不设置用于回收未反应甲醇的提浓塔，简化了流程、蒸汽消耗降低。三是以二甲醚精馏塔塔釜排出的甲醇水溶液做反应尾气洗涤塔的吸收剂，减少了外排尾气中的甲醇含量，降低了甲醇消耗。

合成气直接制取二甲醚的技术已经成熟，具有单程转化率较高、生产流程短、设备规模小和能耗低等优点，具有较强的经济性。合成气一步法直接制取二甲醚，合成气进入反应器内同时完成甲醇合成与甲醇脱水两个反应，产物为甲醇与二甲醚的混合物。混合物经蒸馏分离得二甲醚，未反应的甲醇返回反应器。合成气一步法制二甲醚工艺流程如图10-1-6所示。

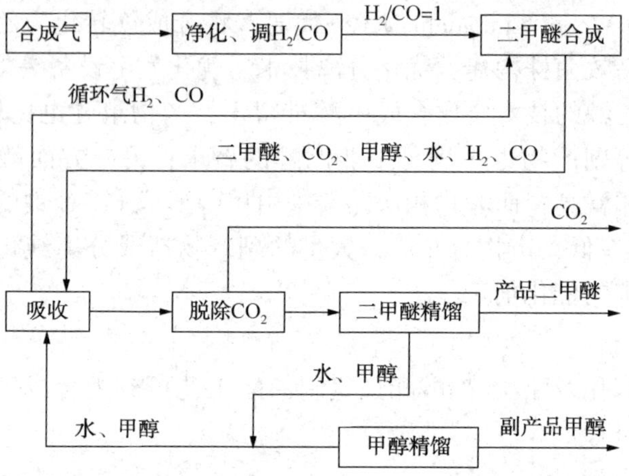

图10-1-6 合成气一步法制二甲醚工艺流程图

一步法工艺中，主要的3个相互关联的反应为甲醇合成、甲醇脱水和一氧化碳变换反应。合成气在复合催化剂上使生成的甲醇迅速转化为二甲醚，而甲醇脱水反应和一氧化碳变换反应相互耦合，破坏了甲醇合成反应的平衡，反应向生成甲醇的方向移动。3个反应相互促进具有很强的协同作用，提高了合成气的转化率。基本化学反应式如下：

$$CO+2H_2 \longrightarrow CH_3OH \qquad \Delta H=-90.7kJ/mol$$

$$2CH_3OH \longrightarrow CH_3OCH_3+H_2O \qquad \Delta H=-23.5kJ/mol$$

$$CO+H_2O \longrightarrow CO_2+H_2 \qquad \Delta H=-41.2kJ/mol$$

总反应式：

$$3CO+3H_2 \longrightarrow CH_3OCH_3+CO_2 \qquad \Delta H=-246.1kJ/mol$$

合成气一步法制二甲醚根据反应物状态可分为两相法和三相法。两相法即气固相法，采用气固相反应器，合成气在固体复合催化剂表面进行反应；三相法即气液固三相法，引入惰性溶剂，合成气扩散至悬浮于惰性溶剂中的催化剂表面进行反应，也称为浆态床法。

两相法工艺将甲醇合成催化剂和甲醇脱水催化剂机械混合制成双功能催化剂，若使用贫氢合成气为原料，催化剂表面会很快积炭，因此须使用富氢合成气为原料。气固相工艺中甲醇合成与甲醇脱水均为放热反应，固定床反应器中反应所产生的热量无法及时移除，致使催化剂床层热点温度高，进而导致催化剂铜晶粒长大，催化剂性能下降。

三相法工艺是在淤浆床内将催化剂细颗粒悬浮在惰性介质(如液体石蜡)中，合成气以鼓泡方式通过浆液扩散到催化剂表面进行反应。浆态床处于湍动和全混流状态，液相溶剂具有较大的导热系数和热容，床层温度均匀分布，避免催化床局部出现热点而导致催化剂热失活。催化剂分散悬浮于浆态床中，催化剂颗粒被溶剂包围，使催化剂表面的积炭减少。而且氢在溶剂中的溶解度大于CO的溶解度，因而可以用贫氢合成气作为原料。

合成气一步法制二甲醚的催化剂主要有混合双功能催化剂和复合双功能催化剂，混合双功能催化剂是将甲醇合成催化剂和甲醇脱水催化剂按一定比例机械混合，复合双功能催化剂是通过一定的制备方法将两种具有相应功能的组分制备在一起。甲醇合成催化剂在酸性脱水组分的引入后，各组分间的分散度增加。甲醇脱水活性组分由于甲醇合成活性组分的存在，使活性组分中起催化作用的酸中心数量增多和弱酸性位酸强度增大。两种活性组分之间的协同效应，能够提高催化剂活性和选择性。

(2) 二甲醚羰基化

酸性分子筛催化二甲醚羰基化反应机理如图10-1-7所示。在反应诱导期，二甲醚与分子筛上的B酸位作用生成甲基正离子，同时生成甲醇。反应传播期，CO分子进攻甲基正离子，生成乙酰基正离子中间体，二甲醚分子与乙酰正离子中间体反应生成乙酸甲酯，同时生成一个新的甲基正离子。

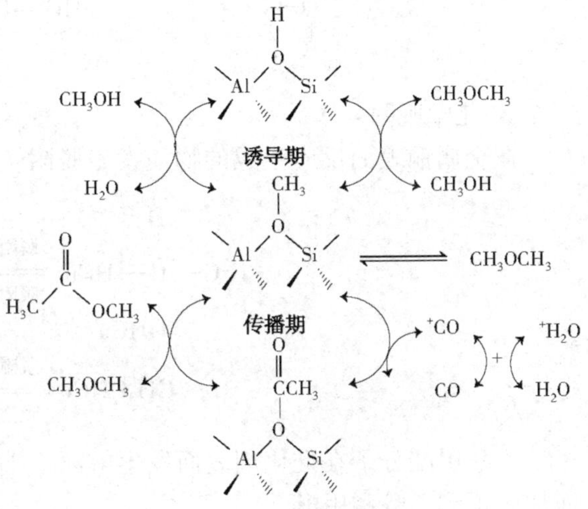

图10-1-7　酸性分子筛催化DME羰基化的反应机理

(3) 乙酸甲酯加氢

乙酸甲酯加氢过程易于在Cu基催化剂作用下实现，认为Cu^+离子通过吸附和活化CO分子来促进羰基化过程。与醋酸加氢路径相比，合成气经二甲醚羰基化及乙酸甲酯加氢制乙醇路径避免了乙酸对设备腐蚀的问题，且由于乙酸甲酯加氢难度低于乙酸，加氢催化剂主要是以Cu为活性组分的非贵金属催化剂。

乙酸甲酯加氢反应机理如下：

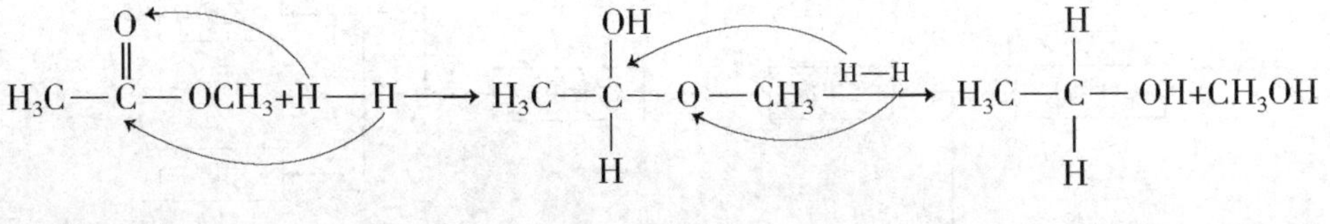

① 化学吸附：

氢气在金属铜表面上发生化学吸附：

$$2Cu+H_2 \rightleftharpoons 2CuH$$

乙酸甲酯和金属铜表面化学吸附的氢形成双位吸附：

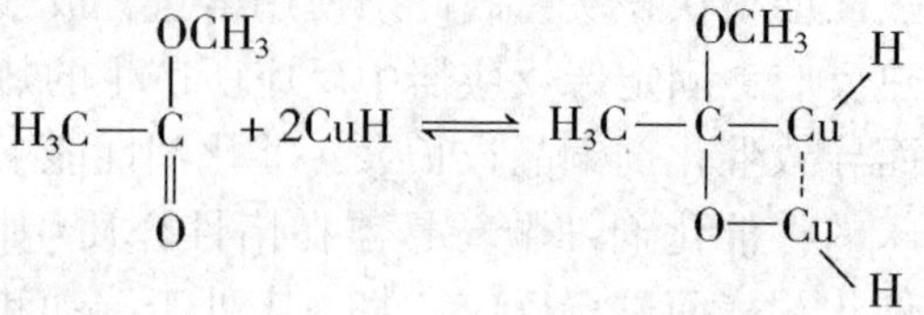

② 表面反应：

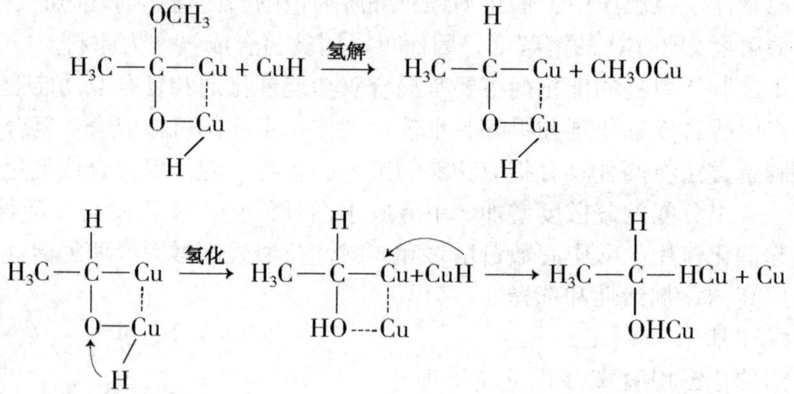

③ 化学脱附：

在金属铜表面反应生成的物质发生脱附：

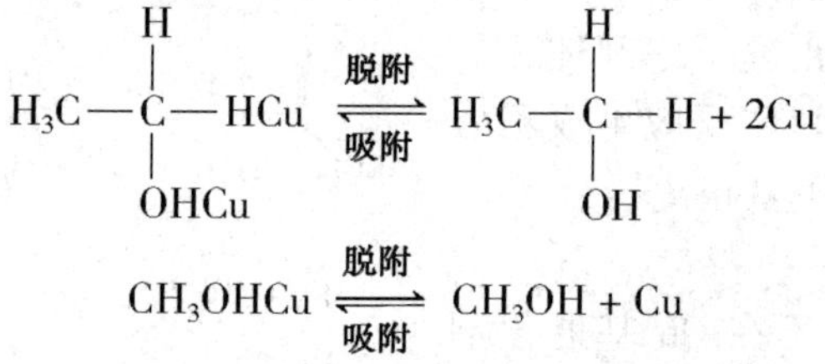

乙酸甲酯分子在催化剂表面发生解离，生成乙酰基和甲氧基，二者分别在铜基催化剂表面加氢得到乙醇和甲醇。

合成气经二甲醚羰基化及乙酸甲酯加氢制乙醇的路线中，合成气先制得甲醇，甲醇脱水易得二甲醚(DME)，二甲醚羰基化生成乙酸甲酯(MA)，乙酸甲酯加氢生成目标产物乙醇，副产物主要是甲醇，可回收利用。该工艺的流程如图 10-1-8 所示。

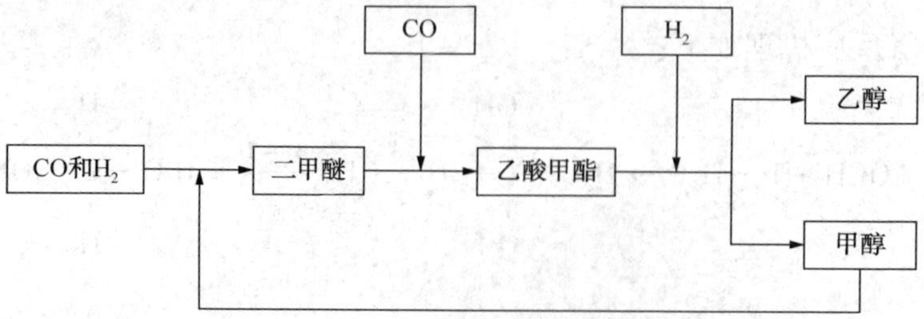

图 10-1-8　二甲醚羰基化路线流程

醋酸加氢过程生成大量的水，具有很强的腐蚀性，对整个流程的设备防腐要求较高。中国醋酸产能过剩，下游产业链疲软。醋酸酯化后加氢制乙醇适合于生产醋酸的企业，可以根据市场调配生产。

醋酸酯化及醋酸酯加氢技术相对成熟，且对加氢装置无特殊防腐等要求，催化剂成本相对较低，反应相对温和。合成气经二甲醚羰基化及乙酸甲酯加氢制乙醇路线的经济性强，可大型化工业生产，实现非粮路线生产乙醇。采用中科院大连化物所与延长石油集团共同开发的二甲醚羰基化制乙醇技术（DMTE 技术），延长石油榆神能化 50 万 t/a 煤基乙醇项目于 2022 年建成投产。

五、天然气制乙烯、丙烯

天然气工业化制烯烃主要是经甲醇/二甲醚间接转化，甲醇/二甲醚混合物在分子筛催化剂的作用下，按如下主反应转化为烯烃。

$$nCH_3OCH_3 \longrightarrow 2C_nH_{2n} + mH_2O \quad (n=2, \cdots, 8)$$

甲醇首先脱水为二甲醚（DME），二甲醚再脱水生成低碳烯烃（乙烯、丙烯、丁烯），少量低碳烯烃以缩聚、环化、烷基化、氢转移等反应生成饱和烃、芳烃及高级烯烃等。目前甲醇制烯烃主要有 MTO 技术和 MTP 技术两种。MTO 技术是将甲醇转化为乙烯和丙烯混合物的工艺，除了生成乙烯、丙烯外，还有丁烯等副产物；MTP 技术是将甲醇主要转化成丙烯的工艺，除了生成丙烯外，还有乙烯、液化石油气（LPG）、石脑油等产物。

1. UOP/Hydro MTO 工艺

UOP 和 NORSK Hydro 合作开发的流化床甲醇制烯烃（Methanol to Olefins，MTO）工艺，流程如图 10-1-9 所示。工艺采用流化再生的流化床反应器，操作压力 0.1～0.3MPa，反应温度 400～500℃。乙烯+丙烯选择性可达 80%，乙烯和丙烯的摩尔比为 0.75～1.50 可调；其催化剂主要成分是 SAPO-34（硅、铝、磷）。MTO 反应器出口物料经回收热量后冷却，在分离器内将冷凝水排除。未凝气体压缩后进入碱洗塔，脱除 CO_2，之后在干燥器中脱水，最后分别在脱甲烷塔、脱乙烷塔、乙烯分离塔、丙烯分离塔内分离出甲烷、乙烷、丙烷和副产 C_4^+ 等物料后即可得到聚合级乙烯和聚合级丙烯。为提高产品气中乙烯和丙烯的收率，UOP 公司开发了将甲醇制烯烃工艺与 C_4、C_5 烯烃催化裂解工艺（Olefins Cracking Process，OCP）进行耦合的技术，其双烯（乙烯+丙烯）选择性可高达 85%～90%，并可在较大范围内调节乙烯/丙烯比。

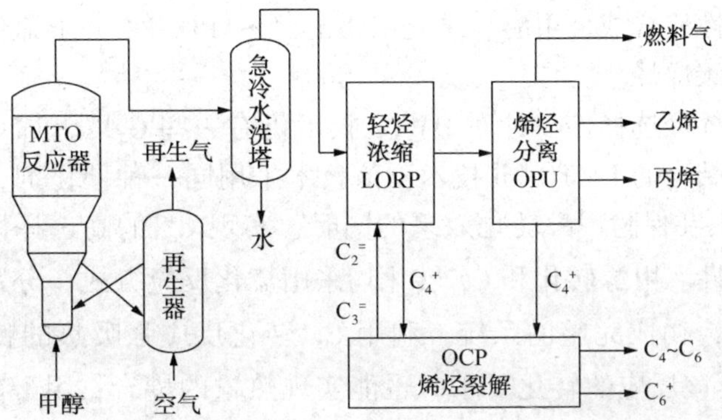

图 10-1-9　UOP/NORSK Hydro 的 MTO 工艺流程图

2. Lurgi MTP 工艺

德国 Lurgi 公司开发的固定床绝热反应器甲醇制取丙烯(Methanol to Propylene，MTP)工艺，流程如图 10-1-10 所示。该工艺使用沸石基改性 ZSM-5 催化剂，该催化剂具有较高的低碳烯烃选择性。为获得高收率丙烯，该工艺采用 3 台固定床反应器串联(2 用 1 备)。首先甲醇经过高活性的催化剂脱水转化成二甲醚，热的二甲醚与循环回流的轻质 $C_2 \sim C_6$ 物流合并后进入 MTP 一级、二级或三级反应器中。反应温度 450~480℃，反应压力 0.13~0.16MPa，在此条件下甲醇转化率高达99%以上。MTP 反应器内的产物经回收副产蒸汽后冷却，再经压缩进入产品分离工序，最终丙烯产率达到65%~71%，得到纯度大于 97%的化学级丙烯。

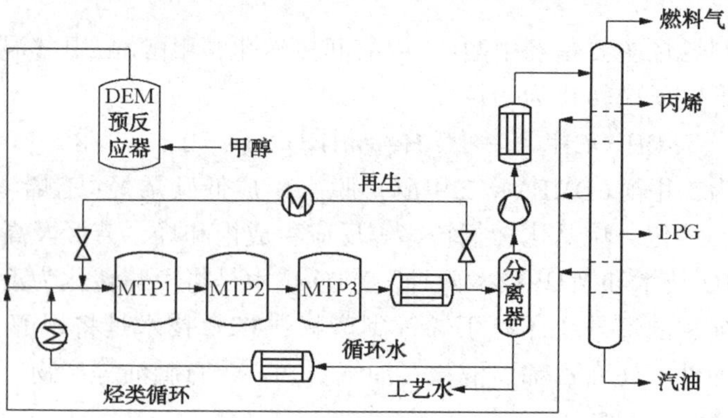

图 10-1-10　德国 Lurgi 公司的 MTP 工艺流程图

甲醇、水、二甲醚的混合物进入第一个 MTP 反应器，为了避免反应器中生成焦炭，同时补充蒸汽，蒸汽补充量为 0.5~1.0kg/kg 甲醇。为避免惰性物料的累积，需将少量轻烃和 C_4、C_5馏分引出装置。

烃类中的主要产物为丙烯，也副产部分乙烯、LPG 和汽油产品。各产物的摩尔分数分别为：丙烯 46.6%、乙烯 4.6%、丁烯 21.1%、戊烯 8.9%、己烯 4.9%、庚烯 0.6%、C_8以上烯烃 0.3%、正构烷烃 7.9%、萘 1.7%、芳烃 2.8%。

3. 大连化物所 DMTO 工艺

中国科学院大连化物所开发的甲醇制低碳烯烃(DMTO)技术，在密相床循环流化床反应器上实现甲醇到烯烃的催化转化。该工艺主要分为两部分：一是合成气在金属-沸石双功能的催化剂上，高选择性地合成二甲醚；二是二甲醚经 SAPO-34 分子筛催化，高选择性地转化为乙烯、丙烯等低碳烯烃。

为了进一步提高烯烃选择性，针对 DMTO 技术仍有一些 C_4以上烯烃类副产物，开发了甲醇转化与烃类裂解结合的 DMTO-Ⅱ技术。该技术采用同一种催化剂，同时进行甲醇转化反应与 C_4^+转化反应，在保障甲醇转化效果的同时，实现 C_4^+的高选择性催化裂解，可以显著提高低碳烯烃选择性。甲醇转化和 C_4^+转化均采用流化反应方式，分别在不同的反应区进行，可以共用再生器，构成完整的系统。利用 C_4^+转化反应强吸热的特点，在高温区进行 C_4^+转化反应，既符合该反应的转化要求，也能实现热量的耦合；甲醇转化和 C_4^+转化目的产物一致，产物分布类似，可以共用一套分离系统。DMTO-Ⅱ技术的甲醇转化率达到

99.97%，乙烯+丙烯选择性达到85.68%，每吨乙烯+丙烯消耗甲醇2.67t；与DMTO技术相比，DMTO-Ⅱ每吨烯烃甲醇消耗降低超过10%。DMTO-Ⅱ流程如图10-1-11所示。

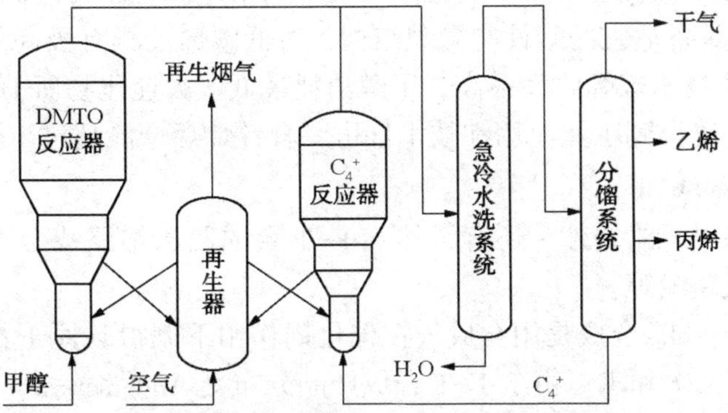

图10-1-11　DMTO-Ⅱ工艺流程示意图

基于新一代甲醇制烯烃催化剂和新型高效流化床反应器的DMTO-Ⅲ技术，完成了中试放大试验。DMTO-Ⅲ技术的甲醇制烯烃反应显著增强，甲醇可有效转化为乙烯和丙烯，产物烯烃选择性为85%~90%，无须回收C_4^+烃类进一步裂解。技术进步是通过改进反应器设计以及研制新型催化剂来优化沉积在催化剂上的焦炭分布而实现的。在DMTO-Ⅲ装置中，C_4^+馏分不再循环利用，生产1t乙烯和丙烯的甲醇消耗量仅为2.6~2.7t，在密相直径约为11.0m的流化床反应器中，甲醇的进料速率可以达到300万t/a，装置加工能力大幅度提高。DMTO-Ⅲ工艺流程如图10-1-12所示。

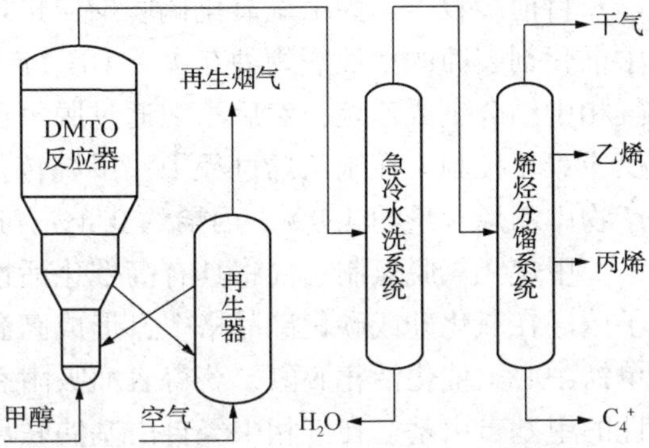

图10-1-12　DMTO-Ⅲ工艺流程示意图

4. 甲醇制烯烃工艺比较

目前代表性的甲醇制烯烃技术主要包括：由UOP和NORSK Hydro共同开发的MTO工艺、德国Lurgi公司的MTP工艺、大连化物所的DMTO工艺和中石化(上海)石油化工研究院的SMTO工艺，还有神华集团的SHMTO工艺和清华大学的循环流化床甲醇制丙烯(FMTP)工艺等。几种典型甲醇制烯烃工艺主要技术指标对比见表10-1-4。

表10-1-4　几种典型技术主要指标对比

工艺名称	所属单位	反应器类型	催化剂	双烯收率/%	双烯单耗(甲醇)/(t/t)
MTO	UOP/Hydro	流化床	SAPO-34	80	3
DMTO	大连化物所	流化床	SAPO-34	86	2.89
DMTO-Ⅱ	大连化物所	流化床	SAPO-34	95	2.67
SMTO	中石化(上海)石油化工研究院	流化床	SAPO-34	81	2.82
SHMTO	神华集团	流化床	SAPO-34	81	2.89
MTP	Lurgi公司	固定床	ZSM-5	65~71	3.22~3.52
FMTP	清华大学	流化床	SAPO-18/34	68	3.36

表 10-1-4 中几种技术的甲醇转化率均超过 99.5%，除了 Lurgi 公司 MTP 工艺采用固定床反应器、ZSM-5 分子筛催化剂外，其他几种技术均采用流化床反应器、SAPO-34 催化剂。SAPO-34 和 ZSM-5 具备适宜的酸性与微观结构，对低碳烯烃具有极高的择型选择性。从技术指标看，DMTO-Ⅱ技术双烯收率最高，甲醇消耗最低。大连化物所 DMTO 技术日趋成熟，已在国内二十多套装置得到工业应用和技术许可，合计烯烃产能超过 1000 万 t/a。

5. 其他制烯烃路线

天然气制烯烃除甲醇路线外，还有天然气 F-T 合成制乙烯路线、甲烷氧化偶联制乙烯路线和甲烷无氧脱氢路线等。

F-T(Fischer-Tropsch)合成是用合成气在催化剂作用下制得碳原子数小于或等于 4 的烯烃的过程，同时副产 CO_2和水。由于 F-T 合成产品分布受 Anderson-Schulz-Flory 规律(链增长依指数递减的摩尔分布)的限制，且反应的强放热性易导致甲烷和低碳烷烃的生成，并促使生成的烯烃发生二次反应，导致低碳烯烃选择性下降。

目前多数人认为甲烷氧化偶联反应机理是按照表面催化气相自由基反应进行，反应过程中催化剂表面的活性氧物种夺去了 CH_4分子中的一个氢原子形成甲基自由基，甲基自由基在气相中结合生成乙烷，然后乙烷通过脱氢反应得到乙烯。由于大量气相氧的存在使得自由基反应难于控制，在制乙烯过程中，甲烷转化率低(小于 25%)，C_2烃单程收率低(小于 25%)，产物中乙烯含量约 4.9%，丙烯约 0.4%，产品分离也较为困难。

甲烷无氧脱氢制乙烯将具有高催化活性的单中心低价铁原子通过两个碳原子和一个硅原子镶嵌在氧化硅或碳化硅晶格中，形成高温稳定的催化活性中心；甲烷分子在配位不饱和的单铁中心上催化活化脱氢，获得表面吸附态的甲基物种，进一步从催化剂表面脱附形成高活性的甲基自由基，在气相中经自由基偶联反应生成乙烯和其他高碳芳烃分子，如苯和萘等。

第二节　低碳烯烃的转化

低碳烯烃是指碳数小于或等于 4 的烯烃，例如乙烯、丙烯以及丁烯等，是石油化工最基本的原料，主要用于生产聚乙烯、聚丙烯、丙烯腈、环氧乙烷或者乙二醇等。

一、乙烯转化

乙烯转化最主要的用途是生产聚乙烯，约占乙烯耗量的 45%，其次是生产聚氯乙烯、聚苯乙烯以及乙丙橡胶等。在有机合成方面，广泛用于合成环氧乙烷及乙二醇、乙醛、乙酸、丙醛、丙酸及其衍生物等；经卤化，可制氯代乙烯、氯代乙烷、溴代乙烷；经齐聚可制α-烯烃，进而生产高级醇、烷基苯等。

1. 环氧乙烷

乙烯直接氧化法生产环氧乙烷的过程中，乙烯在银催化剂上的氧化反应，主反应是乙烯选择性氧化生成环氧乙烷的反应，主反应的选择性大于 80%。

$$CH_2{=}CH_2 + 1/2O_2 \xrightarrow[\text{Ag催化剂}]{\text{高温、高压}} \underset{\diagdown\,O\,\diagup}{CH_2{-}CH_2} \quad \Delta H = -106.9\text{kJ/mol}$$

乙烯除了与氧发生环氧化反应生成环氧乙烷外，还与氧发生深度氧化反应生成二氧化碳和水，另一副反应是生成的环氧乙烷再氧化反应。完全氧化产物二氧化碳和水主要由乙烯直接氧化生成，反应的选择性主要决定于平行副反应的竞争，环氧乙烷氧化为二氧化碳和水的连串副反应是次要的。甲醛是乙烯的降解氧化副产物，环氧乙烷异构化为乙醛，在反应条件下易氧化的乙醛再氧化为二氧化碳和水。完全氧化反应的平衡常数很大，致使环氧乙烷的选择性降低。完全氧化反应为强放热反应，导致选择性进一步降低。

$$C_2H_4+3O_2 = 2CO_2+2H_2O \quad \Delta H=-1323kJ/mol(平行)$$

$$C_2H_4O+5/2O_2 = 2CO_2+2H_2O \quad \Delta H=-1218kJ/mol(连串)$$

$$C_2H_4+O_2 = 2HCHO$$

$$C_2H_4+1/2O_2 = CH_3CHO \longrightarrow CO_2+H_2O$$

$$C_2H_4O \longrightarrow CH_3CHO \longrightarrow CO_2+H_2O$$

在高温条件下，含有环氧乙烷、乙烯、氧气及其他组分构成的循环气具有较大的爆炸危险，必须加入致稳剂。可作致稳剂的气体有氮气、甲烷、二氧化碳、乙烷等。致稳剂稀释乙烯与氧气，形成“富烃侧”，使操作浓度远离爆炸极限，同时降低反应速率。

目前，多数装置都采用甲烷致稳技术，甲烷致稳时反应气中氧气最大允许浓度较高。与氮气相比，甲烷致稳时氧气最大允许浓度可提高 1 个百分点左右。反应混合气中的氧气浓度每增加 0. 8 个百分点，EO 的选择性可提高 1 个百分点，反应热减少，原料消耗降低。由于甲烷的热容是氮气的 1. 35 倍，采用甲烷致稳时，反应循环气本身具有较好的撤热功能，对于避免氧化反应生成的“热点”“飞温”有利，催化剂寿命延长。采用甲烷致稳时，同样生产能力下的反应循环气体积减少，因而循环压缩机的功耗下降。

催化剂中添加助剂或加入副反应抑制剂，可降低深度氧化副反应，增加反应体系的安全稳定性。乙烯氧化制环氧乙烷的银催化剂一般由活性组分银、载体、助催化剂和抑制剂组成。银活性组分质量分数一般为 16. 5%~17. 5%，所用助催化剂包括碱土金属、稀土金属和贵金属等。Ca 和 Ba 能分散银微粒，防止银微晶的熔结，有利于提高催化剂的稳定性，还能加速环氧化速度。但含量过多，催化剂活性反而下降。添加适量的 KCl，可提高催化剂的选择性。常用的载体有 $\alpha-Al_2O_3$和含有少量 SiO_2的 $\alpha-Al_2O_3$等，载体的主要功能是分散活性组分银和防止银微晶的半熔和结块，使其活性保持稳定。

在银催化剂中加入少量的硒、碲、氯、溴等，可抑制二氧化碳的生成，对提高银催化剂的选择性有较好的效果，但催化剂活性会降低。常见的副反应抑制剂有一氯乙烷和二氯乙烷，一氯乙烷使用量较大，但氯杂质在反应中残留的较少，不需要在装置中引入循环一氯乙烷的泵。且一氯乙烷的毒性较二氯乙烷更低，其用量一般为 1~3μg/g。如果用量过多，催化剂活性会显著下降。但这种失活不是永久性的，停止通入氯化物后，活性又会逐渐恢复。

常见的银催化剂可分为三类：第一类是高选择性的银催化剂，其最高选择性能达到 90%，但这种催化剂的缺点是对反应中的 CO_2浓度敏感，因此只适合在空速较低的装置中使用；第二类是中等选择性的银催化剂，其最高选择性约为 86%，对反应中二氧化碳浓度的要求低于高选择性银催化剂；第三类是高活性的银催化剂，其最高选择性约为 80%，对二氧化碳的适应性强，适用于高负荷的装置。

乙烯在银催化剂上氧化生成环氧乙烷的氧化反应原理，至今仍不明朗。一般认为，氧气在银催化剂表面解离为原子态吸附氧，这种氧与银之间能够形成弱吸附和强吸附两种不同强度作用，其中弱吸附能够促进乙烯环氧化，而强吸附则会促进乙烯的燃烧反应。

环氧乙烷的生产主要是乙烯直接氧化法，在列管反应器中，乙烯与纯氧在高温(220~260℃)、高压(1.5~2.5MPa)、催化剂(Ag)条件下合成环氧乙烷，副反应产生二氧化碳和少量醛类(甲醛量小于1%，而乙醛更少)。乙烯充分氧化生成二氧化碳，这种情况被称为“尾烧”。生成的二氧化碳杂质需要引入二氧化碳脱除单元，用含有活性剂的碳酸钾溶液对二氧化碳进行吸收，使循环气体系中的组分浓度保持稳定，二氧化碳的浓度小于9%，保持催化剂的活性。

相比空气氧化法，氧气氧化法因为采用的是纯氧，避免了氮气引入，可以选择加入致稳气体来控制反应物的浓度，空速也可控制较高，单程转化率较低，但是选择性更高。由于乙烯浓度更高，实际单次产量也更高，反应器也只需一个，不用多段反应，并且省去了空气除杂的流程。甲烷致稳时，混合气中乙烯浓度25%，氧气浓度8%，反应的乙烯单程转化率为12%，选择性为81%。反应后的气体进入吸收塔，吸收产生的环氧乙烷水溶液，经过汽提、二氧化碳分离、再吸收、精馏等步骤，得到纯度99%以上的环氧乙烷产品。乙烯氧气氧化法制环氧乙烷工艺流程见图10-2-1。

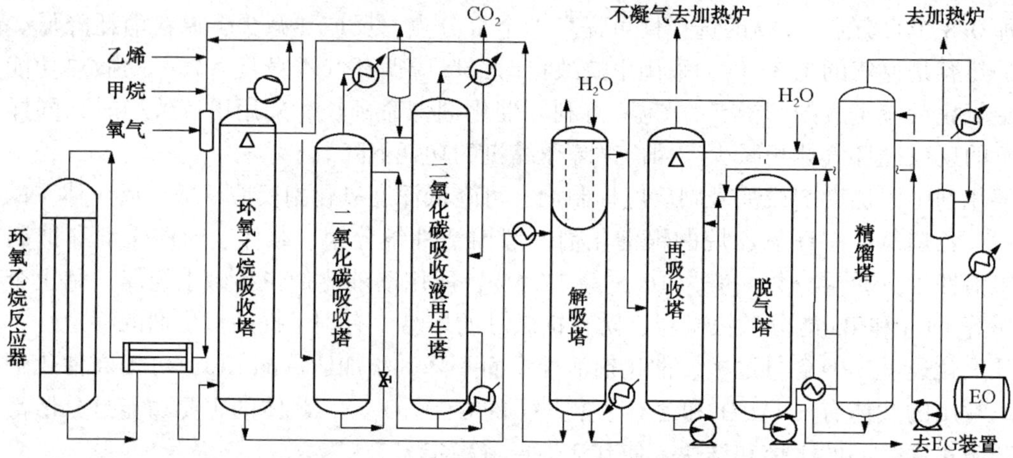

图10-2-1　乙烯氧气氧化法制环氧乙烷工艺流程图

目前的氧气氧化法生产环氧乙烷装置多采用EO/EG(环氧乙烷/乙二醇)联产工艺，以满足合成纤维、合成树脂原料乙二醇的需求。在EO/EG联产工艺中，前面的反应过程与环氧乙烷反应相同，除杂过程也相似，只是在除杂后进入精制环节时，将环氧乙烷水溶液分成两路，一路进入环氧乙烷精制程序，另一路则进入EG反应程序，反应后的EG水溶液先后经过脱水、蒸馏，依次分离得到乙二醇、二乙二醇、三乙二醇等。

2. α-烯烃

α-烯烃(Alpha Olefins，AO)，工业习惯上指碳原子数为6(或4)以上，双键在碳链端部的单烯烃。作为工业产品的α-烯烃，碳数范围分布很宽(C_4~C_{40})，有广泛用途的是碳数范围为C_6~C_{18}(或C_{20})的直链α-烯烃，根据用途将其分离成各种窄馏分。不同碳数α-烯烃的应用情况见表10-2-1。

表 10-2-1　不同碳数 α-烯烃的应用情况

碳数范围	应　用	碳数范围	应　用
C_4~C_8	聚乙烯共聚单体	C_{10}~C_{16}	洗涤剂用醇、非离子型表面活性剂、油田化学品
C_6~C_8	POE/POP、低相对分子质量脂肪酸	C_{16}~C_{18}	油田化学品、润滑油添加剂、表面活性剂
C_8~C_{12}	PAO、润滑油和胺类添加剂	C_{20}~C_{30}^{+}	油田化学品、蜡流变改性剂

线性 α-烯烃(LAO)作为聚烯烃共聚单体，其中 1-丁烯、1-己烯、1-辛烯与乙烯共聚可以制备高密度聚乙烯(HDPE)、线性低密度聚乙烯(LLDPE)、聚烯烃弹性体(POE)和聚烯烃塑性体(POP)，还可与乙烯、丙烯共聚制备丙烯/乙烯/丁烯三元无规聚丙烯，或者与丙烯共聚制备丁烯共聚聚丙烯等。己烯-乙烯共聚物与丁烯-乙烯共聚产品相比，拉伸强度和抗冲击强度提高 50%、撕裂强度提高 20%。其中用于聚烯烃共聚的线性 α-烯烃，占消费总量的 70%以上。2023 年中国 1-己烯和 1-辛烯的产量为 6.9 万 t/a，C_{10}及以上 α-烯烃完全依赖进口，α-烯烃对外依存度 80%。

目前生产 α-烯烃的主要方法是乙烯齐聚法，乙烯齐聚技术路线主要有：Chevron 的一步乙烯低聚工艺、BP Amoco 的二步乙烯低聚工艺、Shell 的较高烯烃法(SHOP)、Phillips 的铬系催化乙烯三聚工艺、日本出光石化的锆系催化乙烯齐聚工艺等。其中 Shell、Chevron 和 BP Amoco 的工艺是最早、最典型的均相法乙烯齐聚工艺。

SHOP 法(Shell Higher Olefin Process)是世界公认先进的 α-烯烃生产工艺，其产品为全分布的乙烯齐聚物。工艺过程包括乙烯齐聚、异构化和歧化三步反应。

① 乙烯齐聚：

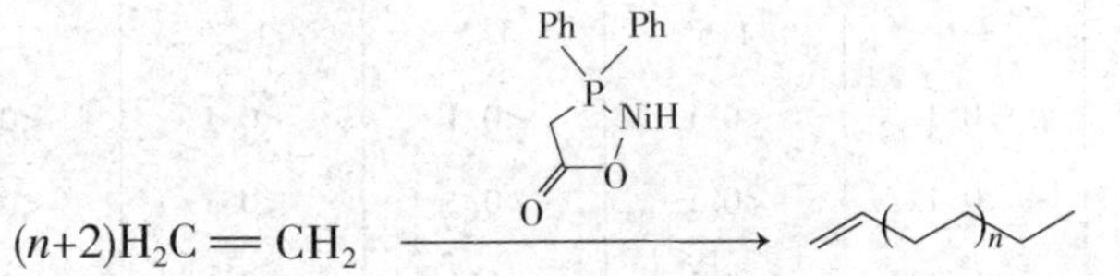

n=0~36

SHOP 法乙烯齐聚是三相反应，即催化剂相、乙烯气相和 α-烯烃相。反应在 80~120℃、6.8~13.6MPa 条件下，在 2~3 台串联高压釜反应器中进行，停留时间 30~60min。循环催化剂进入第 1 釜，新鲜催化剂加入第 2 或第 3 釜，反应速率由催化剂的加入量控制。反应一旦生成乙烯齐聚物，乙烯齐聚物与催化剂溶液相不互溶立即分层形成新相——烃相。反应产物经气液分离分出未反应的乙烯，循环进入反应器继续反应。α-烯烃相经 1,4-丁二醇溶剂洗涤，吸收其中所含的少量催化剂残留物后进入分馏系统分离。溶剂大部分循环回反应器，一少部分进入再生系统，用 $NaBH_4$还原已被氧化的镍。齐聚工艺流程见图 10-2-2。

二价镍经 $NaBH_4$预还原为零价态的镍，与 P2O 双齿配体(L)生成螯合镍型催化活性物种，在 1,4-丁二醇溶剂中组成三元催化剂，非选择性催化乙烯齐聚。产物均为偶碳数的 α-烯烃，碳数分布范围宽。产物碳数分布见表 10-2-2。

齐聚产物的线性率高，α-烯烃的质量分数大，产品纯度高。α-烯烃产品的组成见表 10-2-3。

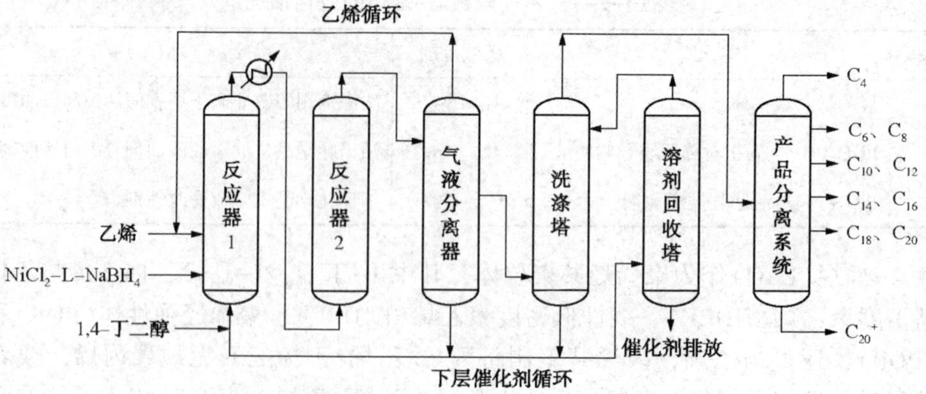

图 10-2-2　SHOP 法乙烯齐聚流程图

表 10-2-2　SHOP 法乙烯齐聚工艺产物碳数分布

α-烯烃	C_4	C_6	C_8	C_{10}	C_{12}	C_{14}	C_{16}	C_{18}	其他
质量分数/%	9.85	11.12	11.14	10.47	9.45	8.29	7.13	6.17	26.38

表 10-2-3　SHOP 法合成 α-烯烃产品的组成　　%

产　物	碳原子数						
	6	8	10	12	14	16	18
正构 α-烯烃	98.5	98.5	97.5	96.0	95.0	94.5	94.0
支链烯烃	0.5	0.5	1.0	2.0	3.0	3.5	4.0
β-内烯烃	1.0	1.0	1.5	1.5	1.5	1.5	1.5
正构烷烃	<0.1	<0.1	<0.1	<0.1	<0.1	<0.1	<0.1
共轭二烯烃	<0.1	<0.1	<0.1	<0.1	<0.1	<0.1	<0.1
芳烃	<0.1	<0.1	<0.1	<0.1	<0.1	<0.1	<0.1
单烯烃总量	>99.5	>99.5	>99.5	>99.5	>99.5	>99.5	>99.5

② 异构化和歧化：

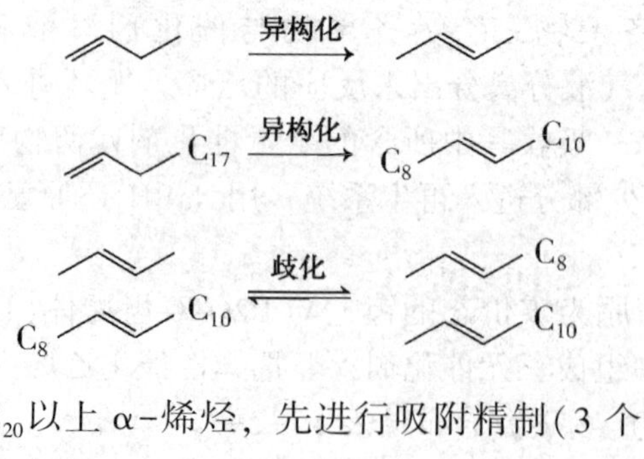

齐聚生成的 C_4 烯烃及 C_{20} 以上 α-烯烃，先进行吸附精制(3 个吸附器)，再异构化和歧化得到所需碳数的内烯烃。

异构化反应是将齐聚过程中生成的 C_4 烯烃及 C_{20}^+ 馏分转化为 C_{11} ~ C_{14} 内烯烃，并作为歧化反应的原料，以提高目的产物的转化率。异构化反应采用负载于氧化铝上的磷酸、氧化钴、氧化镁或碳酸钾等的非均相催化剂，在 80～140℃、0.35～1.7MPa 的液相条件下进行，放出少量的反应热。为了保证接近 α-烯烃的异构化平衡，采用按转塔式(merry-go-round)操作的 3～4 个异构化床反应器(含备用)。

歧化反应可使一个高碳烯烃和一个低碳烯烃生成两个中等碳数的烯烃，以增加所需碳数烯烃的收率。歧化反应是以 Re_2O_7/Al_2O_3(或 MoO_2/Al_2O_3、WO_3/Al_2O_3)为催化剂的液相反应，3～4 个歧化反应器(含备用)，条件与异构化反应相仿。

若采用 SHOP 法生产洗涤剂原料，可将小于 C_{10}及大于 C_{18}的馏分从产物中分离精制后进行循环。为了控制非反应物和支链烃的积累，将大于 C_{15}的循环物进行少量排放，同时也少量排放 C_2～C_4轻组分，以保持进料和产物的碳数平衡。异构化、歧化工艺流程见图 10-2-3。

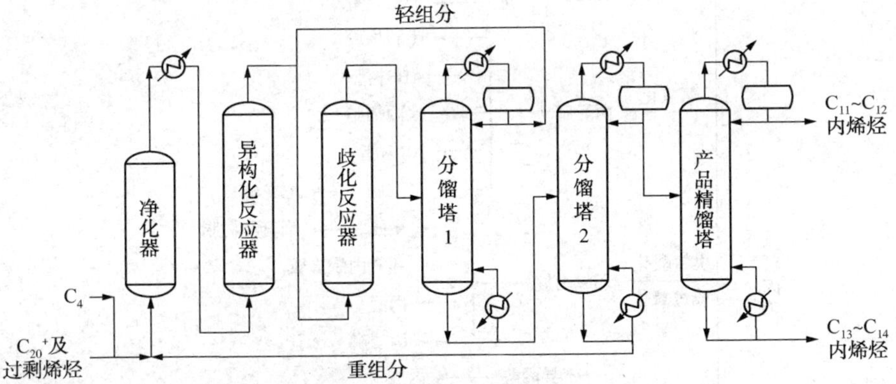

图 10-2-3　SHOP 法异构化、歧化工艺流程图

歧化产物中含有偶碳数和奇碳数内烯烃，双键位置偏向于在碳链的末端，产物的平均碳数与进料的平均碳数相同。产品能用于合成洗涤剂，但不宜作共聚单体。内烯烃产物组成见表 10-2-4。

表 10-2-4　SHOP 法异构化、歧化产物组成

内烯烃碳数	产物质量分数/%		内烯烃碳数	产物质量分数/%	
	C_{11}～C_{12}	C_{13}～C_{14}		C_{11}～C_{12}	C_{13}～C_{14}
C_{10}	0.5		C_{15}		0.5
C_{11}	54.0		直链烯烃	>96.0	>95.0
C_{12}	45.0	1.0	支链烯烃	3.0	3.0
C_{13}	1.0	55.0	正构烷烃	<0.05	<0.05
C_{14}		44.0	单烯烃	>99.5	>99.5

SHOP 法采用的是非选择性催化剂，其产品为全分布的乙烯齐聚物，己烯和辛烯的相对含量不高。而乙烯的选择性齐聚工艺则可以生产单一特定碳数的 α-烯烃，如乙烯选择性三聚制 1-己烯和乙烯选择性四聚制 1-辛烯，为用量最大的高性能聚烯烃提供共聚单体。

例如：Chevron Phillips Chemical 公司工业化的乙烯选择性三聚催化剂，将二乙基己酸铬(Cr-2EH)、2，5-二甲基吡咯(DMP)、二乙基氯化铝(DEAC)和三乙胺(TEA)，以 1∶3.3∶7.8∶10.8 的摩尔比在甲苯溶液中混合，在室温下氮气保护搅拌原位生成乙烯齐聚催化剂。在115℃和10MPa条件下，液体齐聚物收率99.85%，其中1-己烯含量99.2%，1-己烯选择性93%，主要副产物是混合的线性或者带支链的癸烯。

二、丙烯转化

丙烯是石油化工行业的基础原料之一，其下游产品主要有聚丙烯、丙烯腈、环氧丙烷、苯酚、丙烯酸、丁辛醇等，经丙烯直接转化产品及更多下游产品见图10-2-4。

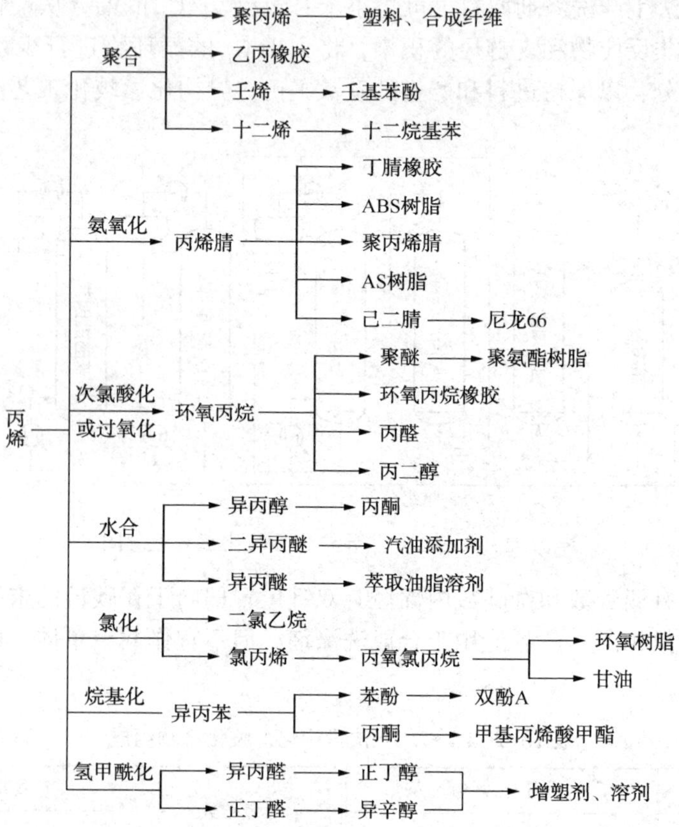

图10-2-4 丙烯及其联产的其他产品的主要用途

1. 丙烯制丙烯腈

丙烯腈分子中含有双键和氰基两种不饱和键，化学性质活泼，能发生聚合、加成、水解、醇解等反应。丙烯腈是重要的化工原料，广泛应用于ABS树脂、腈纶、丙烯酰胺和丁腈橡胶等生产领域中。

以丙烯为原料合成丙烯腈的路线主要是Sohio工艺——丙烯氨氧化法。其主要反应如下：

主反应：

$$2CH_2=CHCH_3+2NH_3+3O_2 \longrightarrow 2CH_2=CH-C\equiv N+6H_2O$$

副反应：

$$2CH_2=CHCH_3+3NH_3+3O_2 \longrightarrow 3CH_3CN+6H_2O$$

$$CH_2=CHCH_3+3NH_3+3O_2 \longrightarrow 3HCN+6H_2O$$

$$CH_2{=}CHCH_3+O_2 \longrightarrow CH_2{=}CHCHO+H_2O$$
$$2CH_2{=}CHCH_3+3O_2 \longrightarrow CH_2{=}CHCOOH+2H_2O$$
$$CH_2{=}CHCH_3+3O_2 \longrightarrow 3CO+3H_2O$$
$$2CH_2{=}CHCH_3+9O_2 \longrightarrow 6CO_2+6H_2O$$

(1) 丙烯氨氧化工艺流程

原料丙烯、氨和空气按一定比例进入流化床反应器，于 400～500℃，0.05～0.20MPa，在催化剂的作用下反应生成丙烯腈，同时，还生成乙腈、氢氰酸、丙烯醛、丙烯酸、碳氧化物和水等副产物；气体流出物经过急冷系统冷却降温，除去重组分、废催化剂，并用浓硫酸中和未反应的氨，硫铵液经汽提脱除有机物后，送至硫铵回收装置；除氨后的气体进入吸收塔，用水作为吸收剂，得到含有丙烯腈、乙腈、氢氰酸和其他有机物的水溶液，该溶液送至回收塔；在回收塔中，通过萃取精馏将丙烯腈、氢氰酸与乙腈分离，乙腈送至乙腈塔进行精制，丙烯腈和氢氰酸送入精制系统进一步分离，分离出的丙烯腈进一步精制成丙烯腈成品送储罐。丙烯氨氧化工艺流程如图 10-2-5 所示。

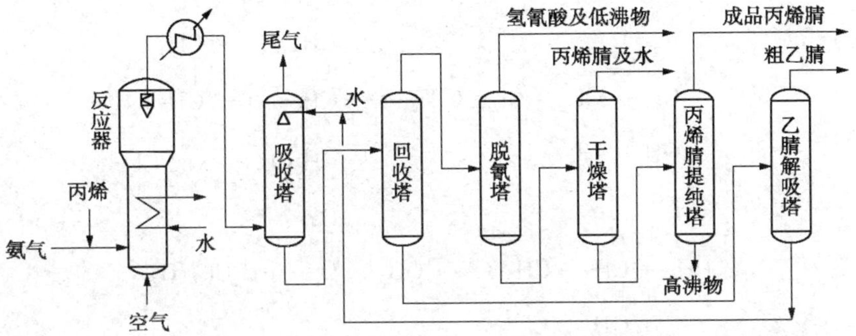

图 10-2-5　Sohio 法丙烯氨氧化工艺流程图

(2) 丙烯氨氧化催化剂

工业上用于丙烯氨氧化反应的催化剂主要有钼酸盐和锑酸盐两大类。钼酸盐催化剂中包括钼铋铁系、钼铋钨系、钼铋锑系、钼铈碲系、钼铋钴系等，锑酸盐催化剂中包括锑锡系、锑铀系、锑铁系等。

丙烯氨氧化催化剂最初主要有两大系列：一是以 BP(Sohio)公司和日本旭化成公司为代表的 Mo-B 系，二是以日本日东公司为代表的 Fe-Sb 系。随着两种系列之间相互借鉴，界线逐渐消失，目前占主导地位的是 Mo-Bi-Fe 多元组分催化剂，丙烯腈收率从最初的 55%提高至现在的 80%以上。中国营口向阳催化剂有限公司的 XYA-5 丙烯氨氧化催化剂，在兰州石化、大庆炼化、大庆石化和抚顺石化得到了工业应用，丙烯腈收率最高达到 81%。

2. 丙烯制环氧丙烷

环氧丙烷(PO)含有—C—O—C—三元环醚结构，具有很高的反应活性，对酸和亲核试剂很敏感，可与卤化氢、水、醇、胺等多种试剂反应而开环，制取多种卤代醇、丙二醇、醚醇、仲胺醇或季胺醇等。PO 最大的用途是作为主要原料生产聚醚多元醇，再生产聚氨酯；其次可用于生产用途广泛的丙二醇、丙二醇醚等；还可用于其他领域，包括生产非离子型表面活性剂、油田破乳剂、阻燃剂、合成润滑剂、农药乳化剂、不饱和酸酯、黏胶剂等。

PO 的生产方法主要包括氯醇法、直接氧化法(HPPO 法)和共氧化法等。

氯醇法工艺的主要原料为丙烯、氯气、生石灰和水，首先通过氯气、水与丙烯发生氯醇化反应，生成中间体氯丙醇，再用石灰水与其发生皂化反应制得环氧丙烷 PO，将反应产物送入初馏塔和精馏塔进行产物分离，得到产品 PO 和副产品二氯丙烷等，即氯醇化、皂化和精馏三个工序。

主要反应如下：

①氯醇化反应：

$$Cl_2 + H_2O \longrightarrow HCl + HClO$$

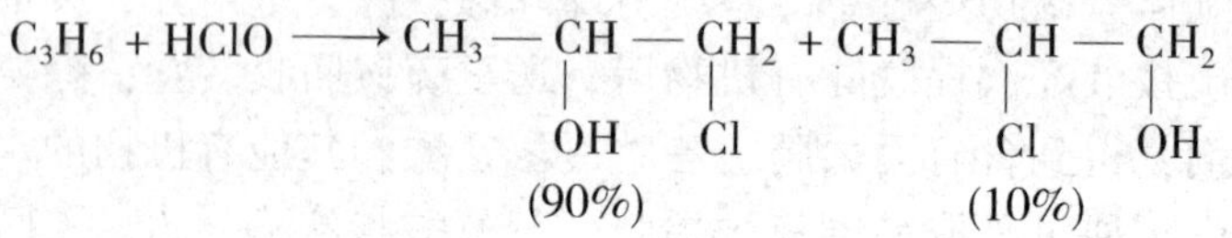

②氯醇化副反应：

$$Cl_2 + C_3H_6 \longrightarrow CH_3—CHCl—CH_2Cl$$

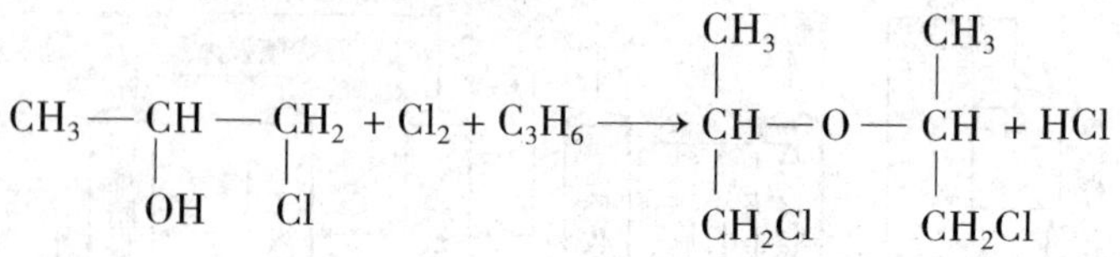

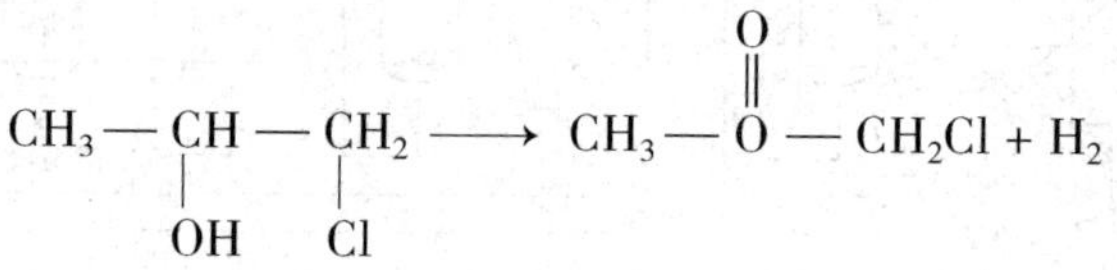

③皂化反应：

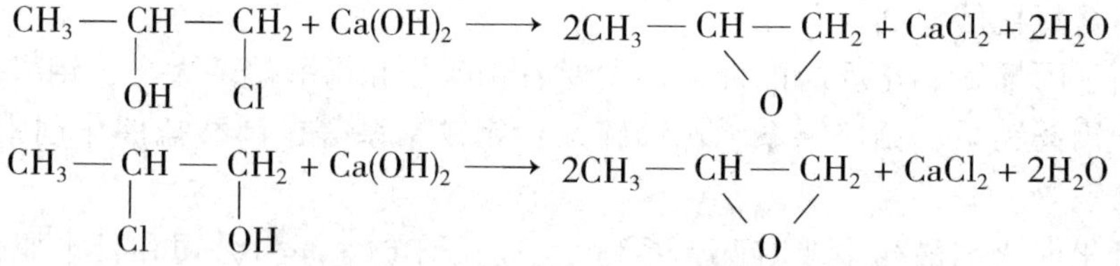

$$2HCl + Ca(OH)_2 = CaCl_2 + 2H_2O$$

④皂化副反应：

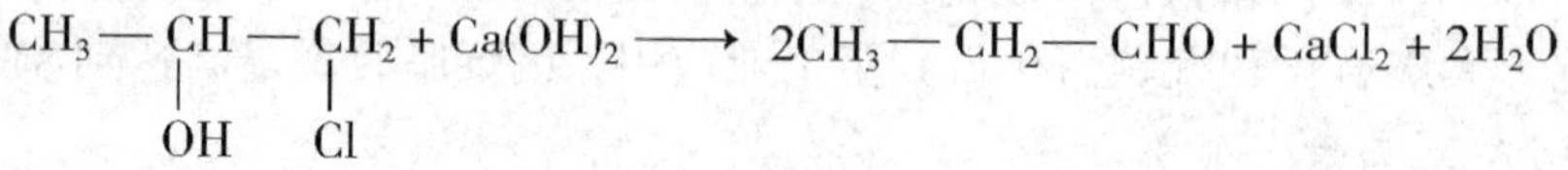

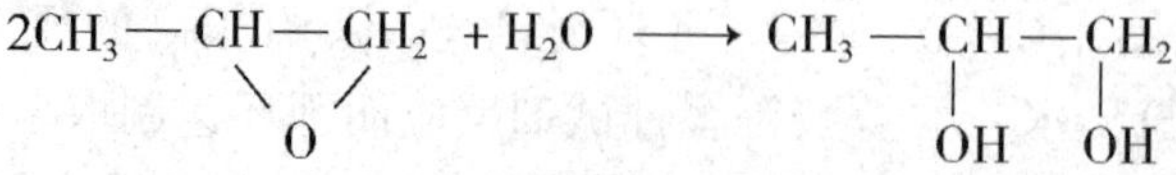

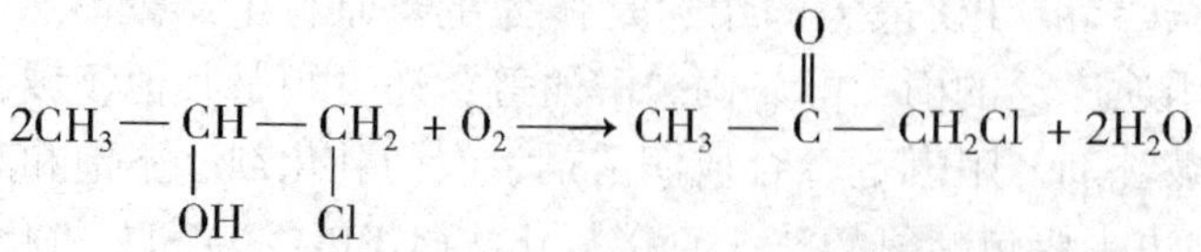

氯醇法生产 PO 的工艺流程见图 10-2-6，在次氯酸化反应器中，将工艺水预热至 50~70℃，按照一定的比例通入氯气发生次氯酸化反应，再通入丙烯气体发生氯醇化反应，反应压力为常压或略高于常压。此过程尽量防止氯气与丙烯直接接触，减少二氯丙烷的生成。因此，需严格控制工艺水的温度使氯气尽快转化成次氯酸。另外，丙烯和水应稍过量，以降低副产物二氯丙烷、丙醛等的生成。次氯酸化反应后将未反应完全的丙烯从次氯酸化反应器顶部排出，送入丙烯分离器，经洗涤分离后再通入次氯酸化反应器循环使用。有机氯化物和盐酸从分离器底部排出，再与过量的10%~20%$Ca(OH)_2$溶液混合，经预热后一起从中部进入皂化反应器中发生皂化反应，生成的粗 PO 经蒸汽汽提后从塔顶蒸出，再经初馏塔和精馏塔分离出水、二氯丙烷及其他有机杂质，从而得到精 PO 产品。为了减少 PO 水解为氯丙醇，采用真空精馏，分离后得到较纯的 PO，皂化污水由皂化反应器釜底排出后泵送闪蒸罐，回收废热并在污水沉降池回收过量的 $Ca(OH)_2$，上部液体送去污水处理。

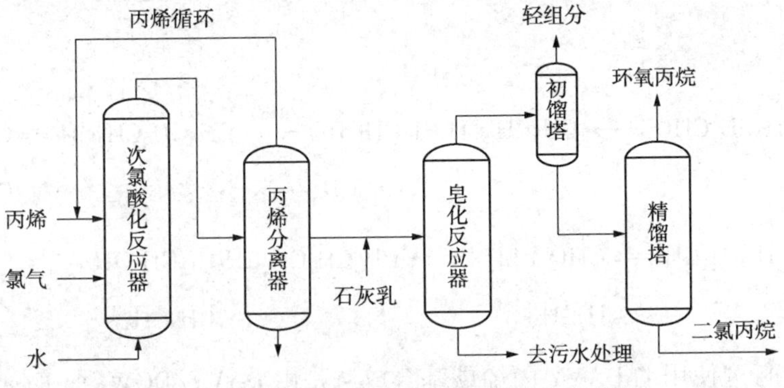

图 10-2-6 氯醇法生产环氧丙烷工艺流程图

氯醇法工艺较成熟，其优点为工艺流程短、投资少、操作弹性大、选择性好、生产较安全；缺点是需大量的氯气，对设备腐蚀严重，排出大量含 $CaCl_2$的废水，废渣和废气污染环境且处理难度大。

与氯醇法相比，丙烯过氧化氢（HP）直接氧化法生产 PO 工艺（HPPO 法），流程短，工艺简单，环保优势突出，成为今后 PO 生产的首选技术。过氧化氢直接氧化法是丙烯和过氧化氢（H_2O_2）在甲醇/水混合液中，使用钛硅分子筛催化剂，在相对较温和的条件下，采用固定床反应器直接氧化生产环氧丙烷。中国丙烯与过氧化氢环氧化合成环氧丙烷技术已趋成熟，预计到 2024 年 HPPO 法合计产能可达 220 万 t/a。HPPO 技术虽已国产化，但 PO 选择性低、催化剂的失活与再生等问题仍需进一步解决。

3. 丙烯制丁辛醇

丁辛醇生产工艺主要采用丙烯羰基合成法，也称为氢甲酰化合成法，是目前最主要的丁辛醇生产技术。

丙烯羰基合成生产丁辛醇工艺过程：丙烯羰基化反应生成粗丁醛，粗丁醛精制得到正丁醛和异丁醛；正丁醛和异丁醛加氢得到产品正丁醇和异丁醇；正丁醛经缩合、加氢得到产品辛醇。

①丙烯羰基合成丁醛：

丙烯与合成气在铑络合物催化剂作用下，羰基合成正、异丁醛的化学反应如下：

$$CH_3CH{=}CH_2+CO+H_2 \longrightarrow CH_3CH_2CH_2CHO$$

$$CH_3CH{=}CH_2+CO+H_2 \longrightarrow CH_3\underset{\underset{CHO}{|}}{C}HCH_3$$

②丁醛加氢合成丁醇：

$$CH_3CH_2CH_2CHO+H_2 \longrightarrow CH_3CH_2CH_2CH_2OH$$

$$CH_3\underset{\underset{CHO}{|}}{C}HCH_3+H_2 \longrightarrow CH_3\underset{\underset{CH_2OH}{|}}{C}HCH_3$$

③丁醛缩合、脱水、加氢合成辛醇：

正丁醛用碱液作催化剂进行缩合反应，并生成缩丁醛。脱水生成中间产物辛烯醛，进一步加氢则得辛醇。

$$2CH_3CH_2CH_2CHO \longrightarrow CH_3CH_2CH_2\overset{\overset{OH}{|}}{C}H\underset{\underset{CH_2CH_3}{|}}{C}HCHO \xrightarrow{-H_2O} CH_3CH_2CH_2CH{=}\underset{\underset{CH_2CH_3}{|}}{C}CHO$$

$$CH_3CH_2CH_2CH{=}\underset{\underset{CH_2CH_3}{|}}{C}CHO+2H_2 \longrightarrow CH_3CH_2CH_2CH_2\underset{\underset{CH_2CH_3}{|}}{C}HCH_2OH$$

目前工业上普遍使用的DAVY丙烯羰基合成法是由DAVY/DOW(原Kvaerner/UCC)联合开发的第二代低压铑法羰基合成工艺——液相循环工艺。采用的催化剂是配体三苯基膦的铑膦络合物，其稳定性好，沸点较高，催化剂与反应产物一起离开反应器，通过闪蒸及蒸发将催化剂溶液分离出来，再循环回反应器。该工艺反应温度低、压力低、反应速度快、正异构比高、副反应少、铑催化剂消耗低、使用寿命长、铑催化剂可以回收利用，丁醇和辛醇产量可以根据需要切换。

将原料丙烯及合成气($H_2/CO=1.07\sim1.09$)通入催化剂溶液(以正异构丁醛为溶剂)，在100~110℃，1.6~1.8MPa条件下，丙烯转化率为91%~93%，产物正异构比为10~7。DAVY/DOW工艺流程见图10-2-7。

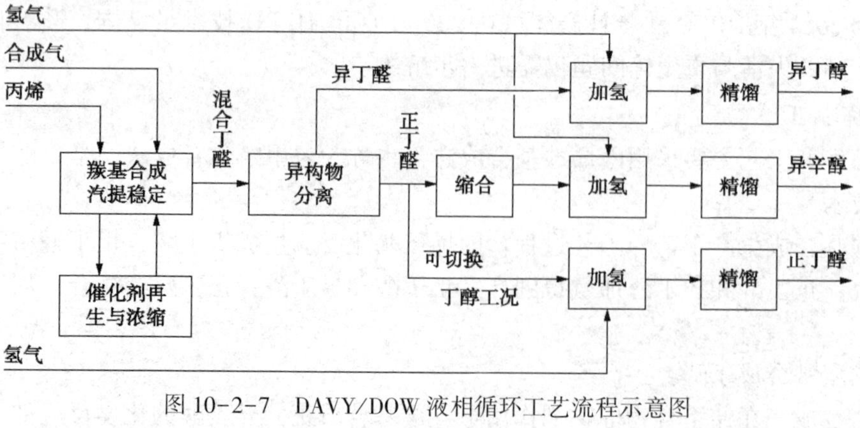

图10-2-7 DAVY/DOW液相循环工艺流程示意图

三、丁烯和丁二烯转化

1. 正丁烯的转化

正丁烯包括 1-丁烯和 2-丁烯(包括顺式和反式)两种异构体，中国对正丁烯的化工利用主要是脱氢制丁二烯，燃料方面的用途主要是与异丁烷生产烷基化汽油。主要的转化利用途径见图 10-2-8。

1,3-丁二烯是重要的石油化工基础原料，也是制备合成橡胶、合成树脂的重要单体。其来源主要有两种：一种是从乙烯裂解装置副产的混合 C_4馏分中抽提得到，成本低廉，是目前世界上丁二烯的主要来源；另一种是以炼油厂 C_4馏分为原料，采用空气为氧化剂，在催化剂作用下发生氧化脱氢，得到丁二烯产品，以满足市场丁二烯的需求。丁烯氧化脱氢制丁二烯反应所需的催化剂主要有钼酸铋系列催化剂和铁酸盐尖晶石系列催化剂，目前使用最多的是铁酸盐尖晶石系列催化剂(α-Fe_2O_3/$ZnFe_2O_4$)。

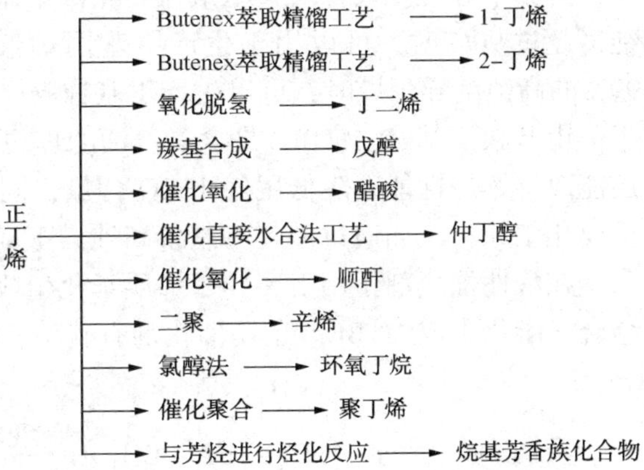

图 10-2-8　正丁烯的化工转化利用途径

$$\left.\begin{array}{l}CH_3CH_2CH{=}CH_2\\CH_3CH{=}CHCH_3\end{array}\right. + 1/2O_2 \xrightarrow{催化剂} CH_2{=}CHCH{=}CH_2 + H_2O$$

正丁烯氧化脱氢工艺在临氧条件下，打破脱氢反应平衡，压力对反应影响很小。反应温度低，催化剂结焦少，转化率和选择性同时提高。放热反应，所需蒸汽消耗低。美国 TPC (Texas Petrochemical Company)的 OXO-D 工艺，是以正丁烯为原料，采用丁烯、水蒸气和空气混合进料，在铁系催化剂床层上进行氧化脱氢反应，反应温度 550~600℃，水烯比为10∶1，氧烯比为 0.5∶1，丁二烯的选择性约 93%，丁烯的转化率达到 65%。反应过程中过量的水蒸气可以带走大量的反应热，能够有效控制反应温度，反应器出口产物经冷却压缩后，再经过洗涤、吸收、解析后获得粗丁二烯，精制后获得纯度较高的丁二烯。TPC 的 OXO-D 工艺流程如图 10-2-9 所示。

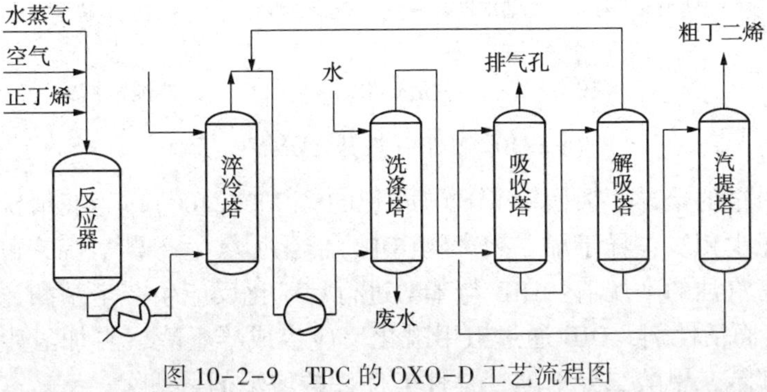

图 10-2-9　TPC 的 OXO-D 工艺流程图

正丁烯可通过直接水合法或间接水合法生产仲丁醇，并进一步脱氢生产甲乙酮，其中直接水合法具有工艺简单、选择性高、原子利用率高等特点。甲乙酮是一种重要的有机溶剂和化工原料，与甲苯形成二元混合物，作为脱蜡溶剂。

$$n\text{-}C_4H_8 + H_2O \longrightarrow CH_3\underset{\displaystyle OH}{\underset{|}{C}}HCH_2CH_3 \longrightarrow CH_3\underset{\displaystyle O}{\underset{\|}{C}}CH_2CH_3$$

2. 异丁烯的转化

当异丁烯纯度较低时，一般用于生产甲基叔丁基醚、叔丁醇、聚丁烯等产品；当异丁烯纯度超过90%时，可以用于生产甲基丙烯酸甲酯、异戊二烯等产品；而如果是纯度大于99%的高纯度异丁烯时，可以生产丁基橡胶、聚异丁烯等。

甲基叔丁基醚(MTBE)是含氧汽油的理想调和组分，不仅能有效提高汽油辛烷值，而且还能改善燃烧性能，降低尾气中CO含量，同时降低汽油生产成本。另外，MTBE还是一种重要化工原料，如通过裂解可制备高纯异丁烯。

在酸性催化剂作用下，异丁烯质子化生成叔丁基碳正离子，再同亲核试剂甲氧基负离子结合，醚化生成MTBE。主要催化剂有硫酸、氢氟酸、分子筛和阳离子交换树脂等。

$$\underset{\displaystyle CH_3}{\overset{\displaystyle CH_3}{C}}{=}CH_2 + CH_3OH \xrightarrow{\text{催化剂}} H_3C-\underset{\displaystyle CH_3}{\overset{\displaystyle CH_3}{C}}-O-CH_3$$

MTBE有一定的毒性，刺激眼睛黏膜和呼吸道，对动物有致癌风险。MTBE在水中溶解度高，不易生物降解，污染地表水、地下水和土壤。美国、欧盟和日本等国家已经禁用，中国、印度和非洲等国家仍在使用。

醚化反应后的混合气体被称为醚后 C_4，高活性的异丁烯被反应转化后，剩余气体主要组分为异丁烷、正丁烷、正丁烯、顺-2-丁烯、反-2-丁烯及少量丁二烯。利用醚后 C_4 生产烷基化汽油，进一步增产高辛烷值调和组分，是炼油企业普遍的加工方式。MTBE-烷基化联合工艺流程如图10-2-10所示。

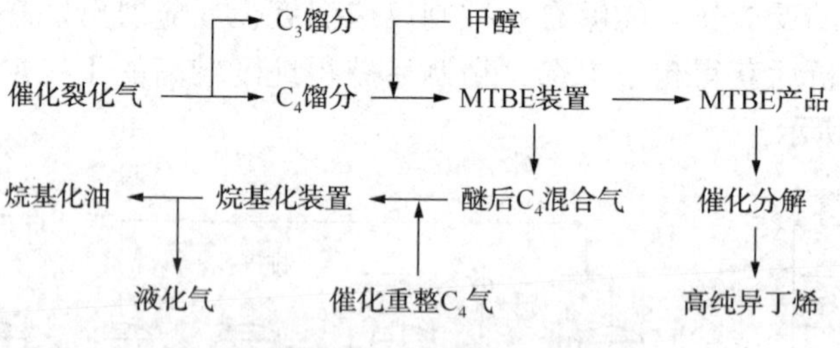

图10-2-10 MTBE-烷基化联合工艺流程

低相对分子质量的聚异丁烯(相对分子质量950/1300/2400)作为润滑油的添加剂，能够提高黏度指数，减少积炭；异丁烯二聚产物(DIB)催化加氢生产异辛烷，可以替代MTBE添加至汽油中，提高汽油的辛烷值；DIB与苯酚进行烷基化反应生产辛基酚，再与环氧乙烷加成，可生产OP表面活性剂；DIB通过氢甲酰化反应生成异壬醛，再加氢生产异壬醇，再通过酯化反应生产邻苯二甲酸二异壬酯，是性能优良的增塑剂。

异丁烯齐聚反应是复杂的连串-平行反应体系，可以得到二聚体、三聚体、四聚体和五聚体等。

二聚体：

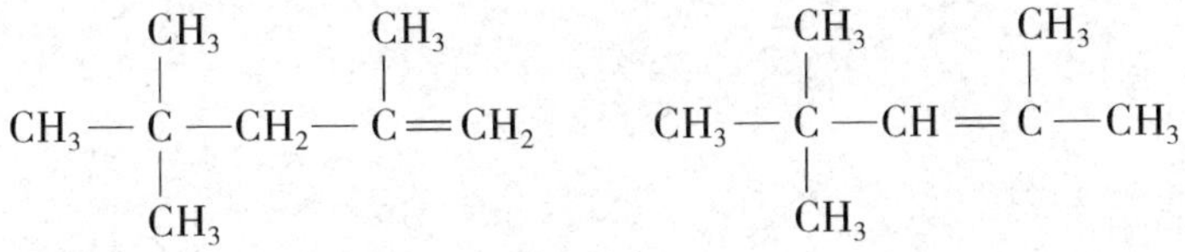

三聚体：

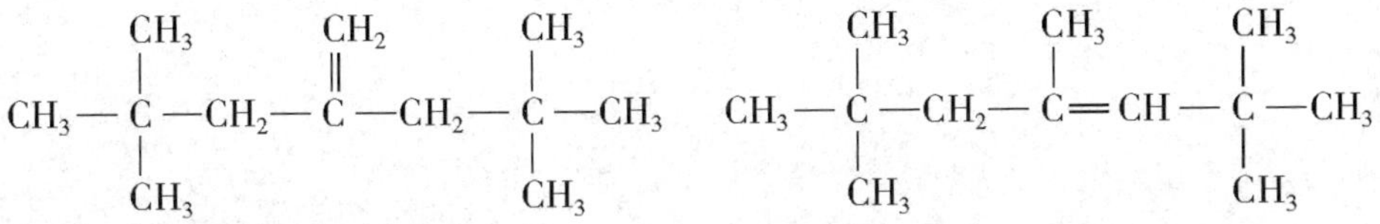

3. 丁二烯的转化

丁二烯主要包括1,2-丁二烯和1,3-丁二烯两种，由于前者是一个累积二烯烃，化学性质活泼，储运难度较高，因此一般常说的丁二烯均指1,3-丁二烯。丁二烯是多种高分子产品的重要原料，在石油化工烯烃原料中的地位仅次于乙烯和丙烯。传统应用包括生产合成丁苯橡胶(SBR)、丁腈橡胶(NBR)、苯乙烯-丁二烯-苯乙烯嵌段共聚物(SBS)、丙烯腈-丁二烯-苯乙烯树脂(ABS)等，还可以用于生产己二腈、己二胺、尼龙66等，其中合成橡胶工业占丁二烯消费总量的80%。

丁苯橡胶(Polymerized Styrene Butadiene Rubber，SBR)，因分子结构中掺杂了苯乙烯链节，使主体结构不规整，聚合物不易结晶，丁苯橡胶具有很好的柔性。丁苯橡胶其物理结构、加工性能及制品的使用性能接近于天然橡胶，有些性能如耐磨、耐热、耐老化及硫化速度较天然橡胶更为优良，可与天然橡胶及多种合成橡胶并用，广泛用于轮胎、胶带、胶管、电线电缆、医疗器具及各种橡胶制品的生产等领域，是最大的通用合成橡胶品种。

按聚合工艺，丁苯橡胶分为乳聚丁苯橡胶(ESBR)和溶聚丁苯橡胶(SSBR)。乳聚丁苯橡胶具有良好的综合性能，工艺成熟，应用广泛，产量和消费量在丁苯橡胶中均占首位。乳聚丁苯橡胶，由丁二烯、苯乙烯为主要单体，配以其他辅助化工原料，在一定工艺条件下，按自由基反应机理于乳液中合成的共聚物。

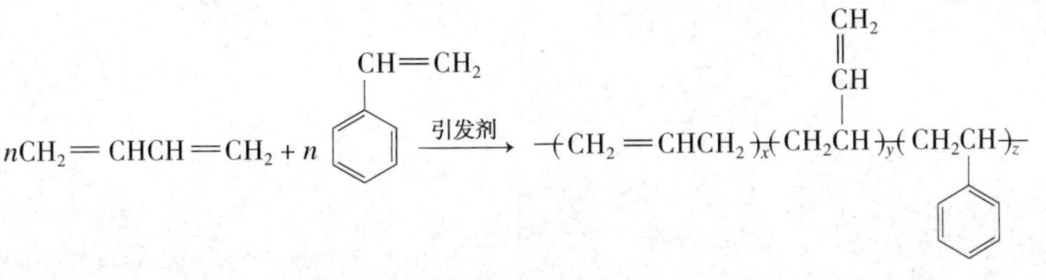